普通高等教育“十四五”系列教材
武汉大学规划核心教材

水力学

赵明登　杨中华　编著

·北京·

内 容 提 要

本教材为武汉大学规划核心教材及武汉大学国家级精品课程水力学配套教材，内容包括：绪论，流体静力学，流体运动的基本概念及研究方法，流体动力学基本理论，水动力学基本理论，量纲和谐原理与流动相似原理，孔口出流、管嘴出流与恒定有压管流，明渠恒定流动，堰流、闸孔出流及堰闸下游水流的衔接与消能，有压管道及明渠中的非恒定流，渗流等。在管网、明渠水面线、水击及明渠非恒定流计算中加入 Fortran、C++、VB 语言编写的计算程序、人机交互计算绘图软件。教材中的拓展思考题可以引导启发学生深度思考，提高学生分析问题解决问题的能力。在附录中有中文、英文、章节对照的水力学专业词汇，同时起到了索引的作用。

本教材可以供水利水电类各专业及土木工程、给排水工程、水环境工程等专业本科教学使用。

图书在版编目（CIP）数据

水力学 / 赵明登，杨中华编著. -- 北京 : 中国水利水电出版社，2021.3(2023.3重印)
普通高等教育“十四五”系列教材　武汉大学规划核心教材
ISBN 978-7-5170-9504-0

Ⅰ. ①水… Ⅱ. ①赵… ②杨… Ⅲ. ①水力学－高等学校－教材 Ⅳ. ①TV13

中国版本图书馆CIP数据核字(2021)第052562号

书　　名	普通高等教育“十四五”系列教材 武汉大学规划核心教材 **水力学** SHUILIXUE
作　　者	赵明登　杨中华　编著
出版发行	中国水利水电出版社 (北京市海淀区玉渊潭南路 1 号 D 座　100038) 网址：www.waterpub.com.cn E - mail：sales@mwr.gov.cn 电话：(010) 68545888（营销中心）
经　　售	北京科水图书销售有限公司 电话：(010) 68545874、63202643 全国各地新华书店和相关出版物销售网点
排　　版	中国水利水电出版社微机排版中心
印　　刷	清淞永业（天津）印刷有限公司
规　　格	184mm×260mm　16 开本　25 印张　608 千字
版　　次	2021 年 3 月第 1 版　2023 年 3 月第 2 次印刷
印　　数	2001—5000 册
定　　价	**68.00** 元

前言

本教材为武汉大学规划核心教材及武汉大学国家级精品课程水力学配套教材，适合于水利水电类各专业（如水建施工、水文水资源、农田水利、港口航道等）本科教学使用，土木工程、给排水工程、水环境工程等专业可根据教学需要对部分内容适当取舍。

本教材第一章、第三～五章、第七～十一章由赵明登编写，第二章、第六章由杨中华编写。王绿绿、骆明参加了本书部分图表和文字的整理工作。

为了配合新的教材和课程改革，适应科学发展和人才培养需求，本教材在武汉大学前三版的水力学教材基础上做了许多必要的补充、改进和修订。在章节结构方面，本教材增加了第四章流体动力学基本理论，将二维、三维问题的流体力学理论分析法与一维总流问题的水力学分析法分开为独立两章；将堰流、闸孔出流与泄水建筑物下游水流衔接与消能合并为第九章的堰流、闸孔出流及堰闸下游水流的衔接与消能。在具体内容方面，第三章流体运动的基本概念及研究方法中增加了流体力学常用的研究方法——系统与雷诺输运定理；第四章流体动力学基本理论中增加了流体的有涡流动、实际流体运动微分方程的精确解及理想流体势流的叠加流动；第五章水动力学基本理论中增加了新的断面流速分布公式；第八章明渠恒定流动中给出了斜坡动水条件下的波速公式及明渠水面线计算的迭代公式；第九章堰流、闸孔出流及堰闸下游水流的衔接与消能中给出了 WES 堰流量系数的经验公式及消能池池深计算的迭代公式；第十章有压管道及明渠中的非恒定流中采用沿水深方向积分方法给出了浅水二维明渠非恒定渐变流基本方程。第十一章渗流中采用沿水深方向积分方法给出了水平不透水地基无压渐变渗流所满足的无旋流条件、连续性方程及拉普拉斯方程、给出了正坡和负坡浸润线计算的统一公式。另外，在管网、明渠水面线、有压管道及明渠非恒定流计算中增加了 Fortran、C＋＋、VB 语言编写的计算程序、人机交互计算绘图软件。教材中加“☆”的章节为选修部分，可根据具体专业要求适当取舍。

本教材属于武汉大学水力学国家级精品课程项目和武汉大学规划教材建设项目，感谢武汉大学对本教材编撰和出版的支持和资助。本教材在编写过程中参考了武汉大学徐正凡、李炜、徐孝平、赵昕、张晓元、赵明登、童汉毅主编的三个版本的《水力学》，以及其他院校同仁编写的有关教材，在此对这些教材的作者一并表示感谢。

感谢前辈徐正凡、郑邦民、李大美等，老师们的言传身教使我受益终身；感谢陈大宏学长，大宏兄讷于言敏于思，其一言曾解我一日之思虑；感谢赵昕、童汉毅、张晓元、槐文信、齐鄂荣等同事，感谢白玉川、邱秀云、孙东坡等兄弟院校各位同仁，他们的成就对本书的编写有很大的启发和鞭策作用。

由于编者的水平和能力所限，书中难免存在错误或不妥之处，恳切希望广大读者提出宝贵意见，以便对书稿进行修正完善。

赵明登

2020 年 5 月

目　录

第一章　绪　　论

第一节　水力学的研究内容

水力学是力学的一个重要分支，其研究对象是以水为代表的流体，研究内容为流体的平衡与运动规律及其在工程技术中的应用。

水力学是介于基础课和专业课之间的一门技术基础课，水力学是把力学中的普遍规律和定理应用到流体中。因此，学习水力学所需的基础课程是物理学与理论力学，另外还需要用到高等数学、工程数学（概率论与数理统计、数学物理方程、线性代数、矢量与场论等）。水力学除了可以直接用于解决许多工程实际问题以外，也是水利、水电、水文、港航、土木、给排水、环境、海洋、矿业等专业和工程技术领域的重要基础课程。

三峡水利枢纽工程是集防洪、发电、航运、水资源综合利用等为一体的大型综合水利工程。下面以三峡水利枢纽工程为例，介绍水力学的研究内容及其在工程中的应用。图1－1为三峡水利枢纽实景图，图1－2为三峡水利枢纽平面示意图，图1－3为大型水利枢纽立面示意图。重要的大型水利工程，一般都需要进行模型试验研究论证，模型的设计计算将在第六章量纲和谐原理与流动相似原理中介绍；水轮机发电管道系统、水泵供水系统中的能量计算和水击问题将在第七章有压管流和第十章有压管道中的非恒定流中介绍；建坝前后河道的水面线计算，特别是建坝后水库的回水曲线、淹没范围及堤防高度的计算，在第八章明渠恒定流中介绍；溢流坝的形状设计、过流能力计算、闸孔出流计算及堰闸下游消能防冲的设计计算，在第九章中介绍；溃坝、电站调节、船闸冲放水等引起的河道非恒定流问题与计算，在第十章明渠非恒定流中介绍；土坝、土堤、坝基及引水渠道的渗流问题，在第十一章渗流中介绍；大坝所受的静水总压力及坝基渗透扬压力分析计算，在第十一章渗流和第二章流体静力学中介绍；另外，三峡水利枢纽工程引起的航运问题、河床冲淤问题、污染物扩散输移问题、生态环境问题等也要以水力学理论研究作为基础。

图1－1　三峡水利枢纽实景图

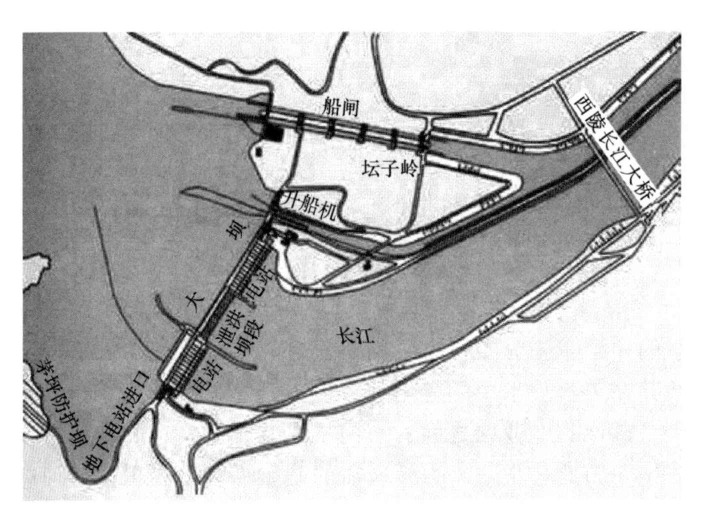

图 1-2　三峡水利枢纽平面示意图

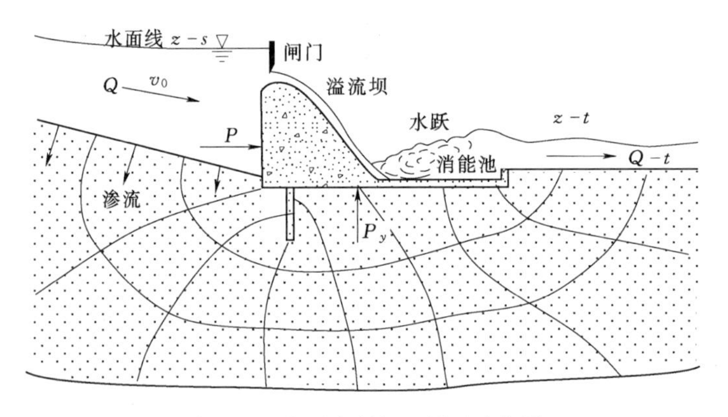

图 1-3　大型水利枢纽剖面示意图

以上水力学工程应用的理论基础是流体静力学、流体动力学及水动力学基本理论，本教材将在第二～五章中根据力的平衡原理、质量守恒定律、牛顿第二定律、动量定理等建立流体平衡和运动的基本理论。

本章介绍流体的基本特性及物理性质，以及水力学的研究方法与进展。

第二节　流体的基本特性及物理性质

一、流体的基本特性

自然界的物质一般具有固态、液态和气态三种状态。首先分析比较固体、液体和气体的基本特性。

从物质的宏观状态和受力特性来看，固体具有一定的体积和一定的形状，可以承受一定的压力、拉力和剪切力，宏观表现为不易压缩和不易变形；气体既没有固定的体积，又没有固定的形状，其形状和体积随容器不同而变化，气体可以承受一定压力，但几乎不能承受拉力，在剪切力的作用下（无论剪切力多么微小），都会产生连续不断的变形运动，宏观表现为易压缩和易流动变形；液体除了具有一定体积、不易压缩的特性与固体类似外，其他特性均与气体类似，特别是像气体一样易流动变形，因此液体和气体统称为流体。

固体、液体和气体之所以具有不同的特性，主要原因是其微观结构不同。固体分子间距很小，内聚力（分子间的相互引力）和相互约束力很大，分子排列有序，只能振动，因此固体不易压缩，不易变形。气体分子间距很大，分子内聚力和相互约束力很小，分子排列无序，可以自由地做布朗运动，因此气体容易压缩，容易流动变形。液体分子间距介于固体和气体之间，分子内聚力和相互约束力较大，分子虽然不能像气体那样自由运动，但可以在一定范围内移动，因此液体也容易流动变形。

二、连续介质假设

从微观角度来看，流体都是由大量的分子组成的，而分子之间是有空隙的，并且在做不规则的热运动，因此，如果以流体分子作为研究对象，流体随着时间和空间的变化都是不连续的，不能采用高等数学的连续函数和微积分研究，这给研究流体运动带来了很大的困难。

研究水力学和流体力学时，并不关心分子尺度上的运动细节，而是研究流体的宏观运动。因此，可以引入连续介质假设，认为流体质点（微团）连续而没有间隙地充满所占空间，流体质点的物理性质和运动要素在空间上和时间上是连续变化的，这就是“连续介质假设”。事实上，从宏观角度看，我们并不能感知到流体分子的间隙和分子的运动。

这里所说的流体质点（微团），从宏观尺度看它充分小，以至于可以视为一个质点；但从微观尺度看它却充分大，能够包含足够多的分子，不至于因为个别分子的运动而影响物理量的统计平均值。若单一分子速度为 $\vec{u}_k$，则质点速度即质点（微团）中各分子的平均速度为

$$\vec{u}=\frac{1}{N}\sum_{k=1}^{N}\vec{u}_k \tag{1-1}$$

式中：N 为分子个数。

只要 N 足够大，就可以保证微团中流体分子行为的统计平均值是稳定的，因而质点运动是有确定规律的。例如，在标准状态下，体积为 10^{-6}mm^3 的水中所含分子个数达 3.34×10^{13} 个，体积为 10^{-6}mm^3 的空气中所含分子个数达 2.7×10^{10} 个。在宏观上 10^{-6}mm^3 相当小，可以看作是一个体积几乎为 0 的点。可以看出，连续介质的假设和处理是可以满足工程需要的。

做了连续介质假设后，流体的物理量和运动要素就可以定义为空间坐标和时间的连续函数，可以应用微积分、场论和数理方程等数学工具进行分析研究。

三、流体的惯性

（一）流体的质量与密度

质量是物体惯性大小的量度。根据达朗贝尔原理，惯性力与质量成正比。单位体积流体的质量称为流体的密度，用符号 ρ 表示，常用单位为 kg/m^3。若流体的体积为 V，具有的质量为 m，则流体的平均密度为

$$\rho=\frac{m}{V} \tag{1-2}$$

如果 $V\to 0$，即流体体积趋于流体质点（微团）时，流体质点的密度为

$$\rho=\lim_{V\to 0}\frac{m}{V}=\rho(x,y,z,t) \tag{1-3}$$

可以看出，密度是空间坐标和时间的连续函数。

流体的密度一般随温度和压强变化。液体的密度随温度和压强的变化很微小，而气体的密度随温度和压强的变化比较显著。在一个标准大气压下，不同温度时水和空气的密度见表1-1、表1-2。

表1-1　水的基本物理参数（一个标准大气压）

水温/℃	密度 ρ/(kg/m³)	动力黏度 μ/(10^{-3}Pa·s)	运动黏度 ν/(10^{-6}m²/s)	体积弹性模量 K/10^9Pa	表面张力系数 σ/(N/m)
0	999.9	1.792	1.792	2.04	0.0756
5	1000.0	1.519	1.519	2.06	0.0749
10	999.7	1.308	1.308	2.11	0.0742
15	999.1	1.140	1.141	2.14	0.0735
20	998.2	1.005	1.007	2.20	0.0728
25	997.1	0.894	0.897	2.22	0.0720
30	995.7	0.801	0.804	2.23	0.0712
40	992.2	0.656	0.661	2.27	0.0696
50	988.1	0.549	0.556	2.23	0.0679
60	983.2	0.469	0.477	2.28	0.0662
70	977.8	0.406	0.415	2.25	0.0644
80	971.8	0.357	0.367	2.21	0.0626
90	965.3	0.317	0.328	2.16	0.0608
100	958.4	0.284	0.296	2.07	0.0589

表1-2　空气的基本物理参数（一个标准大气压）

温度/℃	密度 ρ/(kg/m³)	动力黏度 μ/(10^{-5}Pa·s)	运动黏度 ν/(10^{-5}m²/s)
−40	1.515	1.49	0.98
−20	1.395	1.61	1.15
0	1.293	1.71	1.32
10	1.248	1.76	1.41
20	1.205	1.81	1.50
30	1.165	1.86	1.60
40	1.128	1.90	1.68
60	1.060	2.00	1.87
80	1.000	2.09	2.09
100	0.946	2.18	2.31
200	0.747	2.58	3.45

（二）流体的重量与容重

重量是物体受地球引力大小的量度。重量（重力）与质量成正比，单位体积流体的重量称为流体的容重（重度、重率），用符号 γ 表示，常用单位为 N/m^3。容重和密度的关系为

$$\gamma=\frac{G}{V}=\frac{mg}{V}=\rho g \tag{1-4}$$

式中：g 为重力加速度，与纬度有关，$g\approx 9.8m/s^2$。

（三）流体的比重

流体的比重（又称相对密度）定义为流体的密度与标准状态下（一个标准大气压、4℃）水的密度之比，即

$$s_{流}=\frac{\rho_{流}}{\rho_{水,标准}}=\frac{\gamma_{流}}{\gamma_{水,标准}} \tag{1-5}$$

在标准状态下水的密度和容重分别为 $\rho_{水,标准}=1000kg/m^3$，$\gamma_{水,标准}\approx 9800N/m^3$。水银（汞）的比重为 $s_{水银}=13.6$。

（四）质量力与单位质量力

质量力（又称体积力）是直接作用于每个流体质点上的作用力，其大小与流体的质量成正比，即 $\vec{F}\propto m$。典型的质量力有重力 $\vec{G}=m\vec{g}$ 和惯性力 $\vec{F}_I=-m\vec{a}$。

为了方便，定义作用于单位质量流体的质量力为单位质量力，其大小可以表示为

$$\vec{f}=\vec{F}/m=f_x\vec{i}+f_y\vec{j}+f_z\vec{k} \tag{1-6}$$

其直角坐标系中的分量为

$$f_x=F_x/m,f_y=F_y/m,f_z=F_z/m \tag{1-7}$$

对于重力（z 轴向上），

$$f_x=0,f_y=0,f_z=-g \tag{1-8}$$

显然单位质量力的单位与加速度的单位相同，常用单位为 m/s^2。

四、流体的压缩性

流体受压力作用时体积减小、密度增大，当压力撤除后体积和密度可以恢复，这种性质称为流体的压缩性，也称为流体的弹性。

设流体的原有体积为 V，当作用于流体的压强增量为 dp 时，体积的增量为 dV，根据胡克定律有

$$dp=-K\frac{dV}{V}=-\frac{1}{\beta}\frac{dV}{V} \tag{1-9}$$

式中：K 为流体的体积弹性模量，Pa；β 为体积压缩系数，$\beta=1/K$。

因为压强增大时（$dp>0$）体积必然减小（$dV<0$），反之，压强减小时（$dp<0$）体积必然增大（$dV>0$），为保证压缩系数 β 为正，所以式（1-9）中加有一个负号。

由式（1-9）可见，体积弹性模量 K 越大，压缩系数 β 越小，则流体就越不易被压缩。

由式（1-2）可知，质量一定时体积相对变化与密度相对变化的关系为

$$-\frac{dV}{V}=\frac{d\rho}{\rho} \tag{1-10}$$

在一个标准大气压下，不同温度时水的体积弹性模量见表1-1。常温下水的体积弹性模量 $K\approx2.2\times10^9$ Pa，压缩系数 $\beta\approx0.45\times10^{-9}$ m²/N。也就是说，当压强增加1N/m²时，体积相对压缩率仅 0.45×10^{-9}。因此通常可以忽略水的压缩性，将水看作是均质不可压缩流体，其他液体情况与水类似。对于气体，如果气流速度不大于声速的30%，也可以近似看作不可压缩流体。因此水力学的理论也可以用于其他液体和低速气体。但是，在特殊情况下，如第十章涉及的水击问题中，必须考虑液体的压缩性。

五、流体的黏滞性

（一）流体的内摩擦力与黏滞性

流体受剪切力作用时，流层之间会有相对运动，发生剪切变形，于是在流层之间会产生内摩擦力以抵抗剪切变形。流体内部所具有的产生内摩擦力以抵抗剪切变形的性质称为流体的黏滞性。

图1-4为流层之间内摩擦力示意图，可以看出速度快的上层流体对下层流体产生的内摩擦力会拖曳下层前进，而速度较慢的下层流体则产生内摩擦力阻碍上层流体的相对运动，这两个力大小相等，方向相反。

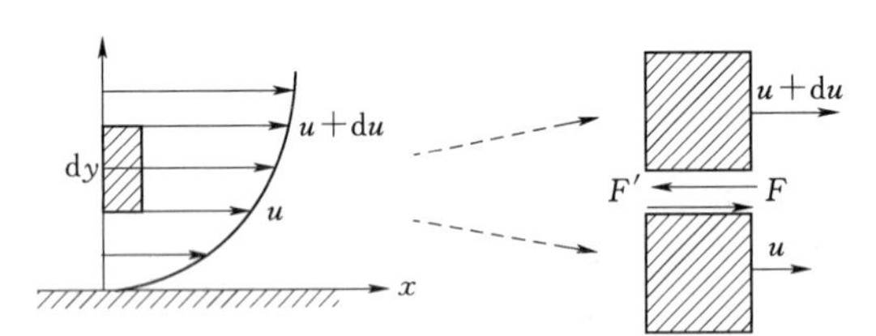

图1-4　流层之间内摩擦力示意图

牛顿对流体内摩擦力的研究结果表明：如果两个流层的距离为 dy，相对速度为 du，则两者之间的内摩擦力 F 与速度梯度和面积 A 成正比，与流体的性质有关，即

$$F=\mu A\frac{du}{dy} \tag{1-11}$$

这一定律称为牛顿内摩擦定律。可以看出，流体的内摩擦力不同于固体之间的摩擦力，固体之间的摩擦力与正压力成正比，而与面积无关；流体的内摩擦力与正压力无关，而与面积成正比。如果令 $\tau=F/A$ 为切应力，则牛顿内摩擦定律的公式也可以表示为

$$\tau=\mu\frac{du}{dy} \tag{1-12}$$

速度梯度 du/dy 的物理含义是单位距离的速度增量，它与流体的运动变形有什么关系呢？如图1-5所示，在 xy 平面上有一矩形流体微元，上、下两边的速度差为 du，经过 dt 时间后，矩形变成了平行四边形，夹角变化与速度梯度的关系为

$$\tan d\alpha\approx d\alpha=\frac{du\,dt}{dy}\text{或}\frac{d\alpha}{dt}=\frac{du}{dy} \tag{1-13}$$

式（1-13）中 $\frac{d\alpha}{dt}$ 称为剪切变形速率或角变形速率，是单位时间夹角的变化。因此，牛顿内摩擦定律也可以表述为：流体内摩擦力与流体微团的角变形速率和面积 A 成正比，与流体的性质有关。

（二）流体的黏度

牛顿内摩擦定律公式中的系数 μ 是流体黏滞性大小的量度，称为动力黏度或动力黏

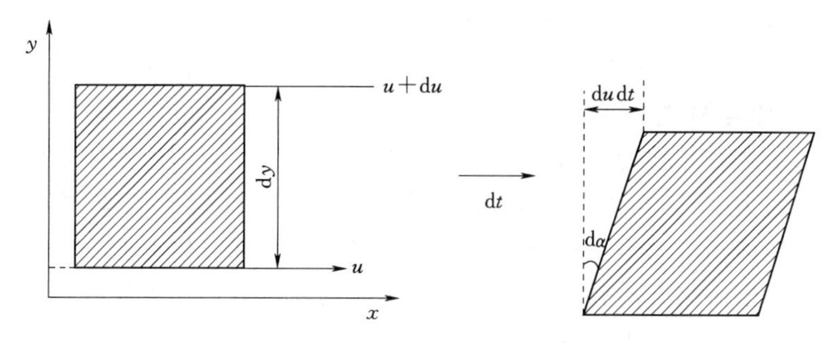

图 1-5　流体的速度与剪切变形示意图

滞性系数，常用单位为 s·N/m²(Pa·s)。流体黏滞性大小的度量也常用运动黏度或运动黏滞性系数 ν，单位为 m²/s。运动黏滞性系数与动力黏滞性系数的关系为

$$\nu=\mu/\rho \tag{1-14}$$

流体的黏滞性受温度影响较大，与压强的关系不大。液体的黏滞性主要由分子间的作用力引起，温度升高，分子间距增大，分子间的作用力减小，因此黏滞性减小；气体的黏滞性主要由分子的热运动引起，温度升高，分子热运动加剧，因此黏滞性增大。水和空气在不同温度下的黏滞性系数见表 1-1 和表 1-2，20℃时不同流体的黏滞性系数见表 1-3。水的运动黏滞性系数还可以用下面的经验公式计算：

$$\nu_{水}=\frac{1.775\times10^{-6}}{1+0.0337t+0.000221t^2} \tag{1-15}$$

式中：t 为水温,℃。

表 1-3　　常见流体的黏滞性系数（20℃）

流体类型	水银	酒精	汽油	煤油
$\mu/(10^{-5}\text{Pa}\cdot\text{s})$	1.554	1.197	0.290	1.92

（三）牛顿流体与非牛顿流体

进一步的实验研究表明，并非所有流体的内摩擦力与速度梯度的关系都满足牛顿内摩擦定律，而有的流体内摩擦力与速度梯度的关系为

$$\tau=\tau_0+\eta\left(\frac{du}{dy}\right)^n \tag{1-16}$$

满足牛顿内摩擦定律的流体称为牛顿流体（图 1-6 中的直线 A），如水、空气、水银、汽油和酒精等。不满足牛顿内摩擦定律的流体称为非牛顿流体。如果 $\tau_0>0$、$n=1$，称为理想宾汉流体（如泥浆等），如图 1-6 中的直线 B，其中 τ_0 为屈服应力，当切应力大于 τ_0 时宾汉流体才开始流动。注意，这种特殊情况下，静止流体可以承受一定的剪切力。

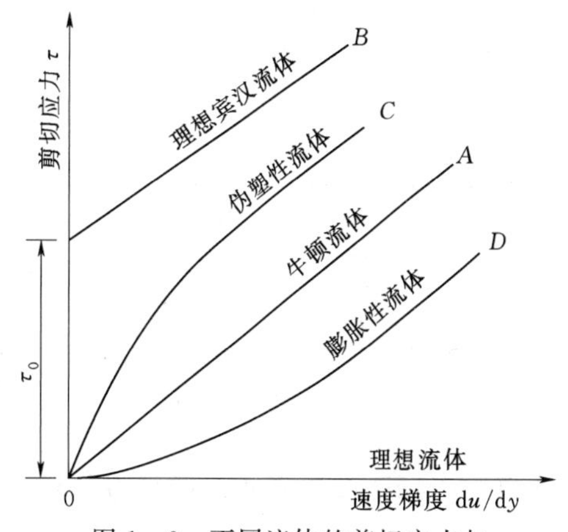

图 1-6　不同流体的剪切应力与速度梯度的关系曲线

如果 $\tau_0=0$、$n<1$，称为伪塑性流体（如高分子溶液），如图 1－6 中的曲线 C；如果 $\tau_0=0$、$n>1$，称为膨胀性流体（如生面团等），如图 1－6 中的曲线 D。

（四）理想流体与黏性流体

实际流体都是具有黏性的，因此实际流体也叫黏性流体。理想流体是假设没有黏性的流体，其剪切应力为 0，实际中并不存在这样的流体。研究理想流体的意义在于两个方面：第一，在实际剪切应力很小可以忽略的情况下，将实际流体近似看成理想流体不会带来很大误差，但会带来很大简化；第二，理想流体的理论分析、方程推导比较简单，可以先研究简单情况的规律和特性，再在此基础上修正推广到复杂的实际情况中，这是科学研究的一种重要方法。

（五）表面力与应力

表面力是直接作用于所选流体的表面上的作用力，其大小与作用面的面积成正比，前面提到的内摩擦力就属于表面力。为了方便，定义作用于单位面积上的表面力为应力，前面提到的切应力就属于应力。另外，压力作用在流体表面，与作用面面积成正比，也属于表面力。压强是单位面积上的压力，作用在流体表面，也属于应力，通常称为压应力。

拓展思考：两固体表面之间的摩擦力是否属于表面力？流体与固体表面之间的摩擦力是否属于表面力？

【例 1－1】 已知壁面附近流体流动的流速分布为 $u=u_m\dfrac{y}{h}\left(2-\dfrac{y}{h}\right)$，试分析其切应力的分布规律（图 1－7）。

解：切应力 $\tau=\mu\dfrac{du}{dy}=\mu\dfrac{2u_m}{h}\left(1-\dfrac{y}{h}\right)$，为线性分布。

当 $y=0$ 时，$u=0$，$\tau=\tau_{max}=2\mu\dfrac{u_m}{h}$；

当 $y=h$ 时，$\dfrac{du}{dy}=0$，$u=u_{max}=u_m$，$\tau=0$。

【例 1－2】 某底面积为 50cm×50cm 的木块，质量为 5kg，沿着涂有润滑油的斜面向下等速运动，如图 1－8 所示。已知木块运动速度 $u=0.25$ m/s，木块底面与斜面之间的油层厚度 $\delta=1$mm，润滑油的比重为 0.92，求油的动力黏度 μ 和运动黏度 ν。

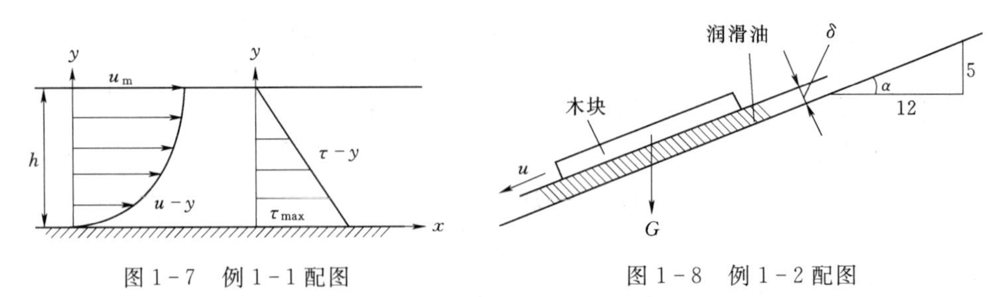

图 1－7　例 1－1 配图　　　图 1－8　例 1－2 配图

解：木块在运动方向上的重力分量与润滑油的摩擦力相平衡，即

$$G\sin\alpha=mg\sin\alpha=F=\mu A\frac{du}{dy}$$

由于油层很薄，可以近似认为润滑油中速度分布为线性分布，速度梯度为$\frac{du}{dy}=\frac{u}{\delta}$

则
$$\mu=\frac{mg\delta\sin\alpha}{Au}=\frac{5\times9.8\times0.001\times5}{0.5^2\times0.25\times\sqrt{12^2+5^2}}=0.3015(\text{Pa}\cdot\text{s})$$

$$\nu=\frac{\mu}{\rho}=\frac{0.3015}{0.92\times1000}=3.278\times10^{-4}(\text{m}^2/\text{s})$$

六、流体的表面张力与毛细管现象

（一）表面张力

流体的表面张力是指在两种流体（如水与气、水与油等）交界面上，由于两侧流体分子所受内聚力不平衡而形成的拉力，如图 1－9 所示。表面张力作用在交界面的任意一条曲线上，方向与交界面相切，与曲线正交，大小与流体分子之间的内聚力有关，与曲线长度成正比。

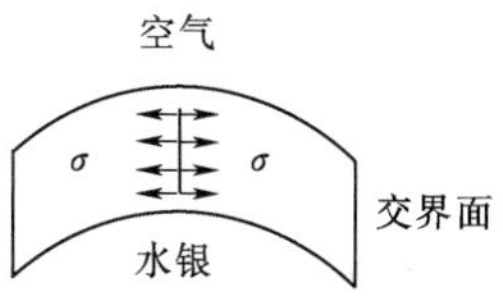

图 1－9　表面张力示意图

拓展思考： *表面张力是否属于表面力？*

表面张力的大小可以用表面张力系数 σ 来量度。表面张力系数定义为交界面上单位长度曲线上作用的表面张力，常用单位为 N/m。纯水与空气交界面在不同温度下的表面张力系数见表 1－1。不同流体交界面的表面张力系数见表 1－4。可以看出，表面张力一般都很小，在实际工程中常常可以忽略不计。

表 1－4　　常见流体交界面的表面张力系数

流体类型	水-空气	水银-空气	酒精-空气	水银-水
σ/(N/m)	0.0728	0.472	0.022	0.375

日常生活中会遇到一些与表面张力有关的现象，如杯中的水可以高出杯口而不外溢，密度大于水的金属硬币可以置于水的表面而不下沉，某些昆虫可以在水面上行走等，都是因为表面张力的存在而出现的。

（二）毛细管现象

如果将一根玻璃管插入水中，由于水分子的内聚力小于水对玻璃的附着力，水面呈凹形，水面与壁面形成夹角为 $\theta<90°$的接触角［图 1－10（a）］。因为表面张力的作用，玻璃管中的水面会上升一定高度，这种现象称为毛细管现象。上升高度 h 与玻璃管直径 d、液体的容重 ρg 成反比，与表面张力系数 σ、接触角 θ 的余弦成正比，即

$$h=\frac{4\sigma\cos\theta}{\rho gd} \tag{1-17}$$

当水温为 20℃时，水的密度为 $\rho=998.2\text{kg/m}^3$，$\sigma=0.0728\text{N/m}$，水与玻璃壁面的接触角 $\theta\approx0°$，则玻璃管中水面上升高度为 $h=29.8/d$（d 和 h 的单位为 mm）。

如果将一根玻璃管插入水银中，由于水银分子的内聚力大于水银对玻璃的附着力，水银面呈凸形，水银面与壁面形成夹角为 $\theta>90°$的接触角［图 1－10（b）］。因为表面张力的作用，玻璃管中的水银面会下降一定高度。

当水温为 20℃时，水银的密度 $\rho=13546\text{kg/m}^3$，$\sigma=0.472\text{N/m}$，水银与玻璃壁面的

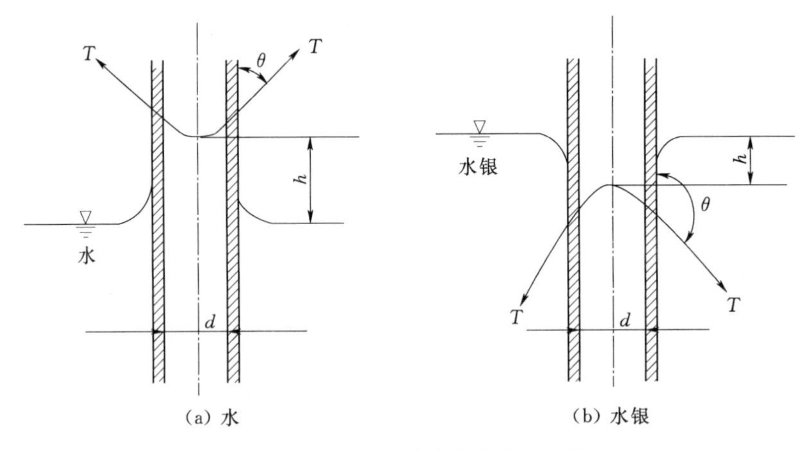

(a) 水　　(b) 水银

图 1-10 水和水银在玻璃管中的毛细管现象

接触角 $\theta \approx 135°$，则玻璃管中水银液面下降高度 $h=10/d$（d 和 h 的单位为 mm）。

在利用测压管量测流体压强时，通常要求测压管的内径不小于 10mm，以减小由于毛细管现象造成液面高度变化而产生的测量误差。

第三节 水力学研究与进展

与其他学科的研究方法一样，水力学流体力学的研究方法主要有理论分析法、实验研究法和数值模拟法。理论分析法是根据自然界存在的普遍规律和定律建立流体的平衡和运动微分方程，然后采用高等数学的方法在一定的条件下确定微分方程解析解。流体力学，特别是古典流体力学一般多采用这种理论分析方法。实验研究法是将复杂的微分方程简化，通过实验数据建立经验公式，确定经验系数，研究流体的平衡和运动规律。水力学一般多注重实验研究法，解决实际工程问题。数值模拟法是采用数值方法求解流体的运动微分方程组，近似计算出流体运动参数随时空的变化情况，它可以在复杂的定解条件下求解复杂的微分方程，解决复杂的流动问题。

水力学流体力学的发展过程与研究方法相对应。早期研究主要以理论分析方法为主，称为古典流体力学。由于实际流动问题的微分方程和定解条件非常复杂，只有少数简单的问题可以采用理论分析法，求出其解析解。虽然在一定假设条件下（例如假定流体为理想流体）可以从理论上严格求出方程的精确解，但由于假设与实际不符，计算结果与实际情况不符。因此，纯理论分析法的发展受到很大限制。为了解决实际工程问题，许多学者逐步开始了实验研究。首先将复杂的三维问题和微分方程简化为一维总流问题和积分方程，然后通过大量实验数据分析，确定方程和经验公式的参数。虽然结果具有一定的经验性和近似性，但可以满足实际工程需要，解决实际工程问题，这使得以实验为主的水力学研究方法得到广泛的应用与发展。20 世纪 40 年代，计算机首次被用于流动的数值模拟，最近几十年，随着计算机性能的提高，计算速度加快、计算机容量增大，数值模拟方法得以迅速发展，目前已形成水力学流体力学的专门分支，称为计算水力学或计算流体力学。

现代水力学已不再局限于一维总流的实验研究，而是将流体力学的理论分析方法、数值模拟方法融入其中，三种方法相互补充，相互促进。因此，本教材除了介绍传统的水力学一维总流三大方程（连续性方程、能量方程和动量方程）及其应用外，在第四章流体动力学基本理论中增加了微分方程的解析解、平面势流理论、边界层理论等内容。另外，在部分章节增加了数值模拟方法与计算程序。

在水力学流体力学研究与发展的历史长河中，许许多多的科学工作者做出了巨大的贡献。在理论分析方面，阿基米德在公元前3世纪提出的浮力定律被认为是水力学和流体力学理论的起源。15世纪，达·芬奇提出了恒定流动的连续性原理。瑞士数学家欧拉建立了流体平衡微分方程和理想流体运动微分方程，被认为是理论流体力学的奠基人。伯努利在一定条件下对理想流体运动微分方程进行积分得到了伯努利方程。纳维尔和斯托克斯各自独立地建立了黏性流体的运动微分方程，奠定了古典流体力学的理论基础。拉格朗日、柯西和欧拉等在一定条件下对流体的运动微分方程进行积分得到了拉格朗日-柯西积分方程和欧拉积分方程。雷诺对黏性流体的运动微分方程进行时间平均，得到了雷诺时均方程组。法国科学家圣·维南推导出了明渠非恒定流的微分方程组。普朗特提出了边界层理论，将水力学与理论流体力学紧密结合在一起。

在实验研究方面，法国物理学家巴斯加通过现场测量，建立了平衡液体中压强传递的基本规律——巴斯加定律，使流体静力学理论得到进一步发展。牛顿最早提出牛顿内摩擦定律和内摩擦力的计算公式。皮托发明了测量流速的皮托管。文丘里发明了测量流量的文丘里管。雷诺通过实验发现了两种流态的不同流动现象和损失规律。达西威斯巴哈提出了计算沿程损失的达西威斯巴哈公式。尼古拉兹进行了管道流动和阻力损失关系的尼古拉兹实验，并提出了计算阻力损失系数的经验公式。克列布鲁克通过实验给出了计算阻力损失系数的统一公式。舍维列夫根据实测资料给出了钢管和铸铁管的阻力损失系数计算公式。谢才根据明渠水流实测资料提出了明渠均匀流计算的经验公式——谢才公式，曼宁根据实测资料给出了计算谢才系数的曼宁公式。达西根据实验提出渗流的达西定律和均匀渗流计算公式，杜比提出了非均匀渐变渗流的计算公式。

我国古代也有许多水利工程和丰富的工程实践经验。相传4000多年前，大禹父亲鲧采取“水来土挡”的治水策略失败后，禹改“堵”为“疏”，成功地防治了洪水灾害。公元前486年开始修建的京杭大运河途经浙江、江苏、山东、河北四省及天津、北京两市，贯通海河、黄河、淮河、长江、钱塘江五大水系，全长约1797km，是世界上里程最长、工程最大、最古老的运河之一，2014年成功入选世界文化遗产名录。公元前256年秦国蜀郡太守李冰率众修建的都江堰水利工程（图1-11），是世界水利文化的鼻祖，它利用鱼嘴分水堤（四六分水）、飞沙堰溢洪道（二八分沙）、宝瓶口进水等工程措施，科学地解决了江水自动分流、自动排沙、自动控制进水流量等问题，2018年入选世界灌溉工程遗产名录。公元前246年修建的郑国渠将泾河与洛河相连，是古代劳动人民修建的大型水利工程之一，2016年入选世界灌溉工程遗产名录。公元前214年修建的灵渠（湘桂运河）将珠江流域的漓江源头与长江流域的湘江源头相连（图1-12），是世界上最古老的运河之一，有着“世界古代水利建筑明珠”的美誉，2018年入选世界灌溉工程遗产名录。现代的三峡水利工程、南水北调中线工程、小浪底水利工程等更是处于世界领先行列。

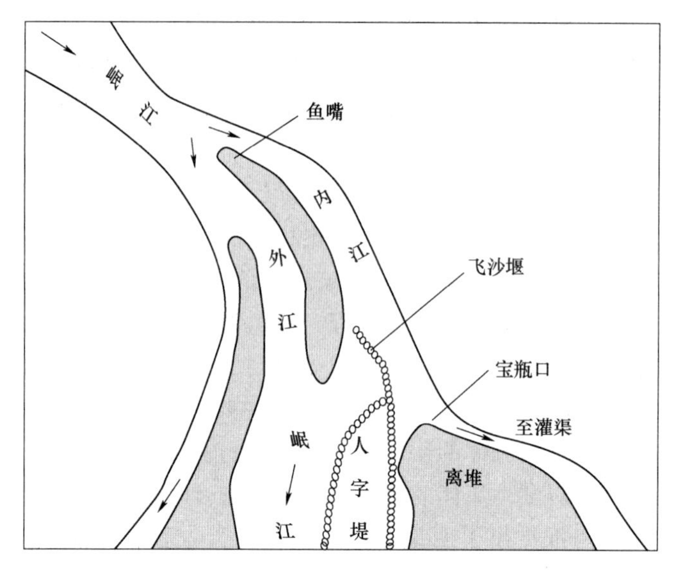

图 1-11　都江堰水利工程示意图

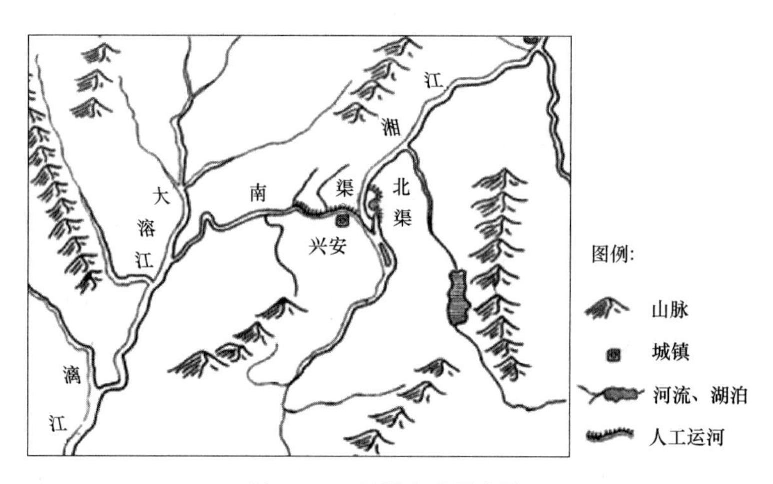

图 1-12　灵渠水系示意图

习　　题

1-1　已知 20℃时海水的密度 $\rho=1.03\mathrm{g/cm^3}$，试求其相对密度和容重。

1-2　20℃时水的容重 $\gamma=9.789\mathrm{kN/m^3}$，$\mu=1.005\times10^{-3}\mathrm{N\cdot s/m^2}$，求其运动黏度 ν。20℃时空气的容重 $\gamma=11.82\mathrm{N/m^3}$，$\nu=0.150\mathrm{cm^2/s}$，求其动力黏度 μ。

1-3　设水的体积弹性模量 $K=2.19\times10^9\mathrm{Pa}$，试问压强改变多少时，其体积才可相对压缩 1%？

1-4　流体的内摩擦力与正压力____，与速度大小____，与速度梯度____，与剪切变形速率____，与流体性质____，与流体的黏度____，与作用面面积____。

1-5　已知二元明渠流动的断面流速分布为抛物线，如图 1-13 所示，则其切应力分

布 $\tau-y$ 为________分布，切应力最大值在________处。

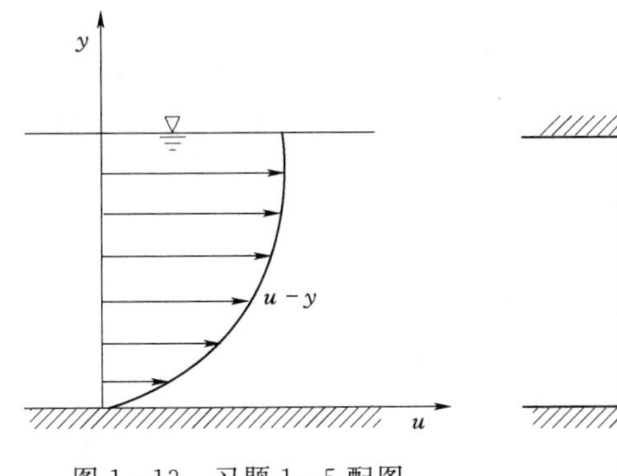

图 1－13　习题 1－5 配图

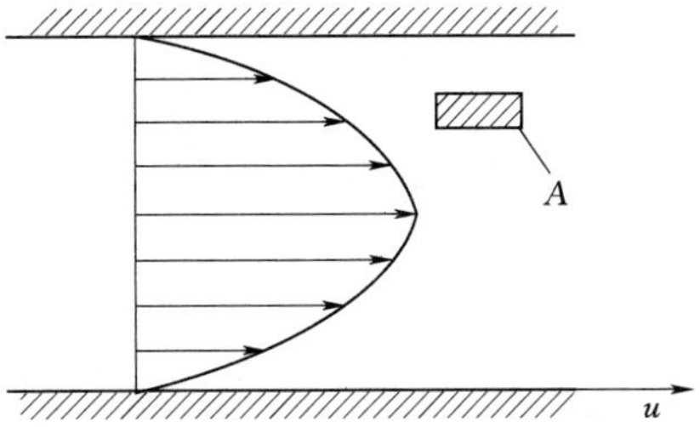

图 1－14　习题 1－6 配图

1－6　管道过水断面水流速度分布如图 1－14 所示，水体 A 顶面所受切应力的方向与流向________，底面所受切应力的方向与流向________。

1－7　如图 1－15 所示，两距离为 Δ 的平行边界的缝隙内充满动力黏度为 μ 的液体，其中有一面积为 A 的极薄平板以速度 u 平行移动，x 为平板距上边界的距离，缝隙内的流速按直线分布。求拖动平板前进所需的拖力 T。

1－8　已知活塞的直径 $d=0.14\text{m}$，长度 $l=0.16\text{m}$。活塞在汽缸内作往复运动，活塞与汽缸内壁的间隙 $\delta=0.4\text{mm}$，其间充满着 $\mu=0.1\text{Pa}\cdot\text{s}$ 的润滑油。活塞运动速度 $u=1.5\text{m/s}$，润滑油在间隙中的速度按线性分布。求活塞上所受到的摩擦阻力。

1－9　如图 1－16 所示，水流在平板上运动，靠近板壁附近的流速呈抛物线分布，E 点为抛物线端点，E 点处 $\text{d}u/\text{d}y=0$，流速 $u=1\text{m/s}$，水的运动黏度 $\nu=1.0\times10^{-6}\text{m}^2/\text{s}$，试求 $y=0\text{cm}$、2cm、4cm 处的切应力（提示：先设流速分布 $u=Ay^2+By+C$，再利用给出的条件确定待定常数 A，B，C）。

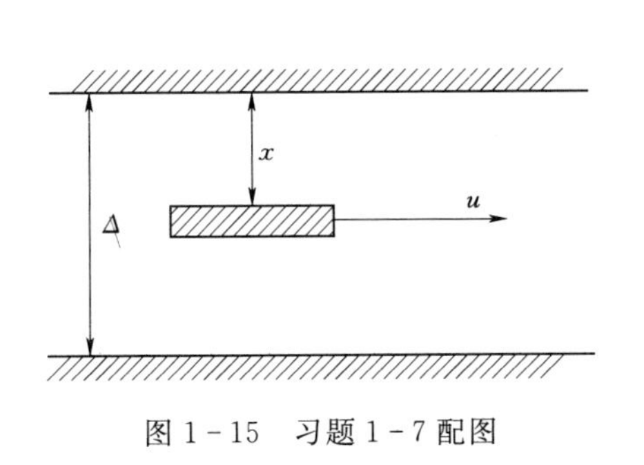

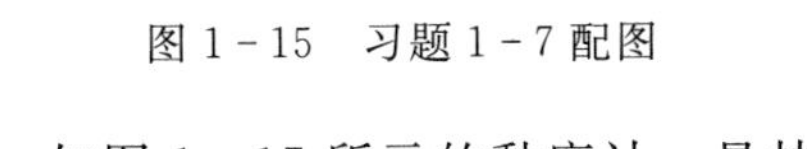

图 1－15　习题 1－7 配图

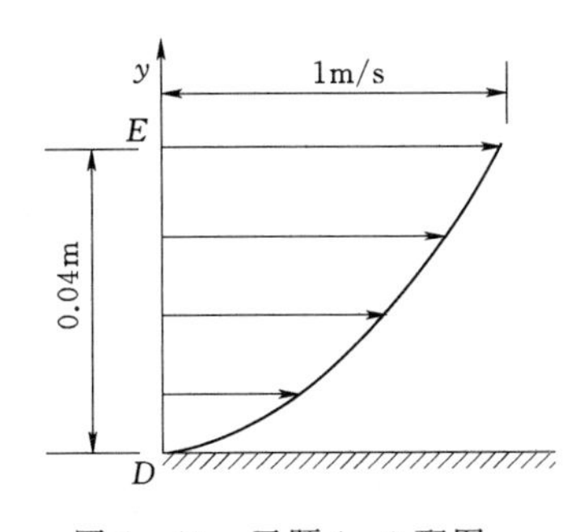

图 1－16　习题 1－9 配图

1－10　如图 1－17 所示的黏度计，悬挂着的内圆筒半径 $r=20\text{cm}$，高度 $h=40\text{cm}$，两筒间距 $\delta=0.3\text{cm}$，内盛待测液体。当外圆筒以角速度 $\omega=10\text{rad/s}$ 旋转，内圆筒不动时，测得内筒所受力矩 $M=4.905\text{N}\cdot\text{m}$。试求该液体的动力黏度 μ（假设内筒底部与外筒底部之间间距较大，内筒底部与该液体的相互作用力均可不计）。

1－11　如图 1－18 所示，盛水容器以等角速度 ω 绕中心轴（z 坐标轴）旋转。试写出位于 A（x，y，z）处单位质量流体所受质量力各分量的表达式。

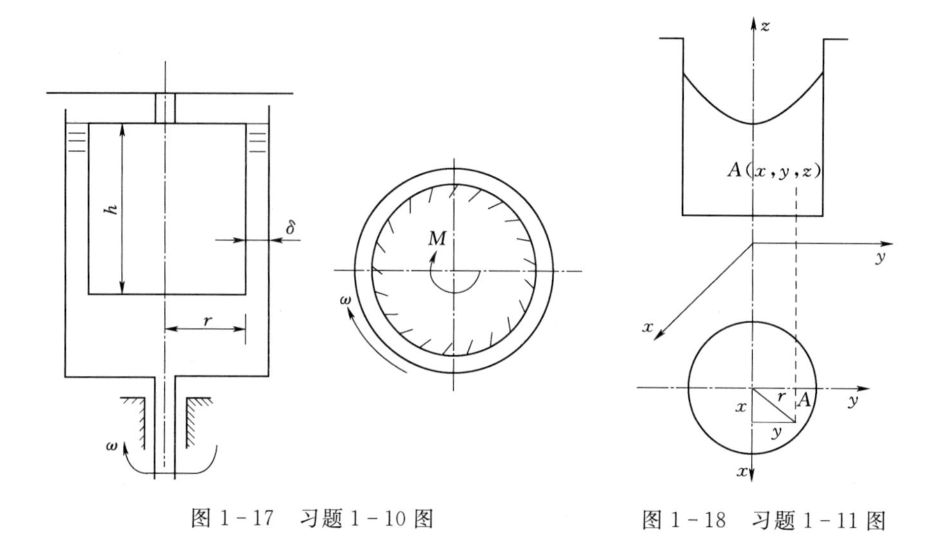

图 1-17 习题 1-10 图

图 1-18 习题 1-11 图

第二章　流 体 静 力 学

流体静力学研究流体处于静止状态时的力学规律及其应用。这里所谓的“静止状态”是指流体质点之间没有相对运动的状态。即流体相对于某个参考系的速度为0，该参考系可以是地球，也可以是某个运动参考系。由于在这个特定的参考系之下流体的速度恒为0，这意味着流体内部不存在相对运动和变形。例如做等加速运动的容器内的液体以及等角速度旋转容器中的液体都是处于相对静止状态的。流体静力学是解决工程中液体荷载问题的基础，同时也是学习流体动力学的基础。

第一节　静 水 压 强 及 其 特 性

静止状态下的流体，质点没有相对运动，黏滞性不起作用，不存在切力，所以作用于静止流体的表面力只有压力，这个压力即为流体静压力，在水力学中称之为静水压力。在流体中取一微小面积 ΔA，垂直作用于其上的压力为 ΔP，当 ΔA 趋于0时，$\Delta P/\Delta A$ 的极限就是静水压强（流体静压强）p，即

$$p=\lim_{\Delta A\to 0}\frac{\Delta P}{\Delta A} \tag{2-1}$$

静水压强有以下两个特性：

（1）静水压强的方向总是垂直作用面指向作用面的内法线方向。这一特性是流体的性质决定的。由于牛顿流体在任何微小剪切力的作用下都将产生连续变形，即发生相对运动，不能保持静止状态。另外，流体不能承受拉力，因此静水压强的方向总是沿着作用面的内法线方向。

（2）任何一点的静水压强大小在各个方向上均相等，也就是说静水压强的大小与作用面的方位无关。对该特性证明如下：

在静止流体中 $M(x,y,z)$ 点附近，取微小四面体 $MABC$，如图2-1所示。为方便起见，3个正交面与坐标平面方向一致，棱长分别为 δ_x、δ_y、δ_z。其倾斜面 ABC 的方位可任取，面积为 A_n，外法线方向单位长度矢量 $\vec{n}$ 的方向余弦为 $\cos(n,x)$、$\cos(n,y)$、$\cos(n,z)$。作用于四面体4个表面 MBC、MCA、MAB 及 ABC 上的平均静水压强和静水总压力分别为 p_x、p_y、p_z 及 p_n 和 P_x、P_y、P_z 及 P_n，四面体所受的单位质量力在各轴向的分量分别为 f_x、f_y、f_z（图中未表

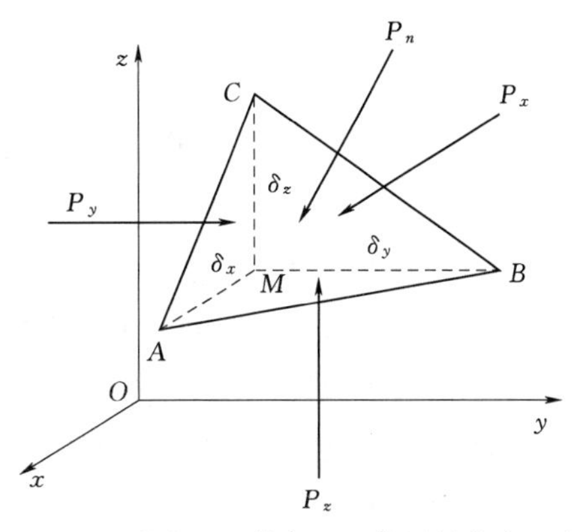

图2-1　微小四面体各面上作用的静水压力

示出来)。流体的密度以 ρ 表示。根据平衡条件，四面体所承受的全部外力在 3 个坐标轴向的分力之和应分别等于 0，即

$$\left.\begin{aligned}P_x-P_n\cos(n,x)+\frac{\rho}{6}f_x\delta_x\delta_y\delta_z=0\\P_y-P_n\cos(n,y)+\frac{\rho}{6}f_y\delta_x\delta_y\delta_z=0\\P_z-P_n\cos(n,z)+\frac{\rho}{6}f_z\delta_x\delta_y\delta_z=0\end{aligned}\right\}$$

即

$$\left.\begin{aligned}\frac{1}{2}p_x\delta_y\delta_z-p_nA_n\cos(n,x)+\frac{\rho}{6}f_x\delta_x\delta_y\delta_z=0\\\frac{1}{2}p_y\delta_z\delta_x-p_nA_n\cos(n,y)+\frac{\rho}{6}f_y\delta_x\delta_y\delta_z=0\\\frac{1}{2}p_z\delta_x\delta_y-p_nA_n\cos(n,z)+\frac{\rho}{6}f_z\delta_x\delta_y\delta_z=0\end{aligned}\right\}\tag{2-2}$$

将 $A_n\cos(n,x)=\frac{1}{2}\delta_y\delta_z$，$A_n\cos(n,y)=\frac{1}{2}\delta_z\delta_x$，$A_n\cos(n,z)=\frac{1}{2}\delta_x\delta_y$ 代入式（2-2）中，各式同除以公因子得

$$\left.\begin{aligned}p_x-p_n+\frac{\rho}{3}f_x\delta_x=0\\p_y-p_n+\frac{\rho}{3}f_y\delta_y=0\\p_z-p_n+\frac{\rho}{3}f_z\delta_z=0\end{aligned}\right\}$$

当 δ_x、δ_y、δ_z 趋于 0 时，上列诸式中的高阶无穷小量可忽略不计，从而可得

$$p_x=p_y=p_z=p_n\tag{2-3}$$

因为 $\vec{n}$ 方向是任意选定的，故式（2-3）表明，作用于同一点各个方向上的静水压强大小相等，与作用面的方向无关，可以把各个方向的压强均写成 p。因为 p 只是位置的函数，在连续介质中，静水压强是空间坐标的连续函数，即

$$p=p(x,y,z)\tag{2-4}$$

第二节 流体平衡方程

一、流体平衡微分方程

通过分析平衡状态下微元流体上的外力之间相互作用的关系，可以建立流体平衡的微分方程。在平衡流体中取出微小六面体，各边分别与坐标轴平行，边长分别为 δ_x、δ_y、δ_z，如图 2-2 所示。由于静止流体内部没有切应力，因此流体内部的力的平衡就是压力与质量力的平衡。

六面体上所受表面力是周围流体对它的压力。设六面体中心点 $M(x,y,z)$ 上的压强

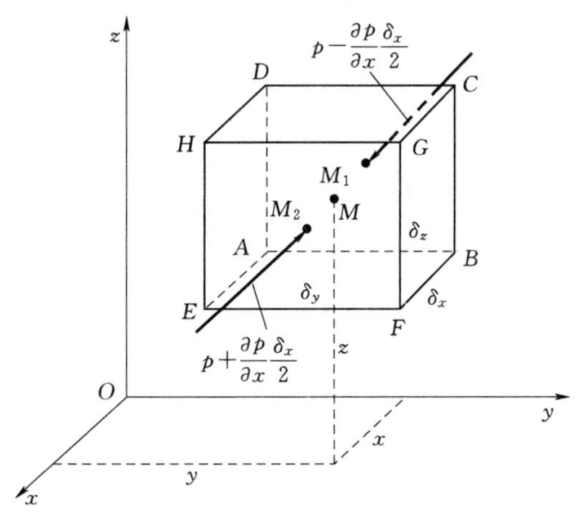

图 2-2 微小六面体力平衡示意图

为 p，因为它是空间坐标的连续函数 $p=p(x,y,z)$，所以 p 在 M 点附近的变化可用泰勒级数表达。由于六面体各面的形心到 M 点的距离很小，故在泰勒级数中可以忽略二阶以上微量，则 $ABCD$ 面上中心点 $M_1(x-\frac{\delta_x}{2},y,z)$ 处的压强是$(p-\frac{\partial p}{\partial x}\frac{\delta_x}{2})$，$EFGH$ 面上中心点 M_2 $(x+\frac{\delta_x}{2}, y, z)$ 处的压强是$(p+\frac{\partial p}{\partial x}\frac{\delta_x}{2})$，因此作用于 $ABCD$ 及 $EFGH$ 面上的静水总压力分别为$(p-\frac{\partial p}{\partial x}\frac{\delta_x}{2})\delta_y\delta_z$ 及$(p+\frac{\partial p}{\partial x}\frac{\delta_x}{2})\delta_y\delta_z$。其他面上的表面力也可类似地求得。

已知六面体的质量为 $\rho\delta_x\delta_y\delta_z$，单位质量力在各轴向的分力分别为 f_x、f_y、f_z，故质量力在各轴向的分力分别为 $f_x\rho\delta_x\delta_y\delta_z$、$f_y\rho\delta_x\delta_y\delta_z$、$f_z\rho\delta_x\delta_y\delta_z$。

根据力的平衡，可得该微元体在 x 方向的平衡关系式为

$$\left(p-\frac{1}{2}\frac{\partial p}{\partial x}\delta_x\right)\delta_y\delta_z-\left(p+\frac{1}{2}\frac{\partial p}{\partial x}\delta_x\right)\delta_y\delta_z+f_x\rho\delta_x\delta_y\delta_z=0$$

用 $\rho\delta_x\delta_y\delta_z$ 遍除上式，得

$$f_x-\frac{1}{\rho}\frac{\partial p}{\partial x}=0 \tag{2-5}$$

同理可得
$$f_y-\frac{1}{\rho}\frac{\partial p}{\partial y}=0, f_z-\frac{1}{\rho}\frac{\partial p}{\partial z}=0 \tag{2-6}$$

这就是流体平衡微分方程，适用于静止状态下的液体和气体，是瑞士数学家欧拉于1775年导出的，故又称欧拉平衡方程，该式表明，在平衡状态下的流体中，静水压强沿某一方向的变化率与该方向单位体积上的质量力分量相等。因此可得，在平衡流体中，哪一方向有质量力分量，该一方向就有压强变化。

流体平衡微分方程还可以写成另外一种形式。将式（2-5）、式（2-6）的三个方程分别乘以 ρdx、ρdy、ρdz，然后相加，得

$$\rho(f_x dx+f_y dy+f_z dz)=\frac{\partial p}{\partial x}dx+\frac{\partial p}{\partial y}dy+\frac{\partial p}{\partial z}dz$$

显然，上式右边为静水压强 p 的全微分，故得

$$dp=\rho(f_x dx+f_y dy+f_z dz) \tag{2-7}$$

这是流体平衡方程的另一种形式。欧拉平衡方程是流体静力学的重要方程，对该方程进行积分，就可以得到流体静压强的计算公式。

二、流体平衡微分方程的积分

对于均质不可压缩流体，ρ=常数，从式（2-5）和式（2-6）不难得出

$$\frac{\partial f_x}{\partial y}=\frac{\partial f_y}{\partial x},\frac{\partial f_y}{\partial z}=\frac{\partial f_z}{\partial y},\frac{\partial f_z}{\partial x}=\frac{\partial f_x}{\partial z} \tag{2-8}$$

式（2-8）是 $f_x\mathrm{d}x+f_y\mathrm{d}y+f_z\mathrm{d}z$ 成为某一函数 $W(x,\ y,\ z)$ 的全微分的充分必要条件，即

$$f_x\mathrm{d}x+f_y\mathrm{d}y+f_z\mathrm{d}z=\mathrm{d}W=\frac{\partial W}{\partial x}\mathrm{d}x+\frac{\partial W}{\partial y}\mathrm{d}y+\frac{\partial W}{\partial z}\mathrm{d}z$$

故得到

$$f_x=\frac{\partial W}{\partial x},f_y=\frac{\partial W}{\partial y},f_z=\frac{\partial W}{\partial z} \tag{2-9}$$

因此，式（2-7）可以写成

$$\mathrm{d}p=\rho\left(\frac{\partial W}{\partial x}\mathrm{d}x+\frac{\partial W}{\partial y}\mathrm{d}y+\frac{\partial W}{\partial z}\mathrm{d}z\right)$$

即

$$\mathrm{d}p=\rho\mathrm{d}W \tag{2-10}$$

在式（2-7）中，对于不可压缩的均质流体。$f_x\mathrm{d}x+f_y\mathrm{d}y+f_z\mathrm{d}z$ 可以看成是流体在某一方向上移动微元距离情况下单位质量力所做的功。式（2-8）是质量力所做的功与路径无关的充分必要条件，即只与起点和终点的位置坐标有关，这样的质量力称为有势力。由于函数 $W(x,\ y,\ z)$ 与质量力存在着式（2-9）所示的关系，把它称为质量力的势函数。质量力有势是不可压缩流体平衡的必要条件。

将式（2-10）进行积分，得

$$p=\rho W+C \tag{2-11}$$

式（2-11）中 C 为积分常数，可由流体内部某点已知的势函数 W_0 和压强 p_0 确定，从而有

$$p=p_0+\rho(W-W_0) \tag{2-12}$$

这就是不可压缩流体平衡微分方程积分后的关系式。

在式（2-12）中，$\rho(W-W_0)$ 是由流体的密度和质量力的势函数所决定的，与 p_0 值无关。也就是说，如果 p_0 值有所改变，则平衡流体中各点的压强 p 也随之有同样大小的数值变化。即在平衡流体中任意一点的压强增减可以等值地传递到流体内的所有各点，这就是法国物理学家帕斯卡提出的帕斯卡定律。水压机、液压传动装置等都是根据这一定律设计的。

三、等压面

在相连通的液体中，由压强相等的各点所组成的面叫作等压面。在等压面上，$\mathrm{d}p=0$。由式（2-7）可得

$$f_x\mathrm{d}x+f_y\mathrm{d}y+f_z\mathrm{d}z=0 \tag{2-13}$$

写成矢量形式为

$$\vec{f}\cdot\mathrm{d}\vec{r}=0 \tag{2-14}$$

这就是等压面的微分方程，该式说明，静止流体中，等压面恒与质量力正交。从式（2-10）还可得，对于静止不可压缩均质流体，等压面也是等势面。

如果流体在静止状态下，作用于其上的质量力只有重力，那么从局部范围来看，等压面一定是一个水平面；从大范围讲，等压面是一个处处与地心引力正交的曲面。如果作用在液体上的质量力除重力外还有其他方向的力，那么，等压面就应与这些质量力的合力正交，此时，等压面就不再是水平面了。

常见的等压面有液体的自由表面（其上作用的是表面上的气体压强）、平衡液体中不相混合的两种液体的交界面（读者可自行证明此交界面为等压面）等。

第三节 重力作用下的液体平衡

工程实际中经常遇到的液体平衡问题是液体相对于地球没有运动的静止状态，这时作用在液体上的质量力只有重力。下面就针对这种液体平衡情况进行分析。

一、重力作用下静水压强的基本公式

在质量力只有重力的静止液体中，将直角坐标系的 z 轴取为铅直向上，如图 2－3 所示。在这种情况下，作用于单位质量液体上的质量力在各坐标轴方向的分量为 $f_x=0$，$f_y=0$，$f_z=-g$。代入液体平衡微分方程（2－7），得

$$\mathrm{d}p=-\rho g\mathrm{d}z=-\gamma\mathrm{d}z \text{ 或 } \mathrm{d}z+\frac{\mathrm{d}p}{\gamma}=0$$

对不可压缩均质液体，γ 为常数，积分上式得

$$z+\frac{p}{\gamma}=C \tag{2-15}$$

式中 C 为积分常数，可以由已知值确定。

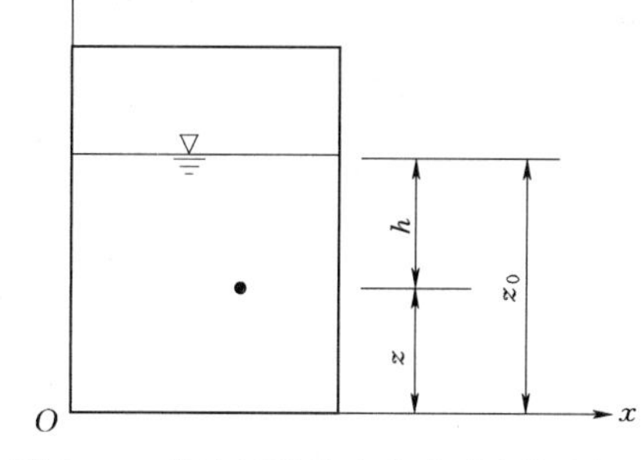

图 2－3 静水压强基本公式对应的坐标系

式（2－15）表明，在重力作用下，不可压静止液体中各点的（$z+\frac{p}{\gamma}$）值相等。对其中的任意两点 1 及 2，上式可写成

$$z_1+\frac{p_1}{\gamma}=z_2+\frac{p_2}{\gamma} \tag{2-16}$$

这就是重力作用下，静止液体应满足的基本方程式，是流体静力学的基本方程式。

若已知在自由表面上，$z=z_0$，$p=p_0$，则 $C=z_0+\frac{p_0}{\gamma}$。代入式（2－15）中即可得出重力作用下静止液体中任意点的静水压强计算公式

$$p=p_0+\gamma(z_0-z)$$

或

$$p=p_0+\gamma h \tag{2-17}$$

式（2－17）即为重力作用下静水压强的计算公式，它表明，静止液体内任意点的静水压强由两部分组成：一部分是表面压强 p_0，它遵从帕斯卡定律等值地传递到液体内部各点；

另一部分是液重压强 γh，也就是从该点到液体自由表面的单位面积上的液柱重量。

由式（2－16）还可以看出，淹没深度相等的各点静水压强相等，故水平面即是等压面，它与质量力（即重力）的方向相垂直。由于重力的方向总是垂直向下的，所以仅有重力作用下的等压面是一个水平面。但并不是所有的水平面都是等压面，只有静止连通的同种均质液体其水平面才是等压面（图2－4）。

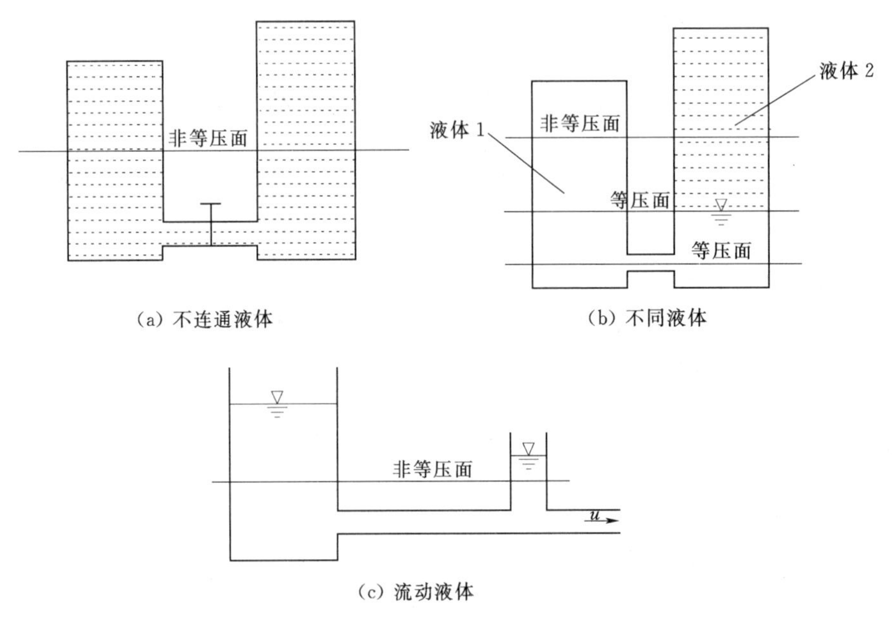

（a）不连通液体　　（b）不同液体

（c）流动液体

图2－4　等压面示意图

若在一盛有液体的容器的侧壁打一小孔，接上与大气相通的玻璃管，就形成一根测压管。如果容器内装的是重力作用下的静止液体，液面上为大气压，则无论连在哪一点上，测压管内的液面都是与容器内液面齐平的，如图2－5所示。测压管液面到基准面的高度由 z 和 p/γ 两部分组成，z 表示该点相对于基准面的位置高度，p/γ 表示该点压强的液柱高度。在水力学中常将上述高度称为“水头”，其中 z 称为位置水头，p/γ 称为压强水头，而（$z+p/\gamma$）则称为测压管水头。从几何意义上来说，式（2－15）表明重力作用下的静止液体内，各点位置水头和压强水头之和（测压管水头）相等。

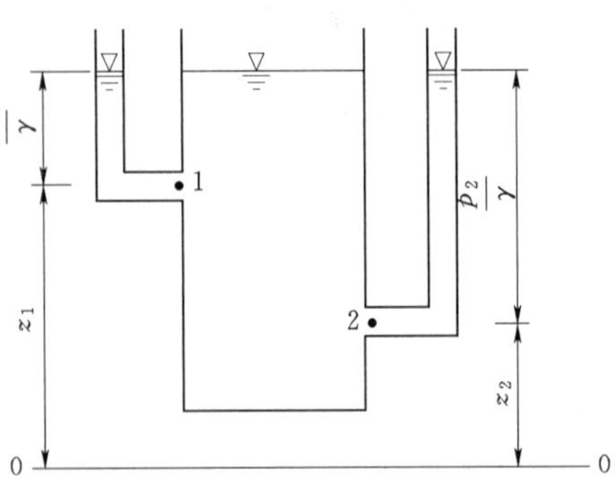

图2－5　位置水头 z、压强水头 p/γ 和测压管水头（$z+p/\gamma$）示意图

下面进一步说明位置水头、压强水头和测压管水头的物理意义。

位置水头 z 等于单位重量液体从某一基准面算起所具有的重力势能（简称单位位能）。我们知道，把重量为 G 的物体从基准面移到高度 z 后，该物体所具有的位能是 Gz，对于单位重量物体来说，位能就是 $Gz/G=z$。它具有长度的量纲。基准面不同，z 值也不同。

压强水头 p/γ 等于单位重量液体从压强

为大气压算起所具有的压强势能（简称单位压能）。压能也是一种势能。如果液体中某点的压强为 p，在该处安置测压管后，在压力的作用下，液面会上升的高度为 p/γ，也就是把压强势能转变为位能。对于重量为 G，压强为 p 的液体，在测压管中上升 p/γ 后，位能的增量 Gp/γ 就是原来液体具有的压强势能。所以单位重量液体具有的压能 $= G\dfrac{p}{\gamma}\Big/G=\dfrac{p}{\gamma}$。

静止液体中的机械能只有位能和压能，两者之和为势能。测压管水头 $(z+p/\gamma)$ 等于单位重量液体所具有的势能。因此，流体静力学基本方程表明，静止液体内各点单位重量液体所具有的势能相等。

二、压强的量度

（一）量度压强的基准

量度压强的大小，首先要明确起算的基准，其次要了解计量的单位。压强可从不同的基准算起，因而有不同的表示方法。

（1）绝对压强：以设想的没有气体存在的完全真空作为零点算起的压强称为绝对压强，用符号 p_{ab} 表示。绝对压强值总是正的。

（2）相对压强：在工程中水流表面或建筑物表面多为当地大气压强，并且很多测压仪表测得的压强都是绝对压强和当地大气压强的差值，所以，当地大气压强又常作为计算压强的基准。以当地大气压强作为零点算起的压强称为相对压强，又称计示压强或表压强，用符号 p 表示。相对压强与绝对压强之间关系为

$$p=p_{ab}-p_a \tag{2-18}$$

式（2－18）中 p_a 为当地大气压强的绝对压强值，它与海拔高度和气象条件有关，随海拔高度增加而下降。

如自由液面上的压强为当地大气压强，液面的相对压强 $p_0=0$，根据式（2－17），有自由面的静止液体中的相对压强

$$p=\gamma h \tag{2-19}$$

图 2－6 为用几种不同方法表示的压强值的关系图，其绝对压强与相对压强之间相差一个大气压强。

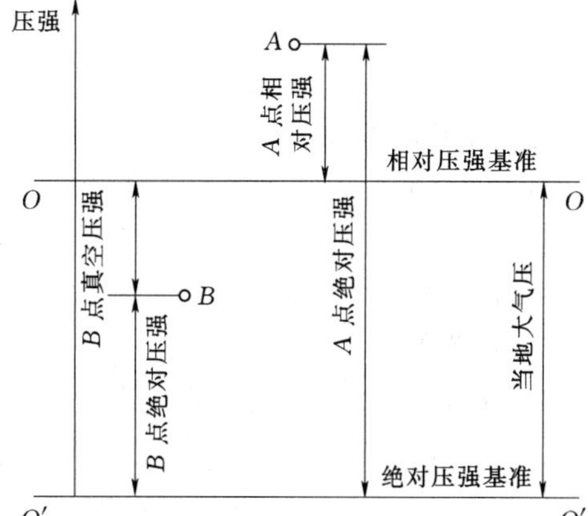

图 2－6　绝对压强、相对压强和真空压强示意图

（3）真空及真空压强：由于相对压强是绝对压强与当地大气压的差值，因此液体某处绝对压强大于当地大气压时，相对压强为正。当液体某处绝对压强小于当地大气压时，相对压强为负，称为负压或者说该处存在着真空。用真空压强 p_v 表示绝对压强比当地大气压强小多少，即

$$p_v=p_a-p_{ab}=|p|\quad (p_{ab}<p_a) \tag{2-20}$$

由式（2－20）可知：理论上，当绝对压强为零时，真空压强达到最大值 $p_v=p_a$，即

"完全真空"状态。但实际液体中一般无法达到这种"完全真空"状态，因为如果容器中液体的表面压强降低到该液体的汽化压强 p_{vp} 时，液体就会迅速蒸发、汽化，因此，只要液面压强降低到液体的汽化压强时，该处压强便不会再往下降。所以液体的最大真空压强值不能超过当地大气压强与该液体汽化压强之差。

水的汽化压强随着温度的降低而降低。表 2-1 列出了水在不同温度下的汽化压强值。

表 2-1　　水在不同温度下的汽化压强值

温度/℃	0	5	10	15	20	25	30
p_{vp}/kPa	0.61	0.87	1.23	1.70	2.34	3.17	4.24
p_{vp}/γ/mH_2O	0.06	0.09	0.12	0.17	0.25	0.33	0.44
温度/℃	40	50	60	70	80	90	100
p_{vp}/kPa	7.38	12.33	19.92	31.16	47.34	70.10	101.33
p_{vp}/γ/mH_2O	0.76	1.26	2.03	3.20	4.96	7.18	10.33

（二）压强的计量单位

（1）用一般的应力单位表示压强的大小，即从压强定义出发，以单位面积上的作用力来表示，国际单位制的压强单位为 Pa、kPa、MPa 等。

（2）用大气压强的倍数表示压强的大小。国际单位制规定，一个标准大气压 p_{atm} = 101325Pa，它是 0℃时海平面上大气压强的平均值。工程上为了便于计算，常常采用工程大气压来衡量压强，一个工程大气压 p_{at} = 98000Pa，比标准大气压略小。

（3）用液柱高表示压强。由式（2-19）可得

$$h=\frac{p}{\gamma} \tag{2-21}$$

式（2-21）说明：任一点的静水压强 p 可表示为任何一种容重为 γ 的液体柱高度 h，因此工程中常用液柱高度作为压强的单位。例如一个工程大气压，如用水柱高表示，则为

$$h=\frac{p_{at}}{\gamma}=\frac{98000}{9800}=10(mH_2O)$$

如果用水银柱表示，因水银的容重取为 γ_{Hg} = 133230Pa，故有

$$h=\frac{p_{at}}{\gamma_{Hg}}=\frac{98000}{133230}=0.7356(mHg)=735.6(mmHg)$$

三、压强的量测

在工程实际中，往往需要量测液流中某点的压强或某两点之间的压强差。量测压强的仪器很多，大致可分为液柱式测压计、金属压强计和电测式仪表等。这里只介绍一些直接反映流体静力学原理的液柱式测压计。

（一）测压管

简单的测压管是用一根开口到大气中的玻璃管与被测液体连通而成的，如图 2-7 中的（a）和（b）所示。测压管液面到测点的高度差就是该点的相对压强水头，因此该点的相对压强为 $p=\gamma h$（γ 为液体容重）。

如果所测压强较小，为了提高测量精度，可将测压管倾斜放置，如图 2-7（b）所

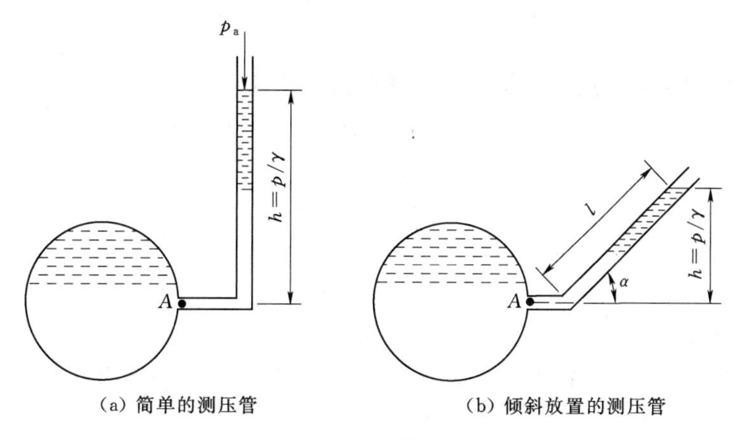

图 2-7 测压管示意图

示。此时，标尺读数 l 比 h 放大了一些，其压强应为

$$p=\gamma h=\gamma l\sin\alpha \tag{2-22}$$

另外，也可在测压管内装入与水不相掺混的轻质液体，则同样的压强值 p 可以有较大的液柱高 h。还可采用上述两者相结合的方法使量测精度更高。

量测较大的压强，则可使用装入容重较大液体的 U 形测压管，如图 2-8 所示。测得 h 及 h'，则 A 点的压强为

$$p=\gamma_{Hg}h'-\gamma h \tag{2-23}$$

（二）比压计（差压计）

比压计用于量测液体中两点的压强差或测压管水头差，常用的比压计有空气比压计和水银比压计等。

图 2-9 为一个空气比压计，顶端连通，上装控制阀，可使上部空气压强 p_0 大于或小于大气压强 p_a。如 A、B 容器内液体容重均为 γ，显然，比压计上部压强 p_0 与大气压强 p_a 之差所折合成的液柱高度 $(p_0-p_a)/\gamma$，对于 A、B 两点来说是相同的，则 A 和 B 的测压管水头差就是液面高度差 Δh，即

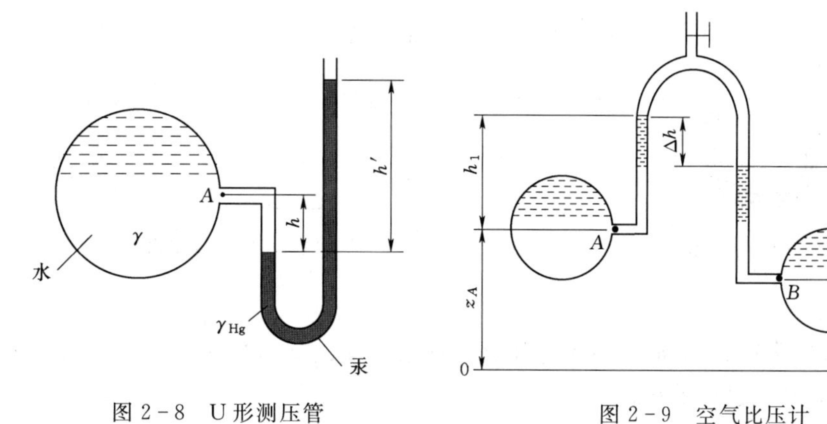

图 2-8 U 形测压管

图 2-9 空气比压计

$$\left(z_A+\frac{p_A}{\gamma}\right)-\left(z_B+\frac{p_B}{\gamma}\right)=\Delta h \tag{2-24}$$

如果量测 A、B 两点的压强差时忽略空气柱重量，则有

$$p_A=p_0+\gamma h_1 \quad p_B=p_0+\gamma h_2$$

由图 2-9 知

$$h_1=\Delta h+h_2-(z_A-z_B)$$

从而可得

$$p_A-p_B=\gamma\Delta h-\gamma(z_A-z_B) \tag{2-25}$$

如 A、B 位置同高，则两点的压强差为

$$p_A-p_B=\gamma\Delta h \tag{2-26}$$

图 2-10 为量测较大压差用的水银比压计，如 B 容器内液体容重为 γ，水银容重为 γ_{Hg}。取 0-0 为基准面，水银液面差为 Δh。由等压面 1-1，即可根据点压强计算式得

左侧

$$p_1=p_A+\gamma z_A+\gamma\Delta h$$

右侧

$$p_1=p_B+\gamma z_B+\gamma_{Hg}\Delta h$$

则有

$$p_A-p_B=(\gamma_{Hg}-\gamma)\Delta h-\gamma(z_A-z_B) \tag{2-27}$$

A、B 两处的测压管水头差为

$$\left(z_A+\frac{p_A}{\gamma}\right)-\left(z_B+\frac{p_B}{\gamma}\right)=\frac{\gamma_{Hg}-\gamma}{\gamma}\Delta h \tag{2-28}$$

若容器内为水，因水银的相对密度为 13.6，故得

$$\left(z_A+\frac{p_A}{\gamma}\right)-\left(z_B+\frac{p_B}{\gamma}\right)=(13.6-1)\Delta h=12.6\Delta h \tag{2-29}$$

若 A、B 同高，则

$$p_A-p_B=(\gamma_{Hg}-\gamma)\Delta h=12.6\Delta h\gamma$$

【例 2-1】 一封闭水箱如图 2-11 所示，若水面上的压强 $p_0=-44.5\text{kPa}$，试求 h，并求水下 0.3m 处 M 点的绝对压强、相对压强、真空压强及该点相对于基准面 0-0 的测压管水头。

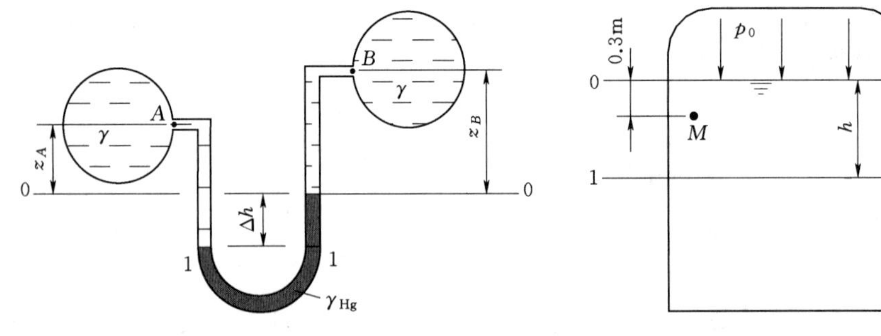

图 2-10　水银比压计　　　　图 2-11　封闭水箱

解：（1）计算 h：

利用图 2-11 所示 1-1 水平面为等压面，而已知 $p_0=-44.5\text{kPa}$，应是相对压强，故有 $p_0+\gamma h=0$，代入已知数据得

$$-44.5+9.8h=0$$

$$h=4.54(\mathrm{m})$$

（2）计算 M 点的压强和测压管水头：

相对压强　$p_M=-44.5+9.8\times0.3=-41.56(\mathrm{kPa})$

绝对压强　$p_{Mab}=p_M+p_{at}=-41.56+98=56.44(\mathrm{kPa})$

真空压强　$p_{Mv}=41.56(\mathrm{kPa})$

测压管水头　$z_M+\dfrac{p_M}{\gamma}=-0.3+(-4.24)=-4.54(\mathrm{mH_2O})$

【例 2-2】 同学们在做实验时，采用如图 2-12 所示的装置测量水管断面内 B 点的压强，测得 U 形测压管上 Δh 为 40cm。他们误认为 U 形管内其余部分均被水充满，由此计算出 B 点的压强。之后，经教师检查发现由于操作上的疏忽，U 形管内空气未排尽，其所占位置如图 2-12 所示。问同学们原来计算结果的误差是多少？

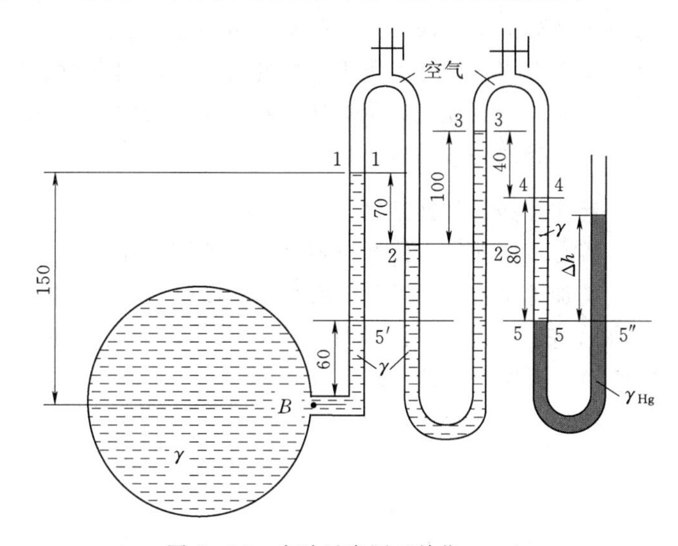

图 2-12　实验示意图（单位：cm）

解：（1）求 B 点的实际压强：

凡测压管中相连通的空气内部各点的压强可看作是相等的，因此 1-1 面上的压强应与 2-2 面上的压强相等，3-3 面上的压强与 4-4 面上的压强相等。于是，由等压面 2-2 及 5-5″可得

$$p_5=\gamma_{Hg}\Delta h$$

$$p_3=p_4=p_5-\gamma\times0.8$$

$$p_1=p_2=p_3+\gamma\times1.0$$

$$p_B=p_1+\gamma\times1.5=\gamma_{Hg}\Delta h+\gamma(-0.8+1.0+1.5)$$

$$=133.23\times0.4+9.8\times1.7=69.952(\mathrm{kPa})$$

（2）求同学们测出的压强：

同学们误认为 U 形管内其余部分均被水充满，则只需从交界面 5-5 作一水平面。由于该水平面由 5-5′和 5-5″两部分组成，它们分别处于同一种液体相连通的区域中，故为等压面。从而同学们计算的结果应为

$$p'_B = p_5 + 9.8 \times 0.6 = \gamma_{Hg} \Delta h + 5.88 = 133.23 \times 0.4 + 5.88 = 59.172(\text{kPa})$$

于是可得相对误差为

$$\frac{69.952 - 59.172}{69.952} \times 100\% = 15.41\%$$

第四节　几种质量力同时作用下的液体平衡☆

如果装在容器中的液体，随容器相对于地球运动，但液体与容器一起就像整块刚体一样没有变形，则只要把坐标系固定在容器上，液体对这个坐标系来说也是处于静止状态，这种静止称为相对静止或相对平衡。显然相对静止下的液体内部或液体与边壁之间都不存在切力。但其上作用的质量力除重力外还有与容器一道运动时的惯性力。可利用达朗贝尔原理把惯性力加在像刚体一样运动的液体上，将运动问题从形式上转化成静力平衡问题。和重力作用下的液体平衡问题一样，分析重力和惯性力同时作用下的液体平衡问题的目的也是要得出压强分布的规律。下面通过讨论液体相对静止的两种典型情况，说明几种质量力同时作用下的液体平衡问题的一般分析方法。

一、液体与容器一起作直线等加速运动

如图 2-13 所示，盛有液体的长方体开口容器，容器固定在小车上，并随小车一道作水平直线等加速运动，其加速度为 a。将坐标系取在等加速运动的容器上。

根据达朗贝尔原理，将惯性力加在液体质点上，则单位质量力为 $f_x = -a$，$f_y = 0$，$f_z = -g$。将这些数值代入压强差公式（2-7）得

$$dp = -\rho(a\,dx + g\,dz)$$

积分后，得

$$p = -\rho(ax + gz) + c$$

式中积分常数可根据边界条件确定：在原点处 $x = z = 0$，压强为大气压，用相对压强表示时，$p = 0$，所以 $c = 0$。因此

$$p = -\rho(ax + gz) \qquad (2-30)$$

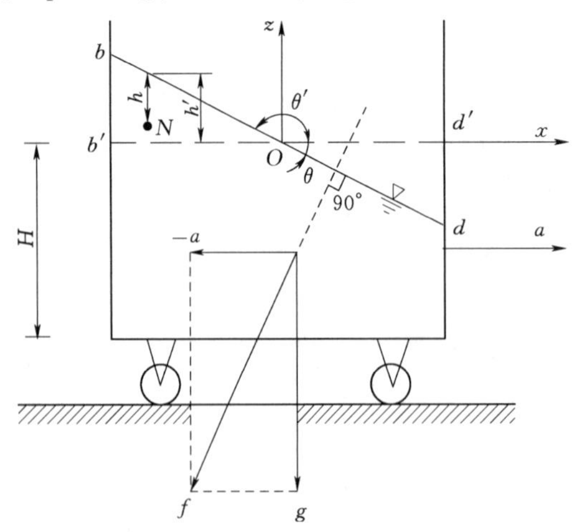

图 2-13　等加速度直线运动容器中液体的相对平衡

由 p 为常数得等压面方程

$$ax + gz = \text{常数} \qquad (2-31)$$

对于自由表面，$p = 0$，故自由表面方程为

$$ax + gz = 0 \qquad (2-32)$$

由此可见自由表面和任一等压面均是倾斜平面。

对于液体内部中任一点 $N(x, y, z)$，其在液面以下的铅直深度为 h（图 2-13），因

$$z = h' - h$$

代入式（2-30）得到

$$p = -\rho[ax + g(h' - h)]$$

由自由表面方程知 $ax+gh'=0$，于是可得

$$p=\rho gh=\gamma h \tag{2-33}$$

可见在这种情况下，液体在铅直线上的压强分布规律与重力作用下静止液体的完全一样。

二、液体随容器绕铅直轴作等角速旋转运动

如图 2-14 所示的盛有液体的开口圆筒，当圆筒以等转速 ω 绕其中心铅直轴旋转时，由于液体的黏滞性作用，与容器壁接触的液体层首先被带动而旋转，并逐渐向中心发展，使所有的液体质点都绕该轴旋转。待运动稳定后，液体与容器将如同刚体般一起绕旋转轴旋转，各质点都具有相同的角速度，液面形成一个漏斗形的旋转面。将坐标系取在运动着的容器上，原点取在旋转轴与自由表面的交点上，z 轴铅直向上。

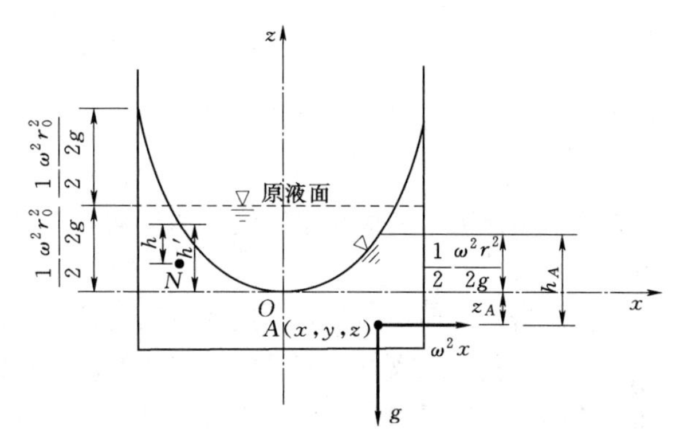

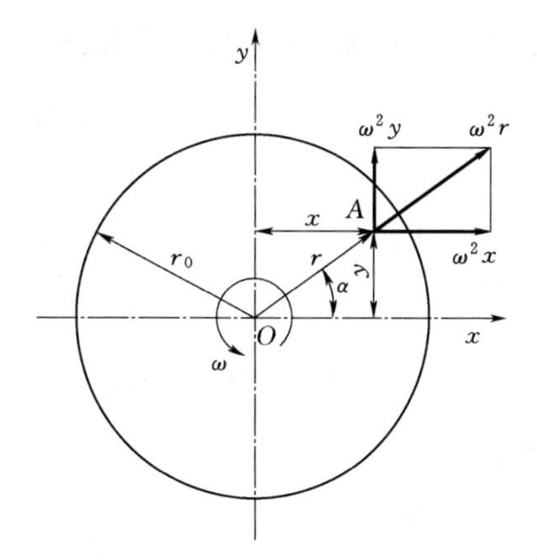

图 2-14　匀速转动容器中液体的相对平衡

作为平衡问题来处理，根据达朗贝尔原理，作用在液体质点上的质量力除了重力以外，还要虚加上一个大小等于液体质点的质量乘向心加速度、方向与向心加速度相反的离心惯性力。于是作用在圆筒内距转轴为 r，坐标为（x，y，z）处单位质量液体上的质量力分量为

$$f_x=\omega^2 r\cos\alpha=\omega^2 x$$
$$f_y=\omega^2 r\sin\alpha=\omega^2 y$$
$$f_z=-g$$

将单位质量力分量代入压强差公式（2-7），得

$$\mathrm{d}p=\rho(\omega^2 x\mathrm{d}x+\omega^2 y\mathrm{d}y-g\mathrm{d}z)$$

积分得

$$p=\rho\left(\frac{1}{2}\omega^2 x^2+\frac{1}{2}\omega^2 y^2-gz\right)+c=\rho\left(\frac{1}{2}\omega^2 r^2-gz\right)+c$$

根据边界条件，在原点处 $x=r=0$，压强为大气压，$p=0$，所以积分常数 $c=0$。于是得

$$p=\gamma\left(\frac{\omega^2 r^2}{2g}-z\right) \tag{2-34}$$

由 p 为常数得等压面方程

$$\frac{\omega^2 r^2}{2g}-z=\frac{p}{\gamma}=\text{常数} \tag{2-35}$$

对于自由表面，$p=0$，故自由表面方程为

$$\frac{\omega^2 r^2}{2g}=z \tag{2-36}$$

由此可见，自由表面和任一等压面均是旋转抛物面。

对于液体内部任一点$N(x, y, z)$，其在液面以下的铅直深度为h（图2-14），则因

$$z=h'-h$$

得
$$p=\gamma\left[\frac{\omega^2 r^2}{2g}-(h'-h)\right]$$

由自由表面方程知$\frac{\omega^2 r^2}{2g}=h'$，于是可得

$$p=\gamma h \tag{2-37}$$

可见在这种情况下，液体在铅直线上的压强分布规律与重力作用下静止液体的压强分布规律也完全一样。

容器旋转时液面中心下降，边壁液面上升，坐标原点不在原静止的液面上，而是下降了一个距离。这个距离可以用旋转后液体的总体积保持不变这一条件来确定。根据旋转抛物体的体积等于同底同高圆柱体积的一半，可以得出：相对于原液面来说，液体沿边壁升高和中心降低值是相同的，如果圆筒半径是r_0，它们都是$\frac{1}{2}\frac{\omega^2 r_0^2}{2g}$。

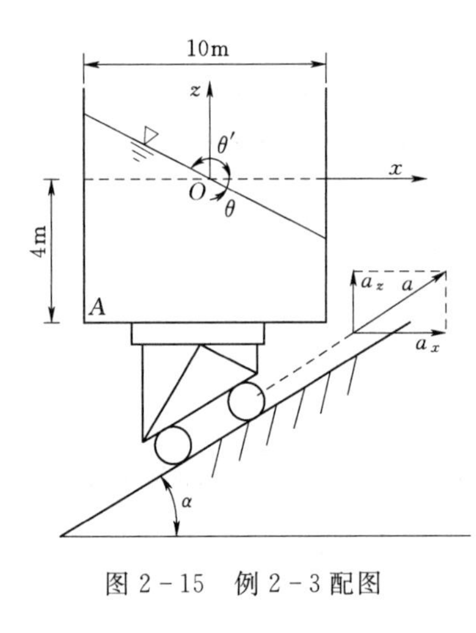

图2-15　例2-3配图

【例2-3】　如图2-15所示为一斜坡升船机，整体以3.0m/s^2的加速度沿$\alpha=30°$的倾斜轨道向上运动。试求自由表面方程式及其与水平面所成的角度，并求A点的压强。

解： 将坐标系固定在升船机上。由已知条件可得单位质量力分量为$f_x=-a\cos\alpha$，$f_y=0$，$f_z=-(g+a\sin\alpha)$，将其代入压强差公式得

$$\mathrm{d}p=-\rho[(a\cos\alpha)\mathrm{d}x+(g+a\sin\alpha)\mathrm{d}z]$$

积分后得　$p=-\rho[(a\cos\alpha)x+(g+a\sin\alpha)z]+c$

将边界条件$x=z=0$处，$p=0$代入上式得$c=0$。于是得液体内任一点的压强为

$$p=-\rho[(a\cos\alpha)x+(g+a\sin\alpha)z]$$

液面方程式为　$(a\cos\alpha)x+(g+a\sin\alpha)z=0$

自由表面与水平面所成的角度为　$\theta=\tan^{-1}\frac{a\cos\alpha}{g+a\sin\alpha}$

将已知条件$a=3.0\text{m/s}^2$，$\alpha=30°$代入上式，得

$$\theta=\tan^{-1}\frac{3\cos30°}{9.8+3\sin30°}=\tan^{-1}0.23=12°57'$$

将A点坐标$x=-5\text{m}$，$z=-4\text{m}$代入点压强公式，得

$$p_A=-1.0\times[(3\cos30°)(-5)+(9.8+3\sin30°)(-4)]=58.19(\text{kPa})$$

【例2-4】　(1) 一开口圆筒容器，如图2-16所示，直径为1.0m，高为1.5m，盛水深为1.2m，如旋转后筒底部中心处恰好无水，求筒此时的旋转角速度及溢出的水

量；(2) 如果容器是封闭的，为使底部中心水深为0，求旋转角速度。

解：(1) 如图2-16所示，将坐标原点取在抛物面最低点O，则自由表面方程式为$z=\frac{\omega^2 r^2}{2g}$，将筒上沿坐标$r=0.5$m，$z=1.5$m代入得

$$\omega=\sqrt{2gz}/r=\sqrt{2\times 9.8\times 1.5}/0.5=10.84(\text{rad/s})=103.5(\text{r/min})$$

根据旋转抛物体体积等于同底同高圆柱体体积的一半这一性质，可知筒内剩余水体积为圆筒容积的一半，于是可得溢出水量为

$$V_{溢}=(1.2-1.5/2)\pi d^2/4=0.45\pi\times 1^2/4=0.3634(\text{m}^3)$$

(2) 如图2-17所示，因圆筒顶部封闭，故旋转后形成的无水空间应等于静止时容器内气体所占空间，即

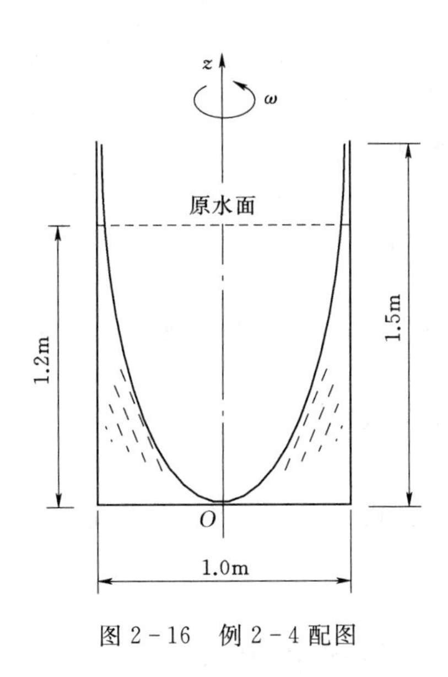

图2-16 例2-4配图

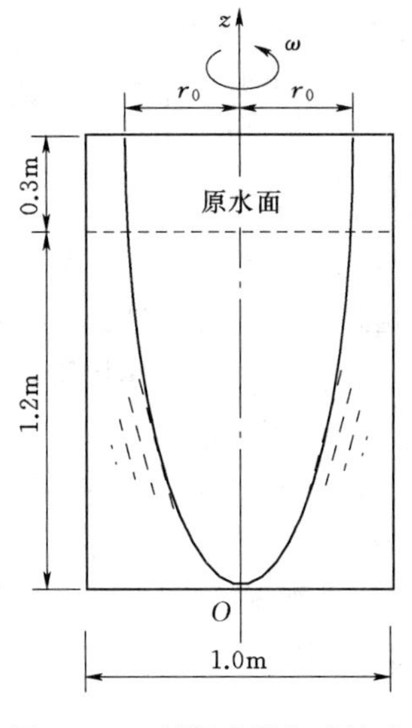

图2-17 封闭容器匀速转动

$$0.3\pi\times 1^2/4=1.5\pi r_0^2/2$$

解得

$$r_0=0.3162(\text{m})$$

将$r=0.3162$m，$z=1.5$m代入自由表面方程$z=\omega^2 r^2/2g$，得

$$1.5=\omega^2(0.3162)^2/(2\times 9.8)$$

解得

$$\omega=17.15(\text{rad/s})=163.77(\text{r/min})$$

【例2-5】 若在旋转圆筒内的水体中投入球状的固体颗粒，颗粒密度为ρ_s。分别在$\rho_s>\rho$（水的密度）和$\rho_s<\rho$的情况下，写出作用于颗粒的各作用力，并指出颗粒的运动趋向。

解：设颗粒位于半径为r的位置。颗粒四周液体压强对颗粒的作用力可分铅直向和径向两个分量。将欧拉平衡方程式(2-6)写成柱坐标的形式为

$$\frac{1}{\rho}\frac{\partial p}{\partial r}-f_r=0 \quad \frac{1}{\rho r}\frac{\partial p}{\partial \theta}-f_\theta=0 \quad \frac{1}{\rho}\frac{\partial p}{\partial z}-f_z=0$$

在此情况下，单位质量力为 $f_r=\omega^2 r$，$f_\theta=0$，$f_z=-g$。于是得颗粒所受铅直向压力 P_V 为

$$P_V=\int_A\int_{z_1}^{z_2}\left(-\frac{\partial p}{\partial z}\right)\mathrm{d}z\,\mathrm{d}A=\int_V\rho g\,\mathrm{d}V$$

式中：$\mathrm{d}A$ 为颗粒中一个微小铅直柱体的断面积，$\mathrm{d}z$ 为微小柱体的高度，$\mathrm{d}V$ 为该柱体体积。积分后可得

$$P_V=\rho gV$$

即铅直向水压力等于颗粒所排开的水体重量，方向向上。

同样可得径向压力 P_r 为

$$P_r=\int_{A'}\int_{r_1}^{r_2}\left(-\frac{\partial p}{\partial r}\right)\mathrm{d}r\,\mathrm{d}A'=\int_V(-\rho\omega^2 r)\mathrm{d}V'$$

式中：$\mathrm{d}A'$为颗粒中一个微小水平柱体的断面积，$\mathrm{d}r$ 为该柱体长度，$\mathrm{d}V'$为该柱体体积。对于细小颗粒，可认为半径 r 为常数，于是积分上式得

$$P_r=-\rho V\omega^2 r$$

上式中的负号表明径向水压力是一个向心力。

除上述水压力以外，颗粒还受重力作用，其值为 $\rho_s Vg$；由于颗粒随水体做旋转运动，颗粒上还应虚加一个离心惯性力，其值为 $\rho_s V\omega^2 r$。

综合以上各作用力得，作用于颗粒的合力在铅直向的分量为 $R_v=(\rho-\rho_s)Vg$；径向分量为 $R_r=(\rho_s-\rho)V\omega^2 r$。

如果 $\rho_s>\rho$，则 R_v 向下，R_r 向外。除非设法平衡（如用线拉住），否则颗粒将向下向外运动，最后将聚集在筒底外圈。

如果 $\rho_s<\rho$，则 R_v 向上，R_r 向内。如无平衡措施，颗粒将向上向轴心运动，最后漂浮在水面轴心附近。

第五节　平面上的静水总压力

作用在建筑物表面上的静水总压力，是工程实际中进行水工建筑物（如闸、坝等）设计时必须考虑的主要荷载之一。静水总压力的计算实际上是一个求受压面上分布力的合力问题。因此，只要掌握了前面所讲的静水压强分布规律，就不难确定静水总压力的大小、方向和作用点。本节介绍平面上静水总压力的计算。下一节讨论曲面上静水总压力的计算。

一、静水压强分布图

静水压强分布规律可用几何图形表示出来，即以线条长度表示点压强的大小，以线端箭头表示点压强的作用方向，亦即受压面的内法线方向。由这样一系列垂直于作用面的带箭头的线条组合而成的图形就是静水压强分布图。由于建筑物的四周一般都处在大气中，各个方向的大气压力将互相抵消，故压强分布图只需绘出相对压强值。如图 2－18 所示为一直立矩形平板闸门，一面受水压力作用，其在水下的部分为 ABB_1A_1，深度为 H，宽度为 b。图 2－18（a）便是作用在该闸门上的压强分布图，为一空间压强分布图；图 2－

18（b）为它垂直于闸门且平行于 AB 的剖面图，为一平面压强分布图。

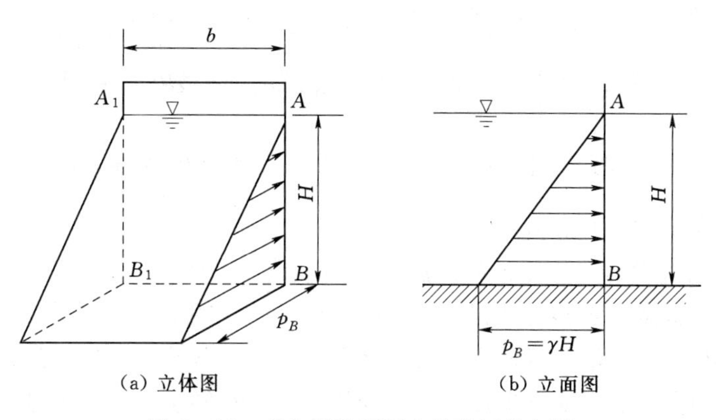

图 2-18　直立矩形平面上的静压分布图

从前面知道，静水压强与淹没深度呈线性关系，故作用在平面上的平面压强分布图必然是按直线分布的，因此，只要直线上两个点的压强为已知，就可确定该直线压强分布。图 2-19 为各种情况的平面上的静水压强分布图。

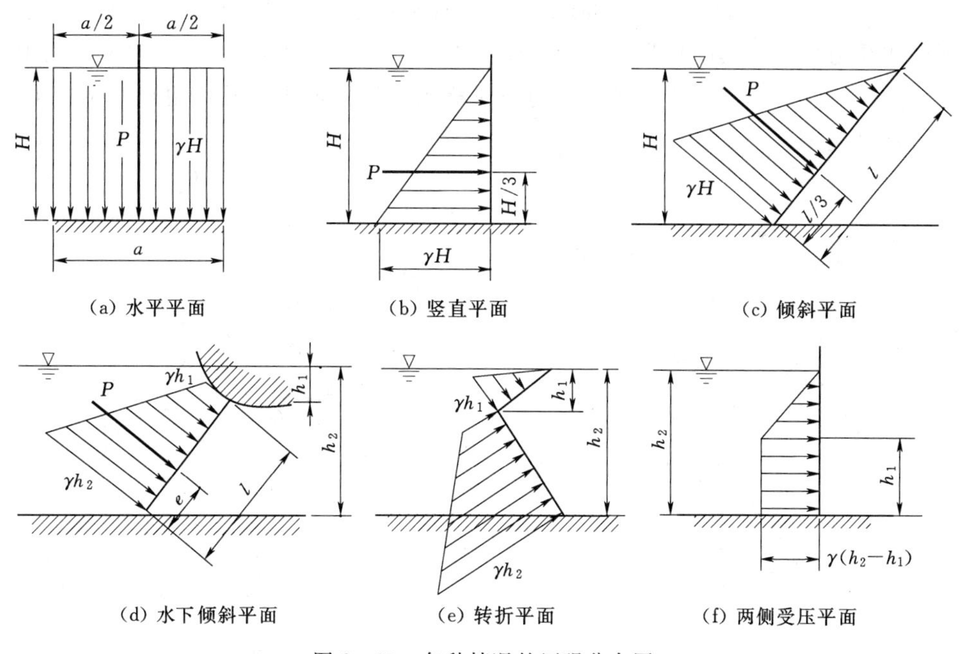

图 2-19　各种情况的压强分布图

二、用压强分布图求矩形平面上的静水总压力

求矩形平面上的静水总压力实际上就是平行力系求合力的问题。通过绘制压强分布图求一边与水面平行的矩形平面上的静水总压力最为方便。

图 2-20 为一倾斜放置的受压矩形平面 ABB_1A_1，其底边 BB_1、顶边 AA_1 与水面平行。可先画出该平面上的压强分布图，然后根据压强分布图确定总压力的大小、方向和作

用点。当作出作用于矩形平面上的压强分布图 $ABEF$ 后便不难看出：作用于整个平面上的静水总压力 P 的大小应等于该压强分布图的面积 Ω 与矩形平面的宽度 b 的乘积，即

$$P=\Omega b=\frac{1}{2}(\gamma h_1+\gamma h_2)lb=\frac{1}{2}\gamma(h_1+h_2)lb=\gamma h_C A \tag{2-38}$$

式中：l 为矩形平面的长度；h_C 为矩形平面的形心在水下的深度，$h_C=\frac{1}{2}(h_1+h_2)$；A 为受水压力作用部分的平面面积。

总压力的作用方向与受作用面的内法线方向一致，总压力的作用点应在作用面的纵向对称轴 $O-O$ 上的 D 点，该点是压强分布图形心点 D' 沿作用面内法线方向在作用面上的投影点。如图 2-19（a）所示，压强分布图为矩形，总压力作用点必在中点 $a/2$ 处；如图 2-19（b）和（c）所示的压强分布图为三角形，合力必在距底 1/3 高度处；而如图 2-19（d）所示的压强分布图为梯形，总压力作用点在距底 $e=\frac{l}{3}\frac{2h_1+h_2}{h_1+h_2}$处。

三、用分析法求任意平面上的静水总压力

对任意形状的平面，需要用分析法来确定静水总压力的大小和作用点。如图 2-21 所示，EF 为一任意形状的平面，倾斜放置于水中任意位置，与水面相交成 α 角。设想该平面一面受水压力作用，其面积为 A，形心位于 C 处，形心处水深为 h_C，自由表面上的压强为当地大气压强。作用于这一平面上的相对静水总压力的大小及作用点的位置 D 可按以下的方法来确定。

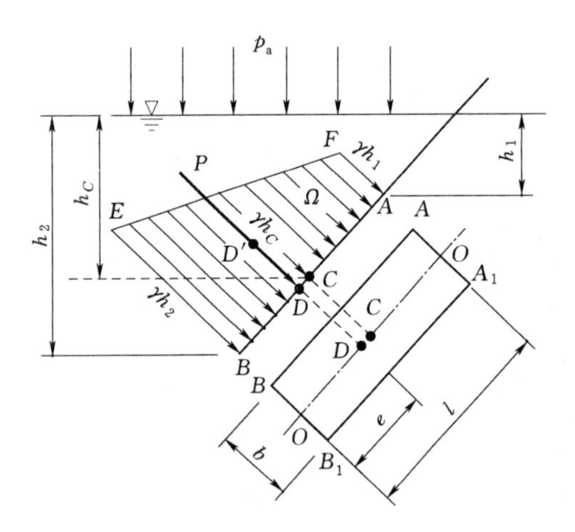

图 2-20　作用在矩形平面上的静水总压力及其作用线

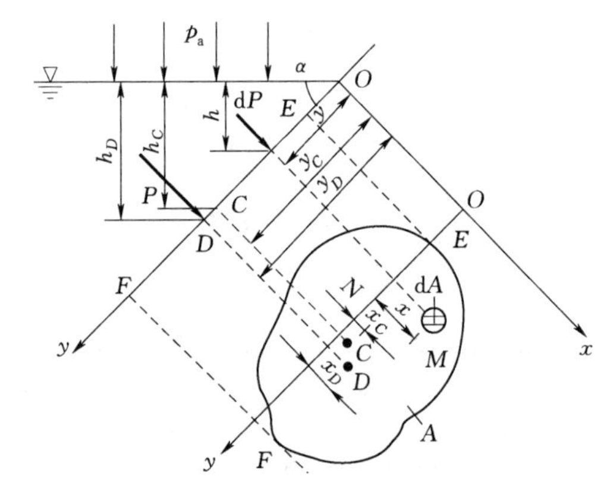

图 2-21　作用于任意形状平面上的静水总压力及其压力中心

取平面的延展面与水面的交线为 Ox 轴，以通过平面 EF 中任意选定点 N 并垂直于 Ox 轴的直线为 Oy 轴。在平面中的 M 处取一微小面积 $\mathrm{d}A$ 上的压力为 $\mathrm{d}P=\gamma h\mathrm{d}A$，因此，作用于整个 EF 平面上的静水总压力为

$$P=\int_A \gamma h\mathrm{d}A=\int_A \gamma y\sin\alpha\mathrm{d}A=\gamma\sin\alpha\int_A y\mathrm{d}A$$

上式中$\int_A y\mathrm{d}A$代表平面EF对Ox轴的静面矩（即面积一次矩），它等于平面面积A与其形心坐标y_C的乘积，即

$$\int_A y\mathrm{d}A = y_C A$$

则有

$$P=\gamma \sin\alpha y_C A=\gamma h_C A=p_C A \tag{2-39}$$

式中：p_C为形心C处的静水压强。

式（2-39）表明：作用于任意平面上的静水总压力的大小等于该平面的面积与其形心处静水压强的乘积。因此，形心处的静水压强相当于该平面上的平均压强。

下面分析静水总压力的作用点——压力中心D的位置y_D和x_D。这一位置可通过合力对任意轴的力矩等于各分力对该轴的力矩和来确定。对Ox轴取力矩得

$$P_{y_D}=\int_A \gamma h y\mathrm{d}A=\gamma \sin\alpha\int_A y^2\mathrm{d}A$$

式中$\int_A y^2\mathrm{d}A$为平面EF对Ox轴的惯性矩，以J_x表示，故得

$$P_{y_D}=\gamma \sin\alpha J_x$$

若令$J_{Cx}=\int_A (y-y_C)^2\mathrm{d}A$，为平面$EF$对通过形心$C$并与$Ox$轴平行的轴的惯性矩，则根据惯性矩的平行移轴定理$J_x=J_{Cx}+y_C^2A$，可得

$$P_{y_D}=\gamma \sin\alpha(J_{Cx}+y_C^2A)$$

当液面压强为当地大气压（$p_0=0$）时，有

$$y_D=\frac{\gamma \sin\alpha(J_{Cx}+y_C^2A)}{\gamma y_C \sin\alpha A}=y_C+\frac{J_{Cx}}{y_C A} \tag{2-40}$$

除平面水平放置外，J_{Cx}均大于0，所以$y_D>y_C$，即总压力作用点总是在作用面形心点之下。常见平面图形的面积A、形心坐标y_C以及惯性矩J_{Cx}的计算式见表2-2。

表2-2　常见平面图形的面积A、形心坐标y_C及惯性矩J_{Cx}计算式

几何图形及名称	面积A	形心坐标y_C	相对于图上Cx轴的惯性矩J_{Cx}	相对于图中上底边的惯性矩J_b
y, x, C, y_C, h, b	bh	$\frac{1}{2}h$	$\frac{1}{12}bh^3$	$\frac{1}{3}bh^3$
y, x, C, y_C, h, b	$\frac{1}{2}bh$	$\frac{2}{3}h$	$\frac{1}{36}bh^3$	$\frac{1}{4}bh^3$

续表

几何图形及名称	面积 A	形心坐标 y_C	相对于图上 Cx 轴的惯性矩 J_{Cx}	相对于图中上底边的惯性矩 J_b
	$\frac{h(a+b)}{2}$	$\frac{h}{3}\left(\frac{a+2b}{a+b}\right)$	$\frac{h^3}{36}\left(\frac{a^2+4ab+b^2}{a+b}\right)$	$\frac{h^3}{12}\left(\frac{a^2+4ab+3b^2}{a+b}\right)$
	πr^2	r	$\frac{1}{4}\pi r^4$	$\frac{5}{4}\pi r^4$
	$\frac{1}{2}\pi r^2$	$\frac{4}{3}\cdot\frac{r}{\pi}$	$\frac{9\pi^2-64}{72\pi}r^4$	$\frac{\pi}{8}r^4$

根据同样道理，对 Oy 轴取力矩，可求得压力中心的另一个坐标 x_D 为

$$x_D = x_C + \frac{J_{Cxy}}{y_C A} \tag{2-41}$$

式中 $J_{Cxy}=\int_A (x-x_C)(y-y_C)\mathrm{d}A$，为平面 EF 对通过形心 C 并与 Ox、Oy 轴平行的轴的惯性矩。因为 J_{Cxy} 可正可负，x_D 可能大于或小于 x_C，也就是压力中心 D 在形心 C 的左侧或右侧均有可能。但如果图 2-21 中的平面为对称图形且对称轴过形心并平行于 y 轴，则 $x_D=x_C$，即压力中心位于该对称轴上。

拓展思考： 若液体表面上的压强不是当地大气压强，则以上结果有什么变化？

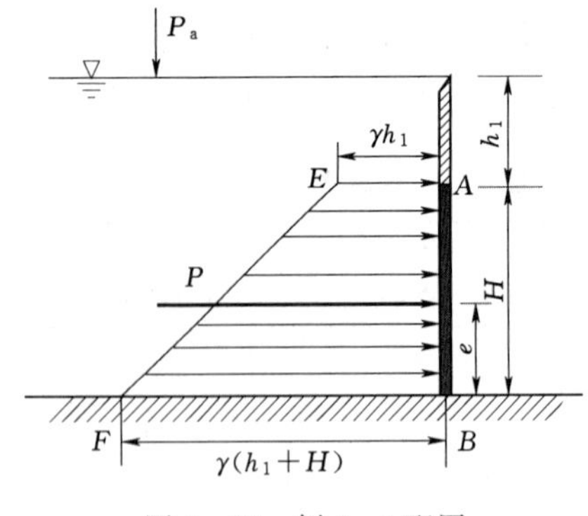

图 2-22　例 2-6 配图

【例 2-6】 有一铅直放置的水平底边矩形闸门，如图 2-22 所示。已知闸门高度 $H=2$m，宽度 $b=3$m，闸门上缘到自由表面的距离 $h_1=1$m。试用绘制压强分布图的方法和分析法求解作用于闸门上的静水总压力。

解：(1) 利用压强分布图求解：

绘制静水压强分布图 $ABFE$，如图 2-22 所示。根据式 (2-38) 可得静水总压力大小为

$$P=\Omega b=\frac{1}{2}[\gamma h_1+\gamma(h_1+H)]Hb=\frac{1}{2}[9.8\times10^3\times1+9.8\times10^3\times(1+2)]\times2\times3$$

$$=1.176\times10^5(\mathrm{N})=117.6(\mathrm{kN})$$

静水总压力 P 的方向垂直于闸门平面，并指向闸门。压力中心 D 距闸门底部的距离为

$$e=\frac{H}{3}\times\frac{2h_1+(h_1+H)}{h_1+(h_1+H)}=\frac{2}{3}\times\frac{2\times1+(1+2)}{1+(1+2)}=0.83(\text{m})$$

其距自由表面的距离为

$$y_D=h_1+H-e=1+2-0.83=2.17(\text{m})$$

（2）用分析法求解：

由式（2-39）可得静水总压力大小为

$$P=\gamma h_C A=\gamma\left(h_1+\frac{H}{2}\right)(H\times b)=9.8\times10^3\times\left(1+\frac{2}{2}\right)(2\times3)=1.176\times10^5(\text{N})=117.6(\text{kN})$$

静水总压力 P 的方向垂直指向闸门平面。由式（2-40）得压力中心 D 距自由表面的位置为

$$y_D=y_C+\frac{J_{Cx}}{y_C A}=\left(h_1+\frac{H}{2}\right)+\frac{\frac{bH^3}{12}}{\left(h_1+\frac{H}{2}\right)(H\times b)}$$

$$=\left(1+\frac{2}{2}\right)+\frac{\frac{3\times2^3}{12}}{\left(1+\frac{2}{2}\right)(2\times3)}=2+\frac{24}{144}=2.17(\text{m})$$

第六节　曲面上的静水总压力

在实际工程中常常会遇到受液体压力作用的曲面，例如拱坝坝面、弧形闸门、U形渡槽、泵的球形阀、圆柱形油箱等。这就要求确定作用于曲面上的静水总压力。作用于曲面上任意点的静水压强也是沿着作用面的法线指向作用面，并且其大小与该点所在的水下深度呈线性关系。因而与平面情况相类似，也可以由此画出曲面上的压强分布图，如图2-23所示。作用于曲面上各点的静水压强方向与过该点的切面垂直，因此曲面上各点的法线方向各不相同，作用于曲面的压强方向不可能相互平行。

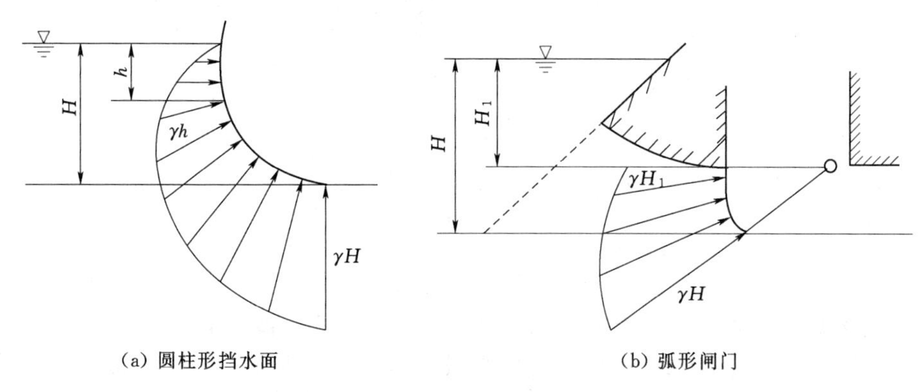

图2-23　曲面上的静压分布图

作用于曲面上的静水压力不是平行力系，不能像求平面上的静水总压力那样对平行分

力积分求其合力。但是可以将作用在曲面上的任意微分面积上的微小静水压力 dP 分解成各轴向的分力 dP_x、dP_y 和 dP_z，把非平行力系转化为各轴向的平行力系，然后分别积分得到各轴向上的静水总压力 P_x 和 P_y 和 P_z。

工程中常见的二维曲面是具有平行母线的柱面，下面先着重讨论这种较为简单的二维曲面，然后再将结论推广到一般曲面。

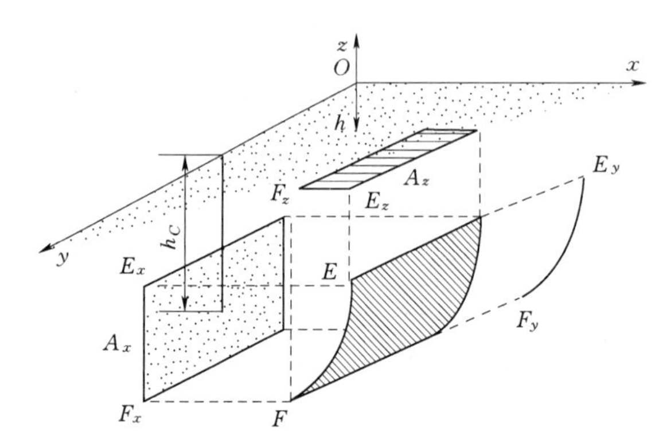

图 2-24　曲面静水压力水平分力求解示意图

当二维曲面的母线为水平线时，可取 Oz 轴铅直向上，Oy 轴与曲面的母线平行。此时二维曲面 EF 在垂直于 Oy 轴的平面上的投影将是一根曲线，如图 2-24 上的 E_yF_y。在这种情况下，$P_y=0$，问题转化为求 P_x 和 P_z 的大小及其作用线的位置。

图 2-25 为一母线与水平轴 Oy 平行的二维曲面，面积为 A，曲面左侧承受静水压力作用，自由表面上的压强为当地大气压强。在深度为 h 处取一微元曲面 ef，面积为 dA。由于该曲面极小，故可将其近似为一平面，则作用在此微元曲面上的水压力 $dP=p\,dA=\gamma h\,dA$，它垂直于该微元曲面，与水平线成 θ 角。dP 可以分解成水平分力 dP_x 和铅直分力 dP_z 两部分：

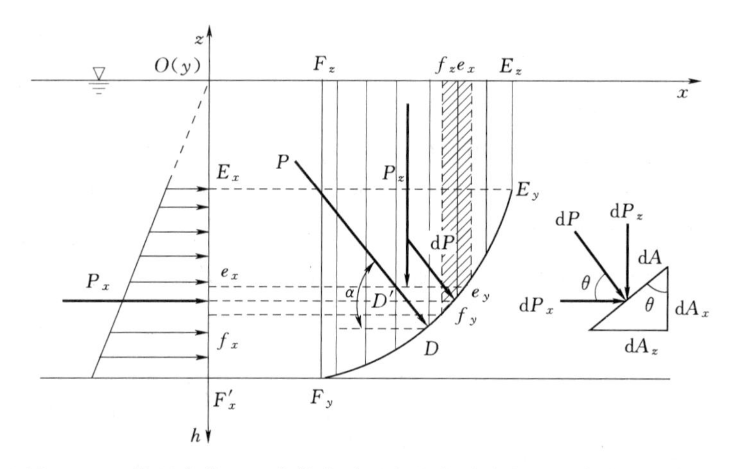

图 2-25　作用在曲面上的静水总压力的水平分力和铅直分力示意图

$$dP_x=dP\cos\theta=\gamma h\,dA\cos\theta$$
$$dP_z=dP\sin\theta=\gamma h\,dA\sin\theta$$

式中 θ 又是该微元曲面与铅直面的夹角，所以 $dA\cos\theta$ 可以看成是该微元曲面在铅直面 yOz 上的投影面积 dA_x；$dA\sin\theta$ 可以看成是微元曲面在水平面上的投影面积 dA_z。于是得作用于整个曲面上静水总压力的水平分力 P_x 为

$$P_x=\int_A dP_x=\int_A \gamma h\,dA\cos\theta=\gamma\int_{A_x} h\,dA_x$$

$\int_{A_x} h\,\mathrm{d}A_x$ 表示曲面 EF 在铅直面 Oyz 上的投影面对水平轴 Oy 的静面矩。如以 h_C 表示铅直投影面的形心在液面下的深度，则

$$\int_{A_x} h\,\mathrm{d}A_x = h_C A_x$$

于是得

$$P_x = \gamma h_C A_x \tag{2-42}$$

式（2－42）表明：作用于二维曲面 EF 上的静水总压力 P 的水平分力 P_x 等于作用于该曲面的铅直投影面上的静水总压力。因此可按确定平面上总压力（包括大小和作用点）的方法来求解 P_x。

同理，作用于曲面上静水总压力 P 的铅直分力 P_z 为

$$P_z = \int_A \mathrm{d}P_z = \int_A \gamma h\,\mathrm{d}A \sin\theta = \int_{A_z} \gamma h\,\mathrm{d}A_z$$

从图 2－24 和图 2－25 可以看出：$\gamma h\,\mathrm{d}A_z$ 为微小柱面 ef 上的液体重，即图中 $e_y f_y e_z f_z$ 柱状体内的液体重。因此，$\int_{A_z} \gamma h\,\mathrm{d}A_z$ 应是整个曲面 EF 上的液体重，即柱状体 $EFF''E''$ 内的液体重，也就 $E_yF_yE_zF_z$ 这部分体积乘以液体容重 γ。于是，将柱体 $E_yF_yE_zF_z$ 称为压力体，其体积以 V 表示。由此可知，作用于曲面上的静水总压力的铅直分力 P_z 等于具有压力体体积 V 的液体重，即

$$P_z = \gamma V \tag{2-43}$$

P_z 的作用线通过压力体的形心。

压力体只是作为计算曲面上铅直分力的一个数值当量，它不一定是由实际液体所构成。对图 2－25 所示的曲面，压力体为液体所充满；但在另外一些情况下，压力体内不一定存在液体，如图 2－26 所示曲面，其压力体（图中阴影部分）内并无液体。压力体应由下列界面所围成：

（1）受压曲面本身；

（2）受压曲面在自由液面（或自由液面的延展面）上的投影面；

（3）从曲面的边界向自由液面（或自由液面的延展面）所作的铅直面。

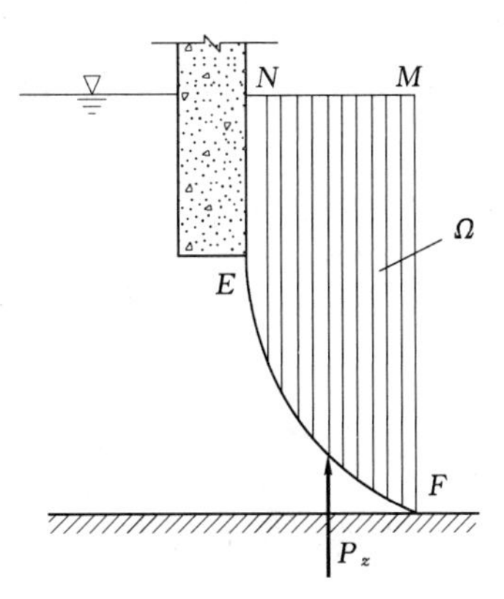

图 2－26　曲面 EF 的压力体图

铅直分力 P_z 的方向，则应根据曲面与压力体的关系而定：当液体与压力体位于曲面的同侧时（图 2－25），P_z 向下；当液体与压力体各在曲面之一侧时（图 2－26），P_z 向上。对于简单柱面，P_z 的方向可以根据实际作用在曲面上的静水压力垂直指向作用面这个性质很容易地加以确定。

求得水平分力 P_x 和铅直分力 P_z 后，则可得液体作用于曲面上的静水总压力 P 为

$$P=\sqrt{P_x^2+P_z^2} \tag{2-44}$$

总压力 P 的作用线与水平线的夹角 α 为

$$\alpha=\arctan\frac{P_z}{P_x} \tag{2-45}$$

P 的作用线应通过 P_x 与 P_z 的交点 D'，但这一交点不一定在曲面上，总压力 P 的作用线与曲面的交点 D 即为总压力 P 在曲面上的作用点。

以上讨论的虽是简单的二维曲面上的静水总压力，但所得结论完全可以应用于任意的三维曲面，所不同的是，对于三维曲面，除了在 Oyz 平面上有投影外，在 Oxz 平面上也有投影，因此水平分力除了有 Ox 轴方向的 P_x 外，还有 Oy 轴方向的 P_y。与确定 P_x 的方法相类似，它等于曲面在 Oxz 平面的投影面上的总压力。作用于三维曲面的铅直分力 P_z 也等于压力体的液体重。三维曲面上的总压力 P 由 P_x、P_y、P_z 合成，即

$$P=\sqrt{P_x^2+P_y^2+P_z^2} \tag{2-46}$$

【例 2-7】 图 2-27 为一坝顶圆弧形闸门的示意图。门宽 $b=6$m，弧形门半径 $R=4$m，此门可绕垂直于纸面的 O 轴旋转。试求当坝顶水头 $H=2$m、水面与门轴同高时，闸门关闭时所受的静水总压力。

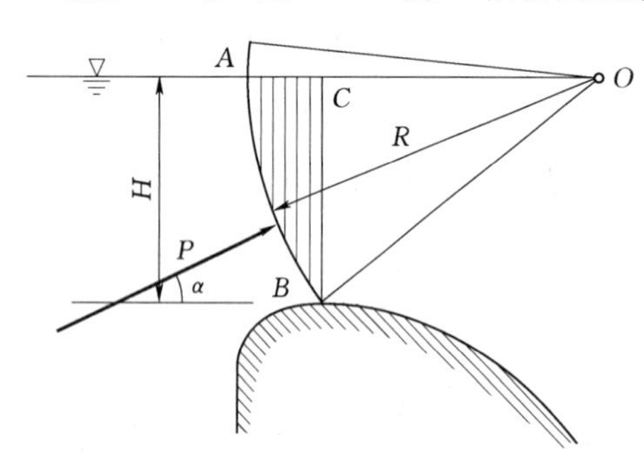

图 2-27　例 2-7 配图

解： 水平分力为

$$P_x=\frac{\gamma H^2 b}{2}=\frac{9.8\times2^2\times6}{2}=117.6(\text{kN})$$

铅直分力 $P_z=\gamma\times$压力体体积 V

压力体 ABC 体积 $V=$（扇形 $AOB-$三角形 BOC）的面积$\times$宽度 b

已知 $BC=2$m，$OB=4$m，故 $\angle AOB=30°$，则

$$扇形 AOB 面积=\frac{30}{360}\pi R^2=\frac{1}{12}\times3.14\times4^2=4.19(\text{m}^2)$$

$$三角形 BOC 面积=\frac{1}{2}\overline{BC}\cdot\overline{OC}=\frac{1}{2}\times2\times4\cos30°=3.46(\text{m}^2)$$

压力体 ABC 的体积 $V=(4.19-3.46)\times6=0.72\times6=4.38(\text{m}^3)$

所以，$P_z=9.8\times4.38=42.9$kN，方向向上。

作用在闸门上的静水总压力为　$P=\sqrt{P_x^2+P_z^2}=\sqrt{117.6^2+42.9^2}=125.2(\text{kN})$

P 与水平线的夹角为 α，由 $\tan\alpha=\dfrac{P_z}{P_x}=\dfrac{42.9}{117.6}=0.365$，得

$$\alpha=20.04°$$

因为曲面是圆柱面的一部分，各点的压强均与圆柱面垂直且通过圆心 O 点，所以总压力 P 的作用线亦必通过 O 点。

第七节　浮体与潜体的稳定性☆

一、浮力与物体的沉浮

漂浮在水面或浸没于水下的物体，与水体的接触面受到静水压力的作用，整个接触面上静水压力的总和即为物体受到的浮力。

图 2-28 为一浸没于静止液体中的物体，它受到的静水总压力 P 可以分解成水平分力 P_x、P_y 和铅直分力 P_z。

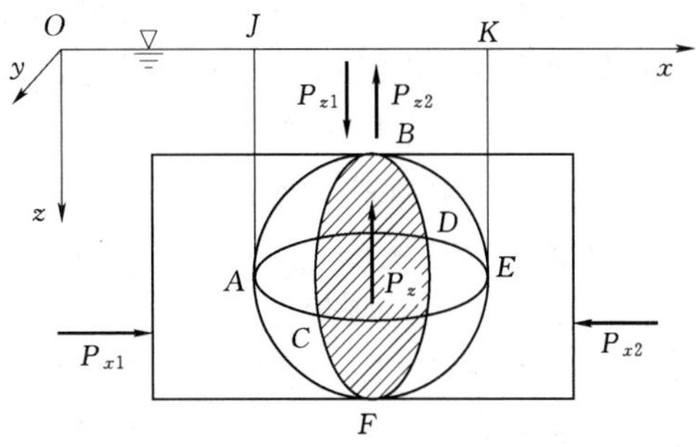

图 2-28　作用在潜体上静水总压力的水平分力和铅直分力

先确定水平分力。对于浸没于液体中的物体，采用一个母线平行于 Ox 轴的水平外切柱面与物体相切，可以得到一个封闭曲线 $BCFD$，该曲线将物体分成左右两部分，作用于物体上沿着 Ox 方向的水平分力 P_x 就是这两部分的外部曲面上的水平分力 P_{x1} 与 P_{x2} 之和，它们的大小各为相应曲面在垂直于 Ox 轴的铅直投影面上的水压力。而这两部分在此铅直面上的投影面完全重合，故 P_{x1} 与 P_{x2} 大小相等，方向相反，因此 $P_x=0$。同理可得作用于物体上沿着 Oy 方向的水平分力 $P_y=0$。也就是浸没于液体中的物体在各水平方向的总压力为零。

再确定铅直分力。作该物体的铅直外切柱面，与物体相切得封闭曲线 $ACED$，将物体分成上下两部分，则液体作用于物体上的铅直分力 P_z 是上下两部分的外部曲面上的铅直分力的合力。分别作该两曲面的压力体。曲面 ABE 上的铅直分力 P_{z1} 方向向下，曲面 AFE 上的铅直分力 P_{z2} 方向向上，抵消部分压力体 $ABEKJ$ 后，得出压力体的形状就是物体外边界以内所占据的空间的形状，其体积为 V，亦即物体所排开的液体体积。于是得铅直分力为 $P_z=\gamma V$，方向铅直向上。

上面的分析结果同样适用于漂浮在液面上的物体。此时，压力体的形状应为物体在自由液面以下部分的外表面所包围的空间的形状，体积仍然为物体所排开的液体体积。

至此可知，浸没于液体中或漂浮在水面上的物体所受到的液体总压力 P 就是一个铅直向上的力，即

$$P=P_z=\gamma V \tag{2-47}$$

由此可得，浸没于液体中或漂浮在水面上的物体所受到的液体静水总压力就是一个铅直力，它的大小等于物体所排开液体的重量，方向向上，作用线通过物体水中部分的几何中心，又称浮心。这也就是著名的阿基米德原理，这个铅直力又称浮力。从上面的分析可以看出：浮力的存在就是物体表面上作用的液体压强不平衡的结果。

综上分析可知，一切浸没于液体中或漂浮于液面上的物体都受到两个力的作用：一个是铅直向上的浮力 P，其作用线通过浮心；另一个是铅直向下的重力 G，其作用线通过物体的重心。对浸没于液体中的均质物体，浮心和重心重合，但对于浸没于液体中的非均质

物体或漂浮于液面上的物体，重心和浮心是不重合的。

根据重力 G 与浮力 P 的大小，物体在液体中将有三种不同的存在方式：

（1）重力 G 大于浮力 P，物体将下沉到底，称为沉体。

（2）重力 G 等于浮力 P，物体可以潜没于液体中，称为潜体。

（3）重力 G 小于浮力 P，物体会上浮，直到部分物体露出液面，使留在液面以下部分物体所排开的液体重恰好等于物体的重力为止，称为浮体。

二、潜体的平衡及其稳定性

上面提到的重力与浮力相等，物体既不上浮也不下沉，只是潜体维持平衡的必要条件。如果要求潜体在液体中不发生转动，还必须重力和浮力对任何一点的力矩的代数和为0，即重心 C 和浮心 B 在同一条铅直线上。处于平衡状态的潜体，如果遇到某种外界扰动脱离平衡位置发生倾斜，潜体能够自身回复到它原来的平衡状态，这种能力称为潜体的稳定性。这种平衡的稳定性与重心 C 和浮心 B 在同一条铅直线上的相对位置有关系。

如图 2-29（a）所示，重心 C 位于浮心 B 之下。若由于某种原因，潜体发生倾斜，使 B、C 两点不复在同一条铅直线上，则重力 G 与浮力 P 将形成一个使潜体恢复到原来平衡状态的恢复力偶（或称为扶正力偶），以反抗使其继续倾倒的趋势。一旦去掉外界干扰，潜体将自动恢复原有平衡状态。这种情况下的潜体平衡称为稳定平衡。

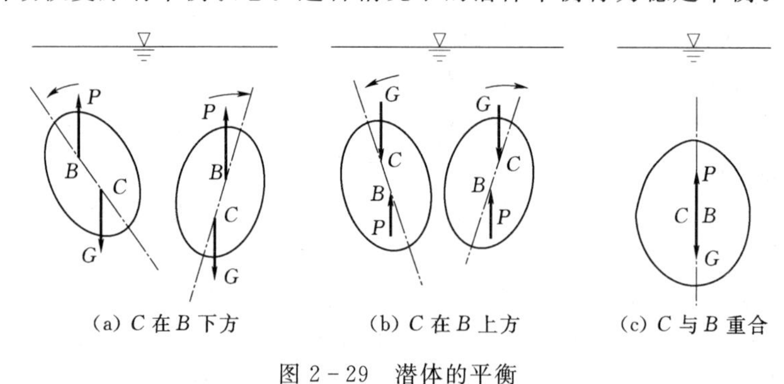

(a) C 在 B 下方　(b) C 在 B 上方　(c) C 与 B 重合

图 2-29　潜体的平衡

反之，如图 2-29（b）所示，重心 C 位于浮心 B 之上。潜体如有倾斜，使 B、C 两点不复在同一条铅直线上，则重力 G 与浮力 P 所形成的力偶，是一种倾覆力偶，将促使潜体继续翻转直至倒转一个方位，达到上述 C 点位于 B 点之下的稳定平衡状态为止。这种重心 C 位于浮心 B 之上、易于失稳的潜体平衡称为不稳定平衡。

第三种情况是重心 C 与浮心 B 重合，如图 2-29（c）所示。此时，无论潜体取何种方位都处于平衡状态。这种情况下的平衡称为随遇平衡。

三、浮体的平衡及其稳定性

浮体平衡的条件与潜体相同，即作用于浮体的重力 G 与浮力 P 相等，并且重心 C 与浮心 B 在同一条铅直线上。但是，它们平衡稳定性的要求是不同的。对于浮体来说，如果重心 C 高于浮心 B，它的平衡还是有稳定的可能，这是因为浮体倾斜后，浸没在液体中的那部分形状改变了，浮心的位置也随之移动，而潜体的浮心并不因为倾斜而有所变化。

图 2-30 (a) 为一对称浮体，由于某种原因向右倾斜 α 角，它的重心位置 C 并不因为倾斜而改变（如果浮体内盛有液体且具有自由液面，则浮体倾斜后重心不在原来的位置上），而浮心则由于浸没于液体中的部分形状改变，从原来的 B 移到 B' 的位置。浮体与液面相交的平面称为浮面，通过浮体正常平衡位置时的浮心 B 及重心 C 的直线称为浮轴。当浮体处于原来的平衡位置时，浮心和重心都在浮轴上，倾斜后浮力与浮轴不重合，相交于 M 点，M 点称为定倾中心。定倾中心到原浮心 B 的距离称为定倾半径，以 ρ 表示。重心 C 与原浮心 B 的距离称为偏心距，以 e 表示。

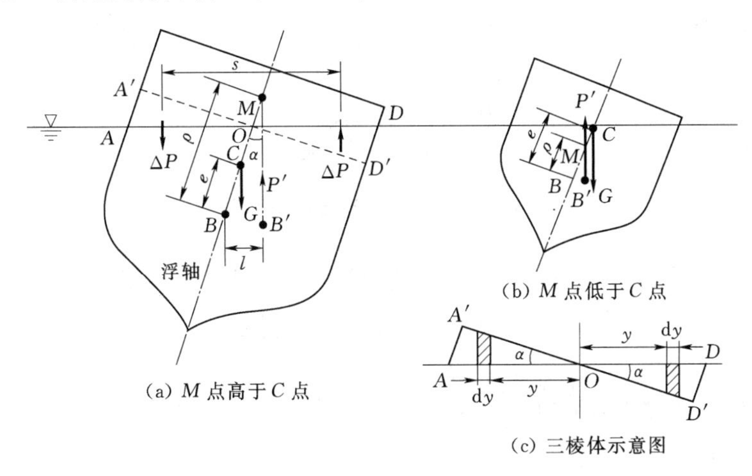

图 2-30　浮体的平衡示意图

浮体倾斜后能否恢复其原平衡位置，取决于重心 C 和定倾中心 M 的相对位置。如图 2-30 (a) 所示，浮体倾斜后 M 点高于 C 点，即 $\rho>e$，重力 G 和倾斜后的浮力 P 构成的力偶为恢复力偶，将使浮体恢复到原来的平衡位置，浮体处于稳定平衡。反之，如图 2-30 (b) 所示，浮体倾斜后 M 点低于 C 点，即 $\rho<e$，重力 G 和倾斜后的浮力 P 构成的力偶为倾覆力偶，将使浮体进一步倾斜，浮体处于不稳定平衡。当浮体倾斜后，M 点与 C 点重合，即 $\rho=e$，重力 G 与浮力 P 不会构成力偶，浮体处于随遇平衡。由此可见，浮体保持稳定的条件是：定倾中心 M 高于重心 C，即定倾半径 ρ 大于偏心距 e。

对于重心不变的对称浮体，当浮体的形状和重量一定，重心和浮心之间的偏心距 e 也就确定了。因而浮体是否稳定将根据定倾半径 ρ 的大小来定。下面讨论倾斜角 $\alpha<10°$ 的情况下，确定定倾半径 ρ 的方法。

设浮体倾斜微小角度 α 后，浮心由 B 移到 B'，其水平距离为 l，则由图 2-30 (a) 可以看出

$$\rho=\frac{l}{\sin\alpha}$$

为求出 ρ，先要确定 l 的大小。倾斜后的浮力 P' 可以看成是原浮力 P 加上三棱体 DOD' 上的浮力 ΔP 再减去三棱体 AOA' 上的浮力 ΔP。P' 与 P 大小相等。根据分力对某轴的力矩和等于合力对该轴的力矩，对原浮心 B 取力矩，得

$$P'l=P\cdot 0+\Delta P\cdot s$$

于是有

$$l=\frac{\Delta P \cdot s}{P'}=\frac{\Delta P \cdot s}{P}$$

式中：ΔP 为作用在三棱体 DOD' 和 AOA' 上的浮力；s 为作用在两个三棱体上的力偶臂，两个三棱体的力偶矩 $\Delta P \cdot s$ 可以这样确定：在三棱体中取出一微小体积 $\mathrm{d}V$［图 2-30（c）］，当 $\alpha<10°$ 时，$\mathrm{tg}\alpha \approx \alpha$，则有

$$\mathrm{d}V=y\alpha L\,\mathrm{d}y=y\alpha\,\mathrm{d}A$$

式中 L 为浮体垂直于图 2-30 所示平面的长度，$\mathrm{d}A=L\mathrm{d}y$，为原浮面上的微小面积。该微小体积产生的浮力为

$$\mathrm{d}P=\gamma\mathrm{d}V=\gamma y\alpha\,\mathrm{d}A$$

$\mathrm{d}P$ 对 O 的力矩是 $$y\mathrm{d}P=\gamma y^2\alpha\,\mathrm{d}A$$

而 $$\Delta P \cdot s=2\int y\mathrm{d}P=2\gamma\alpha\int y^2\mathrm{d}A$$

式中 $2\int y^2\mathrm{d}A$ 是全部浮面的面积对其中心纵轴 $O-O$ 的惯性矩，用符号 J_O 表示，因而有

$$l=\frac{\gamma\alpha J_O}{P}=\frac{\gamma\alpha J_O}{\gamma V}=\frac{\alpha J_O}{V}$$

式中：V 为浮体排开液体的体积。

至此可得定倾半径为

$$\rho=\frac{\alpha J_O}{V\sin\alpha}$$

当倾角 $\alpha<10°$ 时，$\sin\alpha\approx\alpha$，故有

$$\rho=\frac{J_O}{V} \tag{2-48}$$

式（2-48）说明，当浮体受外界干扰倾斜一个微小角度后，它的定倾半径 ρ 等于全浮面对中心纵轴的惯性矩除以浮体排开液体的体积。如果定倾半径 ρ 大于重心到浮心的偏心距 e，则浮体是稳定的，否则将是不稳定的。定倾半径越大，浮体的稳定性越好。

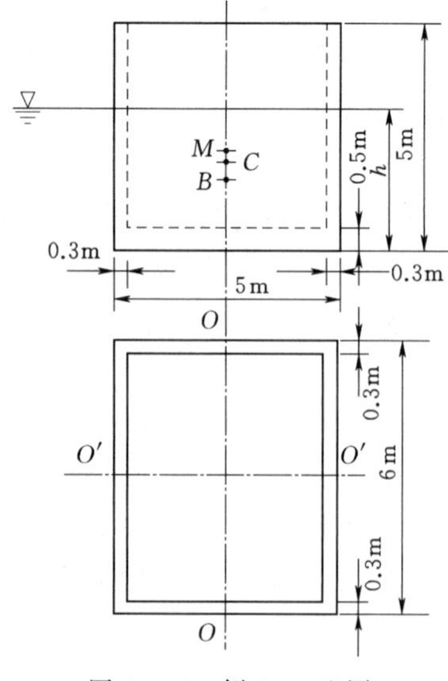

图 2-31 例 2-8 配图

【例 2-8】 图 2-31 为一钢筋混凝土沉箱，长为 6m，宽为 5m，高为 5m，底厚 0.5m，侧壁厚 0.3m。已知钢筋混凝土的容重 $\gamma'=23.5\mathrm{kN/m^3}$，海水的容重 $\gamma=10.05\mathrm{kN/m^3}$，试分析沉箱漂浮在海面上的稳定性。

解： 沉箱的混凝土体积 $V'=6\times5\times5-5.4\times4.4\times4.5=43.08$（$\mathrm{m^3}$），沉箱重量 $G=23.5\times43.08=1012.38$（kN）。设沉箱在海面上漂浮的吃水深度为 h，则浮力 $P=10.05\times6\times5\times h$。因 $P=G$，故 $10.05\times6\times5\times h=1012.38$，因此，$h=3.36\mathrm{m}$。浮心的位置为 $h/2=1.68\mathrm{m}$。

重心 C 的位置可用以沉箱底线为轴取体积矩的方法确定。设重心 C 距底面为 y，则

$$43.08y=6\times5\times5\times\frac{5}{2}-5.4\times4.4\times4.5\times\left(\frac{5-0.5}{2}+0.5\right)$$

求得

$$y=1.88\text{m}$$

重心 C 位于浮心之上，偏心距为

$$e=1.88-1.68=0.20(\text{m})$$

现确定沉箱绕其纵轴 $O-O$ 倾斜后的稳定性。因为浮面对 $O-O$ 轴的惯性矩小于对 $O'-O'$轴的惯性矩，是稳定性最差的情况。浮面面积为 $6\times5=30$（m^2），对 $O-O$ 轴的惯性矩 $J_O=(1/12)\times6\times5^3=62.5(\text{m}^4)$，沉箱排开水的体积 $V=6\times5\times3.36=100.8(\text{m}^3)$，故定倾半径 $\rho=62.5/100.8=0.620(\text{m})>e$。可见定倾中心位于重心 C 之上，因此，该沉箱漂浮在海面上是稳定的。

习　　题

2-1　一圆锥形开口容器，下接一弯管。当容器空着时，弯管上读数如图 2-32 所示。问圆锥内充满水后，弯管上读数为多少?

2-2　如图 2-33 所示一倒 U 形差压计，左边管内为水，右边管内为相对密度 $s_1=0.9$ 的油。倒 U 形管顶部为相对密度 $s_2=0.8$ 的油。已知左边管内 A 点的压强 $p_A=98\text{kN/m}^2$，试求右边管内 B 点的压强。

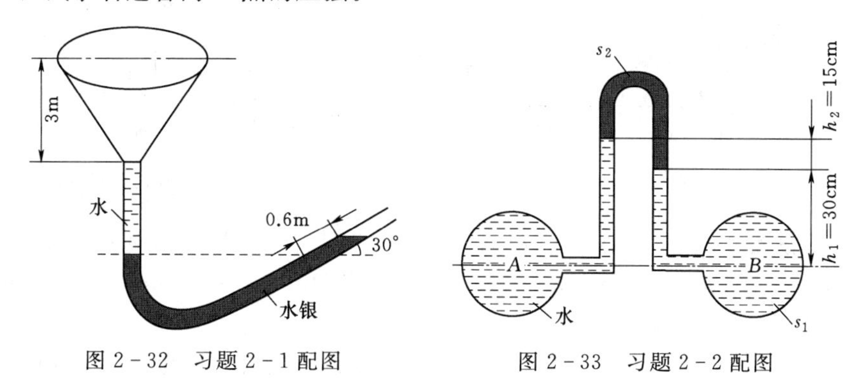

图 2-32　习题 2-1 配图　　　图 2-33　习题 2-2 配图

2-3　一容器如图 2-34 所示，当 A 处真空表读数为 22cmHg 高时，求 E、F 两管中的液柱高 h_1、h_2 值，并求容器左侧 U 形管中的 h 值。

2-4　两液箱具有不同的液面高程，液体容重均为 γ'，用两个测压计连接如图 2-35 所示，试证明：$\gamma'=\dfrac{\gamma_1h_1+\gamma_2h_2}{h_1+h_2}$。

2-5　密闭容器盛水如图 2-36 所示，已知 $h=3\text{m}$，$h_B=2.5\text{m}$，$h_A=2\text{m}$，求容器内点 A、点 B 及液面上的相对压强及绝对压强，并求图中所示 y 值。

2-6　如图 2-37 所示为一铅直安装的煤气管。为求管中静止煤气的密度，在高度差 $H=20\text{m}$ 的两个断面安装 U 形管测压计，内装水。已知管外空气的密度 $\rho_a=1.28\text{kg/m}^3$，测压计读数 $h_1=100\text{mm}$，$h_2=115\text{mm}$。与水相比，U 形管中气柱的影响可以忽略。求管内煤气的密度。

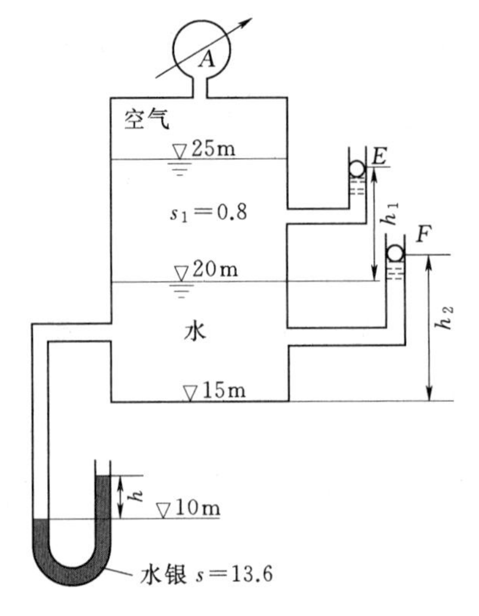

图 2-34 习题 2-3 配图

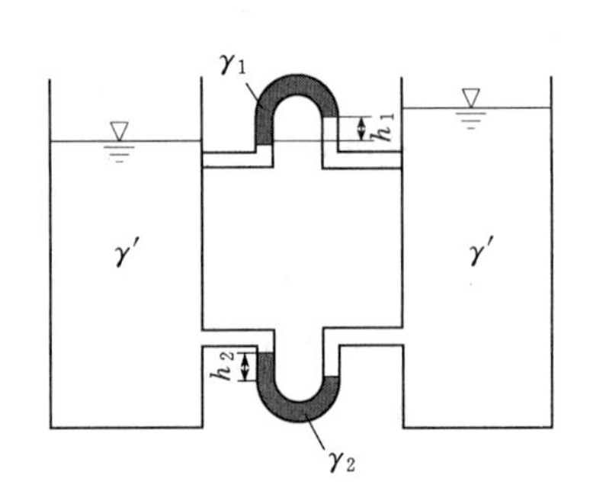

图 2-35 习题 2-4 配图

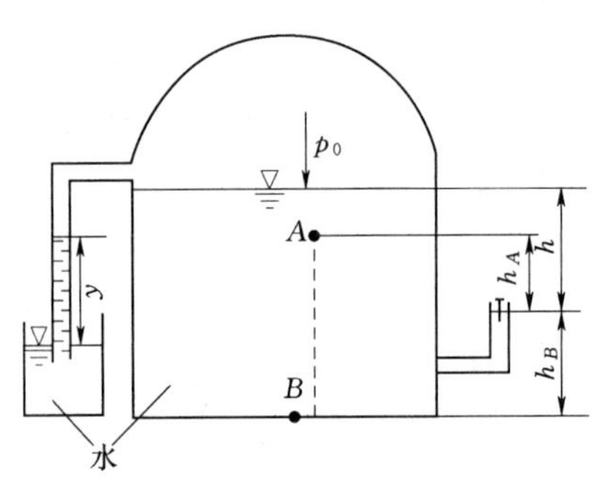

图 2-36 习题 2-5 配图

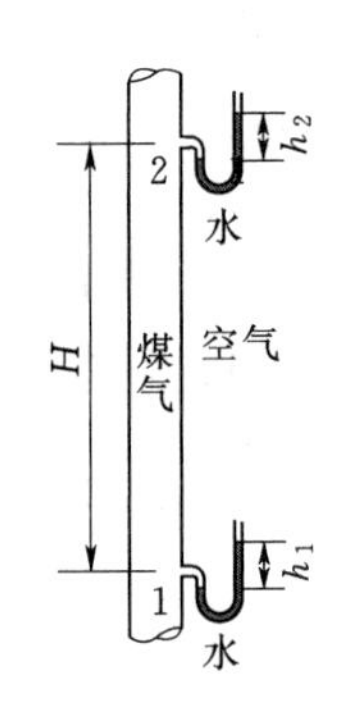

图 2-37 习题 2-6 配图

2-7 试按图 2-38 所示复式水银测压计的读数计算出锅炉中水面上蒸汽的绝对压强 p。已知：$H=3\text{m}$，$h_1=1.4\text{m}$，$h_2=2.5\text{m}$，$h_3=1.2\text{m}$，$h_4=2.3\text{m}$，水银的相对密度 $s=13.6$。

2-8 如图 2-39 所示为双液式微压计，A、B 两杯的直径均为 $d_1=50\text{mm}$，用 U 形管连接，U 形管直径 $d_2=5\text{mm}$，A 杯盛有酒精，密度 $\rho_1=870\text{kg/m}^3$，B 杯盛有煤油 $\rho_2=$

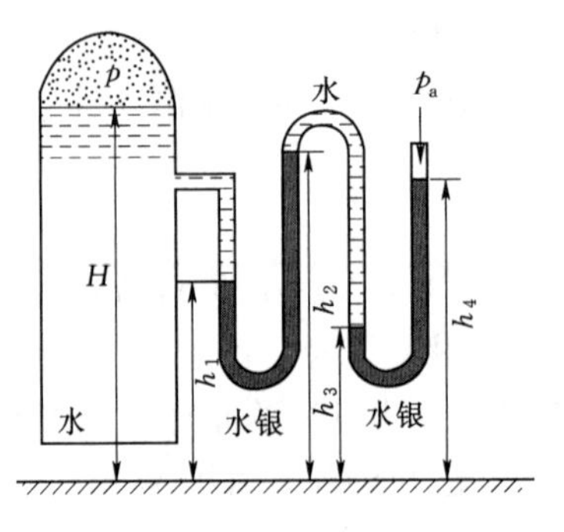

图 2-38 习题 2-7 配图

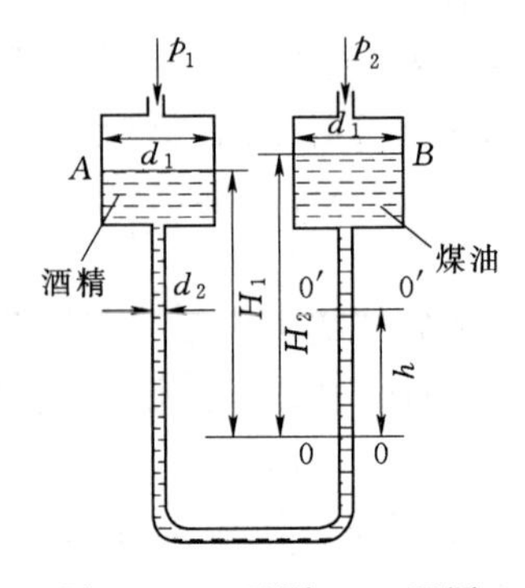

图 2-39 习题 2-8 配图

830kg/m³。当两杯上的压强差 $\Delta p=0$ 时，酒精煤油的分界面在 0－0 线上。试求当两种液体的分界面上升到 $0'-0'$ 位置、$h=280$mm 时 Δp 等于多少？

2－9　一水箱装置如图 2－40 所示，箱底高出地面 $h_2=3$m，箱中水深 $h_1=2$m，其表面压强以绝对压强计为 0.7 个工程大气压，要求：

（1）以地面为基准面，求出 A、B 两点的单位位能与单位压能，并在图上标明。

（2）以水箱中水面为基准面，求出 A、B 两点的单位位能与单位压能，并在图上标明。

2－10　图 2－41 所示为一沉没于海中的潜艇的横断面图，气压计测出潜艇内的绝对压强水头 $p_s\gamma_{Hg}=84$cmHg，已知海水的相对密度 $s=1.03$，试求潜艇的沉没深度 y。

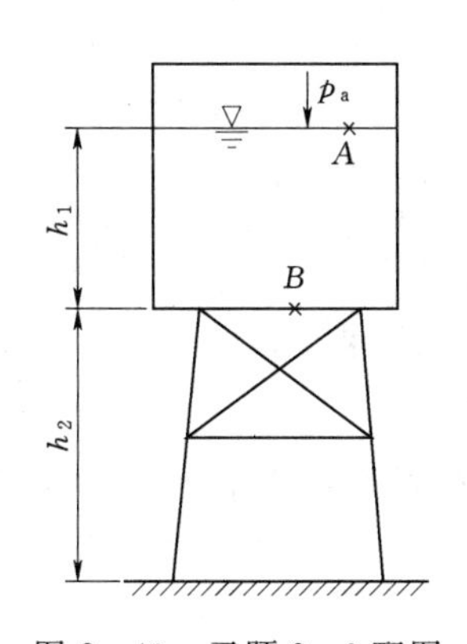

图 2－40　习题 2－9 配图

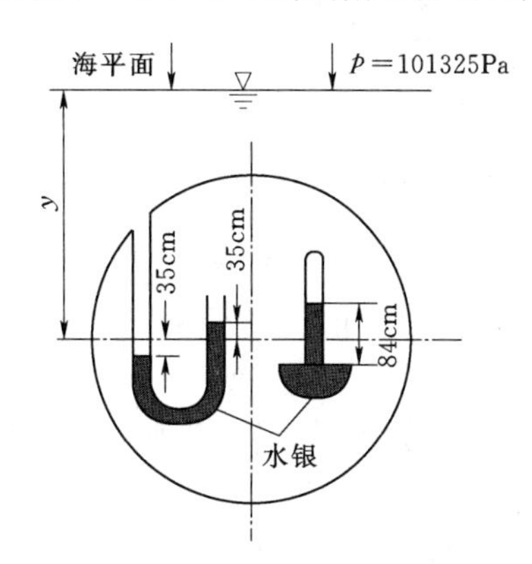

图 2－41　习题 2－10 配图

2－11　图 2－42 所示为一处于平衡状态的水压机，其大活塞上受力 $F_1=4905$N，杠杆柄上作用力 $F_2=147$N，杠杆臂 $a=15$cm，$b=75$cm。若小活塞直径 $d_1=5$cm，不计活塞的质量、高度差和摩擦力，求大活塞直径 d_2。

2－12　如图 2－43 所示，直径 $d=0.3$m 和 $D=0.8$m 的圆柱形薄壁容器固定在位于储水池 A 水面以上 $b=1.5$m 处的支承上，在其中造成真空使水池中的水被吸入容器，由此使得容器内液面高出水池水面 $a+b=1.9$m。已知容器重 $G=9800$N，试确定支承受力大小。

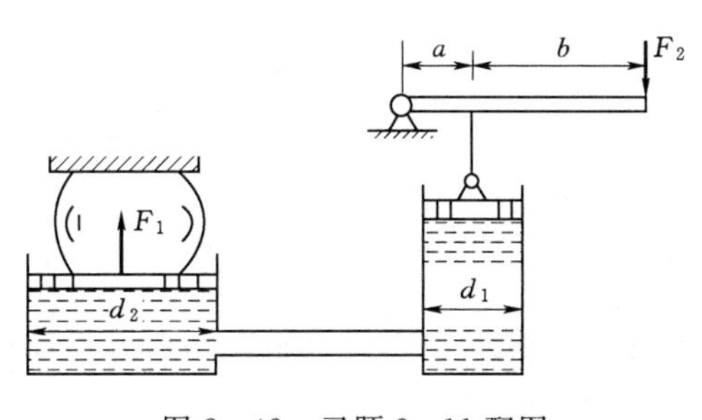

图 2－42　习题 2－11 配图

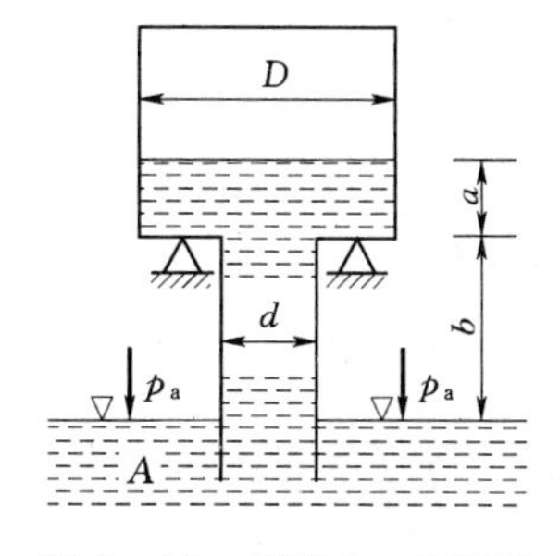

图 2－43　习题 2－12 配图

2－13　如图 2－44 所示，一平面壁舱口上有一由螺栓固定的半径 $R=0.5$m 的半球形盖，已知舱口中心的作用水头 $H=1$m，壁相对于水平面的倾角 $\alpha=30°$，不计盖重，求螺栓所受的拉力与切力。

2-14　一盛油车厢内盛有相对密度 $s=0.92$ 的原油，如图 2-45 所示，车厢宽 3m，深 3.5m，长 10m，静止时油面上尚余 1m。为了使油不致从车厢内溢出，问车厢随小车沿水平方向加速运动时允许的最大加速度为多少？若将车厢顶部密封，整个车厢充满原油，当车厢随小车以 $\alpha=3.5\text{m/s}^2$ 的加速度沿水平方向加速时，求前后顶部的压强差。

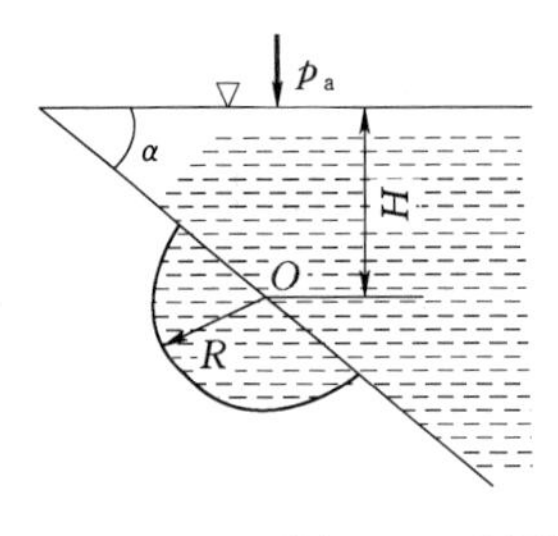

图 2-44　习题 2-13 配图

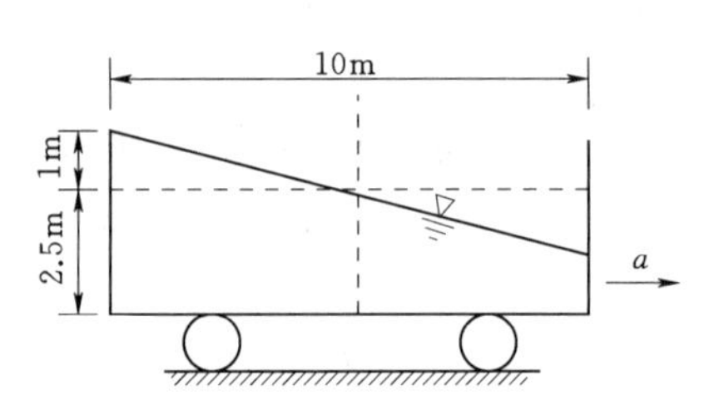

图 2-45　习题 2-14 配图

2-15　如图 2-46 所示一宽为 b 的容器，内有隔板 CD 将容器内的液体分为前后两段，长为 $2l$ 和 l，已知前后段水深分别为 h_1 和 h_2，试求隔板 CD 不受力时容器沿水平方向加速的加速度为多少？

2-16　图 2-47 所示为一等加速向下运动的盛水容器，水深 $h=2\text{m}$，加速度 $a=4.9\text{m/s}^2$。试确定：

(1) 容器底部的相对静水压强。

(2) 加速度为何值时，容器底部相对压强为 0。

2-17　如图 2-48 所示绕铅直轴旋转着的容器，由直径分别为 d 和 D 的两个圆筒组成。下面的圆筒高度为 a，转动前完全为液体充满。当转动到转轴中心处液体自由表面恰与容器底接触时，如水不从容器中溢出，问上面的圆筒高度 b 至少应为多少？

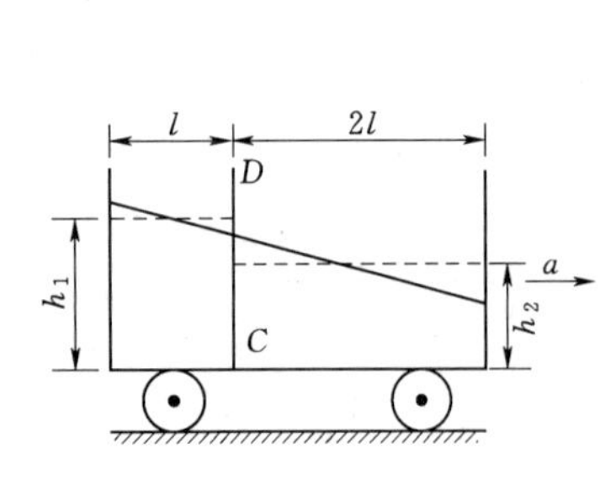

图 2-46　习题 2-15 配图

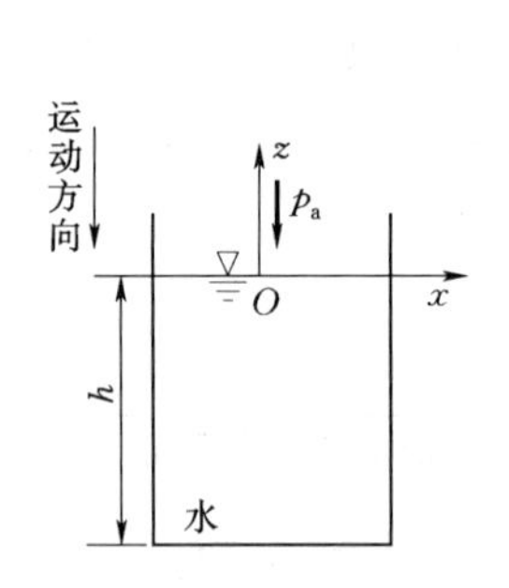

图 2-47　习题 2-16 配图

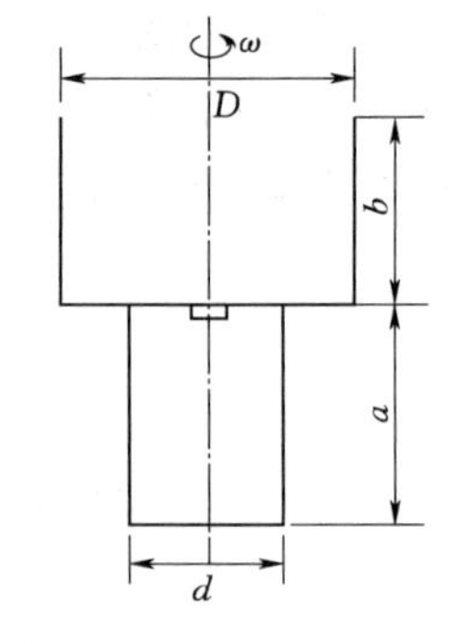

图 2-48　习题 2-17 配图

2-18　五根相互连通的半径均为 r 的开口小管绕中心铅直轴旋转时，形成的自由表面如图 2-49 所示，试求其旋转角速度 ω 及静止时各管中的水深。

2-19　如图 2-50 所示一连通小弯管绕某一铅直轴旋转，其旋转角速度 $\omega=75\text{rad/m}$，小弯管两分支到转轴距离分别为 0.1m 和 0.35m，试求其液面高度差。

2-20　如图 2-51 所示一管段长 2m，与铅直轴倾斜成 30°角。管段下端密封，上端开口，管内盛满水，并绕管段中点的作等角速度的旋转运动。如旋转角速度 $\omega=8.0\mathrm{rad/s}$，试求出中点 B 及底端 C 的压强。

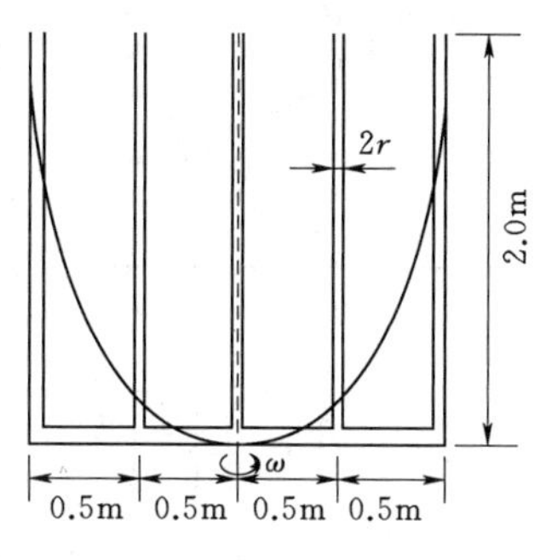

图 2-49　习题 2-18 配图

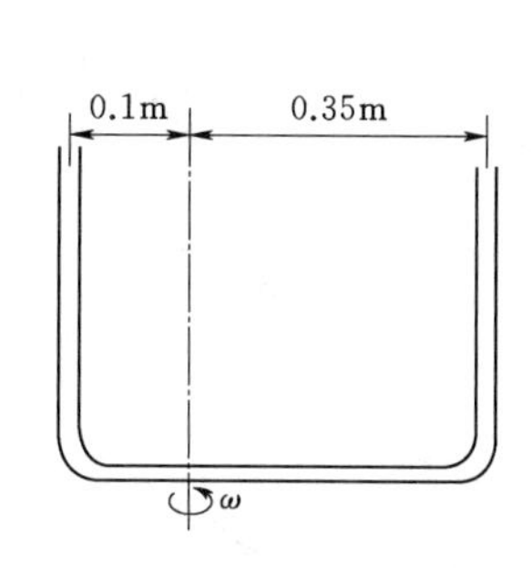

图 2-50　习题 2-19 配图

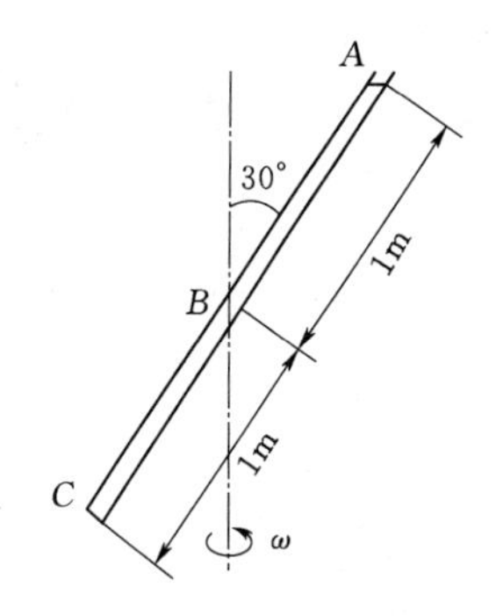

图 2-51　习题 2-20 配图

2-21　绘出图 2-52 中指定平面上的静水压强分布图。

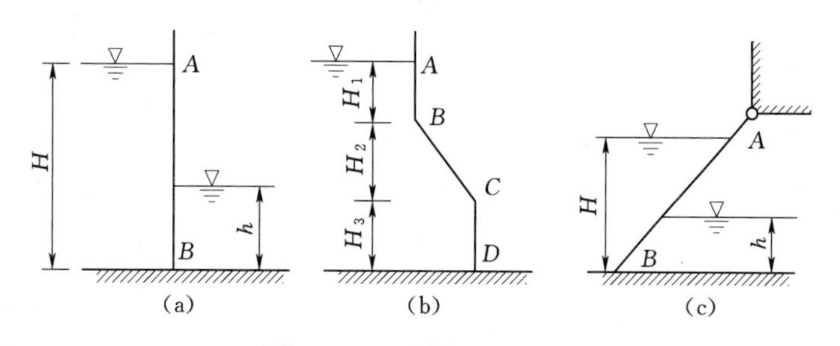

图 2-52　习题 2-21 配图

2-22　图 2-53 所示为绕铰链 O 转动的倾斜角 $\alpha=60°$ 的自动开启式水闸，当水闸一侧的水位 $H=2\mathrm{m}$，另一侧的水位 $h=0.4\mathrm{m}$ 时，闸门自动开启，试求铰链至水闸下端的距离 x。

2-23　如图 2-54 所示矩形闸门可以绕绞轴转动，闸门长度为 a，绞轴位于 $2a/3$ 处，绞轴处高度为 h，判断水深 H 在什么情况下闸门可以自动打开。

2-24　图 2-55 所示为半径为 r 一盛水的球形容器，水深 $h=2r$。

(1) 求作用于下半球上的水压力。

(2) 若容器自由下落，下半球的水压力是否变化？如果变化，试求之。

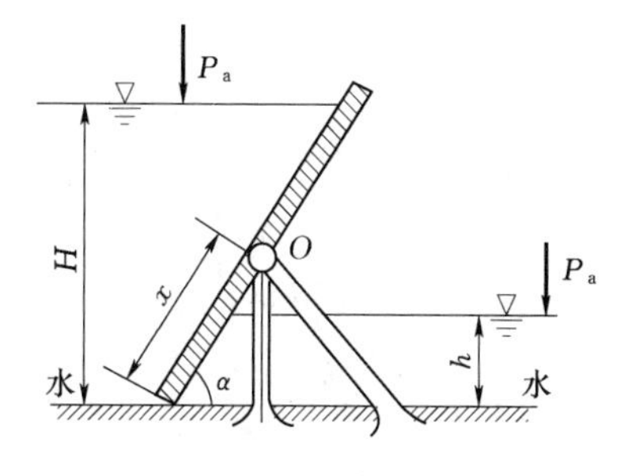

图 2-53　习题 2-22 配图

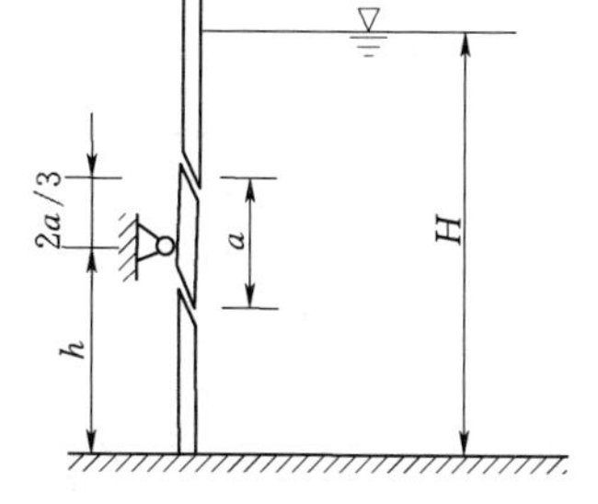

图 2-54　习题 2-23 配图

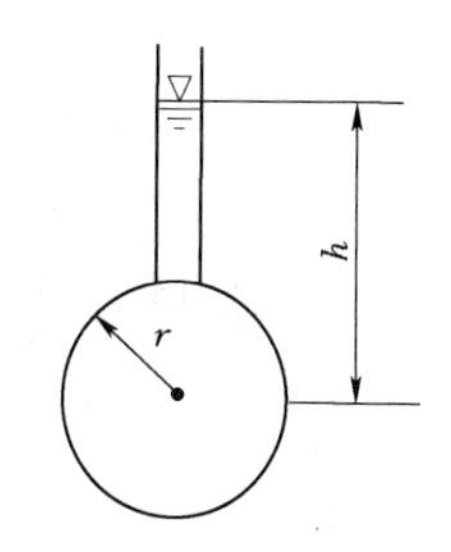

图 2-55　习题 2-24 配图

2－25　绘制图2－56所示各图形中指定挡水面上的水平方向静水压强分布图及压力体图。

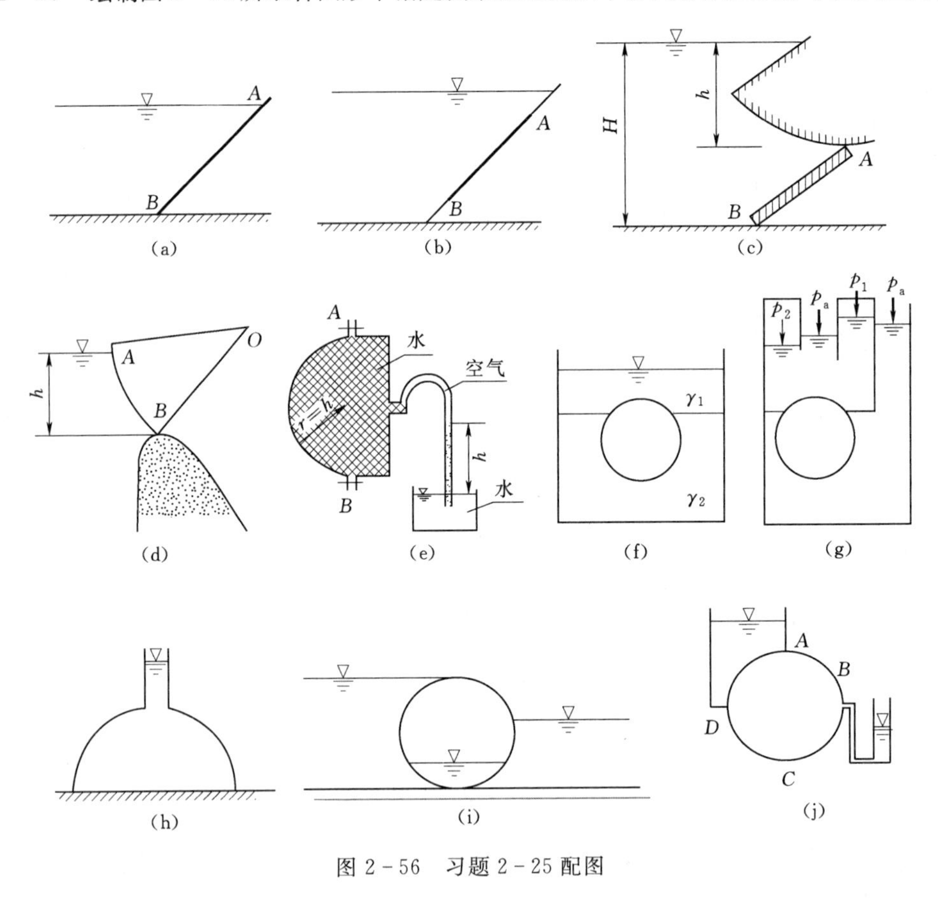

图2－56　习题2－25配图

2－26　图2－57所示为一弧形闸门，半径$R=7.5$m，挡水深度$h=4.8$m，其圆心角$\alpha=43°$，旋转轴距渠底$H=5.8$m，闸门宽度$b=6.4$m。试求作用于闸门上的静水总压力的大小及作用点。

2－27　如图2－58所示，倾斜的平面壁与铅直线成45°角，壁上有一孔口，其直径$D_0=200$mm，孔口形心处的作用水头$H=500$mm。此孔口被一圆锥形塞子塞住，其尺寸为：$D_1=300$mm，$D_2=150$mm，$L=300$mm。试确定作用于塞子上的静水总压力。

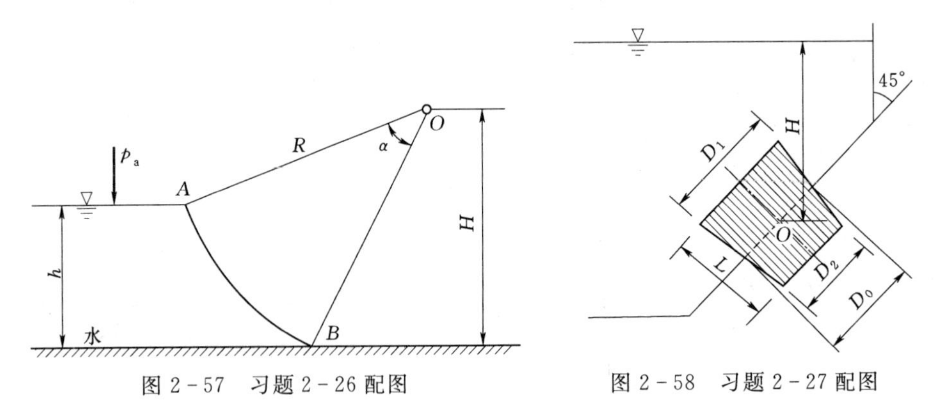

图2－57　习题2－26配图

图2－58　习题2－27配图

2－28　图2－59所示为一水泵吸水阀门的圆球式底阀，其直径 $D=150\mathrm{mm}$，装于直径 $d=100\mathrm{mm}$ 的阀底上，圆球为实心体，其容重 $\gamma_1=83.3\mathrm{kN/m^3}$。已知 $H_1=2\mathrm{m}$，$H_2=1\mathrm{m}$，问在吸水管内液面上真空为多少时才能将底阀打开？

2－29　图2－60所示为一盛水筒，筒底有一圆孔，被一圆台形塞子塞着。圆筒连同塞子一起放置于另一大的盛水容器内，所有尺寸如图所示。试求作用于塞子上的静水总压力。

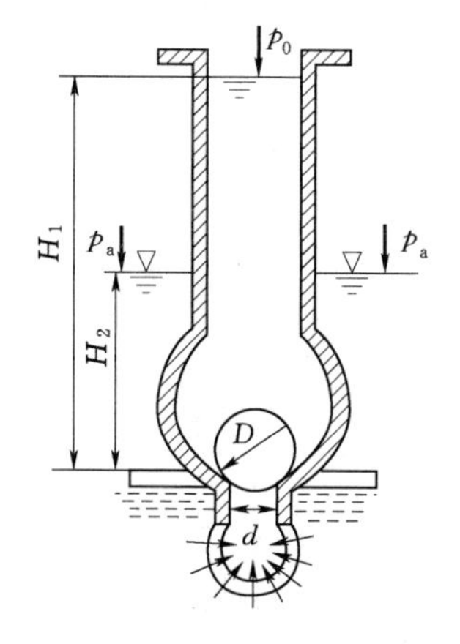

图2－59　习题2－28配图

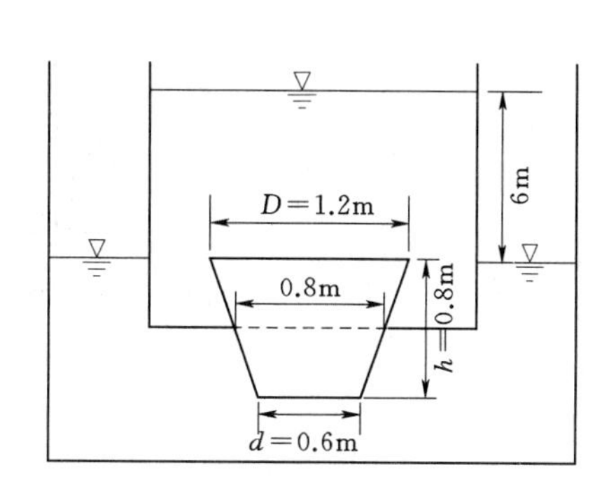

图2－60　习题2－29配图

2－30　图2－61所示一球形容器完全充满水，球上部顶点处的压强恰好等于当地大气压强。球内水的重量为 W。证明作用于每一铅垂面剖分的半球上的静水总压力为 $W\sqrt{13}/4$。如过球心水平剖分该圆球，则作用于下半球面上的静水总压力为作用于上半球面上的静水总压力的5倍。

2－31　如图2－62所示，利用浮体平衡可测定液体重度。设水的容重为 γ_1，容重计管截面积为 A。当容重计浸入水中时，测得排开水的体积为 V。再将容重计放入容重 γ_2 待测定的液体中，若上升的高度为 h，试推导确定 γ_2 的公式。

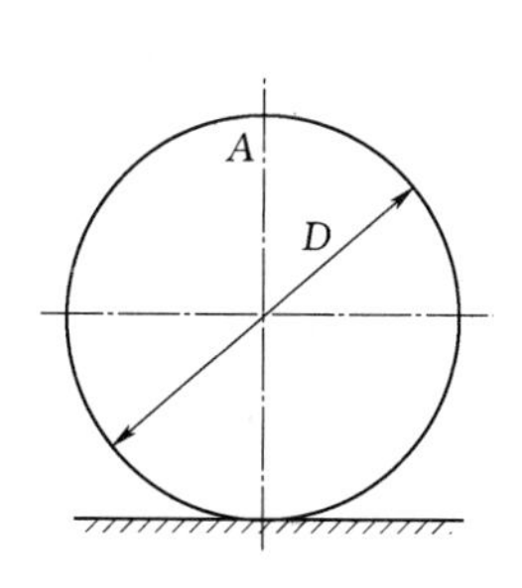

图2－61　习题2－30配图

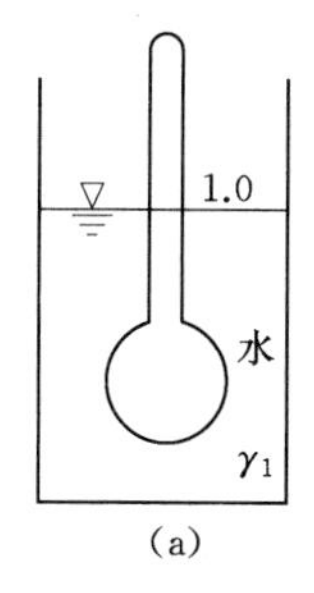

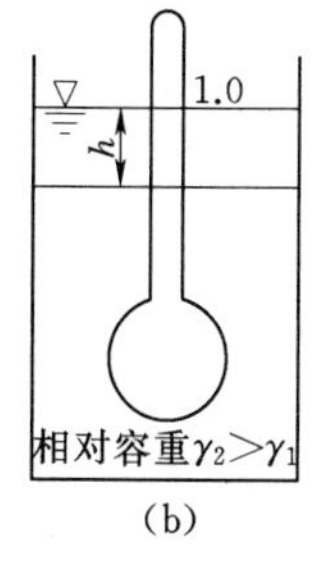

图2－62　习题2－31配图

2－32　如图2－63所示，一底部尺寸 $L\times W=60\mathrm{m}\times10\mathrm{m}$、吃水深度 $h=2\mathrm{m}$ 的驳船上，安装一架起重量 $T=50000\mathrm{N}$、起重臂最大纵行程 $S=15\mathrm{m}$ 的起重机。已知起重机偏心距 $e=3.5\mathrm{m}$，试确定此漂浮式起重机（浮吊）在海洋作业时，处于满负荷情况下的倾侧角度。

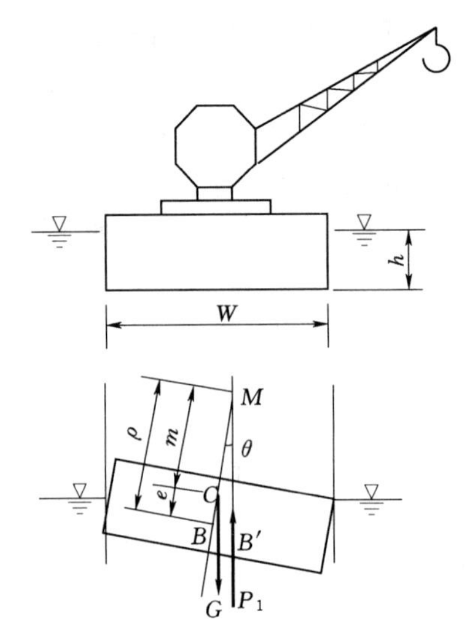

图 2－63　习题 2－32 配图

第三章　流体运动的基本概念及研究方法

流体的基本特性是易流动变形，因此流体运动比理论力学中的刚体运动要复杂许多。流体运动会涉及到许多新的概念和新的分类。本章主要介绍有关流体运动的基本概念、流体运动的基本类型及研究流体运动的基本方法。

第一节　研究流体运动的两种方法

一、拉格朗日法

拉格朗日法是以固定流体质点（或微团）为研究对象，分析流体质点的运动轨迹，以及质点在运动过程中速度、密度和压强等物理量的变化规律，综合足够多的质点运动状况从而得到整个流体的运动规律。

选取初始时刻位于空间点（a,b,c）的流体质点为研究对象（图 3－1），其运动轨迹可以用矢径表示为

$$\vec{r}=\vec{r}(a,b,c,t)=x\vec{i}+y\vec{j}+z\vec{k} \tag{3-1}$$

式中

$$x=x(a,b,c,t) \tag{3-2}$$

$$y=y(a,b,c,t) \tag{3-3}$$

$$z=z(a,b,c,t) \tag{3-4}$$

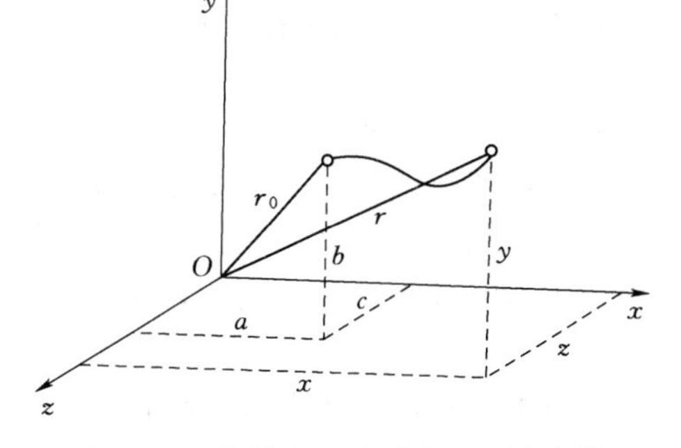

图 3－1　拉格朗日法质点运动轨迹图

可以看出，流体质点的位置是拉格朗日变数（a,b,c,t）的函数。质点的其他流动参量同样也是拉格朗日变数（a,b,c,t）的函数。例如，流体质点的运动速度为

$$\vec{u}=\frac{\mathrm{d}\vec{r}}{\mathrm{d}t}=\frac{\partial\vec{r}(a,b,c,t)}{\partial t} \tag{3-5}$$

相应的速度分量为

$$u_x=\frac{\mathrm{d}x}{\mathrm{d}t}=\frac{\partial x(a,b,c,t)}{\partial t} \tag{3-6}$$

$$u_y=\frac{\mathrm{d}y}{\mathrm{d}t}=\frac{\partial y(a,b,c,t)}{\partial t} \tag{3-7}$$

$$u_z=\frac{\mathrm{d}z}{\mathrm{d}t}=\frac{\partial z(a,b,c,t)}{\partial t} \tag{3-8}$$

其中全导数变为偏导数是因为质点标记（a,b,c）与时间无关。

流体质点的加速度为

$$\vec{a}=\frac{\mathrm{d}\vec{u}}{\mathrm{d}t}=\frac{\partial^2\vec{r}(a,b,c,t)}{\partial t^2} \tag{3-9}$$

相应的加速度分量为

$$a_x=\frac{\mathrm{d}u_x}{\mathrm{d}t}=\frac{\partial^2 x(a,b,c,t)}{\partial t^2} \tag{3-10}$$

$$a_y=\frac{\mathrm{d}u_y}{\mathrm{d}t}=\frac{\partial^2 y(a,b,c,t)}{\partial t^2} \tag{3-11}$$

$$a_z=\frac{\mathrm{d}u_z}{\mathrm{d}t}=\frac{\partial^2 z(a,b,c,t)}{\partial t^2} \tag{3-12}$$

拉格朗日法概念简单明了，研究个别质点的运动较为方便。由于流体的质点众多，且运动轨迹复杂，故在水力学流体力学研究中很少采用拉格朗日法。

二、欧拉法

欧拉法是以固定的空间点 $M(x,y,z)$ 为对象（图 3-2），研究不同时刻 t 经过该空间点的流体质点的运动参数 Φ，综合足够多空间点的运动参数变化情况从而得到整个流体的运动情况。

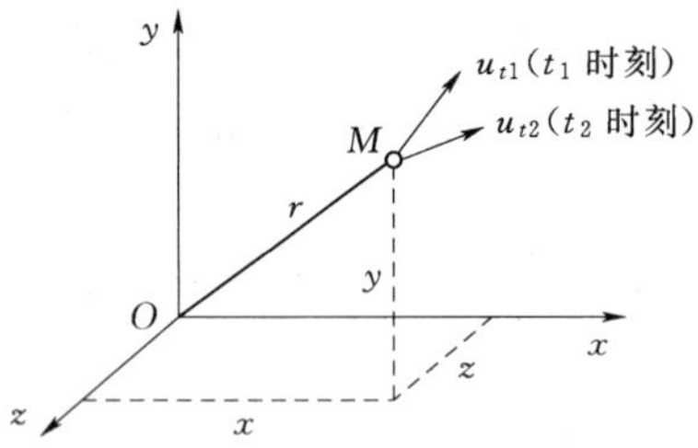

图 3-2　欧拉法运动参数示意图

欧拉法流体运动参数 Φ 可以表示为欧拉变数（x,y,z,t）的函数，即

$$\Phi=\Phi(x,y,z,t) \tag{3-13}$$

例如，速度可以表示为 $\overline{u}=\overline{u}(x,y,z,t)$，$u_x=u_x(x,y,z,t)$，$u_y=u_y(x,y,z,t)$，$u_z=u_z(x,y,z,t)$，压强为 $p=p(x,y,z,t)$，密度为 $\rho=\rho(x,y,z,t)$，等等。

由于在欧拉法的框架下可以直接应用高等数学、矢量、场论等数学方法来分析问题，在数学处理上较为方便，并且在绝大多数水力学流体力学问题中，需要确定的是固定空间点上流体运动参数的变化情况，因此，水力学流体力学中常用欧拉法来研究流体的运动情况。

下面先分析欧拉法中质点的加速度。与拉格朗日法相比，欧拉法表示流体质点加速度的关系式较为复杂。设某流体质点的运动轨迹为 $x=x(t)$，$y=y(t)$，$z=z(t)$，代入到欧拉变数的流速关系式中得

$$u_x=u_x[x(t),y(t),z(t),t] \tag{3-14}$$

$$u_y=u_y[x(t),y(t),z(t),t] \tag{3-15}$$

$$u_z=u_z[x(t),y(t),z(t),t] \tag{3-16}$$

根据复合函数的求导法则，质点的加速度分量为

$$\left.\begin{aligned}
a_x&=\frac{\mathrm{d}u_x}{\mathrm{d}t}=\frac{\partial u_x}{\partial t}+\frac{\partial u_x}{\partial x}\frac{\mathrm{d}x}{\mathrm{d}t}+\frac{\partial u_x}{\partial y}\frac{\mathrm{d}y}{\mathrm{d}t}+\frac{\partial u_x}{\partial z}\frac{\mathrm{d}z}{\mathrm{d}t}\\
a_y&=\frac{\mathrm{d}u_y}{\mathrm{d}t}=\frac{\partial u_y}{\partial t}+\frac{\partial u_y}{\partial x}\frac{\mathrm{d}x}{\mathrm{d}t}+\frac{\partial u_y}{\partial y}\frac{\mathrm{d}y}{\mathrm{d}t}+\frac{\partial u_y}{\partial z}\frac{\mathrm{d}z}{\mathrm{d}t}\\
a_z&=\frac{\mathrm{d}u_z}{\mathrm{d}t}=\frac{\partial u_z}{\partial t}+\frac{\partial u_z}{\partial x}\frac{\mathrm{d}x}{\mathrm{d}t}+\frac{\partial u_z}{\partial y}\frac{\mathrm{d}y}{\mathrm{d}t}+\frac{\partial u_z}{\partial z}\frac{\mathrm{d}z}{\mathrm{d}t}
\end{aligned}\right\} \tag{3-17}$$

其中$\frac{dx}{dt}=u_x$，$\frac{dy}{dt}=u_y$，$\frac{dz}{dt}=u_z$，代入上式得欧拉法的流体质点加速度表达式：

$$\left.\begin{aligned}a_x=\frac{du_x}{dt}=\frac{\partial u_x}{\partial t}+u_x\frac{\partial u_x}{\partial x}+u_y\frac{\partial u_x}{\partial y}+u_z\frac{\partial u_x}{\partial z}\\a_y=\frac{du_y}{dt}=\frac{\partial u_y}{\partial t}+u_x\frac{\partial u_y}{\partial x}+u_y\frac{\partial u_y}{\partial y}+u_z\frac{\partial u_y}{\partial z}\\a_z=\frac{du_z}{dt}=\frac{\partial u_z}{\partial t}+u_x\frac{\partial u_z}{\partial x}+u_y\frac{\partial u_z}{\partial y}+u_z\frac{\partial u_z}{\partial z}\end{aligned}\right\}\tag{3-18}$$

式（3-18）中等号右边第一项时间偏导数称为当地加速度或时变加速度，它是流速场随时间变化而产生的加速度；等号右边的三个非线性空间偏导数项称为迁移加速度或位变加速度，它是流速场在空间的非均匀分布所产生的加速度。

式（3-18）的矢量形式为

$$\vec{a}=\frac{d\vec{u}}{dt}=\frac{\partial\vec{u}}{\partial t}+(\vec{u}\cdot\nabla)\vec{u}\tag{3-19}$$

其中

$$\nabla=\vec{i}\frac{\partial}{\partial x}+\vec{j}\frac{\partial}{\partial y}+\vec{k}\frac{\partial}{\partial z}\tag{3-20}$$

∇称为哈密顿算子，而

$$\frac{d}{dt}=\frac{\partial}{\partial t}+(\vec{u}\cdot\nabla)=\frac{\partial}{\partial t}+u_x\frac{\partial}{\partial x}+u_y\frac{\partial}{\partial y}+u_z\frac{\partial}{\partial z}\tag{3-21}$$

是一个求全导数的算子，称为质点导数，它可以反映流体质点的物理量在流动过程中随时间的变化率。因此，式（3-18）或（3-19）就是速度的质点导数。任意物理量Φ的质点导数为

$$\frac{d\Phi}{dt}=\frac{\partial\Phi}{\partial t}+(\vec{u}\cdot\nabla)\Phi=\frac{\partial\Phi}{\partial t}+u_x\frac{\partial\Phi}{\partial x}+u_y\frac{\partial\Phi}{\partial y}+u_z\frac{\partial\Phi}{\partial z}\tag{3-22}$$

与式（3-18）类似，式中等号右边第一项时间偏导数称为时变导数（当地导数），是由物理量场随时间变化而引起的，而等号右边的后三个非线性空间偏导数项称为位变导数（迁移导数），是由物理量场在空间分布的不均匀所引起的。

例如，质点密度ρ随时间的变化率，即质点导数为

$$\frac{d\rho}{dt}=\frac{\partial\rho}{\partial t}+(\vec{u}\cdot\nabla)\rho=\frac{\partial\rho}{\partial t}+u_x\frac{\partial\rho}{\partial x}+u_y\frac{\partial\rho}{\partial y}+u_z\frac{\partial\rho}{\partial z}\tag{3-23}$$

第二节　流体运动的基本概念

一、恒定流与非恒定流

如果流场中所有空间点上所有流动参数均不随时间变化，则该流动为恒定流，反之，如果流场中有空间点上的流动参数随时间变化，则该流动为非恒定流。

恒定流的流动参数Φ只是空间坐标(x,y,z)的函数，与时间t无关，其时变导数为0，即

$$\partial\Phi/\partial t=0\tag{3-24}$$

流动是否恒定流，有时与所选取的参考系有关。图 3-3 为一物体在静止水体中匀速运动所引起的流体运动，在静止坐标系下观察到的流体运动是非恒定流，但在随物体运动的动坐标系下观察到的流体运动是恒定流。

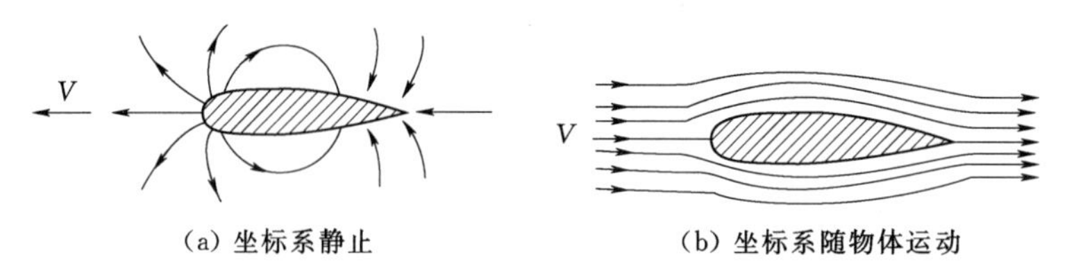

图 3-3　物体在静止水体中匀速运动所形成的流场

可以看出，非恒定流问题的求解相对复杂，恒定流问题的求解相对简单。实际流动问题一般多为非恒定流，当流动参数随时间的变幅不大，或者非恒定影响局限于小范围，常常可以近似按恒定流处理，从而使问题大大简化。

二、一维流动、二维流动与三维流动

根据欧拉变数中流动参数所含的空间坐标数目可以将流动分为一维流动、二维流动和三维流动。

三维流动的流动参数是三个空间坐标的函数，一般用直角坐标可以表示为（x，y，z）。根据需要也可以用柱坐标系、球坐标系乃至更复杂的曲线坐标系。二维流动的流动参数是两个空间坐标的函数；一维流动的流动参数则仅是一个空间坐标的函数，这个空间坐标不一定是直线坐标，也可以是曲线坐标。

实际流体运动绝大多数是三维的，但在水力学中为了便于分析和解决实际问题，常将三维流动简化为二维流动甚至一维流动。例如，对于水深远小于水平方向尺度的浅海、湖泊及河流中的流动，可以忽略水深方向的流速，同时沿整个水深方向对水平方向速度取平均值，这样就将三维流动简化为平面二维流动。

管道和河渠中的水流，横向流速和垂向流速远小于沿流向的纵向速度，经常可以忽略。用断面平均流速代替断面上各点实际流速，从而将流动简化为沿流动方向的一维流动，其流动参数是流动方向坐标 s 和时间 t 的函数（图 3-4）。

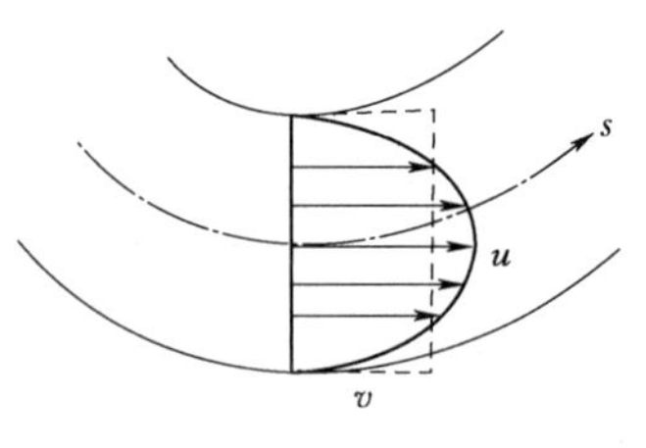

图 3-4　一维总流示意图

流体力学一般采用三维或二维分析法，这种分析方法将在第四章流体动力学基本理论中介绍；水力学一般采用一维分析法（也称总流分析法），这种分析方法将在第五章水动力学基本理论中介绍。

三、迹线与流线

（一）迹线

迹线是流体质点运动的轨迹线，它是由一个流体质点在不同时间的位置形成的曲线（图 3-5）。迹线是一个拉格朗日法的概念，采用拉格朗日法确定迹线比较方便，式（3-2）～式（3-4）给出的就是拉格朗日参数表示的迹线方程。用欧拉法表示的迹线方程相对复杂，现推导如下：

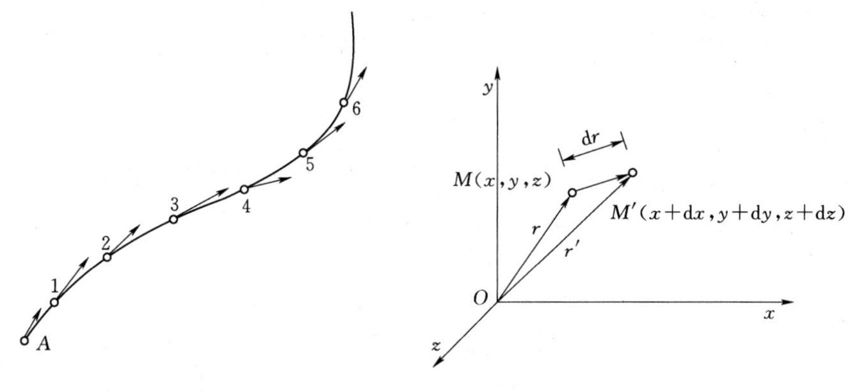

图 3-5　迹线示意图

假设迹线上某质点在 dt 时段以速度 $\vec{u}$ 运动了 d$\vec{r}$ 距离，即以速度 u_x，u_y，u_z 运动了 dx，dy，dz，则位移与速度的关系为

$$\mathrm{d}\vec{r}=\vec{u}\,\mathrm{d}t \tag{3-25}$$

$$\left.\begin{aligned}\mathrm{d}x=u_x(x,y,z,t)\mathrm{d}t\\ \mathrm{d}y=u_y(x,y,z,t)\mathrm{d}t\\ \mathrm{d}z=u_z(x,y,z,t)\mathrm{d}t\end{aligned}\right\} \tag{3-26}$$

式（3-26）为欧拉法表示的迹线方程。需要注意的是，方程中 t 是自变量，速度是 x，y，z，t 的函数，而质点位置坐标 x，y，z 也随时间变化，因此在积分时，不能将 x，y，z 看作与 t 无关的参数。

【例 3-1】 已知流体的速度分量为 $u_x=1-y$，$u_y=t$，求 $t=0$ 时位于（0，0）点的质点轨迹。

解： 关于 y 的迹线方程为 $\mathrm{d}y=u_y\mathrm{d}t$，即

$$\mathrm{d}y=t\,\mathrm{d}t$$

积分得

$$y=\frac{t^2}{2}+c_1$$

关于 x 的迹线方程为：$\mathrm{d}x=u_x\mathrm{d}t$，即

$$\mathrm{d}x=(1-y)\mathrm{d}t=\left(1-\frac{t_2}{2}-c_1\right)\mathrm{d}t$$

积分得

$$x=(1-c_1)t-\frac{t^3}{6}+c_2$$

注意，如果把 y 当作与 t 无关的参数积分则会得出错误的结果：$x=(1-y)t+c$

代入已知条件可以确定积分常数：

$$t=0,x=0,y=0\Rightarrow c_1=0,c_2=0$$

最后得到轨迹参数方程为

$$y=\frac{t^2}{2},x=t-\frac{t^3}{6}$$

消去 t 的迹线方程为

$$x=\sqrt{2y}-\frac{(\sqrt{2y})^3}{6}$$

（二）流线

流线是某一瞬时在流场中的一条曲线，位于该曲线上的流体质点的流速矢量均与该曲线相切（图 3-6）。

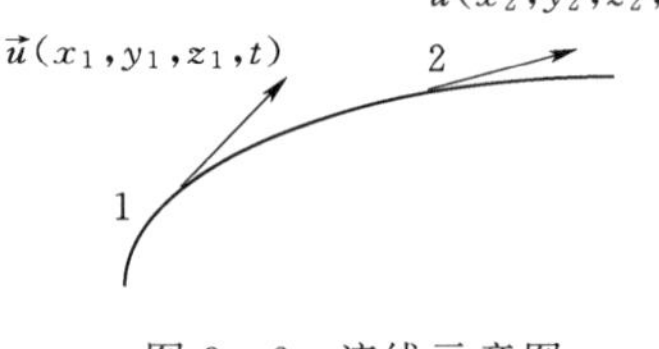

图 3-6　流线示意图

流线是欧拉法的概念，虽然流线与迹线上任意一点的速度矢量都与曲线相切，但流线是同一时刻不同质点形成的曲线，迹线是同一质点不同时刻的形成的曲线。

在同一时刻的流线上取矢量元 $d\vec{s}=dx\vec{i}+dy\vec{j}+dz\vec{k}$，它与该点的流速矢量 $\vec{u}(x,y,z,t)$ 方向相同，其关系为

$$\frac{dx}{u_x(x,y,z,t)}=\frac{dy}{u_y(x,y,z,t)}=\frac{dz}{u_z(x,y,z,t)} \tag{3-27}$$

式（3-27）就是流线的微分方程，其中 t 是参数，积分时可作为常数。方程（3-27）由两个独立的微分方程组成，可以求出两个解：$f_1(x,y,z,t)=0$，$f_2(x,y,z,t)=0$。这是两个曲面，它们的交线即为流线。流线具有以下特性：

（1）非恒定流动中，由于速度矢量随时间变化，流线的形状亦会随时间而变化；而在恒定流动中，流线不随时间变化，流线与迹线重合，流体质点沿流线运动。

（2）一般情况下，同一时刻的流线不能相交，也不能是折线。否则同一点上将有两个速度矢量的方向。该性质只有几个例外的情况，例如流速为 0 的点（驻点）、两条流线相切的点、流速为无穷大的点（奇点）。

（3）在同一时刻的流场中，可以绘出许多条流线，当流线沿程逐渐变密时，流速逐渐增大，流线沿程逐渐变疏时，流速逐渐减小，流线相互平行时，则流速不变。

【例 3-2】　已知流体的速度分量为 $u_x=1-y$，$u_y=t$，求 $t=1$ 时经过点（0，0）的流线。

解： 流线方程为

$$\frac{dx}{u_x}=\frac{dy}{u_y}\Rightarrow\frac{dx}{1-y}=\frac{dy}{t}$$

积分得

$$y^2-2y+2tx+c=0$$

将 $t=1$、$x=0$、$y=0$ 代入得

$$c=0$$

故所求流线方程为

$$y^2-2y+2x=0$$

注意，积分时 t 可以看作是常数，x、y 是独立的自变量。

【例 3-3】　已知某恒定平面流动的流速为 $u_x=-ay$，$u_y=ax$，$u_z=0$，$a\neq0$，求此流场中的流线。

解：流线微分方程为$\frac{\mathrm{d}x}{-ay}=\frac{\mathrm{d}y}{ax}$，即

$$x\mathrm{d}x+y\mathrm{d}y=0$$

积分得
$$x^2+y^2=C_1$$

显然，流线是一簇同心圆，不同的常数C_1给出不同的半径，流动和流线沿z方向没有变化。

拓展思考：计算相应的迹线方程，并与流线方程比较。

（三）平面流动的流函数

平面流动只有两个流速分量（$u_z=0$），流动参数均与z无关：

$$u_x=u_x(x,y,t),u_y=u_y(x,y,t) \tag{3-28}$$

如果速度满足：

$$\frac{\partial u_x}{\partial x}+\frac{\partial u_y}{\partial y}=0 \tag{3-29}$$

则不可压缩流体存在流函数$\psi(x,y,t)$，它与速度的关系为

$$u_x=\frac{\partial \psi}{\partial y},u_y=-\frac{\partial \psi}{\partial x} \tag{3-30}$$

$$\mathrm{d}\psi=\frac{\partial \psi}{\partial x}\mathrm{d}x+\frac{\partial \psi}{\partial x}\mathrm{d}y=-u_y\mathrm{d}x+u_x\mathrm{d}y \tag{3-31}$$

可以看出，当流函数$\psi(x,y,t)=$常数，即$\mathrm{d}\psi=0$时，式（3-31）正好是流线方程式（3-27）。说明等流函数线就是一条流线。如果已知流速场，对式（3-31）或式（3-30）积分就可以得到流函数，再令流函数为常数就可以得到流线方程。

【例3-4】 求平面流动$u_x=y^2-x^2$，$u_y=2xy$的流线。

解：不难验证该流动满足条件公式（3-29），所以该流动存在流函数。

由$u_x=\frac{\partial \psi}{\partial y}=y^2-x^2$，以$y$为变量积分得

$$\psi=\int(y^2-x^2)\mathrm{d}y=\frac{1}{3}y^3-x^2y+f_1(x)$$

由$u_y=-\frac{\partial \psi}{\partial x}=2xy-f_1'(x)=2xy$，得

$$f_1'(x)=0，即 f_1(x)=C'$$

故流函数为：$\psi=\frac{1}{3}y^3-x^2y$（常数C'可以舍去）。

令流函数ψ为常数，则流线为$\frac{1}{3}y^3-x^2y=C$，不同的常数C对应不同流线。

拓展思考：根据流线微分方程式（3-27）能否积分求出流线方程$\frac{1}{3}y^3-x^2y=C$？

四、总流与元流

（一）过水断面

过水断面（也称横断面）是流场中与流速（流线）正交的横截面。如图3-7所示，过

水断面可以是平面（截面 1－1），也可以是曲面（截面 2－2）。

（二）流管与元流

流管是由许多流线构成的一个管状曲面。如图 3－8 所示，经过图中封闭曲线上各点的所有流线构成的连续管状曲面就是一个流管。流管有以下性质：

（1）流管的过水断面面积（dA）很小，极限情况下流管可以看成是一根流线。

（2）任一瞬时，不能有流线穿过流管表面，否则该流线会与其他流线相交。

（3）恒定流的流管形状不随时间变化，流管将在其内部流动的流体与外部流动的流体隔离开。

流管内的流动称为元流。由于流管过水断面面积很小，元流过水断面可以看作是平面，过水断面上的运动参数的大小可以看作是相同的。

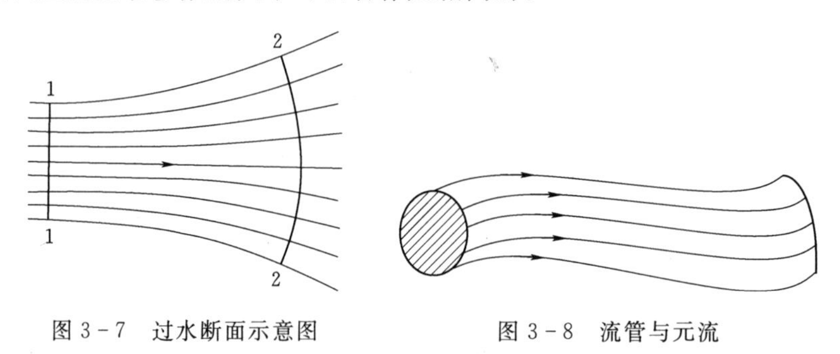

图 3－7　过水断面示意图　　　图 3－8　流管与元流

（三）总流

在由固体边界或自由液面围成的管道或河渠内部的流动称为总流。总流边界有自由液面的流动称为明渠流，总流边界没有自由液面的流动称为管流。明渠流自由液面的相对压强一般为 0，管流内部的相对压强一般不为 0，因此管流常称有压管流。总流过水断面可能是平面，也可能是曲面，过水断面上的运动参数的大小一般是不相同的。

总流可以看作是由无数元流组成的，或者说，对无数元流积分求和就可以得到总流（图 3－9）。

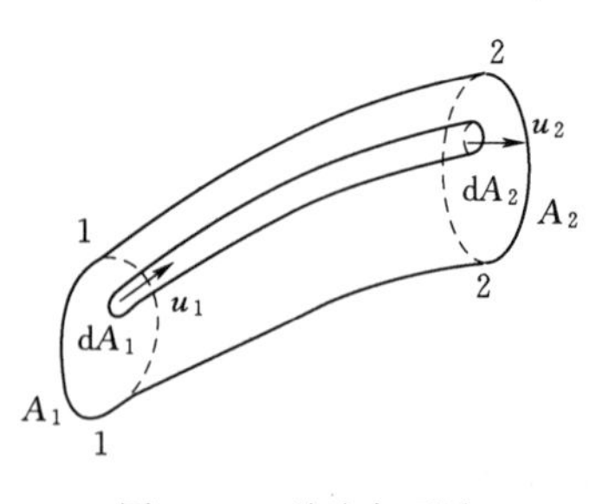

图 3－9　总流与元流

（四）流量

单位时间通过过水断面的流体体积称为流量或体积流量，用符号 Q 表示。对于元流

$$dQ=u\,dA \tag{3-32}$$

对于总流

$$Q=\int_A dQ=\int_A u\,dA \tag{3-33}$$

将流量的概念拓展，定义单位时间通过过水断面的流体所具有的某物理量 Φ 的大小称为物理量 Φ 的通量（流量），用符号 Q_Φ 表示。令 ϕ 为单位体积流体内具有的物理量 Φ 的大小，则

$$Q_\Phi=\int_A \phi u\,dA \tag{3-34}$$

例如，质量流量为

$$Q_m = \int_A \rho u \mathrm{d}A \tag{3-35}$$

动量流量为

$$\vec{Q}_K = \int_A \rho \vec{u} u \mathrm{d}A \tag{3-36}$$

（五）断面平均流速

受边界的影响，过水断面上各点的流速大小 u 一般是不同的。在总流分析计算时，希望找到一个平均速度使其算出的流量与实际流量相同，因此，断面平均流速的大小可以定义为

$$v = \frac{Q}{A} = \frac{\int_A u \mathrm{d}A}{A} \tag{3-37}$$

五、均匀流与非均匀流

如果流体运动的流线为相互平行的直线（图 3-10），则称该流动为均匀流；如果流线之间有夹角或流线有弯曲，则称该流动为非均匀流（图 3-11）。均匀流的过水断面为平面，其形状和面积沿流程保持不变，迁移加速度为 0。

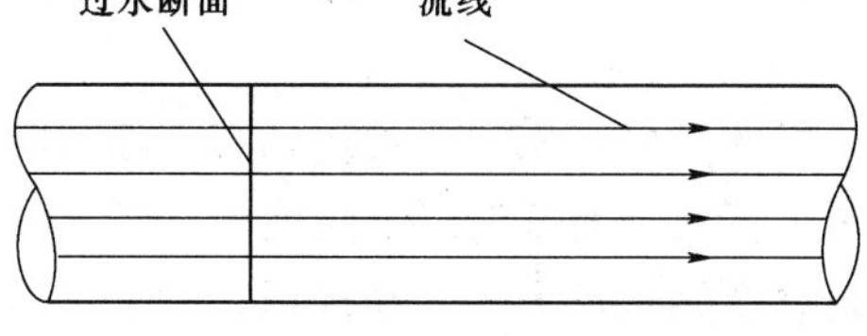

图 3-10　均匀流

六、渐变流与急变流

非均匀流可以分为渐变流和急变流。急变流是流线间夹角较大或流线曲率较大的流动。如受边界的影响，断面突然变化、急弯、阀门、障碍物等情况均会发生急变流。急变流过水断面不一定是平面，过水断面上的压强分布不符合静水压强分布（图 3-12）。渐变流的流线之间的夹角较小（如果有夹角的话），或者流线的曲率较小（如果有弯曲的话）。例如水深逐渐变化的渠道中或管径逐渐变化的管道中的流动就是渐变流。渐变流过水断面可以近似看作是平面，过水断面上的压强分布近似符合静水压强分布，即

$$z + p/r \approx c \tag{3-38}$$

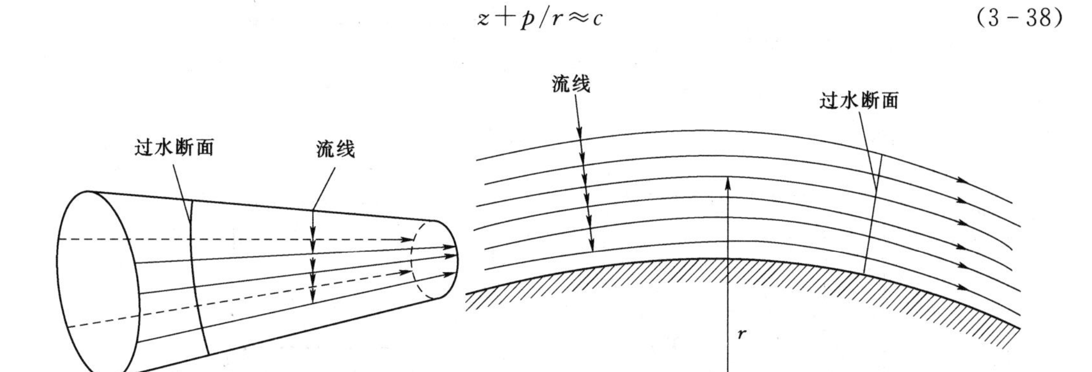

(a) 流线之间有夹角　　(b) 流线弯曲

图 3-11　非均匀流

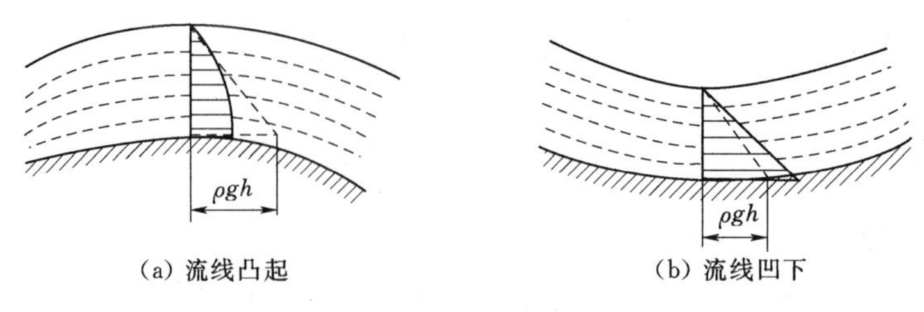

图 3-12　过水断面上的压强分布图

七、层流与紊流

1840 年，哈根发现由于实际流体存在黏性，流体运动有两种截然不同的流动形态，它们的流动现象、水流结构等均不相同。流速较小时，流体质点作有条不紊的分层运动，各层流体或各微小流束上的质点彼此互不掺混，这种流动形态称为层流。流速较大时，各层流体或各微小流束上的质点相互混掺，质点运动轨迹极不规则，这种流动称为紊流。

第三节　流体微团运动的形式

流体微团（质点）的运动与理论力学中的刚体运动不同，流体微团运动除了平移和旋转外，同时还有线变形和角变形。本节首先分析流体微团运动的基本形式，然后再定义量度流体微团运动大小的物理量，并引出有旋流与无旋流的概念。

一、流体微团运动的基本形式

下面以 Oxy 平面流场中一个正方形微团 $ABCD$ 为例分析流体微团运动的基本形式。先考虑简单的单一运动变形情况，如图 3-13（a）所示，微团 $ABCD$ 经过 $\mathrm{d}t$ 时段后，以

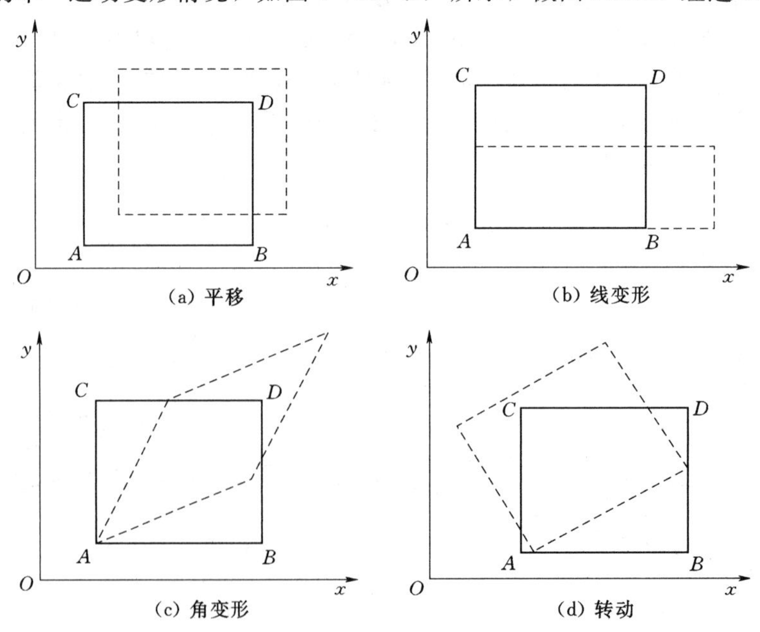

图 3-13　微团运动的基本形式

相同速度运动到新的位置（图中虚线所示），没有发生变形和旋转，这就是单一的平移运动。如图 3-13（b）所示，微团 $ABCD$ 经过 $\mathrm{d}t$ 时段后，运动变形为矩形（图中虚线所示），没有发生夹角变形和旋转，这就是单一的线变形运动。如图 3-13（c）所示，微团 $ABCD$ 经过 $\mathrm{d}t$ 时段后，由正方形变为菱形（图中虚线所示），没有发生线变形和旋转，这就是单一的角变形运动。如图 3-13（d）所示，微团 $ABCD$ 经过 $\mathrm{d}t$ 时段后，发生旋转（图中虚线所示），没有发生变形，这就是单一的旋转运动。

实际流体微团运动比较复杂，可能同时发生平移、旋转和变形运动。假设 A 点速度为 u_x、u_y，根据泰勒公式可以确定其他点的速度，如图 3-14 所示。可以看出，各点速度均包含平移运动速度 u_x、u_y，而各点之间的速度差则会产生变形和旋转运动。$\mathrm{d}t$ 时间后，$ABCD$ 运动变形为 $A'B'C'D'$。

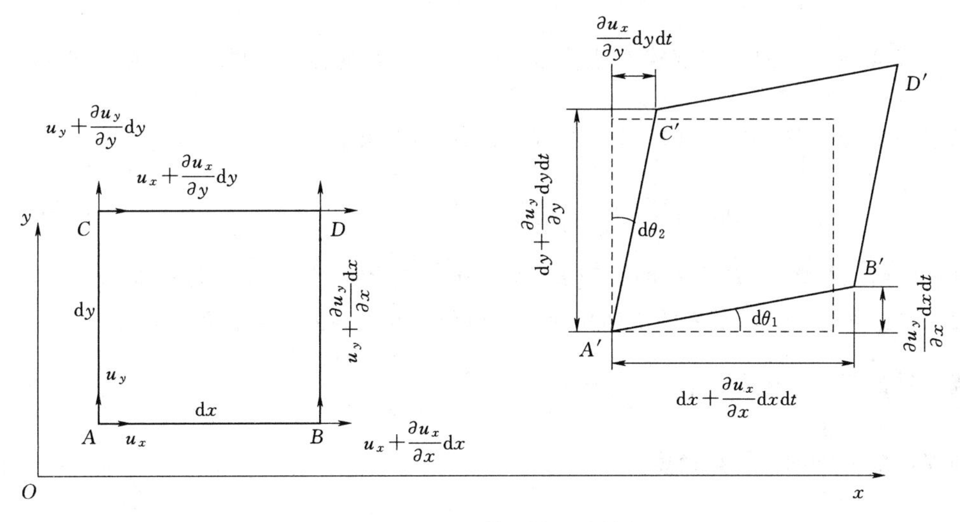

图 3-14　流体微团运动分析

（一）线变形

由于 B 点在 x 方向的速度较 A 点大 $\frac{\partial u_x}{\partial x}\mathrm{d}x$，经过 $\mathrm{d}t$ 时段后，图 3-14 中 AB 边的长度在 x 方向的变化为 $\frac{\partial u_x}{\partial x}\mathrm{d}x\mathrm{d}t$。定义线变形速率（线变率）为单位长度微团在单位时间内的线变形，则

$$x\text{ 方向的线变形速率 }\varepsilon_{xx}=\frac{(\partial u_x/\partial x)\mathrm{d}x\mathrm{d}t}{\mathrm{d}x\mathrm{d}t}=\frac{\partial u_x}{\partial x} \tag{3-39}$$

同理

$$y\text{ 方向的线变形速率 }\varepsilon_{yy}=\frac{\partial u_y}{\partial y} \tag{3-40}$$

$$z\text{ 方向的线变形速率 }\varepsilon_{zz}=\frac{\partial u_z}{\partial z} \tag{3-41}$$

由场论的知识可知，三个线变形速率之和可以用速度矢量的散度表示为

$$\varepsilon_{xx}+\varepsilon_{yy}+\varepsilon_{zz}=\frac{\partial u_x}{\partial x}+\frac{\partial u_y}{\partial y}+\frac{\partial u_z}{\partial z}=\mathrm{div}\vec{u}=\nabla\cdot\vec{u} \tag{3-42}$$

式（3-42）的物理意义是流体微团的相对体积膨胀速率$\frac{\mathrm{d}V}{V\mathrm{d}t}$。

（二）旋转与角变形

由于 B 点在 y 方向的速度较 A 点大$\frac{\partial u_y}{\partial x}\mathrm{d}x$，经过 $\mathrm{d}t$ 时段后，图 3-14 中 B 点在 y 方向较 A 点多运动$\frac{\partial u_y}{\partial x}\mathrm{d}x\mathrm{d}t$。图 3-14 中 AB 边逆时针的转角为

$$\mathrm{d}\theta_1=\frac{\partial u_y}{\partial x}\mathrm{d}x\mathrm{d}t\Big/\left(\mathrm{d}x+\frac{\partial u_x}{\partial x}\mathrm{d}x\mathrm{d}t\right)=\frac{\partial u_y}{\partial x}\mathrm{d}t \tag{3-43}$$

由于 C 点在 x 方向的速度较 A 点大$\frac{\partial u_x}{\partial y}\mathrm{d}y$，经过 $\mathrm{d}t$ 时段后，图 3-14 中 C 点在 x 方向较 A 点多运动$\frac{\partial u_x}{\partial y}\mathrm{d}y\mathrm{d}t$。图 3-14 中 AC 边顺时针的转角为

$$\mathrm{d}\theta_2=\frac{\partial u_x}{\partial y}\mathrm{d}y\mathrm{d}t\Big/\left(\mathrm{d}y+\frac{\partial u_y}{\partial y}\mathrm{d}y\mathrm{d}t\right)=\frac{\partial u_x}{\partial y}\mathrm{d}t \tag{3-44}$$

可以看出，AB 和 AC 夹角大小的变化是 $\mathrm{d}\theta_1+\mathrm{d}\theta_2$，而角分线 AD 的旋转角度是（$\mathrm{d}\theta_1-\mathrm{d}\theta_2$)/2。因此可以定义，微团的旋转角速度为单位时间内微团的旋转角度，即

绕 z 轴的旋转角速度 $\omega_z=\frac{\mathrm{d}\theta_1-\mathrm{d}\theta_2}{2\mathrm{d}t}=\frac{1}{2}\left(\frac{\partial u_y}{\partial x}-\frac{\partial u_x}{\partial y}\right)$　　(3-45)

同理，绕 y 轴的旋转角速度 $\omega_y=\frac{1}{2}\left(\frac{\partial u_x}{\partial z}-\frac{\partial u_z}{\partial x}\right)$　　(3-46)

绕 x 轴的旋转角速度 $\omega_x=\frac{1}{2}\left(\frac{\partial u_z}{\partial y}-\frac{\partial u_y}{\partial z}\right)$　　(3-47)

上式为微团旋转角速度的三个分量与速度之间的关系，微团的旋转角速度是一个矢量 $\vec{\omega}$，也可以用旋度表示为

$$\vec{\omega}=\omega_x\vec{i}+\omega_y\vec{j}+\omega_z\vec{k}=\frac{1}{2}\mathrm{rot}\vec{u}=\frac{1}{2}\nabla\vec{u}=\frac{1}{2}\begin{vmatrix}\vec{i} & \vec{j} & \vec{k}\\ \frac{\partial}{\partial x} & \frac{\partial}{\partial y} & \frac{\partial}{\partial z}\\ u_x & u_y & u_z\end{vmatrix} \tag{3-48}$$

定义微团的角变形速率为单位时间内微团角度的变化，即：$\frac{\mathrm{d}\theta}{\mathrm{d}t}=\frac{\mathrm{d}\theta_1+\mathrm{d}\theta_2}{\mathrm{d}t}$，再定义微团的角变率为角变形速率的一半，即

xy 平面的角变率　　$\varepsilon_{xy}=\varepsilon_{yx}=\frac{\mathrm{d}\theta}{2\mathrm{d}t}=\frac{1}{2}\left(\frac{\partial u_y}{\partial x}+\frac{\partial u_x}{\partial y}\right)$　　(3-49)

同理

yz 面上的角变率　　$\varepsilon_{yz}=\varepsilon_{zy}=\frac{1}{2}\left(\frac{\partial u_z}{\partial y}+\frac{\partial u_y}{\partial z}\right)$　　(3-50)

zx 面上的角变率
$$\varepsilon_{zx}=\varepsilon_{xz}=\frac{1}{2}\left(\frac{\partial u_x}{\partial z}+\frac{\partial u_z}{\partial x}\right) \tag{3-51}$$

将线变形速率、角变率合并可表示为变形速率张量：
$$\varepsilon=\begin{bmatrix}\varepsilon_{xx} & \varepsilon_{xy} & \varepsilon_{xz}\\ \varepsilon_{yx} & \varepsilon_{yy} & \varepsilon_{yz}\\ \varepsilon_{zx} & \varepsilon_{zy} & \varepsilon_{zz}\end{bmatrix} \tag{3-52}$$

这是一个对称的二阶张量，有 6 个独立分量。

二、有涡流与无涡流

流体微团旋转角速度 $\vec{\omega}\neq 0$ 的流动称为有涡流或有旋流；流体微团旋转角速度 $\vec{\omega}=0$ 的流动称为无涡流或无旋流，也称有势流动（简称为势流）。

无旋流一定存在一个速度势函数 $\varphi(x，y，z，t)$，势函数与速度的关系为
$$u_x=\frac{\partial\varphi}{\partial x},u_y=\frac{\partial\varphi}{\partial y},u_z=\frac{\partial\varphi}{\partial z} \tag{3-53}$$

利用这一关系式可以使流动计算问题大大简化。

无旋流（势流）的判别条件为 $\omega_x=\omega_y=\omega_z=0$，即
$$\frac{\partial u_z}{\partial y}=\frac{\partial u_y}{\partial z},\frac{\partial u_x}{\partial z}=\frac{\partial u_z}{\partial x},\frac{\partial u_y}{\partial x}=\frac{\partial u_x}{\partial y} \tag{3-54}$$

如果是 Oxy 面上的平面二维流动，则前两个条件将自动满足，只需满足最后一个条件即可。

需要注意的是，有旋流和无旋流的判断是看流体微团在运动中是否绕着自身轴做旋转运动，与运动的轨迹无关。下面通过例题来说明有旋流和无旋流的运动情况。

【例 3-5】 如图 3-15 所示，有一壁面附近的恒定均匀流，速度分量为 $u_y=u_z=0$，$u_x=u(y)$，试判断流动是否属于有旋流动？并给出其线变形速率、角变率和旋转角速度的表达式。

解：该流动是平面流动，微团旋转角速度为
$$\omega_z=\frac{1}{2}\left(\frac{\partial u_y}{\partial x}-\frac{\partial u_x}{\partial y}\right)=-\frac{1}{2}u'(y)\neq 0$$

可以看出，虽然该流动的流线和迹线均为平行直线，但属于有旋流动。

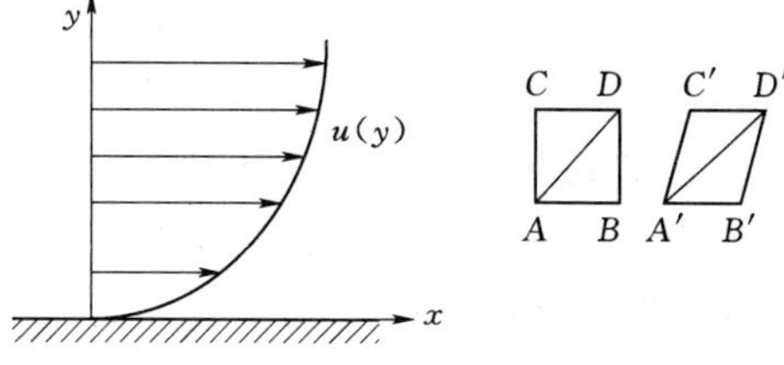

图 3-15　例 3-5 配图

由式（3-39）、式（3-40）和式（3-49）可以求出线变形速率和角变率：
$$\varepsilon_{xx}=\varepsilon_{yy}=0,\varepsilon_{xy}=\varepsilon_{yx}=\frac{1}{2}\left(\frac{\partial u_y}{\partial x}+\frac{\partial u_x}{\partial y}\right)=\frac{1}{2}u'(y)$$

微团有角变形运动，没有线变形运动。

【例 3-6】 如图 3-16 所示，涡旋运动的速度为 $u=k/r$，试确定其流线和迹线形状，分析其流动变形情况。

解：直角坐标下的速度分量为
$$u_x=-u\sin\theta=-u\,\frac{y}{r}=-k\,\frac{y}{x^2+y^2}$$

$$u_y = u\cos\theta = u\frac{x}{r} = k\frac{x}{x^2+y^2}$$

$$\omega_z = \frac{1}{2}\left(\frac{\partial u_y}{\partial x} - \frac{\partial u_x}{\partial y}\right) = 0$$

该流动是无旋流动（这种流动又称为势涡）。根据速度分布，可以看出，该流动是绕 z 轴旋转的流动，亦可以通过流线和迹线方程，计算出流线和迹线。将速度分量代入流线方程得

$$\frac{dx}{u_x} = \frac{dy}{u_y} \Rightarrow -\frac{dx}{y} = \frac{dy}{x}$$

积分得 $$y^2 + x^2 = c$$

该流动为恒定流，流线和迹线重合，为同心圆簇。虽然微团运动轨迹为圆，但运动过程中没有绕自身轴旋转，该流动是无旋流（图 3－17）。

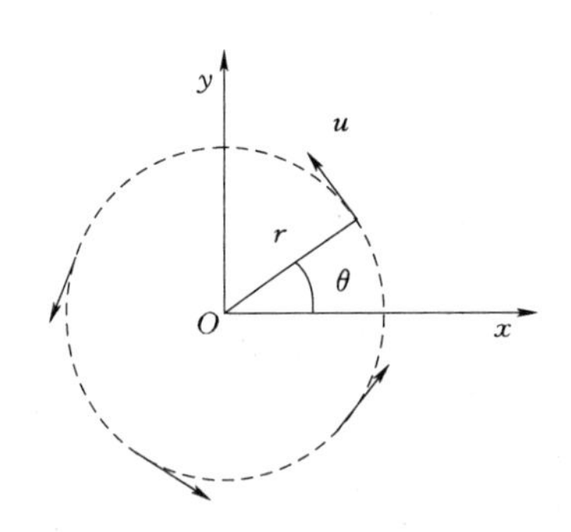

图 3－16　例 3－6 配图

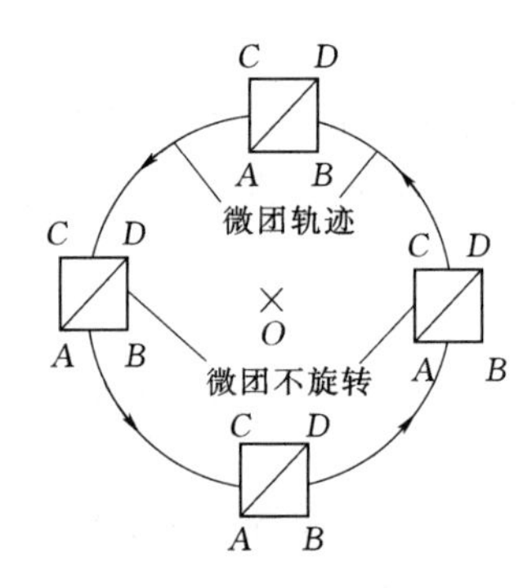

图 3－17　势涡中的微团运动示意图

此外 $$\varepsilon_{xx} = \frac{2kxy}{(x^2+y^2)^2}，\quad \varepsilon_{yy} = -\frac{2kxy}{(x^2+y^2)^2}$$

$$\varepsilon_{xy} = \varepsilon_{yx} = \frac{k(y^2-x^2)}{(x^2+y^2)^2}$$

因此，该流动有线变形也有角变形。线变形速率之和即速度矢量的散度为 0，说明运动过程中体积（平面二维为面积）不变。

拓展思考： 若 $u = kr$，流动变形情况如何？

第四节　系统、控制体与雷诺输运定理☆

一、系统与控制体

系统是由许多流体质点组成的流体团，在流动过程中其位置、形状和体积可以随时间变化，可以与外界进行能量、动量交换，但不能与外界进行质量交换。系统类似于拉格朗日法概念，拉格朗日法研究的是一个确定的质点，而系统研究的是若干个确定的质点群。

令 ϕ 为单位体积流体所具有的物理量 Φ 的大小，则系统 S 中所具有的物理量为

$$\Phi_S = \iiint_S \phi \, dV \tag{3-55}$$

例如，系统 S 中所具有的总质量为

$$m_S=\iiint\limits_S \rho \mathrm{d}V \tag{3-56}$$

系统 S 中所具有的总动量为

$$\vec{K}_S=\iiint\limits_S \rho\vec{u}\,\mathrm{d}V \tag{3-57}$$

系统 S 中所具有的总能量为

$$H_S=\iiint\limits_S \gamma H\,\mathrm{d}V \tag{3-58}$$

式中：H 为单位重量流体所具有的能量。

控制体是流场中一个给定的空间区域（CV），其边界称为控制面（CS）。控制体、控制面的位置、形状和大小不随时间变化，而流体质点可以从控制面流入或流出控制体，因此，控制体内的流体可以与外界进行能量交换和动量交换，也可以进行质量交换。控制体类似于欧拉法概念，欧拉法研究的是一个固定空间点，而控制体研究的是一个固定空间区域。

任一时刻位于控制体内的流体所具有的物理量 Φ 为

$$\Phi_{\mathrm{CV}}=\iiint\limits_{CV} \phi\,\mathrm{d}V \tag{3-59}$$

控制面上面积元 $\mathrm{d}A$ 在单位时间内流出的流体所具有的物理量 Φ 的大小为

$$\mathrm{d}Q_\Phi=\phi u_n\,\mathrm{d}A=\phi u\cos\alpha\,\mathrm{d}A \tag{3-60}$$

其中 $u_n=u\cos\alpha$ 为面积元外法线方向的流速分量，α 为 $\vec{u}$ 与控制面外法线方向矢量 $\vec{n}$ 之间的夹角（图 3-18）。当 $u_n>0$ 时为向外出流，反之则为向内入流。

整个控制面上物理量 Φ 向外的净流出的物理量为

$$Q_{\Phi,\mathrm{netout}}=\oiint\limits_{CS}\mathrm{d}Q_\Phi=\oiint\limits_{CS}\phi u_n\,\mathrm{d}A=Q_{\Phi,\mathrm{out}}-Q_{\Phi,\mathrm{in}} \tag{3-61}$$

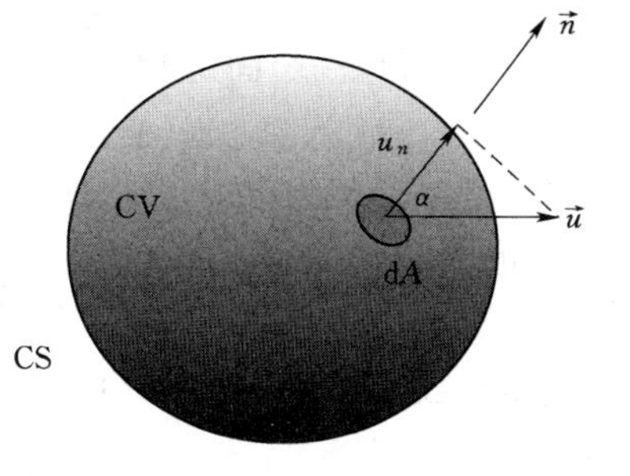

图 3-18　控制体与控制面

注意式（3-55）和式（3-59）的区别，式（3-59）的积分范围是固定的控制体，其大小形状不随时间变化，但由于质点运动，不同时刻控制体中的流体质点不同。式（3-55）的积分范围是系统内的所有流体质点，其质点数量是确定的，不随时间变化，但由于质点运动，不同时刻系统所占据的空间位置不同。

拓展思考： 式（3-61）的积分范围是什么？有什么特点？

二、随体导数与输运方程

在推导流体动力学和水动力学基本方程时需要用到系统物理量 Φ_S 随时间的变化率 $\mathrm{d}\Phi_S/\mathrm{d}t$。$\mathrm{d}\Phi_S/\mathrm{d}t$ 称为系统物理量 Φ_S 的随体导数或系统导数。下面推导系统导数与控制体导数、控制面上净流出物理量之间的关系。

设系统 S 在某时刻 t 所占据的空间区域为 $SV(t)$，系统物理量为 $\Phi_S(t)$，经过时间 Δt

移动后，系统所占据的空间区域为 $SV(t+\Delta t)$，系统物理量为 $\Phi_S(t+\Delta t)$。如图 3-19 所示，新空间区域 $SV(t+\Delta t)$ 相当于原空间区域 $SV(t)$ 加上 V_{out} 再去掉 V_{in}。则系统物理量 Φ_S 的随体导数为

$$\frac{\mathrm{d}\Phi_S}{\mathrm{d}t}=\lim_{\Delta t\to 0}\frac{\Phi_S(t+\Delta t)-\Phi_S(t)}{\Delta t} \tag{3-62}$$

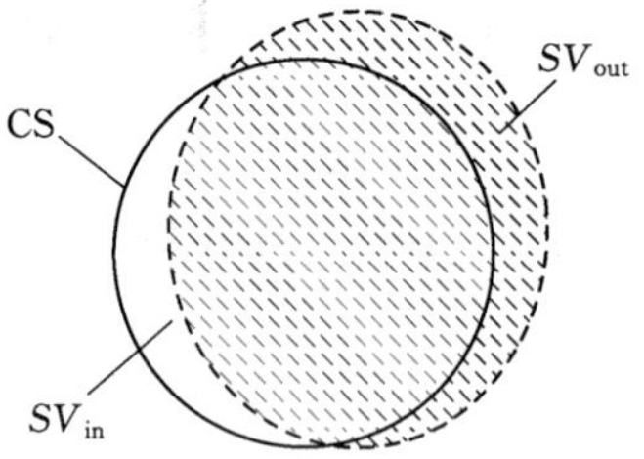

图 3-19　系统所占据的空间区域
实线部分—$SV(t)$；虚线阴影部分—$SV(t+\Delta t)$

其中

$$\Phi_S(t)=\iiint_{SV(t)}\phi(t)\mathrm{d}V \tag{3-63}$$

$$\Phi_S(t+\Delta t)=\iiint_{SV(t+\Delta t)}\phi(t+\Delta t)\mathrm{d}V$$

$$=\iiint_{SV(t)}\phi(t+\Delta t)\mathrm{d}V+\iiint_{SV_{out}}\phi(t+\Delta t)\mathrm{d}V-\iiint_{SV_{in}}\phi(t+\Delta t)\mathrm{d}V \tag{3-64}$$

$$\iiint_{SV_{in}}\phi(t+\Delta t)\mathrm{d}V=-\Delta t\int_{A_{in}}\phi(t+\Delta t)u_n\mathrm{d}A=Q_{\Phi,in}\Delta t$$

$$\iiint_{SV_{out}}\phi(t+\Delta t)\mathrm{d}\tau V=\Delta t\int_{A_{out}}\phi(t+\Delta t)u_n\mathrm{d}A=Q_{\Phi,out}\Delta t$$

所以

$$\Phi_S(t+\Delta t)=\iiint_{SV(t)}\phi(t+\Delta t)\mathrm{d}V+Q_{\Phi,out}\Delta t-Q_{\Phi,in}\Delta t \tag{3-65}$$

$$\frac{\mathrm{d}\Phi_S}{\mathrm{d}t}=\lim_{\Delta t\to 0}\frac{1}{\Delta t}\left[\iiint_{SV(t)}\phi(t+\Delta t)\mathrm{d}V-\iiint_{SV(t)}\phi(t)\mathrm{d}V\right]+Q_{\Phi,out}-Q_{\Phi,in} \tag{3-66}$$

式中等号右边第一项在求极限过程中积分区域不变，如果将系统在 t 时刻所占据的空间区域 $SV(t)$ 看作一个固定的控制体 CV，其边界为控制面 CS，则

$$\lim_{\Delta t\to 0}\frac{1}{\Delta t}\left[\iiint_{SV(t)}\phi(t+\Delta t)\mathrm{d}V-\iiint_{SV(t)}\phi(t)\mathrm{d}V\right]=\frac{\partial\Phi_{CV}}{\partial t} \tag{3-67}$$

式中$\frac{\partial\Phi_{CV}}{\partial t}$称为控制体 CV 中物理量 Φ_{CV} 随时间的变化率（时变导数，用时间偏导以区别于随体导数），将式（3-67）代入式（3-66）得

$$\frac{\mathrm{d}\Phi_S}{\mathrm{d}t}=\frac{\partial\Phi_{CV}}{\partial t}+Q_{\Phi,out}-Q_{\Phi,in} \tag{3-68}$$

将式（3-59）和式（3-61）代入式（3-68）得

$$\frac{\mathrm{d}\Phi_S}{\mathrm{d}t}=\frac{\partial}{\partial t}\iiint_{CV}\phi\mathrm{d}V+\oint\!\!\oint_{CS}\phi u_n\mathrm{d}A \tag{3-69}$$

式（3-68）和式（3-69）称为输运方程。方程表明在流场中任取一控制体，其内部流体所具有的物理量 Φ 随时间的变化率，加上控制面上 Φ 的净出流量（输运项），等于同时刻占据该控制体空间的流体系统中物理量 Φ 的随体导数，这一定理称为雷诺输运定理。

如果流动是恒定的，即$\partial\Phi_{CV}/\partial t=0$，则式（3-68）为

$$\frac{\mathrm{d}\Phi_S}{\mathrm{d}t}=Q_{\Phi,out}-Q_{\Phi,in} \tag{3-70}$$

对于如图 3-20 所示的一维总流，如果某时刻 t 系统位于断面 A_1、A_2 之间，并取断面 A_1、A_2 之间区域为控制体，假设边界没有物理量的输入或输出，物理量只能从 A_1 断面输入，从 A_2 断面输出，则时刻 t 位于总流该区域的流体系统的输运方程为

$$\frac{\mathrm{d}\Phi_S}{\mathrm{d}t}=\frac{\partial \Phi_{CV}}{\partial t}+Q_{\Phi 2}-Q_{\Phi 1} \tag{3-71}$$

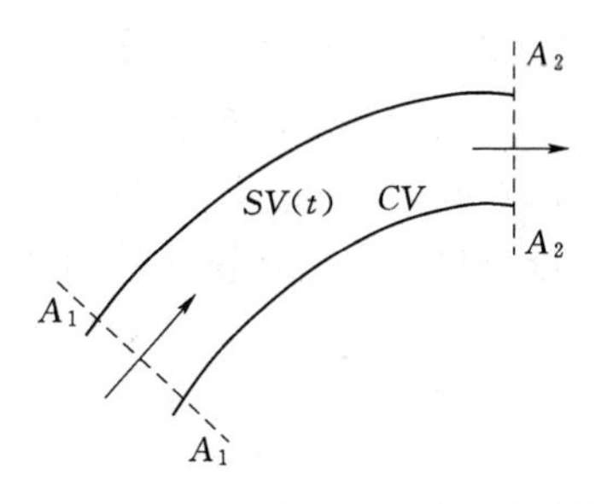

图 3-20　一维总流的系统与控制体

对于恒定流，$\partial \Phi_{CV}/\partial t=0$，则式（3-71）为

$$\frac{\mathrm{d}\Phi_S}{\mathrm{d}t}=Q_{\Phi 2}-Q_{\Phi 1} \tag{3-72}$$

式（3-72）为一维恒定总流的输运方程，可以用于推导第五章水动力学基本理论中的连续性方程、能量方程、动量方程和动量矩方程等。

习　　题

3-1　已知流速场 $u_x=6x$，$u_y=-6y$，$u_z=-7t$，求当地加速度和迁移加速度，写出加速度 $\vec{a}$ 的矢量表达式。

3-2　流场中速度沿流程均匀地减小，并随时间均匀地变化。A 点和 B 点相距 2m，C 点在中间，如图 3-21 所示。已知 $t=0$ 时，$u_A=2\text{m/s}$，$u_B=1\text{m/s}$；$t=5\text{s}$ 时，$u_A=8\text{m/s}$，$u_B=4\text{m/s}$。试求 $t=2\text{s}$ 时 C 点的加速度。

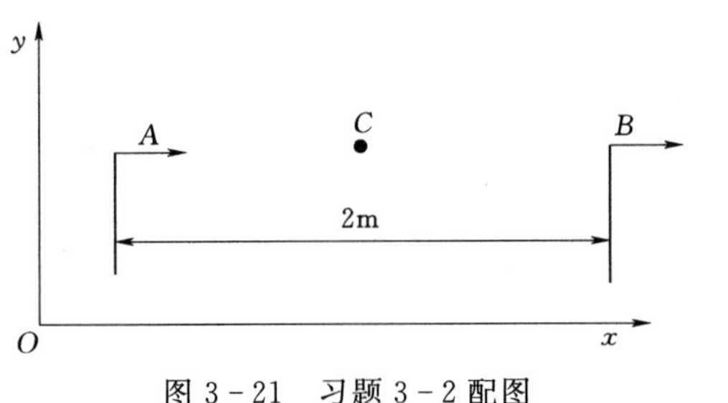

图 3-21　习题 3-2 配图

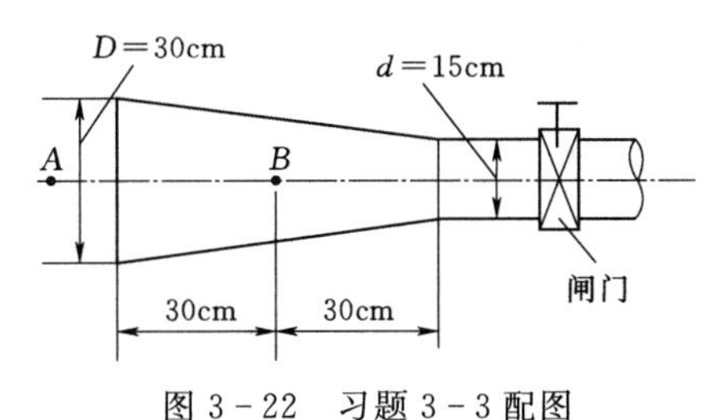

图 3-22　习题 3-3 配图

3-3　如图 3-22 所示收缩管段长 $l=60\text{m}$，管径 $D=30\text{cm}$，$d=15\text{cm}$，通过流量 $Q=0.3\text{m}^3/\text{s}$。如果逐渐关闭阀门，使流量在 30s 内线性地减小为 0，求在第 10s 时，A 点和 B 点的加速度（假设断面上流速均匀分布）。

3-4　试求下列速度分布对应的流线和迹线：

（1）$u_x=\dfrac{-cy}{x^2+y^2}$，$u_y=\dfrac{cx}{x^2+y^2}$，$u_z=0$；

（2）$u_x=x^2-y^2$，$u_y=-2xy$，$u_z=0$。

3-5　已知流体的速度分量为 $u_x=t$，$u_y=1-x$，求 $t=1$ 时过（0，0）点的流线，以及 $t=0$ 时位于（0，0）点的质点轨迹。

3-6　已知圆管过水断面上的流速分布沿直径的变化规律为 $u=u_{\max}\left(1-\dfrac{r}{r_0}\right)^{1/7}$，若圆管半径 $r_0=10\text{ cm}$，轴心处流速 $u_{\max}=3\text{m/s}$，求断面平均流速 v。

3-7　已知流速场为 $\vec{u}=(6+2xy+t^2)\vec{i}-(xy^2+10t)\vec{j}+25\vec{k}$：

（1）求时变加速度和位变加速度，判断流动是否恒定流，是否均匀流；

（2）判断流动是否有势流动，是否均质不可压缩流体的流动，给出该流动的微团转动角速度分量、线变形速率和角变率的表达式。

3-8　一宽度为 b 的矩形断面明渠水流为非恒定流，试用输运方程式（3-71）证明其水深 $h(s,t)$ 和流量 $Q(s,t)$ 满足连续性微分方程 $b\dfrac{\partial h}{\partial t}+\dfrac{\partial Q}{\partial s}=0$，其中 s 为流动方向上的坐标。

第四章　流体动力学基本理论

流体运动必须要满足力学的基本定律，如质量守恒定律、能量守恒定律、牛顿第二定律和动量定理等。本章首先根据这些基本定律，推导出流体运动的基本方程，如连续性微分方程和运动微分方程等，然后在一定的定解条件下求解这些微分方程。对于复杂的紊流运动，先介绍研究紊流的时均方法，再推导出紊流运动的雷诺方程和紊动扩散方程。最后简单介绍解决实际黏性流体运动的边界层理论。

第一节　流体运动的连续性微分方程

推导流体运动连续性微分方程的依据是质量守恒定律和雷诺输运定律。根据质量守恒定律，流体系统 S 的质量 m_S 保持不变，应用式（3－68）得

$$\frac{\mathrm{d}m_S}{\mathrm{d}t}=\frac{\partial m_{CV}}{\partial t}+Q_{m,\mathrm{out}}-Q_{m,\mathrm{in}}=0 \tag{4-1}$$

即单位时间内控制体内部流体质量的增加等于通过控制面净流入的质量。如图 4－1 所示，围绕空间点 $M(x, y, z)$ 取正交六面体微元空间为控制体，亦即系统 S 的初始位置，则控制体内的质量和质量变化分别为

$$m_{CV}=\rho\mathrm{d}x\mathrm{d}y\mathrm{d}z \tag{4-2}$$

$$\frac{\partial m_{CV}}{\partial t}=\mathrm{d}x\mathrm{d}y\mathrm{d}z\frac{\partial\rho}{\partial t} \tag{4-3}$$

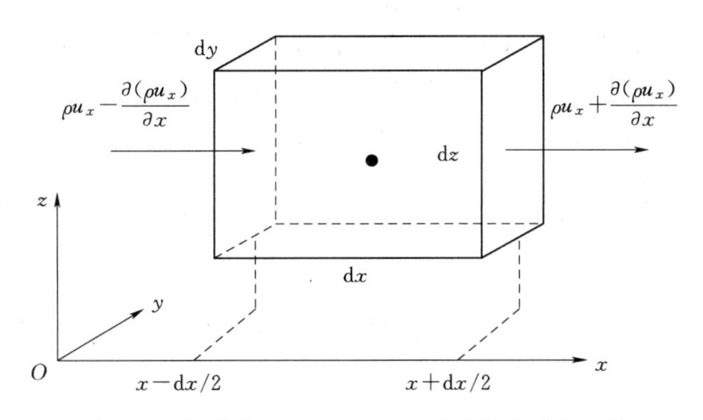

图 4－1　围绕点 $M(x, y, z)$ 选取的微元六面体

为了分析 x 方向净流入的质量，应用泰勒级数展开并舍去高阶无穷小项，有：

$$Q_{m,x\mathrm{in}}=(\rho u_x)|_{(x-\mathrm{d}x/2,y,z,t)}\mathrm{d}y\mathrm{d}z=\left[\rho u_x-\frac{\partial(\rho u_x)}{\partial x}\frac{\mathrm{d}x}{2}\right]_{(x,y,z,t)}\mathrm{d}y\mathrm{d}z \tag{4-4}$$

$$Q_{m,x\text{out}}=(\rho u_x)|_{(x+dx/2,y,z,t)}dydz=\left[\rho u_x+\frac{\partial(\rho u_x)}{\partial x}\frac{dx}{2}\right]_{(x,y,z,t)}dydz \quad (4-5)$$

两者相减得，单位时间内 x 方向净流入的质量为

$$Q_{m,x\text{in}}-Q_{m,x\text{out}}=-\frac{\partial(\rho u_x)}{\partial x}dxdydz$$

同理，单位时间内 y 方向净流入的质量为

$$Q_{m,y\text{in}}-Q_{m,y\text{out}}=-\frac{\partial(\rho u_y)}{\partial y}dxdydz$$

单位时间内 z 方向净流入的质量为

$$Q_{m,z\text{in}}-Q_{m,z\text{out}}=-\frac{\partial(\rho u_z)}{\partial z}dxdydz$$

单位时间内表面净流入的总质量为

$$Q_{m,\text{in}}-Q_{m,\text{out}}=-\left[\frac{\partial(\rho u_x)}{\partial x}+\frac{\partial(\rho u_y)}{\partial y}+\frac{\partial(\rho u_z)}{\partial z}\right]dxdydz \quad (4-6)$$

将式（4－3）和式（4－6）代入式（4－1）并同除以 $dxdydz$，可以得到流体运动的连续性微分方程：

$$\frac{\partial\rho}{\partial t}+\frac{\partial(\rho u_x)}{\partial x}+\frac{\partial(\rho u_y)}{\partial y}+\frac{\partial(\rho u_z)}{\partial z}=0 \quad (4-7)$$

方程式（4－7）成立的条件是流体为连续介质。不满足连续性方程的流动将违背连续介质假设和质量守恒定律，是不可能存在的。

对于均质不可压缩流体，密度 ρ＝常数，则

$$\frac{\partial u_x}{\partial x}+\frac{\partial u_y}{\partial y}+\frac{\partial u_z}{\partial z}=0 \quad (4-8)$$

由式（3－42）和式（4－8）可知，均质不可压缩流体的体积膨胀率为0，流体微团在运动过程中的体积保持不变，这就是连续性微分方程的意义。注意，虽然方程式（4－8）不含时间偏导数项，它对不可压缩流体的非恒定流动也是适用的。

【例4－1】 判断以下不可压缩流体的流动是否可能存在：

（1）$u_x=x$，$u_y=y$，$u_z=0$；（2）$u_x=x$，$u_y=-y$，$u_z=0$。

解：（1）$\frac{\partial u_x}{\partial x}+\frac{\partial u_y}{\partial y}+\frac{\partial u_z}{\partial z}=1+1+0=2\neq0$，不满足连续性微分方程，该流动不可能存在。

（2）$\frac{\partial u_x}{\partial x}+\frac{\partial u_y}{\partial y}+\frac{\partial u_z}{\partial z}=1-1+0=0$，满足连续性微分方程，该流动存在。

第二节　黏性流体的运动微分方程☆

一、黏性流体的应力

静止流体不存在切应力，同一点各方向的压强相等，而黏性流体的流动存在切应力，且各方向的压强不同。图4－2为黏性流体的应力图，显示了立方体微团上垂直于 x、y、

z 轴的作用面上各应力分量及其规定方向。图 4-2（a）中各作用面的外法线方向分别与三个坐标轴方向相同，称为“正面”，各切应力分量的第一个下标是切应力所在作用面的外法线方向坐标，第二个下标表示该切应力的规定方向，而压强的方向则指向作用面；图 4-2（b）中各作用面的外法线方向分别与三个坐标轴方向相反，称为“负面”，负面应力的规定方向与正面应力的方向相反，这是因为负面与相邻单元的“正面”接触，两者的切应力互为作用力和反作用力，大小相同，方向相反。

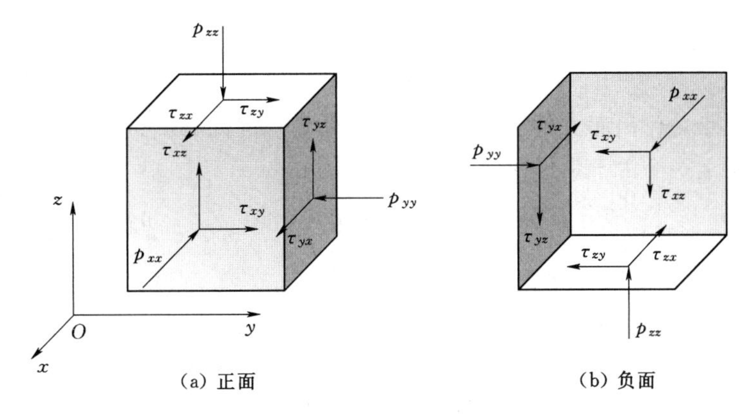

(a) 正面　　(b) 负面

图 4-2　黏性流体的应力

根据切应力互等定理，上述 6 个切应力分量两两相等，即

$$\tau_{xy}=\tau_{yx},\tau_{yz}=\tau_{zy},\tau_{zx}=\tau_{xz} \tag{4-9}$$

将 9 个应力分量可以写成以下矩阵形式：

$$\sigma=\begin{bmatrix}-p_{xx} & \tau_{xy} & \tau_{xz}\\ \tau_{yx} & -p_{yy} & \tau_{yz}\\ \tau_{zx} & \tau_{zy} & -p_{zz}\end{bmatrix} \tag{4-10}$$

式（4-10）称为应力张量，它是一个对称的二阶张量，所以只有六个独立的分量，其中正应力以拉应力为正，所以对角线上的压强（压应力）前有负号。

对于流体来说，应力的作用会产生应变，因此应力大小与应变大小有关。根据牛顿内摩擦定律，对于 Oxy 平面的平行流动（$u_y=0$），剪切应力与角变形速率$\frac{\mathrm{d}\theta}{\mathrm{d}t}$成正比，与流体的黏性有关，即

$$\tau=\mu\frac{\mathrm{d}u}{\mathrm{d}y}=\mu\frac{\mathrm{d}\theta}{\mathrm{d}t} \tag{4-11}$$

对于 Oxy 平面的任意二维流动，角变形速率为

$$\frac{\mathrm{d}\theta}{\mathrm{d}t}=2\varepsilon_{xy}=\frac{\partial u_y}{\partial x}+\frac{\partial u_x}{\partial y} \tag{4-12}$$

根据牛顿内摩擦定律，流体的黏性切应力与角变形速率成正比，与流体的黏性有关，即

$$\tau_{xy}=\tau_{yx}=2\mu\varepsilon_{xy}=\mu\left(\frac{\partial u_y}{\partial x}+\frac{\partial u_x}{\partial y}\right) \tag{4-13}$$

将牛顿内摩擦定律推广至三维流动，得广义牛顿内摩擦定律公式：

$$\tau_{yz}=\tau_{zy}=2\mu\varepsilon_{yz}=\mu\left(\frac{\partial u_z}{\partial y}+\frac{\partial u_y}{\partial z}\right) \tag{4-14}$$

$$\tau_{zx}=\tau_{xz}=2\mu\varepsilon_{zx}=\mu\left(\frac{\partial u_x}{\partial z}+\frac{\partial u_z}{\partial x}\right) \tag{4-15}$$

应力沿坐标轴各分量的大小会随着坐标轴的整体转动而改变，然而，三个正应力之和不会随着坐标轴的整体转动而改变。如果定义直角坐标系中的三个坐标方向的压强的平均值为实际运动流体的动水压强，即

$$p=\frac{1}{3}(p_{xx}+p_{yy}+p_{zz}) \tag{4-16}$$

则动水压强的大小与作用面方位无关，只与坐标位置和时间有关。各方向的压强可以看作是动水压强再加上一个由于黏性而引起的附加应力：

$$p_{xx}=p+p'_{xx} \tag{4-17}$$

$$p_{yy}=p+p'_{yy} \tag{4-18}$$

$$p_{zz}=p+p'_{zz} \tag{4-19}$$

可以证明，由于黏性而引起的附加应力与线变率的关系为

$$p'_{xx}=-2\mu\varepsilon_{xx}=-2\mu\frac{\partial u_x}{\partial x} \tag{4-20}$$

$$p'_{yy}=-2\mu\varepsilon_{yy}=-2\mu\frac{\partial u_y}{\partial y} \tag{4-21}$$

$$p'_{zz}=-2\mu\varepsilon_{zz}=-2\mu\frac{\partial u_z}{\partial z} \tag{4-22}$$

将式（4-20）～式（4-22）代入式（4-17）～式（4-19）得压强为

$$p_{xx}=p-2\mu\varepsilon_{xx}=p-2\mu\frac{\partial u_x}{\partial x} \tag{4-23}$$

$$p_{yy}=p-2\mu\varepsilon_{yy}=p-2\mu\frac{\partial u_y}{\partial y} \tag{4-24}$$

$$p_{zz}=p-2\mu\varepsilon_{zz}=p-2\mu\frac{\partial u_z}{\partial z} \tag{4-25}$$

式（4-13）～式（4-15）和式（4-23）～式（4-25）的应力与变形速率之间的关系式称为流体的本构关系式。

二、黏性流体的运动微分方程

推导黏性流体运动微分方程的依据是牛顿第二定律。围绕空间点 $M(x, y, z)$ 取形状为正交六面体的流体微团（图 4-3），其质量 $m=\rho\mathrm{d}x\mathrm{d}y\mathrm{d}z$，中心点 M 的压强为 p_{xx}，p_{yy}，p_{zz}。根据牛顿第二定律：

$$\sum\vec{F}=m\vec{a} \tag{4-26}$$

在 x 方向上

$$\sum F_x=ma_x \tag{4-27}$$

其中外力有：质量力 $F_x=mf_x=\rho\mathrm{d}x\mathrm{d}y\mathrm{d}zf_x$；压力 $P_{1x}=\left(p_{xx}-\frac{\partial p_{xx}}{\partial x}\frac{\mathrm{d}x}{2}\right)\mathrm{d}y\mathrm{d}z$、$P_{2x}=$

$\left(p_{xx}+\frac{\partial p_{xx}}{\partial x}\frac{dx}{2}\right)dydz$，四个面的黏性切力 $F_{Tx}=\left[\left(\tau_{yx}+\frac{\partial \tau_{yx}}{\partial y}\frac{dy}{2}\right)-\left(\tau_{yx}-\frac{\partial \tau_{yx}}{\partial y}\frac{dy}{2}\right)\right]dxdz+\left[\left(\tau_{zx}+\frac{\partial \tau_{zx}}{\partial z}\frac{dz}{2}\right)-\left(\tau_{zx}-\frac{\partial \tau_{zx}}{\partial z}\frac{dz}{2}\right)\right]dxdy$，代入式（4－27）得

$$\rho dxdydzf_x+\left[\left(p_{xx}-\frac{\partial p_{xx}}{\partial x}\frac{dx}{2}\right)-\left(p_{xx}+\frac{\partial p_{xx}}{\partial x}\frac{dx}{2}\right)\right]dydz$$
$$+\left[\left(\tau_{yx}+\frac{\partial \tau_{yx}}{\partial y}\frac{dy}{2}\right)-\left(\tau_{yx}-\frac{\partial \tau_{yx}}{\partial y}\frac{dy}{2}\right)\right]dxdz+\left[\left(\tau_{zx}+\frac{\partial \tau_{zx}}{\partial z}\frac{dz}{2}\right)-\left(\tau_{zx}-\frac{\partial \tau_{zx}}{\partial z}\frac{dz}{2}\right)\right]dxdy$$
$$=\rho dxdydz\frac{du_x}{dt}$$

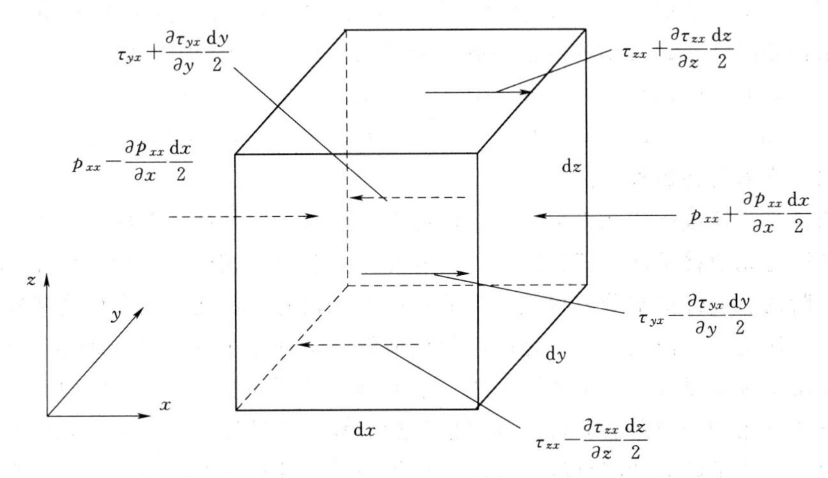

图 4－3　作用在正交六面体流体微团表面的 x 方向应力

同除以 $\rho dxdydz$，得

$$f_x+\frac{1}{\rho}\left(-\frac{\partial p_{xx}}{\partial x}+\frac{\partial \tau_{yx}}{\partial y}+\frac{\partial \tau_{zx}}{\partial z}\right)=\frac{du_x}{dt} \tag{4-28}$$

同理可得

$$f_y+\frac{1}{\rho}\left(\frac{\partial \tau_{xy}}{\partial x}-\frac{\partial p_{yy}}{\partial y}+\frac{\partial \tau_{zy}}{\partial z}\right)=\frac{du_y}{dt} \tag{4-29}$$

$$f_z+\frac{1}{\rho}\left(\frac{\partial \tau_{xz}}{\partial x}+\frac{\partial \tau_{yz}}{\partial y}-\frac{\partial p_{zz}}{\partial z}\right)=\frac{du_z}{dt} \tag{4-30}$$

式（4－28）～式（4－30）就是以应力形式表示的流体运动微分方程组，它适用于所有满足连续性假设的流体，应用于特定流体时需要引入该流体的本构关系式。

对于不可压缩的牛顿流体，可将应力与应变的关系式（4－13）～式（4－15）和式（4－23）～式（4－25）代入式（4－28）～式（4－30）中，整理可得

$$f_x-\frac{1}{\rho}\frac{\partial p}{\partial x}+\nu\nabla^2 u_x=\frac{\partial u_x}{\partial t}+u_x\frac{\partial u_x}{\partial x}+u_y\frac{\partial u_x}{\partial y}+u_z\frac{\partial u_x}{\partial z} \tag{4-31}$$

$$f_y-\frac{1}{\rho}\frac{\partial p}{\partial y}+\nu\nabla^2 u_y=\frac{\partial u_y}{\partial t}+u_x\frac{\partial u_y}{\partial x}+u_y\frac{\partial u_y}{\partial y}+u_z\frac{\partial u_y}{\partial z} \tag{4-32}$$

$$f_z-\frac{1}{\rho}\frac{\partial p}{\partial z}+\nu\nabla^2 u_z=\frac{\partial u_z}{\partial t}+u_x\frac{\partial u_z}{\partial x}+u_y\frac{\partial u_z}{\partial y}+u_z\frac{\partial u_z}{\partial z} \tag{4-33}$$

式（4-31）～式（4-33）为不可压缩黏性流体的运动微分方程组，也称为纳维尔-斯托克斯方程组（N-S方程组），其中符号∇^2为拉普拉斯算子，代表对各空间自变量的二阶偏导数之和，即

$$\nabla^2=\frac{\partial^2}{\partial x^2}+\frac{\partial^2}{\partial y^2}+\frac{\partial^2}{\partial z^2} \tag{4-34}$$

式（4-31）～式（4-33）左边分别为质量力项、压力梯度项和黏性力项，右边的加速度项又称为惯性力项。式（4-31）～式（4-33）与不可压缩流体的连续性微分方程式（4-8）一起构成了不可压缩流体的基本方程组（经常也被称为N-S方程组），共四个偏微分方程，用于求解p和三个流速分量共四个未知量，方程组是封闭的。不过在求解任一特定的流动问题时，还需要给定该流动问题的定解条件，包括初始条件和边界条件。初始条件是给定初始时刻各位置的流速分量和压强（初始值），如：

$$u_x(x,y,z,t_0)=u_{x0}(x,y,z),\quad u_y(x,y,z,t_0)=u_{y0}(x,y,z)$$
$$u_z(x,y,z,t_0)=u_{z0}(x,y,z),\quad p(x,y,z,t_0)=p_0(x,y,z)$$

恒定流动问题不需要初始条件。

边界条件是流速或压强在流动区域的边界上需要满足的条件。例如，在不透水的固体边壁上要求满足无滑移条件，即黏性流体的速度与边壁速度相同。然而，由于N-S方程组是一个二阶的非线性偏微分方程组，目前只有极少数简单情况才能求得其精确解。解决这个难题的方法主要有两类：一类是所谓的近似解法，即根据所研究问题的性质将N-S方程及其定解条件加以简化，求解该问题的近似解，典型的例子有边界层理论和势流理论等，水力学中常用的一维总流分析法其实也是近似解法。另外一类方法是数值解法，应用微分方程数值解法求解流动问题的数值解，近年来随着计算机性能的提高，数值解法在实际工程中得到越来越广泛的应用。下面介绍几种简单情况的精确解。

三、黏性流体运动微分方程的精确解

N-S方程组的精确解只有在简单特殊的条件下才能求出，下面讨论恒定均匀层流条件下N-S方程组的精确解。

如图4-4所示，有一倾角为θ的恒定均匀层流，取直角坐标为$Oxyz$，Ox为流动方向，Oy为水平方向，Oz垂直于流动方向，与铅直方向夹角为θ，OZ为铅直方向，$Z=z\cos\theta$。对于恒定均匀流，N-S方程中加速度项为0，y、z方向的速度为0，即$\frac{\mathrm{d}u_x}{\mathrm{d}t}=\frac{\mathrm{d}u_y}{\mathrm{d}t}=\frac{\mathrm{d}u_z}{\mathrm{d}t}=0$，$u_z=u_y=0$，单位质量力分别为：$f_x=g\sin\theta$，$f_y=0$，$f_z=-g\cos\theta$。

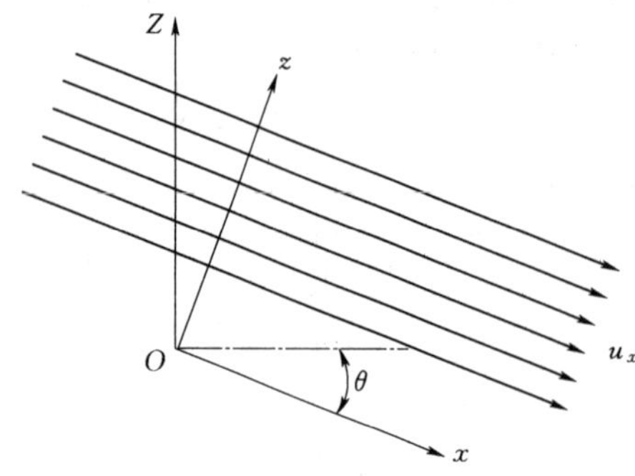

图4-4　恒定均匀层流示意图

首先，y方向的方程式（4-32）可以简化为

$$0-\frac{1}{\rho}\frac{\partial p}{\partial y}+0=0 \tag{4-35}$$

式（4-35）说明p是x、z的函数，与y无关，即

$$p=p(x,z) \tag{4-36}$$

其次，z 方向的方程式（4－33）可以简化为

$$-g\cos\theta-\frac{1}{\rho}\frac{\partial p}{\partial z}+0=0 \tag{4-37}$$

积分可得

$$p=-\gamma z\cos\theta+C_1(x) \tag{4-38}$$

$$Z+\frac{p}{\gamma}=C(x) \tag{4-39}$$

由式（4－39）可以看出，测压管水头$\left(Z+\dfrac{p}{\gamma}\right)$只与 x 有关，而与 y、z 无关。由此可以得出结论，恒定均匀流中，同一过水断面上（x 一定）测压管水头为常数，压强符合静水压强分布。但不同过水断面上，测压管水头不同。

如图 4－5 所示测点 1、2、3 位于同一个过水断面上，测压管水头在同一水平面上，测点 4 位于另外一个断面上，其测压管水头与测点 1、2、3 不同。

由于渐变流的流线近似为平行直线，可以将均匀流这一性质推广到渐变流，认为在渐变流的过水断面上测压管水头近似为常数，压强近似符合静水压强分布，即 $(Z+p/\gamma)_{\text{渐变流断面}}\approx$常数。

急变流的情况则不同，由于横向加速度产生横向的惯性力，断面上的测压管水头不是常数，动水压强分布不同于静压分布。如图 4－6 所示的弯管断面上，由于横向的离心惯性力作用，凸侧测压管水头大于凹侧的测压管水头。

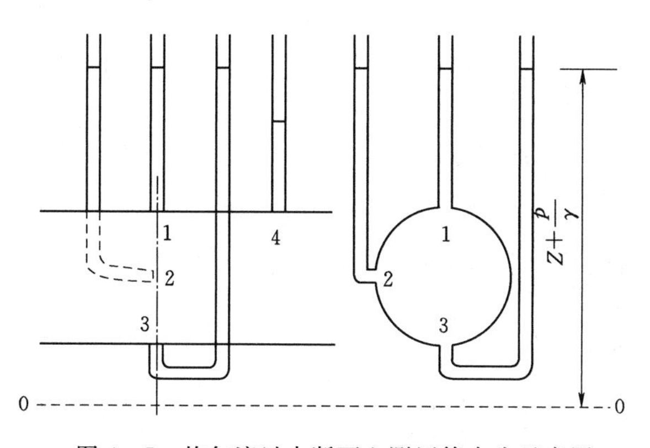

图 4－5　均匀流过水断面上测压管水头示意图

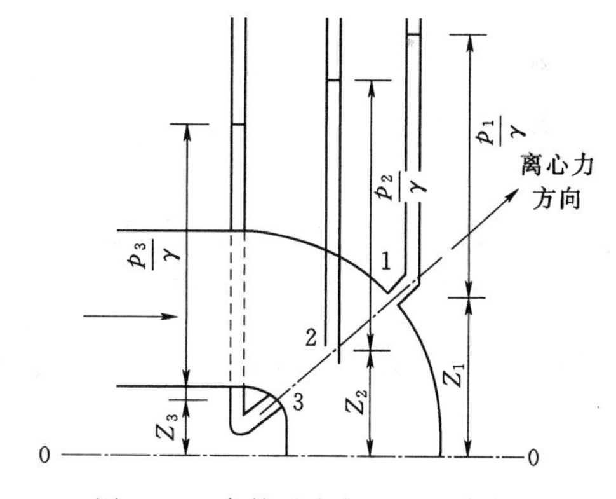

图 4－6　弯管过水断面测压管水头

如图 4－7 所示，一溢流堰表面的水流，在堰顶离心惯性力向上，抵消部分重力作用，动水压强小于静水压强；在堰脚反弧段，离心惯性力向下，动水压强增大。

由连续性方程可知：

$$\frac{\partial u_x}{\partial x}+\frac{\partial u_y}{\partial y}+\frac{\partial u_z}{\partial z}=\frac{\partial u_x}{\partial x}+0+0=0 \tag{4-40}$$

所以，u_x 与 x 无关，只是 y、z 的函数，$u_x=u(y,\ z)$

最后，将 x 方向的方程式（4－31）简化为

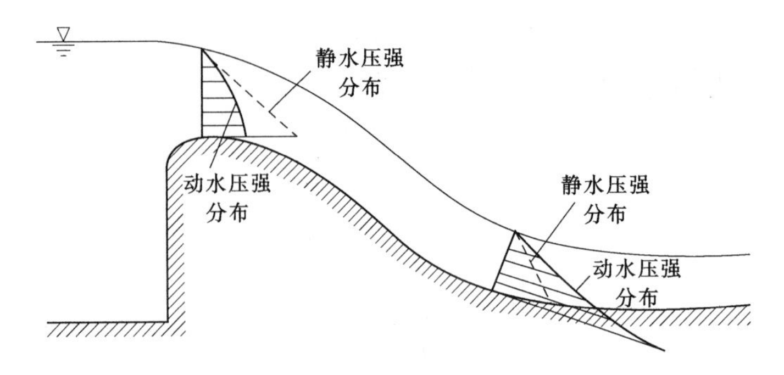

图 4-7　溢流堰水流的断面压强分布

$$\frac{\partial^2 u_x}{\partial y^2}+\frac{\partial^2 u_x}{\partial z^2}=\frac{1}{\nu}\left(\frac{\partial p}{\rho\partial x}-g\sin\theta\right)=\frac{g}{\nu}\frac{\partial}{\partial x}\left(Z+\frac{p}{\gamma}\right) \tag{4-41}$$

从数学角度来看，方程式（4-41）左边只与 y、z 有关，与 x 无关，所以右边 $H_p=Z+\frac{p}{\gamma}$只能与 x 成一次方的线性关系，其导数$\frac{\partial H_p}{\partial x}$为常数，大小为$\frac{\partial H_p}{\partial x}=-J_p$，$J_p$ 为测压管水头线坡度。

$$\frac{\partial^2 u_x}{\partial y^2}+\frac{\partial^2 u_x}{\partial z^2}=-\frac{g}{\nu}J_p \tag{4-42}$$

（一）两个无穷大平行平板间的恒定均匀层流

对于两个无穷大平行平板间的恒定均匀层流，属于 Oxz 平面问题，运动要素不随 y 方向变化，$u_x=u_x(z)$，代入式（4-42）得

$$\frac{\partial^2 u_x}{\partial z^2}=-\frac{g}{\nu}J_p \tag{4-43}$$

积分得

$$u_x=-\frac{gJ_p}{2\nu}z^2+C_1z+C_2 \tag{4-44}$$

积分常数 C_1、C_2 由边界条件确定。

如果下板不动，上板以速度 U 运动，则边界条件为 $z=0$ 时 $u_x=0$，$z=h$ 时 $u_x=U$，代入式（4-44）可得 $C_2=0$、$C_1=\frac{gJ_p}{2\nu}h+\frac{U}{h}$，最后得

$$u_x=\frac{z}{h}U+\frac{gJ_ph^2}{2\nu}\frac{z}{h}\left(1-\frac{z}{h}\right) \tag{4-45}$$

这种在测压管水头差和上板驱动下的流动，称为库埃特流动。

当 $J_p=0$ 时，水流是由上板驱动的纯剪切流动，称为简单库埃特流动，式（4-45）中右边第二项为 0，其速度分布为线性分布。

当 $U=0$ 时，平板上下边界不动，水流是测压管水头差驱动的泊肃叶流动，式（4-45）中右边第一项为 0，其速度分布为抛物线，最大速度出现在两板中间（$z=h/2$），最大速度为 $u_{xm}=\frac{gJ_ph^2}{8\nu}$。泊肃叶流动也可以看作是库埃特流动的一个特例。

当 $J_p\neq0$、$U\neq0$ 时，流动可以看作是纯剪切流动与伯肃叶流动的叠加。如果 $J_p>0$，

速度在纯剪切的线性分布上增加；如果 $J_p<0$，速度在纯剪切的线性分布上减小。如果 $J_p<-\frac{2\nu U}{gh^2}$，速度会出现负值。不同 J_p 值时的断面流速分布剖面形状如图 4-8 所示，图中 $P=\frac{gh^2 J_p}{2\nu U}$，横坐标和纵坐标分别为$\frac{u_x}{U}$和$\frac{z}{h}$。

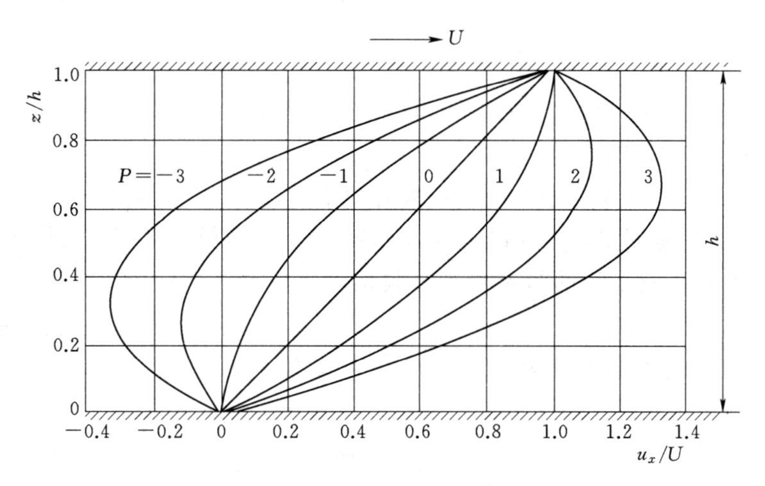

图 4-8　库埃特流动断面速度剖面形状图

拓展思考： 如果上板以 U_h 运动，下板以 U_0 运动，速度分布和流动情况如何？

（二）二维明渠恒定均匀层流

对于二维明渠恒定均匀层流，当 $z=0$ 时 $u=0$，$z=h$ 时$\frac{\partial u_x}{\partial z}=0$，代入式（4-44）可得 $C_2=0$，$C_1=\frac{gJ_p}{\nu}h$，最后得

$$u_x=\frac{gJ_p h^2}{2\nu}\frac{z}{h}\left(2-\frac{z}{h}\right) \tag{4-46}$$

式（4-46）为二维明渠恒定均匀层流的断面流速分布公式。可以看出，断面速度为抛物线分布，最大速度出现在液面处（$z=h$），最大速度为 $u_{xm}=\frac{gJ_p h^2}{2\nu}$。

拓展思考： 如果底板像传送带一样以 U_0 运动，速度分布和流动情况如何。

（三）圆管中的恒定均匀层流

对于圆管，可以将直角坐标系 $Oxyz$ 变为柱坐标系 $Oxr\theta$，则 x 方向的运动方程可以改为

$$\frac{\partial^2 u_x}{\partial y^2}+\frac{\partial^2 u_x}{\partial z^2}=\frac{1}{r}\frac{\mathrm{d}}{\mathrm{d}r}\left(r\frac{\mathrm{d}u_x}{\mathrm{d}r}\right)=-\frac{g}{\nu}J_p \tag{4-47}$$

积分得

$$u_x=-\frac{gJ_p}{4\nu}r^2+C_1\ln r+C_2 \tag{4-48}$$

根据边界条件，当 $r=r_0$ 时 $u_x=0$，$r=0$ 时$\frac{\partial u_x}{\partial r}=0$，代入式（4-48）可得 $C_1=0$，$C_2=$

$\frac{gJ_p}{4\nu}r_0^2$，最后得

$$u_x=\frac{gJ_p r_0^2}{4\nu}\left(1-\frac{r^2}{r_0^2}\right) \tag{4-49}$$

式（4-49）为圆管恒定均匀层流的断面流速分布公式。可以看出，断面速度为抛物线分布，最大速度出现在管中心（$r=0$），最大速度 $u_{xm}=\frac{gJ_p r_0^2}{4\nu}$。

郭俊克（Junke Guo）求出了圆管中明渠层流、矩形断面明渠层流以及含植被明渠层流的精确解，读者可参考其相关文献。

【例 4-2】 如图 4-9 所示，两水平放置的平板之间的间距为 h，下板固定，上板以速度 U 运动，试分析因此而产生的两板之间的恒定流动。假设 $u_z=0$，$p=p(z)$。

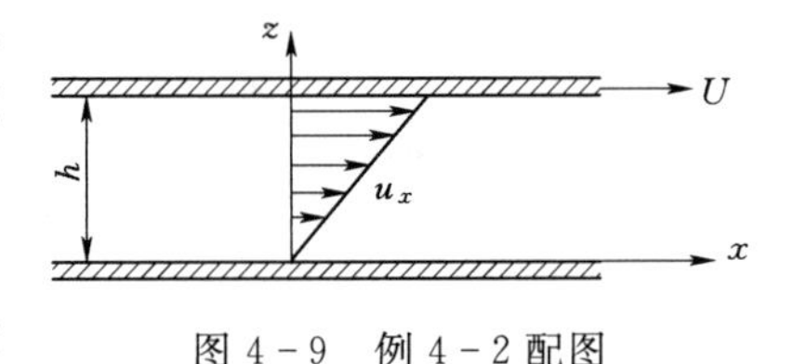

图 4-9　例 4-2 配图

解： 这是一个 Oxz 平面流动问题，根据连续性方程得

$$\frac{\partial u_x}{\partial x}+\frac{\partial u_y}{\partial y}+\frac{\partial u_z}{\partial z}=\frac{\partial u_x}{\partial x}+0+0=0$$

可以看出 $u_x=u_x(z)$，与 x 无关，则 x 方向的运动方程式（4-31）可以简化为

$$f_x-\frac{1}{\rho}\frac{\partial p}{\partial x}+\nu\left(\frac{\partial^2 u_x}{\partial x^2}+\frac{\partial^2 u_x}{\partial y^2}+\frac{\partial^2 u_x}{\partial z^2}\right)=\nu\frac{\partial^2 u_x}{\partial z^2}=0$$

积分得 $u_x=C_1z+C_2$，根据边界条件 $z=0$ 时 $u_x=0$，$z=h$ 时 $u_x=U$，得 $C_2=0$，$C_1=\frac{U}{h}$，最后得 $u_x=\frac{z}{h}U$，即平板间的速度分布为线性分布，这一结果与式（4-45）中 $J_p=0$ 一致，这种流动为简单库埃特流动。

第三节　理想流体的运动微分方程及其积分

一、理想流体的运动微分方程

理想流体是假设没有黏性的流体，在黏性流体的应力和运动微分方程中令运动黏性系数 $\nu=0$，就可以得到理想流体的应力和运动微分方程。对于理想流体，由式（4-13）～式（4-15）和式（4-23）～式（4-25）可知，$p_{xx}=p_{yy}=p_{zz}=p$，$\tau_{xy}=\tau_{yx}=\tau_{yz}=\tau_{zy}=\tau_{zx}=\tau_{xz}=0$，因此，理想流体的应力张量可以写为

$$\boldsymbol{\sigma}=\begin{bmatrix}-p_{xx} & \tau_{xy} & \tau_{xz}\\ \tau_{yx} & -p_{yy} & \tau_{yz}\\ \tau_{zx} & \tau_{zy} & -p_{zz}\end{bmatrix}=-p\begin{bmatrix}1 & 0 & 0\\ 0 & 1 & 0\\ 0 & 0 & 1\end{bmatrix} \tag{4-50}$$

对于理想流体，运动微分方程式（4-31）～式（4-33）可变为

$$f_x-\frac{1}{\rho}\frac{\partial p}{\partial x}=\frac{\partial u_x}{\partial t}+u_x\frac{\partial u_x}{\partial x}+u_y\frac{\partial u_x}{\partial y}+u_z\frac{\partial u_x}{\partial z} \tag{4-51}$$

$$f_y-\frac{1}{\rho}\frac{\partial p}{\partial y}=\frac{\partial u_y}{\partial t}+u_x\frac{\partial u_y}{\partial x}+u_y\frac{\partial u_y}{\partial y}+u_z\frac{\partial u_y}{\partial z} \tag{4-52}$$

$$f_z-\frac{1}{\rho}\frac{\partial p}{\partial z}=\frac{\partial u_z}{\partial t}+u_x\frac{\partial u_z}{\partial x}+u_y\frac{\partial u_z}{\partial y}+u_z\frac{\partial u_z}{\partial z} \tag{4-53}$$

式（4-51）～式（4-53）就是理想流体的运动微分方程组，又称为欧拉运动方程组。理想流体的运动微分方程也可以依据牛顿第二定律推导，读者可以仿照黏性流体运动微分方程的推导方法自行推导。

二、理想流体的伯努利方程

（一）伯努利积分

理想流体的流动所满足的运动微分方程组和连续性微分方程式，在一定的定解条件（初始条件和边界条件）下可以求解。但是，由于欧拉运动方程组是一个非线性偏微分方程组，所以至今仍未能找到它的通解，只有在一定条件下才能积分求解。伯努利方程就是在若干特定条件下，对欧拉运动方程组积分得到的积分方程。伯努利积分的具体条件如下：

（1）恒定流。

（2）均质不可压缩流体，ρ=常数。

（3）质量力有势，存在力势函数 $W(x,\ y,\ z)$，它与质量力的关系为：$\frac{\partial W}{\partial x}=f_x$，$\frac{\partial W}{\partial y}=f_y$，$\frac{\partial W}{\partial z}=f_z$。

（4）沿流线积分，满足流线方程$\frac{u_x}{\mathrm{d}x}=\frac{u_y}{\mathrm{d}y}=\frac{u_z}{\mathrm{d}z}$。

首先将 x、y、z 三个方向的欧拉运动微分方程分别乘以 $\mathrm{d}x$、$\mathrm{d}y$、$\mathrm{d}z$，然后相加，得

$$f_x\mathrm{d}x+f_y\mathrm{d}y+f_z\mathrm{d}z-\frac{1}{\rho}\left(\frac{\partial p}{\partial x}\mathrm{d}x+\frac{\partial p}{\partial y}\mathrm{d}y+\frac{\partial p}{\partial z}\mathrm{d}z\right)$$
$$=\frac{\mathrm{d}u_x}{\mathrm{d}t}\mathrm{d}x+\frac{\mathrm{d}u_y}{\mathrm{d}t}\mathrm{d}y+\frac{\mathrm{d}u_z}{\mathrm{d}t}\mathrm{d}z \tag{4-54}$$

利用上述四个积分条件得

$$\mathrm{d}W-\frac{1}{\rho}\mathrm{d}p=\frac{1}{2}\mathrm{d}(u_x^2+u_y^2+u_z^2)=\mathrm{d}\left(\frac{u^2}{2}\right)$$

将上式中各个微分项合并后为

$$\mathrm{d}\left(W-\frac{p}{\rho}-\frac{u^2}{2}\right)=0 \tag{4-55}$$

积分得

$$W-\frac{p}{\rho}-\frac{u^2}{2}=\text{常数} \tag{4-56}$$

式（4-56）就是伯努利积分，它表明：对于不可压缩的理想流体，在有势的质量力作用下作恒定流运动时，在同一条流线上$\left(W-\frac{p}{\rho}-\frac{u^2}{2}\right)$的值保持不变。但对于不同的流线，

伯努利积分常数一般是不同的。

（二）伯努利方程

若作用在理想流体上的质量力只有重力，则当 z 轴铅垂向上时，$W=-gz$。代入式（4－56）得

$$gz+\frac{p}{\rho}+\frac{u^2}{2}=\text{常数} \tag{4-57}$$

式（4－57）各项是对单位质量而言，若各项除以 g，则是对单位重量而言，注意到 $\gamma=\rho g$，则有

$$z+\frac{p}{\gamma}+\frac{u^2}{2g}=C \tag{4-58}$$

对于同一流线上的任意两点 1 与 2（图 4－10），式（4－58）可写成：

$$z_1+\frac{p_1}{\gamma}+\frac{u_1^2}{2g}=z_2+\frac{p_2}{\gamma}+\frac{u_2^2}{2g} \tag{4-59}$$

式（4－59）为理想流体质量力只有重力时沿流线的伯努利方程（又称为能量方程）。由于元流的过水断面面积微小，元流的极限情况就是流线，所以式（4－59）或式（4－58）也就是元流的伯努利方程。式中位置水头 z、压强水头 p/γ 和测压管水头 $z+p/\gamma$ 的物理意义已在第二章中介绍过，而 $u^2/2g$ 称为流速水头，是单位重量流体所具有的动能（图 4－10），三项之和称为总水头，即

$$H=z+\frac{p}{\gamma}+\frac{u^2}{2g} \tag{4-60}$$

总水头是单位重量流体的总机械能。伯努利方程的物理意义反映了同一流线（元流）上的机械能守恒。

（三）伯努利方程的应用

如图 4－11 所示管道中的流动为恒定流，为了测量流速 u，可在流体中放入一个开口正对来流的 90°弯管（称为皮托管）。皮托管的管口为驻点，流速为 0，来流的动能转化为压能，使得皮托管的测压管水头等于来流的总水头。

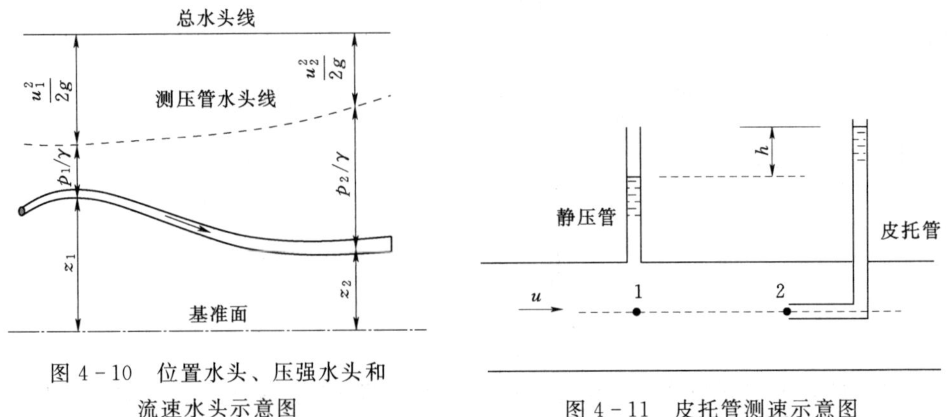

图 4－10　位置水头、压强水头和流速水头示意图

图 4－11　皮托管测速示意图

在同一流线上取邻近两点 1、2，点 1 流速为来流速度，点 2 为皮托管管口的驻点，

不计黏性影响，根据伯努利方程有

$$z_1+\frac{p_1}{\gamma}+\frac{u_1^2}{2g}=z_2+\frac{p_2}{\gamma}+\frac{u_2^2}{2g} \tag{4-61}$$

式（4-61）中，$u_1=u$，$u_2=0$；$\left(z_2+\frac{p_2}{\gamma}\right)-\left(z_1+\frac{p_1}{\gamma}\right)=h$。

得

$$u=\sqrt{2g\left(z_2+\frac{p_2}{\gamma}-z_1-\frac{p_1}{\gamma}\right)}=\sqrt{2gh} \tag{4-62}$$

如能测得两点之间的测压管水头差，即可计算出流速 u。

为了同时测到 $\left(z_1+\frac{p_1}{\gamma}\right)$，可在如图 4-11 所示的侧壁开孔接一测压管（称为静压管）。由于流动为平行直线流（均匀流），断面上的压强分布符合静水压强分布，静压管不必放到点 1 就可测得 $\left(z_1+\frac{p_1}{\gamma}\right)$。按图 4-11 所示的皮托管和静压管组合就可测得 $\left(z_2+\frac{p_2}{\gamma}\right)-\left(z_1+\frac{p_1}{\gamma}\right)=h$。

实用的皮托管测速仪是将上述皮托管和静压管组成一体，其静压管开口在皮托管侧面（图 4-12）。考虑到黏性影响和皮托管对水流的干扰，这样测得的测压管水头与水流原有的测压管水头相比会有差别，需要引入修正系数 C 来修正流速的计算结果：

$$u=C\sqrt{2gh} \tag{4-63}$$

如果精心选择静压管的开口位置，可以使系数 C 值相当接近于 1。

三、旋转参考系中的伯努利方程☆

如图 4-13 所示的流体机械（水泵或风机）的叶轮以角速度 ω 匀速旋转，流体从内向外流出。如果取非惯性参考系随叶轮一起旋转，欲研究流体相对于该参考系的相对运动速度 $\vec{w}$，质量力中应加上因转动而产生的离心惯性力。单位质量流体的离心惯性力的大小为 $\omega^2 r$，方向沿径向向外，与相对速度之间的夹角为 α。力势函数为

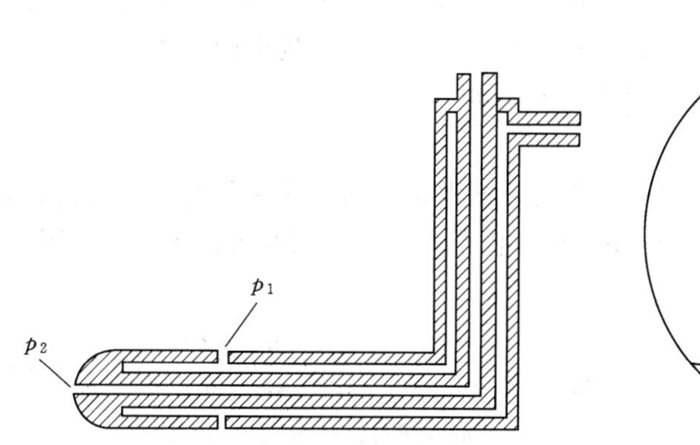

图 4-12　实用的皮托管的结构示意图

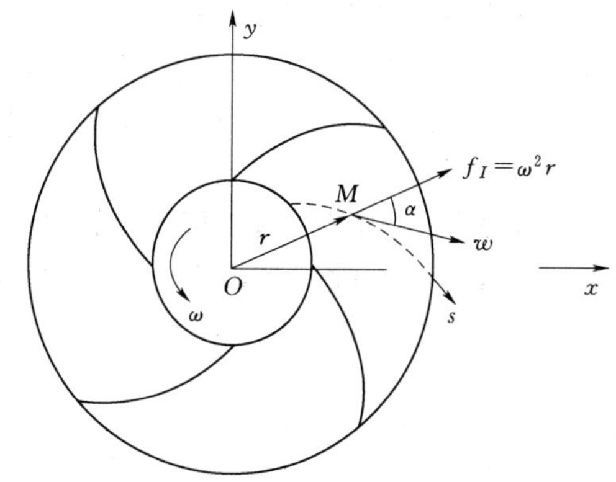

图 4-13　流体机械中的相对运动和惯性力

$$W=\frac{\omega^2 x^2}{2}+\frac{\omega^2 y^2}{2}-gz=\frac{\omega^2 r^2}{2}-gz \tag{4-64}$$

代入伯努利积分式（4－56）可得

$$z+\frac{p}{\gamma}+\frac{w^2}{2g}-\frac{\omega^2 r^2}{2g}=\text{常数} \tag{4-65}$$

或（在同一流线上取1、2两点）

$$z_1+\frac{p_1}{\gamma}+\frac{w_1^2}{2g}-\frac{\omega^2 r_1^2}{2g}=z_2+\frac{p_2}{\gamma}+\frac{w_2^2}{2g}-\frac{\omega^2 r_2^2}{2g} \tag{4-66}$$

这就是在重力和离心力作用下的不可压缩理想流体的能量方程，可以用于分析流体机械中的水流运动规律。

第四节　流体的有涡流动☆

一、有涡流动的基本概念

（一）涡量

流场中存在旋转角速度（$\omega \neq 0$）时为有涡流动。在有涡流动中，为了数学上分析推导方便，引入涡量概念。涡量为旋转角速度的2倍，即

$$\vec{\Omega}=2\vec{\omega}=\Omega_x\vec{i}+\Omega_y\vec{j}+\Omega_z\vec{k}=\mathrm{rot}\vec{u}=\begin{vmatrix} \vec{i} & \vec{j} & \vec{k} \\ \frac{\partial}{\partial x} & \frac{\partial}{\partial y} & \frac{\partial}{\partial z} \\ u_x & u_y & u_z \end{vmatrix} \tag{4-67}$$

$$\Omega_z=2\omega_z=\frac{\partial u_y}{\partial x}-\frac{\partial u_x}{\partial y} \tag{4-68}$$

$$\Omega_y=2\omega_y=\frac{\partial u_x}{\partial z}-\frac{\partial u_z}{\partial x} \tag{4-69}$$

$$\Omega_x=2\omega_x=\frac{\partial u_z}{\partial y}-\frac{\partial u_y}{\partial z} \tag{4-70}$$

与速度场（流场）类似，涡量场也是一个矢量场，将涡量场中的涡量与流场中的流速类比，则可以用类似于描述流场的方法来描述涡量场。即类似于流场中的流线、流管、流束与流量，在涡量场中引入涡线、涡管、涡束与涡通量。

（二）涡线

涡线是在有涡流动中反映瞬时旋转角速度方向（即涡量方向）的一条曲线，在任意时刻，处于涡线上所有各点的流体质点的旋转角速度方向都与该点的切线方向重合，如图4－14所示。与流线方程类似，涡线方程为

$$\frac{\mathrm{d}x}{\Omega_x}=\frac{\mathrm{d}y}{\Omega_y}=\frac{\mathrm{d}z}{\Omega_z} \tag{4-71}$$

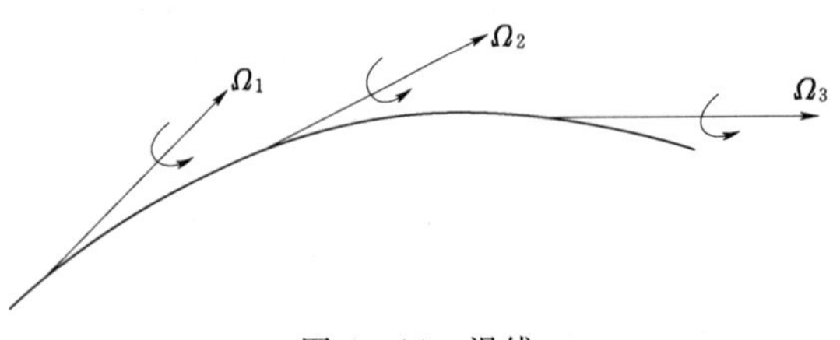

图4－14　涡线

涡线的性质也与流线类似，在非恒定流动中，涡线随时间而变化，不同瞬时会呈现不同的形状，而在恒定流中涡线的形状保持不变；涡线彼此不能相

交、不能转折。涡线方程的求解类似于流线方程的求解。

拓展思考： 如果涡量分量为 $\Omega_z=0$，$\Omega_x\neq0$，$\Omega_y\neq0$，且满足 $\frac{\partial\Omega_x}{\partial x}+\frac{\partial\Omega_y}{\partial y}=0$，是否存在一个涡函数 η，满足 $d\eta=\frac{\partial\eta}{\partial x}dx+\frac{\partial\eta}{\partial x}dy=-\Omega_y dx+\Omega_x dy$。当涡函数等于常数，即 $d\eta=0$ 时，是否代表一条涡线。

（三）涡管与元涡

在指定的瞬间，在涡量场中任取一不是涡线的封闭曲线，在该封闭曲线上的每一点作涡线，由这些涡线组成的管状封闭曲面称为涡管。恒定流的涡管形状不随时间变化，涡管内部流动称为涡束。如果涡管的截面面积 dA 很小，则涡束称为元涡。极限情况下涡管可以看成是一根涡线或称涡丝。

（四）涡通量

元涡的涡量与涡管截面积的点积称为元涡的涡通量，以 dI 表示

$$dI=\boldsymbol{\Omega}\cdot d\boldsymbol{A}=\Omega_n dA \tag{4-72}$$

如果涡管的截面面积为某一有限值，则通过涡管截面的总涡通量为

$$I=\iint_A \boldsymbol{\Omega}\cdot d\boldsymbol{A}=\iint_A \Omega_n dA \tag{4-73}$$

式中：Ω_n 为涡量在涡管截面法线方向的分量。

涡通量 I 为标量，又称为涡管的旋涡强度，也称为涡管强度。

（五）流体线

流体线是由一系列流体质点组成的曲线，当组成曲线的质点确定后，在流体运动过程中流体线始终随流体质点移动、改变形状。流体线可以是封闭曲线也可以是不封闭的曲线。

二、速度环量与斯托克斯定理

一般来说流速很容易直接测量，而涡量、涡通量无法直接测得。实际观测发现，在有涡流动中涡通量越大，则旋转速度越快，旋转范围也越大。由此可以推知，流体的涡量、涡通量与环绕核心的流体流速分布有一定关系，因此引入速度环量的概念，用速度环量描述旋涡场十分方便。

（一）速度环量

在流场中任取一封闭的空间曲线 L，如图 4-15 所示。曲线 L 上任一点 M 的速度矢量为 $\boldsymbol{u}$，在点 M 附近沿曲线 L 取一微元线段 $d\boldsymbol{L}$，则定义速度环量为

$$\Gamma=\oint_L \boldsymbol{u}\cdot d\boldsymbol{L} \tag{4-74}$$

速度环量常简称为环量，若点 M 的速度矢量 $\boldsymbol{u}$ 与该点上沿曲线 L 的切线方向的夹角为 α，则环量亦可表示为

$$\Gamma=\oint_L u\cos\alpha dL=\oint_L (u_x dx+u_y dy+u_z dz) \tag{4-75}$$

式中：u_x、u_y、u_z 与 dx、dy、dz 分别为速度 u 与微元线段 dL 在 x、y、z 方向上的投影。

环量的数值大小取决于流速场与所选取的封闭曲线（积分曲线），环量的正、负取决于沿曲线积分的绕行方向是否与流速方向一致。沿曲线积分的方向用右手螺旋法则来确定，右手大拇指的方向指向以 L 为边界曲面的外法线方向，弯曲的四指所指的方向为沿 L 的积分方向。如图 4－15 所示，如果以 L 为边界的曲面的外法线方向向上，则沿 L 的积分方向为逆时针方向。

对于非恒定流动，环量是时间的函数；对于恒定流动，给定封闭曲线的环量为常数。

（二）斯托克斯定理

斯托克斯定理：沿包围单连通区域的有限封闭曲线的速度环量等于穿过该单连通区域的旋涡强度（涡通量）。

斯托克斯定理说明了旋涡强度与速度环量之间的关系，下面分几种情况从简单到复杂逐步证明斯托克斯定理。

（1）平面上微小矩形封闭周线。如图 4－16 所示，在旋涡连续分布的流体中任取一微小矩形 $ABCD$，其边长 $\mathrm{d}x$、$\mathrm{d}y$ 分别平行于坐标轴 Ox、Oy。设 A 点的速度在 x、y 方向上的分量为 u_x 与 u_y，根据泰勒级数展开，并略去高阶无穷小量，就可以得到 B、C、D 各点的速度在 x、y 方向上的分量。沿逆时针方向计算该微小矩形周线 $ABCDA$ 的速度环量 $\mathrm{d}\Gamma$ 应等于矩形上每一段边线的速度环量之和，即

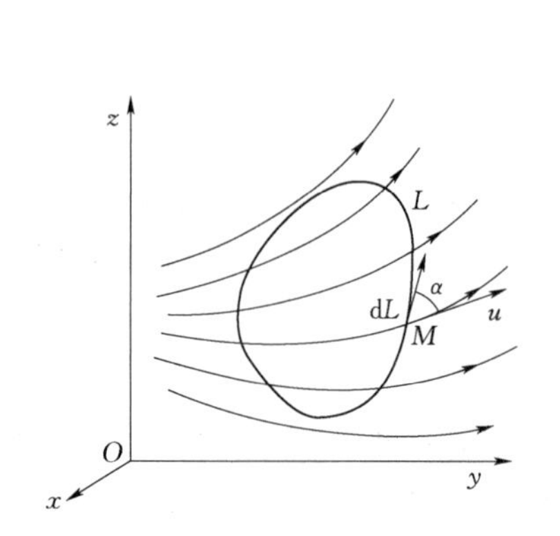

图 4－15　速度环量计算示意图

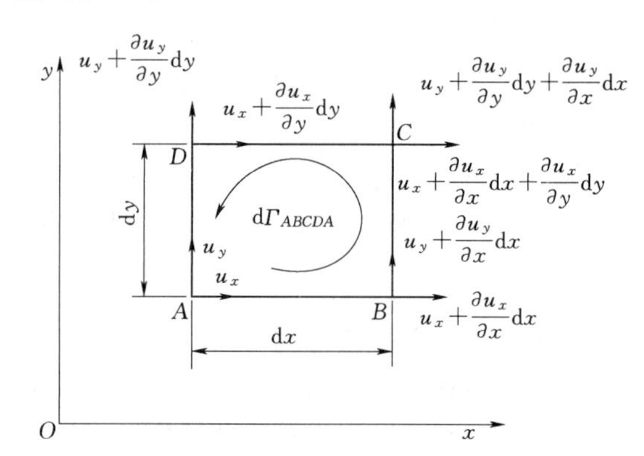

图 4－16　平面上微小矩形周线上的斯托克斯定理推证示意图

$$\mathrm{d}\Gamma=\mathrm{d}\Gamma_{ABCDA}=\mathrm{d}\Gamma_{AB}+\mathrm{d}\Gamma_{BC}+\mathrm{d}\Gamma_{CD}+\mathrm{d}\Gamma_{DA} \tag{4-76}$$

根据环量的定义，沿每一段边线的环量可以用该边线上起点速度与终点速度的平均值与边线长度之积来表示，即

$$\mathrm{d}\Gamma_{AB}=\frac{1}{2}\left[u_x+\left(u_x+\frac{\partial u_x}{\partial x}\mathrm{d}x\right)\right]\mathrm{d}x,\mathrm{d}\Gamma_{BC}=\frac{1}{2}\left[\left(u_y+\frac{\partial u_y}{\partial x}\mathrm{d}x\right)+\left(u_y+\frac{\partial u_y}{\partial x}\mathrm{d}x+\frac{\partial u_y}{\partial y}\mathrm{d}y\right)\right]\mathrm{d}y$$

$$\mathrm{d}\Gamma_{CD}=-\frac{1}{2}\left[\left(u_x+\frac{\partial u_x}{\partial u_x}\mathrm{d}x+\frac{\partial u_x}{\partial y}\mathrm{d}y\right)+\left(u_x+\frac{\partial u_x}{\partial y}\mathrm{d}y\right)\right]\mathrm{d}x,\mathrm{d}\Gamma_{DA}=-\frac{1}{2}\left[\left(u_y+\frac{\partial u_y}{\partial y}\mathrm{d}y\right)+u_y\right]\mathrm{d}y$$

将以上关系式代入式（4－76）整理可得

$$\mathrm{d}\Gamma=\left(\frac{\partial u_y}{\partial x}-\frac{\partial u_x}{\partial y}\right)\mathrm{d}x\,\mathrm{d}y=\Omega_z\,\mathrm{d}A_z=\mathrm{d}I \tag{4-77}$$

式中：$dA_z=dx\,dy$ 为微小矩形的面积；dI 为涡通量。

将上述结果推广到空间任意方位的微小矩形封闭周线得

$$d\Gamma=\Omega_n dA=dI \tag{4-78}$$

式中：dA 为空间任意方位微小矩形的面积；Ω_n 为涡量在 dA 法线方向的投影。

这就证明了沿微小矩形封闭周线的速度环量等于通过该周线所包围的面积的涡通量，即对于平面微小矩形封闭周线的斯托克斯定理是成立的。

（2）平面上任意封闭曲线。为了将平面上微小矩形封闭曲线的斯托克斯定理推广到平面上有限大小的任意封闭曲线 L 所围的区域中，将曲线 L 所围的面积用分别平行于 Ox 轴、Oy 轴的两组互相垂直的直线分割成 m 个微小矩形，如图 4-17 所示。根据式（4-77），对于每一个微小矩形周线均有

$$d\Gamma_i=\Omega_{zi} dA_{zi}=dI_i \tag{4-79}$$

将所有沿微小矩形周线上的速度环量相加得

$$\sum_{i=1}^{m} d\Gamma_i=\sum_{i=1}^{m}\Omega_{zi} dA_{zi} \tag{4-80}$$

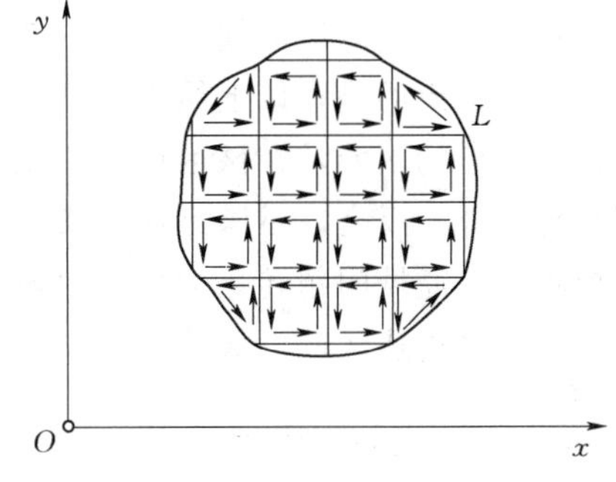

图 4-17　平面上任意有限封闭曲线的斯托克斯定理推证示意图

从图 4-17 可以看出，在封闭曲线 L 区域的内部，当绕每一个微小矩形的周线按照逆时针计算环量 $d\Gamma_i$ 时，对沿位于区域内部的相邻两微小矩形的共同周线部分进行了两次线积分，而两次线积分的方向正好相反，其值大小相等而符号相反，在求总和时彼此抵消。只有沿位于封闭曲线 L 上的线积分还存在。因此，上述所有沿微小矩形周线上的速度环量的总和等于沿封闭曲线上 L 的积分，当微小矩形 m 无限多（亦即矩形无限细分）时有

$$\lim_{m\to\infty}\sum_{i=1}^{m} d\Gamma_i=\sum d\Gamma_{外边界}=\oint_L \boldsymbol{u}\cdot d\boldsymbol{L}=\Gamma_L \tag{4-81}$$

而

$$\lim_{m\to\infty}\sum_{i=1}^{m}\Omega_{zi} dA_{zi}=\iint_A \Omega_z dA_z=I \tag{4-82}$$

将式（4-81）、式（4-82）代入式（4-80），得

$$\Gamma_L=\oint_L \boldsymbol{u}\cdot d\boldsymbol{L}=\iint_A \Omega_z dA_z=I \tag{4-83}$$

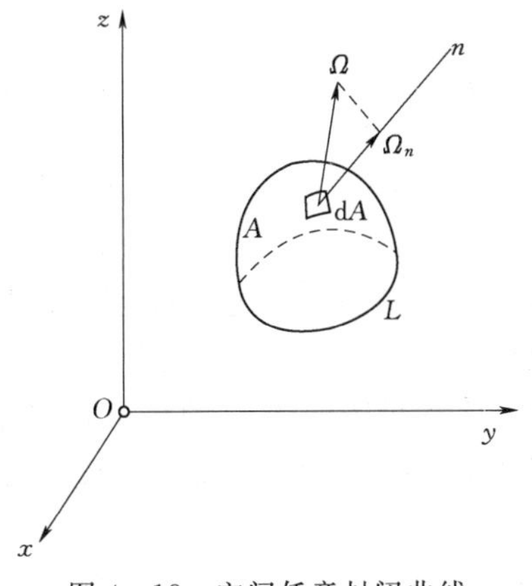

图 4-18　空间任意封闭曲线

这就证明了平面上有限大小的任意封闭曲线区域的斯托克斯定理成立。即沿平面上有限大小的任意封闭曲线 L 的速度环量等于通过该周线 L 所包围区域的涡通量，即旋涡强度。上述结果同样可以推广到空间任意方位平面上有限大小的任意封闭曲线。

（3）空间任意曲面上任意封闭曲线。为了证明空间任意曲面上任意封闭曲线 L 区域的斯托克斯定理成立，对如图 4-18 所示的任意封闭曲线 L 所围的空间任意曲面 A，用两组相互正交的曲线将空间曲面分割成无数的微小曲面，每个微小曲面都为矩形，可以近

似视为平面，面积为 dA_i，根据式（4－78）有

$$d\Gamma_i = \Omega_{ni} dA_i = dI_i \tag{4-84}$$

类似于平面上任意封闭曲线斯托克斯定理的证明过程，将任意封闭曲线 L 内无限多微小矩形周线上的速度环量叠加起来，两相邻微小面积共同周线上的速度线积分由于大小相等、方向相反而相互抵消，只剩下沿封闭曲线 L 的速度环量，即有

$$\Gamma_L = \oint_L \boldsymbol{u} \cdot d\boldsymbol{L} = \iint_A \Omega_n dA = I \tag{4-85}$$

这就是空间任意封闭曲线的斯托克斯定理，沿空间任意曲面上任意封闭曲线 L 的速度环量等于通过以该曲线为边界的任意空间曲面的涡通量，即旋涡强度。

需要指出的是，以上给出的几种情况下斯托克斯定理针对的是单连通域。所谓单连通域是指这样的区域，在该区域内任意一条封闭曲线可以连续地收缩到一点，而不越出该区域的范围外。反之，不满足这个条件的就是复连通域。对于复连通域问题则可以通过一些变换将复连通域问题转化为单连通域问题来处理。

（4）复连通区域。如图 4－19 所示，流场中存在一个二元物体（翼形）。作一周线 L 包围这个二元翼形，就 L 所包围的整个区域来说这是一个复连通域，分别存在外边界 L 与内边界 L'。如果将这一区域在 AB 处切开，则该复连通域就可以转变为单连通域，就可以应用适用于单连通域的斯托克斯定理：

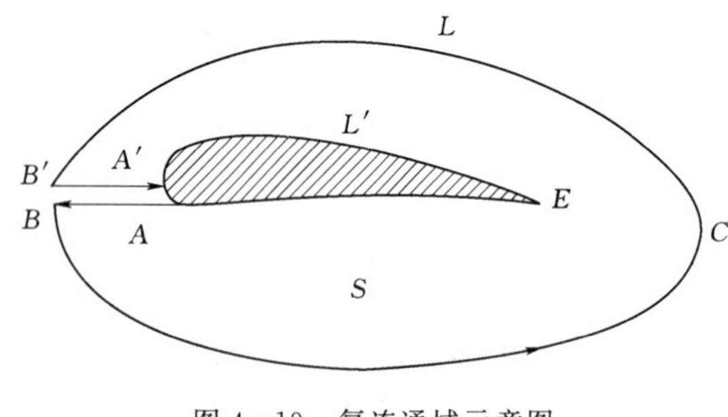

图 4－19　复连通域示意图

$$\Gamma_{ABCB'A'EA} = \iint_S \Omega_n dS \tag{4-86}$$

式中：S 为周线 $ABCB'A'EA$ 所包围的面积。

针对图 4－19 所示的情况，速度环量为

$$\Gamma_{ABCB'A'EA} = \Gamma_{AB} + \Gamma_{BCB'} + \Gamma_{B'A'} + \Gamma_{A'EA} \tag{4-87}$$

其中 Γ_{AB} 和 $\Gamma_{B'A'}$ 的积分方向相反，因此大小相等符号相反，即 $\Gamma_{AB} = -\Gamma_{B'A'}$；另外，$\Gamma_{A'EA}$ 和 $\Gamma_{AEA'}$ 的积分方向相反，因此大小相等符号相反，即 $\Gamma_{A'EA} = -\Gamma_{AEA'}$，这样式（4－87）可以写成

$$\Gamma_{ABCB'A'EA} = \Gamma_{BCB'} - \Gamma_{AEA'} = \Gamma_L - \Gamma_{L'} \tag{4-88}$$

代入式（4－86）得

$$\Gamma_L - \Gamma_{L'} = \iint_S \Omega_n dS \tag{4-89}$$

式（4－89）说明，对于复连通域区域，沿外边界速度环量减去沿内边界的速度环量，等于通过内、外两边界所包围的面积的涡通量（即旋涡强度）。

根据斯托克斯定理，可以推知：沿不包括旋涡在内的任意封闭曲线 L 的环量 Γ 等于 0，如图 4－20（a）所示。沿包括若干个旋涡在内的任意封闭曲线 L 的环量 Γ 等于这些旋涡的旋涡强度之和，如图 4－20（b）所示。即

$$\Gamma = \Gamma_1 + \Gamma_2 + \cdots + \Gamma_n = I_1 + I_2 + \cdots + I_n \tag{4-90}$$

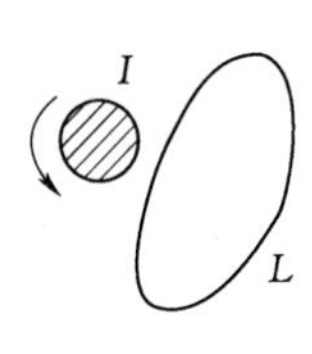

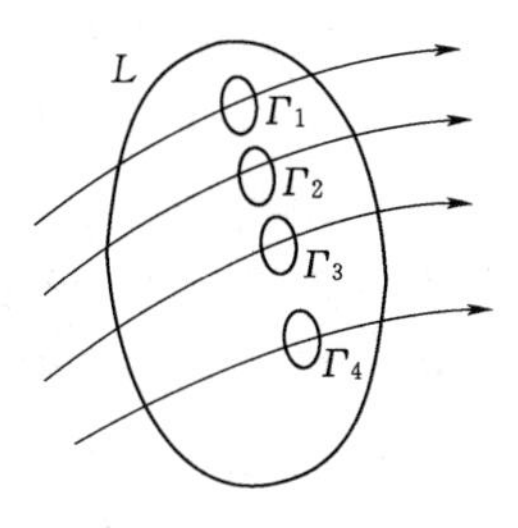

(a) 不包括旋涡在内的封闭曲线　(b) 包括若干个旋涡在内的封闭曲线

图 4-20　斯托克斯定理推论示意图

式中：Γ_1，Γ_2，…，Γ_n 为各旋涡的环量；I_1，I_2，…，I_n 为各旋涡的旋涡强度。

涡量与环量都可以表征旋涡的强度，但是用环量来研究旋涡运动更为方便，主要原因有：①在速度环量的表达式中只含有速度矢量本身，而速度分布一般可以直接用仪器测量获得，一旦知道速度分布便可以求出环量。而在涡量的表达式中含有速度的偏导数，要求出这些偏导数值，就要求速度测量精度较高，即测量点必须布置得很密。这样，测量工作量会增加很多而计算精度增加则有限。②环量的计算形式比涡量的计算形式简单，因为前者为线积分，被积函数为速度矢量本身，后者是面积分，被积函数是速度的偏导数，所以用环量来研究旋涡运动比用涡量研究更简单方便。

【例 4-3】 已知流场速度分布为 $u_x=-u\sin\theta=-By$，$u_y=u\cos\theta=Bx$，其中 B 为常数。试求：(1) 半径为 a 的周线上的速度环量；(2) 通过半径为 a 的圆平面上的涡通量。

解：(1) 由直角坐标表示的流场速度分布，得柱坐标表示的速度矢量为 $\boldsymbol{u}=Br\boldsymbol{e}_\theta$，根据速度环量的定义，$\Gamma=\oint_L \boldsymbol{u}\cdot \mathrm{d}\boldsymbol{L}=\int_0^{2\pi}Ba^2\mathrm{d}\theta=2\pi Ba^2$

(2) 涡量场为 $\boldsymbol{\Omega}=\Omega_z\boldsymbol{e}_z=\left(\dfrac{\partial u_y}{\partial x}-\dfrac{\partial u_x}{\partial y}\right)\boldsymbol{e}_z=2B\boldsymbol{e}_z$

根据涡通量的定义，通过半径为 a 的圆平面上的涡通量为

$$I=\iint \boldsymbol{\Omega}\cdot\boldsymbol{n}\mathrm{d}A=\int_0^{2\pi}\int_0^a 2B\boldsymbol{e}_z\cdot\boldsymbol{e}_z r\mathrm{d}r\mathrm{d}\theta=2\pi Ba^2=\Gamma$$

由此再一次证明了绕周线一圈的环量等于通过该曲线所围成的任意曲面 A 的涡通量。

三、涡量场的基本定理

(一) 汤姆逊定理

汤姆逊定理：在质量力有势的条件下，理想正压流体沿封闭流体线的速度环量在整个运动过程中不随时间而变化，即环量在运动过程中守恒。汤姆逊定理也称环量对时间守恒定理，其数学表达式为

$$\frac{\mathrm{d}\Gamma}{\mathrm{d}t}=0 \tag{4-91}$$

要证明汤姆逊定理，可以首先证明沿封闭流体线的速度环量的随体导数等于沿同一流体线的加速度环量。证明过程从略，读者可参考有关书籍。

汤姆逊定理说明：假定流体中沿某一任意封闭流体线的环量 $\Gamma\neq 0$，则根据斯托克斯

定理，在封闭流体线内恒有旋涡强度 $I=\Gamma\neq 0$，这说明流体中永远存在旋涡，或者说流动永远有旋。反之，假定流体中恒有环量 $\Gamma=0$，则说明流体中永远不存在旋涡，或者说流动永远无旋。

需要注意的是，根据汤姆逊定理，对某种理想、正压且质量力有势的流体，如果是从静止状态开始运动的，由于静止时流场中每一条封闭周线的速度环量都等于 0，即没有旋涡，因而在以后的流动中环量仍然等于 0，也没有旋涡。然而，也可能有另一种情况，即这种流体从静止开始流动后，由于某种原因在某个瞬间使流场中产生了旋涡，也有了速度环量。但根据汤姆逊定理，在此同一瞬间必然会产生一个与该环量大小相等且方向相反的旋涡，以保持流场的总环量等于 0。由于只限定了流体是正压的，所以汤姆逊定理对于不可压缩流体与可压缩流体都适用。

（二）拉格朗日定理

由汤姆逊定理可以推论出拉格朗日定理：在有势的质量力作用下的理想正压流体中，若在某一时刻某一部分流体中没有旋涡，则在以前或以后的任一时刻，该部分流体中永远不会有旋涡；相反若在某一时刻某一部分流体中有旋涡，则在以前或以后的任一时刻，该部分流体中永远有旋涡。拉格朗日定理也叫旋涡不生不灭定理。

（三）亥姆霍兹第一定理

亥姆霍兹第一定理为：在同一瞬时，涡管各截面上的旋涡强度都相同，即

$$\iint_{A_1}\Omega_{1n}\,\mathrm{d}A=\iint_{A_2}\Omega_{2n}\,\mathrm{d}A \tag{4-92}$$

证明：假设在涡量场内任取一涡管，A_1、A_2 为任意时刻 t 涡管上任取的两个截面，如图 4-21 所示。在涡管截面 A_1 的管壁处取封闭曲线 L，沿该封闭曲线 L 的速度环量为 Γ_L。封闭曲线 L 张有两个曲面，一个是涡管截面 A_1，另一个是涡管侧表面 σ 与涡管截面 A_2 所组成的空间曲面。

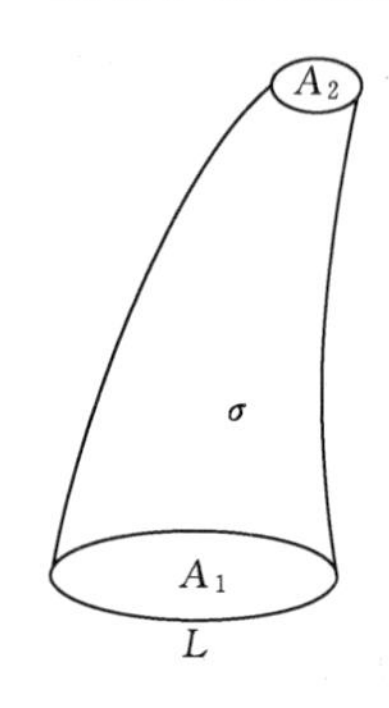

图 4-21　亥姆霍兹第一定理示意图

根据斯托克斯定理，对于涡管截面 A_1，通过的旋涡强度等于绕封闭曲线 L 的速度环量 Γ_L，即

$$\Gamma_L=\iint_{A_1}\Omega_{1n}\,\mathrm{d}A \tag{4-93}$$

对于由涡管侧表面 σ 与涡管截面 A_2 所组成的空间曲面，通过的旋涡强度也等于绕封闭曲线 L 的速度环量 Γ_L，即

$$\Gamma_L=\iint_{\sigma}\Omega_n\,\mathrm{d}A+\iint_{A_2}\Omega_{2n}\,\mathrm{d}A \tag{4-94}$$

由涡管的性质可知，在涡管侧表面 σ 上，涡量的方向与侧表面 σ 的法线方向垂直，或者说在该表面上无涡量的穿入或穿出，这时有 $\Omega_n=0$，亦即 $\iint_{\sigma}\Omega_n\,\mathrm{d}A=0$，即旋涡强度为 0，从而

$$\Gamma_L=\iint_{A_1}\Omega_{1n}\,\mathrm{d}A=\iint_{A_2}\Omega_{2n}\,\mathrm{d}A=\text{常数} \tag{4-95}$$

这就说明，在任意瞬间，沿涡管速度环量保持不变，旋涡强度保持不变，或者说涡通量保持不变。

在亥姆霍兹第一定理证明中，没有对流体的性质做限制，因此该定理既适用于理想流体，又可适用于黏性流体；既可适用于可压缩流体，又可适用于不可压缩流体等。

亥姆霍兹第一定理反映了旋涡运动的空间变化规律，是旋涡运动的重要性质之一。类似于流场中的总流，对于给定的有限大小的涡管，环量或涡通量可以用平均涡量与有效截面面积的乘积来表示，这时式（4－95）可以写成

$$\Omega_1 A_1 = \Omega_2 A_2 \tag{4-96}$$

式中：A_1、A_2 为涡管的有效截面面积；Ω_1、Ω_2 为相应有效截面上的平均涡量。

由式（4－96）可见，在同一时刻，涡管有效截面面积与平均涡量成反比。即涡管有效截面面积越小的地方，涡量值越大；反之，涡管有效截面面积越大的地方，涡量值越小。

根据涡管不同截面的旋涡强度保持不变的性质，涡管截面面积不可能无限小，因为这样涡量 Ω_n 将趋于无穷大；涡管截面面积也不可能无穷大，因为这样涡管的旋涡强度将为零。于是又可以得出结论：涡管不可能在流体中突然中断或消失，也不可能在流体中突然产生，它只能起始于边界，终止于边界（刚体壁上或流体的表面上），或者形成封闭涡圈。

（四）亥姆霍兹第二定理

亥姆霍兹第二定理为：在质量力有势的条件下，理想正压流体某一时刻组成一个涡管的流体质点将永远保持为一个涡管。

证明：假设理想正压流体中有一涡管 T，在时刻 t 涡管表面上任取一封闭流体线 L，如图 4－22（a）所示。根据斯托克斯定理，沿该封闭流体线 L 的速度环量为

$$\Gamma_L = \oint_L \boldsymbol{u} \cdot \mathrm{d}\boldsymbol{L} = \iint_A \Omega_n \mathrm{d}A \tag{4-97}$$

式中：A 为涡管 T 表面上任一封闭流体线 L 所包围的面积。

由于涡管表面的涡量处处与涡管相切，则有 $\Omega_n = 0$，因此沿涡管表面上任取的封闭流体线 L 的速度环量 $\Gamma_L = 0$。在另一时刻 t'，原来组成涡管 T 的流体质点移到另一位置形成新的管形体 T'，而原涡管 T 上的封闭流体线 L 在新的管形体 T' 上成为新的封闭流线体 L'，所包围的面积为 A'，如图 4－22（b）所示。根据汤姆逊定理，在质量力有势的条件下，理想正压流体速度环量不随时间变化。那么时刻 t' 沿封闭流体线 L' 的速度环量 $\Gamma_{L'}$ 等于时刻 t 沿封闭流体线 L 的速度环量 Γ_L，即

$$\Gamma_{L'} = \Gamma_L = 0 \tag{4-98}$$

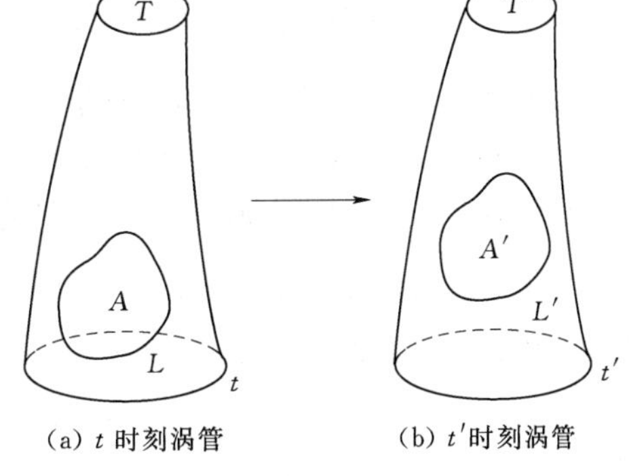

（a）t 时刻涡管　（b）t' 时刻涡管

图 4－22　亥姆霍兹第二定理示意图

由斯托克斯定理得

$$\Gamma_{L'} = \oint_{L'} \boldsymbol{u} \cdot \mathrm{d}\boldsymbol{L} = \iint_{A'} \Omega'_n \mathrm{d}A = 0 \tag{4-99}$$

由于 A' 为管形体 T' 表面上封闭流体线 L' 所包围的面积，并且 L' 以及 A' 是随 L 在管形体 T' 表面上任意选取的，故在管形体 T' 表面上所有各点都有 $\Omega'_n = 0$。根据涡管的定义，新

形成的管形体 T' 也应该是涡管。这说明在正压流体的运动过程中，随着时间变化，涡管可以变动位置，也可以改变形状，但始终由原来那些流体质点所组成，涡管将永远保持为一个涡管。

（五）亥姆霍兹第三定理

亥姆霍兹第三定理为：在质量力有势的条件下，理想正压流体中任何涡管的涡旋强度都不随时间变化，永远保持定值。

证明：假设在理想正压流体中有一涡管，t 时刻的旋涡强度为 I，现任取一包围该涡管的封闭流体线 L，如图 4－23 所示。根据斯托克斯定理，沿包围涡管的封闭流体线 L 的速度环量 Γ_L 等于旋涡强度 I。到了 t' 时刻，流体线 L 随涡管运动到新的位置、形成新的封闭流体线 L'，根据汤姆逊定理，该速度环量不随时间而变化，即 $\Gamma_{L'}=\Gamma_L$，再根据斯托克斯定理，沿新封闭流体线 L' 的速度环量 $\Gamma_{L'}$ 等于此时旋涡强度 I'，所以有 $I'=\Gamma_{L'}=\Gamma_L=I$。

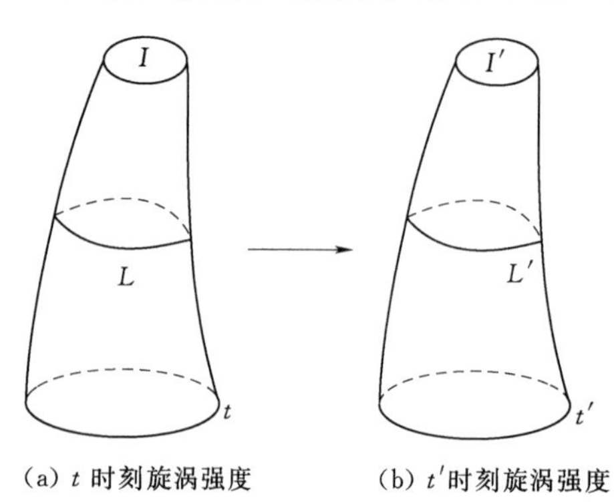

（a）t 时刻旋涡强度　（b）t' 时刻旋涡强度

图 4－23　亥姆霍兹第三定理示意图

综上所述，亥姆霍兹第一定理是斯托克斯定理的推论，是运动学问题，该定理既适用于理想流体也适用于黏性流体，而亥姆霍兹第二定理、亥姆霍兹第三定理需要用汤姆逊定理来证明，所以只适用于理想的正压流体。

对于某种流动，已知进口处的流动是无旋的，如果流体是理想、正压且质量力有势，那么该流动在流动区域内永远是无旋的。

四、涡量方程

根据实际流体的运动微分方程式（4－31）～式（4－33）可以推导出涡量方程形式：

$$\frac{\mathrm{d}\vec{\Omega}}{\mathrm{d}t}-(\vec{\Omega}\cdot\nabla)\vec{u}+\vec{\Omega}(\nabla\cdot\vec{u})=\nabla\cdot\vec{f}+\frac{1}{\rho^2}\nabla\rho\cdot\nabla p+\nu\nabla^2\vec{\Omega} \tag{4-100}$$

方程中右边第一、二项分别反映质量力和压强梯度力的影响，第三项反映黏性应力的影响。方程左边第二项是涡线拉伸、压缩和扭曲引起微团转动惯量改变而产生的影响；第三项则是流体压缩、膨胀引起微团转动惯量改变而产生的影响。

如果假设流体是理想正压流体，且质量力有势。则有 $\rho=\rho(p)$，$\nabla\rho\cdot\nabla p=0$，$\nabla\cdot\vec{f}=\nabla\cdot(\nabla W)=0$，$\nu\nabla^2\vec{\Omega}=0$，方程式（4－100）可以简化为亥姆霍兹方程：

$$\frac{\mathrm{d}\vec{\Omega}}{\mathrm{d}t}-(\vec{\Omega}\cdot\nabla)\vec{u}+\vec{\Omega}(\nabla\cdot\vec{u})=0 \tag{4-101}$$

涡旋理论中有一系列重要的定理都需要采用亥姆霍兹方程来推导。

如果假设流体是黏性不可压缩流体，且质量力有势，则 $\nabla\cdot\vec{f}=0$；$\nabla\rho\cdot\nabla p=0$，$\nabla\cdot\vec{u}=0$，方程式（4－100）可以简化为

$$\frac{\mathrm{d}\vec{\Omega}}{\mathrm{d}t}=\nu\nabla^2\vec{\Omega}+(\vec{\Omega}\cdot\nabla)\vec{u} \tag{4-102}$$

方程式（4－102）是关于涡量的对流扩散方程，右边第一项是涡量的扩散项，反映了黏滞性的影响，扩散系数就是运动黏度 ν；第二项是涡量的产生项，反映了微团变形对涡量变化的影响。

方程式（4－102）说明，流体的黏性作用使涡旋强的地方向涡旋弱的地方输送涡旋，直至涡量扩散均匀为止。

对于平面流动问题，$\Omega(x,y,t)=\Omega_z$，$\Omega_x=\Omega_y=0$，涡量可以看作是一个标量函数，矢量方程式（4－102）也变成标量函数的对流扩散方程：

$$\frac{\partial\Omega}{\partial t}+u_x\frac{\partial\Omega}{\partial x}+u_y\frac{\partial\Omega}{\partial y}=\nu\left(\frac{\partial^2\Omega}{\partial x^2}+\frac{\partial^2\Omega}{\partial y^2}\right) \tag{4-103}$$

另外，在平面流动中，将流函数 ψ 与速度的关系式（3－30）带入涡量与速度的关系式（4－68）可得流函数满足如下泊松方程：

$$\frac{\partial^2\psi}{\partial x^2}+\frac{\partial^2\psi}{\partial y^2}=-\Omega \tag{4-104}$$

联立微分方程式（4－103）、式（4－104）求解平面流动问题的方法称为涡量-流函数解法。这种方法只需要求解两个方程、两个未知量（Ω，ψ），求解比较方便。如果采用原始变量求解不可压缩黏性流体的平面流动问题，需要联立求解三个微分方程（连续性方程和两个运动方程）、三个未知量（u_x、u_y、p）。

拓展思考： 对于三维流动问题，是否可以采用流函数-涡量解法？

第五节　流体的有势流动

一、有势流动的欧拉积分方程

本章第三节介绍了理想流体运动微分方程的伯努利积分，本节介绍在一定条件下，黏性流体运动微分方程的积分。积分条件如下。

（1）质量力有势，即存在力势函数 $W(x,y,z)$，它与质量力的关系为：$\frac{\partial W}{\partial x}=f_x$，$\frac{\partial W}{\partial y}=f_y$，$\frac{\partial W}{\partial z}=f_z$。

（2）流体为不可压缩均质流体，$\rho=$常数。

（3）流动为有势流动，存在速度势函数 $\varphi(x,y,z,t)$，它与速度的关系为：$u_x=\frac{\partial\varphi}{\partial x}$，$u_y=\frac{\partial\varphi}{\partial y}$，$u_z=\frac{\partial\varphi}{\partial z}$，且 $\frac{\partial u_z}{\partial y}=\frac{\partial u_y}{\partial z}$，$\frac{\partial u_x}{\partial z}=\frac{\partial u_z}{\partial x}$，$\frac{\partial u_y}{\partial x}=\frac{\partial u_x}{\partial y}$。

以 x 方向为例，根据以上条件，黏性流体运动方程式（4－31）中各项分别为

$$\begin{aligned}\nabla^2 u_x&=\nabla^2\left(\frac{\partial\varphi}{\partial x}\right)=\frac{\partial(\nabla^2\varphi)}{\partial x}=\frac{\partial}{\partial x}\left[\frac{\partial}{\partial x}\left(\frac{\partial\varphi}{\partial x}\right)+\frac{\partial}{\partial y}\left(\frac{\partial\varphi}{\partial y}\right)+\frac{\partial}{\partial z}\left(\frac{\partial\varphi}{\partial z}\right)\right]\\&=\frac{\partial}{\partial x}\left(\frac{\partial u_x}{\partial x}+\frac{\partial u_y}{\partial y}+\frac{\partial u_z}{\partial z}\right)=0\end{aligned} \tag{4-105}$$

$$\frac{\partial u_x}{\partial t}=\frac{\partial}{\partial t}\left(\frac{\partial\varphi}{\partial x}\right)=\frac{\partial}{\partial x}\left(\frac{\partial\varphi}{\partial t}\right) \tag{4-106}$$

$$u_x\frac{\partial u_x}{\partial x}+u_y\frac{\partial u_x}{\partial y}+u_z\frac{\partial u_x}{\partial z}=u_x\frac{\partial u_x}{\partial x}+u_y\frac{\partial u_y}{\partial x}+u_z\frac{\partial u_z}{\partial x}=\frac{\partial}{\partial x}\left(\frac{u_x^2+u_y^2+u_z^2}{2}\right)=\frac{\partial}{\partial x}\left(\frac{u^2}{2}\right) \tag{4-107}$$

代入方程式（4－31）得

$$\frac{\partial}{\partial x}\left(W-\frac{p}{\rho}-\frac{u^2}{2}-\frac{\partial\varphi}{\partial t}\right)=0 \tag{4-108}$$

这说明 $W-\frac{p}{\rho}-\frac{u^2}{2}-\frac{\partial\varphi}{\partial t}$ 与 x 无关。同样，也可证明它与 y、z 也无关，只是 t 的函数，即

$$W-\frac{p}{\rho}-\frac{u^2}{2}-\frac{\partial\varphi}{\partial t}=f(t) \tag{4-109}$$

式（4－109）称为柯西-拉格朗日积分，它表明：在均质不可压缩流体的无旋流动中，如果质量力有势，则在同一时刻，式（4－109）中左边的四项代数和在流场中各点都相同。

如果质量力只有重力，则 $W=-gz$，式（4－109）左右两边同除以 $-g$ 得

$$z+\frac{p}{\gamma}+\frac{u^2}{2g}+\frac{1}{g}\frac{\partial\varphi}{\partial t}=\frac{-f(t)}{g} \tag{4-110}$$

对于恒定流：

$$z+\frac{p}{\gamma}+\frac{u^2}{2g}=\text{常数} \tag{4-111}$$

式（4－111）称为欧拉积分公式，它与伯努利积分形式相同，但适用条件不同，它可以适用恒定无旋流动的整个流场而不是一条流线。需要注意的是，虽然欧拉积分的条件中没有要求理想流体，欧拉积分是从黏性流体运动方程直接推导出来，但是有势流动一般要满足理想流体，所以欧拉积分一般还是只适用于理想流体。对于流场中任意两点 1 和 2，欧拉积分可以表示为

$$z_1+\frac{p_1}{\gamma}+\frac{u_1^2}{2g}=z_2+\frac{p_2}{\gamma}+\frac{u_2^2}{2g} \tag{4-112}$$

式（4－112）称为恒定有势流动的欧拉积分方程。欧拉积分方程的物理意义反映了恒定无旋流动在整个流场内机械能都是恒定的。

二、平面势流流函数与势函数

（一）平面势流流函数的存在条件及性质

（1）满足不可压缩流体平面流动的连续性方程 $\frac{\partial u_x}{\partial x}+\frac{\partial u_y}{\partial y}=0$ 的流动一定存在流函数 $\psi=\psi(x,y,t)$，并且流函数的积分 $\int d\psi=\int u_x dy-u_y dx$ 与路径无关。

（2）流函数与流速分量的关系为

$$u_x=\frac{\partial\psi}{\partial y},u_y=-\frac{\partial\psi}{\partial x},d\psi=u_x dy-u_y dx \tag{4-113}$$

（3）等流函数线 $\psi(x,y,t)=C$ 就是一条流线，而不同流线的流函数值不同。

证明：由式（4－113）可知，对于等流函数线，$d\psi=u_x dy-u_y dx=0$，由此可推导出流线方程：$\frac{u_x}{dx}=\frac{u_y}{dy}$，因此等流函数线就是一条流线。

（4）同一时刻两条流线的流函数值之差等于这两条流线之间的单宽流量，即

$$q=\psi_2-\psi_1 \tag{4-114}$$

其中“单宽”是指在与流动平面相垂直的方向上的单位宽度。

（5）如果不可压缩流体的平面流动是有势流动，则流函数满足拉普拉斯方程

$$\frac{\partial^2\psi}{\partial x^2}+\frac{\partial^2\psi}{\partial y^2}=0 \tag{4-115}$$

证明：将式（4-113）前两式代入式（3-54）最后一式即可得到式（4-115）。

求解方程（4-115）可以得到 ψ，再由式（4-113）就可以得到流速场，这就是平面势流的流函数解法，因为作为流动区域边界的壁面本身是一条流线，所以在这种边界上可以给定 $\psi=$常数作为流函数的边界条件。

（二）平面势流流速势函数的存在条件及性质

（1）满足如下无旋条件的平面流动一定存在流速势函数 $\varphi=\varphi(x, y, t)$，并且流速势函数的积分 $\int d\varphi=\int u_x dx+u_y dy$ 与路径无关：

$$\frac{\partial u_y}{\partial x}=\frac{\partial u_x}{\partial y} \tag{4-116}$$

（2）流速势函数与流速的关系为

$$u_x=\frac{\partial\varphi}{\partial x},u_y=\frac{\partial\varphi}{\partial y},d\varphi=u_x dx+u_y dy \tag{4-117}$$

（3）不可压缩流体的平面无旋流动的流速势函数满足拉普拉斯方程

$$\frac{\partial^2\varphi}{\partial x^2}+\frac{\partial^2\varphi}{\partial y^2}=0 \tag{4-118}$$

（4）在无旋流动区域的内部，速度不可能出现极大值，压强不可能出现极小值，流速势函数不可能出现极大值或极小值，只可能出现在边界上。

（5）平面势流的等流速势函数线（等势线）与等流函数线（流线）正交。等势线族与流线族交织成的正交网格称为流网。

证明：对于等流函数线，$d\psi=u_x dy-u_y dx=0$，其斜率为 $k_\psi=\left.\frac{dy}{dx}\right|_{\psi=c}=\frac{u_y}{u_x}$；对于等势函数线，$d\varphi=u_x dx+u_y dy=0$，其斜率为 $k_\varphi=\left.\frac{dy}{dx}\right|_{\varphi=c}=-\frac{u_x}{u_y}$；因此，在等势线与等流函数线交点处，$k_\psi k_\varphi=-1$，等势函数线与等流函数线（流线）正交。

图 4-24 为流网的若干例子。流网不仅可以显示流动的方向，也可以定性反映流速的相对大小。因为两条流线之间流量不变，所以流线较密集的地方流速较大。

求解方程式（4-118）得到 φ，再由式（4-117）就可以得到流速场。流速势函数解法与流函数解法是相互独立的。也就是说，既可以选择求解流速势函数，也可以选择求解流函数，解决实际问题时可以根据边界条件的情况选取。

有势流动的方便之处就在于可以只求解一个微分方程、一个未知量（ψ 或 φ），而不是三个微分方程、三个未知量（u_x，u_y，p），而且拉普拉斯方程是一个在数学上已经得到充分研究的齐次线性方程。

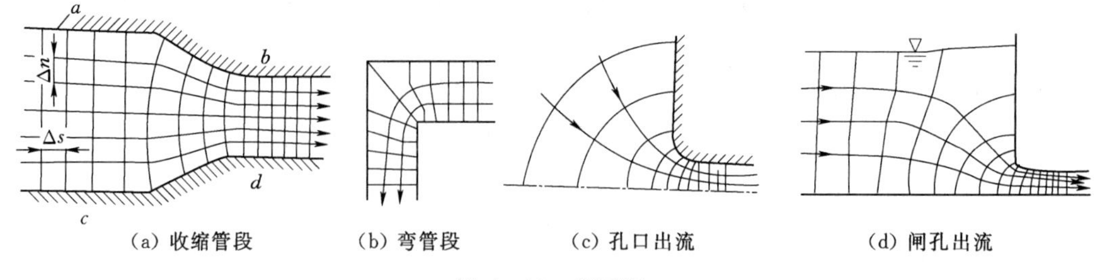

(a) 收缩管段　(b) 弯管段　(c) 孔口出流　(d) 闸孔出流

图 4-24　流网图

【例 4-4】 已知平面流动的流速场为 $u_x=y^2-x^2+2x$，$u_y=2xy-2y$，问此流动是否存在流函数和流速势函数？若存在，试求之。

解：(1) $\dfrac{\partial u_x}{\partial x}+\dfrac{\partial u_y}{\partial y}=-2x+2+2x-2=0$，满足不可压缩流体平面流动的连续性方程，故存在流函数。$\dfrac{\partial u_y}{\partial x}=2y=\dfrac{\partial u_x}{\partial y}$，满足无旋条件，故存在流速势函数。

(2) 求流函数。

方法 1：由 $u_x=\dfrac{\partial \psi}{\partial y}=y^2-x^2+2x$，积分得

$$\psi=\int(y^2-x^2+2x)\mathrm{d}y=\frac{1}{3}y^3-x^2y+2xy+f_1(x)$$

代入另一条件中：

$$u_y=-\frac{\partial \psi}{\partial x}=2xy-2y+f_1'(x)=2xy-2y$$

则

$$f_1'(x)=0\rightarrow f_1(x)=C$$

所以 $\psi=\dfrac{1}{3}y^3-x^2y+2xy+C$（常数 C 可以舍去）

方法 2：$\int\mathrm{d}\psi=\int(u_x\mathrm{d}y-u_y\mathrm{d}x)=\int[(y^2-x^2+2x)\mathrm{d}y-(2xy-2y)\mathrm{d}x]$

因为积分与路径无关，积分常数由已知条件确定。不妨选取积分路线为 (0，0)—$(x,0)$，再由 $(x,0)$—(x,y)，即有

$$\int\mathrm{d}\psi=\int_{(0,0)}^{(x,0)}[(y^2-x^2+2x)\mathrm{d}y-(2xy-2y)\mathrm{d}x]+\int_{(x,0)}^{(x,y)}[(y^2-x^2+2x)\mathrm{d}y-(2xy-2y)\mathrm{d}x]$$

$$\psi=\int_{(0,0)}^{(x,0)}[0-0\mathrm{d}x]+\int_{(x,0)}^{(x,y)}[(y^2-x^2+2x)\mathrm{d}y+0]=\frac{1}{3}y^3-x^2y+2xy$$

拓展思考： 比较两种方法的差异，如果积分路线为 (x_0,y_0) — (x,y_0)，再由 (x,y_0) — (x,y)，积分结果如何？

(3) 求流速势函数。

由 $u_x=\dfrac{\partial \varphi}{\partial x}=y^2-x^2+2x$，积分得

$$\varphi=\int(y^2-x^2+2x)\mathrm{d}x=xy^2-\frac{1}{3}x^3+x^2+f_2(y)$$

又
$$u_y=\frac{\partial\varphi}{\partial y}=2xy+f'_2(y)=2xy-2y$$

则 $f'_2(y)=-2y$，积分得

$$f_2(y)=-y^2+C$$

得
$$\varphi=xy^2-\frac{1}{3}x^3+x^2-y^2+C$$

（三）复位势和复速度

根据流函数和流速势函数的特点，可以引入复位势和复速度，从而采用复变函数法研究势流问题。为此定义复位势、复速度和共轭复速度分别为

$$\omega(z)=\varphi(x,y)+i\psi(x,y) \tag{4-119}$$

$$V=u_x+iu_y \tag{4-120}$$

$$\frac{\mathrm{d}\omega}{\mathrm{d}z}=\overline{V}=u_x-iu_y \tag{4-121}$$

三、基本平面势流

基本平面势流有直线等速流、平面点源、点汇、点涡等，更复杂的流动可以通过这些基本势流叠加得到。

（一）直线等速流

直线等速流是一种在流场中各点流速 u_0 的大小方向都相同的流动，如图 4-25 所示，其速度分量为

$$u_x=u_0\cos\alpha, u_y=u_0\sin\alpha \tag{4-122}$$

不难证明其流速势函数和流函数都存在，且

$$\varphi=u_0(x\cos\alpha+y\sin\alpha), \psi=u_0(y\cos\alpha-x\sin\alpha) \tag{4-123}$$

流线和等势线为正交的直线。

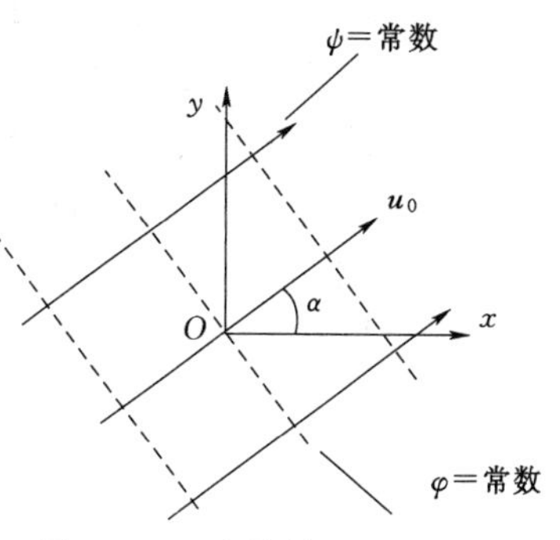

图 4-25　直线等速流示意图

根据欧拉积分，$z+\frac{p}{\gamma}+\frac{u_0^2}{2g}=$常数，则在直线等速流中各点

$$z+\frac{p}{\gamma}=\text{常数} \tag{4-124}$$

所以在整个平面上测压管水头为常数，在水平面上压强为常数。

（二）平面点源、点汇

点源是一种从中心点 O 辐射发出的轴对称流动，在圆周（图 4-26 中的虚线）上的速度 u 相等。在 z 轴方向取单位厚度流层，若从 O 流出的流量为 q，则

$$u=\frac{q}{2\pi r}=\frac{q}{2\pi}\frac{1}{\sqrt{x^2+y^2}} \tag{4-125}$$

q 称为点源辐射流量或点源强度。

当 $q<0$ 时流动是向内汇聚的，这种流动又称为点汇。

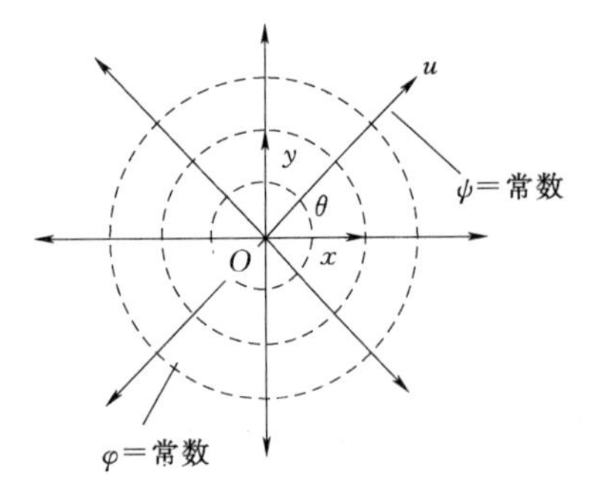

图 4-26　点源的流线和等势线

直角坐标系中的速度分量为

$$u_x=\frac{q}{2\pi r}\frac{x}{r}=\frac{q}{2\pi}\frac{x}{x^2+y^2} \tag{4-126}$$

$$u_y=\frac{q}{2\pi r}\frac{y}{r}=\frac{q}{2\pi}\frac{y}{x^2+y^2} \tag{4-127}$$

不难验证该流动满足无旋条件和不可压缩流体的连续性方程，所以存在流速势函数和流函数。对速度 u_x、u_y 积分可得点源的流速势函数和流函数分别为

$$\varphi=\frac{q}{4\pi}\ln(x^2+y^2)=\frac{q}{2\pi}\ln r \tag{4-128}$$

$$\psi=\frac{q}{2\pi}\tan^{-1}\left(\frac{y}{x}\right)=\frac{q}{2\pi}\theta \tag{4-129}$$

显然，等势线为一族以源点为圆心的同心圆。流线为一族从源点放射出的射线，θ 是该射线与 x 轴的夹角（如图 4-26）。

在距离源点无穷远处，$u=0$，根据欧拉积分，在同一水平面上有

$$\frac{p}{\gamma}+\frac{u^2}{2g}=\frac{p_\infty}{\gamma}+0(p_\infty\text{为无穷远处压强}) \tag{4-130}$$

压强分布规律为

$$p=p_\infty-\frac{\rho u^2}{2}=p_\infty-\frac{\rho q^2}{8\pi^2 r^2} \tag{4-131}$$

注意，无论是点源或点汇，压强都是外大内小。

由式（4-125）和式（4-131）还可以看到，在源点 O（0，0）处，流速为∞，压强为−∞，这种点称为奇点。之所以会有这种情况，是因为在理论分析中假定点源流动来自这种尺寸为 0 的源点，而实际情况中的源都是具有一定尺寸的。

（三）点涡

点涡又称为势涡，其流速大小与到涡心 O 的距离 r 成反比，即

$$u=\frac{k}{r}=\frac{k}{\sqrt{x^2+y^2}} \tag{4-132}$$

直角坐标系中的速度分量为

$$u_x=-u\frac{y}{r}=-\frac{ky}{x^2+y^2} \tag{4-133}$$

$$u_y=u\frac{x}{r}=\frac{kx}{x^2+y^2} \tag{4-134}$$

可以证明该流动无旋，且满足不可压缩流体的连续性方程，所以存在流速势函数和流函数。其流速势函数和流函数分别为

$$\varphi=k\tan^{-1}\left(\frac{y}{x}\right)=k\theta \tag{4-135}$$

$$\psi=-k\ln r=-\frac{k}{2}\ln(x^2+y^2) \tag{4-136}$$

可以看出，流线是一族以涡心为圆心的同心圆，等势线为一族从涡心辐射出的射线，θ 是该射线与 x 轴的夹角（图 4-27）。

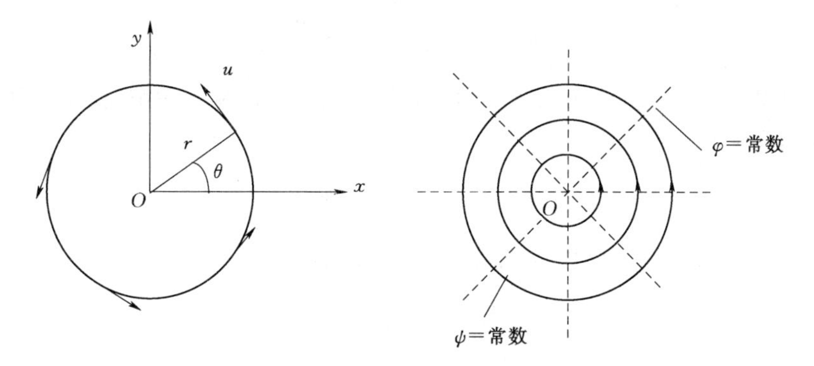

图 4-27 点涡的速度、等势线和流线

如果沿着以 O 为圆心、半径为 r 的圆周路径 L 进行如下逆时针方向曲线积分（为正）

$$\Gamma=\oint_L \vec{u}\cdot \mathrm{d}\vec{l}=\oint_L u\mathrm{d}l=\int_0^{2\pi} ur\mathrm{d}\theta=2\pi ru=2\pi k \tag{4-137}$$

式中 Γ 为沿封闭路径 L 的速度环量，为常数，所以

$$k=\Gamma/2\pi \tag{4-138}$$

一般习惯将点涡的流速分布、流速势函数和流函数以环量表示为

$$u_x=-\frac{\Gamma}{2\pi}\frac{y}{x^2+y^2} \tag{4-139}$$

$$u_y=\frac{\Gamma}{2\pi}\frac{x}{x^2+y^2} \tag{4-140}$$

$$\varphi=\frac{\Gamma}{2\pi}\tan^{-1}\left(\frac{y}{x}\right)=\frac{\Gamma}{2\pi}\theta \tag{4-141}$$

$$\psi=-\frac{\Gamma}{4\pi}\ln(x^2+y^2)=-\frac{\Gamma}{2\pi}\ln r \tag{4-142}$$

应用欧拉积分可得压强分布为

$$p=p_\infty-\frac{\rho u^2}{2}=p_\infty-\frac{\rho\Gamma^2}{8\pi^2}\frac{1}{r^2} \tag{4-143}$$

点涡的流速在无穷远处为 0，而在涡心则为∞，所以涡心是一个奇点。奇点压强为$-\infty$，这在实际流动中自然是不可能的。实际上，在无旋的点涡中涡心部位必然存在一个有旋区域（涡核），平面流动的涡核是一个轴线与 z 轴平行的直线涡，无旋的点涡流动是涡核在其外围产生的诱导流速场。如果涡核为半径为 r_0 的圆柱体，且像刚体一样以角速度 ω 旋转，这种涡流称为强迫涡，其外围势流称为自由涡，两者的组合称为组合涡或兰肯涡，其流速分布为

$$u=\begin{cases}\omega r & (r\leqslant r_0)\\ \dfrac{\Gamma}{2\pi r} & (r>r_0)\end{cases} \tag{4-144}$$

为使该式在圆柱表面连续，速度环量满足

$$\Gamma=2\pi\omega r_0^2=2\pi r_0 u_0 \tag{4-145}$$

涡核以外的压强仍服从式（4-143），则涡核表面压强为

$$p_0=p_\infty-\frac{\rho u_0^2}{2}=p_\infty-\frac{\rho\omega^2 r_0^2}{8\pi^2} \tag{4-146}$$

因为强迫涡的运动等价于第二章中的旋转容器内液体的相对平衡问题，所以涡核内部的压强按抛物线规律分布，有

$$p=\frac{\rho\omega^2 r^2}{2}+C' \quad (r\leqslant r_0) \tag{4-147}$$

由边界条件 $r=r_0$，$p=p_0$ 可以确定常数 $C'=-\rho\omega^2 r_0^2$，得

$$p=p_\infty+\frac{\rho\omega^2 r^2}{2}-\rho\omega^2 r_0^2 \quad (r\leqslant r_0) \tag{4-148}$$

涡核内外的流速分布和压强分布如图 4-28 所示，涡心处最低压强为

$$p_0=p_\infty-\rho\omega^2 r_0^2=p_\infty-\rho u_0^2 \tag{4-149}$$

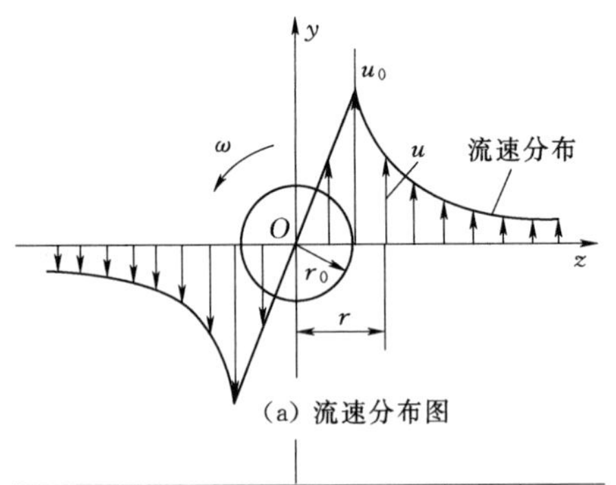

(a) 流速分布图

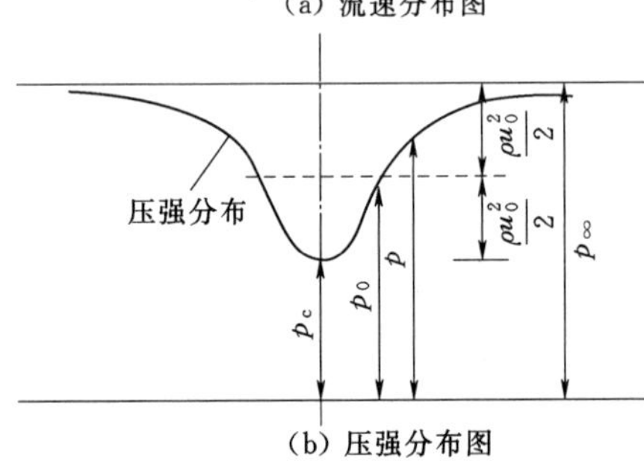

(b) 压强分布图

图 4-28　涡核内外的流速分布和压强分布图

所以，在涡核中心为低压区，涡核旋转越快，涡核尺寸越大，内外压强差越大。这种内外压差使得旋涡外面的物体会被卷入旋涡中，同时也是促使水流中发生空化现象的重要因素。

（四）角隅流与绕角流

在夹角为 α 的扇形流动区域内，如果用极坐标表示的速度为

$$u_r=\frac{\pi}{\alpha}Ar^{\pi/\alpha-1}\cos\frac{\pi\theta}{\alpha} \tag{4-150}$$

$$u_\theta=\frac{\pi}{\alpha}Ar^{\pi/\alpha-1}\sin\frac{\pi\theta}{\alpha} \tag{4-151}$$

则可以证明其流动为平面势流，其流函数、速度势函数及合速度分别为

$$\psi=Ar^{\pi/\alpha}\sin\frac{\pi\theta}{\alpha} \tag{4-152}$$

$$\varphi=Ar^{\pi/\alpha}\cos\frac{\pi\theta}{\alpha} \tag{4-153}$$

$$u=\frac{\pi}{\alpha}|A|r^{\pi/\alpha-1} \tag{4-154}$$

$\theta=0$ 和 $\theta=\alpha$ 可以看成是流动的边界，边界上的流函数 $\psi=0$，可以看成是一条 0 流线。可以看出，速度大小只随 r 变化而与 θ 无关，等速度线为圆弧（图 4-29）。

当 $\alpha<\pi$ 时，称为角隅流。角隅流速度大小随 r 减小而减小，角点（$r=0$）处速度为 0，称为驻点。当 $\alpha=\pi/2$ 时，为直角内的势流。

当 $\alpha>\pi$ 时，称为绕角流。绕角流速度大小随 r 减小而增大，角点（$r=0$）处速度为 ∞，称为奇点。说明绕凸角的理想流体是不可能形成势流的。绕凸角的黏性流体在凸角附近会形成高速低压区，或形成漩涡区。

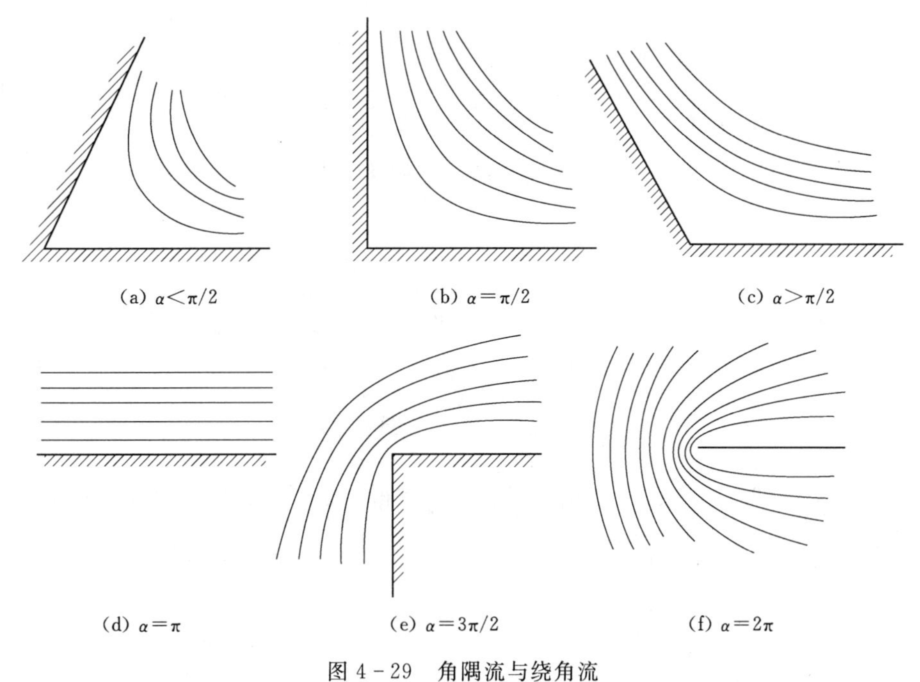

(a) $\alpha<\pi/2$　(b) $\alpha=\pi/2$　(c) $\alpha>\pi/2$

(d) $\alpha=\pi$　(e) $\alpha=3\pi/2$　(f) $\alpha=2\pi$

图 4-29　角隅流与绕角流

当 $\alpha=\pi$ 时，为平行直线流；当 $\alpha=2\pi$ 时，为绕平板前沿的流动。

四、势流的叠加☆

平面势流的叠加原理：如果有两个不可压缩流体的平面势流，其流速和流速势函数、流函数分别为 $\vec{u}_1$、φ_1、ψ_1 和 $\vec{u}_2$、φ_2、ψ_2，则将这两个平面流动叠加起来仍是一个不可压缩流体的平面势流，且其流速势函数和流函数为 $\varphi=\varphi_1+\varphi_2$ 和 $\psi=\psi_1+\psi_2$。

证明：两个平面势流叠加后的流速分量为 $u_x=u_{x1}+u_{x2}$，$u_y=u_{y1}+u_{y2}$，则

$$\frac{\partial u_x}{\partial y}=\frac{\partial u_{x1}}{\partial y}+\frac{\partial u_{x2}}{\partial y},\quad \frac{\partial u_{y1}}{\partial x}+\frac{\partial u_{y2}}{\partial x}=\frac{\partial u_y}{\partial x}$$

$$\frac{\partial u_x}{\partial x}+\frac{\partial u_y}{\partial y}=\left(\frac{\partial u_{x1}}{\partial x}+\frac{\partial u_{y1}}{\partial y}\right)+\left(\frac{\partial u_{x2}}{\partial x}+\frac{\partial u_{y2}}{\partial y}\right)=0+0=0$$

满足平面流动的无旋条件和不可压缩流体平面流动的连续性方程，叠加后的流动是不可压缩流体的平面势流。

又因为
$$\frac{\partial(\varphi_1+\varphi_2)}{\partial x}=\frac{\partial\varphi_1}{\partial x}+\frac{\partial\varphi_2}{\partial x}=u_{x1}+u_{x2}=u_x$$

同理可证明：
$$\frac{\partial(\varphi_1+\varphi_2)}{\partial y}=u_y,\quad \frac{\partial(\psi_1+\psi_2)}{\partial y}=u_x,\quad -\frac{\partial(\psi_1+\psi_2)}{\partial x}=u_y$$

所以 $\varphi=\varphi_1+\varphi_2$ 和 $\psi=\psi_1+\psi_2$ 是叠加所得流动的流速势函数和流函数。

（一）螺旋流

螺旋流是在同一点的点涡和点源（汇）叠加形成的流动（图 4-30），极坐标中的径向流速分量 u_r 和周向流速分量 u_θ 分别为

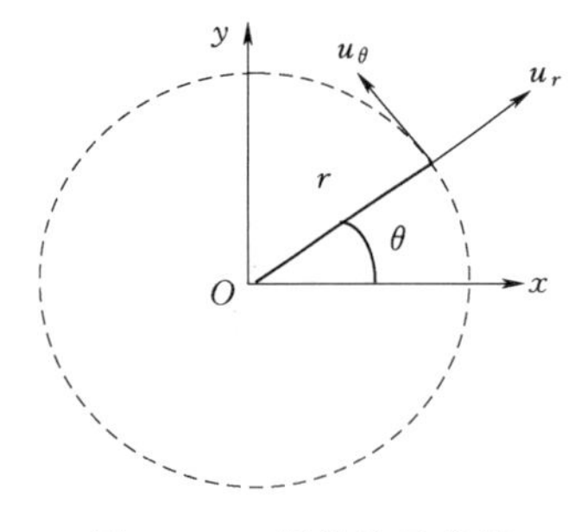

图 4-30 螺旋流示意图

$$u_r = \frac{q}{2\pi r} \tag{4-155}$$

$$u_\theta = \frac{\Gamma}{2\pi r} \tag{4-156}$$

直角坐标系中的速度分量为

$$u_x = \frac{q}{2\pi}\frac{x}{x^2+y^2} - \frac{\Gamma}{2\pi}\frac{y}{x^2+y^2} \tag{4-157}$$

$$u_y = \frac{q}{2\pi}\frac{y}{x^2+y^2} + \frac{\Gamma}{2\pi}\frac{x}{x^2+y^2} \tag{4-158}$$

压强分布为

$$p = p_\infty - \frac{\rho u^2}{2} = p_\infty - \frac{\rho(q^2+\Gamma^2)}{8\pi^2 r^2} \tag{4-159}$$

螺旋流的流速势函数和流函数可由速度分布求得，也可以由叠加原理得到

$$\varphi = \frac{q}{4\pi}\ln(x^2+y^2) + \frac{\Gamma}{2\pi}\tan^{-1}\left(\frac{y}{x}\right) = \frac{q}{2\pi}\ln r + \frac{\Gamma}{2\pi}\theta \tag{4-160}$$

$$\psi = \frac{q}{2\pi}\tan^{-1}\left(\frac{y}{x}\right) - \frac{\Gamma}{4\pi}\ln(x^2+y^2) = \frac{q}{2\pi}\theta - \frac{\Gamma}{2\pi}\ln r \tag{4-161}$$

如果某一等势线或流线经过点（r_0，θ_0），则有

$$\text{等势线}: r = r_0 e^{-\frac{\Gamma}{q}(\theta-\theta_0)} \tag{4-162}$$

$$\text{流线}: r = r_0 e^{\frac{q}{\Gamma}(\theta-\theta_0)} \tag{4-163}$$

可以看出，等流函数线和等势函数线为两组相互正交的对数螺线，如图 4-31 所示。离心式水泵蜗壳中的水流类似于图中的螺旋流；水轮机蜗壳中的水流则与之相反，沿圆周进入，从中心流出，相当于点汇与点涡叠加的螺旋流。

（二）源与汇的叠加

将强度为$+q$和$-q$、间距为δ_x的源与汇叠加，并且令：

$$\lim_{\delta_x \to 0} q\delta_x = M \tag{4-164}$$

这样的流动定义为偶极流或偶极子，M称为偶极子强度。经过数学推导，可得偶极子的势函数和流函数分别为

$$\varphi = \lim_{\delta x \to 0}(\varphi_{源} + \varphi_{汇}) = \frac{M}{2\pi}\frac{x}{r^2} \tag{4-165}$$

$$\psi = \lim_{\delta x \to 0}(\psi_{源} + \psi_{汇}) = -\frac{M}{2\pi}\frac{y}{r^2} \tag{4-166}$$

偶极子的速度为

$$u_x = \frac{M}{2\pi}\frac{y^2-x^2}{r^2} \tag{4-167}$$

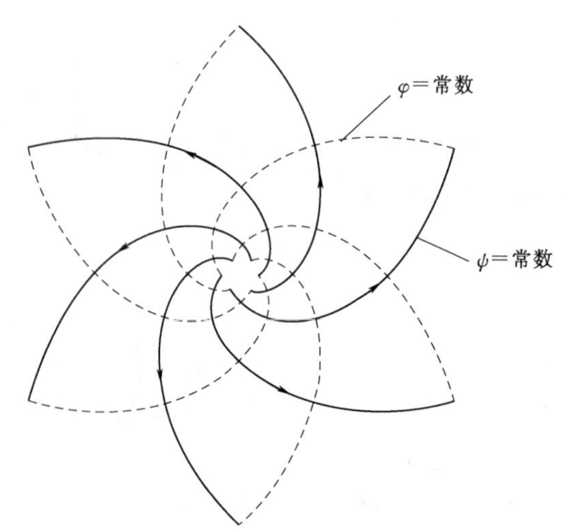

图 4-31 螺旋流的流线和等势线

$$u_y = -\frac{M}{2\pi}\frac{2xy}{r^2} \tag{4-168}$$

$$u = \frac{M}{2\pi}\frac{1}{r^2} \tag{4-169}$$

可以看出，偶极子的速度与 r^2 成反比，等流函数线圆心在 y 轴，与 x 轴相切；等势函数线圆心在 x 轴，与 y 轴相切。

(三）圆柱绕流

平行流绕圆柱体有环量的平面流动相当于在等速直线流中放置一个以等角速度绕铅直轴顺时针方向旋转的无穷长圆柱体。等速直线流的速度为 u_0，圆柱体的半径为 r_0。

(1）速度势函数与流函数。圆柱绕流可以由等速直线流、位于坐标原点的偶极子与顺时针方向的点涡叠加而得［注意：这里规定顺时针方向的环量和涡量为正，故式（4－170）和式（4－171）中相关项的正负号与式（4－141）和式（4－142）中的正负号相反］。根据势流叠加原理，其流函数、速度势函数与速度分别为

$$\psi = u_0\sin\theta\left(r - \frac{r_0^2}{r}\right) + \frac{\Gamma}{2\pi}\ln r \tag{4-170}$$

$$\varphi = u_0\cos\theta\left(r + \frac{r_0^2}{r}\right) - \frac{\Gamma}{2\pi}\theta \tag{4-171}$$

$$u_r = \frac{1}{r}\frac{\partial\psi}{\partial\theta} = u_0\left(1 - \frac{r_0^2}{r^2}\right)\cos\theta \tag{4-172}$$

$$u_\theta = -\frac{\partial\psi}{\partial r} = -u_0\left(1 + \frac{r_0^2}{r^2}\right)\sin\theta - \frac{\Gamma}{2\pi r} \tag{4-173}$$

由式（4－172)、式（4－173）可知：当 $r\rightarrow\infty$时，$u_\theta = -u_0\sin\theta$，$u_r = u_0\cos\theta$，符合该流场的外边界条件。当 $r = r_0$ 时，$\psi = \frac{\Gamma}{2\pi}\ln r = C$（常数)，即 $r = r_0$ 的圆周为一条流线。它相当于一个圆柱，水流不能穿越这条流，只能绕过圆柱流动。这条流线上，即圆柱面上的流速分布为

$$u_r = 0, u_\theta = -2u_0\sin\theta - \frac{\Gamma}{2\pi r_0} \tag{4-174}$$

(2）圆柱面上的压强分布与作用力。将式（4－174）代入欧拉积分式可得圆柱表面的压强分布为

$$p = p_0 + \frac{1}{2}\rho u_0^2\left[1 - \left(-2\sin\theta - \frac{\Gamma}{2\pi r_0 u_0}\right)^2\right] \tag{4-175}$$

流体作用在单位圆柱体上的阻力和升力分别为

$$F_D = F_x = -\int_0^{2\pi} p r_0\cos\theta\mathrm{d}\theta = -\int_0^{2\pi}\left\{p_0 + \frac{1}{2}\rho u_0^2\left[1 - \left(-2\sin\theta - \frac{\Gamma}{2\pi r_0 u_0}\right)^2\right]\right\} r_0\cos\mathrm{d}\theta = 0 \tag{4-176}$$

$$F_L = F_y = -\int_0^{2\pi} p r_0\sin\theta\mathrm{d}\theta = -\int_0^{2\pi}\left\{p_0 + \frac{1}{2}\rho u_0^2\left[1 - \left(-2\sin\theta - \frac{\Gamma}{2\pi r_0 u_0}\right)^2\right]\right\} r_0\sin\theta\mathrm{d}\theta$$
$$= -\frac{\rho u_0\Gamma}{\pi}\left(-\frac{1}{2}\theta\right)_0^{2\pi} = \rho u_0\Gamma \tag{4-177}$$

式（4－176）和式（4－177）说明，圆柱绕流的阻力为0，升力与圆柱上的速度及环量成正比。

（3）流动特性分析。

1）当$\Gamma=0$时，式（4－170）～式（4－177）中含有环量的项均为0，流动为无环量圆柱绕流。无环量圆柱绕流的结果也可以由平行流与位于坐标原点的偶极子叠加而得，读者可自行推导。图4－32为平行流绕圆柱体无环量流动的流线图，图4－33和图4－34分别为绕圆柱体无环量流动中圆柱面上的作用力和压强分布图。圆柱面上的压强分布既对称于Ox轴，又对称于Oy轴，因此流体作用在圆柱面上的压强合力等于0，圆柱体既不受阻力作用，也不产生升力。

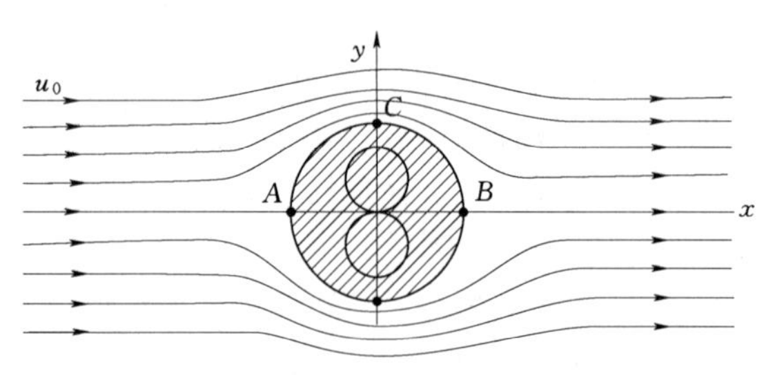

图4－32　平行流绕圆柱体无环量流动流线图

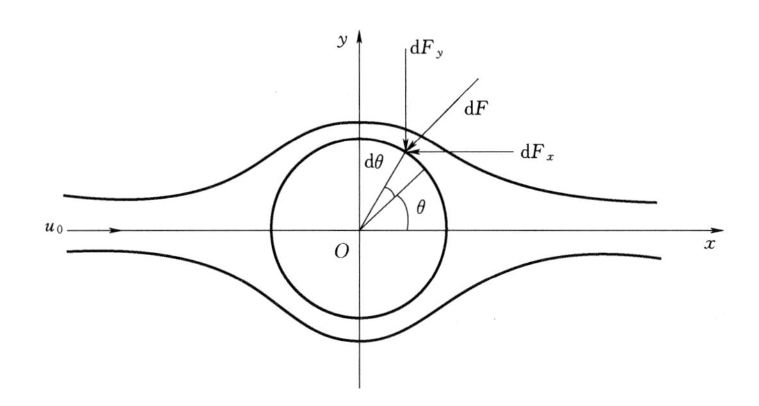

图4－33　绕圆柱体无环量流动中圆柱面上的作用力

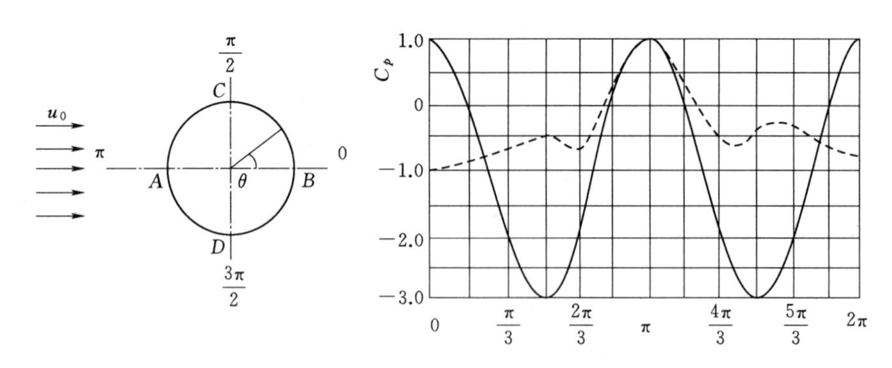

图4－34　绕圆柱体无环量流动中圆柱面上的压强分布图

上述理论分析推导的结论虽然精确完美，但都与实际流动观测结果不同。实验表明，即便是黏性很小的流体（如空气）绕流圆柱体和其他物体时，都会产生阻力，实验测出的压强曲线（图4－34中虚线）和理论计算结果（图4－34实线）有很大的差别。这一矛盾称为达朗贝尔佯谬，主要原因是无旋流的假设与实际不符，实际流体都是有旋流动。有关这方面的问题，读者可以参阅相关流体力学教材和专著。

2）如图 4-35 所示，当 $\Gamma>0$ 时，驻点 S_1 与 S_2 在圆柱面上的位置随 Γ 的增大而逐渐下移，显然，压强分布对称于 Oy 轴，而不对称于 Ox 轴，即流体作用于圆柱体下半部表面上各点的压强比上半部对应点的压强大，这一点不同于圆柱无环量流动。作用在单位长度圆柱体上的阻力 F_D 为 0，升力 F_L 等于速度环量 Γ、来流速度 u_0 与流体密度 ρ 的乘积。式（4-177）就是著名的库塔-儒可夫斯基升力公式，该公式也可推广到理想流体平行流绕过任意形状柱体有环流无分离的平面流动，例如泵、风机、水轮机等的流体机械工作原理与此有类似之处，但由于实际液体存在黏性和阻力，实际情况与势流的理论结果还是有差异的。

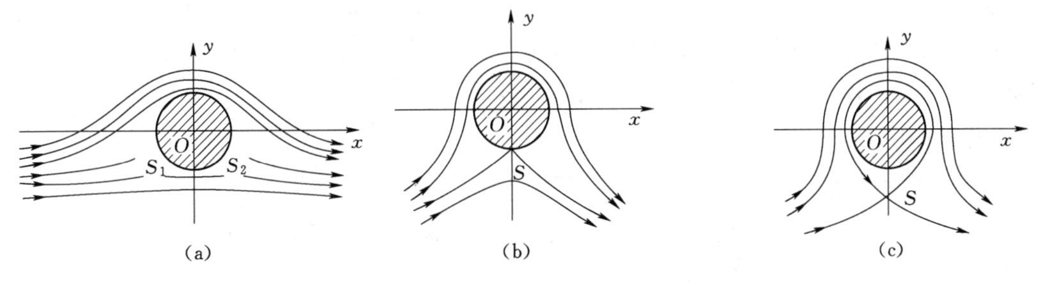

图 4-35　平行流绕圆柱体有环量的流动

拓展思考： 当 $\Gamma<0$ 时，流动情况如何？

第六节　紊流运动理论及时均方程☆

紊流各流层或各微小流束上的质点相互混掺，质点运动轨迹极不规则，因此紊流运动比层流运动要复杂得多。自然界和工程中见到的流动大多数是紊流，因此，要解决实际问题，必须对紊流进行研究。本节介绍紊流的特性、基本概念和理论及研究方法。

一、紊流的特性

（一）随机性

紊流中流体质点的掺混运动是随机的，其运动的方向和速度的大小都是随机的，运动轨迹也是不规则的。根据实测数据分析，任一空间点的速度随时间作随机性的脉动（图 4-36），它包含各种不同频率的波动，由经过该点的涡体所产生，高频脉动由小尺度涡体产生，低频脉动则由较大尺度涡体产生。

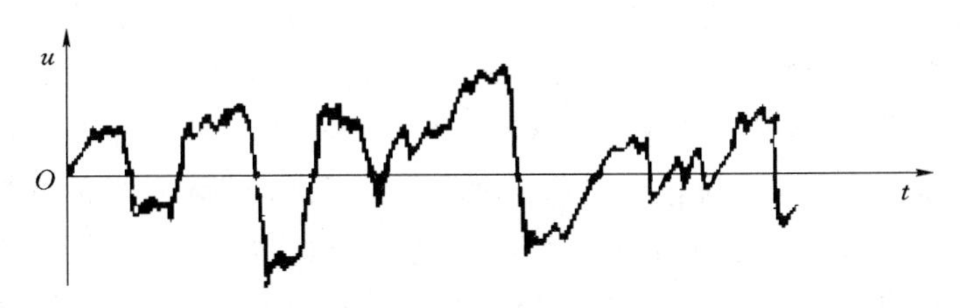

图 4-36　紊流流速随时间的脉动

（二）非恒定性、三维性和连续性

紊流的三个流速分量均有随机脉动，这表明紊流本质上是非恒定的三维流动。尽管质点运动复杂，但所有质点仍是充满整个流动空间的连续介质，仍满足连续介质假设和连续性方程。

（三）扩散性

紊流中不同流层之间存在强烈的流体质点掺混，使得紊流具有很强的扩散和混合能力。紊流可以把流体携带的各种物质（化学物质、污染物、泥沙等）和热量、动量等扩散到其他地方。

（四）有涡性和耗能性

紊流中存在大量涡体与周围流体相互掺混和碰撞，因而会比层流消耗更多的机械能。不同尺度的涡体起不同作用，大涡体从主流中获取能量，再传递给小尺度的涡体，最终主要通过小尺度涡体消耗能量。

二、紊流的时均方法

（一）时均方法

紊流运动参数随时间的脉动存在一个平均值，称为时均值。以 x 方向的速度 u_x 为例（图 4-37），其时均速度定义为

$$\overline{u}_x=\frac{1}{T}\int_t^{t+T}u_x\mathrm{d}t \tag{4-178}$$

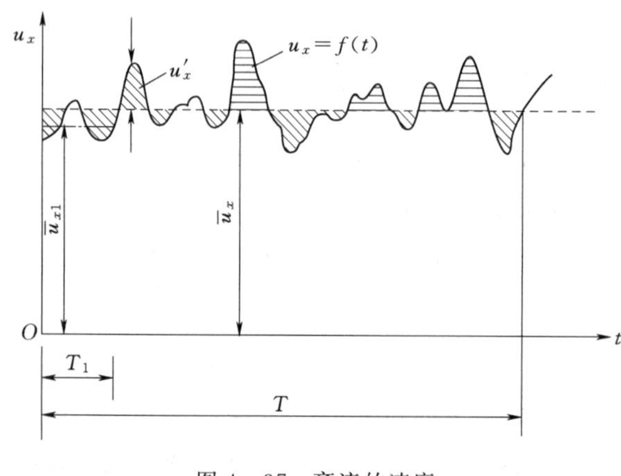

图 4-37　紊流的速度

其中积分时段 T 应远大于脉动周期 T_1。所以紊流的实际速度（瞬时速度）可以看作是时均速度与脉动速度之和

$$u_x=\overline{u}_x+u_x' \tag{4-179}$$

类似地，其他速度分量和压强等运动要素都可以取时均值，对于任一运动要素 f，其瞬时值与时均值、脉动值之间的关系为

$$f=\overline{f}+f' \tag{4-180}$$

精确求解紊流瞬时值非常困难，也没有必要。所以在研究紊流问题时一般主要研究时均值的变化。在紊流中，如果流场中各空间点上所有流动参数的时均值均不随时间变化，则该流动称为恒定流，反之，如果流场中各空间点上有流动参数的时均值随时间变化，则称为非恒定流。同样，在紊流中，一维、二维和三维流动，流线、流管和总流，均匀流、渐变流和急变流等也都是针对时均值而言，而不再讨论瞬时值。

需要注意的是，用时均流场只能反映紊流运动的时均情况，不能反映紊流的脉动情况。要想反映真实的实际情况，还需要在时均分析的基础上，考虑由于脉动引起的附加因素。例如，在黏性切应力上再加一个紊流附加切应力。

（二）紊动强度

紊流研究中，常常把脉动量的均方差作为一个统计特征量，该均方差称为紊动强度。例如 x、y、z 方向的脉动流速为 u'_x、u'_y、u'_z，相应的紊动强度为

$$\sigma_x=\sqrt{\overline{u'^2_x}}=\sqrt{\frac{1}{T}\int_t^{t+T}u'^2_x\mathrm{d}t} \tag{4-181}$$

$$\sigma_y=\sqrt{\overline{u'^2_y}}=\sqrt{\frac{1}{T}\int_t^{t+T}u'^2_y\mathrm{d}t} \tag{4-182}$$

$$\sigma_z=\sqrt{\overline{u'^2_z}}=\sqrt{\frac{1}{T}\int_t^{t+T}u'^2_z\mathrm{d}t} \tag{4-183}$$

紊动强度 σ 与流动的特征流速 U 之比，称为相对紊动强度（一般也称为紊动强度），可以表示为

$$N_x=\frac{\sigma_x}{U}=\frac{\sqrt{\overline{u'^2_x}}}{U} \tag{4-184}$$

$$N_y=\frac{\sigma_y}{U}=\frac{\sqrt{\overline{u'^2_y}}}{U} \tag{4-185}$$

$$N_z=\frac{\sigma_z}{U}=\frac{\sqrt{\overline{u'^2_z}}}{U} \tag{4-186}$$

式中特征流速 U 可以根据需要采用相应点的时均流速，或者断面平均流速、阻力流速等。单位质量流体的紊动能为

$$k=\frac{1}{2}(\sigma_x^2+\sigma_y^2+\sigma_z^2)=\frac{1}{2}(\overline{u'^2_x}+\overline{u'^2_y}+\overline{u'^2_z}) \tag{4-187}$$

紊动强度是表征水流紊动程度的重要统计量。图 4-38 为理查德矩形断面风洞试验中紊动强度沿垂线的分布图。矩形断面风洞宽 $B=100\text{cm}$，高 $H=24.4\text{cm}$，最大时均流速 $\overline{u}_{\max}=100\text{cm/s}$。试验结果表明，横向紊动强度和纵向紊动强度在边壁附近都有峰值，但

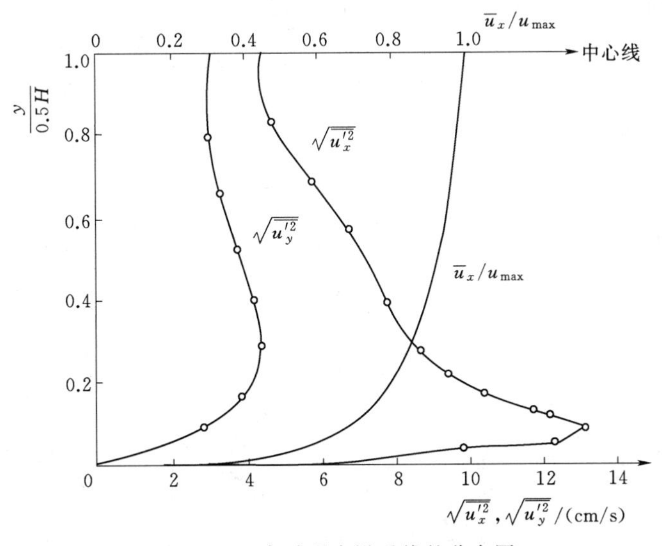

图 4-38　紊动强度沿垂线的分布图

横向紊动强度分布较均匀，峰值较小；纵向紊动强度分布很不均匀，峰值较大，位置很靠近壁面，说明该处是紊动最强烈的区域。在靠近壁面处，时均流速梯度和紊动切应力都比较大，加之壁面粗糙度干扰比较强，最易于形成涡体，所以常被称为涡体发源地。由此至壁面，紊动受到壁面的约束越来越大，黏性主导作用越来越大，因而紊动强度迅速减小到0。

三、雷诺方程组

N-S方程组可以用于层流，也可以用于瞬时紊流，但由于瞬时运动要素的随机脉动性，使直接计算瞬时紊流非常复杂。如果将N-S方程组时均，可以使问题得到很大简化。下面先介绍时均运算法则，然后将N-S方程组时均，可以得到雷诺方程组。

（一）时均运算法则

设f，f_1，f_2为三个运动要素的瞬时值，$\overline{f}$，$\overline{f_1}$，$\overline{f_2}$为相应时均值，f'，f'_1，f'_2为相应的脉动值，根据时均值的定义和积分运算法则，可知时均运算法则如下：

$\overline{\overline{f}}=\overline{f}$，$\overline{f'}=\overline{(f-\overline{f})}=\overline{f}-\overline{\overline{f}}=0$，$\overline{cf}=c\overline{f}$，$\overline{f_1+f_2}=\overline{f_1}+\overline{f_2}$，另外，

$$\overline{f_1f_2}=\overline{(\overline{f_1}+f'_1)(\overline{f_2}+f'_2)}=\overline{\overline{f_1}\,\overline{f_2}}+\overline{\overline{f_1}f'_2}+\overline{f'_1\overline{f_2}}+\overline{f'_1f'_2}=\overline{f_1}\,\overline{f_2}+\overline{f'_1f'_2} \tag{4-188}$$

$$\overline{\frac{\partial f}{\partial \zeta}}=\frac{1}{T}\int_t^{t+T}\frac{\partial f}{\partial \zeta}\mathrm{d}t=\frac{\partial}{\partial \zeta}\left(\frac{1}{T}\int_t^{t+T}f\mathrm{d}t\right)=\frac{\partial \overline{f}}{\partial \zeta} \tag{4-189}$$

$$\int\overline{f}\mathrm{d}\zeta=\int\frac{1}{T}\int_t^{t+T}f\mathrm{d}t\mathrm{d}\zeta=\frac{1}{T}\int_t^{t+T}\int f\mathrm{d}\zeta\mathrm{d}t=\overline{\int f\mathrm{d}\zeta} \tag{4-190}$$

式中：c为常数；ζ为某一自变量，如x、y、z、t。

（二）雷诺方程组

紊流的瞬时流动仍然满足连续性微分方程和运动微分方程，即N-S方程组式（4-8）和式（4-31）～式（4-33）。

根据时均法则将连续性方程式（4-8）时均化

$$\overline{\frac{\partial u_x}{\partial x}+\frac{\partial u_y}{\partial y}+\frac{\partial u_z}{\partial z}}=\overline{\frac{\partial u_x}{\partial x}}+\overline{\frac{\partial u_y}{\partial y}}+\overline{\frac{\partial u_z}{\partial z}}=\frac{\partial \overline{u}_x}{\partial x}+\frac{\partial \overline{u}_y}{\partial y}+\frac{\partial \overline{u}_z}{\partial z}=0$$

时均化后的连续性微分方程为

$$\frac{\partial \overline{u}_x}{\partial x}+\frac{\partial \overline{u}_y}{\partial y}+\frac{\partial \overline{u}_z}{\partial z}=0 \tag{4-191}$$

同样，将方程式（4-31）～式（4-33）时均可得时均化的运动微分方程：

$$\begin{aligned}&\overline{f}_x-\frac{1}{\rho}\frac{\partial \overline{p}}{\partial x}+\nu\,\nabla^2\overline{u}_x+\frac{\partial}{\partial x}(-\overline{u'^2_x})+\frac{\partial}{\partial y}(-\overline{u'_yu'_x})+\frac{\partial}{\partial z}(-\overline{u'_zu'_x})\\&=\frac{\partial \overline{u}_x}{\partial t}+\overline{u}_x\frac{\partial \overline{u}_x}{\partial x}+\overline{u}_y\frac{\partial \overline{u}_x}{\partial y}+\overline{u}_z\frac{\partial \overline{u}_x}{\partial z}\end{aligned} \tag{4-192}$$

$$\begin{aligned}&\overline{f}_y-\frac{1}{\rho}\frac{\partial \overline{p}}{\partial y}+\nu\,\nabla^2\overline{u}_y+\frac{\partial}{\partial x}(-\overline{u'_xu'_y})+\frac{\partial}{\partial y}(-\overline{u'^2_y})+\frac{\partial}{\partial z}(-\overline{u'_zu'_y})\\&=\frac{\partial \overline{u}_y}{\partial t}+\overline{u}_x\frac{\partial \overline{u}_y}{\partial x}+\overline{u}_y\frac{\partial \overline{u}_y}{\partial y}+\overline{u}_z\frac{\partial \overline{u}_y}{\partial z}\end{aligned} \tag{4-193}$$

$$\bar{f}_z-\frac{1}{\rho}\frac{\partial\bar{p}}{\partial z}+\nu\nabla^2\bar{u}_z+\frac{\partial}{\partial x}(-\overline{u'_xu'_z})+\frac{\partial}{\partial y}(-\overline{u'_yu'_z})+\frac{\partial}{\partial z}(-\overline{u'^2_z})$$
$$=\frac{\partial\bar{u}_z}{\partial t}+\bar{u}_x\frac{\partial\bar{u}_z}{\partial x}+\bar{u}_y\frac{\partial\bar{u}_z}{\partial y}+\bar{u}_z\frac{\partial\bar{u}_z}{\partial z}\tag{4-194}$$

式（4-191）～式（4-194）统称为雷诺方程组，与瞬时运动的方程组相比增加了9项脉动速度乘积的时均值，称为紊流附加应力，也称为雷诺应力，其中 $-\rho\overline{u'_xu'_y}=-\rho\overline{u'_yu'_x}$、$-\rho\overline{u'_xu'_z}=-\rho\overline{u'_zu'_x}$、$-\rho\overline{u'_yu'_z}=-\rho\overline{u'_zu'_y}$ 为附加切应力，$-\rho\overline{u'^2_x}$、$-\rho\overline{u'^2_y}$、$-\rho\overline{u'^2_z}$ 为附加法向应力，共6个独立的雷诺应力。

雷诺方程组有4个方程，却有十个未知量，所以不封闭。从纯理论的角度来看，是不可能求出紊流附加切应力项使方程封闭的，这就是所谓的紊流不封闭性。补充新的经验关系式或方程使方程组封闭，称为紊流模型。根据补充微分方程的个数，可以把紊流模型分为0方程模型（不含微分方程）、一方程模型（含一个微分方程）、二方程模型（含两个微分方程）等。对于封闭的紊流模型，采用数值方法求解紊流时均流场已成为解决工程紊流问题的一种重要手段。普朗特混合长度理论公式就是最简单的紊流模型关系式之一，但只能用于比较简单的剪切流动中，下面介绍这一理论。

四、紊流的半经验理论

图4-39为 xy 平面的剪切流动，纵向时均速度的方向为 x。在上下两流层交界面上取垂直于 y 轴的面积 dA_y，则横向脉动速度 u'_y 可以越过 dA_y 传递质量和动量。单位时间内，传递的流体质量为 $\rho u'_y dA_y$，传递的动量在 x 方向的分量为 $\Delta M_x=\rho u'_y(\bar{u}_x+u'_x)dA_y$，其时均值为 $\overline{\Delta M_x}=\rho\overline{u'_xu'_y}dA_y$。因为动量的变化总是伴随着外力作用，在这里的外力是 dA_y 上因为紊动而产生的附加切向力 $\tau'_{yx}dA_y$。考虑下层流速小于上层流速的情况，当 $u'_y>0$ 时，下层流体微团进入上层，使上层流速减小，即产生一个纵向脉动 $u'_x<0$，其作用是下层阻碍上层运动，根据对切应力方向的规定，紊流附加切应力 $\tau'_{yx}>0$；当 $u'_y<0$ 时，上层流体微团进入下层，使下层流速增大，即产生一个纵向脉动 $u'_x>0$，其作用是上层流体带动下层流体运动，这时也有 $\tau'_{yx}>0$。可见 u'_x、u'_y 总是异号，而 τ'_{yx} 总是为正，所以，紊流附加切应力为

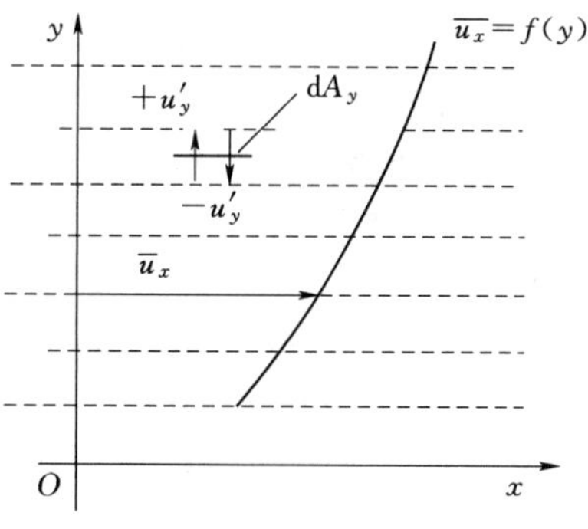

图4-39　剪切流动动量传递示意图

$$\tau'_{yx}=-\rho\overline{u'_xu'_y}\tag{4-195}$$

总切应力为

$$\bar{\tau}_{xy}=\bar{\tau}_{yx}=\tau_1+\tau_2=\mu\frac{d\bar{u}_x}{dy}-\rho\overline{u'_xu'_y}\tag{4-196}$$

式（4-196）右边第一项为黏性切应力。图4-40为一矩形断面风洞上的切应力分布，H 为矩形断面高。可以看出，在断面上切应力为线性分布，在壁面上切应力最大，紊流附加应力为0，而在近壁处紊动弱，以黏性切应力为主；随着 y 增加，在距壁面较远处紊动充

分发展，紊流附加切应力的比重增大，当 y 增加到一定值时黏性切应力几乎为 0。在风洞中心处，切应力和速度梯度均为 0。

为推导出紊流附加切应力的具体表达式，普朗特参照气体分子运动规律做如下假设：

（1）流体微团在横向运动时，一次可以横向运动的距离为 l'，然后再与周围流体混合，且两点之间的纵向脉动速度与纵向时均速度之差成正比。因此在图 4-41 中 $y=y_1$ 的流层有：

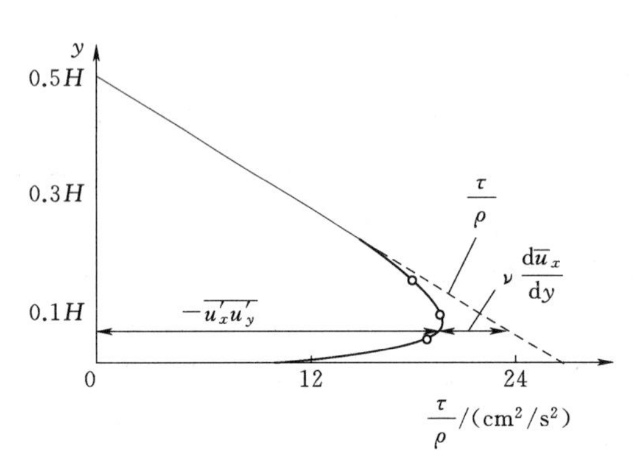

图 4-40　矩形断面风洞上的切应力分布图

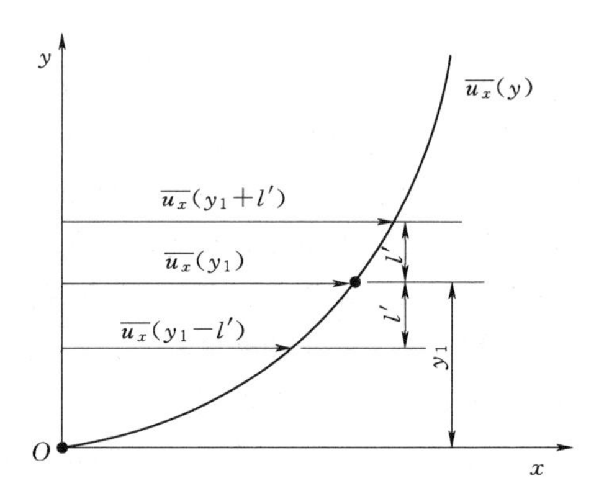

图 4-41　普朗特混合长度公式推导示意图

$$|u'_x|=c_1|\overline{u}_x(y_1-l')-\overline{u}_x(y_1)|=c_1|\overline{u}_x(y_1+l')-\overline{u}_x(y_1)|=c_1 l'\left|\frac{\mathrm{d}\overline{u}_x}{\mathrm{d}y}\right| \tag{4-197}$$

（2）假设 $|u'_y|$ 与 $|u'_x|$ 具有同一数量级，即

$$|u'_y|=c_2 l'\left|\frac{\mathrm{d}\overline{u}_x}{\mathrm{d}y}\right| \tag{4-198}$$

根据以上假设，可得普朗特混合长度理论公式：

$$\tau'_{yx}=-\rho\overline{u'_x u'_y}=\overline{c_1 c_2 l'^2}\left(\frac{\mathrm{d}\overline{u}_x}{\mathrm{d}y}\right)^2=\rho l^2\left|\frac{\mathrm{d}\overline{u}_x}{\mathrm{d}y}\right|\frac{\mathrm{d}\overline{u}_x}{\mathrm{d}y} \tag{4-199}$$

式中：$l=\sqrt{c_1 c_2 l'^2}$ 是一个具有长度量纲的参数（可由实验确定），称为混合长度或掺长。

如果令运动涡黏度 $\varepsilon=l^2\left|\frac{\mathrm{d}\overline{u}_x}{\mathrm{d}y}\right|$，动力涡黏度 $\eta=\rho\varepsilon=\rho l^2\left|\frac{\mathrm{d}\overline{u}_x}{\mathrm{d}y}\right|$，代入式（4-199）得

$$\tau'_{yx}=-\rho\overline{u'_x u'_y}=\eta\frac{\mathrm{d}\overline{u}_x}{\mathrm{d}y}=\rho\varepsilon\frac{\mathrm{d}\overline{u}_x}{\mathrm{d}y} \tag{4-200}$$

这就是布辛涅斯克涡黏度模型公式。类似于广义牛顿公式（4-13）～式（4-15），将布辛涅斯克涡黏度模型公式推广至三维流动，得

$$\tau'_{yx}=\tau'_{xy}=-\rho\overline{u'_x u'_y}=2\eta\varepsilon_{xy}=\eta\left(\frac{\partial\overline{u}_y}{\partial x}+\frac{\partial\overline{u}_x}{\partial y}\right) \tag{4-201}$$

$$\tau'_{yz}=\tau'_{zy}=-\rho\overline{u'_y u'_z}=2\eta\varepsilon_{yz}=\eta\left(\frac{\partial\overline{u}_z}{\partial y}+\frac{\partial\overline{u}_y}{\partial z}\right) \tag{4-202}$$

$$\tau'_{zx}=\tau'_{xz}=-\rho\overline{u'_z u'_x}=2\eta\varepsilon_{zx}=\eta\left(\frac{\partial\overline{u}_x}{\partial z}+\frac{\partial u_z}{\partial x}\right) \tag{4-203}$$

与流体的运动黏度 ν 和动力黏度 μ 不同，运动涡黏度 ε 和动力涡黏度 η 与流动状态有关，不是常数，且在紊流充分发展区远远大于运动黏度和动力黏度。由于理论推导过程中做了某些假设，又通过试验引入了经验参数，故普朗特掺长理论称为半经验理论。

将方程式（4－201）～式（4－203）代入式（4－192）～式（4－194）雷诺方程变为

$$\overline{f}_x-\frac{1}{\rho}\frac{\partial\overline{p}}{\partial x}+(\nu+\varepsilon)\nabla^2\overline{u}_x=\frac{\partial\overline{u}_x}{\partial t}+\overline{u}_x\frac{\partial\overline{u}_x}{\partial x}+\overline{u}_y\frac{\partial\overline{u}_x}{\partial y}+\overline{u}_z\frac{\partial\overline{u}_x}{\partial z} \tag{4-204}$$

$$\overline{f}_z-\frac{1}{\rho}\frac{\partial\overline{p}}{\partial z}+(\nu+\varepsilon)\nabla^2\overline{u}_z=\frac{\partial\overline{u}_z}{\partial t}+\overline{u}_x\frac{\partial\overline{u}_z}{\partial x}+\overline{u}_y\frac{\partial\overline{u}_z}{\partial y}+\overline{u}_z\frac{\partial\overline{u}_z}{\partial z} \tag{4-205}$$

$$\overline{f}_y-\frac{1}{\rho}\frac{\partial\overline{p}}{\partial y}+(\nu+\varepsilon)\nabla^2\overline{u}_y=\frac{\partial\overline{u}_y}{\partial t}+\overline{u}_x\frac{\partial\overline{u}_y}{\partial x}+\overline{u}_y\frac{\partial\overline{u}_y}{\partial y}+\overline{u}_z\frac{\partial\overline{u}_y}{\partial z} \tag{4-206}$$

五、紊动扩散方程

流场中一部分含有异质或者具有不同属性的流体输移传递到另一部分流体的现象称为扩散。如污染物、盐分、悬浮泥沙、热量（温度）、动能、动量等的扩散。如果扩散不会影响流体的原有动力性质，并且可以把扩散物质看作流体的一部分，这类扩散物质称为示踪质或示踪剂。本节只研究示踪质的扩散。

扩散有分子扩散、对流扩散和紊动扩散三类。由流体的分子运动而引起的扩散称为分子扩散。扩散质随流体流动，由流体运动而产生的扩散和物质输移与传递称为对流扩散。由于流体的脉动流速而产生的扩散称为紊动扩散。静止流体中只存在分子扩散，层流中存在分子扩散和对流扩散，紊流中同时存在三种扩散现象。

热电厂和核电厂排出的冷却水问题、河流湖泊中的污水稀释问题、河流泥沙输移问题等都涉及扩散，因此研究紊动扩散具有理论和实际意义。

（一）静止液体的分子扩散方程

1855 年，费克提出了液体分子扩散经验公式，即

$$\Gamma=-D_m\frac{\partial c}{\partial x} \tag{4-207}$$

式中：Γ 为单位时间内通过垂直于 x 方向的单位面积的扩散质的量（即单位通量）；c 为扩散质的浓度（单位体积含量）；D_m 为分子扩散系数，与液体和异质的种类及温度有关。

式（4－207）表明，扩散质沿某方向的单位通量与沿该方向的浓度梯度成比例。式中的负号表示异质扩散方向与梯度的正向相反，即异质总是从浓度高处向浓度低处扩散。式（4－207）通常称为费克第一定律。

在液体内部取微小正交六面体空间，边长为 dx、dy 和 dz，如图 4－42 所示。由于分子扩散作用，在 dt 时段内，沿 x 轴方向通过 $abcd$ 面进入该空间的扩散质的量为

$$m_{\text{in}}=-D_m\frac{\partial c}{\partial x}dy\,dz\,dt \tag{4-208}$$

同时通过 $a'b'c'd'$ 面流出该空间的扩散质的量为

$$m_{\text{out}}=-\left[D_m\frac{\partial c}{\partial x}+\frac{\partial}{\partial x}\left(D_m\frac{\partial c}{\partial x}\right)dx\right]dy\,dz\,dt \tag{4-209}$$

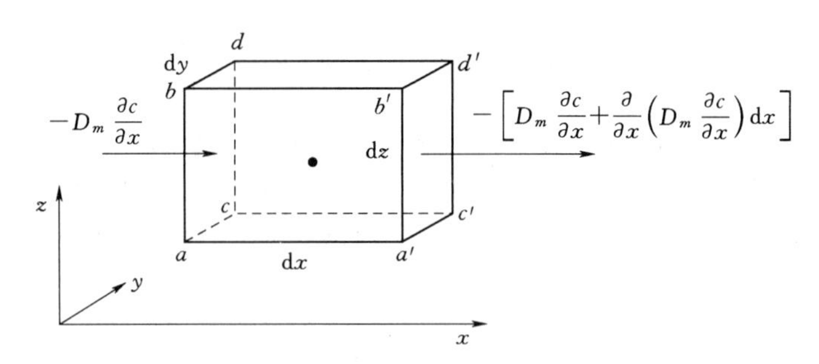

图 4-42　静止液体分子扩散方程推导示意图

则 x 轴方向进出量之差为

$$\Delta m_x = D_m\frac{\partial^2 c}{\partial x^2}dx\,dy\,dz\,dt \tag{4-210}$$

同理，沿 y 轴和 z 轴方向进出量之差分别为

$$\Delta m_y = D_m\frac{\partial^2 c}{\partial y^2}dx\,dy\,dz\,dt \tag{4-211}$$

$$\Delta m_z = D_m\frac{\partial^2 c}{\partial z^2}dx\,dy\,dz\,dt \tag{4-212}$$

在同一时段 dt 内，由于浓度变化，六面体内扩散质的增量为

$$\Delta m = \frac{\partial c}{\partial t}dx\,dy\,dz\,dt \tag{4-213}$$

根据质量守恒定律，该增量应等于三个方向进出量之差的总和，按单位体积单位时间考虑，各项除以 $dx\,dy\,dz\,dt$，得

$$\frac{\partial c}{\partial t} = D_m\left(\frac{\partial^2 c}{\partial x^2}+\frac{\partial^2 c}{\partial y^2}+\frac{\partial^2 c}{\partial z^2}\right) \tag{4-214}$$

式（4-214）为静止液体的分子扩散方程，称为费克第二定律。

（二）运动液体的对流扩散方程

在流场中取一微小正交六面体空间，边长为 dx、dy 和 dz，如图 4-43 所示。由于流体流动，存在着流速 u，在 dt 时段内，沿 x 轴方向通过 $abcd$ 面（该面中心点的瞬时流速为 u_x）流入的扩散质的量为

$$m_{in} = cu_x\,dy\,dz\,dt \tag{4-215}$$

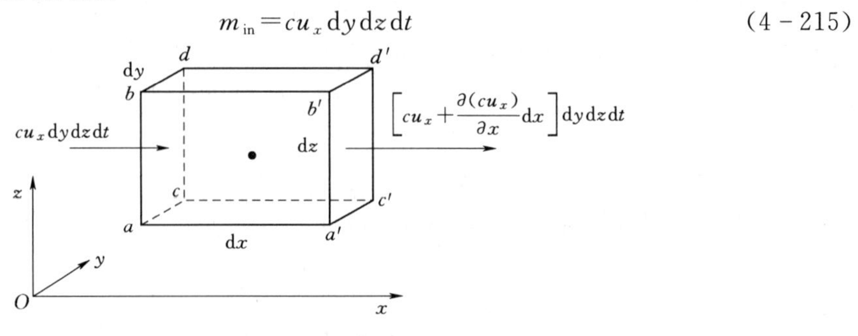

图 4-43　运动液体对流扩散方程推导示意图

同时通过 $a'b'c'd'$ 面流出的扩散质的量为

$$m_{\text{out}}=\left[cu_x+\frac{\partial(cu_x)}{\partial x}\mathrm{d}x\right]\mathrm{d}y\,\mathrm{d}z\,\mathrm{d}t \tag{4-216}$$

则 x 轴方向的进出量之差为

$$\Delta m_x=-\frac{\partial(cu_x)}{\partial x}\mathrm{d}x\,\mathrm{d}y\,\mathrm{d}z\,\mathrm{d}t \tag{4-217}$$

同理，沿 y、z 轴方向的进出量之差分别为

$$\Delta m_y=-\frac{\partial(cu_y)}{\partial y}\mathrm{d}x\,\mathrm{d}y\,\mathrm{d}z\,\mathrm{d}t \tag{4-218}$$

$$\Delta m_z=-\frac{\partial(cu_z)}{\partial z}\mathrm{d}x\,\mathrm{d}y\,\mathrm{d}z\,\mathrm{d}t \tag{4-219}$$

在 $\mathrm{d}t$ 时段内，由于浓度变化，六面体内扩散质的增量为

$$\Delta m=\frac{\partial c}{\partial t}\mathrm{d}x\,\mathrm{d}y\,\mathrm{d}z\,\mathrm{d}t \tag{4-220}$$

一般而言，流体中还存在着生物、化学等作用，使其所含扩散质增加（源）或减少。例如，流体中微生物及植物在生物化学过程中吸收流体中一部分扩散质，形成对于流体所含扩散质的降解作用。设六面体内单位时间单位体积扩散质的这类增量为 F_c。由质量守恒定律，该六面体内扩散质在 $\mathrm{d}t$ 时段内，由于浓度变化产生的增量应当等于由于流动而产生的上述三个方向进出量之差、由分子运动而产生的进出量差值及上述生物化学作用产生增量的总和，按单位体积单位时间的变化考虑，可得

$$\frac{\partial c}{\partial t}+\frac{\partial}{\partial x}(cu_x)+\frac{\partial}{\partial y}(cu_y)+\frac{\partial}{\partial z}(cu_z)=D_m\left(\frac{\partial^2 c}{\partial x^2}+\frac{\partial^2 c}{\partial y^2}+\frac{\partial^2 c}{\partial z^2}\right)+F_c \tag{4-221}$$

式（4-221）称为扩散质的连续性方程，也称为费克对流扩散方程。

（三）紊流运动的紊动扩散方程

当流体处于紊流状态时，瞬时流速的随机脉动将导致扩散质浓度也出现随机脉动现象。设流场中任一点浓度的瞬时值 c 可表示为时均值 $\overline{c}$ 和脉动值 c' 之和，即 $c=\overline{c}+c'$。将它与 $u_x=\overline{u}_x+u'_x$，$u_y=\overline{u}_y+u'_y$，$u_z=\overline{u}_z+u'_z$ 一并代入式（4-221），利用雷诺时均运算法则，对时间取平均，并考虑紊流时均连续性方程式（4-191），最后可得

$$\begin{aligned}\frac{\partial\overline{c}}{\partial t}+\overline{u}_x\frac{\partial\overline{c}}{\partial x}+\overline{u}_y\frac{\partial\overline{c}}{\partial y}+\overline{u}_z\frac{\partial\overline{c}}{\partial z}=&-\frac{\partial}{\partial x}(\overline{u'_xc'})=-\frac{\partial}{\partial y}(\overline{u'_yc'})-\frac{\partial}{\partial z}(\overline{u'_zc'})\\&+D_m\left(\frac{\partial^2\overline{c}}{\partial x^2}+\frac{\partial^2\overline{c}}{\partial y^2}+\frac{\partial^2\overline{c}}{\partial z^2}\right)+F_c\end{aligned} \tag{4-222}$$

式（4-222）即为紊动扩散方程的基本形式，式中的时均流速 $\overline{u}_x$、$\overline{u}_y$、$\overline{u}_z$ 可由雷诺方程组求出，还有 $\overline{u'_xc'}$、$\overline{u'_yc'}$、$\overline{u'_zc'}$ 三项是未知的，因而方程不封闭，无法直接求解。根据前面的分析，对比分子扩散方程式（4-214）和对流扩散方程式（4-222），可知这三项的物理意义是，由于水流紊动，单位时间内分别通过垂直于 x、y、z 轴的单位面积输移的扩散质的量。它同费克第一定律的单位通量 Γ 有相似的含义，因此，类比费克定律可得

$$\overline{u'_xc'}=-D_x\frac{\partial\overline{c}}{\partial x} \tag{4-223}$$

$$\overline{u'_y c'} = -D_y \frac{\partial \bar{c}}{\partial y} \tag{4-224}$$

$$\overline{u'_z c'} = -D_z \frac{\partial \bar{c}}{\partial z} \tag{4-225}$$

式中 D_x、D_y、D_z 分别为 x、y、z 方向的紊动扩散系数。紊动扩散系数的大小可能随坐标轴方向变化，也可能随空间位置变化。对于各向同性紊流，紊动扩散系数的大小不随坐标轴方向变化。将式（4－223）～式（4－225）代入式（4－222）得

$$\frac{\partial \bar{c}}{\partial t} + \bar{u}_x \frac{\partial \bar{c}}{\partial x} + \bar{u}_y \frac{\partial \bar{c}}{\partial y} + \bar{u}_z \frac{\partial \bar{c}}{\partial z} = \frac{\partial}{\partial x}\left(D_x \frac{\partial \bar{c}}{\partial x}\right) + \frac{\partial}{\partial y}\left(D_y \frac{\partial \bar{c}}{\partial y}\right) + \frac{\partial}{\partial z}\left(D_z \frac{\partial \bar{c}}{\partial z}\right) + D_m\left(\frac{\partial^2 \bar{c}}{\partial x^2} + \frac{\partial^2 \bar{c}}{\partial y^2} + \frac{\partial^2 \bar{c}}{\partial z^2}\right) + F_c \tag{4-226}$$

紊流随机运动的尺度远大于分子运动的尺度，相应的紊动扩散系数远大于分子扩散系数，因而除壁面附近区域紊动受到限制比较小外，一般紊流中紊动扩散占绝对优势，分子扩散项可以忽略。则有

$$\frac{\partial \bar{c}}{\partial t} + \bar{u}_x \frac{\partial \bar{c}}{\partial x} + \bar{u}_y \frac{\partial \bar{c}}{\partial y} + \bar{u}_z \frac{\partial \bar{c}}{\partial z} = \frac{\partial}{\partial x}\left(D_x \frac{\partial \bar{c}}{\partial x}\right) + \frac{\partial}{\partial y}\left(D_y \frac{\partial \bar{c}}{\partial y}\right) + \frac{\partial}{\partial z}\left(D_z \frac{\partial \bar{c}}{\partial z}\right) + F_c \tag{4-227}$$

式（4－227）为常用的紊动扩散基本方程，它为抛物形偏微分方程，它的求解有两方面的问题，一个是求解偏微分方程的数学问题，另一个是扩散系数问题。对于简单的问题方程是有解的，但对于复杂的问题，一般只能求数值解。例如，对于 $F_c=0$ 的一维均匀紊流中各向同性紊动扩散情况，$\bar{u}_x=$ 常数，$\bar{u}_y=\bar{u}_z=0$，$D_x=D_y=D_z=D_t$，式（4－227）可以简化为

$$\frac{\partial \bar{c}}{\partial t} + \bar{u}_x \frac{\partial \bar{c}}{\partial x} = D_t\left(\frac{\partial^2 \bar{c}}{\partial x^2} + \frac{\partial^2 \bar{c}}{\partial y^2} + \frac{\partial^2 \bar{c}}{\partial z^2}\right) \tag{4-228}$$

如果只考虑 x 方向的扩散，则

$$\frac{\partial \bar{c}}{\partial t} + \bar{u}_x \frac{\partial \bar{c}}{\partial x} = D_t \frac{\partial^2 \bar{c}}{\partial x^2} \tag{4-229}$$

在 $t=0$ 瞬间，将一定数量示踪物质投入在 $x=0$ 断面，使该处扩散质初始浓度为 c_0，相当于一个瞬时点源，根据式（4－229）可求得浓度分布表达式为

$$\frac{c}{c_0} = \frac{1}{2\sqrt{\pi D_t t}} \exp\left(-\frac{(x-\bar{u}_x t)^2}{4D_t}\right) \tag{4-230}$$

至于紊动扩散系数 D_t 的确定，目前只有一些较简单问题有确定的关系式，一般情况下只能通过实测或实验确定。

第七节　边界层理论与绕流阻力☆

一、边界层的基本概念

当实际流体遇到静止的固体壁面时，由于流体的黏性和固体的滞水作用，在固体壁面

上流体的速度为 0，壁面附近一薄层流动中流速急剧增加，流速梯度很大，黏性作用不可忽略，而在远离壁面不受固体边界影响的流体仍以原有速度运动。

在 18—19 世纪的流体力学理论研究中，曾经忽略实际流体的黏性，采用理想流体势流理论研究绕流问题，得到了阻力为 0 的结果（例如第五节中圆柱绕流问题），这与实际情况不符，被称为“达朗贝尔佯谬”。

1904 年普朗特提出了边界层理论，为理论上探讨阻力问题开辟了道路。普朗特将流动分为壁面附近流体黏性起作用的边界层内部流动和远离壁面的边界层外部流动。外部流动可以忽略流体的黏性，近似按理想流体处理，而内部流动不能忽略流体的黏性作用。

如图 4-44 所示，一速度为 U_∞ 的均匀来流遇到一静止平板，在壁面上 $u_x=0$，然后流速从 0 逐渐增加到来流速度 U_∞。一般规定 $u_x=0.99U_\infty$ 之处为边界层与外部流动的交界面，从壁面至交界面的距离称为边界层厚度 δ。注意，边界层与外部流动的分界线不是流线，外部水流可以穿入边界层中。边界层有如下主要性质：

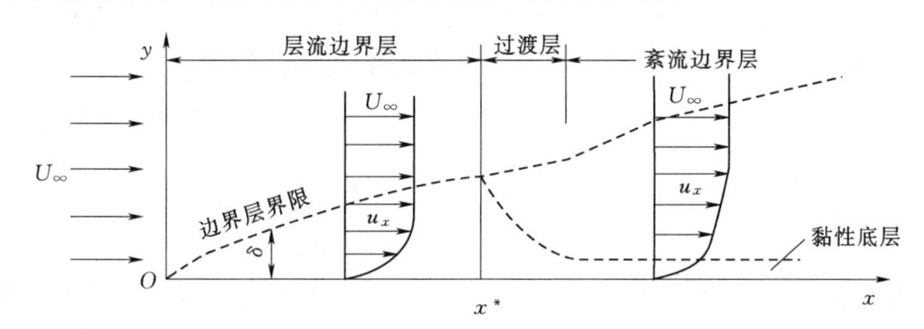

图 4-44 平板附近的边界层

性质 1：边界层很薄，其厚度远远小于它的纵向尺度，即 $\delta \ll x$。这使得边界层中纵向速度的横向梯度 $\mathrm{d}u_x/\mathrm{d}y$ 很大，黏性切应力的作用不可忽视。

性质 2：边界层厚度沿流动方向逐渐增大。

性质 3：边界层中的流态沿流动方向从层流过渡到紊流。在前部（$x<x^*$）为层流边界层，经过一过渡层，进入紊流边界层。这是因为前部边界层厚度较小，速度梯度 $\mathrm{d}u_x/\mathrm{d}y$ 较大，黏性切应力起主导作用，所以流态为层流；随着边界层厚度增大，速度梯度 $\mathrm{d}u_x/\mathrm{d}y$ 减小，黏性切应力减弱，使得流体变为紊流。x^* 称为转捩点，转捩临界雷诺数为 $Re_{x^*}=\dfrac{U_\infty x^*}{\nu}$，一般取 $Re_{x^*}=5\times10^5$。当 $Re_x=\dfrac{U_\infty x}{\nu}<Re_{x^*}$ 时为层流边界层。

在紊流边界层中，紧贴壁面处仍存在一个 $\mathrm{d}u_x/\mathrm{d}y$ 很大的薄层称为黏性底层，黏性底层中黏性切应力占主导地位，流态近似层流，再往上依次是过渡层和紊流核心区。

下面介绍边界层微分方程，然后确定边界层厚度、边界层中速度分布及壁面切应力的变化规律。

二、边界层基本微分方程

从理论上讲，所有的流动都满足 N-S 方程，边界层内的流动也不例外。普朗特采用量级分析法，忽略量级相对较小的项，从而使方程简化，得到边界层微分方程组。对于平面二维问题，采用量级分析法可以得到不可压缩黏性流体的层流边界层微分方程为

$$\frac{\partial u_x}{\partial x}+\frac{\partial u_y}{\partial y}=0 \tag{4-231}$$

$$\frac{\partial u_x}{\partial t}+u_x\frac{\partial u_x}{\partial x}+u_y\frac{\partial u_x}{\partial y}=-\frac{1}{\rho}\frac{\partial p}{\partial x}+\nu\frac{\partial^2 u_x}{\partial y^2} \tag{4-232}$$

边界条件为：$y=0$，$u_x=0$，$u_y=0$；$y=\delta$，$u_x=U_0$，其中 U_0 为边界层外边界的流速。边界层以外的流动可以看作理想流体的有势流动，x 方向的欧拉运动方程可以近似改为

$$\frac{\partial U}{\partial t}+U\frac{\partial U}{\partial x}=-\frac{1}{\rho}\frac{\partial p}{\partial x} \tag{4-233}$$

代入式（4-232）得

$$\frac{\partial u_x}{\partial t}+u_x\frac{\partial u_x}{\partial x}+u_y\frac{\partial u_x}{\partial y}=\frac{\partial U}{\partial t}+U\frac{\partial U}{\partial x}+\nu\frac{\partial^2 u_x}{\partial y^2} \tag{4-234}$$

式（4-231）和式（4-234）为普朗特层流边界层微分方程组。当边界层为紊流边界层时，采用时均方法可以将层流边界层方程变为紊流边界层方程：

$$\frac{\partial \overline{u}_x}{\partial x}+\frac{\partial \overline{u}_y}{\partial y}=0 \tag{4-235}$$

$$\frac{\partial \overline{u}_x}{\partial t}+\overline{u}_x\frac{\partial \overline{u}_x}{\partial x}+\overline{u}_y\frac{\partial \overline{u}_x}{\partial y}=\frac{\partial U}{\partial t}+U\frac{\partial U}{\partial x}+\nu\frac{\partial^2 \overline{u}_x}{\partial y^2}+\frac{\partial}{\partial y}(-\overline{u'_x u'_y}) \tag{4-236}$$

许多情况下无法求出边界层方程的理论解，但可以求出其数值解。对于半无穷长平板层流边界层，布拉修斯的相似解为

边界层厚度为

$$\delta=5\frac{x}{\sqrt{Re_x}}=5\sqrt{\frac{\nu x}{U}}\propto x^{1/2} \tag{4-237}$$

壁面切应力为

$$\tau_0=0.332\mu U\sqrt{\frac{U}{\nu x}}=\frac{0.332}{Re_x^{1/2}}\rho U^2\propto x^{-1/2} \tag{4-238}$$

对于明渠和管道的内流问题，由于边界的限制，两边或四周边界层会相遇，然后边界层就达到充分发展不再变化。图4-45为水流从水箱进入管道时的边界层发展和流速分布变化过程。在入口处围绕壁面开始形成环形的边界层，而中间的流速分布几乎是均匀的，

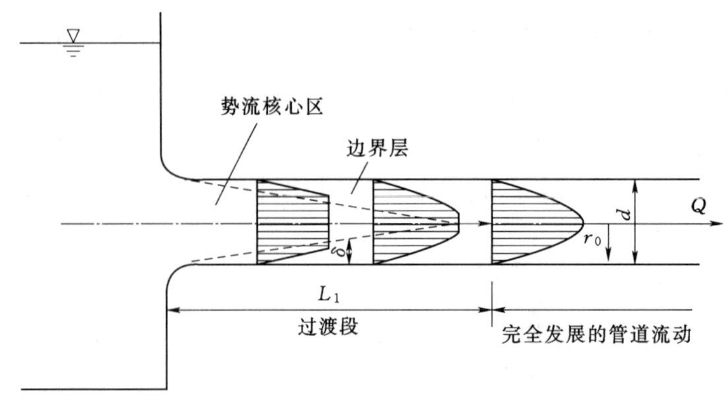

图4-45　边界层发展和流速分布变化图

称为核心势流区。随着边界层厚度的增加，中间的核心势流区逐渐变小，最终边界层在轴线（$\delta=r_0$）处汇合，流速分布不再变化，形成完全发展的管道流动。边界层发展段（过渡段）一般小于管径的100倍。明槽流动中也有类似的边界层发展过程。

三、边界层分离与绕流阻力

下面以图4-46所示的绕圆柱体流动为例，说明边界层分离现象及绕流阻力。

如果流体没有黏性，流动在D点分开后继续沿壁面前进，在F点汇合，没有边界分离，也没有阻力，这就是理想流体无环量圆柱绕流的结果。

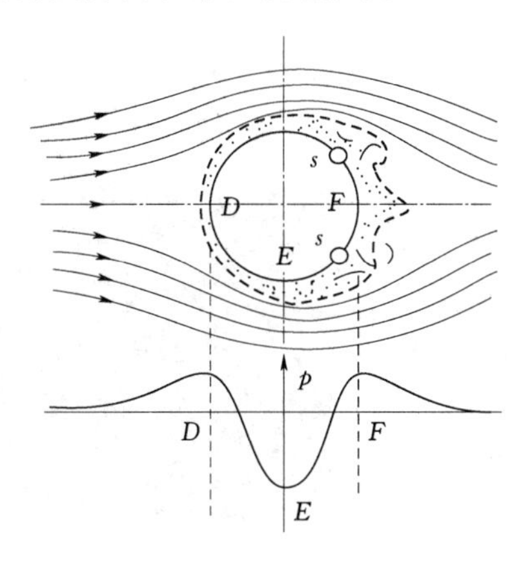

图4-46　圆柱绕流

对于实际流体，圆柱上D点为面向来流的前驻点，速度为零，压强最大。流动在D点分开后继续沿壁面前进，这段称为顺压区，因为向前速度不断增加而压强不断减小。点E及其对侧点的速度最大，而压强最小。绕过点E后流速减小而压强增大，称为逆压区。

由于流体的黏性和边界滞水，在柱体表面附近形成边界层（图中的阴影部分）产生摩擦阻力。阻力会消耗边界层中流体的动能，使其在逆压区没有足够的动能克服逆压的阻碍到达F点，从而不得不在s点提前停滞下来。这时一方面受到逆压的顶托，另一方面流体在s点形成堆积，不得不改道离开壁面，s点以下则在逆压作用下形成从F到s的回流。这种现象称为边界层分离现象。

形成边界层分离现象的两个条件是：壁面阻力和较大的逆压梯度。钝形物体表面曲率较大，或者物体与来流之间夹角（攻角或迎角）较大，其逆压梯度也较大，因此，出现边界层分离现象的可能性较大，或者分离点的位置比较靠前。分离点位置越提前，尾涡区越大，能量损失和阻力越大。确定分离点位置的判据为

$$\left(\frac{\partial u_x}{\partial y}\right)_{y=0}=0 \tag{4-239}$$

式中：u_x为纵向流速；y为壁面外法向坐标。

从图4-47中可见，分离点处速度分布有一个拐点。

边界层分离的后果是：①分离点后形成一个有回流和许多漩涡的尾涡区，产生较大的能量损失；②尾涡区压强小于迎流面压强，产生了较大的绕流阻力。

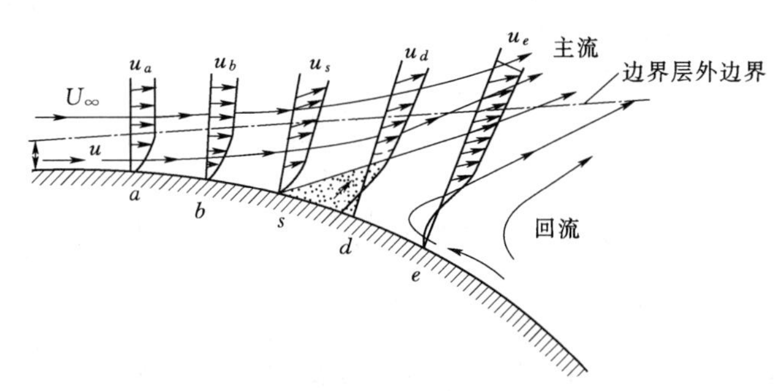

图4-47　边界层分离点前后的流速分布

流体绕物体流动的尾流区常常出现不对称的尾涡并左右摆动（图4-48）。以圆柱绕流为例，当雷诺数$Re=\frac{U_\infty d}{\nu}=40\sim70$时，尾流开始摆动，当$Re$

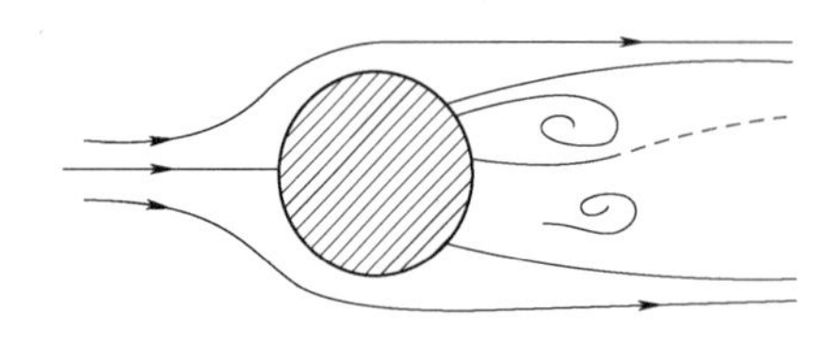
图 4-48　不对称尾涡及其摆动

>90 时，圆柱尾部交替形成方向相反的旋涡，旋涡从圆柱表面脱落并被流动带向下游，圆柱尾部形成的摆动旋涡（图 4-49）称为卡门涡街。

边界层分离现象也常见于其他各种曲面边界物体的绕流中。如图 4-50（a）所示流线型物体在大攻角时发生分离，攻角越大分离点越提前，而在零攻角或小攻角时则不发生分离。如图 4-50（b）所示垂直于来流的平板一定发生分离，且分离点就在平板两端。

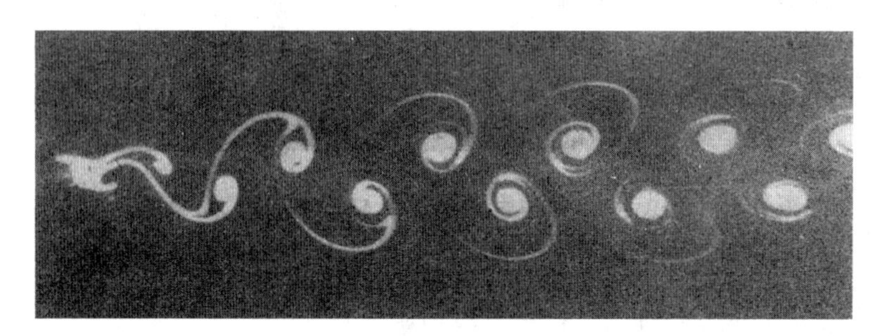
图 4-49　卡门涡街

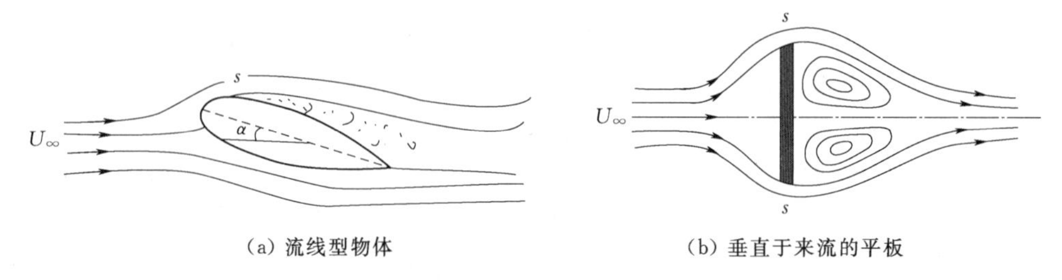

（a）流线型物体　　（b）垂直于来流的平板

图 4-50　边界层分离现象

在明槽或管道中因为流道扩散、边界转折或弯道等原因，也会出现边界层分离现象（图 4-51），这是产生局部阻力和能量损失的重要因素。

如图 4-52 所示，绕流阻力等于摩擦阻力和压强阻力之和，如果能计算出壁面的压强和切应力，可以用如下公式计算阻力。

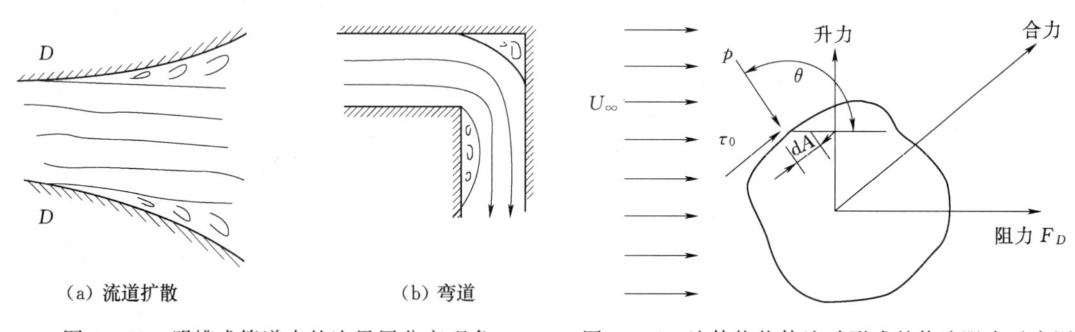

（a）流道扩散　　（b）弯道

图 4-51　明槽或管道中的边界层分离现象　　图 4-52　流体绕物体流动形成的绕流阻力示意图

$$F_D=\int_A \tau_0 \sin\theta \mathrm{d}A-\int_A p_0 \cos\theta \mathrm{d}A \tag{4-240}$$

对于实际流体绕流，一般很难计算出壁面的压强和切应力，通常采用实验方法确定绕流阻力的大小及变化规律。绕流阻力的计算公式为

$$F_D=C_D A \frac{\rho U_\infty^2}{2} \tag{4-241}$$

式中：C_D 为阻力系数，与物体的形状、雷诺数和攻角等有关；A 为某个代表性断面面积，对于钝形物体可取垂直于来流的迎流面投影面积。

习　　题

4－1　试利用图 4－53 证明不可压缩流体二维流动的连续性微分方程的极坐标形式为 $\frac{\partial u_r}{\partial r}+\frac{u_r}{r}+\frac{1}{r}\frac{\partial u_\theta}{\partial \theta}=0$

4－2　对于不可压缩液体，判断下面的流动是否满足连续性条件。

(1) $u_x=2t+2x+2y$，$u_y=t-y-z$，$u_z=t+x-z$；

(2) $u_x=x^2+xy-y^2$，$u_y=x^2+y^2$，$u_z=0$；

(3) $u_x=2\ln(xy)$，$u_y=-3y/x$，$u_z=4$；

(4) $u_r=C\left(1-\frac{a^2}{r^2}\right)\cos\theta$，$u_\theta=-C\left(1-\frac{a^2}{r^2}\right)\sin\theta$，$u_z=0$。

4－3　有一陡坡渠道如图 4－54 所示，水流为恒定均匀流，设 A 点距水面的铅直水深为 3.5m，以过 B 点的水平面为基准面，求 A 点的位置水头、压强水头和测压管水头，并在图上标明。

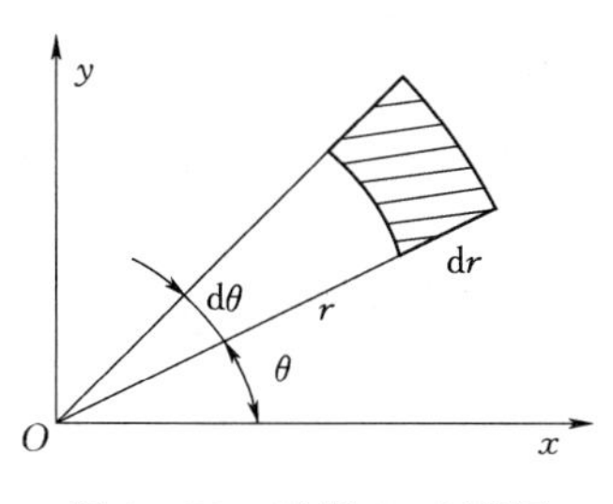

图 4－53　习题 4－1 配图

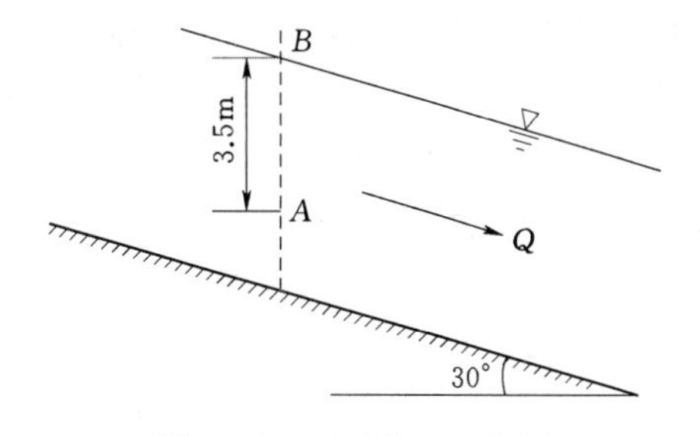

图 4－54　习题 4－3 配图

4－4　如图 4－55 所示，某一压力水管安有带水银比压计的皮托管，比压计中水银面的高差 $\Delta h=2\text{cm}$，求 A 点流速 u_A。

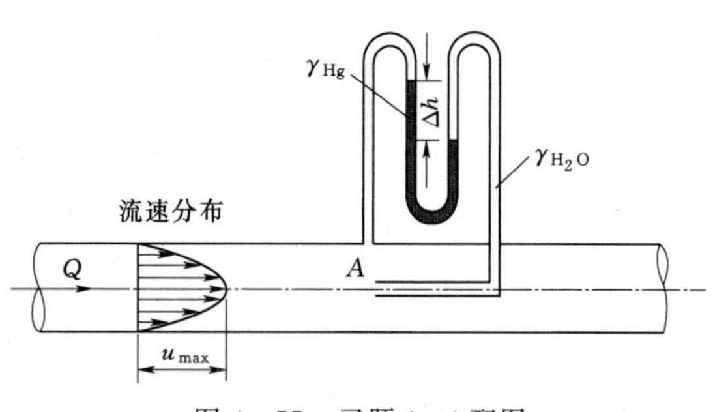

图 4－55　习题 4－4 配图

4－5　在一宽浅式明渠中产生均匀流，现用与比压计相连的两根皮托管量测流速，已知 A、B、C 各点位置如图 4－56 所示，$\gamma_1=8036\text{N/m}^3$。当皮托管位于 A，B 两点时比压计中的液面差

$\Delta h_1=0.3\text{m}$，$h_1=0.6\text{m}$，当皮托管位于 A，C 两点时比压计中的液面差 $\Delta h_2=0.5\text{m}$。求 C 点的流速 u_C。

4-6 如图 4-57 所示，利用牛顿第二定律证明重力场中沿流线坐标 s 方向的欧拉运动微分方程为 $-g\dfrac{\partial z}{\partial s}-\dfrac{1}{\rho}\dfrac{\partial p}{\partial s}=\dfrac{\mathrm{d}u_s}{\mathrm{d}t}$。

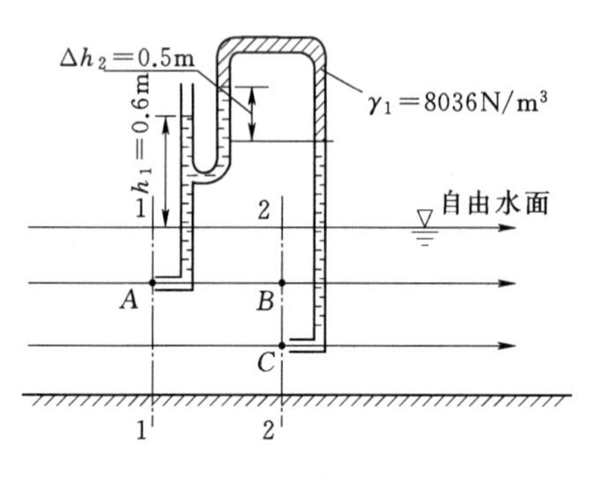

图 4-56 习题 4-5 配图

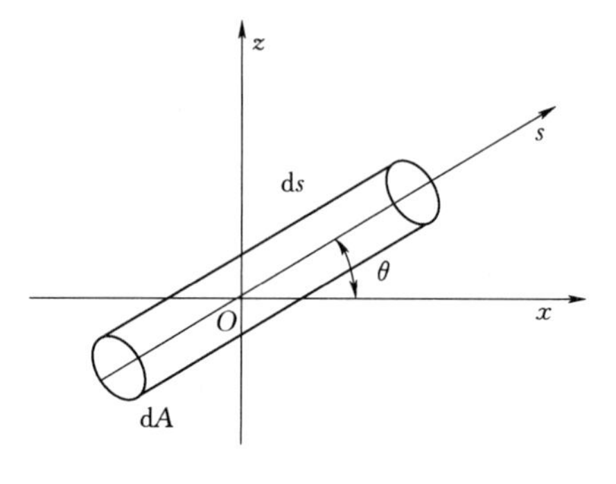

图 4-57 习题 4-6 配图

4-7 已知圆管层流流速分布为：$u_x=\dfrac{\gamma J}{4\mu}[r_0^2-(z^2+y^2)]$，$u_y=0$，$u_z=0$（$y$、$z$ 轴⊥管轴）

试问：(1) 该流动是否有旋流？(2) 判断流动有无变形运动。

4-8 已知平面不可压缩流动的流速势函数 $\varphi=0.04x^3+axy^2+by^3$，$x$、$y$ 单位为 m，φ 的单位为 m^2/s，试求：(1) 常数 a、b；(2) 点 $A(0,0)$ 和点 $B(3,4)$ 间的压强差。设流体的密度 $\rho=1000\text{kg/m}^3$。

4-9 有一平面流动，已知 $u_x=x-4y$，$u_y=-y-4x$。试问：(1) 是否存在速度势函数 φ？如存在，试求之。(2) 是否存在流函数 ψ？如存在，试求之。

4-10 已知流场的流函数 $\psi=ax^2-ay^2$。(1) 证明此流动是无旋的，并求出相应的速度势函数；(2) 证明其流线与等势线正交。

4-11 已知平面流动的流函数为 $\psi=3x^2-xy+2yt^3$，试求 $t=2\text{s}$ 时，经过图 4-58 中圆弧 AB 及直线 OA 的流量。

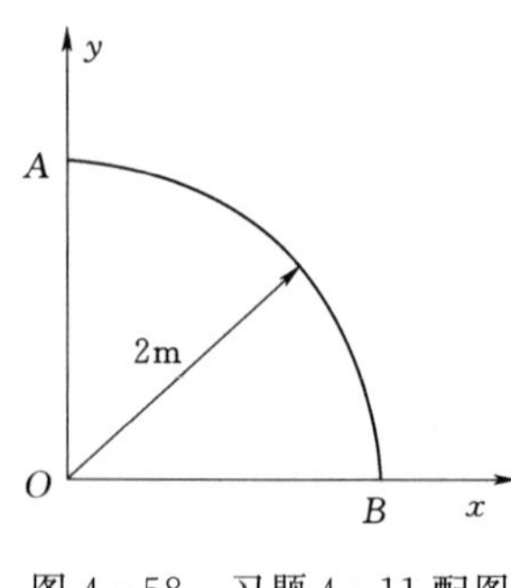

图 4-58 习题 4-11 配图

4-12 平板闸门泄流的流网图如图 4-59 所示，闸门开度 $a=0.3\text{m}$，上游水深 $H=0.99\text{m}$，下游均匀流处水深 $h=0.187\text{m}$，试求：(1) 过闸单宽流量 q；(2) 作用在 1m 宽闸门上的动水总压力。

4-13 一点源位于 (x_0, y_0)，试给出其速度势函数、流函数和速度分量的表达式。

4-14 两个等强度点源分别位于 $(a, 0)$、$(-a, 0)$，证明在 y 轴上 $u_x=0$。

4-15 已知黏性流体的速度为 $\vec{u}=5x^2z\vec{i}+6xyz\vec{j}-8xz^2\vec{k}$ (m/s)，流体的动力黏度 $\mu=3.0\times10^{-3}$ Pa·s，在点 (1, 2, 3) 处的压应力 $p_{xx}=$

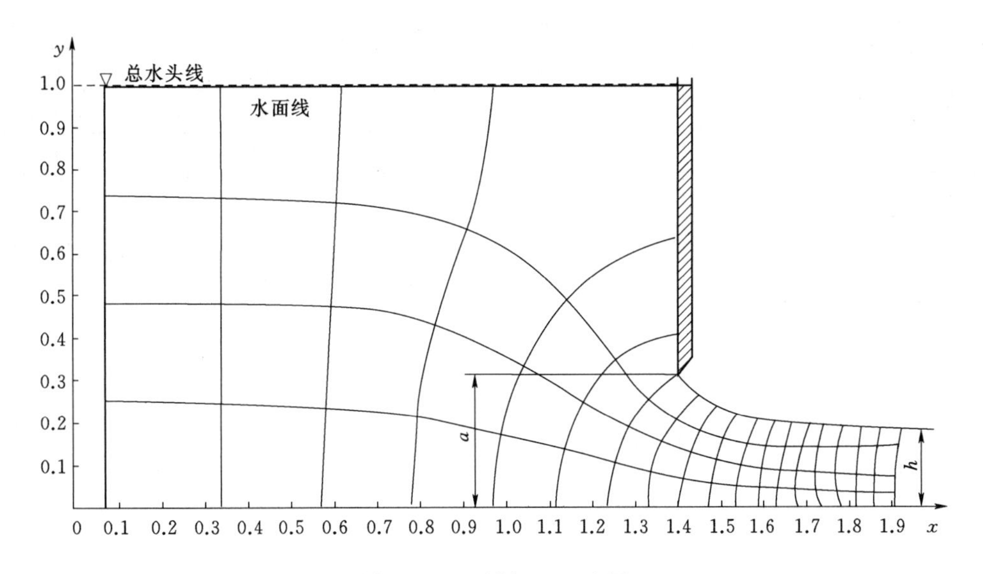

图 4-59　习题 4-12 配图

－2Pa，试求该点处其他各应力。

4-16　已知黏性流体平面流动的流速分量为 $u_x=Ax$，$u_y=-Ay$，A 为常数，(1) 试求应力 p_{xx}、p_{yy}、τ_{xy}；(2) 假设忽略外力作用，且 $x=y=0$ 处压强为 p_0，写出动水压强 p 的分布表达式。

4-17　两块平行平板间有黏性液体，上平板以均匀的速度 U_2 向右运动，下平板以均匀的速度 U_1 向右运动。假设两平板间的距离为 h，液体的流动平行于平板，试推求两平板间液体的速度分布公式。

4-18　在不可压缩液体平面运动中，如果忽略质量力和惯性力的作用，试证明动水压强 p 和流函数 ψ 满足下面的微分方程式：

$$\nabla^2 p=\frac{\partial^2 p}{\partial x^2}+\frac{\partial^2 p}{\partial y^2}=0,\nabla^4 \psi=\frac{\partial^4 \psi}{\partial x^4}+2\frac{\partial^4 \psi}{\partial x^2 \partial y^2}+\frac{\partial^4 \psi}{\partial y^4}=0$$

4-19　已知不可压缩液体平面运动的速度分布为 $u_x=-2yt$，$u_y=-2xt$，求 $t=1$ 时刻经过坐标原点（0，0）到点（x，y）的任一封闭曲线的速度环量。

4-20　已知圆柱形容器中流体的柱坐标速度分量为 $u_r=0$，$u_z=0$，$u_\theta=rz$，求涡量和涡线方程。

4-21　试用输运方程式（3-71）推导费克对流扩散方程式（4-221）。

4-22　用高灵敏度的测速设备测得水流中 A 点的纵向和垂向瞬时流速 u_x 和 u_y，见表 4-1，表中数据是每隔 0.5s 测得的结果。试计算该点的（1）时均流速 $\overline{u}_x$ 和 $\overline{u}_y$；（2）紊动附加切应力为 τ'_{xy}。如果 A 点的流速梯度 $d\overline{u}_x/dy=0.26s^{-1}$。求 A 点的混合长度 l、动力涡黏度（即紊动动力黏性系数）η 及运动涡黏度（即紊动运动黏性系数）ε。水温为 20℃。

表 4-1　　A点瞬时速度测定值　　单位：m/s

测次	1	2	3	4	5
u_x	1.88	2.05	2.34	2.30	2.17
u_y	0.10	−0.06	−0.21	−0.19	0.12
测次	6	7	8	9	10
u_x	1.74	1.62	1.93	1.98	2.19
u_y	0.18	0.21	0.06	−0.04	−0.10

第五章　水动力学基本理论

第四章流体动力学是采用理论分析方法研究流体的运动规律，严格地采用数学方法求解二维和三维流动的微分方程，但由于实际问题的复杂性，这一方法受到很大限制。为了解决实际流动问题，水动力学将二维、三维问题简化为一维总流问题，采用总流分析方法研究流体的运动规律。

本章介绍一维恒定总流的连续性方程、能量方程和动量方程，这三大方程是水动力学中最重要的基本方程，是解决实际问题的理论基础。能量方程中最关键的一项是由于实际流体的黏滞性而引起的水头损失，本章将介绍不同流态（层流和紊流）情况下水头损失、切应力、速度分布的变化规律以及水头损失系数的确定。

本章的重点是一维恒定总流的三大方程及不同流态情况下水头损失的变化规律。

第一节　恒定总流的连续性方程

恒定总流的连续性方程可以直接根据雷诺输运定理得到。令系统物理量为质量 m_s，则恒定总流的输运方程式（3-72）可以写为

$$\frac{\mathrm{d}m_s}{\mathrm{d}t}=Q_{m2}-Q_{m1}=0 \qquad (5-1)$$

式中：Q_{m1} 和 Q_{m2} 分别为恒定总流中通过图 5-1 中的过水断面 1-1 和 2-2 的质量流量。

式（5-1）的物理意义为：恒定总流各断面的质量流量相等，其实质就是质量守恒定律。对于恒定流来说，断面 1-1、2-2 之间的控制体内密度、体积、质量不随时间变化，侧面没有质量流入或流出，因此断面 1-1 流入的质量等于断面 2-2 流出的质量。对于均质不可压缩流体，密度为常数，则恒定总流各断面的体积流量 Q 相等，即

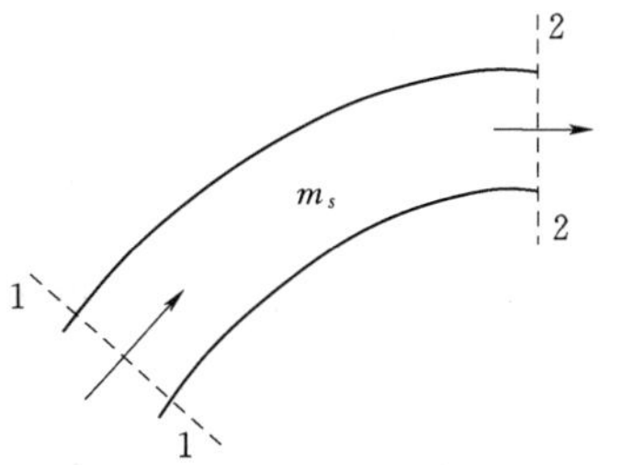

$$Q_1=Q_2 \text{ 或 } v_1A_1=v_2A_2 \qquad (5-2)$$

图 5-1　一维总流的系统与控制体

式（5-2）为均质不可压缩流体一维恒定总流的连续性方程。可以看出，断面平均流速与过水断面面积成反比。

有支流汇入或分叉时的恒定总流连续性方程为

$$\sum Q_{\mathrm{in}}=\sum Q_{\mathrm{out}} \text{ 或} \sum(vA)_{\mathrm{in}}=\sum(vA)_{\mathrm{out}} \qquad (5-3)$$

对于如图 5-2 所示的支流汇入和分叉情况，连续性方程可以写为

$$Q_1+Q_2=Q_3=Q_4+Q_5 \qquad (5-4)$$

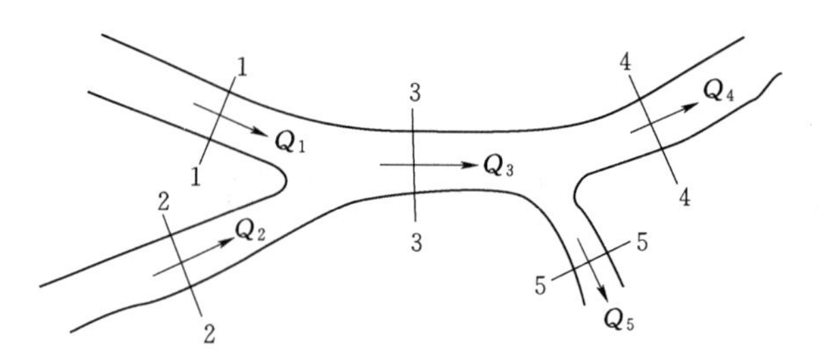

图 5-2　汇流或分叉流动示意图

第二节　恒定总流的能量方程

一、恒定总流能量方程的基本形式

单位重量流体所具有的能量为 $H=z+\frac{p}{\gamma}+\frac{u^2}{2g}$，根据式（3-58），系统 S 中所具有的总能量为

$$H_S=\iiint_S\left(z+\frac{p}{\gamma}+\frac{u^2}{2g}\right)\gamma\mathrm{d}V \tag{5-5}$$

对于均质不可压缩的理想流体，由于没有黏性摩擦力的耗能作用，总能量 H_S 是守恒的。

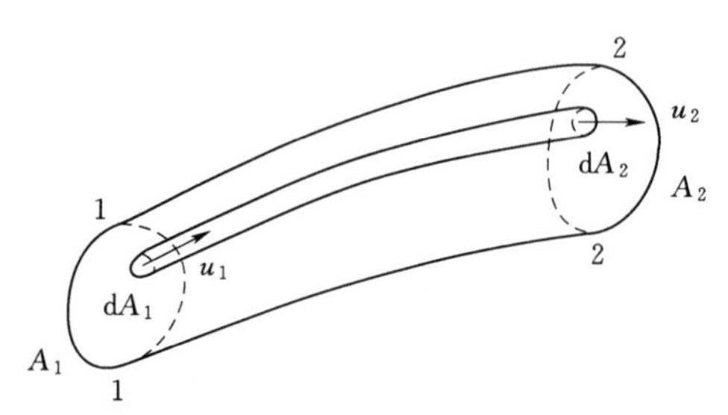

图 5-3　断面 1-1、2-2 之间的控制体

对于如图 5-3 所示的不可压缩的理想流体恒定总流，取断面 1-1、2-2 之间为控制体，则根据雷诺输运定理，其中某一恒定元流的输运方程式（3-72）可以写为

$$\frac{\mathrm{d}H_S}{\mathrm{d}t}=Q_{H_2}-Q_{H_1}=0 \tag{5-6}$$

式中：Q_{H_1} 和 Q_{H_2} 分别为恒定元流中通过过水断面 1-1、2-2 的机械能流量。

式（5-6）实质就是能量守恒定律，对于恒定流来说，进出元流控制体过水断面的机械能流量相等，即

$$\left(z+\frac{p}{\gamma}+\frac{u^2}{2g}\right)_1=\left(z+\frac{p}{\gamma}+\frac{u^2}{2g}\right)_2 \tag{5-7}$$

式（5-7）正是理想流体质量力只有重力时沿流线的伯努利方程式（4-59），对式（5-7）沿总流断面积分，可以得到总流的能量方程：

$$\int_A\left(z+\frac{p}{\gamma}+\frac{u^2}{2g}\right)\gamma\mathrm{d}Q_1=\int_A\left(z+\frac{p}{\gamma}+\frac{u^2}{2g}\right)\gamma\mathrm{d}Q_2 \tag{5-8}$$

下面分别讨论方程中测压管水头和流速水头沿断面的积分。

（1）测压管水头的积分：如果断面 1-1、2-2 均位于渐变流段，则断面上 $z+p/g\approx$ 常数：

$$\int\left(z+\frac{p}{\gamma}\right)\gamma\mathrm{d}Q=\left(z+\frac{p}{\gamma}\right)\int\gamma\mathrm{d}Q=\left(z+\frac{p}{\gamma}\right)\gamma Q \tag{5-9}$$

（2）流速水头的积分：工程水力计算中要求用断面平均流速 v 代替在断面上变化的流速 u，为此可做如下变换：

$$\int \frac{u^2}{2g}\gamma \mathrm{d}Q=\int_A \frac{u^3}{2g}\gamma \mathrm{d}A=\frac{\int_A u^3 \mathrm{d}A}{v^3 A}\frac{v^2}{2g}vA\gamma=\alpha\frac{v^2}{2g}\gamma Q \tag{5-10}$$

式中：$\alpha v^2/2g$ 为总流的流速水头，它是断面上流速水头的平均值；α 为动能修正系数。

$$\alpha=\frac{\int_A u^3 \mathrm{d}A}{v^3 A} \tag{5-11}$$

当断面流速均匀分布时，动能修正系数 α 等于 1；当断面流速分布不均匀时，从数值分析来看，动能修正系数 α 可能大于 1，也可能小于 1，因为速度可能出现负值。在一般的过水断面都有相同的主流方向，因此动能修正系数 α 一般是大于 1 的，且流速分布越不均匀，动能修正系数 α 越大。可以证明，圆管层流的动能修正系数 $\alpha=2$，圆管紊流的动能修正系数 $\alpha\approx1.05\sim1.10$。在实际工程中，流动一般都是紊流，经常近似取 $\alpha\approx1.0$。

将式（5－9）、式（5－10）代入方程式（5－8）中，并考虑总流的连续性方程（5－2），有

$$z_1+\frac{p_1}{\gamma}+\frac{\alpha_1 v_1^2}{2g}=z_2+\frac{p_2}{\gamma}+\frac{\alpha_2 v_2^2}{2g} \tag{5-12}$$

令

$$z+\frac{p}{\gamma}+\frac{\alpha v^2}{2g}=E \tag{5-13}$$

式中：E 为总流断面的总水头，代表总流断面上单位重量流体所具有的总机械能。

根据式（5－12）有 $E_1=E_2$，这说明在没有机械能损失的情况下，两个总流断面的总机械能即总水头相等。

如果考虑由于流体黏性所产生的机械能损失，则总流的总水头必沿程减小。如果定义流体从断面 1－1 到断面 2－2 之间总流单位重量流体的平均水头损失为 h_{w1-2}，则

$$z_1+\frac{p_1}{\gamma}+\frac{\alpha_1 v_1^2}{2g}=z_2+\frac{p_2}{\gamma}+\frac{\alpha_2 v_2^2}{2g}+h_{w1-2} \tag{5-14}$$

式（5－14）就是水力学中应用最广泛的均质不可压缩黏性流体一维恒定总流的能量方程。

二、恒定总流能量方程的适用条件

从方程式（5－14）的推导过程可以看出，恒定总流能量方程的适用条件如下：

（1）均质不可压缩流体的恒定流动，质量力只有重力。

（2）所取的两个断面上水流应属于渐变流或均匀流（但两个断面之间的水流可以是急变流）。

（3）两个断面之间只有流体黏性引起的水头损失，没有其他机械能的输入或输出。

（4）两个断面之间没有支流流入或流出。

三、恒定总流能量方程的推广

如果由于实际需要，不得不选取急变流断面，那么需要根据具体情况确定断面的平均压强和平均测压管水头。

如果两个断面之间有支流流入或流出，通过类似上述推导，可以得到相应的能量方程。例如，对于图 5-4（a）所示的分流情况，根据连续性方程，$Q_1=Q_2+Q_3$，可设想将断面 1-1 的来流 Q_1 分解为分别流向断面 2-2、3-3 的两个总流，流量分别为 Q_2 和 Q_3。假设在断面 1-1 流向断面 2-2、3-3 的平均流速和测压管水头相同，则在断面 1-1、2-2 之间和断面 1-1、3-3 之间可以分别列出能量方程如下：

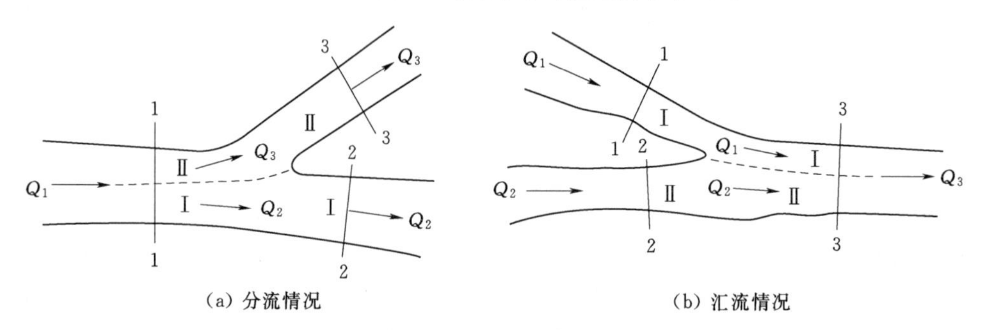

(a) 分流情况　　(b) 汇流情况

图 5-4　有支流流入或流出的流动情况

$$z_1+\frac{p_1}{\gamma}+\frac{\alpha_1 v_1^2}{2g}=z_2+\frac{p_2}{\gamma}+\frac{\alpha_2 v_2^2}{2g}+h_{w1-2} \tag{5-15}$$

$$z_1+\frac{p_1}{\gamma}+\frac{\alpha_1 v_1^2}{2g}=z_3+\frac{p_3}{\gamma}+\frac{\alpha_3 v_3^2}{2g}+h_{w1-3} \tag{5-16}$$

式中：h_{w1-2}、h_{w1-3} 分别为断面 1-1、2-2 之间和断面 1-1、3-3 之间单位重量流体的水头损失。

同理，对于图 5-4（b）所示的汇流情况，在断面 1-1、3-3 之间和断面 2-2、3-3 之间可以分别列出能量方程如下：

$$z_1+\frac{p_1}{\gamma}+\frac{\alpha_1 v_1^2}{2g}=z_3+\frac{p_3}{\gamma}+\frac{\alpha_3 v_3^2}{2g}+h_{w1-3} \tag{5-17}$$

$$z_2+\frac{p_2}{\gamma}+\frac{\alpha_2 v_2^2}{2g}=z_3+\frac{p_3}{\gamma}+\frac{\alpha_3 v_3^2}{2g}+h_{w2-3} \tag{5-18}$$

式中：h_{w1-3} 和 h_{w2-3} 分别为断面 1-1、3-3 之间和断面 2-2、3-3 之间单位重量流体的水头损失。

当断面之间有其他机械能的输入时，则需要在方程中加入有关输入项。例如有水泵向水流输入机械能时，恒定总流的能量方程为

$$z_1+\frac{p_1}{\gamma}+\frac{\alpha_1 v_1^2}{2g}+H_{mp}=z_2+\frac{p_2}{\gamma}+\frac{\alpha_2 v_2^2}{2g}+h_{w1-2} \tag{5-19}$$

式中：H_{mp} 为单位重量流体在通过水泵时从水泵获得的有效能量，称为水泵的扬程。

水泵输入给流体的有效功率为

$$N_e=\gamma Q H_{mp} \tag{5-20}$$

由于水泵内的机械摩擦和泄漏还会造成能量损失，所以水泵的原动机提供给水泵的轴功率 N_p 应等于水泵提供给水流的有效功率 N_e 除以水泵的效率系数 η_p，即

$$N_p=\frac{\gamma Q H_{mp}}{\eta_p} \tag{5-21}$$

从式（5-21）可以看出，在原动机轴功率和水泵效率给定的情况下，水泵扬程与流量成反比关系。但实际上水泵效率也会随流量或扬程变化而变化，因此 H_m-Q 关系并不那么简单，某些类型水泵的 H_m-Q 关系曲线甚至会呈现先上升后下降的驼峰形。

如果断面之间有水轮机等流体机械时，水流会向水轮机输出机械能，这时恒定总流的能量方程为

$$z_1+\frac{p_1}{\gamma}+\frac{\alpha_1 v_1^2}{2g}-H_{mt}=z_2+\frac{p_2}{\gamma}+\frac{\alpha_2 v_2^2}{2g}+h_{w1-2} \tag{5-22}$$

式中：H_{mt} 为单位重量流体在通过水轮机时减少的有效能量。水流给水轮机输出机械能的有效功率为

$$N_e=\gamma Q H_{mt} \tag{5-23}$$

由于水轮机内部的泄漏和机械摩擦还会造成能量损失，因此水轮机输出的轴功率（水轮机出力）N_t 应等于水流给水轮机的功率 N_e 乘以水轮机的效率 η_t，即

$$N_t=\eta_t\gamma Q H_{mt} \tag{5-24}$$

四、恒定总流能量方程的物理意义

能量方程中各项的单位均为长度单位，代表的是单位重量流体所具有的能量或能量损失。其中测压管水头 $z+\frac{p}{\gamma}$ 代表断面上单位重量流体所具有的平均势能（位能和压能）；速度水头 $\frac{\alpha v^2}{2g}$ 代表断面上单位重量流体所具有的平均动能；总水头 $z+\frac{p}{\gamma}+\frac{\alpha v^2}{2g}=E$ 代表断面上单位重量流体所具有的总机械能；水头损失 h_w 代表上下游两断面之间单位重量流体所损失的总机械能。

能量方程反映了单位重量流体所具有的位能、压能和动能之间的转换和损失。在没有外界机械能输入时，由于能量损失的存在，实际流体总水头线的连线总是沿流程下降，其下降坡度称为水力坡度：

$$J=\frac{\mathrm{d}h_w}{\mathrm{d}s}=-\frac{\mathrm{d}E}{\mathrm{d}s} \tag{5-25}$$

水力坡度随流速变化而变化，在均匀流段流速不变，水力坡度也不变，总水头线是沿程下降的直线（如图5-5中的流段1-2、3-4和5-6）。在非均匀流段（图5-5中的流段2-3和4-5），水力坡度随流速增大而增大，总水头线是沿程下降的曲线。

测压管水头线比总水头线低一个流速水头，其坡度随着流速变化有可能上升也有可能下降，测压管水头线的坡度可按下式计算：

$$J_p=-\frac{\mathrm{d}}{\mathrm{d}s}\left(z+\frac{p}{\gamma}\right)=-\frac{\mathrm{d}}{\mathrm{d}s}\left(E-\frac{\alpha v^2}{2g}\right)=J+\frac{\mathrm{d}}{\mathrm{d}s}\left(\frac{\alpha v^2}{2g}\right) \tag{5-26}$$

在均匀流段，测压管水头线平行于总水头线，$J_p=J$；在流速变大的流段，$J_p>J$；在流速变小的流段，$J_p<J$，甚至 $J_p<0$，测压管水头线沿程上升。

流动中任意位置点的压强水头是该点到测压管水头线之间的垂直距离，当该点位置低于测压管水头线时（$z<z+p/\gamma$），其相对压强为正；当该点位置高于测压管水头线时（$z>z+p/\gamma$），其相对压强为负（出现真空）。

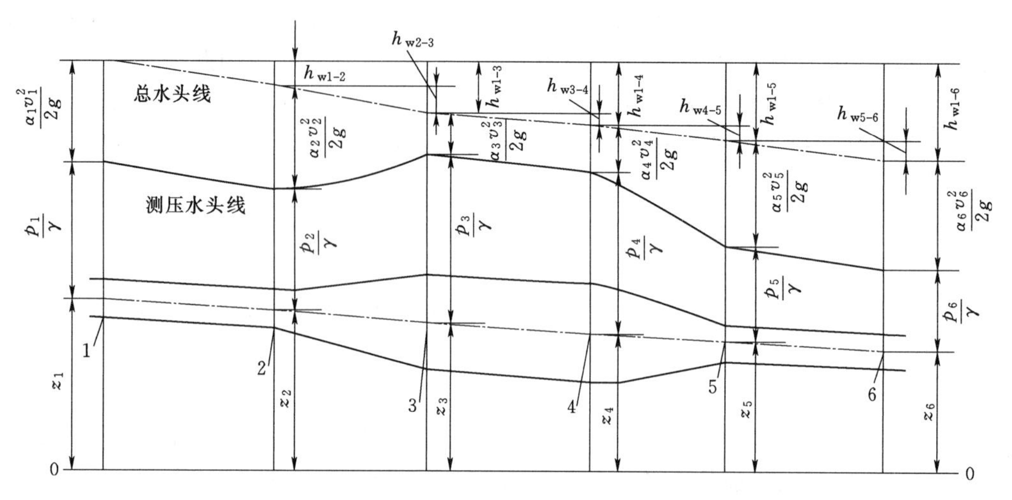

图 5－5　总水头线和测压管水头线沿程变化图

从以上规律可知，在没有外界机械能输入时，由于能量损失的存在，实际流体总是从总水头大的断面流向总水头小的断面，而不一定是从高处流到低处，或从流速大的地方流到流速小的地方。

五、恒定总流能量方程的应用

能量方程反映了位置水头 z、流速 v、流量 Q、压强 p 及水头损失 h_w 等水力要素之间的关系，与连续性方程联立可以根据已知量求解未知量。求解方法步骤及注意事项如下：

（1）适当选取上下游断面 1－1 和 2－2。断面尽量选在均匀流段或渐变流段，尽量选择已知条件多的断面，也要选上有待求未知量的断面。

（2）在断面上选取适当的代表点。因为均匀流或渐变流断面上 $z+p/\gamma=$常数，所以在断面上选择任何一点计算的测压管水头都相同。管流中代表点一般选在管轴线上比较方便；明渠流中代表点一般选在液面上比较方便，因为液面压强一般就是大气压强，相对压强为 0。压强可以用相对压强也可以用绝对压强，水利工程中，一般用相对压强比较方便。

（3）选取一个水平面作为基准面。基准面可以任意选取，以习惯方便为好。基准面经常选在水平液面或水平的管轴线上，或者经过管道出口断面中心的水平面上。一般尽可能选在较低处，以便计算时 z 均为正值。

（4）列出两断面之间的能量方程和连续性方程。

（5）代入已知数据，求解未知量。

下面通过例题分析，介绍能量方程和连续性方程的应用。

【例 5－1】 如图 5－6 所示，水流经过管道从一容器自由泄出，管道直径为 $d=0.1$m，管道出口断面中心点和容器液面之间的高度保持为 $h=1$m，若整个流动过程的水头损失为 $h_w=0.1$m，求出口流速 v 和流量 Q。

解：（1）选取过水断面为 1－1 和 2－2。注意断面 1－1 不能选在 A 处（p_A 未知）和

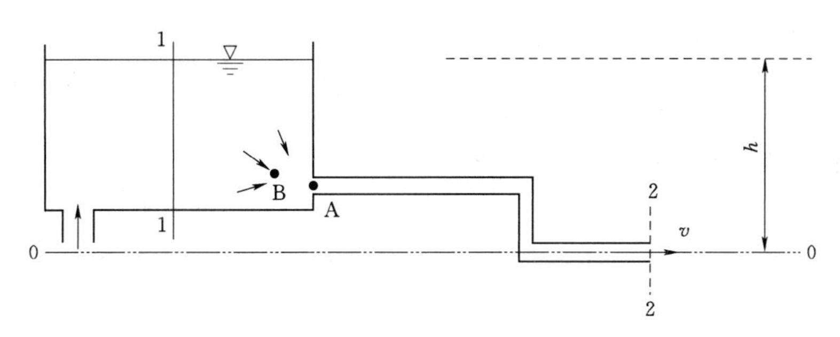

图 5-6　例 5-1 配图

B 处（急变流，且 p_B 未知）。

(2) 断面 1-1 代表点选在液面上，断面 2-2 代表点选在管中心。

(3) 基准面 0-0 选在经过管道出口断面中心的水平面上。

(4) 列出两断面之间的能量方程：

$$z_1+\frac{p_1}{\gamma}+\frac{\alpha_1 v_1^2}{2g}=z_2+\frac{p_2}{\gamma}+\frac{\alpha_2 v_2^2}{2g}+h_w$$

(5) 已知液面上和出口均为大气，其相对压强为 $p_1=p_2=0$；代表点的位置水头分别为 $z_1=h$，$z_2=0$（取 $\alpha\approx1.0$），断面 1-1 面积相对较大，速度近似为 0，能量方程变为

$$h+0+0=0+0+\frac{v^2}{2g}+h_w$$

由此可以计算出出口断面平均流速为

$$v=\sqrt{2g(h-h_w)}=4.2(\text{m/s})$$

流量
$$Q=\frac{\pi d^2}{4}v=\frac{\pi\times0.1^2}{4}\times4.2=0.033(\text{m}^3/\text{s})$$

当不计水头损失 h_w 时 $v=\sqrt{2gh}$，说明全部势能（水头 h）都转化为动能 $\frac{v^2}{2g}$。

拓展思考：随着管道出口断面中心点和容器液面之间高度 h 的增大，流速和流量是否可以一直增加下去？当 h 大到一定程度时，会出现什么情况？

【例 5-2】 如图 5-7 所示，水流经过 90°弯管流入大气。已知 U 形管中水银柱高差 $h_{Hg}=0.2$m，$h_1=0.72$m，管径 $d_1=100$mm，管嘴直径 $d_2=50$mm，不计水头损失，试求管路的流量 Q。

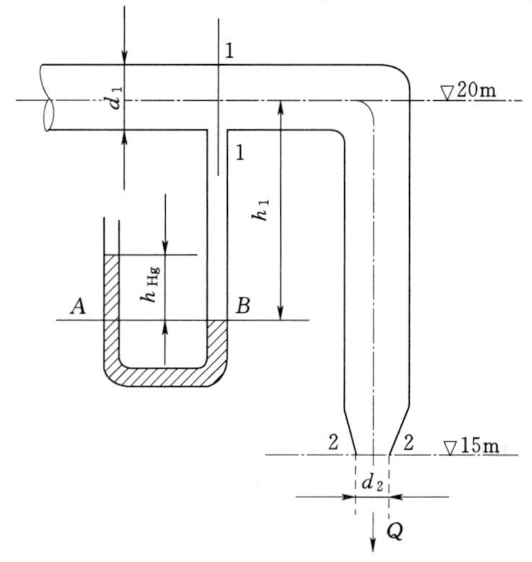

图 5-7　例 5-2 配图

解：(1) 选取过水断面为安装 U 形管的断面 1-1 和出口断面 2-2。

(2) 断面 1-1 和断面 2-2 代表点都选在管中心点。

(3) 基准面选在图中标注高程的 0 点。

（4）列出两断面之间的能量方程：

$$z_1+\frac{p_1}{\gamma}+\frac{\alpha_1 v_1^2}{2g}=z_2+\frac{p_2}{\gamma}+\frac{\alpha_2 v_2^2}{2g}+h_{w1-2}$$

（5）根据U形管提供的压强条件，断面1－1的压强为

$$p_1/\gamma=(\gamma_{Hg}h_{Hg}-\gamma h_1)/\gamma=13.6\ h_{Hg}-h_1=2(mH_2O)$$

其他已知条件为：$h_{w1-2}=0$；$z_1=20m$，$z_2=15\ m$；$p_2/\gamma=0$，取$\alpha\approx1.0$，断面1－1、断面2－2之间的能量方程变为

$$20+2+\frac{v_1^2}{2g}=15+0+\frac{v_2^2}{2g}+0$$

由连续性方程得　$$v_1=\left(\frac{A_2}{A_1}\right)v_2=\left(\frac{d_2}{d_1}\right)^2 v_2=\frac{v_2}{4}$$

联立求解可得　$$v_2=\sqrt{(19.6\times7\times16)/15}=12.1(m/s)$$

$$Q=v_2A_2=0.0238(m^3/s)$$

【例5－3】 如图5－8所示的文丘里管，喉道处管径收缩使流速水头增加，通过测量相应的测压管水头变化即可计算出管流的流量，因此，在实验室和工业领域常用文丘里管作为流量计。假设已测出图示装置中倒置U形空气比压计内液面差为h，管道直径为d_1，喉道直径为d_2；断面1－1、断面2－2之间的水头损失为h_w，试推导流量Q的计算公式。

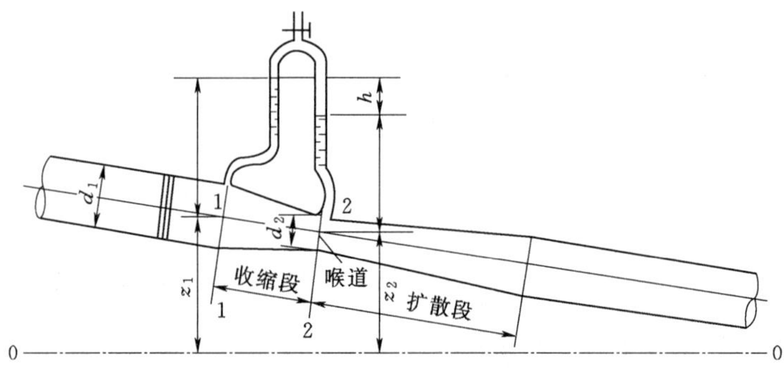

图5－8　例5－3配图

解：图中两个测压管所在断面1－1、2－2符合渐变流条件。以0－0为基准面，取$\alpha\approx1.0$，能量方程为

$$z_1+\frac{p_1}{\gamma}+\frac{v_1^2}{2g}=z_2+\frac{p_2}{\gamma}+\frac{v_2^2}{2g}+h_w$$

根据流体静力学比压计原理，两个断面的测压管水头差为

$$\left(z_1+\frac{p_1}{\gamma}\right)-\left(z_2+\frac{p_2}{\gamma}\right)=h$$

由连续性方程可得　$$v_1=(d_2/d_1)^2v_2$$

能量方程变为　$$h-h_w=\frac{v_2^2}{2g}\left[1-\left(\frac{d_2}{d_1}\right)^4\right]$$

根据连续性方程可得文丘里管流量公式：

$$Q=v_2A_2=\sqrt{1-h_w/h}\frac{\pi d_2^2}{4}\sqrt{\frac{2g}{1-(d_2/d_1)^4}}\sqrt{h}=\mu k\sqrt{h}$$

式中流量系数 $\mu=\sqrt{1-h_w/h}$，反映水头损失的影响，可以通过实验确定，一般 $\mu=0.97\sim0.99$；系数 $k=\frac{\pi d_2^2}{4}\sqrt{\frac{2g}{1-(d_2/d_1)^4}}$ 是一个仅与文丘里管径有关的常数。从推导过程和结果可以看出，文丘里管的倾斜角度对计算结果没有影响。

【例 5-4】 如图 5-9 所示，一离心式水泵的抽水流量 $Q=20\text{m}^3/\text{h}$，相对于蓄水池水面的安装高程 $H_s=5.5\text{m}$，水泵吸水管直径 $d=100\text{mm}$，且吸水管总的水头损失 $h_w=0.25\text{mH}_2\text{O}$，求水泵进水处中心点上的真空压强。

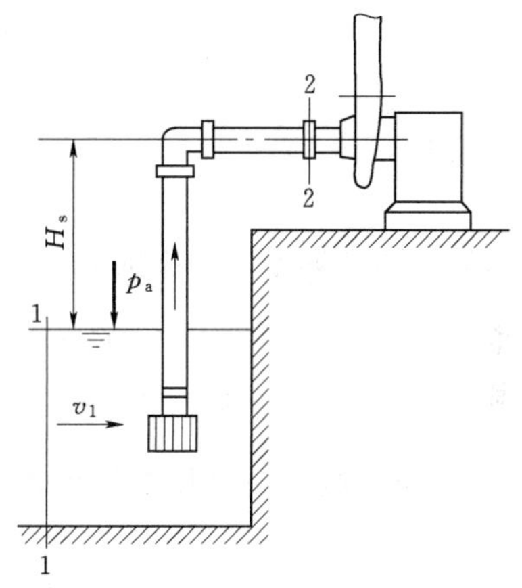

图 5-9　例 5-4 配图

解：取蓄水池水面为基准面，断面 1-1 为蓄水池进口断面，断面 2-2 为水泵进口处，断面 1-1 代表点选在液面上，断面 2-2 代表点选在管中心。列出两断面之间的能量方程为

$$z_1+\frac{p_1}{\gamma}+\frac{\alpha_1 v_1^2}{2g}=z_2+\frac{p_2}{\gamma}+\frac{\alpha_2 v_2^2}{2g}+h_{w1-2}$$

根据已知条件，$z_1=0$，$z_2=H_s=5.5\text{m}$；$p_1=0$，$v_1\approx0$，$h_w=0.25\text{m}$

$$v_2=\frac{Q}{\pi d^2/4}=\frac{4\times20}{3600\times\pi\times0.1^2}=0.707(\text{m/s})$$

取 $\alpha\approx1.0$，能量方程变为

$$0+0+0=5.5+\frac{p_2}{\gamma}+\frac{0.707^2}{19.6}+0.25$$

求解得：$\frac{p_2}{\gamma}=-5.78\text{m}$，相对压强小于 0，即出现真空，真空高度为

$$\frac{p_{v2}}{\gamma}=\frac{|p_2|}{\gamma}=5.78(\text{mH}_2\text{O})$$

真空压强为：$p_{v_2}=9800\times5.78=56.6(\text{kPa})$

拓展思考：如果能量方程中的压强采用绝对压强计算，如何求水泵进水处中心点上的真空压强 p_{v_2}。

【例 5-5】 如图 5-10 所示，断面形状为矩形的明渠流，宽度为 $b=5\text{m}$，水深 $h_1=$

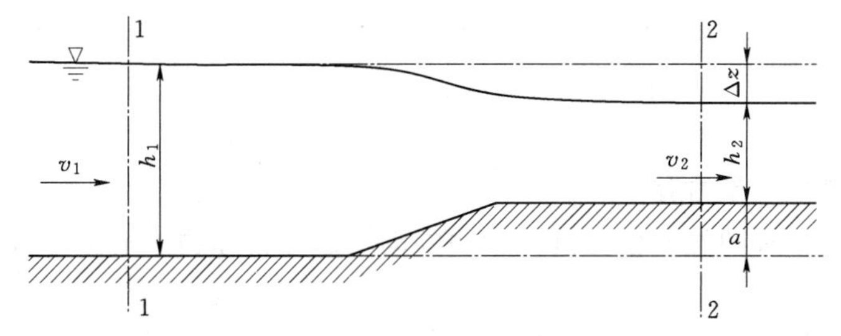

图 5-10　例 5-5 配图

2m，流量 $Q=18.7\mathrm{m}^3/\mathrm{s}$。已知渠底升高 $a=0.1\mathrm{m}$，问下游断面 2-2 的水位会升高还是会降低？上下游水位差等于多少（假设两个断面之间的水头损失可以忽略）。

解：取断面 1-1、断面 2-2 为计算断面，并以断面 1-1 处的渠底为基准面，代表点均选在液面上，则能量方程为

$$z_1+\frac{p_1}{\gamma}+\frac{\alpha_1 v_1^2}{2g}=z_2+\frac{p_2}{\gamma}+\frac{\alpha_2 v_2^2}{2g}+h_{w1-2}$$

根据已知条件，式中，$z_1+p_1/\gamma=h_1=2.0\mathrm{m}$，$z_2+p_2/\gamma=a+h_2$，取 $\alpha\approx1.0$，能量方程为

$$2+\frac{v_1^2}{2g}=0.1+h_2+\frac{v_2^2}{2g}$$

再根据连续性方程：

$$Q=v_1h_1b=v_2h_2b=18.7(\mathrm{m}^3/\mathrm{s})$$

联立可以得到两个解，分别为

$$h_2=1.876\mathrm{m}，\Delta z=h_1-h_2-a=0.024(\mathrm{m})，\text{水位降低}$$

$$h_2=0.727\mathrm{m}，\Delta z=h_1-h_2-a=1.173(\mathrm{m})，\text{水位降低}$$

拓展思考：如果流量为 $Q=60\mathrm{m}^3/\mathrm{s}$，下游水位会升高还是会降低？

第三节　恒定总流的动量方程和动量矩方程

在水利工程中有时需要确定流体与固体边界之间的相互作用力，例如水流与弯管、闸门、溢流坝等之间的相互作用力（图 5-11）。这时就需要利用动量方程来确定水流动量变化和所受外力之间的关系。而在水泵、水轮机等设计计算时，还需要利用动量矩方程来确定水流动量矩变化和所受外力矩之间的关系。下面依据力学中的动量定理和动量矩定理推导恒定总流的动量方程和动量矩方程。

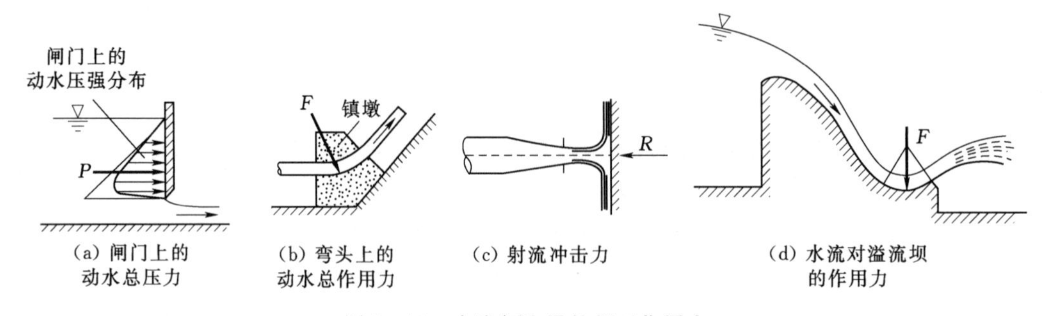

图 5-11　水流与边界的相互作用力

一、恒定总流的动量方程

恒定总流动量方程的推导依据是力学中的动量定理，即物体动量随时间的变化率等于作用在物体上的外力之和。

对于给定的流体系统 S，其动量为

$$\vec{K}_S = \iiint_S \vec{u}\rho \mathrm{d}V \tag{5-27}$$

则有

$$\frac{\mathrm{d}\vec{K}_S}{\mathrm{d}t} = \sum \vec{F} \tag{5-28}$$

对于图 5-12 所示恒定总流，取过水断面 1-1、2-2 之间为控制体，根据恒定流动的输运方程式（3-72），式（5-28）可以写为

$$\frac{\mathrm{d}\vec{K}_S}{\mathrm{d}t} = \vec{Q}_{K_2} - \vec{Q}_{K_1} = \sum \vec{F} \tag{5-29}$$

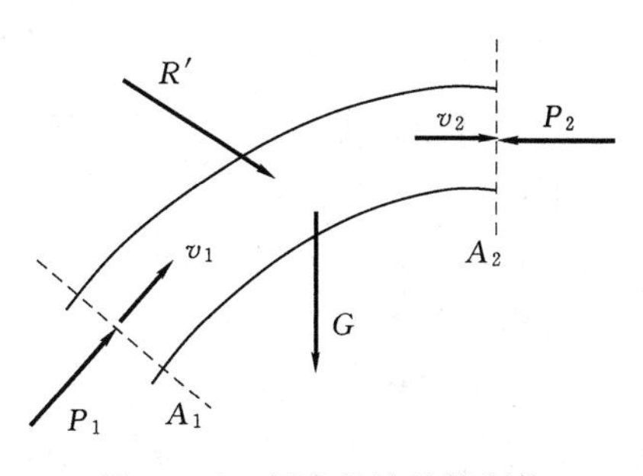

图 5-12　恒定总流的控制体

式（5-29）说明，如果以流体系统在某时刻所占据的空间为控制体，流动为恒定流，则控制面上的流出动量流量－流入动量流量＝作用在控制体上的外力之和。过水断面上的动量流量为

$$\vec{Q}_K = \int_A \vec{u}\rho u \mathrm{d}A \tag{5-30}$$

如果断面为渐变流断面，u 方向都与断面平均流速 v 方向一致，即 $\vec{u} = \frac{u}{v}\vec{v}$，则

$$\vec{Q}_K = \int_A \vec{v}\,\frac{u}{v}\rho u \mathrm{d}A = \vec{v}\rho v A \frac{\int_A u^2 \mathrm{d}A}{v^2 A} = \vec{v}\rho Q\beta \tag{5-31}$$

其中 β 称为动量修正系数：

$$\beta = \frac{\int_A u^2 \mathrm{d}A}{v^2 A} \tag{5-32}$$

动量修正系数的特点与动能修正系数类似，在相同的流速分布情况下，动量修正系数比动能修正系数略小一点，一般紊流运动的动量修正系数 $\beta = 1.02 \sim 1.05$，在实际工程应用时，经常近似取 $\beta \approx 1.0$。

对于均质不可压缩流体，$Q = Q_1 = Q_2$，$\rho =$ 常数，将式（5-31）代入方程式（5-29）中，可以得到均质不可压缩流体恒定总流的动量方程：

$$\rho Q(\beta_2 \vec{v}_2 - \beta_1 \vec{v}_1) = \sum \vec{F} \tag{5-33}$$

动量方程式（5-33）是矢量方程，速度和力都是矢量，在直角坐标系中动量方程的分量形式为

$$\rho Q(\beta_2 v_{2x} - \beta_1 v_{1x}) = \sum F_x \tag{5-34}$$

$$\rho Q(\beta_2 v_{2y} - \beta_1 v_{1y}) = \sum F_y \tag{5-35}$$

$$\rho Q(\beta_2 v_{2z} - \beta_1 v_{1z}) = \sum F_z \tag{5-36}$$

动量方程中作用于流体的外力一般有：断面上的动水总压力、边界或周围流体对研究流体的作用力、重力等。

对于有多个出口或入口断面的恒定总流，动量方程为

$$\sum(\rho Q\beta\vec{v})_{\mathrm{out}} - \sum(\rho Q\beta\vec{v})_{\mathrm{in}} = \sum \vec{F} \tag{5-37}$$

或

$$\sum(\rho Q\beta v_x)_{out}-\sum(\rho Q\beta v_x)_{in}=\sum F_x \tag{5-38}$$

$$\sum(\rho Q\beta v_y)_{out}-\sum(\rho Q\beta v_y)_{in}=\sum F_y \tag{5-39}$$

$$\sum(\rho Q\beta v_z)_{out}-\sum(\rho Q\beta v_z)_{in}=\sum F_z \tag{5-40}$$

此外，各断面流量之间的关系由连续性方程确定。

二、恒定总流动量方程的应用

恒定总流动量方程反映了流速 v、流量 Q、压力、重力及边界作用力等水力要素之间的关系，与连续性方程和能量方程联立可以解决许多实际水利工程问题。动量方程的求解方法步骤及注意事项如下：

（1）适当选取进出口断面 1－1 和 2－2 之间的流体作为研究对象（脱离体）。断面尽量选在渐变流段，尽量选择已知条件多的断面，也要选上有待求未知量的断面。

（2）选取坐标系（一般为直角坐标系），写出动量方程的分量式。

（3）分析脱离体上所受外力及进出口断面速度的大小和方向。水利工程中，一般用相对压强计算压力比较方便。因为水利工程建筑物及管道系统原本就是在被大气压所包围的情况下处于平衡状态的，所以水流经过后所产生的作用力实际上是与相对压强有关的。

对于未知的外力，可以先根据经验假设一个方向，如果计算结果为负值，则说明未知力的方向与假设方向相反。

（4）列出两断面之间的能量方程和连续性方程。

（5）代入已知数据，联立求解未知量。

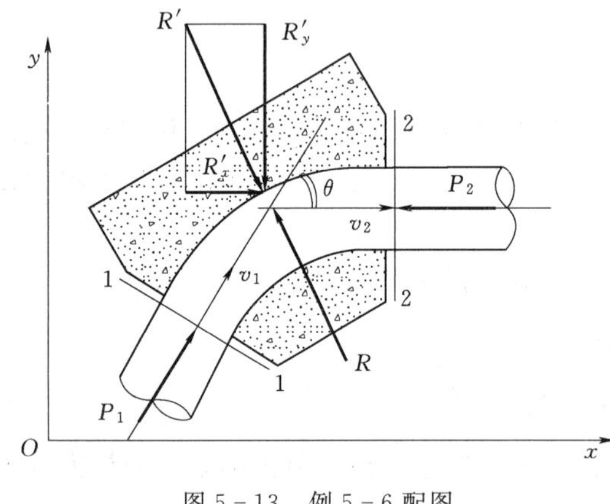

图 5－13　例 5－6 配图

【例 5－6】 如图 5－13 所示，水平放置的变直径弯管转角为 θ，已知两端过水断面面积及其中心的压强分别为 A_1、A_2 和 p_1、p_2，流量为 Q，试确定水流对弯管的作用力 R 的大小及方向。

解： 取断面 1－1、2－2 之间流段为脱离体，并取坐标系 Oxy 如图 5－13 所示。

流速分量为：$v_{1x}=v_1\cos\theta$，$v_{1y}=v_1\sin\theta$，$v_{2x}=v_2$，$v_{2y}=0$。

假设管壁对水流的反作用力为 R'，则水流对弯管的作用力 R 与 R' 大小相等方向相反。重力在水平面上的分量为 0，断面上总压力 $P_1=p_1A_1$，$P_2=p_2A_2$，方向如图所示。取 $\beta\approx1.0$，列 x、y 方向动量方程如下：

$$\rho Q(v_2-v_1\cos\theta)=\sum F_x=p_1A_1\cos\theta-p_2A_2+R'_x$$

$$\rho Q(0-v_1\sin\theta)=\sum F_y=p_1A_1\sin\theta-0-R'_y$$

解得：$R'_x=\rho Q(v_2-v_1\cos\theta)+p_2A_2-p_1A_1\cos\theta$，$R'_y=\rho Qv_1\sin\theta+p_1A_1\sin\theta$

考虑到连续性方程 $Q=v_1A_1=v_2A_2$，上式可以改写成如下形式：

$$R'_x=\left(p_2+\rho\frac{Q^2}{A_2^2}\right)A_2-\left(p_1+\rho\frac{Q^2}{A_1^2}\right)A_1\cos\theta,R'_y=\left(p_1+\rho\frac{Q^2}{A_1^2}\right)A_1\sin\theta$$

水流对弯管的作用力 $R=R'=\sqrt{R'^2_x+R'^2_y}$，与 x 轴的夹角 $\alpha=\tan^{-1}(R'_y/R'_x)$。$p_1$、$p_2$ 的关系一般可以由能量方程来确定。

【例 5-7】 如图 5-14 所示，矩形断面平底渠道装有一个与渠道同宽的平板闸门，当单宽流量为 $q=0.1\mathrm{m^2/s}$ 时，闸门上下游水深分别为 $h_1=0.8\mathrm{m}$、$h_2=0.5\mathrm{m}$，求单位宽度闸门所受水流的作用力 R（不计摩擦力）。

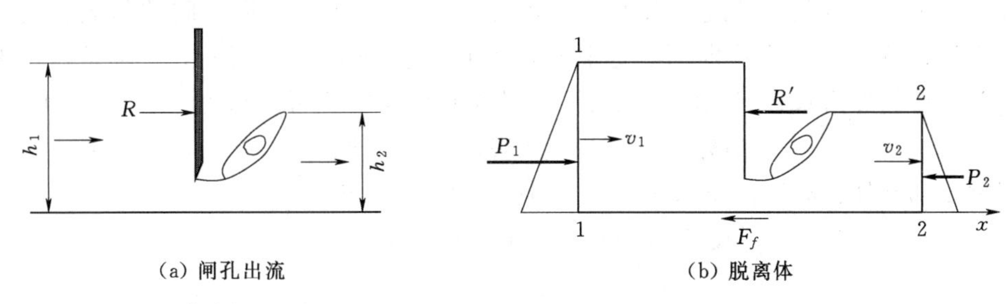

(a) 闸孔出流　　(b) 脱离体

图 5-14　例 5-7 配图

解：取断面 1-1、2-2 之间水体为脱离体，x 轴水平指向下游。列 x 方向动量方程（取 $\beta\approx1.0$）：

$$\rho Q(v_2-v_1)=P_1-P_2-R'-F_f$$

由连续性方程可确定速度大小为

$$v_1=Q/(bh_1)=0.1/0.8=0.125,v_2=Q/(bh_2)=0.1/0.5=0.2。$$

渐变流断面上的单宽总压力 $P_1=\gamma h_1^2/2$，$P_2=\gamma h_2^2/2$；忽略摩擦力，得

$$R'=P_1-P_2-\rho q(v_2-v_1)=\frac{\gamma h_1^2}{2}-\frac{\gamma h_2^2}{2}-\rho q\left(\frac{q}{h_2}-\frac{q}{h_1}\right)=1903.5(\mathrm{N/m})$$

闸门所受水流的作用力 R 与闸门对水流的作用力 R' 大小相等，方向相反。

【例 5-8】 如图 5-15 所示，有一平面二维射流冲击铅直放置并与射流方向夹角为 $\theta=45°$ 的光滑平板。已知射流出口断面面积 $A_0=0.1\mathrm{m^2}$、流量 $Q=0.1\mathrm{m^3/s}$，不计重力影响和能量损失，求射流对平板的冲击力 R，并确定射流分流量 Q_1 和 Q_2。

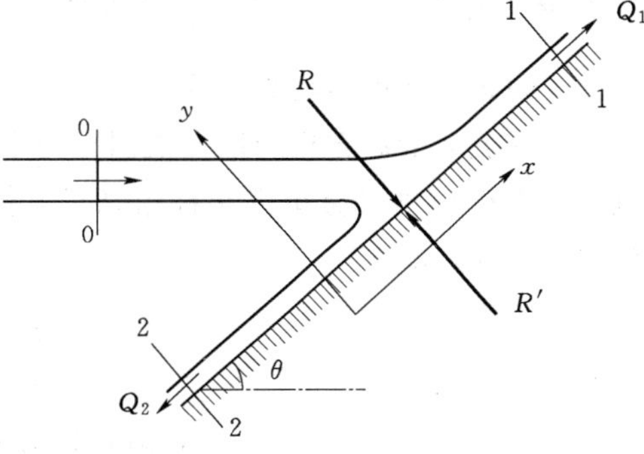

图 5-15　例 5-8 配图

解：射流对平板的冲击力 R=平板对水流的作用力 R'，方向相反，且因为光滑平板无摩擦力，所以 R 和 R' 垂直于平板。

（1）根据能量方程求速度。断面 0-0、1-1 和断面 0-0、2-2 之间的能量方程为

$$z_0+\frac{p_0}{\gamma}+\frac{\alpha_0 v_0^2}{2g}=z_1+\frac{p_1}{\gamma}+\frac{\alpha_1 v_1^2}{2g}+h_{w0-1}$$

$$z_0+\frac{p_0}{\gamma}+\frac{\alpha_0 v_0^2}{2g}=z_2+\frac{p_2}{\gamma}+\frac{\alpha_2 v_2^2}{2g}+h_{w0-2}$$

因为水流发生在一个水平面上，且都在大气中，所以 $p_0=p_1=p_2=0$，$z_0=z_1=z_2$，不计水头损失，$h_{w0-1}=h_{w0-2}=0$，能量方程变为

$$0+0+\frac{v_0^2}{2g}=0+0+\frac{v_1^2}{2g}$$

$$0+0+\frac{v_0^2}{2g}=0+0+\frac{v_2^2}{2g}$$

得
$$v_1=v_2=v_0=Q/A_0=1(\mathrm{m/s})$$

（2）根据动量方程求射流冲击力。取断面 0－0、1－1、2－2 之间的射流为脱离体，有两个出流断面，一个入流断面。选取坐标系 Oxy 如图 5－15 所示，x 轴平行于平板，作用于脱离体的外力只有 R'垂直于平板。y 方向的动量方程可以写为（取 $\beta\approx1.0$）

$$\rho\beta(Q_1v_{1y}+Q_2v_{2y}-Q_0v_{0y})=\sum F_y=R'$$

根据已知条件：$v_{0y}=-v_0\sin\theta$；$v_{1y}=0$；$v_{2y}=0$，可得

$$\rho[Q_1\times0+Q_2\times0-Q_0(-v_0\sin\theta)]=R'$$

$$R=R'=\rho Qv_0\sin\theta=1000\times0.1\times1\times\frac{\sqrt{2}}{2}=70.71(\mathrm{N})$$

x 方向的动量方程可以写为（取 $\beta\approx1.0$）

$$\rho(Q_1v_{1x}+Q_2v_{2x}-Q_0v_{0x})=\sum F_x=0$$

根据已知条件：$v_{0x}=v_0\cos\theta$，$v_{1x}=v_1$，$v_{2x}=-v_2$，可得

$$Q_1-Q_2-Q\cos\theta=0$$

与连续性方程 $Q=Q_1+Q_2$联立求解可得

$$Q_1=\frac{Q}{2}(1+\cos\theta)=\frac{0.1}{2}\left(1+\frac{\sqrt{2}}{2}\right)=0.085(\mathrm{m^3/s})$$

$$Q_2=\frac{Q}{2}(1-\cos\theta)=\frac{0.1}{2}\left(1-\frac{\sqrt{2}}{2}\right)=0.015(\mathrm{m^3/s})$$

拓展思考：分析射流对平板的冲击力及射流分流量 Q_1、Q_2 随角度的变化规律。

三、恒定总流的动量矩方程☆

恒定总流动量矩方程的推导依据是力学中的动量矩定理。根据力学中的动量矩定理，质点相对于点 O 的动量矩（又称角动量）随时间的变化率等于作用于质点上相对于点 O 的外力矩之和，即

$$\frac{\mathrm{d}\vec{L}}{\mathrm{d}t}=\sum\vec{M}_O \tag{5-41}$$

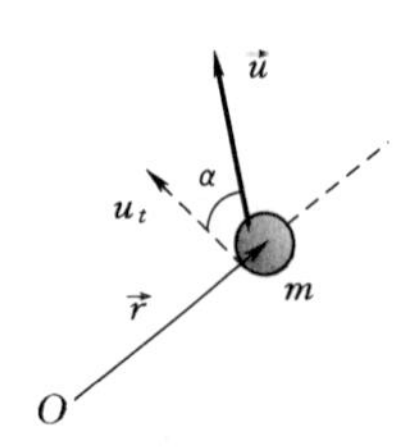

图 5－16　质点的速度与矢径

其中，动量矩为
$$\vec{L}=\vec{r}\times\vec{u}m \tag{5-42}$$
式中：m、$\vec{u}$ 为质点的质量和速度；$\vec{r}$ 为从 O 点到质点的矢径（图 5－16）。

如果 $\vec{r}$、$\vec{u}$ 和有关作用力在 Oxy 平面上，则动量矩和力矩只有绕 z 轴方向的分量：

$$\frac{dL_z}{dt}=\sum M_{Oz} \tag{5-43}$$

其中
$$L_z=ru\cos\alpha m=ru_t m \tag{5-44}$$

式中：u_t 为切向速度分量；α 为流速与切向之间的夹角。

对于流体系统 S，其动量矩为

$$\vec{L}_S=\iiint_S \vec{r}\times\vec{u}\rho dV \tag{5-45}$$

根据雷诺输运定理和动量矩定理，取某时刻系统 S 所占的空间为控制体 CV，则该系统在该时刻的动量矩的随体导数满足：

$$\frac{d\vec{L}_S}{dt}=\frac{\partial}{\partial t}\iiint_{CV}(\vec{r}\times\vec{u})\rho dV+(\vec{Q}_L)_{out}-(\vec{Q}_L)_{in}=\sum\vec{M}_O \tag{5-46}$$

其中动量矩流量为

$$\vec{Q}_L=\int_A \vec{r}\times\vec{u}\rho u_n dA \tag{5-47}$$

对于垂直于 z 轴的恒定平面流动，动量矩方程为

$$\frac{dL_z}{dt}=(Q_L)_{out}-(Q_L)_{in}=\sum M_{Oz} \tag{5-48}$$

其中
$$Q_L=\int_A \rho ru\cos\alpha u_n dA \tag{5-49}$$

如果总流断面上 u、α、u_n 和 r 为常数，u_nA＝体积流量 Q，则

$$Q_L=\rho ru\cos\alpha u_n A=\rho Qru_t \tag{5-50}$$

下面以图 5-17 所示的水泵叶轮为例，应用动量矩方程推导叶轮作用于水流的力矩 T 的表达式。叶轮以角速度 ω 旋转，产生顺时针方向的力矩 T 推动水流，使水流在离心力作用下从内部向外运动。这里规定角速度、动量矩和力矩以顺时针方向为正。

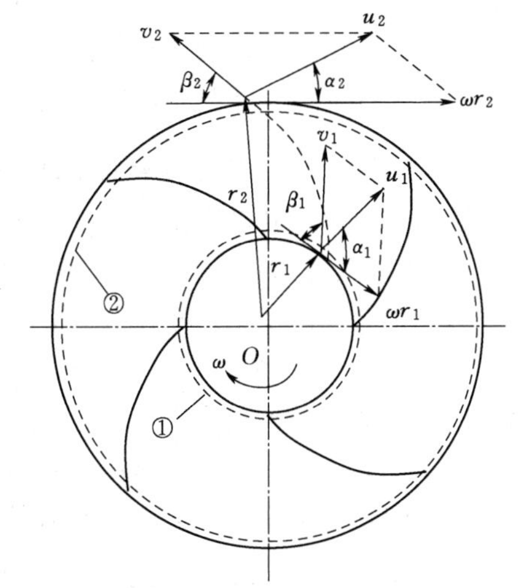

图 5-17　水泵叶轮示意图

取叶轮内外半径之间的空间为控制体，断面①、②为环形，进、出流量为 Q，取 u 为断面上的绝对速度，则动量矩流量为

$$Q_{L\,in}=Q_{L1}=\rho Qr_1u_{1t}=\rho Qr_1u_1\cos\alpha_1 \tag{5-51}$$

$$Q_{L\,out}=Q_{L2}=\rho Qr_2u_{2t}=\rho Qr_2u_2\cos\alpha_2 \tag{5-52}$$

重力和断面上的压强均不产生对 O 点的力矩，且不考虑摩擦阻力的作用，所以外力的力矩只有 T，动量矩方程为

$$T=\rho Q(r_2u_2\cos\alpha_2-r_1u_1\cos\alpha_1) \tag{5-53}$$

该力矩给水流的功率为

$$N=T\omega=\rho Q\omega(r_2u_2\cos\alpha_2-r_1u_1\cos\alpha_1) \tag{5-54}$$

为确定式中的绝对流速 u 和角度 α，参考绝对速度、相对速度和转动线速度的关系图（图 5-18）。图 5-18 中水流相对于叶轮的相对速度为 v，叶轮角度为 β，叶轮宽度为 b。绝对速度、相对速度和转动线速度的关系为

$$u_n=\frac{Q}{2\pi rb}=u\sin\alpha=v\sin\beta \tag{5-55}$$

$$u_t=u\cos\alpha=\omega r-v\cos\beta \tag{5-56}$$

根据以上关系式可以推导出：

$$T=\rho Q\left(\omega r_2^2-\omega r_1^2+\frac{Q}{2\pi b}\cot\beta_2-\frac{Q}{2\pi b}\cot\beta_1\right) \tag{5-57}$$

【例 5-9】 图 5-19 为水平放置的双臂式洒水器，水由转轴处的竖管流入，经臂长分别为 r_1、r_2 的左右臂从两个喷嘴流出。假设两臂流量均为 Q，喷嘴出流速度均为 v，且转轴处的摩擦力矩为 T_O，求转动角速度 ω。

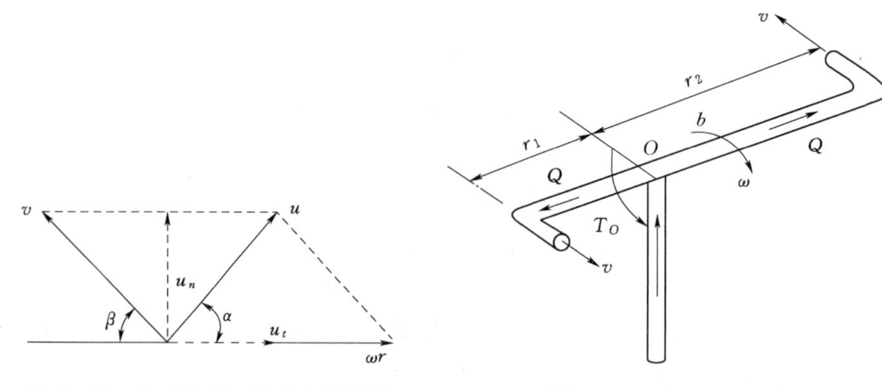

图 5-18　绝对速度、相对速度和转动线速度关系图

图 5-19　例 5-9 配图

解： 取洒水器双臂管道中的水体为研究对象，在洒水器匀速转动的情况下，水流对双臂管道的力矩等于转轴摩擦力矩，方向为顺时针；双臂管道对水流的力矩等于转轴摩擦力矩 T_O，方向为逆时针，重力不产生力矩。

其中竖管入流的动量矩流量为

$$Q_{L\text{in}}=0$$

两个出流断面的动量矩流量之和为

$$\sum Q_{L\text{out}}=\rho Q(r_1u_1\cos\alpha_1+r_2u_2\cos\alpha_2)$$

出流的相对速度 $v=Q/A$，出流的绝对速度 $u_1=v-\omega r_1$，$u_2=v-\omega r_2$

动量矩流量：$\sum Q_{L\text{out}}=\rho Qr_1(v-\omega r_1)+\rho Qr_2(v-\omega r_2)=\rho Q\left[\frac{Q}{A}(r_1+r_2)-\omega(r_1^2+r_2^2)\right]$

动量矩方程：$\rho Q\left[\frac{Q}{A}(r_1+r_2)-\omega(r_1^2+r_2^2)\right]-0=T_O$

转动角速度：$\omega=\frac{1}{r_1^2+r_2^2}\left[\frac{Q}{A}(r_1+r_2)-\frac{T_O}{\rho Q}\right]$

如果忽略摩擦力矩，且 $r_1=r_2=r$，则 $\omega=\dfrac{Q}{rA}$。

第四节　水头损失、阻力与速度的关系

实际流体都具有黏滞性，黏滞性是管道和明渠流动中产生水头损失的内在原因，边界滞水是产生水头损失的外因。当流体经过物体流动时，由于流体黏滞性和边界的滞水作用会引起物体对流体的阻力而产生水头损失。水头损失与阻力有关，阻力与速度有关。本节主要介绍水头损失与阻力、速度之间的关系。

一、水头损失的分类

被限制在管道或明渠内的流动属于内流问题，其水头损失可以分为两类：沿程水头损失和局水头部损失。

沿程水头损失发生在边界比较顺直的均匀流和渐变流段，它是因为壁面摩擦阻力而产生的水头损失，与流段长度成正比，用符号 h_f 表示。

局部水头损失发生在边界突然变化的急变流段，它是因为边界形状急剧改变、局部流动结构急剧调整或分离形成旋涡区、流体内摩擦和碰撞加剧而产生的水头损失，与边界形状有关，用符号 h_j 表示。

如果总流由若干段均匀流、渐变流和急变流组成，则总流流段上总的水头损失应等于各均匀流或渐变流段的沿程水头损失与各急变流段的局部水头损失之和，即

$$h_w=\sum h_f+\sum h_j \tag{5-58}$$

二、恒定均匀流沿程水头损失与壁面切应力的关系

在恒定均匀总流中选取断面 1－1、2－2 之间的流段，如图 5－20 所示，其能量方程为

$$z_1+\frac{p_1}{\gamma}+\frac{\alpha_1 v_1^2}{2g}=z_2+\frac{p_2}{\gamma}+\frac{\alpha_2 v_2^2}{2g}+h_{w1-2} \tag{5-59}$$

由于均匀流为平行直线流动，其过水断面的形状和面积 A 沿程不变，所以断面平均流速和流速水头亦沿程不变，其水头损失只有沿程水头损失：

$$h_{w1-2}=h_f=\left(z_1+\frac{p_1}{\gamma}\right)-\left(z_2+\frac{p_2}{\gamma}\right) \tag{5-60}$$

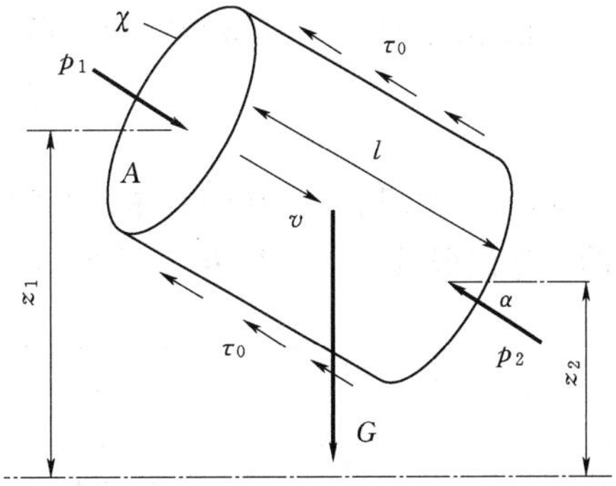

图 5－20　均匀流流段

在匀速直线运动的条件下，该流段上流体所受的外力是平衡的。考虑流动方向的受力平衡，有

$$G\sin\alpha+p_1A-p_2A-T=0 \tag{5-61}$$

其中重力分量：

$$G\sin\alpha=\gamma Al\,\frac{z_1-z_2}{l}=\gamma A(z_1-z_2) \tag{5-62}$$

壁面阻力：

$$T=\tau_0 l\chi \tag{5-63}$$

式中：χ 为过水断面的湿周，是过水断面上液体与固体壁面相接触的长度；τ_0 为湿周上的平均切应力。

联立式（5－60）～式（5－63）可以得到总流平均切应力 τ_0 与沿程水头损失的关系为

$$\tau_0 l\chi=\gamma\left(z_1-z_2+\frac{p_1}{\gamma}-\frac{p_2}{\gamma}\right)A=\gamma h_f A \tag{5-64}$$

或

$$\tau_0=\gamma\frac{A}{\chi}\frac{h_f}{l}=\gamma RJ \tag{5-65}$$

式中：R 为总流的水力半径，$R=A/\chi$，是过水断面面积与湿周之比；$J=h_f/l$ 为水力坡度。

三、恒定均匀流断面上的切应力分布

如图 5－21 所示，如果在总流内部取一流股，其过水断面面积为 A'，湿周（与周围流体接触的周长）为 χ'，水力半径 $R'=A'/\chi'$，表面平均切应力为 τ，类似上述推导可得

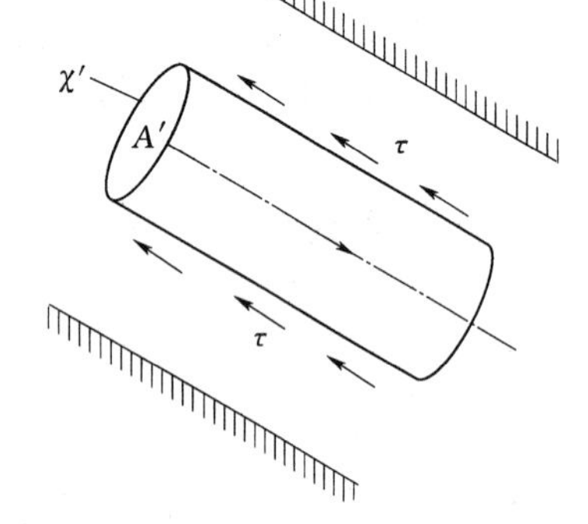

图 5－21 均匀流流股的切应力

$$\tau=\gamma R'J=\tau_0\frac{R'}{R} \tag{5-66}$$

利用式（5－66）可以确定总流过水断面上的切应力分布规律。

（一）圆管断面上的切应力分布

直径为 d（半径为 r_0）的圆管的水力半径为

$$R=\frac{A}{\chi}=\frac{\pi r_0^2}{2\pi r_0}=\frac{r_0}{2}=\frac{d}{4} \tag{5-67}$$

由于圆管流动的对称性，切应力在壁面上是均匀分布的，根据式（5－65）得圆管壁面切应力为

$$\tau_0=\gamma RJ=\gamma\frac{r_0}{2}J \tag{5-68}$$

如图 5－22 所示，在圆管中取半径为 r 的同轴圆柱体流股，其表面切应力也是均匀分布的。该流股的水力半径 $R'=r/2$，则

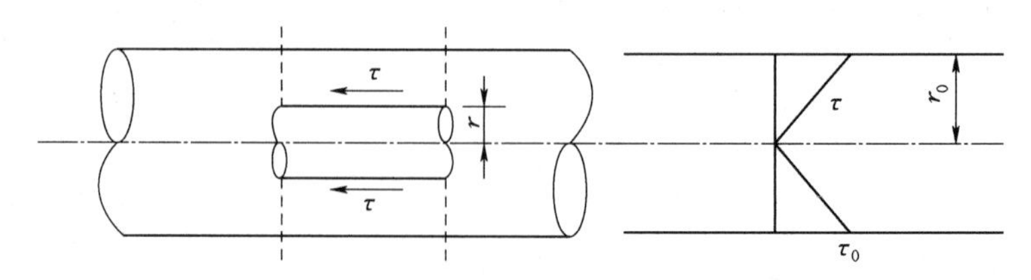

图 5－22 圆管断面上的切应力分布

$$\tau=\gamma R'J=\gamma\frac{r}{2}J=\tau_0\frac{r}{r_0} \tag{5-69}$$

式（5－69）为圆管断面上的均匀流切应力分布公式。可以看出，圆管过水断面上切应力

沿径向呈线性分布，壁面切应力最大，管中心切应力为 0。

（二）宽浅矩形明渠断面上的切应力分布

宽浅矩形断面明渠是指宽度 b 远大于其深度 h，所以可以忽略两侧边壁的阻力影响（图 5－23），其湿周为 $\chi=b+2h\approx b$（液面和两侧边界面不计入湿周），过水断面面积为 $A=bh$，则水力半径 $R=h$，壁面切应力：

$$\tau_0=\gamma hJ \tag{5-70}$$

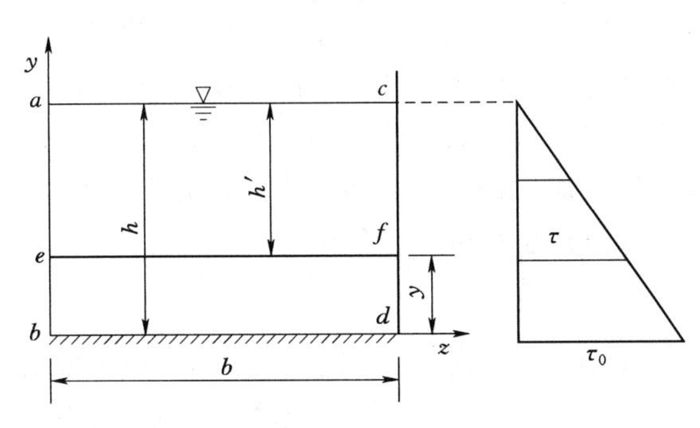

图 5－23　宽浅矩形明渠断面切应力分布

对于图 5－23 中 $acef$ 间的流股，其水力半径 $R'=h-y$，则深度 $h'=h-y$ 处的切应力为

$$\tau=\gamma(h-y)J=\tau_0\left(1-\frac{y}{h}\right) \tag{5-71}$$

可以看出，宽浅矩形明渠断面上的切应力在垂直方向为线性分布，底部切应力最大，液面切应力为 0。

四、水头损失、阻力与速度的关系

用量纲分析法推导出的总流壁面平均切应力与速度的关系式为

$$\tau_0=f\frac{\rho v^2}{2} \tag{5-72}$$

式中：f 为无量纲的阻力系数。

将式（5－72）代入式（5－65），得

$$h_f=4f\frac{l}{4R}\frac{v^2}{2g} \tag{5-73}$$

令 $\lambda=4f$ 为沿程水头损失系数，可得恒定均匀流沿程水头损失与速度的关系式为

$$h_f=\lambda\frac{l}{4R}\frac{v^2}{2g} \tag{5-74}$$

式（5－74）称为达西-威斯巴赫公式，是计算沿程水头损失的基本公式。对于圆管，$R=d/4$，达西-威斯巴赫公式也可以写为

$$h_f=\lambda\frac{l}{d}\frac{v^2}{2g} \tag{5-75}$$

五、摩阻速度

在研究壁面切应力问题时常常会引入摩阻速度 u_*，其大小定义为

$$u_*=\sqrt{\tau_0/\rho}=\sqrt{\frac{\lambda}{8}}v \tag{5-76}$$

摩阻速度 u_* 的单位与速度相同，但反映的是阻力的大小而不是速度快慢。

第五节 雷诺实验与流态

1840年，哈根首先发现流体运动有两种截然不同的流动形态。1883年，英国科学家雷诺通过大量实验证明确实存在两种流态，它们的流动现象、水流结构等均不相同，他们的断面流速分布规律、沿程阻力系数的变化规律、水头损失与速度的关系也不同。本节先介绍雷诺实验，根据雷诺实验成果将流动分为层流和紊流，然后再根据紊流断面的水流结构，将紊流细分为光滑区、过渡粗糙区和粗糙区。

一、雷诺实验

典型的雷诺实验装置如图5-24所示。在水箱 A 的壁面上安装一根带喇叭形进口的玻璃管，靠近玻璃管的出口设一阀门，可以调节管道中的流量和流速。水箱 A 中的溢流装置可使水头恒定，保证水流为恒定流。水箱 A 中的格栅可使水流保持平稳。容器 B 中颜色水通过细管 D 流入玻璃管中，可以通过玻璃管中颜色水迹的变化来观察管道中的流动形态。通过测量断面1、2之间的测压管水头差，可以得到两个断面之间的水头损失为

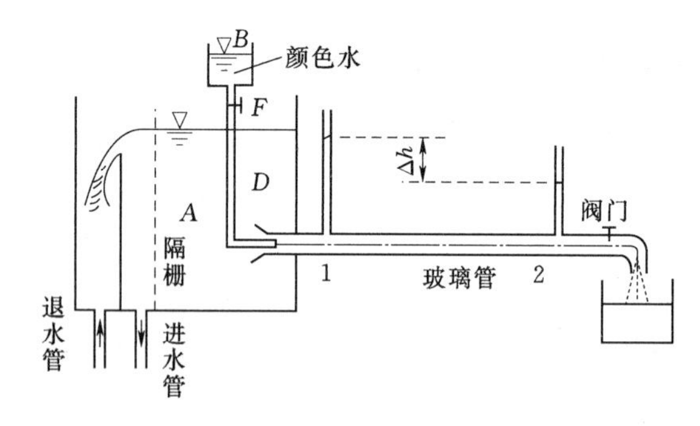

图5-24 雷诺实验装置示意图

$$h_w=h_f=\left(z+\frac{p}{\gamma}\right)_1-\left(z+\frac{p}{\gamma}\right)_2=\Delta h \tag{5-77}$$

雷诺实验按两种方案进行，一种是流速流量从小逐步变大，一种是流速流量从大逐步变小。

对于第一种情况，当闸阀开度很小，流速流量很小时，可以观察到颜色水为稳定清晰的直线，如图5-25（a）所示，说明各流层的水体质点互不掺混，有条不紊地分层运动，这种流动型态称为层流。当闸阀逐步开大，流速流量逐步增大，在断面平均流速 $v<v_c'$ 的情况下，水流仍保持有条不紊互不掺混的层流运动。根据实验成果，层流时的水头损失与断面平均速度的对数关系是一条45°的直线，如图5-26中的 OU：

$$\lg h_f=\lg v+\lg k \tag{5-78}$$

或

$$h_f=kv \tag{5-79}$$

说明层流时水头损失与断面平均速度的一次方成比例，两者是线性关系。

当 $v>v_c'$ 时，颜色水迹开始颤动乃至破裂并扩散至全管，如图5-25（c）所示，说明各流层的水体质点互相掺混，运动轨迹曲折紊乱，这种流动形态称为紊流。当闸阀继续开大，流速流量继续增大，水流仍是质点互相掺混，运动轨迹曲折紊乱的紊流运动。

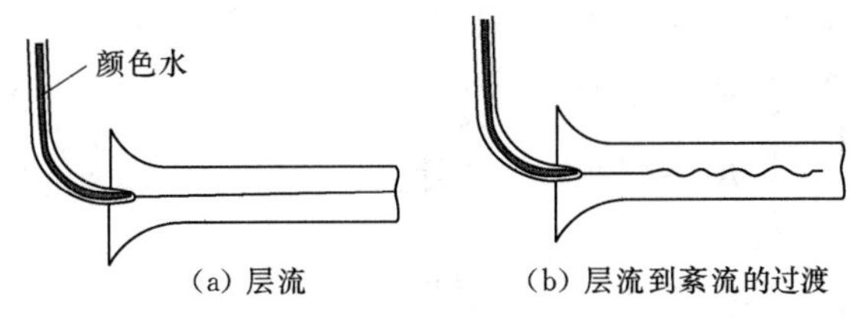

(a) 层流　　(b) 层流到紊流的过渡

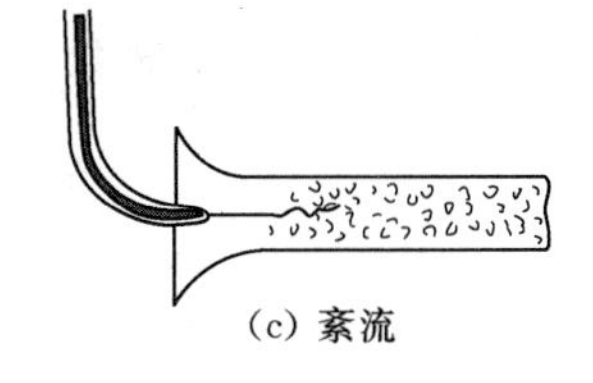

(c) 紊流

图 5－25　层流与紊流

根据实验成果，紊流时的水头损失与断面平均速度的对数关系如图 5－26 中的 EG 所示，与水平轴的夹角为 $\theta=60°15'\sim63°26'$，即

$$\lg h_{\mathrm{f}}=\tan\theta\lg v+\lg k \tag{5-80}$$

或

$$h_{\mathrm{f}}=kv^{1.75\sim2.0} \tag{5-81}$$

说明紊流时水头损失与断面平均速度的 1.75～2 次方成比例。

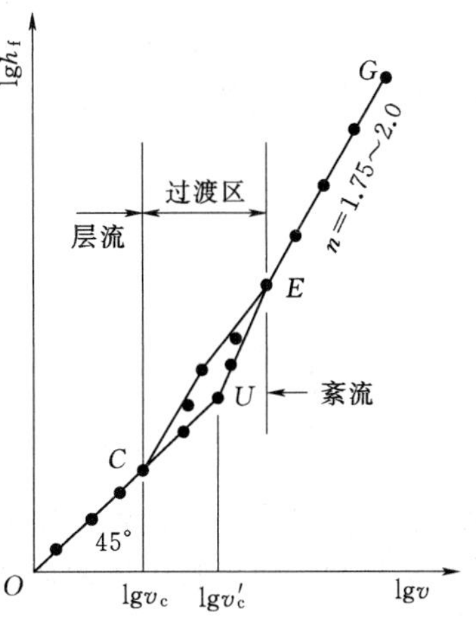

图 5－26　$\lg h_{\mathrm{f}}-\lg v$ 曲线

对于第二种情况，当闸阀开度很大，流速流量很大时，颜色水破裂并扩散至全管，说明各流层的水体质点互相掺混，运动轨迹曲折紊乱，流动形态为紊流。当闸阀逐步关小，流速流量逐步减小，水流仍是质点互相掺混，运动轨迹曲折紊乱的紊流运动。

当 $v<v_{\mathrm{c}}$ 后，颜色水迹变为稳定清晰的直线，各流层的水体质点互不掺混，水流为有条不紊的层流运动。

在层流区和紊流区，第二种情况水头损失与断面平均速度的关系与第一种情况相同（图 5－26 中的 GE 段和 CO 段）。从层流到紊流之间和从紊流到层流之间的过渡段范围较小，水头损失与断面平均速度之间的关系比较复杂（图 5－26 中的 UE 段和 CE 段），这一区域称为过渡区。第一种情况下，从层流到紊流转折点的速度 v_{c}' 称为上临界流速，第二种情况下，从紊流到层流转折点的速度 v_{c} 称为下临界流速。

二、雷诺数

根据断面平均流速和临界流速的相对大小，可以判断流动的形态。但是临界流速与管道直径、流体的密度和黏度等有关。不同的管道和流体，临界流速的大小不同，这使得流态判断很不方便。雷诺提出了一个判断流态较为方便的无量纲参数 Re，称为雷诺数。管道雷诺数 Re 的定义为

$$Re=\frac{vd}{\nu} \tag{5-82}$$

若令 $v=v_{\mathrm{c}}$，则 $Re_{\mathrm{c}}=\dfrac{v_{\mathrm{c}}d}{\nu}$，称为下临界雷诺数；而令 $v=v_{\mathrm{c}}'$，则 $Re_{\mathrm{c}}'=\dfrac{v_{\mathrm{c}}'d}{\nu}$，称为上临界雷诺数。

实验证明，上临界雷诺数 Re_{c}' 的值与实验中水流受扰动的情况有关，如实验设备的振动情况、水箱内水流的平稳程度等。扰动较大时上临界雷诺数只有 4000，扰动很小时

上临界雷诺数可达40000。下临界雷诺数 Re_c 的值比较稳定，一般在2000左右，因此，实际应用中都以下临界雷诺数作为判别流态的标准，即

$$Re=\begin{cases}\dfrac{vd}{\nu}>Re_c=2000, & \text{紊流}\\ \dfrac{vd}{\nu}<Re_c=2000, & \text{层流}\end{cases} \tag{5-83}$$

明渠雷诺数 Re 的定义为

$$Re=\frac{vR}{\nu} \tag{5-84}$$

明渠的临界雷诺数 $Re_c\approx500$，流态判断标准为

$$Re=\begin{cases}\dfrac{vR}{\nu}>Re_c=500, & \text{紊流}\\ \dfrac{vR}{\nu}<Re_c=500, & \text{层流}\end{cases} \tag{5-85}$$

广义雷诺数 Re 的定义为

$$Re=\frac{UL}{\nu} \tag{5-86}$$

式中：U 为某一特征速度；L 为某一特征长度。

雷诺数可以反映流体的惯性力与黏滞力之间的大小对比关系，即

$$\text{雷诺数 } Re\sim\frac{\text{惯性力}}{\text{黏性力}} \tag{5-87}$$

雷诺数较小时，则黏性力占主导地位，拟制流体只能互不掺混、有条不紊地作层流运动；雷诺数较大时，拟制扰动的黏性力相对较小，较强的惯性力促使流体作相互掺混的紊流运动。

【例5-10】 某自来水管的直径 $d=30\text{mm}$，断面平均流速 $v=1.0\text{m/s}$；另有一矩形断面明渠，宽2m，水深1m，断面平均流速 $v=0.7\text{m/s}$，水温均为10℃，试分别判别这两种流动的流态，如果明渠水流要保持为层流，最大速度是多少？

解： 查表1-1，水温10℃时，$\nu=1.308\times10^{-6}\ \text{m}^2/\text{s}$，则

管流：$Re=\dfrac{vd}{\nu}=\dfrac{1.0\times0.03}{1.308\times10^{-6}}=22936>2000$，为紊流。

明渠：$A=2\times1=2(\text{m}^2)$，$\chi=2+1\times2=4(\text{m})$，$R=A/\chi=0.5(\text{m})$，有

$$Re=\frac{vR}{\nu}=\frac{0.7\times0.5}{1.308\times10^{-6}}=2.68\times10^5>500,\text{为紊流。}$$

由临界条件 $Re_c=v_cR/\nu=500$ 得

明渠水流要保持为层流的最大速度 $v_c=500\dfrac{\nu}{R}=1.306(\text{mm/s})$

从例题看出，要保持层流状态要求断面小、流速小、黏度大。一般的水流运动多为紊流，尤其是明渠流动，很难出现雷诺数小于500的层流运动。

三、层流到紊流的转化

流动从层流转化成紊流的条件是由于扰动形成涡体，然后涡体脱离原来的流层或者流

束，掺混到邻近的流层或者流束。除了扰动以外，涡体产生的前提是流体的黏滞性和边界的滞水作用，这使得流动过水断面上的流速分布不均匀，不同流层之间存在切应力。

下面通过分析剪切流动中扰动的发展过程来说明紊流的形成。

如图 5-27（a）所示，在扰动作用下流动中会形成微小的波动，波动使流层之间的距离变得宽窄不一，因而有些部位的流速增大、压强减小，而有些部位则流速减小、压强增大。这种交替变化的横向压差促使波动进一步增强，而构成的力偶则使黏性流体受“搓动”形成涡旋［图 5-27（b）、（c）］。剪切流动中各流层的上下两个面作用有方向相反的剪切力，也有促使涡旋的形成。随着波动增强，涡旋最终破裂［图 5-27（c）］，形成许多小漩涡。

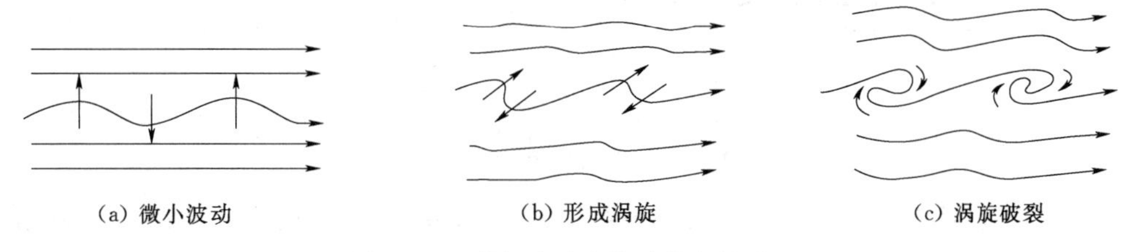

图 5-27　剪切流动中扰动的发展过程

旋转涡体的一侧流速较大、压强较小，另一侧则流速较小、压强较大，从而形成一个垂直于流动方向的横向作用力——升力（图 5-28），升力的方向与涡体的旋转方向有关，可能向上也可能向下。涡体在升力作用下可以作垂直流主流方向的横向运动，这就导致了不同流层之间的流体质点相互混掺，最终形成紊流。

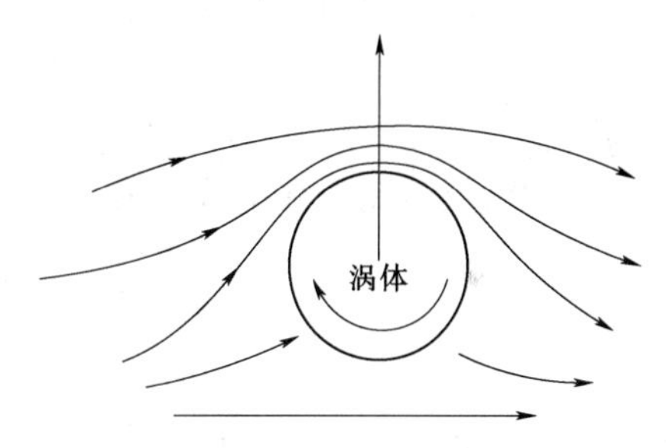

图 5-28　涡体所受横向作用力

雷诺数之所以能判别流态，正是因为雷诺数反映了流体的惯性力与黏滞力之间的大小对比。流体具有的黏性是流体在扰动作用下能够形成涡体的前提条件，而涡体的转动和横向运动也会受流体黏滞性的制约，涡体周围流体的黏滞力会消耗涡体的能量。雷诺数小，则黏性力占主导地位，涡体不能发展和移动，并最终衰亡；雷诺数大，则黏性力不占主导地位，涡体将横向运动而形成紊流。较大的扰动可以促使流动从层流转变为紊流，较小的雷诺数可以抑制扰动，使流动从紊流转为层流。

在紊流理论中可以用数学手段分析扰动的发展和紊流的形成条件，称为层流的稳定性理论，是一个重要的研究方向。混沌理论用非线性动力学系统的混沌效应解释紊流的发生，有兴趣的读者可以自行查阅。

四、紊流流态的分区

从雷诺实验成果可以看出，层流水头损失和流速呈单一的线性关系，而紊流水头损失和流速的幂指数关系为 1.75～2 次方，这说明同样是紊流，水流结构和水头损失规律还存在一定的差别。因此，有必要将紊流流态进一步细分。下面先看紊流断面上的水流结构，再做流态划分。

（一）紊流沿断面分层

如图 5-29 所示，紊流断面上的水流结构可以分为三层：黏性底层、过渡层和紊流核心区。以壁面为起点，取垂直于壁面的坐标为 y，则

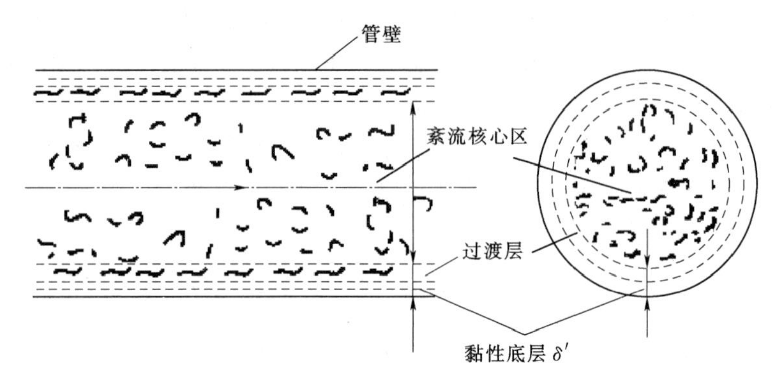

图 5-29　紊流沿断面分层

（1）在壁面附近，$y<\delta'=5\nu/u_*$，受边壁影响，水流速度很小，黏性切应力很大，流动类似于层流，这一层称为黏性底层，δ'为黏性底层厚度。

（2）在远离壁面的中心区，$y>14\delta'=70\nu/u_*$，紊动强度大，切应力主要是紊流附加切应力，这一区称为紊流核心区。

（3）位于黏性底层和紊流核心区之间，$\delta'<y<14\delta'$，称为过渡层，性质也介于两者之间。

黏性底层厚度与雷诺数有关，在圆管中有

$$\delta'=5\frac{\nu}{u_*}=5\sqrt{\frac{8}{\lambda}}\frac{\nu}{v}=\frac{14.1d}{Re\sqrt{\lambda}} \tag{5-88}$$

该厚度一般远小于管道直径。

（二）紊流流态分区

任何壁面都是粗糙不平的，粗糙突起的高度 Δ 称为壁面的绝对粗糙度（图 5-30）。实验室可以在管壁上粘上粒径均匀的沙粒，得到人工沙粒粗糙壁面，绝对粗糙度 Δ 就等于沙粒的粒径。实用管道或壁面的粗糙突起高低不一，排列不规则，一般将其水头损失与人工沙粒粗糙的管道作对比，将具有相同水头损失的人工沙粒粗糙管道的 Δ 作为实际管道或壁面的绝对粗糙度，也称为当量粗糙度。

当绝对粗糙度小于黏性底层厚度，即 $\Delta<\delta'=5\nu/u_*$ 时，壁面的粗糙凸起被黏性底层淹没［图 5-31（a）］，粗糙对紊流及其流速分布和阻力不产生影响。这时称壁面为水力光滑壁面，或称管道为水力光滑管。这时的紊流流态称为紊流光滑区。

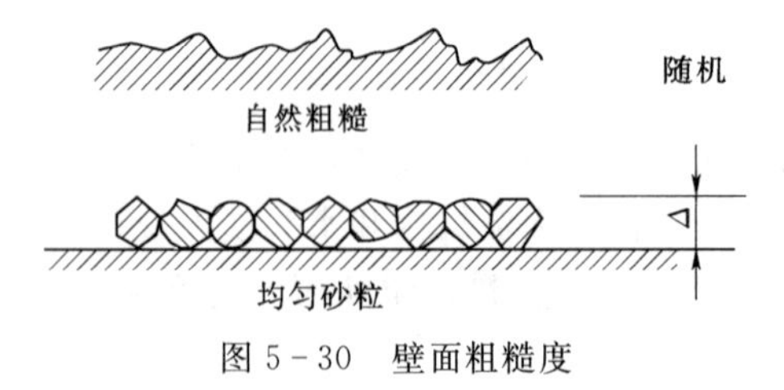

图 5-30　壁面粗糙度

反之，当绝对粗糙度相对较大，即 $\Delta>14\delta'=70\nu/u_*$ 时，粗糙凸起突出到黏性底层之外的紊流核心区［图 5-31（c）］，影响到了紊流核心区的流动，这时的壁面称为水力粗糙壁

面，或称管道为水力粗糙管。这时的紊流流态称为紊流粗糙区。

当绝对粗糙度介于以上两种情况之间，即$\delta'<\Delta<14\delta'$时［图5－31（b）］，紊流流态称为紊流过渡区（注意不是层流和紊流之间的过渡区，而是紊流光滑区和紊流粗糙区之间的过渡区，也称过渡粗糙区）。

如果定义粗糙雷诺数为

$$Re_{*}=\frac{u_{*}\Delta}{\nu} \tag{5-89}$$

则紊流流态的分区标准可表示为：紊流光滑区：$Re_{*}<5$，$\Delta<\delta'=5\nu/u_{*}$；紊流过渡区：$5<Re_{*}<70$，$\delta'<\Delta<14\delta'$；紊流粗糙区：$Re_{*}>70$，$\Delta>14\delta'$。

由于黏性底层的厚度是随雷诺数变化的，所以同样粗糙高度的壁面，在不同情况下，由于摩阻速度或雷诺数不同，流态可能是紊流光滑区，也可能是紊流过渡区或紊流粗糙区。

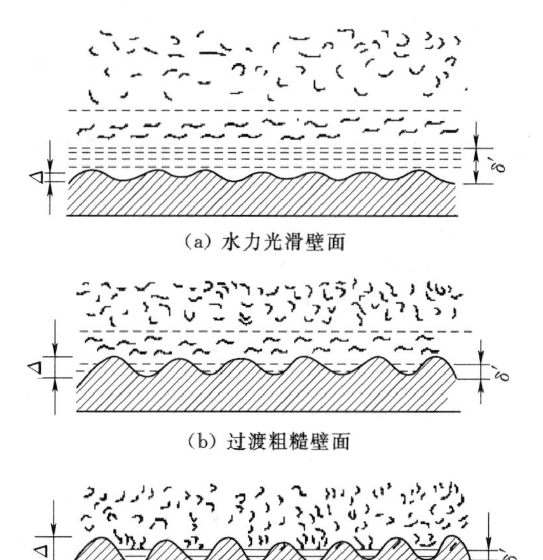

(a) 水力光滑壁面

(b) 过渡粗糙壁面

(c) 水力粗糙壁面

图5－31　三种粗糙壁面示意图

第六节　恒定均匀流断面速度分布

一、恒定均匀层流断面速度分布

圆管恒定均匀流的切应力与水力坡度关系：

$$\tau=\gamma\frac{r}{2}J \tag{5-90}$$

另外，切应力与速度梯度的关系满足牛顿内摩擦定律，即

$$\tau=\mu\frac{\mathrm{d}u}{\mathrm{d}y}=-\mu\frac{\mathrm{d}u}{\mathrm{d}r} \tag{5-91}$$

联立两式可得

$$\frac{\mathrm{d}u}{\mathrm{d}r}=-\frac{\gamma J}{2\mu}r \tag{5-92}$$

积分得

$$u=-\frac{\gamma J}{4\mu}r^{2}+C \tag{5-93}$$

由壁面无滑移边界条件$u(r_0)=-\frac{\gamma J}{4\mu}r_0^2+C=0$得$C=\frac{\gamma J}{4\mu}r_0^2$，圆管层流的速度分布公式为

$$u=\frac{\gamma J}{4\mu}(r_0^2-r^2) \tag{5-94}$$

可以看出，式（5－94）与式（4－49）是一致的，圆管层流断面速度分布是抛物线型（图5－32），其特点是断面平均流速是最大速度的一半，即

$$v=\frac{1}{\pi r_0^2}\int_0^{r_0}u\cdot 2\pi r\mathrm{d}r=\frac{\gamma J r_0^2}{8\mu}=\frac{1}{2}u_{\max} \tag{5-95}$$

式中 $u_{\max}=\dfrac{\gamma J r_0^2}{4\mu}$，由此可以得到圆管层流水头损失与速度的关系为

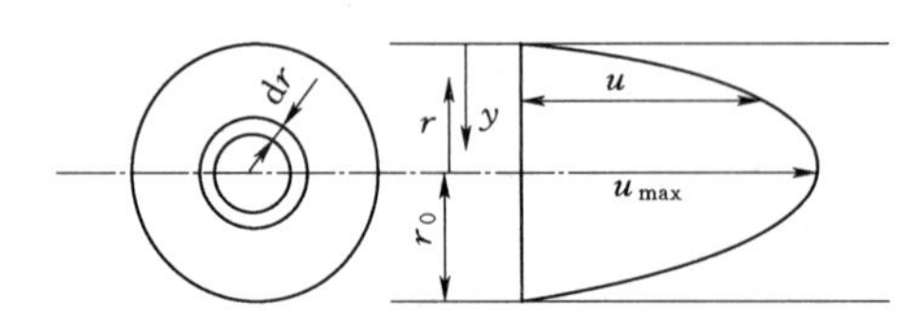

图 5-32　圆管层流流速分布图

$$h_f=\frac{32\mu vl}{\gamma d^2} \tag{5-96}$$

式（5-96）表明，水头损失与断面平均流速的一次方成正比，与雷诺实验结果是一致的。将式（5-96）与达西-威斯巴赫公式比较可知，圆管层流的沿程水头损失系数计算公式为

$$\lambda=\frac{64}{Re} \tag{5-97}$$

式（5-97）说明，圆管层流的水头损失系数与雷诺数呈反比，与壁面粗糙度无关。

此外，圆管层流的动能修正系数和动量修正系数分别为

$$\alpha=\frac{1}{A}\int_A\left(\frac{u}{v}\right)^3\mathrm{d}A=\frac{8}{\pi r_0^2}\int_0^{r_0}2\pi r\left(1-\frac{r^2}{r_0^2}\right)^3\mathrm{d}r=2 \tag{5-98}$$

$$\beta=\frac{1}{A}\int_A\left(\frac{u}{v}\right)^2\mathrm{d}A=\frac{4}{\pi r_0^2}\int_0^{r_0}2\pi r\left(1-\frac{r^2}{r_0^2}\right)^2\mathrm{d}r=1.33 \tag{5-99}$$

可以看出，层流速度分布很不均匀，动能修正系数和动量修正系数不能再近似取为 1.0。

拓展思考：二维明渠均匀层流的速度分布及相应的水头损失系数、动能修正系数和动量修正系数如何确定？

【例 5-11】 有一输油管，管长 $l=1000\text{m}$，管径 $d=0.1\text{m}$，原油密度 $\rho=925\text{kg/m}^3$，动力黏度 $\mu=0.07\text{Pa}\cdot\text{s}$，当通过输油管的原油流量 $Q=0.006\text{m}^3/\text{s}$ 时，求输油管的沿程水头损失 h_f、管壁切应力 τ_0 及功率损失 N。

解：先判别流态

断面平均流速　$v=\dfrac{Q}{A}=\dfrac{4Q}{\pi d^2}=\dfrac{4\times0.006}{\pi\times0.1^2}=0.764(\text{m/s})$

雷诺数　$Re=\dfrac{\rho vd}{\mu}=\dfrac{925\times0.764\times0.1}{0.07}=1010<2000$

因此是层流。

沿程水头损失系数　$\lambda=\dfrac{64}{Re}=0.0634$

沿程水头损失　$h_f=\lambda\dfrac{l}{d}\dfrac{v^2}{2g}=0.0634\times\dfrac{1000}{0.1}\times\dfrac{0.764^2}{19.6}=18.88$（m 油柱）

管壁切应力　$\tau_0=\gamma RJ=\rho g(d/4)(h_f/l)=925\times9.8\times0.025\times18.88/1000=4.28(\text{Pa})$

功率损失　$N=\gamma Qh_f=\rho gQh_f=925\times9.8\times0.006\times18.88=1027(\text{W})$

二、恒定均匀紊流断面速度分布

（一）对数速度分布公式

圆管恒定均匀流的切应力与水力坡度关系为式（5-69），即

$$\tau=\tau_0\frac{r}{r_0}=\tau_0\left(1-\frac{y}{r_0}\right) \tag{5-100}$$

根据布辛涅斯克提出的紊动黏性系数的概念，紊流中的切应力可以写为

$$\tau=\tau_1+\tau_2=\rho\nu\frac{\mathrm{d}u}{\mathrm{d}y}+\rho\varepsilon\frac{\mathrm{d}u}{\mathrm{d}y} \tag{5-101}$$

式中：ε 为紊动黏性系数。

由于紊流运动问题的复杂性，紊动黏性系数尚无很好的理论计算方法。如果采用普朗特混合长度理论确定紊动黏性系数，并忽略黏性切应力，只考虑紊流附加切应力，则式（5-101）可以简化为

$$\tau\approx\tau_2=\rho\varepsilon\frac{\mathrm{d}u}{\mathrm{d}y}=\rho l^2\left(\frac{\mathrm{d}u}{\mathrm{d}y}\right)^2 \tag{5-102}$$

根据实验数据，混合长度可采用沙特克维奇公式：

$$l\approx\kappa y\sqrt{1-\frac{y}{r_0}} \tag{5-103}$$

式中：$\kappa\approx0.4$，称为卡门常数。

联立式（5-100）、式（5-102）和式（5-103）可以得到

$$\frac{\mathrm{d}u}{\mathrm{d}y}=\frac{1}{\kappa y}\sqrt{\frac{\tau_0}{\rho}}=\frac{u_*}{\kappa y} \tag{5-104}$$

对式（5-104）积分可得紊流的对数速度分布形式为

$$\frac{u}{u_*}=\frac{1}{\kappa}\ln y+C' \tag{5-105}$$

对于紊流光滑区，尼古拉兹通过实验给出了速度$\frac{u}{u_*}$与 $\lg\frac{yu_*}{\nu}$的关系曲线（图5-33）。可以看出，速度分布只与$\frac{yu_*}{\nu}$有关，而与壁面粗糙度无关。根据实验资料，对数速度分布式的系数为 $C'=5.5+2.5\ln\frac{u_*}{\nu}$，因此，紊流光滑区速度分布公式为

$$\frac{u}{u_*}=2.5\ln\frac{yu_*}{\nu}+5.5 \tag{5-106}$$

对数速度分布公式是按紊流核心区切力推导出的半经验公式，因此在黏性底层附近并不满足实际情况。例如，在壁面附近一薄层内公式计算的速度为负值，在壁面 $y=0$ 时，速度为$-\infty$，这与实际情况不符。由于这一层的厚度很小，可以忽略这个范围内的误差，对式（5-106）积分可以求得流量：

$$Q\approx\int_0^{r_0}2\pi ru\,\mathrm{d}r=2\pi r_0u_*\left(2.5\ln\frac{r_0u_*}{\nu}+1.75\right) \tag{5-107}$$

断面平均流速为

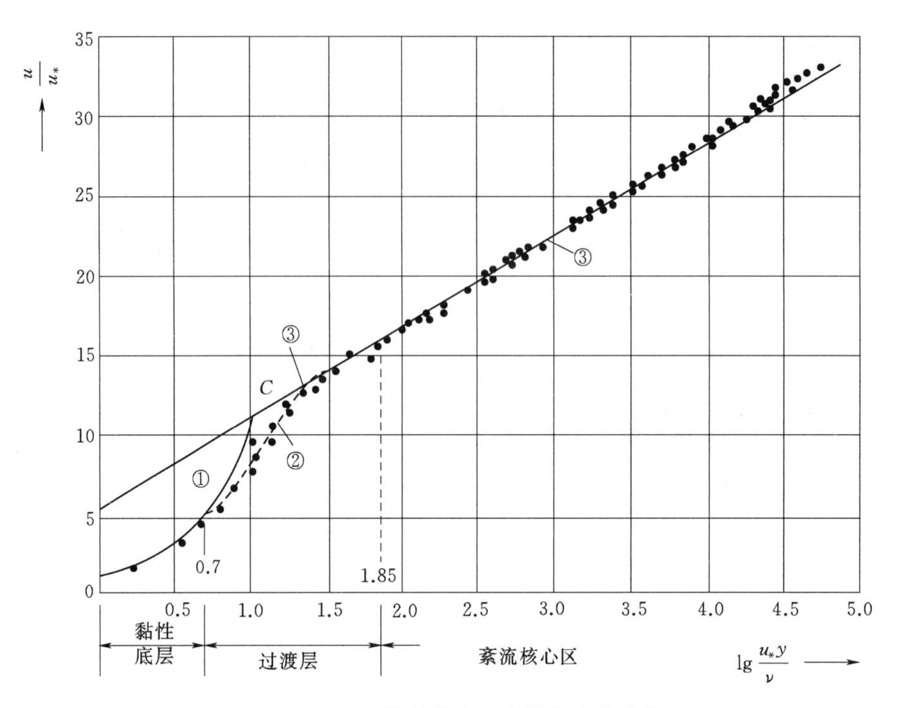

图 5-33　尼古拉兹的紊流光滑管速度分布

$$\frac{v}{u_*}=2.5\ln\frac{r_0 u_*}{\nu}+1.75 \tag{5-108}$$

对于紊流粗糙区，由于黏性的影响远远小于粗糙度的影响，根据实验结果，紊流粗糙区速度分布式公式为

$$\frac{u}{u_*}=2.5\ln\frac{y}{\Delta}+8.5 \tag{5-109}$$

断面平均流速为

$$\frac{v}{u_*}=2.5\ln\frac{r_0}{\Delta}+4.75 \tag{5-110}$$

紊流过渡区的速度分布比较复杂，这里不予介绍。

对于二维明渠均匀流，采用同样的理论和方法可以得到与式（5-106）和式（5-109）形式相同的对数流速分布公式，只需将 r_0 变为 h 即可，读者可自行推导。

拓展思考： 对于二维明渠均匀流，断面平均流速公式是否也只需将式（5-108）和式（5-110）中的 r_0 变为 h 即可。

（二）指数速度分布公式

紊流速度分布的指数公式是根据实验数据总结出来的。在某些情况下比对数分布公式用起来更为方便，其中最著名的是光滑区流速的指数分布公式：

$$\frac{u}{u_{\max}}=\left(\frac{y}{r_0}\right)^n=\left(1-\frac{r}{r_0}\right)^n \tag{5-111}$$

式中指数 n 与雷诺数有关（表 5-1）。对式（5-111）沿圆管断面积分可得断面平均流速为

$$\frac{v}{u_{max}}=\frac{2}{(n+1)(n+2)} \tag{5-112}$$

表 5-1　紊流光滑区速度分布公式的指数

Re	4×10^3	2.3×10^4	1.1×10^5	1.1×10^6	$2\times10^6\sim3.2\times10^6$
n	1/6	1/6.6	1/7	1/8.8	1/10
v/u_{max}	0.791	0.807	0.817	0.850	0.866

指数公式虽然应用方便，但公式和系数都是由经验得到，因此公式计算结果和实际情况会有一定偏差。虽然 $y=0$ 时，计算的 $u=0$，与实际相符，但 $y=r_0$ 时，计算的速度梯度不等于 0，这一点和实际情况不相符。

拓展思考： 对数分布公式在 $y=r_0$ 时，计算的速度梯度是否等于 0，是否符合实际情况。

二维明渠均匀流也可以采用式（5-111）的指数公式，但需要将 r_0 换成水深 h。

【例 5-12】 圆管内径 $d=300$mm，内壁粘有 0.6mm 的沙粒，运动黏度 $\nu=1.14\times10^{-6}\text{m}^2/\text{s}$，求光滑区最大流量、粗糙区最小流量以及相应的壁面切应力。

解：（1）光滑区上限　　$Re_*=\dfrac{\Delta u_*}{\nu}=5$

相应的摩阻流速　　$u_*=\dfrac{5\nu}{\Delta}=\dfrac{5\times1.14\times10^{-6}}{0.0006}=0.0095(\text{m/s})$

由式（5-108）得　　$v=u_*\left(2.5\ln\dfrac{r_0u_*}{\nu}+1.75\right)=0.186(\text{m/s})$

光滑区最大流量　　$Q_{max}=0.186\times\pi\times0.15^2=0.0131(\text{m}^3/\text{s})$

相应的壁面切应力　　$\tau_0=\rho u_*^2=1000\times0.0095^2=0.0903(\text{N/m}^2)$

（2）紊流粗糙区下限　　$Re_*=\dfrac{\Delta u_*}{\nu}=70$

相应的摩阻流速　　$u_*=\dfrac{70\nu}{\Delta}=\dfrac{70\times1.14\times10^{-6}}{0.0006}=0.133(\text{m/s})$

由式（5-110）得　　$v=u_*\left(2.5\ln\dfrac{r_0}{\Delta}+4.75\right)=2.47(\text{m/s})$

紊流粗糙区最小流量　　$Q_{min}=2.47\times\pi\times0.15^2=0.174(\text{m}^3/\text{s})$

相应的壁面切应力　　$\tau_0=\rho u_*^2=1000\times0.133^2=17.7(\text{N/m}^2)$

（三）其他速度分布公式

流速是反映水流运动特性的一个基本水力要素，流速分布也是确定其他水力要素（如含沙量、切应力、浓度等）的重要因素。因此研究速度分布规律具有十分重要的理论意义和实际意义。长期以来，许多学者对均匀流速度分布规律做了大量的研究工作，得到了不同形式的速度分布公式。除了常用的对数型、指数型外，还有抛物线型、椭圆型等。下面介绍一种新的速度分布公式。

对数分布推导时忽略了黏性切应力，只考虑紊流附加切应力，并采用普朗特掺长理论确定紊动黏性系数。如果不忽略黏性切应力，同时考虑黏性切应力和紊流附加切应力，并

假设紊动黏性系数与流速的 $\alpha-1$ 次方成比例，即

$$\varepsilon=\nu\xi\alpha u^{\alpha-1} \tag{5-113}$$

由式（5－100）、式（5－101）和式（5－113）联立积分可得

$$\beta\frac{u}{u_m}+(1-\beta)\frac{u^\alpha}{u_m^\alpha}=1-\frac{r^2}{r_0^2} \tag{5-114}$$

式中 $\beta=\dfrac{4\nu u_m}{gJr_0^2}$，$\alpha$ 由实验确定。从理论分析可知：式（5－114）计算的流速在管中心满足最大值 $u=u_m$，且速度梯度和切应力为 0；式（5－114）计算的流速在渠底满足无滑移条件 $u=0$，速度梯度 $\dfrac{du}{dy}=\dfrac{gJr_0}{2\nu}$，切应力满足 $\tau_1=\mu\dfrac{du}{dy}=\rho gJh_0/2$，$\tau_2=0$，式（5－114）可以作为层流和紊流速度分布的统一公式。当没有紊动黏性（$\varepsilon=0$）时，速度分布公式（5－114）中的系数 $\beta=1$，速度分布公式（5－114）可以简化为

$$\frac{u}{u_m}=1-\frac{r^2}{r_0^2} \tag{5-115}$$

式中 $u_m=\dfrac{gJr_0^2}{4\nu}$。这与层流理论的抛物线型公式（5－94）、式（4－49）相同，如果在式（5－101）中忽略黏性切应力 $\tau_1(\nu=0)$，以紊动切应力 τ_2 为主，则速度分布公式（5－114）中右边第一项可以忽略，即 $\beta=0$，式（5－114）可简化为

$$\frac{u}{u_m}=\left(1-\frac{r^2}{r_0^2}\right)^{1/\alpha} \tag{5-116}$$

式中的指数 α 类似于指数分布公式（5－111）中的指数 n，根据实验资料，两者近似关系为 $\alpha=0.8483/n$。

类似的方法可以推导出二维明渠均匀流的流速分布公式，读者可以自行推导或参考武汉大学学报 2010 年第 5 期的相关内容。

第七节　沿程水头损失

沿程水头损失计算的公式一般采用达西魏斯巴哈公式，关键是沿程损失系数的确定。不同流态、不同管道的沿程损失系数不同，尼古拉兹、柯列布鲁克、谢才、舍维列夫等根据室内实验和野外实测资料总结出了相应的经验计算公式，分别介绍如下。

一、尼古拉兹实验

尼古拉兹采用人工沙粒粗糙管道进行了系统的管道阻力实验，得到了沿程水头损失系数与雷诺数、相对粗糙度的关系曲线，如图 5－34 所示。根据尼古拉兹实验成果可知，沿程水头损失系数与雷诺数、相对粗糙度的关系存在以下五种情况，分别对应图 5－34 中的Ⅰ～Ⅴ区。

第Ⅰ区为层流区（对应直线 ab），$Re<2000$，沿程水头损失系数与 Δ/d 无关，$\lambda=64/Re$。将该式代入达西-威斯巴赫公式中可得：$h_f\propto v^1$，即沿程水头损失与速度的一次方成比例。这一结论与理论分析、雷诺实验结果一致。

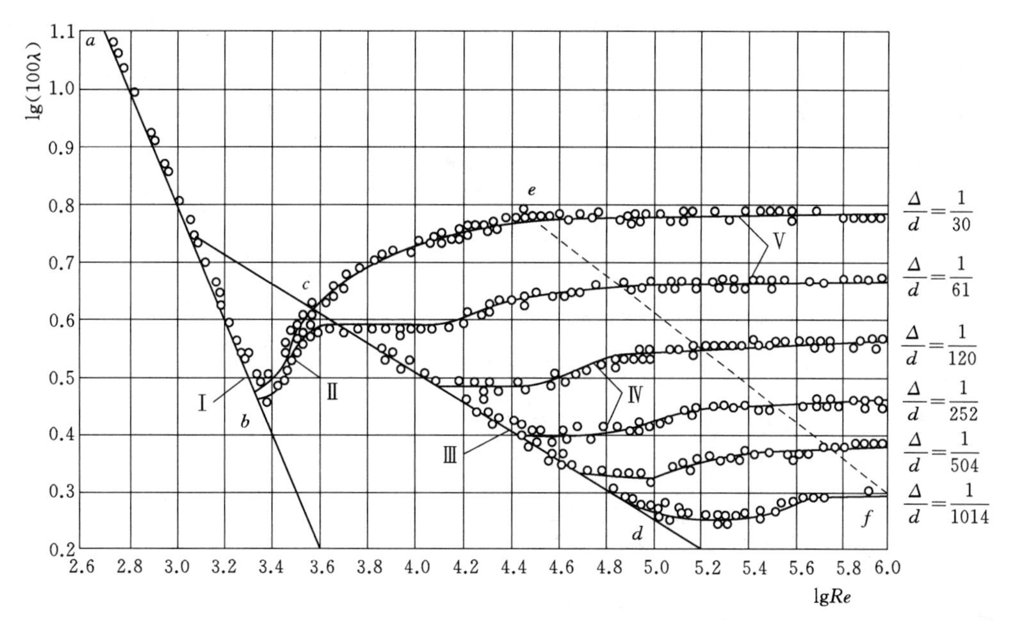

图 5-34　尼古拉兹实验曲线

第Ⅱ区为层流到紊流的过渡区（对应图 5-34 中曲线 bc），$2000<Re<4000$，该区沿程水头损失系数基本上与 Δ/d 无关，但 λ 与 Re 的关系不够稳定，目前没有可用的关系式。

第Ⅲ区为紊流光滑区（对应图 5-34 中曲线 cd），$Re>4000$，沿程水头损失系数与 Δ/d 无关，与 Re 的关系可以用式下面经验公式计算：

尼古拉兹公式：
$$\frac{1}{\sqrt{\lambda}}=-2\lg\frac{2.51}{Re\sqrt{\lambda}},Re=5\times10^4\sim3\times10^6 \tag{5-117}$$

布拉休斯公式：
$$\lambda=\frac{0.3164}{Re^{1/4}},Re<10^5 \tag{5-118}$$

将布拉休斯公式代入达西-威斯巴赫公式中可得：$h_f\propto v^{1.75}$，即沿程水头损失与速度的 1.75 次方成比例。

第Ⅳ区为紊流过渡区（对应图 5-34 中曲线 cd 与虚线 ef 之间），沿程水头损失系数与 Re 和 Δ/d 都有关，$\lambda=f(Re,\Delta/d)$。由于这一区域人工沙粒粗糙管道的实验结果和实际粗糙管道情况不一致，因此没有经验公式。

第Ⅴ区为紊流粗糙区（对应图 5-34 中虚线 ef 右边），水流处于完全发展的紊流状态，沿程水头损失系数与 Re 无关，与 Δ/d 的关系可以用下面的尼古拉兹公式计算：

$$\lambda=\left[2\lg\left(3.71\frac{d}{\Delta}\right)\right]^{-2}\quad 或\frac{1}{\sqrt{\lambda}}=-2\lg\frac{\Delta}{3.71d} \tag{5-119}$$

将尼古拉兹公式代入达西-威斯巴赫公式中可得：$h_f\propto v^2$，即沿程水头损失与速度的平方成比例，因此紊流粗糙区也称为阻力平方区。

二、柯列布鲁克公式和莫迪图

柯列布鲁克在 1939 年对各种工业管道进行了实验研究，实验所采用的管道有玻璃管、混凝土管、钢管、铜管、木管等。柯列布鲁克将实验得到的沿程水头损失与人工加糙的结果进行对比，把具有相同沿程水头损失值的砂粒绝对粗糙度作为管道的当量粗糙度Δ。实用管道的当量粗糙度可参考表5-2中的数值，也可查阅有关手册。

表5-2　　各种壁面的当量粗糙度

种　类	加工及使用情况	当量粗糙度/mm	
		变化范围	平均值
玻璃管、铜管、铅管、铝管	新的、光滑的、整体拉制的	0.001～0.01	0.005
		0.0015～0.06	0.03
无缝钢管	新的、清洁的、敷设良好的	0.02～0.05	0.03
	用过几年后加以清洗的、涂沥青的、轻微锈蚀的、污垢不多的	0.15～0.3	0.2
小口径的焊接钢管（只有纵向焊缝）	清洁的	0.03～0.1	0.05
	经清洗后锈蚀不显著的旧管	0.1～0.2	0.15
	轻度锈蚀的旧管	0.2～0.7	0.5
	中等锈蚀的旧管	0.8～1.5	1.0
大口径钢管	纵缝、横缝均为焊接	0.3～1.0	0.7
	纵缝焊接、横缝铆接，一排铆钉	≤1.8	1.2
	纵缝焊接、横缝铆接，二排或二排以上铆钉	1.2～2.8	1.8
镀锌钢管	镀锌面光滑洁净的新管	0.07～0.1	
	镀锌面一般的新管	0.1～0.2	0.15
	用过几年的旧管	0.4～0.7	0.5
铸铁管	新管	0.2～0.5	0.3
	涂沥青的新管	0.1～0.15	
	涂沥青的旧管	0.12～0.3	0.18
混凝土管及钢筋混凝土管	无抹灰面层：钢模板，施工良好，接缝平整	0.3～0.9	0.7
	无抹灰面层：木模板，施工质量一般	1.0～1.8	1.2
	有抹灰面层并经抹光	0.25～1.8	0.7
	有喷浆面层：表面用钢丝刷刷过并仔细抹光	0.7～2.8	1.2
	有喷浆面层：表面用钢丝刷刷过但未经抹光	≥4.0	8.0
橡胶软管			0.03

柯列布鲁克将光滑管和粗糙管的两个尼古拉兹公式合并而得到紊流光滑区、过渡区和粗糙区的统一公式：

$$\frac{1}{\sqrt{\lambda}}=-2\lg\left(\frac{\Delta}{3.71d}+\frac{2.51}{Re\sqrt{\lambda}}\right) \tag{5-120}$$

式（5-120）称为柯列布鲁克公式，其计算结果与工业钢管实验数据的误差在15%之内。当粗糙度Δ趋近于0时，柯尔布鲁克公式即变为尼古拉兹公式（5-117）；当雷诺数趋于无穷时，柯尔布鲁克公式即变为尼古拉兹公式（5-119）。柯列布鲁克公式的优点是不需要判断紊流在哪个区，可以直接计算沿程阻力系数；柯列布鲁克公式的缺点是需要试算。为了避免试算，齐思给出了如下显式拟合公式：

$$\lambda=\left\{-1.8\lg\left[\left(\frac{\Delta}{3.7d}\right)^{1.11}+\frac{6.9}{Re}\right]\right\}^{-2} \tag{5-121}$$

穆迪根据柯列布鲁克公式绘制的 $\lambda=f(Re,\Delta/d)$ 关系曲线称为穆迪图（图 5-35），根据 Re 和 Δ/d 大小可以从穆迪图上查出 λ 值。穆迪图与尼古拉兹实验曲线有两个主要区别：①尼古拉兹实验曲线在紊流过渡区有降有升，穆迪图中均为下降曲线；②尼古拉兹实验曲线的光滑管区和过渡区之间的转折点较穆迪图提前，特别是 $\Delta/d>0.001$ 的曲线没有光滑管区。

对于非圆形断面管道，采用 $4R$ 作为管道的当量直径 d，则可以近似地采用上述圆形管道公式计算。

【例 5-13】 新铸铁管内径 $d=20\text{cm}$，长度 $l=1000\text{m}$，流量 $Q=63\text{L/s}$，水温 10℃，求沿程水头损失 h_f。

解：水温 10℃，$\nu=1.31\times10^{-6}\text{m}^2/\text{s}$；$v=\dfrac{Q}{A}=\dfrac{4Q}{\pi d^2}=\dfrac{4\times0.063}{\pi\times0.2^2}\approx2.0(\text{m/s})$

则 $Re=\dfrac{vd}{\nu}=\dfrac{2\times0.2}{1.31\times10^{-6}}=3.06\times10^5$，流态为紊流

查表 5-2，取 $\Delta=0.3\text{mm}$，则

$$\Delta/d=0.3/200=0.0015$$

采用式（5-120）试算：

$$\lambda=\left[-2\lg\left(\frac{\Delta}{3.71d}+\frac{2.51}{Re\sqrt{\lambda}}\right)\right]^{-2}=0.25\times\left[4-\lg\left(4.04+\frac{0.082}{\sqrt{\lambda}}\right)\right]^{-2}$$

取初值 $\lambda=0.02$ 代入公式右端，经迭代计算得（保留三位有效数字）$\lambda=0.0224$

$$沿程水头损失\ h_f=\lambda\frac{l}{d}\frac{v^2}{2g}=22.86(\text{m})$$

【例 5-14】 已知某管道的断面平均流速 v、管长 l、管径 d、绝对粗糙度 Δ 和运动黏度 ν，试给出沿程水头损失 h_f 的表达式。

解：由 $h_f=\lambda\dfrac{l}{d}\dfrac{v^2}{2g}$ 得 $\lambda=\dfrac{2gdh_f}{lv^2}$，$Re=\dfrac{vd}{\nu}$

代入式（5-120）：
$$\sqrt{\frac{lv^2}{2gdh_f}}=-2\lg\left(\frac{\Delta}{3.71d}+\frac{2.51\nu}{dv}\sqrt{\frac{lv^2}{2gdh_f}}\right)$$

整理得：
$$\sqrt{\frac{1}{h_f}}=-\sqrt{\frac{8gd}{v^2l}}\lg\left(\frac{\Delta}{3.71d}+\frac{2.51\nu}{d}\sqrt{\frac{l}{2gdh_f}}\right)$$

三、谢才公式与曼宁公式

上述尼古拉兹和柯列布鲁克实验是针对管道进行的，类似尼古拉兹实验，蔡克士大针对明渠水流进行一系列实验，得到了类似尼古拉兹实验曲线的结果。同样可以得到计算明渠沿程水头损失系数的经验公式，但在水利工程中一般不采用蔡克士大的实验结果，而是采用谢才公式计算明渠流动问题。谢才基于明渠水流实测资料提出如下断面平均流速与水

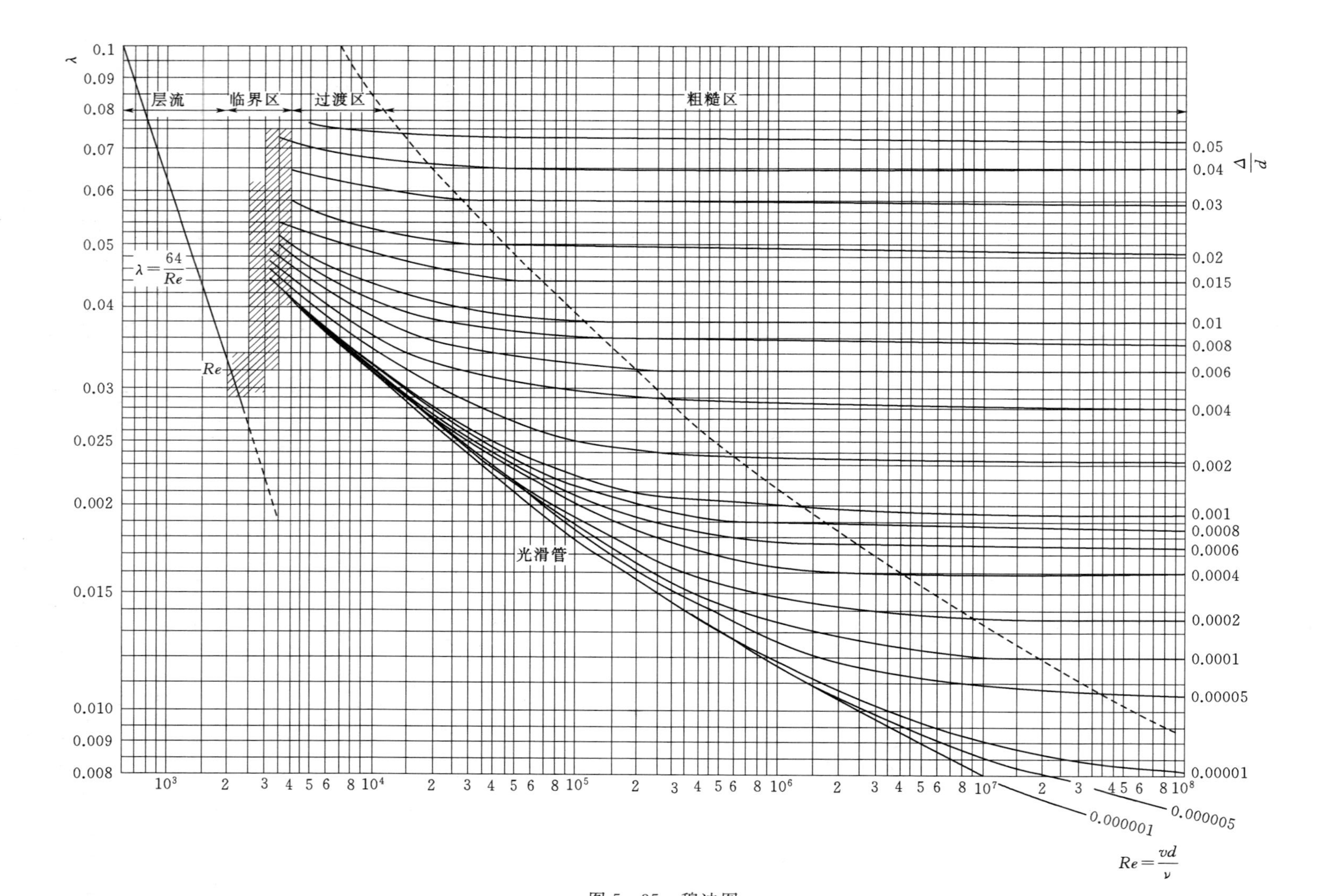

λ
0.1
0.09
0.08
0.07
0.06
0.05
0.04
0.03
0.025
0.002
0.015
0.010
0.009
0.008
层流
临界区
过渡区
粗糙区
λ=64/Re
Re
光滑管
Δ/d
0.05
0.04
0.03
0.02
0.015
0.01
0.008
0.006
0.004
0.002
0.001
0.0008
0.0006
0.0004
0.0002
0.0001
0.00005
0.00001
0.000005
0.000001
Re=vd/ν

图 5-35　穆迪图

力坡度之间的关系式：

$$v=C\sqrt{RJ} \tag{5-122}$$

式（5-122）称为谢才公式，式中 C 为谢才系数（量纲为 $L^{1/2}T^{-1}$）。与达西-威斯巴赫公式（5-74）比较可知，C 与 λ 之间的换算关系为

$$C=\sqrt{\frac{8g}{\lambda}} \tag{5-123}$$

$$\lambda=\frac{8g}{C^2} \tag{5-124}$$

可以看出，谢才公式与达西-威斯巴赫公式是可以相互转换的，只是系数和形式不同。谢才公式虽然是从明渠流中推导出来的，但也可以应用到管流中，只要能确定管道的谢才系数即可。

计算谢才系数的经验公式常用曼宁公式和巴甫洛夫斯基公式：

曼宁公式：
$$C=\frac{R^{1/6}}{n} \tag{5-125}$$

式中：n 为糙率，其物理意义比较模糊，是一个反映壁面粗糙、边界形状以及其他影响因素作用的综合性经验系数，不同类型壁面的糙率值见表 5-3。

表 5-3　不同类型壁面的糙率值

序号	壁面种类及状况	n
1	特别光滑的黄铜管、玻璃管、涂有珐琅质或其他油料的表面	0.009
2	精致水泥浆抹面；安装及连接良好的新制的清洁铸铁管及钢管；精刨木板	0.011
3	未刨光但连接很好的木板；正常情况下无显著水锈的给水管	0.012
4	良好的砖砌面；正常情况下的排水管；略有污秽的给水管	0.013
5	污秽的给水管和排水管；一般情况下渠道的混凝土面；一般的砖砌面	0.014
6	旧的砖砌面；相当粗糙的混凝土面；特别光滑的、仔细开挖的岩石面	0.017
7	坚实黏土渠道；不密实淤泥层的黄土、沙砾石及泥土的渠道；养护良好的大土渠	0.0225
8	中等养护情况的土渠；情况极良好的天然河道	0.025
9	养护情况中等以下的土渠	0.0275
10	情况较坏的土渠；情况良好的天然河道	0.030
11	情况很坏的土渠；情况比较良好的天然河道	0.035
12	情况特别坏的土渠；情况不大良好的天然河道	0.040

巴甫洛夫斯基公式：
$$C=\frac{R^y}{n} \tag{5-126}$$

$$y=2.5\sqrt{n}-0.13-0.75\sqrt{R}(\sqrt{n}-0.10) \tag{5-127}$$

上式的资料范围是：$0.1\text{m}\leqslant R\leqslant 3.0\text{m}$，$0.011\leqslant n\leqslant 0.035\sim0.04$。

注意，曼宁公式和巴甫洛夫斯基公式两侧的量纲不同，不满足量纲和谐原理（参见第六章第二节），所以使用该式时水力半径 R 的单位必须是 m，计算得到的谢才系数 C 的单位为 $m^{1/2}/s$。巴甫洛夫斯基公式考虑了指数的变化，但目前水利工程界仍多用较为简单的

曼宁公式。曼宁公式和巴甫洛夫斯基公式没有考虑雷诺数对 C 的影响，所以只适用于紊流粗糙区（阻力平方区），即大雷诺数的情况，如明渠流动或大断面的管道等情况。

【例 5-15】 一梯形断面渠道，底宽 $b=10$m，水深 $h=3$m，边坡为 1∶1，混凝土抹面（$n=0.014$），流量为 $50\text{m}^3/\text{s}$，求谢才系数 C、水力坡度和沿程损失系数（图 5-36）。

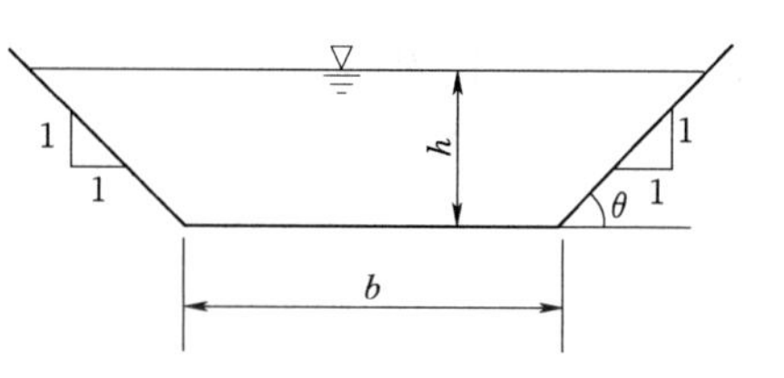

图 5-36　例 5-15 配图

解： 边坡系数 $m=\cot\theta=1$

过水断面面积　$A=h(b+mh)=3\times(10+1\times3)=39(\text{m}^2)$

湿周　$\chi=b+2h\sqrt{1+m^2}=10+2\times3\times\sqrt{2}=18.5(\text{m})$

水力半径　$R=A/\chi=2.11(\text{m})$

断面平均流速　$v=Q/A=1.28(\text{m/s})$

（1）按曼宁公式计算　$C=\dfrac{2.11^{1/6}}{0.014}=81.0(\text{m}^{1/2}/\text{s})$

水力坡度　$J=\dfrac{v^2}{C^2R}=1.18\times10^{-4}$

沿程损失系数　$\lambda=\dfrac{8g}{C^2}=\dfrac{8g}{81^2}=0.0119$

（2）按巴甫洛夫斯基公式计算

$$y=2.5\sqrt{0.014}-0.13-0.75\sqrt{2.11}\times(\sqrt{0.014}-0.1)=0.146$$

$$C=\frac{R^y}{n}=\frac{2.11^{0.146}}{0.014}=79.7(\text{m}^{1/2}/\text{s}),J=1.22\times10^{-4}$$

$$\lambda=\frac{8g}{C^2}=\frac{8g}{79.7^2}=0.0123$$

四、舍维列夫公式

舍维列夫公式常用于给水管道的水头损失计算。对于使用两个月以上的旧钢管、旧铸铁管，舍维列夫将曼宁公式代入式（5-125），并取 $n=0.013$，得到了沿程阻力系数与管道直径的关系式：

$$\lambda=\frac{8g}{C^2}=\frac{8n^2g}{(d/4)^{1/3}}=\frac{124.5n^2}{d^{1/3}}\approx\frac{0.021}{d^{0.3}}\tag{5-128}$$

式（5-128）适用于流速大于 1.2m/s 的情况，一般可以认为是紊流粗糙区。如果流速小于 1.2m/s，可采用如下修正公式：

$$\lambda=\left(1+\frac{0.867}{v}\right)^{0.3}\frac{0.0179}{d^{0.3}}\tag{5-129}$$

对于新钢管和新铸铁管，舍维列夫给出如下经验公式：

$$\text{新钢管}\ \lambda=\frac{0.0159}{d^{0.226}}\left(1+\frac{0.684}{v}\right)^{0.226},Re<2.4\times10^6d\tag{5-130}$$

$$\text{新铸铁管}\ \lambda=\frac{0.0144}{d^{0.284}}\left(1+\frac{2.36}{v}\right)^{0.284},Re<2.7\times10^6d\tag{5-131}$$

式（5-128）～式（5-131）中 d 的单位为 m，v 的单位为 m/s。

五、计算沿程水头损失的其他公式

沿程水头损失的计算公式除了以沿程水头损失系数 λ 为参数的达西-威斯巴赫公式和以谢才系数 C 为参数的谢才公式外，在管道和明渠计算中还经常采用以下两个计算公式：

$$h_f=\frac{Q^2}{K^2}l \tag{5-132}$$

$$h_f=S_0Q^2l \tag{5-133}$$

式中 K 为流量模数，单位与流量的单位相同。流量模数综合反映了管道断面形状、大小和粗糙程度等对输水流量的影响，其物理意义可以理解为在水力坡度 $J=1$ 时管道所通过的流量。S_0 为比阻，其物理意义可以理解为单位管长在单位流量时的沿程水头损失。参数 K、S_0 与 λ、C 之间的关系为

$$K=AC\sqrt{R}=\sqrt{\frac{8gRA^2}{\lambda}} \tag{5-134}$$

$$S_0=\frac{1}{K^2}=\frac{\lambda}{8gRA^2} \tag{5-135}$$

第八节　局部水头损失

局部水头损失发生在急变流段，主要与边界变化情况有关。由于急变流段局部水流结构复杂，很难从理论上推导出局部水头损失的理论计算公式，一般可以用如下通用公式计算：

$$h_j=\zeta\frac{v^2}{2g} \tag{5-136}$$

其中 ζ 为局部水头损失系数，在通常的 Re 取值范围内可取为常数。除个别情况下可以从理论上推导出局部水头损失系数外，大多数情况下需要通过实验确定局部水头损失系数。表 5-4 为不同边界变化情况下的局部水头损失系数。

表 5-4　不同边界变化情况下的局部水头损失系数

边界变化	公式	图形	系　数
突缩管道	$h_j=\zeta\frac{v_2^2}{2g}$	v_1 A_1 A_2 v_2	$\zeta=0.5\left(1-\frac{A_2}{A_1}\right)$
突扩管道	$h_j=\zeta_1\frac{v_1^2}{2g}$ $h_j=\zeta_2\frac{v_2^2}{2g}$	v_1 A_1 A_2 v_2	$\zeta_1=\left(1-\frac{A_1}{A_2}\right)^2$ $\zeta_2=\left(\frac{A_2}{A_1}-1\right)^2$
管道出口	$h_j=\zeta\frac{v^2}{2g}$	v	$\zeta=1.0$（突扩特例 $A_2\gg A_1$）

续表

<table>
<tr><th>边界变化</th><th>公式</th><th>图形</th><th>系　数</th></tr>
<tr><td rowspan="3">管道进口</td><td rowspan="3">$h_j=\zeta\frac{v^2}{2g}$</td><td>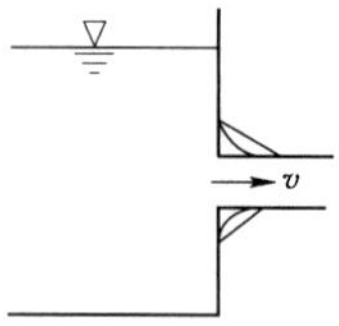
</td><td>直角 $\zeta=0.5$、切角 $\zeta=0.25$、
圆角 $\zeta=0.10$、喇叭形 $\zeta=0.01\sim0.25$</td></tr>
<tr><td>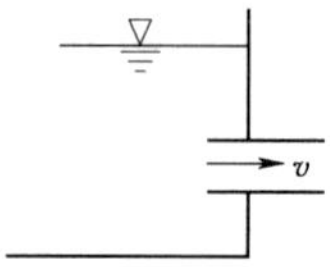
</td><td>内插进口 $\zeta=1.0$</td></tr>
<tr><td>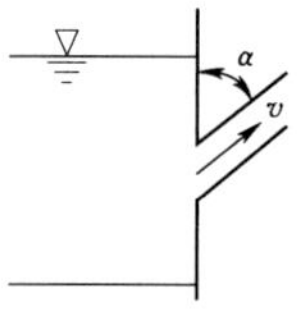
</td><td>斜角进口
$\zeta=0.5+0.3\cos\alpha+0.2\cos^2\alpha$</td></tr>
<tr><td>弯管</td><td>$h_j=\zeta\frac{v^2}{2g}$</td><td>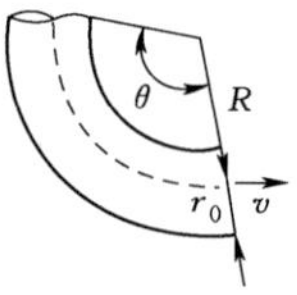
</td><td>$\zeta=\left[0.131+1.847\left(\frac{r_0}{R}\right)^{3.5}\right]\left(\frac{\theta}{90^\circ}\right)^{0.5}$</td></tr>
<tr><td>折管</td><td>$h_j=\zeta\frac{v^2}{2g}$</td><td>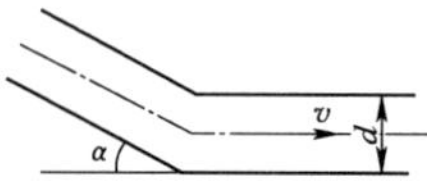
</td><td><table><tr><td>α</td><td>10°</td><td>20°</td><td>30°</td><td>40°</td><td>50°</td><td>60°</td><td>70°</td><td>80°</td><td>90°</td></tr><tr><td>ζ</td><td>0.04</td><td>0.1</td><td>0.2</td><td>0.3</td><td>0.4</td><td>0.55</td><td>0.7</td><td>0.9</td><td>1.1</td></tr></table></td></tr>
<tr><td>平板阀门</td><td>$h_j=\zeta\frac{v^2}{2g}$</td><td>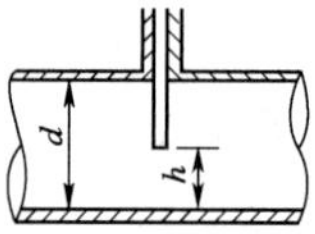
</td><td><table><tr><td>$1-h/d$</td><td>1/8</td><td>2/8</td><td>3/8</td><td>4/8</td><td>5/8</td><td>6/8</td><td>7/8</td></tr><tr><td>ζ</td><td>0.07</td><td>0.26</td><td>0.81</td><td>2.06</td><td>5.52</td><td>17</td><td>97.8</td></tr></table></td></tr>
<tr><td>蝶形阀门</td><td>$h_j=\zeta\frac{v^2}{2g}$</td><td>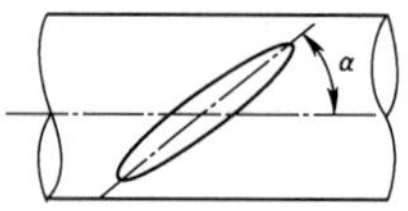
</td><td><table><tr><td>α</td><td>5°</td><td>10°</td><td>15°</td><td>20°</td><td>25°</td><td>30°</td><td>35°</td></tr><tr><td>ζ</td><td>0.24</td><td>0.52</td><td>0.9</td><td>1.54</td><td>2.51</td><td>3.91</td><td>6.22</td></tr><tr><td>α</td><td>40°</td><td>45°</td><td>50°</td><td>55°</td><td>60°</td><td>65°</td><td>70°</td></tr><tr><td>ζ</td><td>10.8</td><td>18.7</td><td>32.6</td><td>58.8</td><td>118</td><td>256</td><td>751</td></tr></table></td></tr>
<tr><td rowspan="2">截止阀</td><td rowspan="2">$h_j=\zeta\frac{v^2}{2g}$</td><td>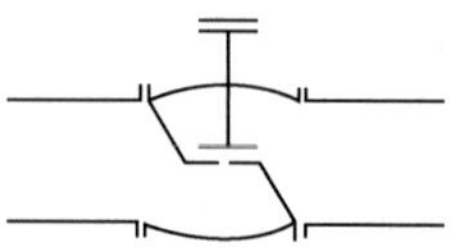</td><td>$\zeta=3\sim5.5$</td></tr>
<tr><td>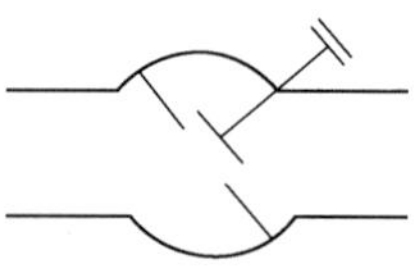</td><td>$\zeta=1.4\sim1.85$</td></tr>
</table>

续表

<table>
<tr><th>边界变化</th><th>公式</th><th>图形</th><th>系　　数</th></tr>
<tr><td rowspan="2">进口滤网</td><td rowspan="2">$h_j=\zeta\dfrac{v^2}{2g}$</td><td> 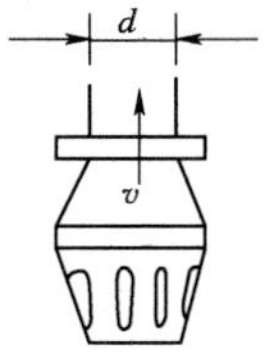</td><td>无底阀：$\zeta=(0.675\sim1.575)(A/A_n)^2$
A 为圆管截面积；A_n 为滤网孔口总面积</td></tr>
<tr><td> 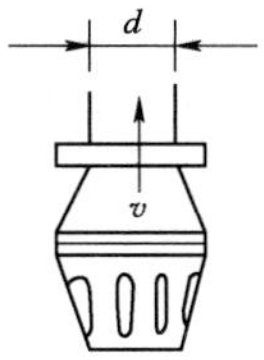</td><td>有底阀
<table>
<tr><td>d/mm</td><td>40</td><td>50</td><td>75</td><td>100</td><td>150</td><td>200</td></tr>
<tr><td>ζ</td><td>12.0</td><td>10.0</td><td>8.5</td><td>7.0</td><td>6.0</td><td>5.2</td></tr>
<tr><td>d/mm</td><td>250</td><td>300</td><td>350</td><td>400</td><td>500</td><td>750</td></tr>
<tr><td>ζ</td><td>4.4</td><td>3.7</td><td>3.4</td><td>3.1</td><td>2.5</td><td>1.6</td></tr>
</table></td></tr>
<tr><td>渐缩管道</td><td>$h_j=\zeta\dfrac{v_2^2}{2g}$</td><td> 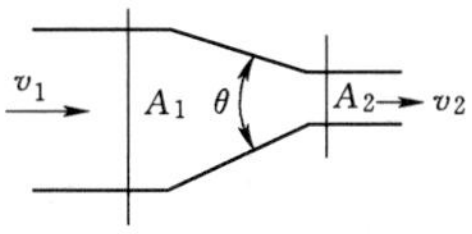</td><td> 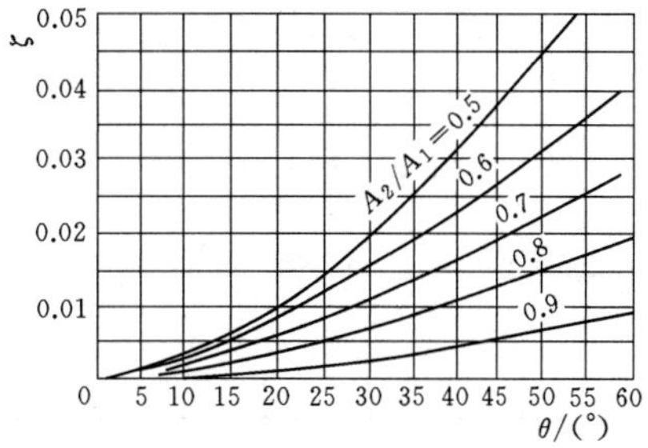</td></tr>
<tr><td>渐扩管道</td><td>$h_j=\zeta\dfrac{v_2^2}{2g}$</td><td> 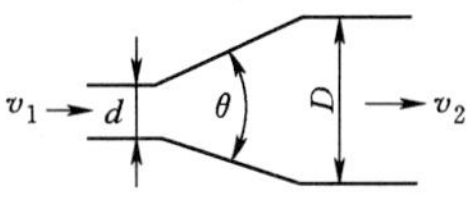</td><td>$\zeta=k\left(\dfrac{A_2}{A_1}-1\right)^2$
<table>
<tr><td>θ</td><td>8°</td><td>10°</td><td>12°</td><td>15°</td><td>20°</td><td>25°</td></tr>
<tr><td>k</td><td>0.14</td><td>0.16</td><td>0.22</td><td>0.30</td><td>0.42</td><td>0.62</td></tr>
</table></td></tr>
<tr><td>突扩渠道</td><td>$h_j=\zeta\left(\dfrac{v_1^2}{2g}-\dfrac{v_2^2}{2g}\right)$</td><td> 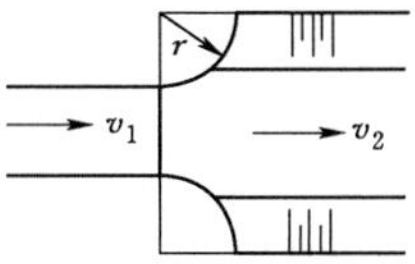</td><td>直角 $\zeta=0.75$
圆角 $\zeta=0.50$</td></tr>
<tr><td>突缩渠道</td><td>$h_j=\zeta\left(\dfrac{v_2^2}{2g}-\dfrac{v_1^2}{2g}\right)$</td><td> 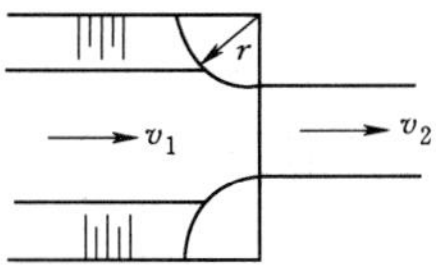</td><td>直角 $\zeta=0.40$
圆角 $\zeta=0.20$</td></tr>
<tr><td>渐扩渠道</td><td>$h_j=\zeta\left(\dfrac{v_1^2}{2g}-\dfrac{v_2^2}{2g}\right)$</td><td> 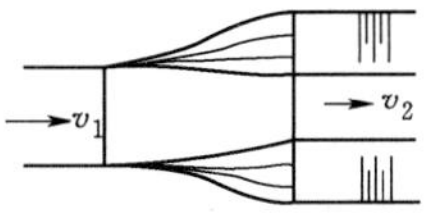</td><td>扭面 $\zeta=0.30$
楔形 $\zeta=0.50$</td></tr>
<tr><td>渐缩渠道</td><td>$h_j=\zeta\left(\dfrac{v_2^2}{2g}-\dfrac{v_1^2}{2g}\right)$</td><td> 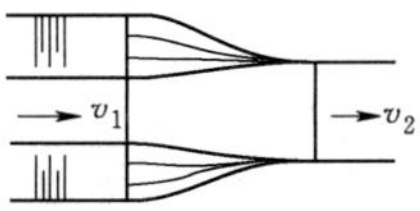</td><td>扭面 $\zeta=0.10$
楔形 $\zeta=0.20$</td></tr>
</table>

续表

边界变化	公式	图形	系　　数
弯曲渠道	$h_j=\zeta\dfrac{v^2}{2g}$	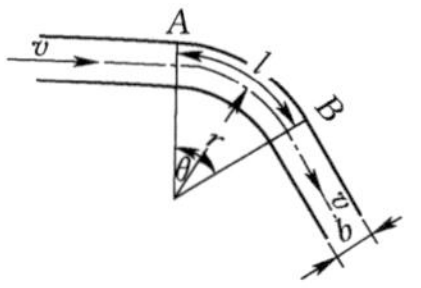	$\zeta=\dfrac{19.62l}{C^2R}\left(1+\dfrac{3}{4}\sqrt{\dfrac{b}{r}}\right)$ C 为谢才系数；R 为水力半径
拦污栅	$h_j=\zeta\dfrac{v^2}{2g}$	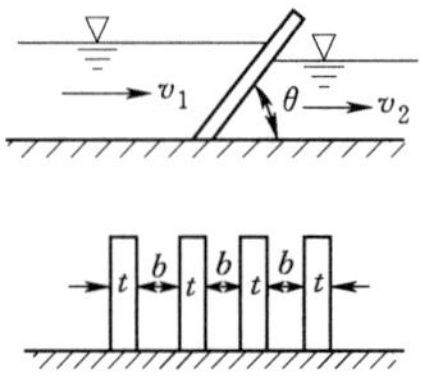	$\zeta=\beta\sin\theta\left(\dfrac{t}{b}\right)^{4/3}$ 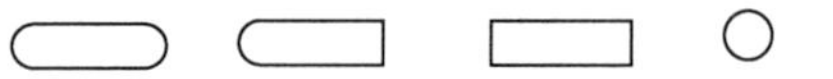 $\beta=1.60$　$\beta=1.77$　$\beta=2.34$　$\beta=1.73$
叉管	$h_j=\zeta\dfrac{v^2}{2g}$	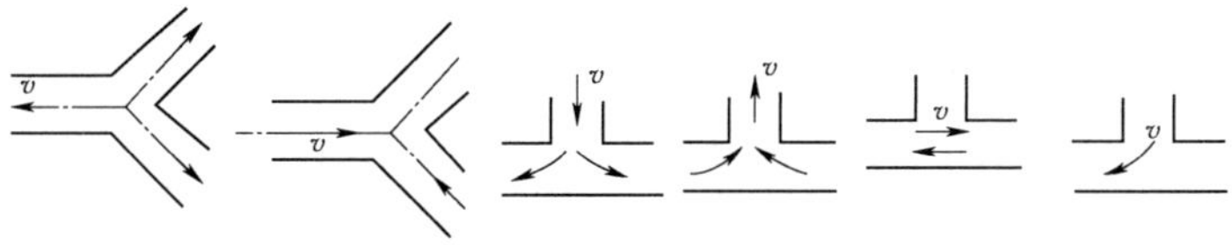 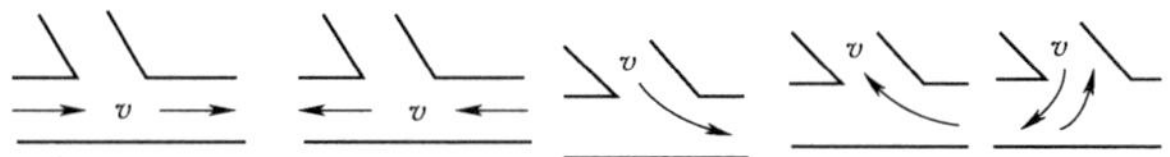 $\zeta=1.0$　$\zeta=1.5$ $\zeta=0.05$　$\zeta=0.15$	$\zeta=1.5$　$\zeta=3.0$　$\zeta=0.1$　$\zeta=1.5$ $\zeta=0.5$　$\zeta=1.0$　$\zeta=3.0$

管道突然扩大时的局部水头损失可以根据能量方程和动量方程推导出理论计算公式。

如图 5-37 所示，断面 1-1、2-2 均为渐变流断面，由断面 1-1、2-2 的能量方程得

$$h_j=z_1-z_2+\frac{p_1-p_2}{\gamma}+\frac{\alpha_1v_1^2-\alpha_2v_2^2}{2g} \tag{5-137}$$

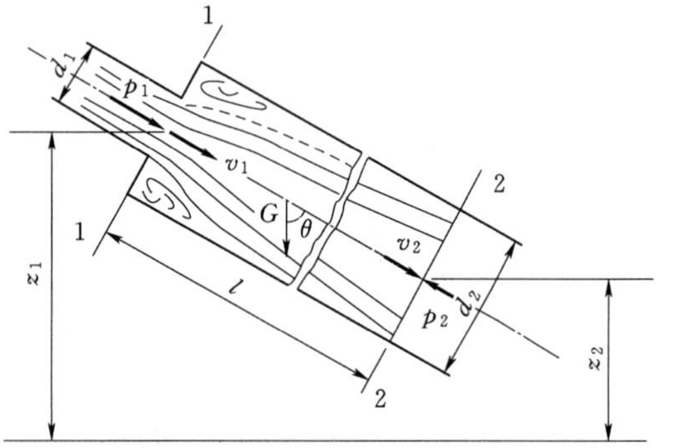

由流动方向上的动量方程得

$$\rho Q(\beta_2v_2-\beta_1v_1)=p_1A_1+p_1'(A_2-A_1)-p_2A_2+G\cos\theta-F_f \tag{5-138}$$

图 5-37　管道突然扩大流动示意图

假设：①流段不长，壁面摩擦阻力 F_f 可以忽略；②断面 1-1 上压强近似符合静水压强分布，肩部环形面上平均压强 p_1'＝中心压强 p_1，由几何关系可知，重力分量为

$$G\cos\theta=\gamma A_2l\frac{z_1-z_2}{l}=\gamma A_2(z_1-z_2) \tag{5-139}$$

代入动量方程整理可得

$$\left(z_2+\frac{p_2}{\gamma}\right)-\left(z_1+\frac{p_1}{\gamma}\right)=\frac{v_2}{g}(\beta_1v_1-\beta_2v_2) \tag{5-140}$$

将式（5－140）代入能量方程式（5－137）得

$$h_j=\frac{v_2}{g}(\beta_2 v_2-\beta_1 v_1)+\frac{\alpha_1 v_1^2-\alpha_2 v_2^2}{2g} \tag{5-141}$$

取 $\alpha_1\approx\alpha_2\approx\beta_1\approx\beta_2\approx1.0$，可得管道突然扩大时的局部水头损失为

$$h_j=\frac{(v_1-v_2)^2}{2g} \tag{5-142}$$

写成局部水头损失计算统一公式为

$$h_j=\zeta_1\frac{v_1^2}{2g},\zeta_1=\left(1-\frac{A_1}{A_2}\right)^2 \tag{5-143}$$

$$h_j=\zeta_2\frac{v_2^2}{2g},\zeta_2=\left(\frac{A_2}{A_1}-1\right)^2 \tag{5-144}$$

图5－38为突然扩大管段的水头线变化示意图，可以看出，由于局部水流扩散、旋滚、碰撞产生了局部水头损失，总水头线沿程降低。虽然管道断面是突然扩大的，但主流过水断面是逐渐扩大的，主流平均流速和动能沿程逐渐减小，部分动能转换为势能，使得管道扩大后测压管水头逐渐上升，从式（5－140）也可以看出，测压管水头差是大于0的。

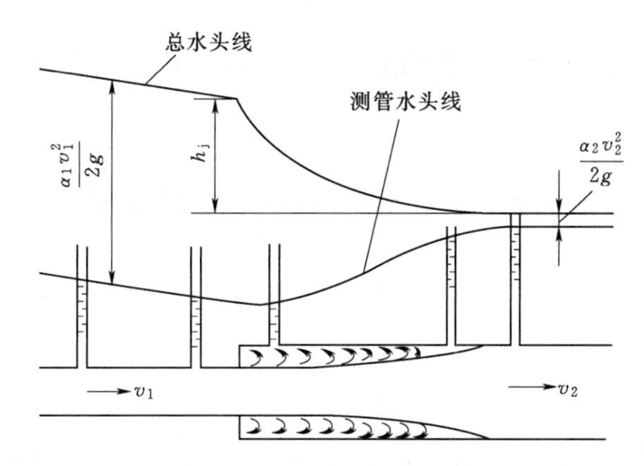

图5－38 突然扩大管段的水头线变化示意图

【例5－16】 如图5－39所示，已知两段串联管道的长度、管径和沿程水头损失系数分别为：$l_1=100$m，$d_1=50$mm，$\lambda_1=0.025$，$l_2=200$m，$d_2=100$mm，$\lambda_2=0.02$；入口为直角，流量为 $Q=5.0$L/s，求上下游水位差 H。

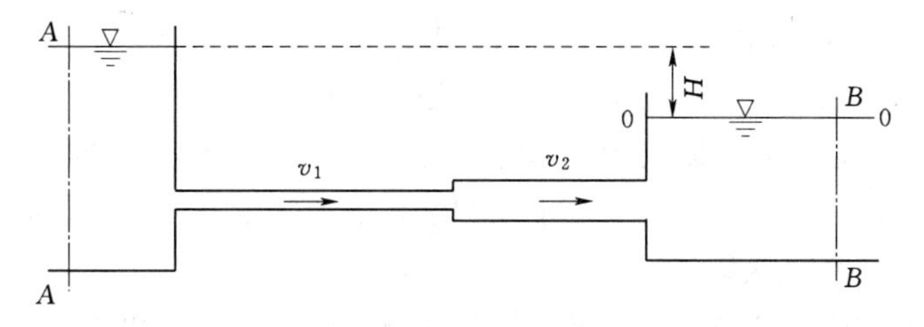

图5－39 例5－16配图

解： 取断面为 $A-A$、$B-B$，基准面为 $0-0$，则 $z_A=H$，$z_B=0$，$p_A=p_B=0$，$v_A\approx$

$v_B \approx 0$

管内流速 $v_1 = \dfrac{Q}{A_1} = \dfrac{4\times 0.005}{\pi\times 0.05^2} = 2.546(\text{m/s})$，$v_2 = v_1\left(\dfrac{d_1}{d_2}\right)^2 = \dfrac{1}{4}v_1 = 0.637(\text{m/s})$

直角入口：$\zeta_1 = 0.5$；淹没出流 $\zeta_2 = 1.0$。

由能量方程得：

$$H = h_{wA\text{-}B} = \left(\lambda_1 \frac{l_1}{d_1} + \zeta_1\right)\frac{v_1^2}{2g} + \frac{(v_1 - v_2)^2}{2g} + \left(\lambda_2 \frac{l_2}{d_2} + \zeta_2\right)\frac{v_2^2}{2g}$$

$$= \left(0.025\times\frac{100}{0.05} + 0.5\right)\times\frac{2.546^2}{19.6} + \frac{(2.546 - 0.637)^2}{19.6} + \left(0.02\times\frac{200}{0.1} + 1\right)\times\frac{0.637^2}{19.6}$$

$$= 16.701 + 0.186 + 0.849 = 17.736(\text{m})$$

第九节　空化与空蚀☆

空化是液体流经低压区时发生的汽化现象。液体发生汽化的条件是其绝对压强达到或小于其汽化压强（又称为饱和蒸汽压）p_{vp}，即

$$p_{abs} \leqslant p_{vp} \tag{5-145}$$

不同液体的汽化压强不同，但都随温度而变化。水的汽化压强随温度升高而增大（表 2-1）。

由于液体中压强分布的不均匀和波动，往往在某个很小的局部首先出现负压，特别是在局部形成的漩涡中心压强尤其低，而这时该区域以外的压强仍较高。液体中的杂质和微小气泡含量对空化的发生也有重要影响。因此，采用式（5-145）判断是否会发生空化不太科学，也不太方便。在工程中常根据如下条件判断是否会发生空化：

$$\sigma = \frac{p_0 - p_{vp}}{\rho u_0^2/2} < \sigma_c \tag{5-146}$$

式中：σ 为空化数；σ_c 为通过实验确定的初生空化数；p_0 和 u_0 为某个便于确定的特征压强（绝对压强）和特征流速，例如可以选择 u_0 为断面平均流速、p_0 为管道轴线上的时均压强。

可以看到，流速越大越容易发生空化，因此高速水流常常会伴随着局部的低压和漩涡，最容易发生空化和空蚀。当液体进入满足汽化条件的低压区域时因汽化而产生气泡，当气泡随流动进入压强较高区域时，蒸汽重新凝结，这时气泡会突然溃灭，产生高达 500 个大气压左右的脉冲压强。空化发生后气泡连续不断地形成和溃灭，不仅产生强大的振动和噪声，而且常常引起空化区附近固体边界的剥蚀破坏，称为空蚀现象或气蚀。气蚀会严重破坏水工结构、阀门、船舶螺旋桨、水泵和水轮机的叶轮等，影响设备的安全运行。因此工程中应尽量避免汽化现象和空蚀现象。

为防止空化的发生，首先是设法增大压强、减小流速，避免出现过大的真空；其次是通过合理设计边界形状来避免涡漩或局部低压区的形成或减少其危害；还可以人为地向出现低压的部位掺入空气以降低该处的负压。

习　　题

5-1　某河道在某处分为外江和内江两支，外江上设一座溢流堰以抬高上游水位，如图5-40所示。已测得上游来流的流量$Q=1250m^3/s$，通过溢流堰的流量$Q_1=325m^3/s$，内江的过水断面面积$A=375m^2$，求内江的流量和断面平均流速。

5-2　如图5-41所示，水流从水箱经管径$d_1=5cm$，$d_2=2.5cm$的管道在C处流入大气。已知出口断面平均流速为1m/s，求AB管段的断面平均流速。

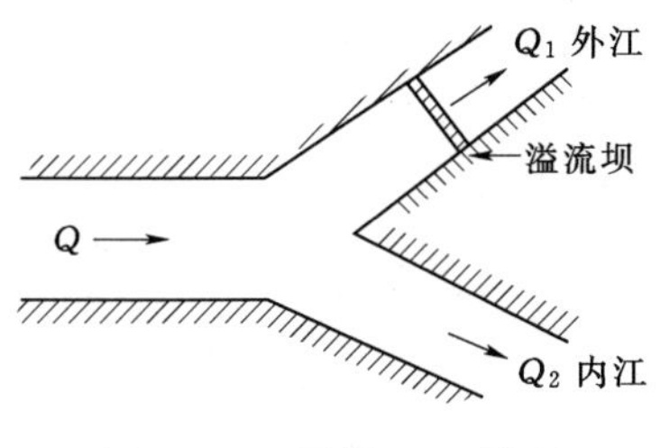

图5-40　习题5-1配图

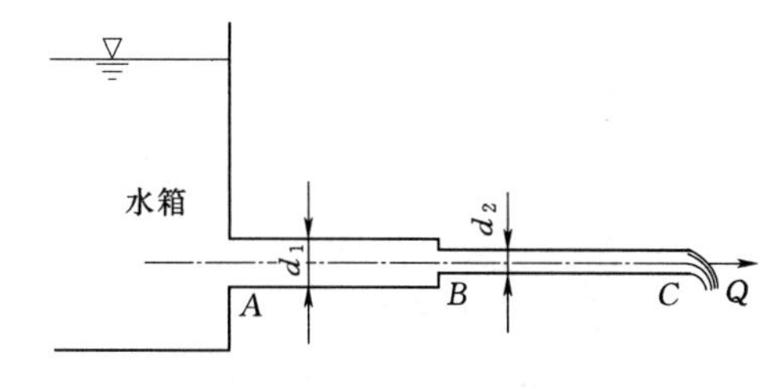

图5-41　习题5-2配图

5-3　有一陡坡渠道如图5-42所示，水流为恒定均匀流，设A点距水面的铅直水深为3.5m，流量$Q=30m^3/s$，宽度$b=10m$，求过水断面的平均速度。

5-4　圆管水流如图5-43所示，已知$d_A=0.2m$，$d_B=0.4m$，$p_A=6.86N/cm^2$，$p_B=1.96N/cm^2$，$v_B=1m/s$，$\Delta z=1m$。试问：（1）AB间水流的水头损失为多少？（2）水流流动方向是由A到B还是由B到A？

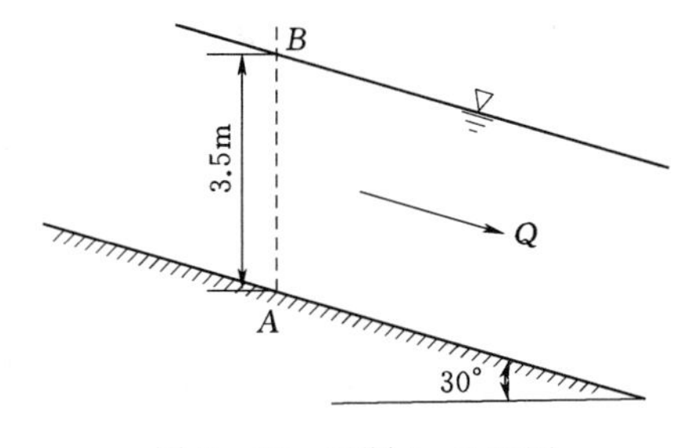

图5-42　习题5-3配图

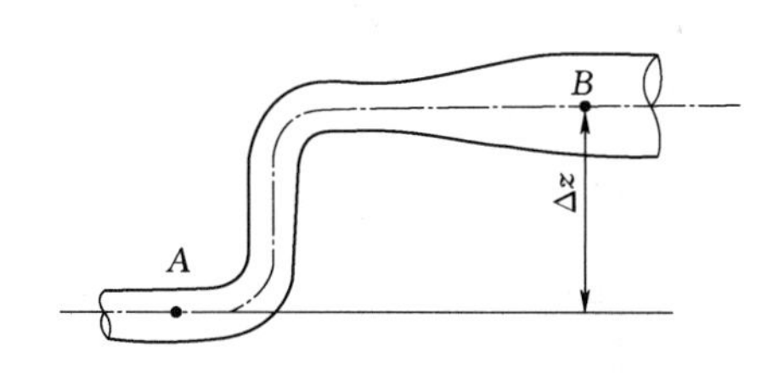

图5-43　习题5-4配图

5-5　有一渐变输油管如图5-44所示，与水平面的倾角为45°。断面1-1的管径$d_1=200mm$，断面2-2的管径$d_2=100mm$，两断面的间距$l=2m$，断面1-1处的流速$v_1=2m/s$，若油的重率γ'为$8820N/m^3$，水银测压计中的液面差$h=20cm$，试求：（1）断面1-1、断面2-2之间的水头损失h_{w1-2}；（2）判断液流的流向；（3）断面1-1、断面2-2之间的压强差。

5-6　铅直管如图5-45所示，直径$D=10cm$，出口直径$d=5cm$，水流流入大气，其他尺寸如图所示。若不计水头损失，求A、B、C三点的压强。

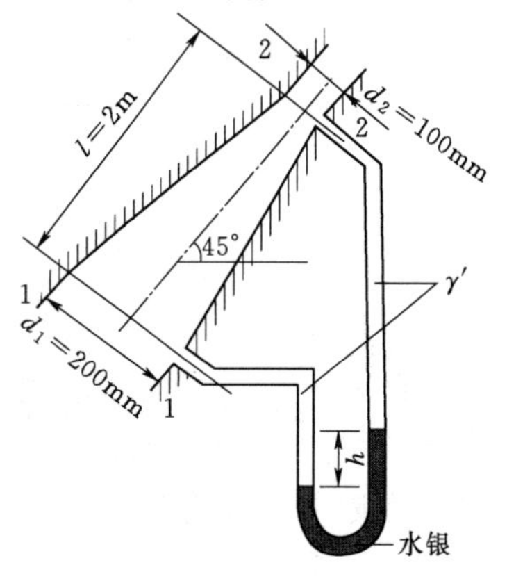

图5-44　习题5-5配图

5-7　如图 5-46 所示，溢流坝过水流的单宽流量 $q=29.8\text{m}^2/\text{s}$，已知断面 1-1 到 $c-c$ 断面过坝水流的水头损失 $h_w=0.08\dfrac{v_c^2}{2g}$，求 h_c 及 v_c。

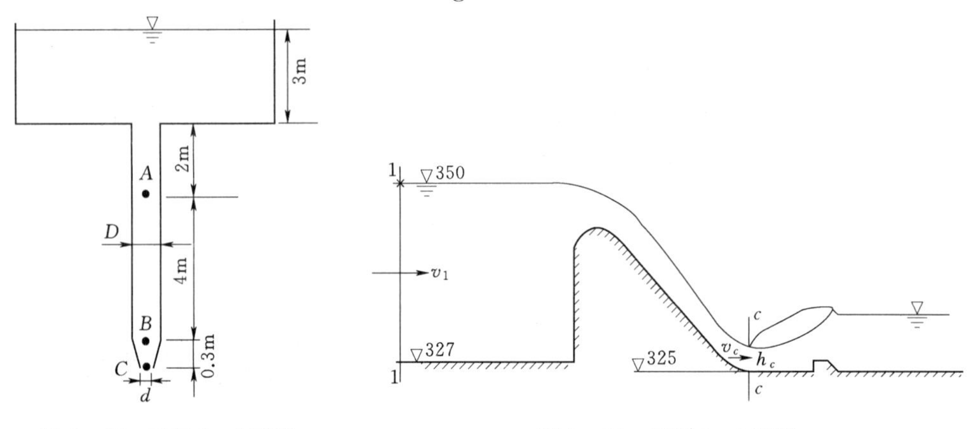

图 5-45　习题 5-6 配图　　　　图 5-46　习题 5-7 配图

5-8　如图 5-47 所示为一抽水装置，利用喷射水流在喉道断面上造成的负压，可将容器 M 中积水抽出。已知 H、b、h，如不计水头损失，喉道断面面积 A_1 与喷嘴出口断面面积 A_2 之间应满足什么条件才能使抽水装置开始工作？

5-9　文丘里流量计装置如图 5-48 所示，$D=5\text{cm}$，$d=2.5\text{cm}$，流量系数 $\mu=0.98$，在水银比压计上读得 $\Delta h=20\text{cm}$。试求：(1) 管中所通过的流量；(2) 若文丘里管倾斜放置的角度发生变化时（其他条件均不变），问通过的流量有无变化？

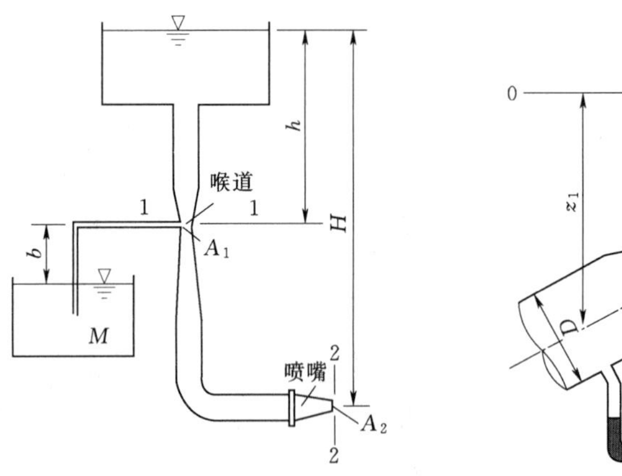

图 5-47　习题 5-8 配图

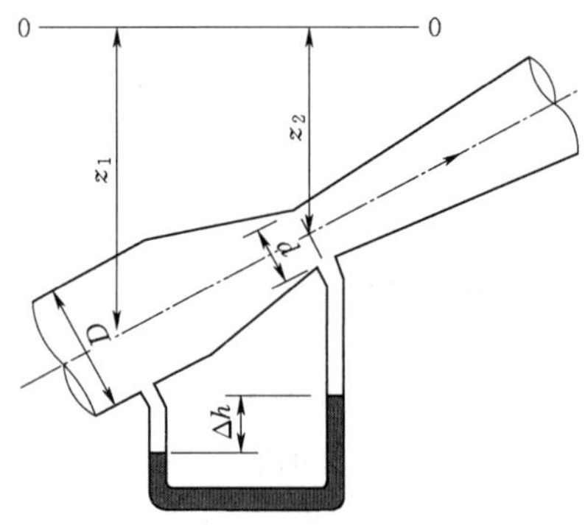

图 5-48　习题 5-9 配图

5-10　如图 5-49 所示，虹吸管从水库取水，已知管径 $d=10\text{cm}$，其中心线最高处超出水面 $z_3=2\text{m}$。其水头损失：点“1”到点“2”为 $9v^2/2g$，点“2”到“3”为 $v^2/2g$，点“3”到点“4”为 $2v^2/2g$。若真空高度限制在 7m 以内，问：(1) 吸水管的最大流量有无限制，如有应为多少？出水口到水库水面的高差 h 有无限制？如有应为多少；(2) 在通过最大流量时，“1”“2”“3”“4”各点的位置水头、压强水头和流速水头各为多少？

5－11　如图 5－50 所示，水从直径 $d_1=60\text{cm}$ 的水管进入一水力机械，出口后流入一个 $d_2=90\text{cm}$ 的水管，已知入口压强 $p_1=147.1\text{kPa}$，出口压强 $p_2=34.32\text{kPa}$，$Q=450\text{L/s}$，设其间水头损失 $h_{w1\text{-}2}=0.14v_1^2/2g$，求水流供给水力机械的功率。

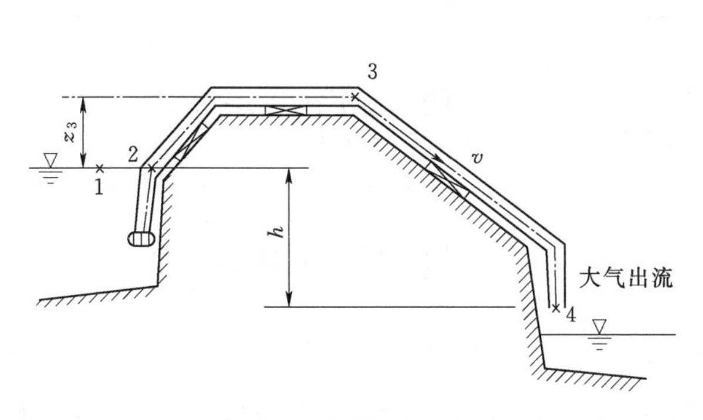

图 5－49　习题 5－10 配图

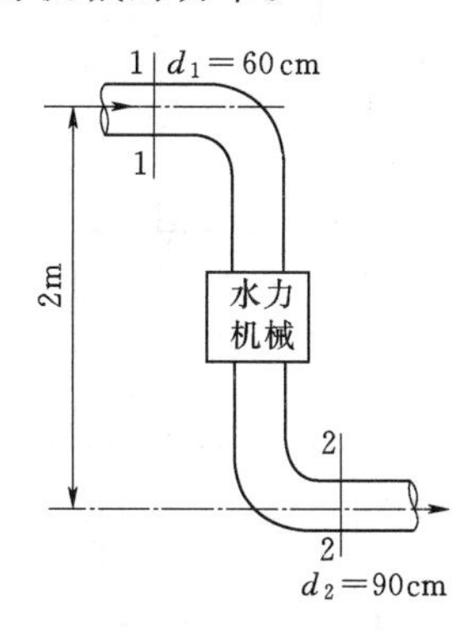

图 5－50　习题 5－11 配图

5－12　如图 5－51 所示，在测定流量用的密闭水箱中开一直径 $d=2\text{cm}$ 的孔口，为了测定水箱中的压强，安置了一个 U 形水银测压管，设 $h_1=4\text{cm}$，$h_2=20\text{cm}$。求恒定流的流量 Q（设水箱的断面面积远大于孔口断面面积，断面 2－2 面积是孔口断面面积的 0.64 倍，忽略阻力损失）。

5－13　如图 5－52 所示，一台水泵产生的水头为 $H_p=50\text{m}$，水泵吸水管从水池 A 处吸水，吸水管直径 $d_1=150\text{mm}$，所产生的水头损失为 $5v_1^2/2g$，v_1 为吸水管平均流速，水泵安装高程 $z_2=2\text{m}$，出水管直径 $d_2=100\text{mm}$，末端接一管嘴，直径 $d_3=75\text{mm}$，管嘴中心距吸水池水面高 30m，出水管所产生的水头损失为 $12v_2^2/2g$，v_2 为出水管断面平均流速。计算：(1) 管嘴 C 点的射流流速 v；(2) 水泵入口处 B 点的压强。

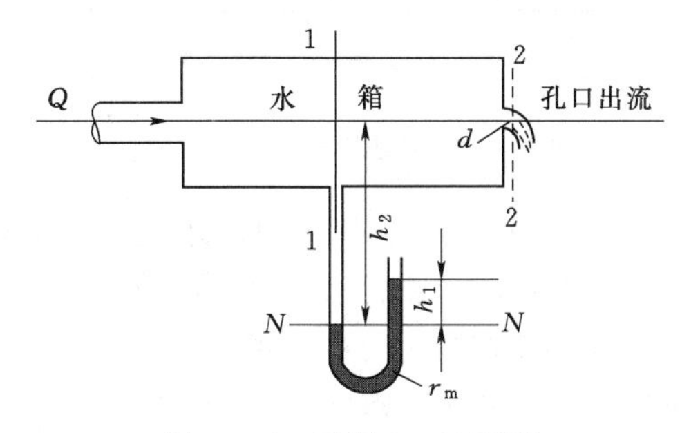

图 5－51　习题 5－12 配图

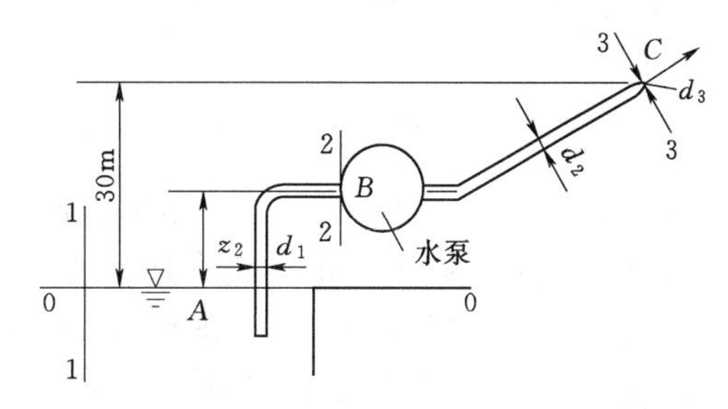

图 5－52　习题 5－13 配图

5－14　如图 5－53 所示，一矩形断面平底渠道，宽度 $b=2.7\text{m}$，河床在某断面处抬高 $\Delta=0.3\text{m}$，其上游的水深 $h_1=1.8\text{m}$，抬高处下游水面降低 $\Delta h=0.12\text{m}$。若水头损失 h_w 为尾渠流速水头的一半，问流量等于多少？

5－15　如图 5－54 所示，嵌入支座内的一段输水管，其直径由 $d_1=1.5\text{m}$ 渐变到 $d_2=1\text{m}$。当支座前管道中的相对压强 $p_1=4p_{at}$，流量 $Q=1.8\text{m}^3/\text{s}$ 时，试确定渐变段支座所受的轴向力（不计水头损失）。

5－16　如图 5－55 所示管道末端装一弯曲的喷嘴，转角 $\alpha=45°$，喷嘴的进口直径 $d_A=$

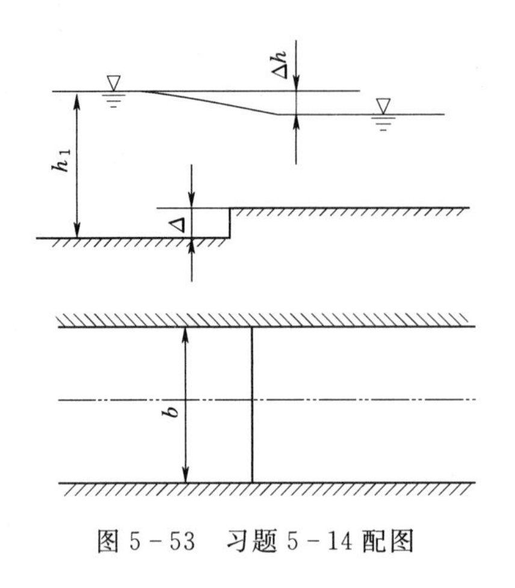

图 5-53　习题 5-14 配图

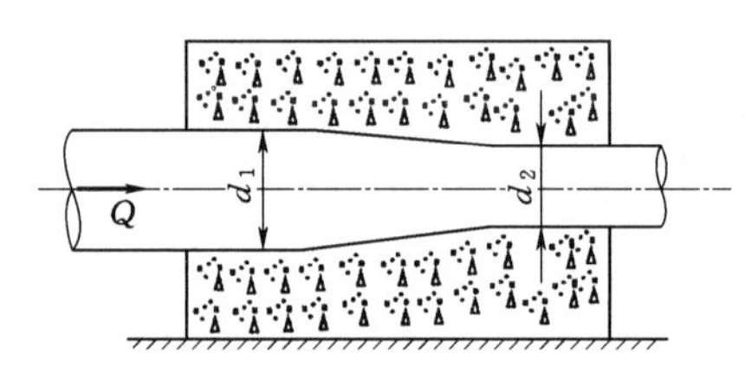

图 5-54　习题 5-15 配图

0.20m，出口直径 $d_B=0.10\text{m}$，两断面中心 A、B 的高差 $\Delta z=0.2\text{m}$，喷嘴中水重 $G=196\text{N}$。喷嘴出流射入大气中，流速 $v_B=10\text{m/s}$，喷嘴的水头损失 $h_w=0.5v_B^2/2g$。求水流作用于喷嘴上的作用力 F。

5-17　主管水流经过一非对称分岔管，由两个短支管射出到大气中，管路布置如图 5-56 所示。出流速度 $v_2=v_3=10\text{m/s}$，主管和两支管在同一水平面内，忽略阻力。(1) 求水体作用在管体上的 x 和 y 方向力的大小；(2) 管径为 10cm 的支管应与 x 轴交角多大时才能使作用力的方向沿着主管轴线？

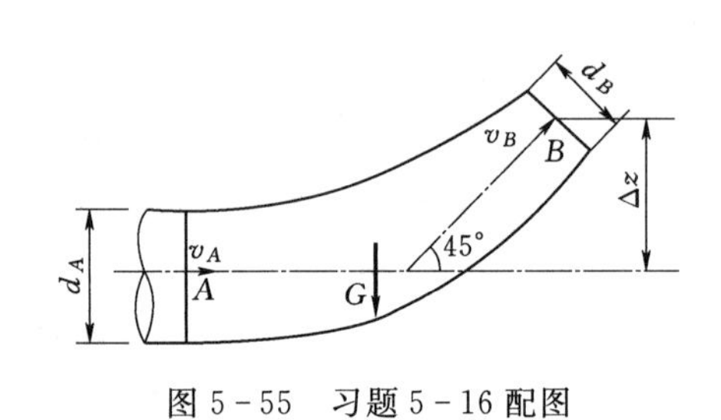

图 5-55　习题 5-16 配图

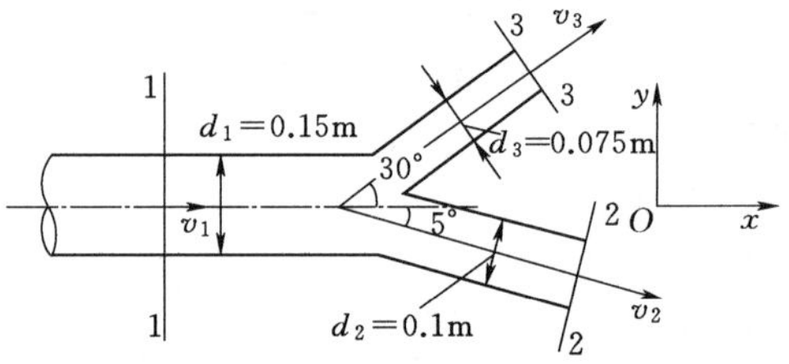

图 5-56　习题 5-17 配图

5-18　如图 5-57 所示，一矩形断面渠道宽 4m，渠中设有薄壁堰，堰顶水深 1m，堰高 2m，下游尾水深 0.8m，已知通过的流量 $Q=6.8\text{m}^3/\text{s}$，堰后水舌内外均为大气，试求堰壁上所受动水总压力（上、下游河底为平底，河底摩擦阻力可忽略不计）。

5-19　不可压缩无黏性的液体从平板闸门下缘下泄。液体的密度为 ρ，其他量如图 5-58 所示，为使闸门 AB 不致被液流冲走，试确定闸门 AB 每单位宽度需施加的支撑力 R 与 h_1、h_2 和容重 γ 的关系式。

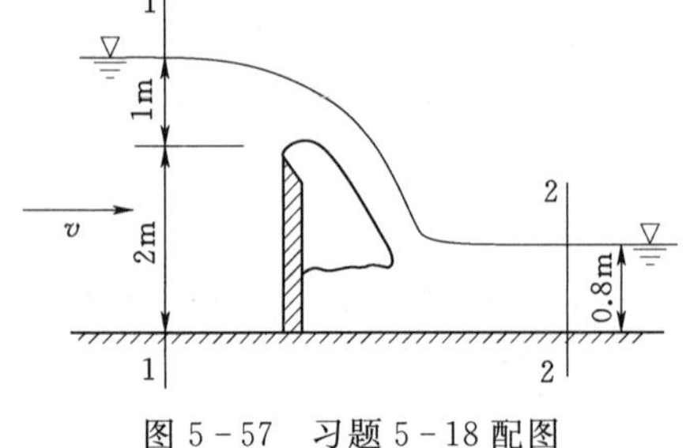

图 5-57　习题 5-18 配图

5-20　如图 5-59 所示，水箱上装一圆柱形内管嘴，管嘴断面面积为 A，经管嘴出流的水股收缩断面面积为 A_c，则收缩系数 $\varepsilon=A_c/A$。假设水箱水面很大，水位不变，沿箱壁压强分布可按静水压强分布考虑，不计水头损失。(1) 试证明 $\varepsilon=0.5$；(2) 求水股对水箱的反作用力的大小和方向。

5-21　如图 5-60 所示，一射流的流速 $v=30\text{m/s}$，流量 $Q=0.036\text{m}^3/\text{s}$，被一垂直于射流轴线的平板截去一部分流量 $Q_1=0.012\text{m}^3/\text{s}$，并使射流的剩余部分偏转角度为 θ。若不计摩擦力及液体重量的影响，试求射流对平板的作用力及射流偏转角 θ。

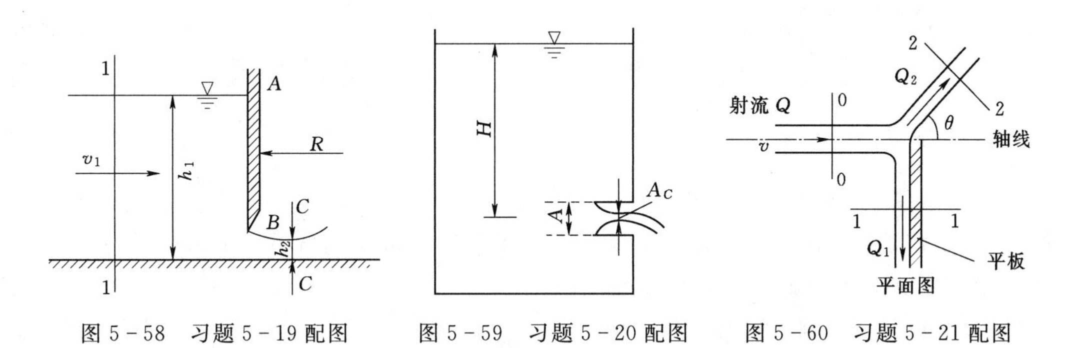

图 5-58　习题 5-19 配图　　图 5-59　习题 5-20 配图　　图 5-60　习题 5-21 配图

5-22　射流冲击一叶片如图 5-61 所示，已知 $d=10\text{cm}$，$v_1=v_2=19.8\text{m/s}$，$\theta=135°$。试求以下两种情况叶片所受到的冲击力 F。(1) 叶片固定不动；(2) 叶片以速度 $u_x=12\text{m/s}$ 向右运动。

5-23　一水力机械如图 5-62 所示，水流从轴中心流入，从 4 个转臂流出，每个转臂喷嘴的射流直径 $d=1\text{cm}$，喷嘴方向与转轮切向之间的夹角为 30°，转轮半径为 0.3m，$Q=2.5\text{L/s}$。(1) 求保持转臂固定的转矩；(2) 如忽略机械摩擦，求最大转速（单位：r/min）。(3) 如转速为 120r/min，求水流提供给该机械的功率。

5-24　混凝土建筑物中的引水分叉管如图 5-63 所示。各管中心线在同一水平面上，主管直径 $D=3\text{m}$，分叉管直径 $d=2\text{m}$。转弯角 $\alpha=60°$，通过的总流量 $Q=35\text{m}^3/\text{s}$，断面 1-1 的压强水头 $p_1/\gamma=30\text{m}$，如不计水头损失，求水流对建筑物的作用力。

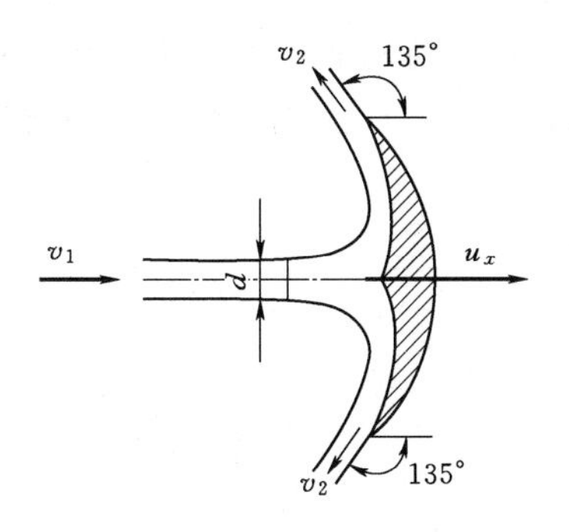

图 5-61　习题 5-22 配图

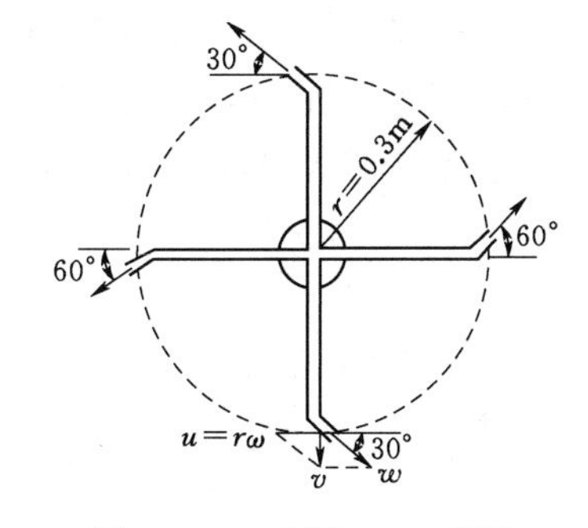

图 5-62　习题 5-23 配图

5-25　某管道的直径 $d=100\text{mm}$，通过流量 $Q=0.004\text{m}^3/\text{s}$ 的水，水温为 20℃，试判别其流态。如果通过相同流量的重燃油，运动黏度 $\nu=1.5\times10^{-4}\text{m}^2/\text{s}$，试判别其流态。

5-26　有一梯形断面的排水沟如图 5-64 所示，底宽 $b=70\text{cm}$，断面的边坡为 1∶1.5。当水深 $h=40\text{cm}$，断面平均流速 $v=5.0\text{cm/s}$，水温为 20℃时，试判别水流的流态。如果水温和水深都保持不变，问断面平均流速减小到多少时水流方为层流？

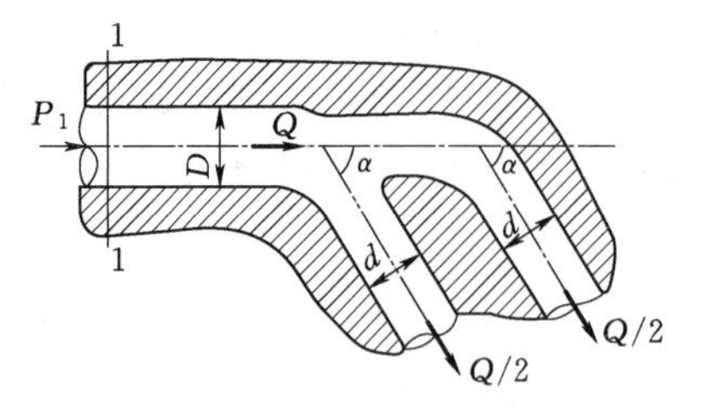

图5-63　习题5-24配图

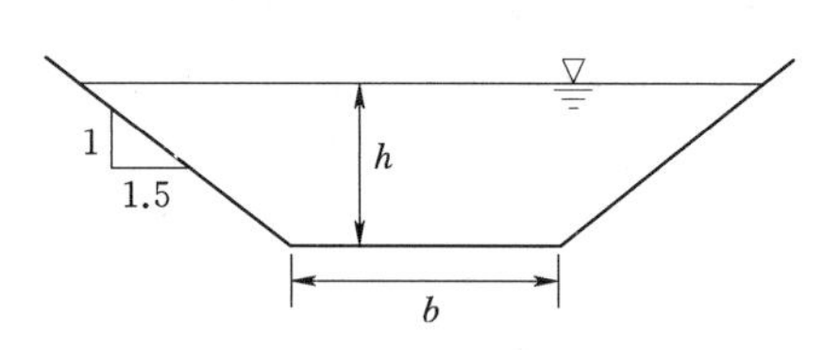

图5-64　习题5-26配图

5-27　有一送风系统，输送空气的管道直径 $d=400\text{mm}$，管内的断面平均流速 $v=12\text{m/s}$，空气温度为10℃。试判断空气在管内的流态。如果输气管的直径改为100mm，求管道内维持紊流时的最小断面平均流速。

5-28　有一供实验用的圆管，直径为15mm，量测段管长为4.0m，设水温为4℃，试问：(1) 当流量 $Q=0.02\text{L/s}$ 时水流的流态，并计算该量测段的沿程水头损失；(2) 当水流处于由紊流至层流的临界转变点时，量测段的流量和沿程水头损失各为多少?

5-29　直径 $d=300\text{mm}$ 的管道长 $l=5\text{km}$，输送容重 $\gamma=9.66\text{kN/m}^3$ 的重油，其质量流量 $Q_m=67.3\text{kg/s}$，试计算油温从10℃（运动黏度 $\nu=25\text{cm}^2/\text{s}$）变到40℃（$\nu=1.5\text{cm}^2/\text{s}$）时，管道的损失功率如何变化。

5-30　半径 $r_0=150\text{mm}$ 的输水管在水温 $t=15$℃下进行实验，所得数据为断面平均流速 $v=3.0\text{m/s}$ 及沿程水头损失系数 $\lambda=0.015$。(1) 求 $r=0.5r_0$ 和 $r=0$ 处的切应力；(2) 如果流速分布曲线在 $r=0.5r_0$ 处时均流速梯度为 4.34s^{-1}，求该点的黏性切应力和紊流附加切应力；(3) 设混合长度采用沙特克维奇公式计算，试求 $r=0.5r_0$ 处的混合长度 l 和卡门常数 κ。

5-31　若要一次测得圆管层流的断面平均流速，试问皮托管应放在距离管轴多远处?

5-32　有三个管道，其断面形状分别为如图5-65所示的圆形、正方形和矩形，已知三者的过水断面面积相等，水力坡度也相等。试求：(1) 三者边壁上的平均切应力之比；(2) 当沿程水头损失系数 λ 相等时三者的流量之比。

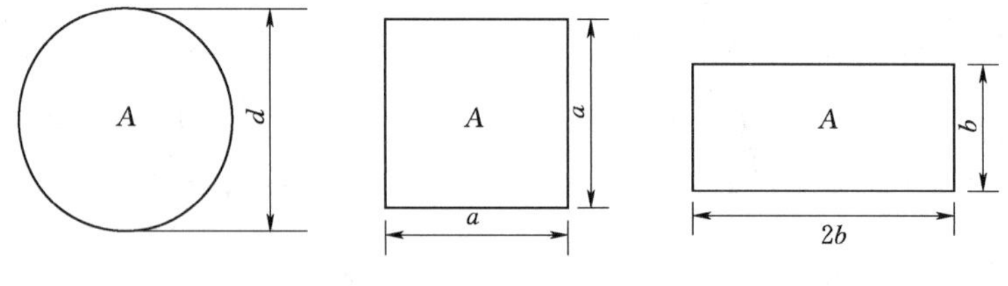

图5-65　习题5-32配图

5-33　若圆管紊流光滑区的流速分布服从指数规律，即 $u=u_{\max}(y/r_0)^n$，证明动能修正系数 α 和动量修正系数 β 分别为：$\alpha=\dfrac{(n+1)^3(n+2)^3}{4(3n+1)(3n+2)}$，$\beta=\dfrac{(n+1)(n+2)^2}{4(2n+1)}$，并推求混合长度 l 的数学表达式。

5-34　有甲乙两输水管，甲管直径为200mm，当量粗糙度为0.86mm，流量为0.94L/s；乙管直径为40mm，当量粗糙度为0.19mm，流量为3.5L/s，水温均为15℃，试判别两根管中水流处于何种流区，并求两管的水力坡度。

5-35　有三根直径均为100mm，管长均为1000m的输水管，通过的流量均为$Q=0.015m^3/s$，各管的当量粗糙度分别为$\Delta_1=0.1mm$，$\Delta_2=0.4mm$，$\Delta_3=3mm$，水温为20℃，求各管中的沿程水头损失、水力坡度、摩阻流速和各管中的损失功率。

5-36　试根据圆管层流中的公式$\lambda=64/Re$、水力光滑区的公式$\lambda=0.3164/Re^{0.25}$及完全粗糙区的公式$\lambda=[2\lg(3.71d/\Delta)]^{-2}$，分析沿程水头损失$h_f$与断面平均流速$v$之间的关系。

5-37　有一梯形断面渠道，已知底宽$b=10m$，均匀流水深$h=3m$，边坡为1∶1，渠道的糙率$n=0.02$，通过的流量$Q=39m^3/s$，试求在每千米长度渠道上的水头损失、摩阻流速及沿程水头损失系数。

5-38　如图5-66所示的两个水池，其底部由一水管连通。在恒定的水面差H的作用下，水从左水池流入右水池。水管直径$d=500mm$，当量粗糙度$\Delta=0.6mm$，管总长$l=100m$，直角进口，闸阀的相对开度为5/8，90°缓弯管的转弯半径$R=2d$，水温为20℃，管中流量为$0.5m^3/s$。求两水池水面的高差H。可以认为两个水池的过水断面面积远大于水管的过水断面面积。

5-39　设计一给水管道，其直径d已定，今就其长度l研究Ⅰ和Ⅱ两种方案，第Ⅱ方案比第Ⅰ方案短25%。若水塔的水面高程不变，另因水管都很长，可以不计局部水头损失和流速水头，试就光滑管和完全粗糙管两种流区情况分别推求两种方案的流量比$Q_{\text{Ⅱ}}/Q_{\text{Ⅰ}}$。

5-40　如图5-67所示，用水泵从蓄水池中抽水，蓄水池中的水由自流管从河中引入。自流管长$l_1=20m$，管径$d_1=150mm$，吸水管长$l_2=12m$，管径$d_2=150mm$，两管的当量粗糙度均为0.6mm，河流水面与水泵进口断面中点的高差$h=2.0m$。自流管的莲蓬头进口、自流管出口、吸水管的莲蓬头进口以及吸水管缓弯头的局部水头损失系数依次为：$\zeta_1=2.2$，$\zeta_2=1.0$，$\zeta_3=6.0$，$\zeta_4=0.3$，水泵进口断面处的最大允许真空高度为6.0m水柱。求最大抽水流量（水温为20℃）。

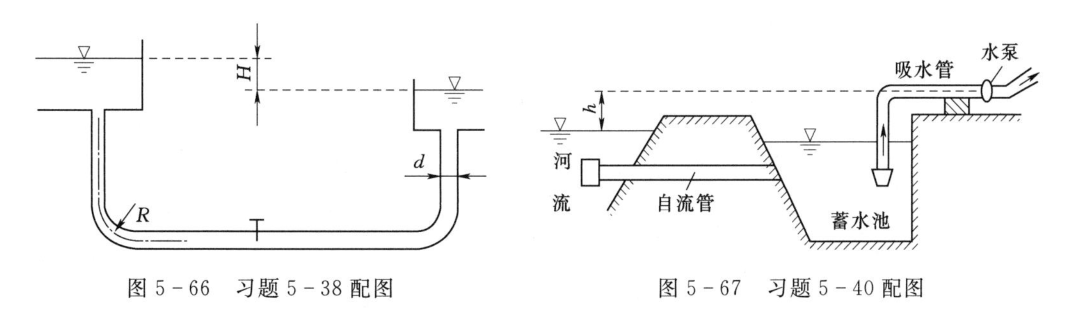

图5-66　习题5-38配图　　图5-67　习题5-40配图

5-41　有一圆形断面有压隧洞，长$l=200m$，通过流量$Q=700m^3/s$，如果洞的内壁不加衬砌，其平均直径$d_1=7.8m$，糙率$n_1=0.033$；如果用混凝土衬砌，则直径$d_2=7.0m$，糙率$n_2=0.014$。试问衬砌方案比不衬砌方案沿程水头损失减小多少？

5-42　如图5-68所示，流速由v_1变为v_2的突然扩大管中，如果中间加一中等粗细管段使其形成两次突然扩大，试求：（1）中间管段流速取何值时总的局部损失为最小；(2) 计算总的局部水头损失与中间不加管段时局部水头损失的比值。

5-43 如图5-69所示，某新铸铁管路，当量粗糙度$\Delta=0.3$mm，直径$d=200$mm，通过流量$Q=0.06\mathrm{m}^3/\mathrm{s}$，水温为20℃。管路中原有一个90°折角弯头，今为减少水头损失，拟将其换为两个45°折角弯头，或者一个90°缓弯头（转弯半径$R=1$m）。试求：(1) 三种弯头情况下的局部水头损失之比；(2) 每个弯头相当于多长管道的沿程水头损失。

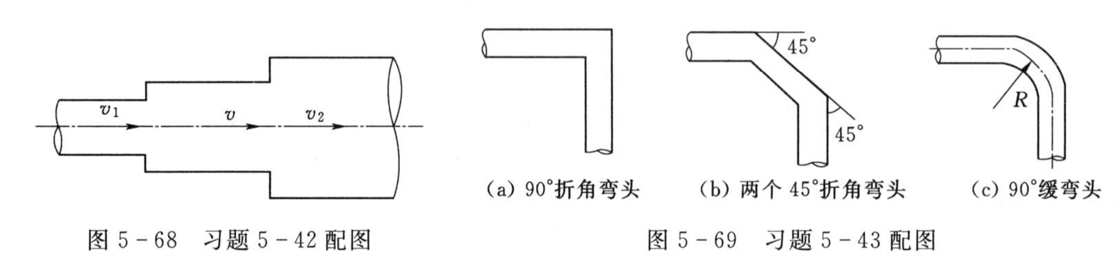

图5-68 习题5-42配图

(a) 90°折角弯头 (b) 两个45°折角弯头 (c) 90°缓弯头

图5-69 习题5-43配图

5-44 利用紊流流核的对数速度分布律公式(5-105)，推导出圆管断面平均流速的表达式：$v=u_{\max}-\dfrac{3u_*}{2\kappa}$。

第六章　量纲和谐原理与流动相似原理

前面几章介绍的流体运动基本方程是求解水力学问题的一个基本途径。但是由于流体运动问题的复杂性，有些流体运动问题既不能采用数学分析方法求解运动微分方程的解析解，也不能采用总流的连续性方程、能量方程和动量方程来解决，因而不得不采用其他方法来解决。

原型观测和模型试验研究是研究水力学的重要方法之一。量纲分析和相似原理就是指导原型观测和模型试验的重要理论基础，通过量纲分析可以合理地选择观测数据和试验参数、设计与组织试验、处理观测及试验数据等。在把握影响水流运动主要因素的基础上，量纲分析能把控制水流现象的参量合适地组合在一起，给出它们之间的主要关系。而相似原理则能够给出模型试验应遵守的准则和条件。

第一节　单位与量纲

一、物理量的单位

量度物理量大小的标准量称为单位，如时间的单位可以分别用 s、min、h、d 等不同单位来量度；长度的单位可以分别用 km、m、cm 等不同单位来量度。同一个物理量在不同单位下可用不同的数值大小来表示。

单位可以分为基本单位和导出单位。国际单位制（简称 SI）的基本单位为米（m）、千克（kg）、秒（s），其他单位都可以由基本单位来表示，称为导出单位。现在规定统一使用国际单位制，其他单位制可以转换为国际单位制。

二、物理量的量纲

水力学中常见的物理量有时间、长度、流速、质量、黏度、容重、力等，这些物理量按照其性质可以分为不同的类别。这种反映物理量类别的名称符号就是量纲，在名称符号外加 [ ] 表示该物理量的量纲。例如时间、长度和力就是三种不同的物理量，其量纲可以分别用 [T]、[L] 和 [F] 表示，而水深和水力半径都属于长度类型量纲 [L]。对于同一个物理量，其量纲只有一个，但是单位可以有多个。因此量纲是物理量“质”的表征，而单位是物理量“量”的量度。表 6-1 给出了水力学中常见的物理量的量纲和单位。

量纲也可分为基本量纲和导出量纲。所谓基本量纲是指这样一组物理量纲，用它们可以表示其他物理量的量纲，但是它们本身彼此相互独立不能互相代替。在国际单位制中，力学问题的基本量纲是质量、长度和时间的量纲，分别表示为 [M]、[L]、[T]，它们彼此独立不能相互表示。其他类型物理量的量纲为导出量纲，可由基本量纲的幂次表示，即

表 6-1　　水力学中常见的物理量的量纲和单位

物理量		量纲		单位（SI 制）
		L·T·M 制	L·T·F 制	
几何学的量	长度 L	L	L	m
	面积 A	L^2	L^2	m^2
	体积 V	L^3	L^3	m^3
	坡度 i	L^0	L^0	m^0
	水头 H	L	L	m
	惯性矩 J	L^4	L^4	m^4
运动学的量	时间 t	T	T	s
	流速 v	L/T	L/T	m/s
	重力加速度 g	L/T^2	L/T^2	m/s^2
	流量 Q	L^3/T	L^3/T	m^3/s
	单宽流量 q	L^2/T	L^2/T	m^2/s
	环量 Γ	L^2/T	L^2/T	m^2/s
	流函数 ψ	L^2/T	L^2/T	m^2/s
	势函数 φ	L^2/T	L^2/T	m^2/s
	运动黏度（运动黏性系数）ν	L^2/T	L^2/T	m^2/s
	旋度 Ω	1/T	1/T	1/s
	旋转角速度 ω	1/T	1/T	1/s
动力学的量	质量 m	M	FT^2/L	kg
	力 f	ML/T^2	F	N
	密度 ρ	M/L^3	FT^2/L^4	kg/m^3
	重度 γ	M/L^2T^2	F/L^3	N/m^3
	压强 p	M/LT^2	F/L^2	N/m^2
	黏度（动力黏度）μ	M/LT	FT/L^2	$N\cdot s/m^2$
	剪切应力 τ	M/LT^2	F/L^2	N/m^2
	弹性模数 E	M/LT^2	F/L^2	N/m^2
	表面张力系数 σ	M/T^2	F/L	N/m
	动量 M	ML/T	FT	kg·m/s
	功能 W	ML^2/T^2	FL	J=N·m（焦耳）
	功率 N	ML^2/T^3	FL/T	N·m/s（瓦特）

$$[f]=[L]^{\alpha}[T]^{\beta}[M]^{\gamma} \tag{6-1}$$

例如，速度 $[u]=[LT^{-1}]$，压强和应力 $[p]=[\tau]=[ML^{-1}T^{-2}]$，力 $[F]=[ma]=[MLT^{-2}]$，等等。在力学中的物理量通常可分为以下三类：

（1）几何学量：在式（6-1）中 $\alpha\neq0$，$\beta=0$，$\gamma=0$，如长度 L、面积 A，体积 V 等。

（2）运动学量：在式（6-1）中 $\beta\neq0$，$\gamma=0$，如速度 u、加速度 a、角速度 ω、流量

Q、运动黏性系数 ν 等。

(3) 动力学量：在式（6-1）中 $\gamma \neq 0$，如质量 m、力 F、密度 ρ、动力黏性系数 μ、切应力 τ、压强 p 等。

三、无量纲数

式（6-1）中，如果 $\alpha=\beta=\gamma=0$，则称物理量 f 为无量纲量或无量纲数，其大小与基本单位的选择无关。纯数是无量纲的，两个同类物理量的比值也是无量纲的，如：水力坡度 $J=h_f/L$。也可以由三个或更多物理量组合成无量纲量，如：雷诺数的量纲

$$[\mathrm{Re}]=[u][L]/[\nu]=[LT^{-1}][L][L^2T^{-1}]^{-1}=[M]^0[L]^0[T]^0=1$$

无量纲数的一个重要特点就是不随所选用单位的不同而改变数值。因此在进行理论分析时，最好将各个物理量的组合表示成无量纲数的形式来反映流体运动的客观规律，建立的反映液流运动规律的力学方程式最好也用无量纲项的关系组成。在物理模型试验中，为了模拟与原型相似的模型流态，常常用一个无量纲数作为相似的判据。无量纲数在模型水流和原型水流中应保持不变，这是相似原理的基础之一，将在后面进行详细介绍。

第二节　量纲和谐原理与量纲分析法

一、量纲和谐原理

物理关系式或方程中求和式的各项或方程的两边量纲必须相同，称为物理方程的量纲和谐原理或量纲一致性原理。这个原理毋庸置疑，因为只有两个相同类型的物理量才能进行比较，或者相同量纲的量才可以相加减。反之，把两个不同类型的物理量作加减运算是没有意义的，例如把流速和长度加在一起是完全没有意义的。但是不同类型的物理量却可以进行乘除，从而得到导出量纲的物理量，例如流速和质量相乘可以得到动量。

量纲和谐原理是量纲分析法的主要依据，也是检验各类力学方程式是否合理的基本方法。以伯努利方程为例，方程 $z+p/\gamma+u^2/2g=c$ 左端各项的量纲分别为：$[z]=[L]$、$[p/\gamma]=[ML^{-1}T^{-2}/ML^{-2}T^{-2}]=[L]$、$[u^2/2g]=[L^2T^{-2}/L^1T^{-2}]=[L]$，可以断定，方程右端常数项的量纲也为 $[L]$。

值得指出的是，有些沿用至今的水力学经验公式是不满足量纲和谐原理的。例如计算谢才系数的曼宁公式 $C=\dfrac{1}{n}R^{1/6}$，根据谢才公式，谢才系数的量纲是 $[L^{1/2}T^{-1}]$，水力半径的量纲是 $[L]$。根据量纲和谐原理，糙率 n 就必须具有 $[L^{-1/3}T]$ 的量纲，对于反映粗糙度的糙率 n 来说，具有时间的量纲是不可思议的。因此曼宁公式的量纲是不和谐的。对于这类量纲不和谐的经验公式来说，使用时要注意各变量使用规定的单位。

二、量纲分析法

对于水流运动规律的研究可以通过运用数理方法建立描述水流运动的微分方程或积分公式。可以通过检验得知，正确的微分方程或积分公式是符合量纲一致性原理的。然而，由于水流现象非常复杂，不是所有的流动现象都可以通过理论分析的方法得到解决。通过原型观测和模型实验的方法可以得知影响液流运动的若干因素，但是得不出这些因素之间

的函数关系式。这种情况下，可以根据量纲一致性原理，通过对相关的物理量做量纲幂次分析，将它们组合成无量纲量，或者揭示他们之间的内在关系，或者降低变量数目，这种方法就是量纲分析法。

较早提议做量纲分析的是瑞利，而奠定量纲分析理论基础的是白金汉，他提出了 π 定理。

（一）瑞利法

瑞利法适用于水力要素之间满足单项指数形式的情况。它直接运用量纲一致性原理就可以得到物理方程式。通过以下的例题，可以说明瑞利法的基本步骤。

【例 6-1】 由实验观察得知，矩形量水堰的过堰流量 Q 与堰上水头 H_0、堰宽 b、重力加速度 g 等物理量之间存在着关系：$Q=kb^{\alpha}g^{\beta}H_0^{\gamma}$（系数 k 为一纯数），试用量纲分式法确定堰流流量公式的结构形式。

解： 由量纲一致性原理易知其量纲关系式为

$$[L^3T^{-1}]=[L]^{\alpha}[LT^{-2}]^{\beta}[L]^{\gamma}=[L]^{\alpha+\beta+\gamma}[T]^{-2\beta}$$

由方程两边各物理量量纲的指数关系可得

$$[L]:\quad \alpha+\beta+\gamma=3$$

$$[T]:\quad -2\beta=-1$$

联解以上两式，可得 $\beta=1/2\quad \alpha+\gamma=2.5$

根据实验测得过堰流量 Q 与堰宽 b 的一次方成正比，即 $\alpha=1$，从而可得 $\gamma=3/2$。将 α、β、γ 的值代入量纲关系式并令 $m=k/\sqrt{2}$，得

$$Q=mb\sqrt{2g}H_0^{3/2}$$

（二）π 定理

π 定理是 1915 年由白金汉提出的，因此又称白金汉定理。π 定理指出：若一方程包含 n 个物理量，如

$$g(x_1,x_2,x_3,\cdots,x_n)=0 \tag{6-2}$$

且该问题有 r 个独立的基本量纲，则可以（并只可以）将这些物理量组合成 $n-r$ 个独立的无量纲量数（称为 π 数）：π_1、π_2、$\cdots$、π_{n-r}，构成新的方程

$$f(\pi_1,\pi_2,\pi_3,\cdots,\pi_{n-r})=0 \tag{6-3}$$

在水力学中独立的基本量纲一般为三个，即 $r=3$。n 个变量可组合成 $n-3$ 个独立的 π 数。

以光滑圆球在黏性流体中的运动阻力为例说明量纲分析的一般步骤。已知光滑圆球在黏性流体中的运动阻力 F_D 与流体密度 ρ、圆球直径 d、圆球速度 v 和流体动力黏度 μ 有关。

第一步：列举所有相关的物理量。

本例的物理量包括 F_D、ρ、d、v 和 μ，共 5 个，构成关系式：

$$g(F_D,\rho,d,v,\mu)=0 \tag{6-4}$$

第二步：选择包含不同基本量纲的 3 个物理量为基本物理量，一般要求几何学量、运动学量和动力学量各一个。

本例中，d 量纲为 $[L]$，v 量纲为 $[LT^{-1}]$，ρ 量纲为 $[ML^{-3}]$，分别为几何学量、运动学量和动力学量，是相互独立的，可选作基本物理量。

第三步：将其余的物理量均作为导出量，分别与基本物理量按幂指数关系组成无量纲参数 π。

本例中导出量有 5－3＝2 个，即 F_D 和 μ，它们的 π 表达式分别为

$$\pi_1=\frac{F_D}{\rho^{a_1}v^{b_1}d^{c_1}},\quad \pi_2=\frac{\mu}{\rho^{a_2}v^{b_2}d^{c_2}}$$

第四步：确定每个 π 表达式中的指数，使之成为无量纲数。

$$\pi_1:[M^0L^0T^0]=[ML^{-3}]^{a_1}[LT^{-1}]^{b_1}[L]^{c_1}[MLT^{-2}]^{-1}$$

$$\begin{cases}M: & a_1-1=0\\ L: & -3a_1+b_1+c_1-1=0\\ T: & -b_1+2=0\end{cases}$$

解得：$a_1=1$，$b_1=2$，$c_1=2$，有 $\pi_1=\frac{F_D}{\rho v^2d^2}$

$$\pi_2:[M^0L^0T^0]=[ML^{-3}]^{a_2}[LT^{-1}]^{b_2}[L]^{c_2}[ML^{-1}T^{-1}]^{-1}$$

$$\begin{cases}M: & a_2-1=0\\ L: & -3a_2+b_2+c_2+1=0\\ T: & -b_2+1=0\end{cases}$$

解得 $a_2=1$，$b_2=1$，$c_2=1$，即

$$\pi_2=\frac{\mu}{\rho vd}=\frac{1}{Re}$$

第五步：用 π 数构成的新方程 $\pi_1=f(\pi_2)$

即
$$\frac{F_D}{\rho v^2d^2}=f(Re) \tag{6-5}$$

圆球阻力的公式通常写成

$$F_D=C_D\frac{\rho v^2}{2}\frac{\pi d^2}{4} \tag{6-6}$$

$C_D=\frac{8f}{\pi}$，称为阻力系数，是雷诺数 Re 的函数。

量纲分析的结果主要用于指导实验。上例中原来有 5 个变量，若通过实验确定式（6－4）中 g 的关系式，按每个变量改变 10 次获得一条实验曲线计算，共需 10^4 次实验，而且其中要改变 10 次 ρ 和 μ，实际上难以实现。经量纲分析后变量减少为 2 个，为确定函数关系 f 只需要 10 次实验，而且通过改变速度（v）便可实现。

量纲分析法看起来简洁明了，要正确应用却并不容易，关键在第一步。若遗漏了必需的物理量将导致错误结果，而引入无关的物理量将使分析复杂化。要正确选择物理量需掌握必要的流体力学知识和对研究对象的感性认识，并具有一定的量纲分析经验。

【例 6－2】 设黏性流体在一任意形状断面的直管中作恒定均匀流，试用量纲分析法分析沿管道的壁面平均切应力 τ_0 与相关物理量的关系。

解：按量纲分析步骤：

（1）列举物理量。设本例中有关物理量为τ_0，断面平均流速v，管道水力半径R，壁面粗糙度Δ，流体密度ρ，动力黏度μ，共6个，组成关系式为$g(R,v,\rho,\tau_0,\mu,\Delta)=0$

（2）选择3个基本量：ρ、v、R。

（3）确定各π数的表达式（应该有6－3＝3个）。

1）$\pi_1=\tau_0/(\rho^a v^b R^c)$，根据量纲和谐原理，有

$$[M^0L^0T^0]=[ML^{-3}]^a[LT^{-1}]^b[L]^c[ML^{-1}T-2]^{-1}$$

$$\begin{cases} M: & a-1=0 \\ L: & -3a+b+c+1=0 \\ T: & -b+2=0 \end{cases}$$

解得：$a=1$，$b=2$，$c=0$，则

$\pi_1=\dfrac{\tau_0}{\frac{1}{2}\rho v^2}$（1/2是人为加上去的，不影响量纲和谐）

2）$\pi_2=\mu/(\rho^a v^b R^c)$，根据量纲和谐原理有

$$[M^0L^0T^0]=[ML^{-3}]^a[LT^{-1}]^b[L]^c[ML^{-1}T^{-1}]^{-1}$$

$$\begin{cases} M: & a-1=0 \\ L: & -3a+b+c+1=0 \\ T: & -b+1=0 \end{cases}$$

解得

$$a=b=c=1，\pi_2=\frac{\mu}{\rho vR}=\frac{1}{Re}$$

3）$\pi_3=\Delta/(\rho^a v^b R^c)$，根据量纲和谐原理有

$$[M^0L^0T^0]=[ML^{-3}]^a[LT^{-1}]^b[L]^c[L]^{-1}$$

$$\begin{cases} M: & a=0 \\ L: & -3a+b+c-1=0 \\ T: & -b=0 \end{cases}$$

解得：$a=b=0$，$c=1$，则

$\pi_3=\dfrac{\Delta}{R}$（相对粗糙度）

4）列π数方程：

$$\pi_1=f(\pi_2,\pi_3)$$

即

$$\frac{\tau_0}{\frac{1}{2}\rho v^2}=f\left(Re,\frac{\Delta}{R}\right)\quad 或\quad \tau_0=\frac{1}{2}\rho v^2 f\left(Re,\frac{\Delta}{R}\right)$$

这里函数$f(Re,\Delta/R)$又称为范宁阻力系数。

【例6-3】 不可压缩流体在重力作用下，从三角堰中恒定泄流，试用量纲分析法求泄流量的表达式，并与解析解做比较。

解：（1）列举物理量。本例中忽略黏性影响，有关物理量分别为流量Q、密度ρ、重力加速度g、水头H、孔口角θ这5个（图6-1），组成关系式为

$$\varphi(Q,\rho,g,H,\theta)=0$$

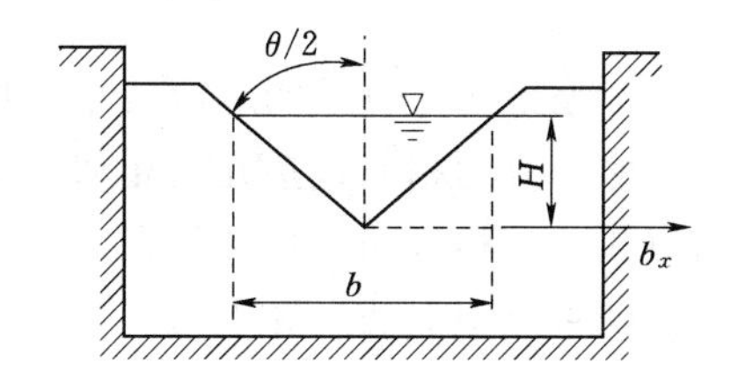

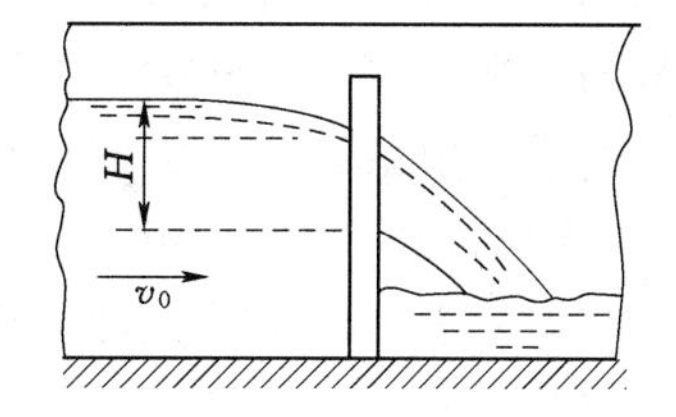

图 6-1　例 6-3 配图

(2) 选择 3 个基本量：ρ、g、H。

(3) 列 π 表达式（2 个）并求解 π 数：

1) $\pi_1=\dfrac{Q}{\rho^a g^b H^c}$，有

$$[M^0L^0T^0]=[ML^{-3}]^a[LT^{-2}]^b[L]^c[L^3T^{-1}]^{-1}$$

$$\begin{cases}M: & a=0\\ L: & -3a+b+c-3=0\\ T: & -2b+1=0\end{cases}$$

解得：$a=0$，$b=1/2$，$c=5/2$，则 $\pi_1=\dfrac{Q}{H^{5/2}g^{1/2}}$

2) $\pi_2=\theta$（弧度，无量纲）

(4) 列 π 数方程：$\pi_1=f(\pi_2)$

即
$$\frac{Q}{H^{5/2}g^{1/2}}=f(\theta)$$

或
$$Q=f(\theta)\sqrt{g}H^{5/2} \tag{6-7}$$

讨论：量纲分析结果表明 Q 与 ρ 无关（尽管 ρ 列入有关物理量序列中），与 H 成 5/2 次方关系。

在未得到解析解的情况下，只要根据式（6-7）在保证 H 不变的条件下改变 θ 若干次，分别测量 Q 值，可得 $f(\theta)$ 的经验式。事实上对于孔口角已确定的三角堰，式（6-7）已明确地表达了 Q 与 H 的理论关系，需要做的仅仅是通过实验对该理论结果作黏性校正和流量标定，在这里量纲分析结果与解析解起同样的作用。通过实验确定的 Q 与 H 的关系式为

$$Q=\frac{4}{5}m_0\sqrt{2g}\tan\frac{\theta}{2}H^{5/2} \tag{6-8}$$

第三节　流体运动的相似原理与相似准则

一、流体运动的相似原理

在研究自然界的流动问题时，经常要在缩小的模型上进行水力学试验，以了解原型中的流动规律。这里要解决两个主要问题：①模型中的流动是否能够真实反映原型中的流动规律，或者说原型和模型中的流动是否相似；②如何将模型中测得的流动参数换算为原型

中的流动参数，也就是说两者之间的比例是多少。

流动相似的定义：模型中的所有流动参数与原型中相应点上的对应流动参数保持各自一定的比例关系，则模型和原型中的流动是相似的。流动相似包括几何相似、运动相似和动力相似三个方面的相似。几何相似是运动相似和动力相似的前提和依据，运动相似是几何相似和动力相似的表现与结果，动力相似是两种水流相似的主导因素。

（一）几何相似

几何相似要求原型、模型的几何形状相似，所有相应长度成同一比例关系。

例如，原型、模型均为矩形，边长各为 a_p、b_p 和 a_m、b_m（下标 p、m 分别代表原型和模型），则有

$$\frac{a_p}{a_m}=\frac{b_p}{b_m}=\lambda_l$$

长度比尺
$$\lambda_l=\frac{l_p}{l_m} \tag{6-9}$$

此外，原型、模型的所有对应的夹角和方位相同，而且其对应的面积和体积也有各自的比例关系，即

面积比尺
$$\lambda_A=\frac{A_p}{A_m}=\lambda_l^2 \tag{6-10}$$

体积比尺
$$\lambda_V=\frac{V_p}{V_m}=\lambda_l^3 \tag{6-11}$$

（二）运动相似

运动相似要求原型、模型各相应点上的相应运动要素（流速）的大小成同一比例、方向相同，如

$$\frac{u_p}{u_m}=\frac{u_{xp}}{u_{xm}}=\cdots=\frac{v_p}{v_m}=\lambda_u$$

流速比尺
$$\lambda_u=\frac{\lambda_l}{\lambda_t} \tag{6-12}$$

其中的时间比尺
$$\lambda_t=t_p/t_m \tag{6-13}$$

其他与运动相似的比尺还有

加速度比尺
$$\lambda_a=\frac{a_p}{a_m}=\frac{\lambda_u}{\lambda_t}=\lambda_l\lambda_t^{-2} \tag{6-14}$$

流量比尺
$$\lambda_Q=\frac{Q_p}{Q_m}=\frac{\lambda_V}{\lambda_t}=\lambda_l^3\lambda_t^{-1} \tag{6-15}$$

可见，各比尺之间的关系类似于量纲之间的关系，可以由量纲关系导出。

（三）动力相似

动力相似要求原型、模型各相应点上相应的各种作用力方向相同，大小成同一比例。

图 6-2 所示为原型、模型的相应点上几何相似的微团，其所受作用力有重力 $\vec{G}$，压力（压差）$\vec{P}$，黏性阻力 $\vec{F}_\tau$，此外还有惯性力 $\vec{F}_I=-m\vec{a}$。动力相似要求所有作用力应满足：

$$\frac{G_p}{G_m}=\frac{P_p}{P_m}=\frac{F_{\tau p}}{F_{\tau m}}=\frac{F_{Ip}}{F_{Im}}=\cdots \tag{6-16}$$

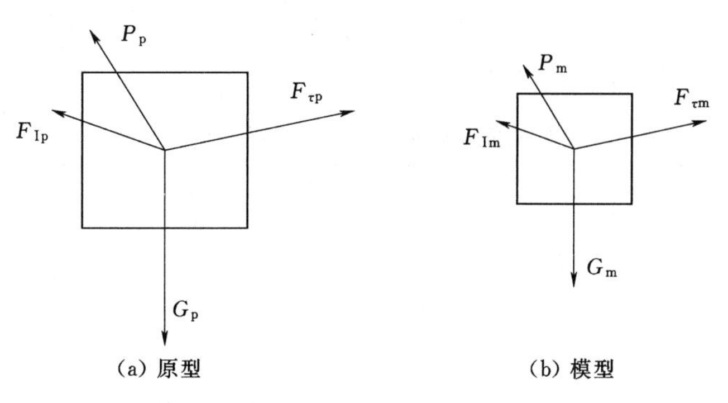

图 6-2　动力相似示意图

惯性力是维持原有运动状态的力，其他作用力 $\vec{F}$ 是改变流体运动状态的力，流动的变化就是惯性力与其他各主动力共同作用的结果。各种力之间的比例关系应与惯性力来比较。惯性力的相似比尺关系式为

$$\lambda_{F_I}=\frac{F_{Ip}}{F_{Im}}=\frac{m_p a_p}{m_m a_m}=\lambda_m\lambda_a=\lambda_\rho\lambda_l^3\lambda_l\lambda_t^{-2}=\lambda_\rho\lambda_l^2\lambda_u^2=\frac{\rho_p l_p^2 u_p^2}{\rho_m l_m^2 u_m^2} \tag{6-17}$$

则其他作用力的相似关系应满足：

$$\frac{G_p}{G_m}=\frac{P_p}{P_m}=\frac{F_{\tau p}}{F_{\tau m}}=\cdots=\frac{F_{Ip}}{F_{Im}}=\frac{\rho_p l_p^2 u_p^2}{\rho_m l_m^2 u_m^2} \tag{6-18}$$

如果定义牛顿数为其他作用力与惯性力的比值，即

$$Ne=\frac{F}{F_I}=\frac{F}{\rho l^2 v^2} \tag{6-19}$$

则

$$Ne_P=Ne_m \tag{6-20}$$

由式（6-18）和式（6-20）可知，原型和模型相似的条件是其他作用力的比尺都等于惯性力的比尺，即原型和模型的牛顿数相等，这就是牛顿相似原理。根据牛顿相似原理可以推导出各个作用力的相似关系和相似条件。

二、重力相似准则

根据式（6-18），重力相似应满足：

$$\frac{G_p}{G_m}=\frac{\rho_p l_p^2 u_p^2}{\rho_m l_m^2 u_m^2} \tag{6-21}$$

重力 $G=\rho gV$，所以 $\frac{G_p}{G_m}=\lambda_G=\lambda_\rho\lambda_g\lambda_V=\lambda_\rho\lambda_g\lambda_l^3=\frac{\rho_p g_p l_p^3}{\rho_m g_m l_m^3}$

代入式（6-21），得

$$\frac{g_p l_p}{g_m l_m}=\frac{u_p^2}{u_m^2}$$

或

$$\frac{u_m^2}{g_m l_m}=\frac{u_p^2}{g_p l_p} \tag{6-22}$$

从式（6-22）还可以得到重力相似的比尺关系：

$$\lambda_g \lambda_l = \lambda_u^2 \tag{6-23}$$

除了很特殊的情况外，重力加速度比尺 $\lambda_g = 1$，则

$$\lambda_u = \lambda_l^{1/2} \tag{6-24}$$

可以由此导出其他流动参数的比尺，见表 6-2。

表 6-2　重力相似准则与黏性力相似准则比尺对照表

比尺名称	比　尺（$\lambda_g=1$）		
	重力相似准则	黏滞力相似准则	
		$\lambda_\nu=1$，$\lambda_\rho=1$	$\lambda_\nu \neq 1$，$\lambda_\rho \neq 1$
流速比尺 λ_u	$\lambda_l^{1/2}$	λ_l^{-1}	$\lambda_\nu \lambda_l^{-1}$
加速度比尺 λ_a	1	λ_l^{-1}	$\lambda_\nu^2 \lambda_l^{-3}$
流量比尺 λ_Q	$\lambda_l^{5/2}$	λ_l	$\lambda_\nu \lambda_l$
时间比尺 λ_t	$\lambda_l^{1/2}$	λ_l^2	$\lambda_\nu^{-1} \lambda_l^2$
力比尺 λ_F	$\lambda_\rho \lambda_l^3$	1	$\lambda_\rho \lambda_l^2$
应力比尺 $\lambda_p=\lambda_\tau$	$\lambda_\rho \lambda_l$	λ_l^{-2}	$\lambda_\rho \lambda_\nu^2 \lambda_l^{-2}$
压强水头比尺 $\lambda_{p/\gamma}$	λ_l	λ_l^{-2}	$\lambda_\nu^2 \lambda_l^{-2}$
功、能比尺 λ_W	$\lambda_\rho \lambda_l^4$	λ_l	$\lambda_\rho \lambda_\nu^2 \lambda_l$
功率比尺 λ_N	$\lambda_\rho \lambda_l^{7/2}$	λ_l^{-1}	$\lambda_\rho \lambda_\nu^3 \lambda_l^{-1}$

定义佛汝德数为

$$Fr = \frac{u}{\sqrt{gl}} \tag{6-25}$$

该数为无量纲数，是重力相似关系的相似准则数。佛汝德数 Fr 表征（不是等于）流体惯性力与重力之比，Fr 值越小，重力作用的影响越大。佛汝德数中的 u、l 可以取有代表性的特征流速和特征长度，如断面平均流速、水深等。

重力（佛汝德）相似准则：原型、模型的重力作用相似，要求原型与模型的佛汝德数相等，即

$$Fr_p = Fr_m \tag{6-26}$$

三、黏滞力相似准则

根据式（6-18），黏滞力相似应满足：

$$\frac{F_{\tau p}}{F_{\tau m}} = \frac{\rho_p l_p^2 u_p^2}{\rho_m l_m^2 u_m^2} \tag{6-27}$$

根据牛顿内摩擦定律，$F_\tau = \mu A \dfrac{du}{dy}$，所以

$$\frac{F_{\tau p}}{F_{\tau m}} = \lambda_{F_\tau} = \lambda_\mu \lambda_A \lambda_u \lambda_l^{-1} = \lambda_\rho \lambda_\nu \lambda_u \lambda_l = \frac{\rho_p \nu_p u_p l_p}{\rho_m \nu_m u_m l_m}$$

代入式（6-27），得

$$\frac{\nu_p}{\nu_m} = \frac{u_p l_p}{u_m l_m}$$

或

$$\frac{u_p l_p}{\nu_p} = \frac{u_m l_m}{\nu_m} \tag{6-28}$$

由式（6－28）还可以得到黏滞力作用相似的比尺关系：

$$\lambda_{\nu}=\lambda_{u}\lambda_{l} \tag{6-29}$$

由此可以导出其他流动参数的比尺关系，见表6－2。

定义雷诺数

$$Re=\frac{ul}{\nu}=\frac{\rho ul}{\mu} \tag{6-30}$$

雷诺数是与黏滞力相似的相似准则数，它表征了流体惯性力与黏滞力之比，雷诺数越小，黏滞力的影响越大。雷诺数中的 u、l 可以取有代表性的特征流速和特征长度，如断面平均流速 v、水力半径等。

黏滞力（雷诺）相似准则：原型、模型黏滞力作用的相似，要求原型与模型的雷诺数相等，即

$$Re_{p}=Re_{m} \tag{6-31}$$

四、压力（欧拉）相似准则

根据式（6－18），压力相似应满足

$$\frac{P_{p}}{P_{m}}=\frac{\rho_{p}l_{p}^{2}u_{p}^{2}}{\rho_{m}l_{m}^{2}u_{m}^{2}} \tag{6-32}$$

压力（压差）$P=\Delta pA$，所以 $\frac{P_{p}}{P_{m}}=\lambda_{P}=\lambda_{\Delta p}\lambda_{A}=\lambda_{\Delta p}\lambda_{l}^{2}=\frac{\Delta p_{p}l_{p}^{2}}{\Delta p_{m}l_{m}^{2}}$

代入式（6－32）得

$$\frac{\rho_{p}l_{p}^{2}u_{p}^{2}}{\rho_{m}l_{m}^{2}u_{m}^{2}}=\frac{\Delta p_{p}l_{p}^{2}}{\Delta p_{m}l_{m}^{2}} \tag{6-33}$$

或

$$\frac{\Delta p_{p}}{\rho_{p}u_{p}^{2}}=\frac{\Delta p_{m}}{\rho_{m}u_{m}^{2}} \tag{6-34}$$

压力相似作用的比尺关系

$$\lambda_{\Delta p}=\lambda_{\rho}\lambda_{u}^{2} \tag{6-35}$$

定义欧拉数为

$$Eu=\frac{\Delta p}{\rho u^{2}} \tag{6-36}$$

欧拉数表征流体压力与惯性力之比，是压力相似的相似准则数。

压力（欧拉）相似准则：原型、模型压力作用的相似要求原型和模型的欧拉数相等，即

$$Eu_{p}=Eu_{m} \tag{6-37}$$

五、其他相似准则

（一）弹性力相似

水击等问题中要求考虑液体的可压缩性和液体密度变化产生的弹性力 $P_{K}=\Delta pA=AK(\Delta\rho/\rho)$，则有

$$\lambda_{P_{K}}=\lambda_{K}\lambda_{A}=\lambda_{K}\lambda_{l}^{2}=\lambda_{\rho}\lambda_{l}^{2}\lambda_{u}^{2}$$

定义柯西数为

$$Ca=\frac{v^{2}}{K/\rho} \tag{6-38}$$

柯西数反映流体惯性力与弹性力的比值，弹性力作用（柯西）相似准则：原型、模型

弹性力作用的相似，要求原型与模型的柯西数相等，即

$$Ca_p = Ca_m \tag{6-39}$$

相应的比尺关系：

$$\lambda_K = \lambda_\rho \lambda_u^2 \tag{6-40}$$

（二）表面张力相似

表面张力相似要求表面张力（$F=\sigma l$）的比尺与惯性力比尺相等：

$$\lambda_F = \lambda_\sigma \lambda_l = \lambda_\rho \lambda_l^2 \lambda_u^2$$

相应的比尺关系为

$$\lambda_\sigma = \lambda_\rho \lambda_l \lambda_u^2 \tag{6-41}$$

定义韦伯数为

$$We = \frac{\rho l v^2}{\sigma} \tag{6-42}$$

韦伯数反映液体惯性力与表面张力的比值，表面张力作用（韦伯）相似准则为：原型、模型表面张力作用的相似，要求原型与模型的柯西数相等，即

$$We_p = We_m \tag{6-43}$$

We 值越大，表面张力作用的影响越小。当流速、水深不是很小时不必考虑表面张力的影响（$u>0.23\text{m/s}$，$h>1.5\sim3.\text{cm}$）。

（三）非恒定相似

非恒定相似要求时变加速度引起的惯性力（$F=m\dfrac{\partial u}{\partial t}$）的比尺与位变加速度引起的惯性力比尺相等。

$$\lambda_F = \lambda_m \lambda_u / \lambda_t = \lambda_\rho \lambda_l^3 \lambda_u / \lambda_t = \lambda_\rho \lambda_l^2 \lambda_u^2$$

相应的比尺关系为

$$\lambda_u = \lambda_l \lambda_t^{-1} \tag{6-44}$$

式（6-44）实际上与时间比尺关系式（6-12）等价，其作用在于给出非恒定流的时间比尺，在运动相似的条件下自动满足，在恒定流中则不必考虑。

如果定义斯特罗哈数（$St=l/tv$）反映时变加速度的惯性作用与位变加速度的惯性作用的比值，则流动非恒定性相似准则为：原型、模型非恒定相似，要求原型与模型的斯特罗哈数相等，即

$$St_p = St_m \tag{6-45}$$

（四）一维总流的阻力相似

根据例6-2，总流平均壁面切应力 $\tau_0 = f(Re,\Delta/R)\dfrac{\rho v^2}{2}$，其中 f 为阻力系数，Δ 为壁面粗糙度，R 为水力半径。所以切应力比尺为

$$\lambda_\tau = \lambda_f \lambda_\rho \lambda_u^2 \tag{6-46}$$

切力比尺为

$$\lambda_F = \lambda_\tau \lambda_l^2 = \lambda_f \lambda_\rho \lambda_u^2 \lambda_l^2 = \lambda_\rho \lambda_l^2 \lambda_u^2 \tag{6-47}$$

所以阻力系数 f 的比尺 $\lambda_f=1$，即原型、模型的阻力作用相似要求阻力系数相等

$$f_p = f_m \tag{6-48}$$

而沿程水头损失系数

$$\lambda = 4f = \lambda(Re,\Delta/R)$$

所以

$$\lambda_p = \lambda_m \tag{6-49}$$

这要求

$$Re_p = Re_m,(\Delta/R)_p = (\Delta/R)_m \tag{6-50}$$

也就是黏滞力作用相似和壁面粗糙程度的相似。层流和紊流光滑管区，可以不考虑相对粗糙相等；而当雷诺数很大时流动处于阻力平方区，阻力系数不再随 Re 变化（自动模型区），不必要求原型、模型的雷诺数相等。

已知谢才系数 $C=\sqrt{8g/\lambda}$，所以当 $\lambda_g=1$ 时，有

$$C_p=C_m \tag{6-51}$$

在阻力平方区用曼宁公式 $C=R^{1/6}/n$，得糙率 n 的比尺为

$$\lambda_n=\lambda_R^{1/6}=\lambda_l^{1/6} \tag{6-52}$$

第四节　水工模型试验设计与计算

水利工程设计中通常要用到模型试验，通过水工模型试验可以确定水工建筑物的过流能力、验证设计形态是否满足需求以及优化模型设计等。根据模型试验的目的和要求不同，模型可分为正态模型和变态模型、整体模型和断面模型、定床模型和动床模型等，本章仅介绍定床正态模型的设计与计算，其他类型模型请参考相关水工模型试验的教材。

一、模型相似准则

根据相似原理，要使模型与原型相似，必须使所有作用力的比尺都等于惯性力的比尺，或者说上述所有相似准则都应同时满足，但除了几何长度比尺为 1 的模型外，几乎无法做到所有相似准则都同时满足。例如，如果原型和模型是同样的流体，黏滞力相似要求满足 $\lambda_u=1/\lambda_l$，重力相似要求满足 $\lambda_u=\lambda_l^{1/2}$，当 $\lambda_l\neq1$ 时，重力相似和黏滞力相似不可能同时满足。如果采用不同流体，则黏滞力相似要求满足 $\lambda_u=\lambda_\nu/\lambda_l$，重力相求满足 $\lambda_u=\lambda_l^{1/2}$，只有 $\lambda_\nu=\lambda_l^{3/2}$ 时才能使重力相似和黏滞力相似同时满足。模型试验中寻找这样的流体是十分困难的。所以，在模型设计时必须在两个相似准则中选择一个，如果重力起主导作用，则保证重力相似，放弃黏滞力相似；如果黏滞力起主导作用，则保证黏滞力相似，放弃重力相似。

一般涉及具有自由液面的流动问题，如水面船舶运动、明渠流动、堰闸流动等，主要考虑重力相似。而在管道内部的均质流体流动中，重力作用可以和压强中的静压部分抵消，故可以不考虑重力相似。涉及阻力的问题一般必须考虑黏滞力相似。但在水利工程中，原形水流多数为紊流，水流处于阻力平方区，阻力系数不再随雷诺数变化，阻力以紊动阻力和边界形状阻力为主，这样只要做到粗糙高度的几何相似，即能满足阻力相似。故不必考虑黏滞力相似准则，主要考虑重力相似即可。

除特殊问题外，表面张力、弹性力一般可以忽略，而压力相似准则与其他相似准则是没有矛盾的，从式（6－35）可以看出，无论采用重力相似准则还是黏滞力相似准则，当 λ_u 确定后，按式（6－35）计算出相应的压力比尺即可。

拓展思考： 如果要模拟倾斜放置的圆管均匀层流或明渠均匀层流，应如何选择力的相似和比尺？

二、模型的设计

确定模型相似准则后要确定的是模型的长度比尺，一般根据试验要求，结合实验室的

场地大小、供水能力、仪器设备的量测条件等来确定。根据几何比尺缩小原型的几何尺寸，得出模型的几何边界尺寸。根据模型的相似准则，可以计算出其他物理量的比尺。

几何比尺确定以后，要进行仔细检验，是否满足各种相似条件，如不满足要进行相应的修改。例如原型流态是紊流，模型的流态也应该是紊流；原型是急流或缓流，模型中的流态也应该是急流或缓流。一般水工模型比原型要小，某些水流现象不可能做到与原型相似，因此不能将原型和模型的物理量相互转换。例如，由于负压产生的空化和空蚀现象，对原型中的大气压也要按照比尺缩小，必须在减压箱中才能达到。如果不能做到减压箱内的实验，那么就不能做到模型与原型水流的空化现象相似。按照这种情况下开展试验，原型的空化要比模型出现的更早。

由于场地的限制，往往水工模型的水流流速比原型小得多，水深也很浅。这种情况下，要尽量避免出现模型中水流表面张力影响的情况。一般模型水流流速要大于 0.23m/s，水深要大于 3cm。

对于要求满足阻力相似并且以重力相似准则设计的模型试验，要在设计中检验模型中的水流是否为紊流。可以选择流速较小的流段，检验模型水流雷诺数是否大于临界雷诺数。

【例 6-4】 混凝土溢流坝如图 6-3 所示，其最大下泄流量 $Q_p=1200\text{m}^3/\text{s}$，几何比尺 $\lambda_l=60$，试求模型中的最大流量 Q_m。如在模型中测得坝上水头 $H_m=8\text{cm}$，模型中坝趾断面流速 $v_m=1\text{m/s}$，试求原型溢流坝相应的坝上水头 H_p 及收缩断面（坝趾处）流速 v_p。

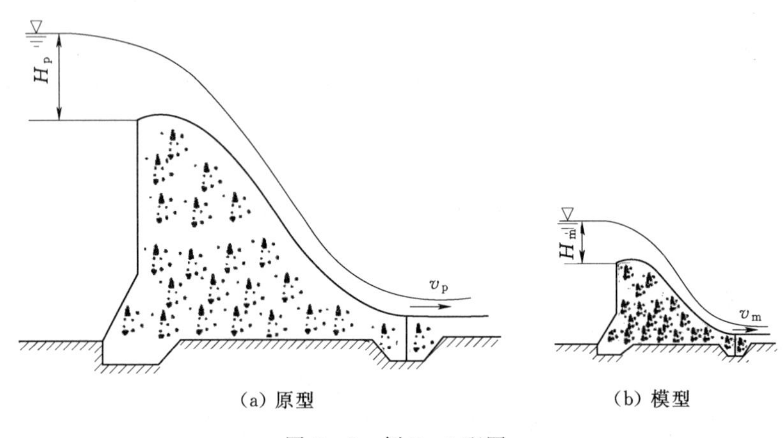

图 6-3　例 6-4 配图

解： 溢流坝过坝水流主要受重力作用，按重力相似准则：

流量比尺 $\lambda_Q=\lambda_l^{2.5}$，流速比尺 $\lambda_u=\lambda_l^{1/2}$

模型流量　　$Q_m=Q_p/\lambda_l^{2.5}=1200/60^{5/2}=0.043(\text{m}^3/\text{s})=43(\text{L/s})$

原型坝上水头　　$H_p=H_m\lambda_l=8\times60=480(\text{cm})=4.8(\text{m})$

原型坝趾收缩断面处的流速　$v_p=v_m\lambda_u=v_m\lambda_l^{1/2}=1\times60^{1/2}=7.75(\text{m/s})$

【例 6-5】 有一直径为 15cm 的输油管，管长 10m，通过流量为 $0.04\text{m}^3/\text{s}$ 的油。现用水来作实验，选模型管径和原型相等，原型中油的运动黏度 $\nu=0.13\text{cm}^2/\text{s}$，模型中的实验水温为 $t=10℃$。(1) 求模型中的流量为若干才能达到与原型相似？(2) 若在模型中测得 10m 长管段的压差为 0.35cm 水柱，反算原型输油管 1000m 长管段上的压强差为多少（用油柱高表示）?

解：$\lambda_d=\lambda_l=1$

已知 $\nu_p=0.13\text{cm}^2/\text{s}$，而 10℃水的运动黏度查表可得 $\nu_m=0.0131\text{cm}^2/\text{s}$，运动黏度比尺 $\lambda_\nu=\nu_p/\nu_m=0.13/0.0131=9.924$。

（1）输油管路中的主要作用力为黏滞力，应满足雷诺相似准则，$\lambda_u=\lambda_\nu/\lambda_l=\lambda_\nu$。

流量比尺
$$\lambda_Q=\lambda_u\lambda_l^2=\lambda_\nu$$

以水作模拟介质时，模型流量　$Q_m=\dfrac{Q_p}{\lambda_Q}=\dfrac{Q_p}{\lambda_\nu}=\dfrac{0.04}{9.924}=0.00403(\text{m}^3/\text{s})$

（2）查表 6-2，黏滞力相似的条件下压强水头比尺 $\lambda_{(\Delta p/\gamma)}=\lambda_\nu^2/\lambda_l^2=\lambda_\nu^2$。

已知模型中测得 10m 长管段中的压强水头差为 $h_m=0.0035\text{m}$ 水柱，则原型 10m 长管段中的油柱压差为

$$h_p=(\Delta p/\gamma)_p=h_m\lambda_\nu^2=0.0035\times9.924^2=0.345(\text{m 油柱高})$$

因而在 1000m 长的输油管段中的压差为 0.345×1000/10=34.5(m 油柱高)

（注：工程上往往根据每 1km 长管路中的水头损失来作为设计管路加压泵站扬程选择的依据）

【例 6-6】　有一混凝土溢流坝的拟定坝宽 $b_p=210\text{m}$，根据调洪演算坝顶的设计泄流量 $Q_p=3500\text{m}^3/\text{s}$，坝面糙率 $n_p=0.018$。现需在一槽宽 $b_m=0.3\text{m}$ 且只能提供最大流量为 20L/s 的玻璃水槽中做断面模型试验，试确定实验的有关比尺并用阻力相似准则校核模型的制造工艺是否满足要求。

解：由于溢流坝溢流的作用力主要为重力，模型设计按重力相似准则决定比尺，但因原型溢流坝较长，现只需做断面模型试验，故可先按单宽流量进行比较以确定长度比尺。

原型的单宽流量 $q_p=\dfrac{3500}{210}=16.67\text{m}^3/(\text{s}\cdot\text{m})=166.7\text{L}/(\text{s}\cdot\text{cm})$

模型水槽中的最大单宽流量为 $q_m=\dfrac{20}{30}=0.667\text{L}/(\text{s}\cdot\text{cm})$

根据 $\lambda_Q=\lambda_l^{2.5}=\lambda_l^{1.5}\lambda_b$，有单宽流量比尺

$$\lambda_q=\lambda_Q/\lambda_b=\lambda_l^{3/2}\geqslant\frac{166.7}{0.667}$$

因此长度比尺 $\lambda_l\geqslant\left(\dfrac{166.7}{0.667}\right)^{2/3}=39.67$，不妨取整数 $\lambda_l=40$。

核定模型糙率的要求：$n_m=\dfrac{n_p}{\lambda_l^{1/6}}=\dfrac{0.018}{40^{1/6}}=0.00973\approx0.01$

选用刨光的木板可以达到这一糙率要求，故选定 $\lambda_l=40$ 是可行的。

最后确定出相应的其他比尺：

$$\lambda_Q=\lambda_l^{5/2}=40^{5/2}=10119,\lambda_u=\lambda_l^{1/2}=40^{1/2}=6.32,\lambda_t=\lambda_l^{1/2}=6.32$$

$$\lambda_F=\lambda_l^3=6400,\lambda_{(\Delta p/\gamma)}=\lambda_l=40$$

注意此时 30cm 宽的水槽相当于原型中的坝段宽度为 $b_p=\lambda_l b_m=40\times0.3=12(\text{m})$。

习　题

6-1　按基本量纲为［L、T、M］推导出动力黏性系数 μ，体积弹性模量 K，表面张力系数 σ，切应力 τ，线变形率 ε_{xx}，角变形率 ε_{xy}，旋转角速度 ω，速度势函数 φ，流函数 ψ 的量纲。

6-2　将下列各组物理量整理成为无量纲数：（1）τ、v、ρ；（2）Δp、v、ρ、γ；（3）F、l、v、ρ；（4）σ、l、v、ρ。

6-3　作用沿圆周运动物体上的力 F 与物体的质量 m，速度 u 和圆的半径 R 有关。试用雷利法证明 F 与 mu^2/R 成正比。

6-4　假定影响孔口泄流流量 Q 的因素有孔口尺寸 a，孔口内外压强差 Δp，液体的密度 ρ，动力黏度 μ，又假定容器甚大，其他边界条件的影响可忽略不计，试用 π 定理确定孔口流量公式的形式。

6-5　圆球在黏性流体中运动所受的阻力 F 与流体的密度 ρ、动力黏度 μ、圆球与流体的相对运动速度 v、球的直径 D 等因素有关，试用量纲分析方法建立圆球受到流体阻力 F 的公式。

6-6　用 π 定理推导鱼雷在水中所受阻力 F_D 的表达式，它和鱼雷的速度 v、鱼雷的尺寸 l、水的黏度 μ 及水的密度 ρ 有关。鱼雷的尺寸 l 可用其直径或长度代表。

6-7　水流围绕一桥墩流动时将产生绕流阻力，该阻力和桥墩的宽度 b（或柱墩直径 d）、水流速 v、水的密度 ρ、黏度 μ 及重力加速度 g 有关。试用 π 定理推导桥墩的绕流阻力表示式。

6-8　试用 π 定理分析水流在圆管中流动时的阻力表达式。假设管流中阻力 F 和管道长度 l、管径 d、管壁粗糙度 Δ、管流断面平均流速 v、液体密度 ρ 和黏度 μ 等有关。

6-9　试用 π 定理分析管道均匀流动的关系式。假设流速 v 和水力坡度 J、水力半径 R、边界绝对粗糙度 Δ、水的密度 ρ、黏度 μ 等有关。

6-10　试用 π 定理分析堰流关系式。假设堰上单宽流量 q 和重力加速度 g、堰高 P、堰上水头 H、黏度 μ、密度 ρ 及表面张力 σ 等有关。

6-11　在深水中进行炮弹模型试验，模型的大小为实物的 1/1.5，若炮弹在空气中的速度为 500km/h，问欲测定其黏性阻力时，模型在水中的试验速度应当为多少（设气温、水温均为 20℃）？

6-12　有一圆管直径为 20cm，输送 $\nu=0.4\text{cm}^2/\text{s}$ 的油，其流量为 121L/s，若在实验中用直径为 5cm 的圆管做模型实验，假如采用 20℃ 的水或 $\nu=0.17\text{cm}^2/\text{s}$ 的空气做试验，则模型流量各为多少？假定主要的作用力为黏性力。

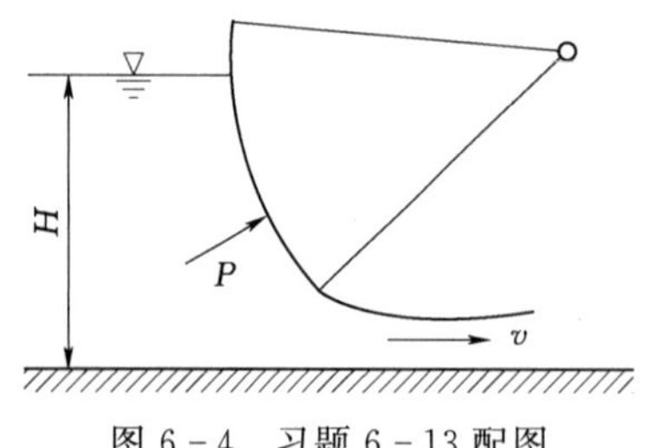

图 6-4　习题 6-13 配图

6-13　采用长度比尺为 1∶20 的模型来研究弧形闸门闸下出流情况，如图 6-4 所示，重力为水流主要作用力，试求：（1）原型中如闸门前水深 $H_p=8\text{m}$，模型中相应水深为多少？（2）模型中若测得收缩断面流速 $v_m=2.3\text{m/s}$，流量为 $Q_m=45\text{L/s}$，则原型中相应的流速和流量为多少？（3）若模型中水流作用在闸门上的力 $F_m=78.5N$，原型中的作用力是多少？

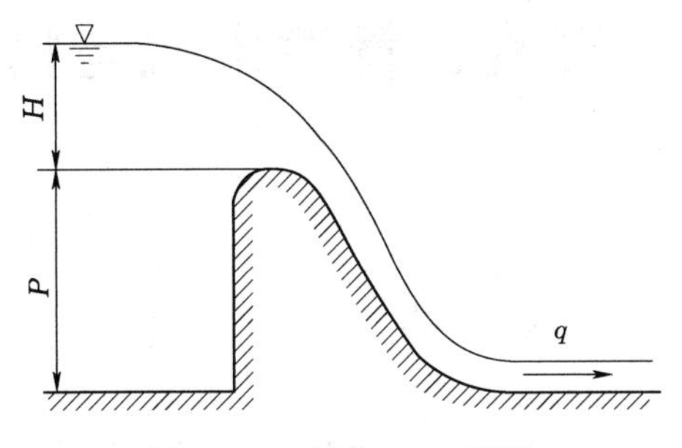

图 6-5　习题 6-14 配图

6-14　一座溢流坝如图 6-5 所示，泄流流量为 $150m^3/s$，按重力相似设计模型。如实验室水槽最大供水流量仅为 $0.08m^3/s$，原型坝高 $P_p=20m$，坝上水头 $H_p=4m$，问模型比尺如何选取，模型空间高度（P_m+H_m）最高为多少？

6-15　船体阻力 F 可用无量纲关系表示：

$$\frac{F}{\rho v^2 h^2}=f\left(\frac{\rho v h}{\mu},\frac{v^2}{Lg}\right)$$

式中：ρ 为水体密度；v 为船行进速度；μ 为水的黏度；h 为船的吃水深度；L 为船长。试确定：（1）如果进行模型试验确定原型船的阻力，那么原型与模型间必须满足什么关系？（2）如果模型比尺为 $\delta_l=25$，原型船以 $v_p=7m/s$ 的速度前行，模型的速度是多少？（3）如原型船在 20℃的水中运动，模型试验汇总应用的液体黏性为多少？

第七章　孔口出流、管嘴出流与恒定有压管流

第一节　概　　述

前面各章介绍了水力学流体力学的基本理论，本章开始介绍这些基本理论在水利工程中的实际应用。

在容器壁面上开一孔口，液体从孔口泄出的流动现象称为孔口出流。如果壁面的厚度对流动现象没有影响，孔壁与液体的接触仅是一条周线，这种孔口出流称为薄壁孔口出流，如图 7-1 所示。如果孔口中心点至自由表面的高度 H 与孔口直径 d 之比 $H/d>10$，称为小孔口出流；如果 $H/d<10$，称为大孔口出流（对于方形孔口，d 表示其高度）。如果容器侧壁、底面或液面到孔口的距离 l 大于孔口尺寸的 3 倍，对孔口出流没有影响，则称这种孔口出流为完善收缩孔口出流，反之称为不完善收缩孔口出流。图 7-1 中 A 孔为完善收缩孔口出流，B、C、D 孔为不完善收缩孔口出流。

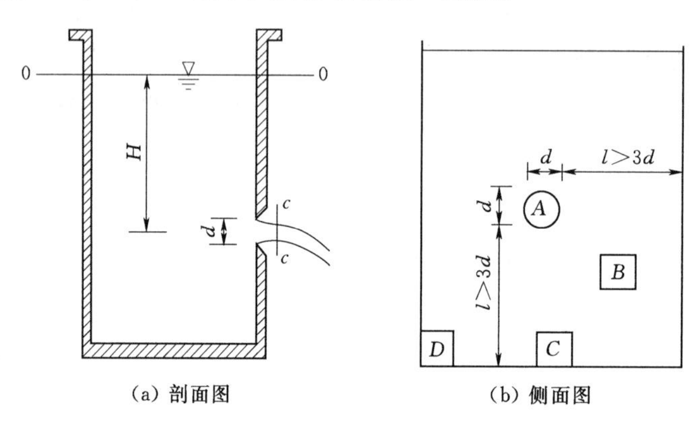

图 7-1　薄壁孔口出流示意图

在孔口上连接长度为 3～4 倍孔径的管道，水流经过管道并在出口断面满管流出的水流现象称为管嘴出流。根据实际工程需要，管嘴可以设计成各种形式，常见的有圆柱形外管嘴、圆锥形收缩管嘴和圆锥形扩张管嘴等。

管道长度大于 3～4 倍孔径、液体又完全充满管道所有横截面的流动现象称为有压管流。有压管流的特点是管道中没有自由液面，过水断面就是管道的横截面，湿周就是管道横截面的周线，过水断面上的压强一般不等于大气压强。当液体没有完全充满管道所有横截面，管道中存在自由液面时，虽然液体在管道中流动，但不属于有压管流，而属于明渠流。

在管道系统中，如果局部水头损失仅占沿程水头损失的 10% 以下，则在管流计算中

可以将局部水头损失和流速水头忽略不计，从而使计算大大简化，这样的管道称为长管；如果局部水头损失占有相当比例，在管流计算中不能忽略局部水头损失和流速水头，这样的管道称为短管。

管径不变、无分支的单一管道称为简单管道；由两根以上管道组合而成的管道系统称为复杂管道。复杂管道又可分为串联管道、并联管道和管网。由不同直径的管道依次连接而成的管道系统称为串联管道，若干个管段在同一处分叉然后又在另一处汇合的管道系统称为并联管道。由许多管段组合成的复杂管道网络系统称为管网。

孔口出流、管嘴出流和有压管流水力计算的理论依据是总流的连续性方程、能量方程及水头损失理论。

第二节　孔　口　出　流

一、薄壁小孔口自由出流

液体从孔口流出到大气中称孔口自由出流，如图 7－2 所示。水箱中水流的流线从各个方向趋近孔口，由于水流运动的惯性，流线不能成折角地改变方向，只能光滑、连续地弯曲。因此，在孔口断面上各流线并不平行，水流在流出孔口后继续收缩，直至距孔口约为 $d/2$ 处收缩完毕，形成面积最小的收缩断面，流线在此趋于平行然后再扩散。图 7－2 所示的断面 $c-c$ 称为孔口出流的收缩断面。

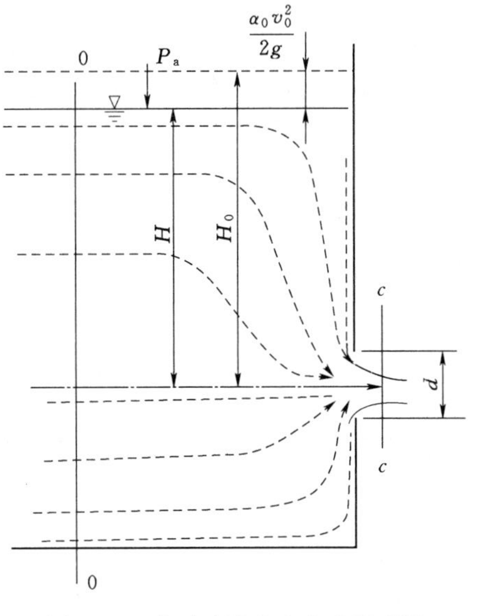

图 7－2　薄壁小孔自由出流示意图

孔口自由出流的流量公式可以由恒定总流的能量方程和连续性方程推导出来。选取通过孔口形心的水平面为基准面，列水箱内符合渐变流条件的断面 0－0 和收缩断面 $c-c$ 之间的能量方程：

$$H+\frac{\alpha_0 v_0^2}{2g}=0+\frac{p_c}{\gamma}+\frac{\alpha_c v_c^2}{2g}+h_w \qquad (7-1)$$

水箱中的微小沿程水头损失可以忽略，于是 h_w 只是水流经过孔口的局部水头损失，即

$$h_w=h_j=\zeta_0\frac{v_c^2}{2g} \qquad (7-2)$$

对于自由出流，收缩断面压强为大气压强，即 $p_c=p_a=0$

于是可得孔口自由出流流量的基本公式：

$$Q=v_c A_c=\varepsilon A\varphi\sqrt{2gH_0}=\mu A\sqrt{2gH_0} \qquad (7-3)$$

式中：H_0 为包含行近流速水头在内的作用水头，$H_0=H+\frac{\alpha_0 v_0^2}{2g}$；$\zeta_0$ 为经过孔口的局部水头损失系数；$\varepsilon=A_c/A$ 为收缩系数；A_c 为收缩断面面积；A 为孔口断面面积；φ 为流

速系数，$\varphi=\dfrac{1}{\sqrt{\alpha_c+\zeta_0}}\approx\dfrac{1}{\sqrt{1+\zeta_0}}$；$\mu$ 为流量系数，$\mu=\varepsilon\varphi$。

对于薄壁小孔口自由出流，$\varepsilon=0.63\sim0.64$，$\varphi=0.97\sim0.98$，$\mu=0.60\sim0.62$。

二、薄壁小孔口淹没出流

如图 7-3 所示，液体从孔口流出后淹没在下游水面之下，这种流动现象称为孔口淹没出流。与自由出流一样，由于惯性作用，水流经过孔口后先形成收缩断面，然后再逐渐扩散。

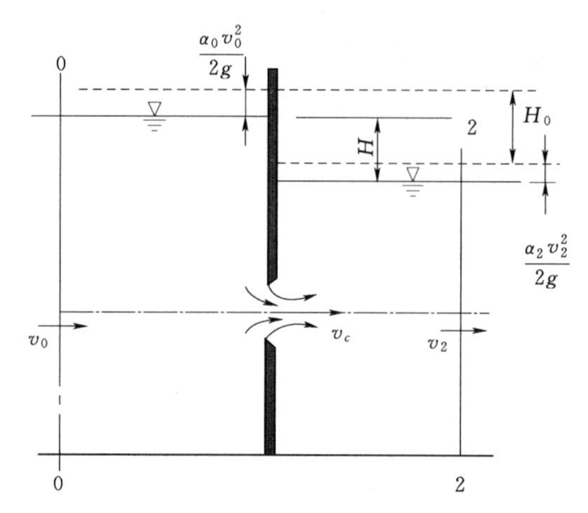

图 7-3　薄壁小孔口淹没出流示意图

孔口淹没出流的流量公式也可以由恒定总流的能量方程和连续性方程推导出来。选取下游液面为基准面，列水箱内符合渐变流条件的断面 0-0 和断面 2-2 之间的能量方程：

$$H+\frac{\alpha_0 v_0^2}{2g}=\frac{\alpha_2 v_2^2}{2g}+h_{w0-2} \tag{7-4}$$

水箱中的微小沿程水头损失可以忽略，于是 h_w 只是水流经过孔口的局部水头损失，即

$$h_{w0-2}=h_j=(\zeta_0+\zeta_2)\frac{v_c^2}{2g} \tag{7-5}$$

将式（7-5）代入式（7-4）可得孔口淹没出流流量的基本公式：

$$Q=v_c A_c=\varepsilon A\varphi\sqrt{2gH_0}=\mu A\sqrt{2gH_0} \tag{7-6}$$

式中：H_0 为作用水头，$H_0=H+\dfrac{\alpha_0 v_0^2}{2g}-\dfrac{\alpha_2 v_2^2}{2g}$；$\zeta_0$ 为上游水箱到孔口收缩断面的局部水头损失系数；ζ_2 为孔口收缩断面到下游水箱扩散段的局部水头损失系数；φ 为流速系数，$\varphi=\dfrac{1}{\sqrt{\zeta_2+\zeta_0}}$。

一般上下游水箱都足够大，则 $\zeta_2\approx1$，$H_0\approx H$，对薄壁小孔口淹没出流，$\varepsilon=0.63\sim0.64$，$\varphi=0.97\sim0.98$，$\mu=0.60\sim0.62$。可以看出，式（7-3）与式（7-6）的形式完全相同，系数也相同。但应注意，在自由出流情况下，作用水头 H 是上游水箱液面至孔口形心的高差；而在淹没出流情况下，作用水头 H 则是上、下游水箱的水面高差。

三、其他类型的孔口出流

对于非恒定孔口出流，可以将每个时刻的流动都看作恒定出流，采用恒定流公式计算，然后再对时间积分求和，就可以得到总流量。

对于不完善收缩孔口出流，流量计算与完善收缩孔口出流相同，只是流量系数较完善收缩孔口出流大。不完善收缩的收缩程度越小流量系数越大，其流量系数见表 7-1。

大孔口出流可看作是由许多小孔口出流组成。实际计算表明，小孔口的流量计算公

式（7－3）和式（7－6）也适用于大孔口。由于大孔口出流收缩程度较小孔口出流小，收缩系数和流量系数较小孔口出流大。

表 7－1　　不完善收缩孔口出流的流量系数

孔口形状和水流收缩情况	流量系数 μ	孔口形状和水流收缩情况	流量系数 μ
全部、不完善收缩	0.70	底部无收缩，侧向很小收缩	0.70～0.75
底部无收缩，侧向适度收缩	0.65～0.70	底部无收缩，侧向极小收缩	0.80～0.90

对于孔口壁面修圆的厚壁孔口出流如图 7－4 所示，由于孔口边缘的光滑导向，孔口局部损失很小，收缩断面的收缩系数接近于 1，因此过流能力较大，流量系数可以取 0.98。

【例 7－1】 如图 7－5 所示，在一水箱边壁上开一个正方形孔口，边长 $a=0.1\text{m}$，水头 $H=1.5\text{m}$，(1) 分析流动类型；(2) 计算出流流量；(3) 如果水箱没有补充水，水面逐渐下降，流动类型将如何变化。

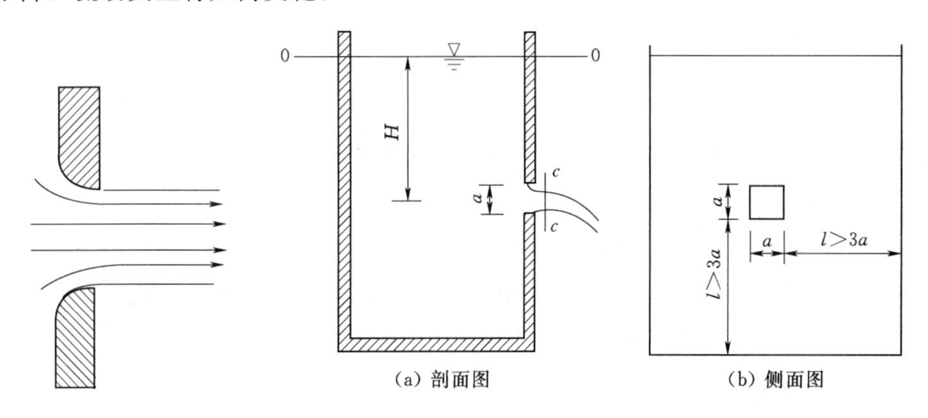

图 7－4　孔口壁面修圆的厚壁孔口出流

图 7－5　例 7－1 配图

解：(1) 流动属于完善收缩薄壁小孔口恒定自由出流。

(2) 取流量系数为 0.62，由式（7－3）得

$$Q=\mu A\sqrt{2gH_0}=0.62\times0.1^2\sqrt{2g\times1.5}=0.037(\text{m}^3/\text{s})$$

(3) 当水面逐渐下降时，流动由恒定流变为非恒定流，小孔口会变为大孔口，完善收缩会变为非完善收缩，水流一直保持自由出流。另外，当 H 小到一定程度时，流动会变为堰顶溢流，其类型和计算方法将在第九章介绍。

第三节　管　嘴　出　流

一、圆柱形外管嘴出流流量公式

如图 7－6 所示，水流进入圆柱形管嘴后，主流线逐渐收缩，然后又逐渐扩大，在收缩断面 $c-c$ 附近主流与管壁分离，形成旋涡区。在管嘴出口断面上水流充满整个断面流出。设水箱的水面压强为大气压强，管嘴出流为自由出流，水箱中符合渐变流条件的过水

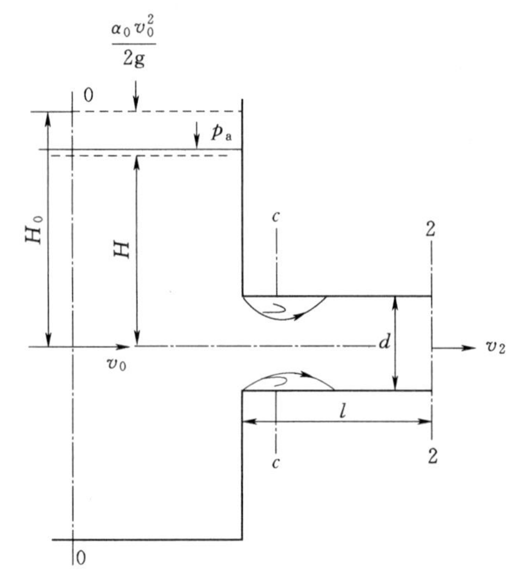

图 7-6 圆柱形外管嘴出流示意图

断面 0-0 和管嘴出口断面 2-2 间的能量方程为

$$H+\frac{\alpha_0 v_0^2}{2g}=\frac{\alpha_2 v_2^2}{2g}+h_w \tag{7-7}$$

式中：h_w 为管嘴出流的水头损失，等于进口损失与收缩断面后的扩大段损失之和，如果忽略管嘴出流沿程水头损失，则等于管道直角进口的局部水头损失，即

$$h_w=\zeta_n\frac{v_2^2}{2g} \tag{7-8}$$

管嘴出流的流量公式为

$$Q=v_2A=\varphi_n A\sqrt{2gH_0}=\mu_n A\sqrt{2gH_0} \tag{7-9}$$

式中：H_0 为作用水头，$H_0=H+\frac{\alpha_0 v_0^2}{2g}$；$\zeta_n$ 为管嘴进口局部水头损失系数；φ_n 为管嘴出流的流速系数，$\varphi_n=\frac{1}{\sqrt{\alpha_2+\zeta_n}}\approx\frac{1}{\sqrt{1+0.5}}=0.82$；$\mu_n$ 为管嘴出流的流量系数，$\mu_n=\varphi_n=0.82$。

式（7-9）与式（7-6）的形式完全相同，而 $\mu_n=1.32\mu$。可以看出，在相同条件下，管嘴出流的过流能力是孔口的 1.32 倍。孔口外面加管嘴后增加了阻力，为什么流量反而增加呢？下面通过分析收缩断面处的真空压强来说明。

二、收缩断面的真空压强

参见图 7-6，列收缩断面 $c-c$ 与出口断面 2-2 之间的能量方程与连续性方程：

$$\frac{p_c}{\gamma}+\frac{\alpha_c v_c^2}{2g}=\frac{\alpha_2 v_2^2}{2g}+h_j \tag{7-10}$$

$$v_c=\frac{A}{A_c}v_2=\frac{1}{\varepsilon}v_2 \tag{7-11}$$

收缩断面到出口断面的局部水头可以按突然扩大局部水头损失计算，$h_j=\zeta_2\frac{v_2^2}{2g}=\left(\frac{1}{\varepsilon}-1\right)^2\frac{v_2^2}{2g}$，代入式（7-10）并整理可得

$$\frac{p_c}{\gamma}=-\left[\frac{\alpha_c}{\varepsilon^2}-\alpha_2-\left(\frac{1}{\varepsilon}-1\right)^2\right]\varphi^2H_0 \tag{7-12}$$

对于圆柱形外管嘴：$\alpha_c=\alpha_2=1$，$\varepsilon=0.64$，$\varphi=0.82$，代入式（7-16）得

$$\frac{p_c}{\gamma}=-0.75H_0 \tag{7-13}$$

式（7-13）表明，圆柱形外管嘴出流在收缩断面处出现了真空，其真空度为$\frac{p_v}{\gamma}=\frac{-p_c}{\gamma}=$

$0.75H_0$，即圆柱形外管嘴收缩断面处真空度为作用水头的 0.75 倍，相当于把管嘴出流的作用水头增加了 0.75 倍，这就是相同直径、相同作用水头下圆柱形外管嘴出流的流量比孔口出流大的原因。

从式（7-13）可知，作用水头 H_0 越大，收缩断面处的真空度也越大。但收缩断面的真空是有限制的，如长江中下游地区，当真空度达到 7m 水柱以上时，由于液体在低于饱和蒸汽压时会发生汽化，收缩断面处的真空被破坏，管嘴不能保持满管出流而如同孔口出流一样。因此，管嘴出流的作用水头 H_0 有一个极限值，如长江中下游地区 $H_0<\frac{7}{0.75}\approx 9(\text{m})$，相应的流量也有一个极限值。

三、其他形式管嘴出流

除圆柱形外管嘴之外，工程上为了增加孔口的泄水能力或为了增加（减少）出口的速度，常采用不同的管嘴形式，如图 7-7 所示。各种管嘴出流的基本公式都和圆柱形外管嘴出流公式相同。不同类型的管嘴出流的水力特性如下：

（1）圆锥形扩张管嘴出流［图 7-7（a）］收缩断面处的真空值随圆锥角增大而加大，相应的流量也随真空值增大而加大，因此，圆锥形扩张管嘴出流的特点是具有较大的过流能力和较低的出口速度。这一特点常用于引射器、水轮机尾水管和人工降雨设施等。但是，如果扩张角 θ 太大，可能在出口处不能形成满管出流，甚至变为孔口出流。一般扩张角 θ 宜取 5°～7°，相应的流量系数为 $\mu_n=0.45\sim0.50$。

（2）圆锥形收敛管嘴出流［图 7-7（b）］的特点是具有较大的出口流速，其流量系数为 $\mu_n=0.96$。圆锥形收敛管嘴适用于水力挖土机喷嘴以及消防用喷嘴等。

（3）流线形管嘴出流［图 7-7（c）］的特点是水流在管嘴内无收缩及扩大，水头损失系数很小，泄流能力较大，其流量系数为 $\mu_n=0.98$。流线形管嘴常用于水坝泄水管。

(a) 圆锥形扩张管嘴出流

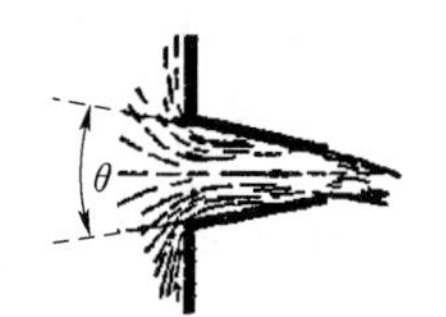

(b) 圆锥形收敛管嘴出流

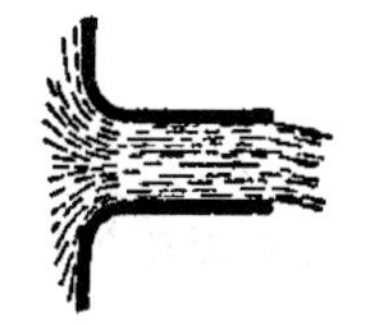
(c) 流线形管嘴出流

图 7-7　不同管嘴出流示意图

第四节　短管水力计算

一、输水能力和作用水头的关系

输水能力和作用水头是有压管流的两个基本水力要素。现以简单管道自由出流为例，推导输水能力与作用水头之间的关系。如图 7-8 所示为一个从储水池引水的简单管道，如果管道出口水流流入大气则称为短管自由出流。

以通过管道出口断面中心点的水平面作为基准面，储水池过流断面 0-0 和管道出口

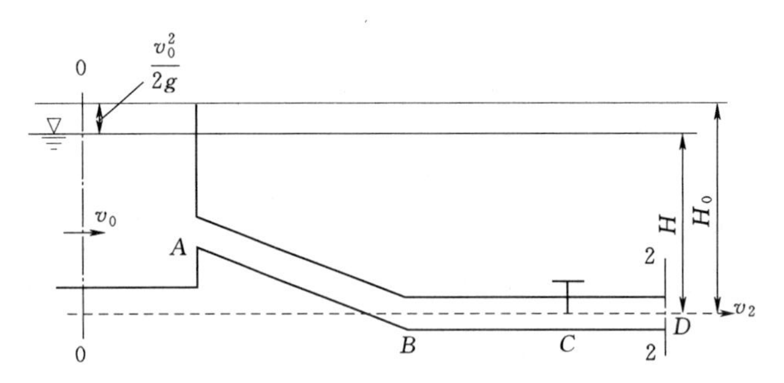

图 7-8　短管自由出流示意图

断面 2-2 之间的能量方程可以写为

$$H+0+\frac{\alpha_0 v_0^2}{2g}=0+\frac{p_2}{\gamma}+\frac{\alpha v_2^2}{2g}+h_w \tag{7-14}$$

式中：$\frac{\alpha_0 v_0^2}{2g}$为行近流速水头；$H+\frac{\alpha_0 v_0^2}{2g}=H_0$ 为作用水头，水流正是在 H_0 的作用下克服阻力而流动的；p_2/γ 为等于周围的大气压强。

水头损失 h_w 的一般表达式为

$$h_w=\left(\sum\lambda\frac{l}{d}+\sum\zeta\right)\frac{v^2}{2g} \tag{7-15}$$

对于图 7-8 所示的管道系统，$\sum\lambda l/d=\lambda(l_{AB}+l_{BD})/d$，$\sum\zeta=\zeta_A+\zeta_B+\zeta_C$。将上式代入能量方程可得

$$H_0=\left(\alpha+\sum\lambda\frac{l}{d}+\sum\zeta\right)\frac{v^2}{2g} \tag{7-16}$$

再将连续性方程 $Q=v\pi d^2/4$ 代入能量方程，可以得到输水能力和作用水头之间的关系式：

$$Q=\frac{1}{\sqrt{\alpha+\sum\lambda\frac{l}{d}+\sum\zeta}}A\sqrt{2gH_0}=\mu_c A\sqrt{2gH_0} \tag{7-17}$$

式（7-17）即管道系统自由出流水力计算的基本公式。式中 $\mu_c=\frac{1}{\sqrt{\alpha+\sum\lambda\frac{l}{d}+\sum\zeta}}$称为管道系统自由出流的流量系数，它反映了沿程阻力和局部阻力对管道输水能力的影响。当行近流速 v_0 很小时，可以忽略行近流速水头，$H_0\approx H$。

如图 7-9 所示，如果管道系统出口淹没在水面以下，出口水流流入下游水体中，则称为短管淹没出流。淹没出流输水能力和作用水头之间的关系同样可以由断面 0-0 和断面 2-2 间的能量方程和连续性方程推出。

$$Q=\frac{1}{\sqrt{\sum\lambda\frac{l}{d}+\sum\zeta}}A\sqrt{2gH_0}=\mu_c A\sqrt{2gH_0} \tag{7-18}$$

式中 $H+\frac{\alpha_0 v_0^2}{2g}=H_0$ 称为作用水头，$\mu_c=\frac{1}{\sqrt{\sum\lambda\frac{l}{d}+\sum\zeta}}$称为管道系统淹没出流的流量系

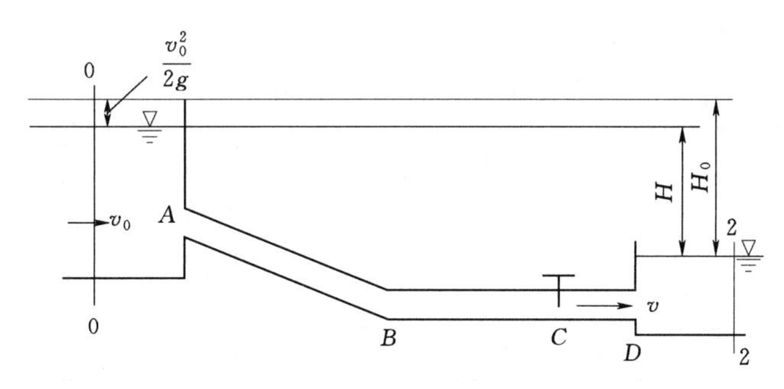

图 7-9　短管淹没出流示意图

数，$\sum\zeta=\zeta_A+\zeta_B+\zeta_C+\zeta_D$，其他与自由出流类似。

如果管道系统是由不同管径 d_i、不同管长 l_i 和不同沿程水头损失系数 λ_i 的管段串联而成的复杂管道系统（图 7-10），则根据连续性方程，任一管段的沿程水头损失和局部水头损失都可以用管道出口断面流速水头表示为

$$\lambda_i\frac{l_i}{d_i}\frac{v_i^2}{2g}=\lambda_i\frac{l_i}{d_i}\frac{v^2}{2g}\frac{A^2}{A_i^2},\quad \zeta_i\frac{v_i^2}{2g}=\zeta_i\frac{v^2}{2g}\frac{A^2}{A_i^2}$$

式中：v 为管道出口的速度；A 为出口断面面积。

相应的管道输水流量为

$$Q=\frac{1}{\sqrt{\sum\lambda_i\frac{l_i}{d_i}\frac{A^2}{A_i^2}+\sum\zeta_i\frac{A^2}{A_i^2}}}A\sqrt{2gH_0}=\mu_c A\sqrt{2gH_0} \tag{7-19}$$

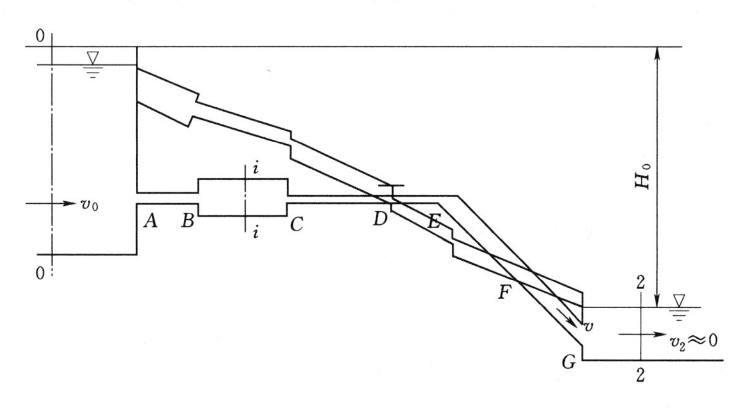

图 7-10　复杂管道系统示意图

二、管道直径的设计计算

在输水流量和管路布置一定的情况下，如果采用直径较小的管道，则管道造价较低，但由于管道中流速较大，水流阻力和能量损失较大，管道系统运行时费用较高；反之，如果采用直径较大的管道，则水流阻力和能量损失较小，管道系统运行时费用较低，但管道造价较高。因此，管道直径的设计应选择几个方案进行技术经济比较，综合考虑管道造价、能量损失、施工运行费用等因素。使输水管道系统综合成本最小的流速称为经济流速，相应的管径称为经济管径。常见管道的经济流速和允许流速见表 7-2 和表 7-3。管

道直径可以按下面两种方法确定。

表 7-2　常见管道的经济流速

管道类型	经济流速/(m/s)	管道类型	经济流速/(m/s)
水泵吸水管	0.8～1.25	钢筋混凝土管	2～4
水泵压水管	1.5～2.5	水电站引水管	5～6
露天钢管	4～6	自来水管（d=100～200mm）	0.6～1.0
地下钢管	3～4.5	自来水管（d=200～400mm）	1.0～1.4

表 7-3　常见管道的允许流速

管道类型	允许流速/(m/s)	管道类型	允许流速/(m/s)
水泵式供水系统吸水管	1.2～2.0	水泵式供水系统压力管	1.5～2.5
自流式供水系统（水头 H=15～60m）	1.5～7.0	自流式供水系统（水头 H<15m）	0.6～1.5
一般给水管道	1.0～3.0		

（一）由连续性方程计算管道直径

在输水流量 Q 一定的情况下，如果根据经验事先确定管道中的经济流速或允许流速为 v，可以根据连续性方程计算管道直径：

$$d=\sqrt{\frac{4Q}{v\pi}} \tag{7-20}$$

（二）由经验公式计算管道直径

由于影响经济管径的因素很多，很难用一个简单公式“精确”确定。在技术经济资料缺乏时，可按下式近似计算：

$$d=\sqrt[7]{KQ^3/H} \tag{7-21}$$

式中：K 为综合反映电价、钢材价、折旧费、施工费、管理费、维修费等因素影响的综合系数。

K 值一般为 8～15，当电站机组年运行时间较少，钢材较贵而电价较低时，K 应取较小值，反之取较大值。当 K=5.2 时，即彭德舒公式。

三、压强沿程变化及水头线的绘制

压强沿程变化情况是水电站、给排水等输水工程设计十分关心的问题之一。管流中出现过大的真空值容易产生空化和空蚀，从而降低管道的使用寿命，甚至危及管道系统的安全；管流中出现的最大压强是管壁应力计算、管壁厚度设计的基本依据。因此，设计管道系统时，应控制管道中的最大压强、最大真空压强以及各断面上的压强大小，以保证管道系统的正常运行并满足各用户的需求。

管道各断面上的压强大小可以由总流的能量方程求出。例如，在图 7-10 的管道系统中，任一过水断面 $i-i$ 的动水压强 p_i 可以由断面 $i-i$ 和水池过水断面 0-0 之间的能量方程求得

$$\frac{p_i}{\gamma}=H_0-z_i-\frac{\alpha_i v_i^2}{2g}-h_{w0-i} \tag{7-22}$$

从式（7-22）可以看出，当作用水头 H_0 一定时，压强大小与 z_i 有关，z_i 值越大，管道位置越高，压强越低。因此，可以通过调整管线高程布置改变管道中的压强沿程分布。

将各断面的测压管水头连线按一定比例绘制在管道布置图中即为测压管水头线（图7-10），将各断面的总水头连线按一定比例绘制在管道布置图中即为总水头线。测压管水头线和总水头线可以直观地反映压能、动能及总能量的沿程变化情况。管道中心线与测压管水头线之间的间距反映压强的大小，当测压管水头线在管道中心线之下时管道中即出现了真空（图7-10中的 DEF 段）。

有时不必进行上述定量计算，只需根据能量守恒及转化规律，按照水头线的特点，定性绘出水头线即可。总水头线和测压管水头线具有如下特点：

（1）总水头线总是沿程下降的，当有沿程水头损失时，总水头线沿程逐渐下降，当有局部水头损失时，假定局部水头损失集中发生在局部变化的断面上，总水头线铅直下降。

（2）测压管水头线可能沿程上升（如突然扩大管段），也可能沿程下降（一般情况）。

（3）总水头线比测压管水头线高出一个流速水头，当流量一定时，管径越大，总水头线与测压管水头线间距（即流速水头）越小；管径不变，则总水头线与测压管水头线平行。

（4）总水头线和测压管水头线的起始点和终止点由管道进出口边界条件确定。

常见管道系统进、出口边界及局部突变管件的水头线如图7-11所示。对于淹没出流情况，以下游水池液面为基准面［图7-11（c）］，列出口断面2-2和下游水池过水断面3-3的能量方程：

$$z_2+\frac{p_2}{\gamma}+\frac{\alpha_2 v_2^2}{2g}=0+0+\frac{\alpha_3 v_3^2}{2g}+h_{w2-3} \tag{7-23}$$

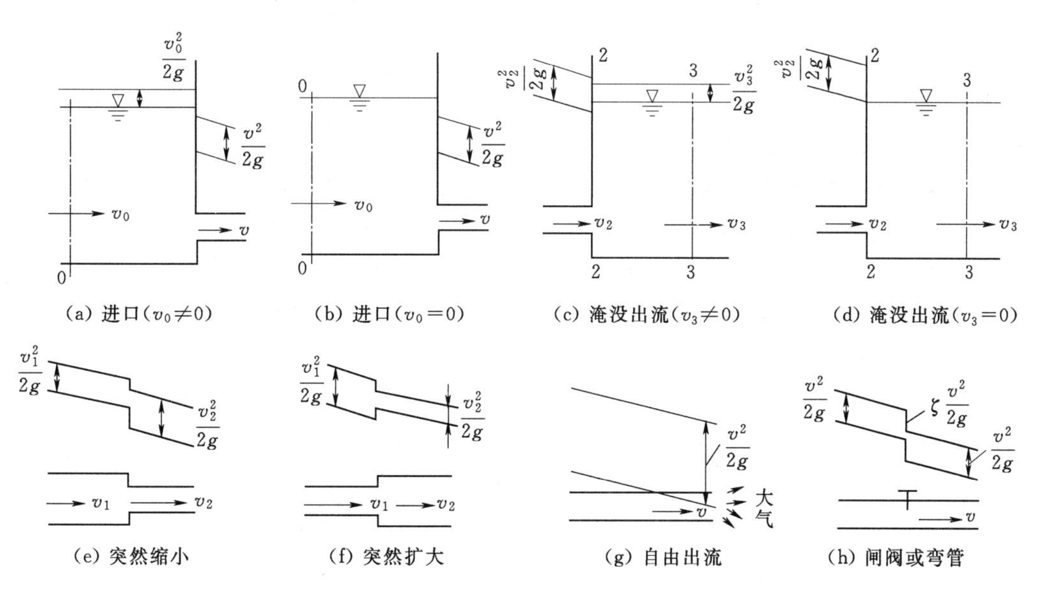

图7-11　管道系统进、出口及局部突变管件的水头线

出口断面2-2与下游水池过水断面3-3之间的水头损失可按断面突然扩大的水头损失公

式 $h_{w2-3}=\dfrac{(v_2-v_3)^2}{2g}$ 计算，代入能量方程，并取 $\alpha_2\approx\alpha_3\approx1.0$，则管道出口断面的测压管水头为：$z_2+\dfrac{p_2}{\gamma}=-\dfrac{v_3(v_2-v_3)}{g}<0$，因此，出口断面的测压管水头线在下游液面以下。当 $A_3\gg A_2$，$v_2\gg v_3\approx0$ 时，出口断面的测压管水头线与下游液面重合［见图 7-11 (d)］。

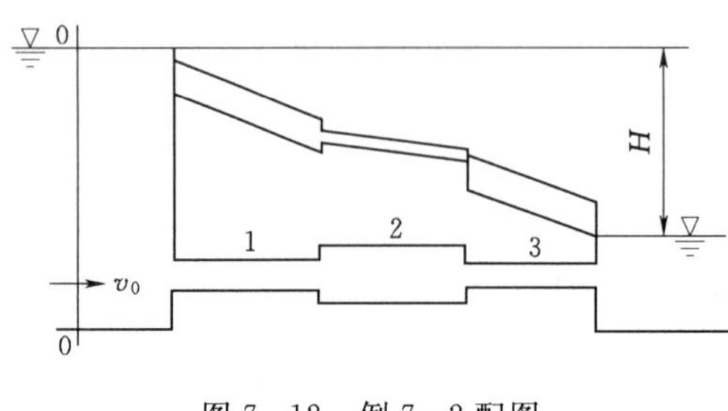

图 7-12　例 7-2 配图

【例 7-2】 一串联管道系统如图 7-12 所示，已知管径 $d_1=0.15$m，$d_2=0.25$m，$d_3=0.15$m，管长 $L_1=15$m，$L_2=25$m，$L_3=15$m，上下游水头差 $H=12$m，管道的沿程水头损失系数分别为 $\lambda_1=0.04$，$\lambda_2=0.033$，$\lambda_3=0.040$，试求管道通过的流量，并定性绘制总水头线和测压管水头线。

解： 各管段的局部水头损失系数分别为

$$\zeta_1=0.5,\zeta_2=(A_2/A_1-1)^2=(0.25^2/0.15^2-1)^2=3.16,$$

$$\zeta_3=0.5(1-A_3/A_2)=0.5(1-0.15^2/0.25^2)=0.32,\zeta_4=1.0$$

直接采用式 (7-19) 计算管道通过的流量为

$$Q=\frac{A\sqrt{2gH_0}}{\sqrt{\sum\lambda_i\dfrac{l_i}{d_i}\dfrac{A^2}{A_i^2}+\sum\zeta_i\dfrac{A^2}{A_i^2}}}=\frac{A\sqrt{2gH}}{\sqrt{\lambda_1\dfrac{l_1}{d_1}\dfrac{A^2}{A_1^2}+\lambda_2\dfrac{l_2}{d_2}\dfrac{A^2}{A_2^2}+\lambda_3\dfrac{l_3}{d_3}+\zeta_1\dfrac{A^2}{A_1^2}+\zeta_2\dfrac{A^2}{A_2^2}+\zeta_3+\zeta_4}}$$

$$=0.083(\text{m}^3/\text{s})$$

根据各管段的沿程水头损失和局部水头损失变化规律，绘制总水头线和测压管水头线如图 7-12 所示。

四、工程实例

(一) 虹吸管的水力计算

在实际工程中，经常遇到跨越河堤、土坝或高地的输水管道（图 7-13）。这种部分管段高于水源液面，在真空条件下工作的管道系统称为虹吸管。虹吸管工作前，必须先用抽气或灌水的方法使虹吸管中充满水，这样，当水流要流出时，会在虹吸管中形成一定的真空度。在上下游水面差作用下，水流从上游水池流入虹吸管中，再源源不断地流向下

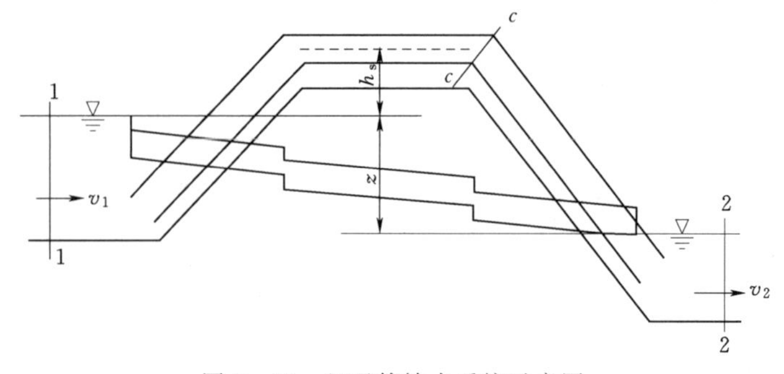

图 7-13　虹吸管输水系统示意图

游。虹吸管内的最低压强或最大真空压强一般出现在虹吸管顶部第二个弯管断面处。从理论上讲，当虹吸管内的绝对压强 p_{ab} 小于汽化压强 p_{vp}，即真空压强大于（$p_a - p_{vp}$）时，液体将会汽化，在虹吸管顶部形成许多气泡，造成虹吸管无法正常工作。在实际应用中，常温条件下虹吸管内的绝对压强水头应大于 2～3m，在当地大气压约 10m 水柱条件下，真空压强水头应限制在 7～8m 以内。若在海拔 3000m 左右时，当地大气压仅为 7m 水柱，则真空压强水头应限制在 4～5m 以内。

虹吸管水力计算的主要任务是：①确定虹吸管的输水流量与作用水头的关系；②确定虹吸管的安装高度与虹吸管内最大真空压强的关系。虹吸管的输水流量与作用水头的关系可以由式（7-17）或式（7-18）确定，也可以由上游水池过水断面 1-1 和出口断面 2-2 之间的能量方程确定。虹吸管的安装高度与最大真空值之间的关系可以由断面 1-1 和断面 $c-c$ 之间的能量方程确定。以上游水面为基准面，忽略上游水池过水断面的流速水头，断面 1-1 和断面 $c-c$ 之间的能量方程可以写为

$$0+0+0=h_s+\frac{p_c}{\gamma}+\frac{\alpha_c v_c^2}{2g}+h_{w1-c} \tag{7-24}$$

由此可得，虹吸管顶部安装高度 h_s 和最大真空值 h_{vc} 之间的关系为

$$h_{vc}=-\frac{p_c}{\gamma}=h_s+\left(\alpha_c+\lambda\frac{l_{1-c}}{d}+\sum\zeta_{1-c}\right)\frac{Q^2}{2gA^2} \tag{7-25}$$

从式（7-25）可以看出：

（1）最大真空值随着顶部安装高度的增加而增加，当最大真空值受限制时，顶部安装高度也相应受到限制。如果要降低最大真空值，可以降低顶部安装高度。

（2）当顶部安装高度一定时，最大真空值随着流量的增加而增加，当最大真空值受限制时，输水流量也相应受到限制。

（3）最大真空值随着水头损失 h_{w1-c} 增加而增加，因此，减小水头损失，可以降低最大真空值或增加顶部安装高度。

【例 7-3】 有一虹吸管输水管道如图 7-14 所示，虹吸管的长度、管径、沿程水头损失系数分别为：$l_1=10\text{m}$，$l_2=5\text{m}$，$l_3=15\text{m}$，$d=0.20\text{m}$，$\lambda=0.04$，进口的局部损失系数为 0.6，折管处的局部损失系数为 0.20。当虹吸管的安装高度为 5.5m，上游水面与管道出口中心点高差为 $z=4.0\text{m}$ 时，试计算：①虹吸管的输水流量；②虹吸管中的最大真空压强；③绘制管道系统的总水头线和测压管水头线。

解：（1）以上游水面为基准面，断面 1-1 和断面 4-4 之间的能量方程为

$$z_1+\frac{p_1}{\gamma}+\frac{v_1^2}{2g}=z_4+\frac{p_4}{\gamma}+\frac{v_4^2}{2g}+h_{w1-4}$$

即

$$0+0+0=-4+0+\frac{v^2}{2g}+\left(0.6+0.2\times2+0.04\times\frac{30}{0.2}\right)\frac{v^2}{2g}$$

解得 $\frac{v^2}{2g}=0.5$，$v=3.13\text{m}$，$Q=\pi d^2 v/4=\pi\times0.2^2\times3.13/4=0.098(\text{m}^3/\text{s})$。

（2）虹吸管最大真空值一般出现在断面 3-3 处，以上游水面为基准面，忽略上游水池过水断面的流速水头，断面 1-1 和断面 3-3 之间的能量方程为

$$0+0+0=h_s+\frac{p_3}{\gamma}+\frac{v_3^2}{2g}+h_{w1-3}$$

解得　$h_{v3}=-\frac{p_3}{\gamma}=h_s+\frac{v_3^2}{2g}+h_{w1-3}=5.5+\left(1+0.6+0.2\times2+0.04\times\frac{15}{0.2}\right)\times0.5=8.0(\mathrm{m})$。

（3）为了绘制总水头线和测压管水头线，首先计算各控制点的位置水头、压强水头、速度水头和总水头如下：

$$z_1=0\mathrm{m},\ z_2=z_3=5.5\mathrm{m},\ z_4=-4\mathrm{m}$$

$$\frac{p_1}{\gamma}=\frac{p_4}{\gamma}=0(\mathrm{m}),\frac{p_{2左}}{\gamma}=-7.3(\mathrm{m}),\frac{p_{2右}}{\gamma}=-7.4(\mathrm{m}),\frac{p_{3左}}{\gamma}=-7.9(\mathrm{m}),\frac{p_{3右}}{\gamma}=-8(\mathrm{m})$$

$$\frac{v_1^2}{2g}=0(\mathrm{m}),\frac{v_2^2}{2g}=\frac{v_3^2}{2g}=\frac{v_4^2}{2g}=0.5(\mathrm{m})$$

$H_1=0(\mathrm{m}),H_{2左}=-1.3(\mathrm{m}),H_{2右}=-1.4(\mathrm{m}),H_{3左}=-1.9(\mathrm{m}),H_{3右}=-2.0(\mathrm{m}),H_4=-3.5(\mathrm{m})$

根据各控制点的总水头值绘制总水头线，如图7-14所示实线，测压管水头线与总水头线平行，较总水头线低0.5m。

虹吸管的优点在于可以跨越高地或河堤引水，避免开挖穿洞。输水管道需要横过公路或河渠时，采用倒虹吸管可以使水流从公路或河渠底下通过（图7-15）。倒虹吸管的计算与虹吸管的计算类似，只是不需要计算安装高度和最大真空度而已。

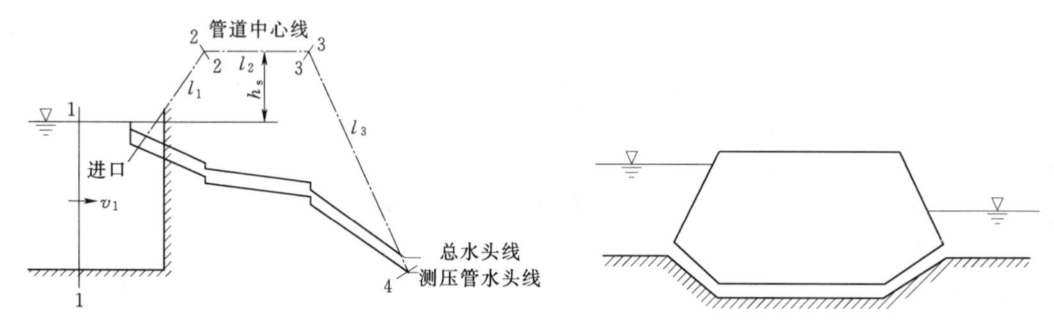

图7-14　虹吸管输水系统计算图　　　　图7-15　倒虹吸管示意图

（二）离心泵抽水系统水力计算

离心泵抽水系统由吸水管、压水管、离心泵及其附件组成（图7-16）。离心泵启动前，必须先使吸水管和泵壳内充满水，当水泵叶轮转动时，在水泵进口处形成真空，在水池液面和水泵进口断面之间的压强差作用下，水流从水池流入水泵。水流经过水泵时从水泵获得能量，再通过压水管流入水塔。离心泵抽水系统水力计算的任务是确定离心泵的安装高度和扬程。

（1）离心泵安装高度的确定。

在实际应用中，由于技术和经济等原因，水泵常常安装在水源水面以上。离心泵转轮轴线超出水源水面的高度称为离心泵安装高度。离心泵安装高度可以由水源断面和水泵进口断面之间的能量方程确定。以水源水面为基准面，忽略水源过水断面行近流速水头，断面1-1和2-2间的能量方程为

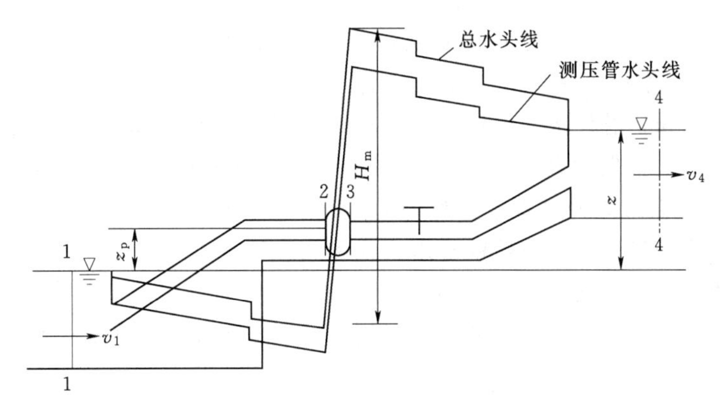

图 7-16 离心泵抽水系统示意图

$$z_1+\frac{p_1}{\gamma}+\frac{\alpha_1 v_1^2}{2g}=z_p+\frac{p_2}{\gamma}+\frac{\alpha_2 v_2^2}{2g}+h_{w1-2} \tag{7-26}$$

即

$$z_p=h_{v_2}-(\alpha_2+\sum\lambda l/d+\sum\zeta)\frac{v_2^2}{2g} \tag{7-27}$$

式中：z_p 为离心泵的安装高度；h_{v_2} 为断面 2-2 的真空值，$h_{v_2}=-\frac{p_2}{\gamma}$。

可以看出，当流量和管道系统确定后，离心泵的安装高度主要取决于水泵的真空值 h_{v_2}。与虹吸管类似，水泵吸水管内的真空值也要受到限制。如果真空值过大，会出现空化现象，导致水泵叶片空蚀，不能正常工作。各种型号的离心泵出厂时一般都标有其规定的允许最大真空值。在常温常压情况下，离心泵的允许最大真空压强水头一般为 7～8m。在高原地区，当地大气压较小时，允许最大真空压强水头也要相应减小。

(2) 离心泵扬程的计算。

离心泵传给单位重量液体的能量称为离心泵的扬程。以水源水面为基准面，断面 1-1 和 4-4 之间的能量方程为

$$z_1+\frac{p_1}{\gamma}+\frac{\alpha_1 v_1^2}{2g}+H_m=z_4+\frac{p_4}{\gamma}+\frac{\alpha_4 v_4^2}{2g}+h_{w1-4} \tag{7-28}$$

忽略水源过水断面和出水池断面的流速水头，离心泵扬程的计算公式为

$$H_m=z+h_{w1-4} \tag{7-29}$$

式中：z 为上下水池液面差，称为提水高度；h_{w1-4} 为断面 1-1 和 4-4 之间的水头损失，包括吸水管的水头损失 h_{w1-2} 和压水管的水头损失 h_{w3-4}，但不包括水泵本身的能量损失。

可以看出，单位重量液体从离心泵获得的能量（扬程 H_m），一部分用于将液体提高一个几何高度 z（势能增加），另一部分用于克服吸水管和压水管的水流阻力（损失能量）。

在水泵正常运行时，为了测算水泵的扬程，常在断面 2-2 和 3-3 分别装上真空表和压力表，由断面 2-2 和 3-3 之间的能量方程可以推导水泵扬程的测量计算公式为

$$H_m=z_3-z_2+\frac{p_3}{\gamma}-\frac{p_2}{\gamma}+\frac{v_3^2}{2g}-\frac{v_2^2}{2g} \tag{7-30}$$

【例7-4】 如图7-16所示的离心泵抽水系统，已知抽水流量$Q=19L/s$，提水高度$z=18m$，吸水管直径为$d_1=0.125m$，压水管直径为$d_2=0.100m$，吸水管长度$l_1=8m$，压水管长度$l_2=20m$，沿程水头损失系数为0.042，吸水管进口局部水头损失系数为5.0，压水管出口局部水头损失系数为1.0，每个弯管局部水头损失系数为0.17，闸阀局部损失系数为0.17，离心泵最大允许真空值为7m。求：(1) 离心泵的最大安装高度；(2) 离心泵的扬程；(3) 定性绘制管道系统的总水头线和测压管水头线。

解：(1) 离心泵最大安装高度的确定：

以水源水面为基准面，忽略水源过水断面行近流速水头，根据水源断面和水泵进口断面之间的能量方程求得：

$$z_p=h_{v_2}-v_2^2/19.6-h_{w_{1\text{-}2}}=h_{v_2}-(1+\lambda l_1/d_1+\zeta_{弯}+\zeta_{进})v_2^2/19.6$$
$$=7-(1+0.042\times8/0.125+5+0.17)\times1.55^2/19.6=5.91(m)$$

(2) 离心泵扬程的计算：

以水源水面为基准面，忽略水源过水断面和出水池断面流速水头，根据水源断面和出水池断面之间的能量方程可以求得：

$$H_m=z+h_{w_{1\text{-}2}}+h_{w_{3\text{-}4}}$$
$$=z+(\lambda l_1/d_1+\zeta_{弯}+\zeta_{进})v_2^2/19.6+(\lambda l_2/d_2+\zeta_{弯}+\zeta_{闸}+\zeta_{出})v_3^2/19.6$$
$$=18+(0.042\times8/0.125+5+0.17)\times1.55^2/19.6+(0.042\times20/0.100+1+2\times0.17)\times2.42^2/19.6$$
$$=21.87(m)$$

(3) 水头线绘制：

根据总水头线和测压管水头线的特点，绘制离心泵抽水管道系统的总水头线和测压管水头线，如图7-16所示。

第五节　串联管道与并联管道

在实际工程中常见的管道系统大多是由若干个管段组合而成的复杂管道系统。复杂管道水力计算的关键是找出各个管段之间的关系，其他计算与简单管道计算类似。复杂管道一般按长管计算，即忽略流速水头和局部水头损失，只考虑沿程水头损失。对于局部水头损失较大的管道，也可采用等值长度的办法将局部水头损失按沿程损失计算，即在实际管段长度l_i上虚加一段长度l_m，使$\sum h_j=S_0 l_m Q^2$。在整个复杂管道分析计算中，该管段长度按$l_e=l_i+l_m$计算。本节介绍串联管道与并联管道。

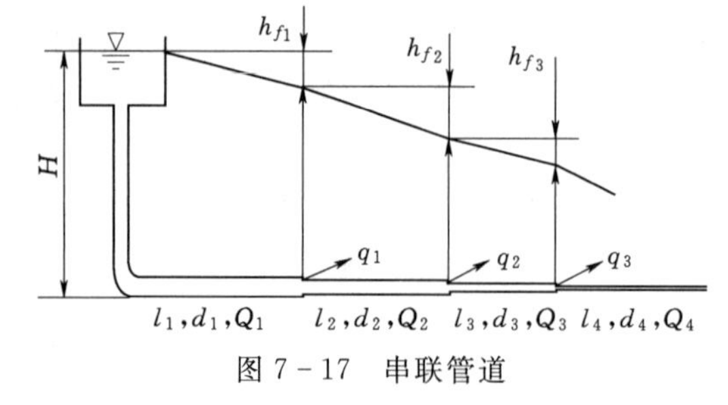

图7-17　串联管道

一、串联管道

如图7-17所示，在不同直径的管道依次连接而成的串联管道中，设管段i的流量和沿程水头损失分别为Q_i、h_{fi}，结点供水流量为q_i。根据连续性原理，相邻两管段的流量应满足关系式：

$$Q_i = Q_{i+1} + q_i \tag{7-31}$$

根据能量损失理论，总水头损失等于各管段沿程水头损失之和，即

$$h_f = \sum h_{f_i} = h_{f_1} + h_{f_2} + h_{f_3} + \cdots \tag{7-32}$$

二、并联管道

如图7-18所示，三个管段在同一处分叉，然后又在另一处汇合的并联管道中，设支管 i 的流量和沿程水头损失分别为 Q_i、h_{fi}。根据连续性原理，分叉处干管段流入结点的流量应等于各支管流出结点的流量之和，即

$$Q = \sum Q_i = Q_1 + Q_2 + Q_3 + \cdots \tag{7-33}$$

根据能量损失理论，各管段的沿程水头损失相等，即

$$h_f = h_{f1} = h_{f2} = h_{f3} = \cdots \tag{7-34}$$

需要指出，在并联管道中虽然各管段的沿程水头损失相等，但若各管段长度不同，则各管段的水力坡度是不相同的；若各管段的流量不同，则各管段水流所损失的总机械能也是不相同的。

【例7-5】 某水塔供水管道系统由四段旧铸铁管组成（图7-19），其中 BC 段为并联管段。已知管段长度分别为 $l=200\text{m}$，$l_1=l_3=100\text{m}$，$l_2=121\text{m}$，管道内径分别为 $d=124\text{mm}$，$d_1=d_2=d_3=99\text{mm}$，结点 C 的分流量为 $q_C=9\text{L/s}$，进口流量为 $Q=21\text{L/s}$，出口地面高程 z_D 和水塔地面高程 z_A 相同，试确定水塔高度。

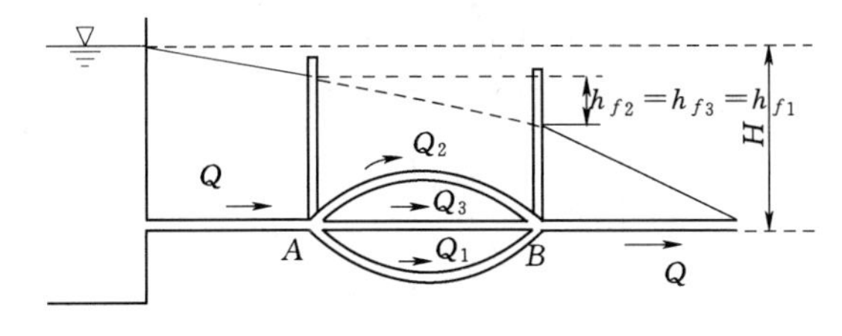

图7-18　并联管道

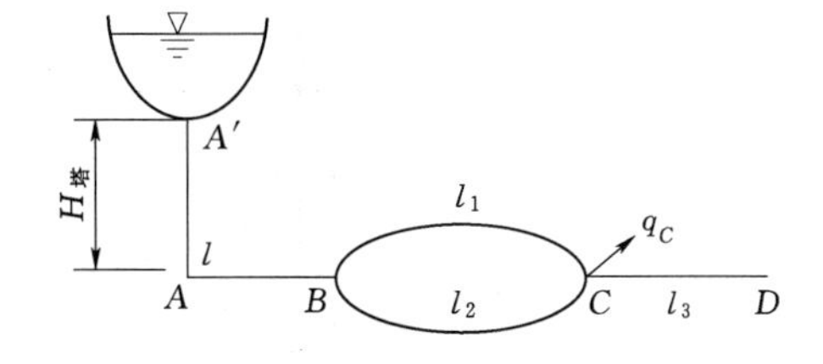

图7-19　例7-5配图

解： 对于 $A'B$ 段，$Q=21\text{L/s}$，$d=124\text{mm}$，则

$$v = \frac{4Q}{\pi d^2} = \frac{4\times 0.021}{0.099^2\pi} = 1.74 > 1.2(\text{m/s})$$，属粗糙区

根据舍维列夫公式（5-128）、式（5-135）和式（5-133）可得

$$S_0 = \frac{8}{g\pi^2 d^5}\frac{0.0021}{d^{0.3}} = \frac{0.001735}{d^{5.3}}$$

$$h_f = S_0 l Q^2 = 0.001735\times 200\times 0.021^2/0.099^{5.3} = 9.76(\text{m})$$

对于 BC 段，$Q_1+Q_2=Q=21(\text{L/s})$，$h_{f_1}=S_{01}l_1Q_1^2=h_{f_2}=S_{02}l_2Q_2^2$，$S_{01}=S_{02}$

即：$Q_1/Q_2=(l_1/l_2)^{0.5}=1.1$，$Q_1=11(\text{L/s})$，$Q_2=10(\text{L/s})$

$$v_1 > v_2 = \frac{4Q_2}{\pi d_2^2} = \frac{4\times 0.010}{0.099^2\pi} = 1.3 > 1.2(\text{m/s})$$，属粗糙区

$$h_{f_1} = S_{01} l_1 Q_1^2 = 0.001735\times 100\times 0.011^2/0.099^{5.3} = 4.42(\text{m})$$

对于 CD 段，$Q_3=Q_1+Q_2-q_C=11+10-9=12(\text{L/s})$，$d_3=99(\text{mm})$

$$v_3=\frac{4Q_3}{\pi d_3^2}=\frac{4\times0.012}{0.099^2\pi}=1.56>1.2\text{m/s},\text{属粗糙区}$$

$$h_{f_3}=S_{03}l_3Q_3^2=0.001735\times100\times0.012^2/0.099^{5.3}=5.26(\text{m})$$

$$\sum h_f=h_f+h_{f_1}+h_{f_3}=9.76+5.26+4.42=19.44(\text{m})$$

$$H_{\text{塔}}=\sum h_f+z_D-z_A=19.44(\text{m})$$

第六节　枝状管网与环状管网☆

在给排水、灌溉、供气等管道系统中，常常需要将若干个管段组合成管网（图 7-20），以便将水、气输送到不同位置的用户。枝状管网是由管段组合而成的若干条分枝线路［图 7-20（a)］；环状管网是由管段组合而成的若干个封闭环路［图 7-20（b)］。在同样的供水流量下，枝状管网管段少，投资低，但可靠性差；环状管网管段多，投资高，但保证率高，当局部管段损坏或检修时，仍能采用其他管段向用户供水。管网的水力计算包括管径设计、各管段流量和水头损失计算以及管道系统的总水头计算。

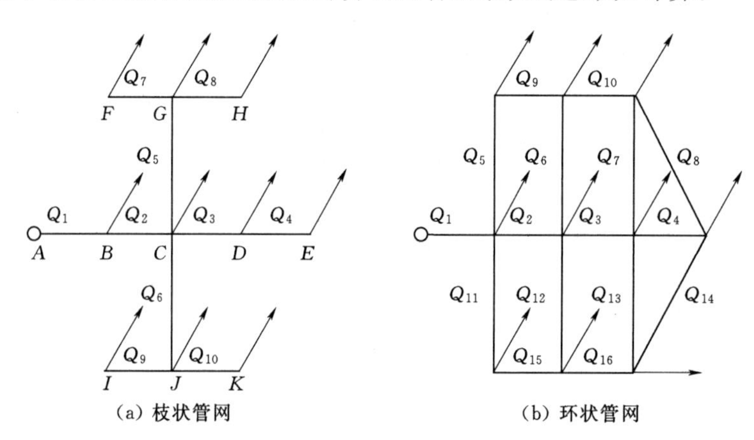

图 7-20　管网

一、枝状管网

在枝状管网中，任一条分枝均可看作一条串联管道，如图 7-20（a）中的 $ABCDE$、$ABCJK$ 等。设某分枝管段 i 的沿程水头损失为 h_{f_i}，根据能量损失理论，总水头损失等于各管段沿程水头损失之和。例如，对于图 7-20（a）中的 $ABCDE$ 管线：

$$H=\sum h_{f_i}=h_{f_1}+h_{f_2}+h_{f_3}+h_{f_4} \qquad (7-35)$$

在任一分叉点处，与并联管道类似，根据连续性原理，分叉处流入结点的流量应等于各支管流出结点的流量之和。例如，对于图 7-20（a）中的结点 C：

$$Q_2=Q_3+Q_5+Q_6+q_C \qquad (7-36)$$

式中：q_C 为结点 C 的供水流量。

下面介绍枝状管网的设计计算方法。首先根据供水区域各用户地理位置布置管线，确定各管段长度；再根据结点供水流量 q_k，按连续性原理计算各管段流量大小 Q_i；然后根据流量大小按第二节所述方法计算管段直径；最后对不同的分枝线路列出水塔与分枝线路末端之间的能量方程，确定水塔高度：

$$H_t = z_e - z_t + h_e + \sum h_{f_i} \tag{7-37}$$

式中：z_t、z_e 为水塔地面和分枝线路末端地面高程；h_e 为分枝线路末端自由水头。

按不同分枝线路计算的水塔高度可能不同，设计时应选取较大的水塔高度，以满足所有用户的供水要求。

二、环状管网

根据连续性原理和能量损失理论，环状管网中的水流必须满足以下两个条件：①流出任一结点的流量之和（包括结点供水流量）减去流入该结点的流量之和等于0；②对于任一闭合环路，沿顺时针流动的水头损失之和减去沿逆时针流动的水头损失之和等于0。为了便于程序编制和公式表达，设某环状管网的管段编号为 $i=1$，…，i_m，环路编号为 $j=1$，…，j_m，结点编号为 $k=1$，…，k_m，各管段的流量和沿程水头损失分别为 Q_i、h_{f_i}，各结点的供水流量为 q_k（流出结点流量为正）。上述两个条件可以表达为

$$\sum_{i=1}^{im} B_{ik} Q_i + q_k = 0 \quad k = 1,2,\cdots,k_m \tag{7-38}$$

$$\sum_{i=1}^{im} A_{ij} h_{f_i} = 0 \quad j = 1,2,\cdots,j_m \tag{7-39}$$

式中 A_{ij}、B_{ik} 为系数，当环路 j 中没有管段 i，则 $A_{ij}=0$；当环路 j 中管段 i 的水流方向为顺时针方向，$A_{ij}=+1$，否则 $A_{ij}=-1$；当结点 k 处没有管段 i，则 $B_{ik}=0$；当结点 k 处管段 i 的水流方向为流出结点，$B_{ik}=+1$，否则 $B_{ik}=-1$。例如，在如图 7-21 所示的环状管网中，$i_m=5$，$j_m=2$，$k_m=4$，对于环路 $j=1$，$A_{i_1}=(1,0,1,-1,0)$，方程式（7-39）相应的表达式为

$$\sum_{i=1}^{5} A_{i_1} h_{f_i} = 1 \times h_{f_1} + 0 \times h_{f_2} + 1 \times h_{f_3} + (-1) \times h_{f_4} + 0 \times h_{f_5} = h_{f_1} + h_{f_3} - h_{f_4} = 0$$

对于结点 $k=2$，$B_{i_2}=(-1,+1,+1,0,0)$，方程式（7-38）相应的表达式为

$$\begin{aligned}\sum_{i=1}^{5} B_{i_2} Q_i + q_2 &= (-1) \times Q_1 + (+1) \times Q_2 + (+1) \times Q_3 + 0 \times Q_4 + 0 \times Q_5 + q_2 \\ &= -Q_1 + Q_2 + Q_3 + q_2 = 0\end{aligned}$$

其他系数和表达式请读者自行推出。另外，各管段的流量和沿程水头损失之间应满足：

$$h_{f_i} = S_0 l_i Q_i |Q_i| \quad i = 1,2,\cdots,i_m \tag{7-40}$$

方程式（7-38）～式（7-40）共包含 $i_m + j_m + k_m - 1 = 2i_m$ 个独立方程，正好可以求解 $2i_m$ 个未知变量 Q_i、h_{f_i}。由于方程是非线性的，因此不能直接求解。下面介绍环状管网计算中常用的平差法。

首先根据已知的结点供水流量 q_k，初步假定各管段水流方向及流量大小 Q_i，并使之满足方程式（7-38）；由于初始流量分配比例不适当，由此计算出的环路水头损失不满足方程式（7-39），环路水头损失闭合差不等于0，即

$$\sum_{i=1}^{i_m} A_{ij} h_{f_i} = \Delta h_{f_j} \neq 0 \quad j = 1,2,\cdots,j_m \tag{7-41}$$

因此需要对初设流量进行修正。假设环路 j 的修正流量为 ΔQ_j，则修正后各管段的流量

分别为

$$Q'_i = Q_i + \sum_{j=1}^{j_m} A_{ij} \Delta Q_j \quad i = 1, 2, \cdots, i_m \tag{7-42}$$

假设由 Q'_i 计算出的环路水头损失满足方程式（7－39），即

$$\sum_{i=1}^{i_m} A_{ij} S_0 l_i (Q_i + \sum_{j=1}^{j_m} A_{ij} \Delta Q_j) \left| Q_i + \sum_{j=1}^{j_m} A_{ij} \Delta Q_j \right| = 0 \quad j = 1, 2, \cdots, j_m \tag{7-43}$$

由于方程式（7－43）为非线性方程组，很难直接求出 ΔQ_j 的精确解。为了得到 ΔQ_j 的近似计算式，做如下假定：①在计算环路 j 的修正流量时，不考虑其他环路修正流量的影响；②忽略二次项 $\Delta Q_j \Delta Q_j$；③当水流处于紊流光滑区或过渡区时，忽略 S_0 计算式中含有 ΔQ_j 的项。在以上假定条件下，可从式（7－43）中推导出 ΔQ_j 的近似计算式：

$$\Delta Q_j = -\frac{\sum_{i=1}^{i_m} (A_{ij} h_{fi})}{2\sum_{i=1}^{i_m} (|A_{ij}| h_{fi} / Q_i)} \quad j = 1, 2, \cdots, j_m \tag{7-44}$$

如果流量修正后，仍不满足方程式（7－39），则需要继续修正，直至满足方程式（7－39）。这种迭代方法称为 Hardy－Cross 方法，也叫平差法。下面通过例题介绍平差法的计算步骤和计算程序。

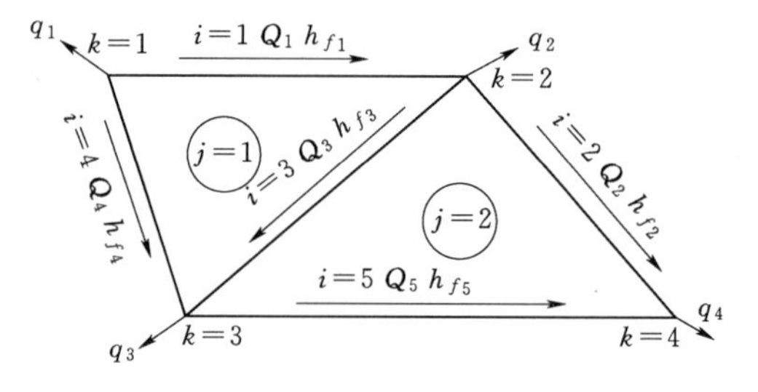

图 7－21　例 7－6 配图

【例 7－6】 如图 7－21 所示的环状管网中，各管段的长度、管径见表 7－4（第 3、4 行），糙率均为 0.0125，各结点的供水流量分别为 $q_1 = -80\text{L/s}$，$q_2 = 15\text{L/s}$，$q_3 = 10\text{L/s}$，$q_4 = 55\text{L/s}$，试确定各管段的流量及水头损失。

表 7－4　　例 7－6 配表

编号	环号	$j=1$			$j=2$			1
	管段号	$i=1$	$i=3$	$i=4$	$i=2$	$i=3$	$i=5$	2
已知参数	l_i/m	450	500	400	500	500	550	3
	d_i/mm	250	200	200	150	200	250	4
	A_{ij}	1	1	−1	1	−1	−1	5
初设值	Q_i/(L/s)	50	20	30	15	20	40	6
	h_{f_i}/m	2.944	1.720	3.097	4.488	1.720	2.303	7
第一次修正计算	$\sum h_{f_i}$/m	1.568			0.465			8
	ΔQ_j/(L/s)	−3.16			−0.52			9
	Q_i/(L/s)	46.84	17.37	33.16	14.48	17.37	40.52	10
	h_{f_i}/m	2.584	1.297	3.783	4.179	1.297	2.364	11
第二次修正计算	$\sum h_{f_i}$/m	0.098			0.519			12
	ΔQ_j/(L/s)	−0.20			−0.61			13
	Q_i/(L/s)	46.64	17.78	33.36	13.86	17.78	41.14	14
	h_{f_i}/m	2.562	1.360	3.829	3.832	1.360	2.436	15

续表

编号	环号	j=1			j=2			1
	管段号	i=1	i=3	i=4	i=2	i=3	i=5	2
第三次修正计算	$\sum h_{f_i}$/m	0.092			0.036			16
	ΔQ_j/(L/s)	−0.19			−0.04			17
	Q_i/(L/s)	46.45	17.64	33.55	13.82	17.64	41.18	18
	h_{f_i}/m	2.541	1.338	3.872	3.808	1.338	2.441	19
电算结果	Q_i/(L/s)	46.43	17.65	33.57	13.78	17.65	41.22	20
	h_{f_i}/m	2.538	1.340	3.878	3.786	1.340	2.446	21

解：（1）假定各管段水流方向（如图 7－21 所示）及流量大小 Q_i，并使之满足式（7－38），见表 7－5（第 6 行）。

（2）根据水流方向确定系数 A_{ij}，见表 7－5（第 5 行）。

（3）根据式（7－40）计算各管段沿程水头损失 h_{f_i}，见表 7－5（第 7 行）。

（4）根据式（7－41）计算各环路的水头损失闭合差 $\sum A_{ij}h_{f_i}$ 见表 7－5（第 8 行）。

（5）根据式（7－44）计算各环路的修正流量 ΔQ_j，见表 7－5（第 9 行）。

（6）根据式（7－42）对计算各管段流量进行修正，见表 7－5（第 10 行）。

（7）判断各环路水头损失闭合差是否满足精度要求。若不满足，重复（3）～（6）步计算，直至各环路水头损失闭合差满足精度要求。

（8）输出计算结果，表 7－5 中第 8～19 行为前三次修正的计算结果，第 20～21 行为计算机多次迭代修正的最后结果。

计算程序及说明如下：在计算程序中，除了 DQ 代表 ΔQ，Shf 代表 $\sum A_{ij}h_{fi}$，ShfQ 代表 $\sum(|A_{ij}|h_{fi}/Q_i)$ 外，其他符号均与教材中的符号相同。当环路较多时，为减少输入量，可以先输入 $f_1(i)$、$f_2(i)$，再赋值给 A_{ij}。$f_1(i)$ 的绝对值大小为管段 i 所属的环路号 j，当管段 i 的水流方向在环路 j 中为顺时针方向时取正号，否则取负号；当管段 i 同时所属两个环路时，另一个环路号输给 $f_2(i)$，正负号选取方法同上。

（9）Fortrun 语言计算程序：

```
      PARAMETER(Im=5,Jm=2)                                   \管段数环路数
      DIMENSION Q(Im),D(Im),RL(Im),Hf(Im),Rn(Im),A(Im,Jm)
      DIMENSION DQ(Jm),SHf(Jm),SHfQ(Jm),S0(Im),f1(Im),f2(Im)
      DATA D/0.25,0.15,0.20,0.20,0.25/                       \输入管段直径
      DATA RL/450,500,500,400,550/                           \输入管段长度
      DATA Rn/Im*0.0125/                                     \输入管段糙率
      DATA Q/0.01,0.02,-0.025,0.07,0.035/                    \输入管段流量
      DATA A/1,0,1,-1,0,0,1,-1,0,-1/                         \输入系数Aij
c     DATA f1/1,2,1,-1,-2/,f2/0,0,-2,0,0/                    \当环路较多时
c     DO 8 I=1,Im                                            \先输入f1,f2
c     A(I,ABS(f1(I)))=Sign(1.0,f1(I))                        \再分解为Aij
c8    A(I,ABS(f2(I)))=Sign(1.0,f2(I))
9     DO 18 J=1,Jm                                           \环路循环计算
```

```
        SHf(J)=0                                        \求和变量初值置0
        SHfQ(J)=0                                       \求和变量初值置0
        DO 16 I=1,Im                                    \管段循环计算
            S0(I)=10.29*Rn(I)**2/D(I)**5.3              \计算比阻S0
            Hf(I)=S0(I)*RL(I)*Q(I)*abs(Q(i))            \计算水头损失hfi
            SHf(J)=SHf(J)+A(I,J)*Hf(I)                  \计算水头损失闭和差
16          HfQ(J)=SHfQ(J)+ABS(A(I,J))*Hf(I)/Q(I)
        DQ(J)=-SHf(J)/2/SHfQ(J)                         \计算修正流量ΔQj
18      WRITE(*,*)J,SHf(J),DQ(J)                        \输出中间结果
    DO 21 J=1,Jm
    DO 21 I=1,Im
21      Q(I)=Q(I)+A(I,J)*DQ(J)                          \修正流量Qi
    DO 23 J=1,Jm
23      IF(ABS(SHf(J)).GE.0.001)GOTO 9                  \判断精度
    WRITE(*,*)"管段号i 管径d 管段长l 比阻S0 流量Q 水头损失hf"
    DO 26 I=1,Im
26      WRITE(*,27)I,D(I),RL(I),S0(I),Q(I),Hf(I)        \输出结果
27      FORMAT(1X,I4,F9.4,F7.1,3F9.4)
    END
```

（10）C语言计算程序：

```
    #include<math.h>
    #include<stdio.h>
void main()
{int im=5,jm=2,j,i;                                           //管段数环路数
    double hf[5],dq[2],shf[2],shfq[2],s0[5];                  //变量符号说明
    double d[5]={0.25,0.15,0.20,0.20,0.25};                   //输入管段直径
    double l[5]={450,500,500,400,550};                        //输入管段长度
    double n[5]={0.0125,0.0125,0.0125,0.0125,0.0125};         //输入管段糙率
    double q[5]={0.01,0.02,-0.025,0.07,0.035};                //输入管段流量
    double a[2][5]={{1,0,1,-1,0},{0,1,-1,0,-1}};              //输入系数Aij
    loop:
      for(j=0;j<jm;j++)                                       //管段循环计算
        {shf[j]=0; shfq[j]=0;                                 //求和变量初值置0
        for(i=0;i<im;i++)
          {s0[i]=10.294*n[i]*n[i]/pow(d[i],5.333);            //计算比阻S0
          hf[i]=s0[i]*l[i]*q[i]*fabs(q[i]);                   //计算水头损失hfi
          shf[j]=shf[j]+a[j][i]*hf[i];                        //计算水头损失闭和差
          shfq[j]=shfq[j]+fabs(a[j][i])*hf[i]/q[i];}
        dq[j]=-shf[j]/2/shfq[j];                              //计算修正流量ΔQj
        printf("\n%d,%17f,%17f",j,shf[j],dq[j]); }
      for(j=0;j<jm;j++)
        {for(i=0;i<im;i++)
          {q[i]=q[i]+a[j][i]*dq[j]; }}                        //修正流量Qi
```

```
for(j=0;j<jm;j++)
  {if(fabs(shf[j])>=0.001)goto loop; }                    //判断精度
printf("\管段号 i                  流量 Q_i               水头损失 h″_{f_i});
for(i=0;i<im;i++)
  {printf("\n%d,%17f,%17f",i,q[i],hf[i]); }}              //输出结果
```

第七节 沿程均匀泄流

在给排水、灌溉等实际工程中，某些管段需要沿程连续不断从侧面向外泄流，当管段单位长度泄流量不变时称为沿程均匀泄流。在如图 7－22 所示的沿程均匀泄流管道中，已知进口总流量为 Q，单位长度沿程泄流量为 q，则全管长 l 的沿程泄流总量为 $Q_n = ql$，出口过境流量为 $Q_t = Q - ql$。

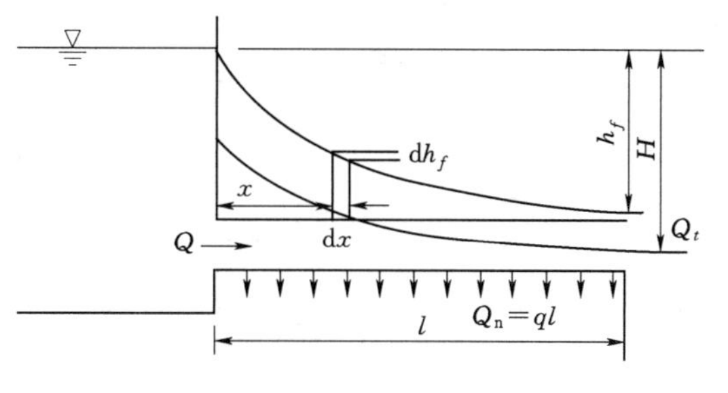

图 7－22　沿程均匀泄流

为了分析推导沿程均匀泄流水头损失的沿程变化，在距进口断面 x 处取长度为 dx 的微小管段，并认为通过此微小管段的流量 Q_x 不变，其沿程水头损失 dh_f 可近似按均匀流计算，因此

$$dh_f = S_0 Q_x^2 dx = S_0 (Q - qx)^2 dx \tag{7-45}$$

当水流处于紊流粗糙区时，比阻 S_0 沿程不变，式（7－45）沿管长从 0 到 x 积分，即可得到水头损失沿程变化的计算式 h_{fx}。

$$h_{fx} = \int_0^x dh_f = \int_0^x S_0 (Q - qx)^2 dx = S_0 x (Q^2 - Qqx + q^2 x^2 /3) \tag{7-46}$$

图 7－22 中的曲线分别为沿程均匀泄流管道的总水头线和测压管水头线，由于流量沿程逐渐减少，单位长度的沿程水头损失即水力坡度也沿程逐渐减小；同样，流速水头（总水头线和测压管水头线之间的间距）也逐渐减小。在实际工程设计中，为了保证管道能够沿程均匀泄流，可以根据总水头和测压管水头沿程变化情况，选择适当的灌水器（参考微灌工程技术指南）。

当 $x = l$ 时，即可得到管段 l 上的沿程水头损失：

$$h_f = \int_0^l dh_f = S_0 l (Q^2 - QQ_n + Q_n^2/3) \tag{7-47}$$

当管道末端的过境流量 $Q_t = 0$，即 $Q = Q_n = ql$ 时，

$$h_f = S_0 l Q^2 /3 \tag{7-48}$$

式（7－48）表明，在相同的管道条件下，流量全部沿程均匀泄流时的水头损失，只相当于流量全部从管道末端泄流时水头损失的三分之一。

在实际计算时，为了计算方便，常引入折算流量 $Q_p = Q_t + \beta Q_n = Q - Q_n + \beta Q_n$。这样就可以将沿程均匀泄流管道看作流量为 Q_p 的一般管道，式（7－47）可以写作：

$$h_f = S_0 l Q_p^2 \tag{7-49}$$

其中折算系数$\beta=1-\frac{Q}{Q_n}+\sqrt{\frac{1}{3}-\frac{Q}{Q_n}+\frac{Q^2}{Q_n^2}}$，$\beta$随$\frac{Q_n}{Q}$的增加而增加，当$\frac{Q_n}{Q}$的变化范围为0～1时，$\beta$的变化范围为0.500～0577，在实际计算时$\beta$常近似取为0.550。

拓展思考：当水流处于紊流光滑区或层流区时，比阻S_0随流量沿程变化，如何推导出相应的积分结果？

【例7-7】 某输水管道系统由三段旧铸铁管组成（图7-23），中段为沿程均匀泄流管段。已知管段长度分别为$l_1=500\text{m}$，$l_2=150\text{m}$，$l_3=200\text{m}$，管道内径分别为$d_1=199\text{mm}$，$d_2=149\text{mm}$，$d_3=124\text{mm}$，结点B的分流量为$q_B=10\text{L/s}$，沿程泄流总量为$Q_n=15\text{L/s}$，出口过境流量为$Q_t=20\text{L/s}$。求管道系统的作用水头，并绘出总水头线。

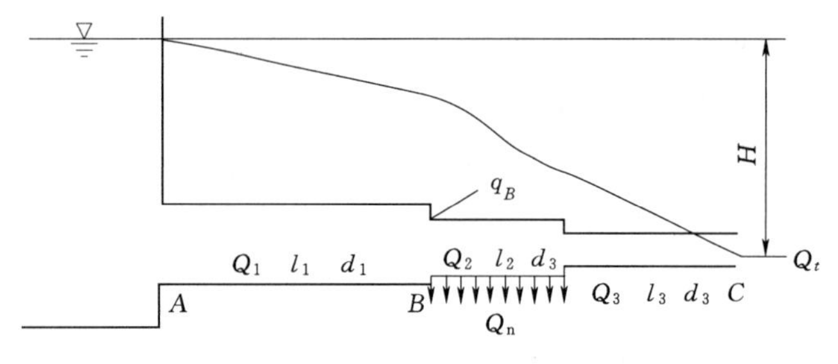

图7-23　例7-7配图

解：(1) 根据连续性原理确定各管段的流量：

$$Q_3=Q_t=20\text{L/s},Q_1=Q_t+Q_n+q_B=45(\text{L/s})$$

$$Q_p=Q_t+\beta Q_n=20+0.55\times15=28.25(\text{L/s})(\text{此题}\beta\text{实际大小为}0.522)$$

(2) 各管段流速均大于1.2m/s，比阻S_0采用舍维列夫公式计算，三个串联管道的沿程水头损失之和为：

$$\begin{aligned}\sum h_{f_i}&=h_{f_1}+h_{f_2}+h_{f_3}=S_{01}l_1Q_1^2+S_{02}l_2Q_p^2+S_{03}l_3Q_3^2\\&=0.001735\times(500\times0.045^2/0.199^{5.3}+150\times0.02825^2/0.149^{5.3}\\&\quad+200\times0.02^2/0.124^{5.3})=9.142+5.009+8.861=23.01(\text{m})\end{aligned}$$

按长管计算，即忽略流速水头和局部水头损失，管道系统的作用水头等于沿程水头损失之和，总水头线如图7-23所示。

习　题

7-1　有一薄壁圆形孔口，其直径$d=10\text{mm}$，水头恒定为$H=2\text{m}$。现测得孔口出流收缩断面的直径$d_c=8\text{mm}$，在32.8s时间内，经孔口流出的水量为0.01m^3。试求该孔口出流的收缩系数ε、流量系数μ、流速系数φ及孔口局部水头损失系数ζ_0。

7-2　薄壁孔口出流如图7-24所示，直径$d=2\text{cm}$，水箱水位恒定为$H=2\text{m}$。试求：(1) 孔口出流的流量Q；(2) 此孔口外接圆柱形管嘴后的流量Q_n；(3) 管嘴出流收缩断面的真空度。

7-3　水箱用隔板分A、B两室如图7-25所示，隔板上开一孔口，其直径$d_1=4\text{cm}$；B室底部装有圆柱形外管嘴，其直径$d_2=3\text{cm}$。已知$H=3\text{m}$，$h_3=0.5\text{m}$，水流为

恒定流。试求：(1) h_1、h_2；(2) 流出水箱的流量 Q。

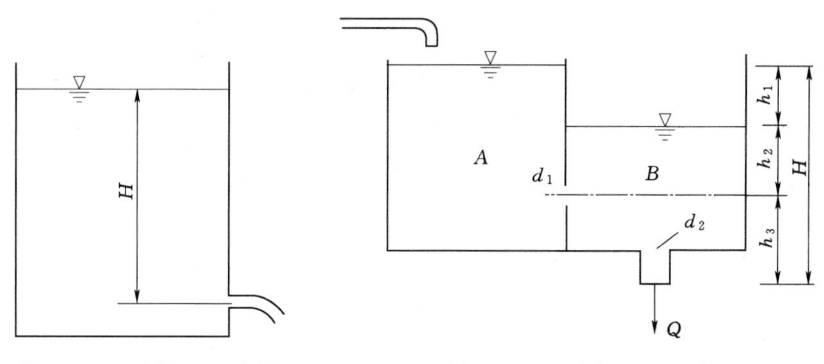

图 7-24　习题 7-2 配图　　　　图 7-25　习题 7-3 配图

7-4　如图 7-26 所示，有一直径为 1m、水深为 2m 的圆柱形容器，若在容器底部中心位置开一个直径为 0.05m 的孔口让水流入一个底面直径为 1m、高为 2m 的圆锥形容器中。当圆锥形容器中水深为 1m 时，水面上升的速度为多少？

7-5　有一硬塑料输水管道，其沿程水头损失系数可以表达为 $\lambda=0.25/Re^{0.226}$，试推导出管道流量模数、比阻及沿程水头损失的表达式。

7-6　有一串联管道如图 7-27 所示，各管段的长度、管径、沿程水头损失系数分别为：$l_1=125$m，$l_2=75$m，$d_1=150$mm，$d_2=125$mm，$\lambda_1=0.030$，$\lambda_2=0.032$，闸阀处的局部损失系数为 0.1，管道的设计输水流量为 $Q=0.025\text{m}^3/\text{s}$。(1) 分析沿程水头损失和局部水头损失在总水头损失中所占比例；(2) 分别按长管和短管计算作用水头 H。

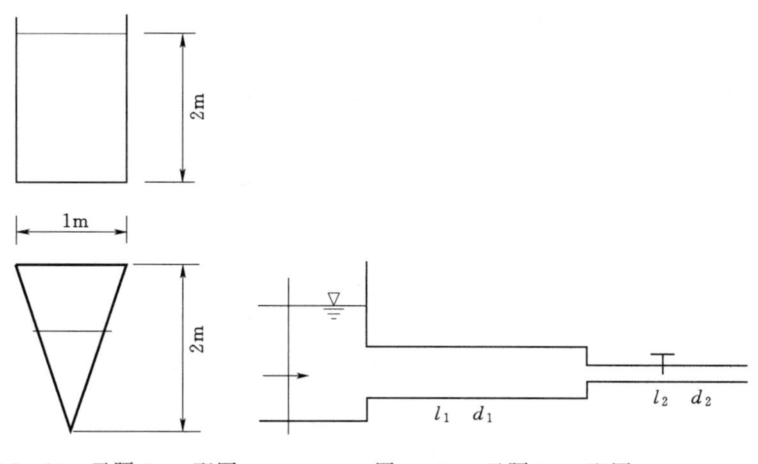

图 7-26　习题 7-4 配图　　　　图 7-27　习题 7-6 配图

7-7　有一串联管道如图 7-28 所示，各管段的长度、管径、沿程水头损失系数分别为：$l_1=2$m，$l_2=1.5$m，$l_3=5$m，$d_1=50$mm，$d_2=100$mm，$d_3=75$mm，$\lambda_1=\lambda_2=\lambda_3=0.032$，闸阀处的局部损失系数为 0.1，折管处的局部损失系数为 0.5，管道的设计输水流量为 $Q=0.035\text{m}^3/\text{s}$。试计算作用水头 H 并绘制总水头线和测压管水头线。

7-8　如图 7-29 所示的倒虹吸管，管径 $d=1$m，管长 $L=50$m，上下游水头差 $H=$

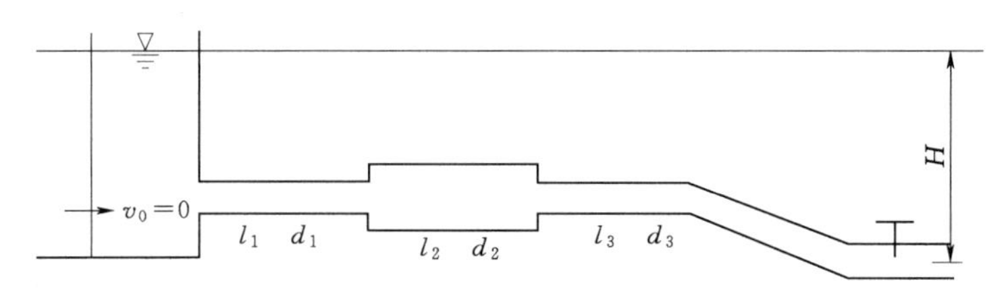

图 7-28　习题 7-7 配图

2.24m，设倒虹吸管的沿程水头损失系数和局部水头损失系数分别为：$\lambda=0.02$，$\zeta_{进}=0.5$，$\zeta_{弯}=0.25$，$\zeta_{出}=1.0$，试求虹吸管通过的流量。

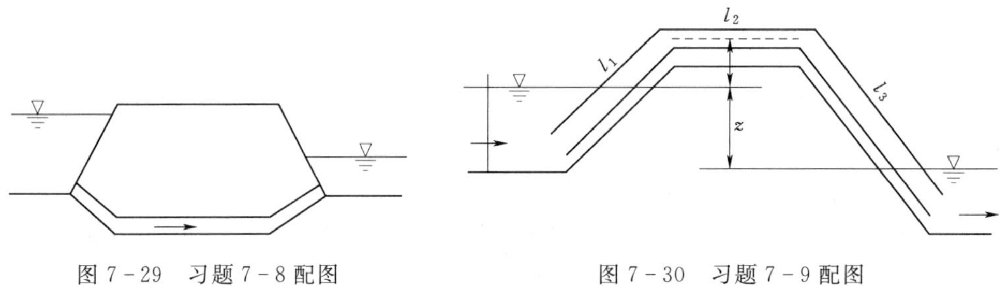

图 7-29　习题 7-8 配图　　　　图 7-30　习题 7-9 配图

7-9　有一虹吸管输水管道如图 7-30 所示，虹吸管的长度、管径、糙率分别为：$l_1=13\text{m}$，$l_2=20\text{m}$，$l_3=15\text{m}$，$d=1.0\text{m}$，$n=0.014$，进出口的局部损失系数分别为 0.5 和 1.0，折管处的局部损失系数为 0.183。(1) 当上下游水面差为 $z=1.0\text{m}$ 时，虹吸管的输水流量为多少？(2) 当虹吸管中的最大允许真空值为 $h_v=7\text{m}$ 时，虹吸管的最大安装高度为多少？

7-10　一管道系统如图 7-31 所示，各管段的长度分别为：$l_1=300\text{m}$，$l_2=200\text{m}$，$l_3=400\text{m}$，管径 $d=300\text{mm}$，沿程水头损失系数 $\lambda=0.03$，闸阀处的局部损失系数为 0.07，折管 A、B 处的局部损失系数分别为 0.3、0.35。已知 $z_1=9.0\text{m}$，$z_2=14.0\text{m}$，$p_M=200\text{kN/m}^2$，试计算流量并绘制总水头线和测压管水头线。

7-11　有一长管道系统如图 7-32 所示，A、C 两管上端接水池，下端接 B 管，C 管联有水泵。已知各管段的长度均为 $l=800\text{m}$，各管段的直径均为 $d=600\text{mm}$，沿程水头损失系数 $\lambda=0.025$，水池水面高程 $z=100\text{m}$，水泵扬程 $H_m=10.0\text{m}$，C 管流速为 $v_C=3.0\text{m/s}$。试计算各管段流量及 B 管出口高程。

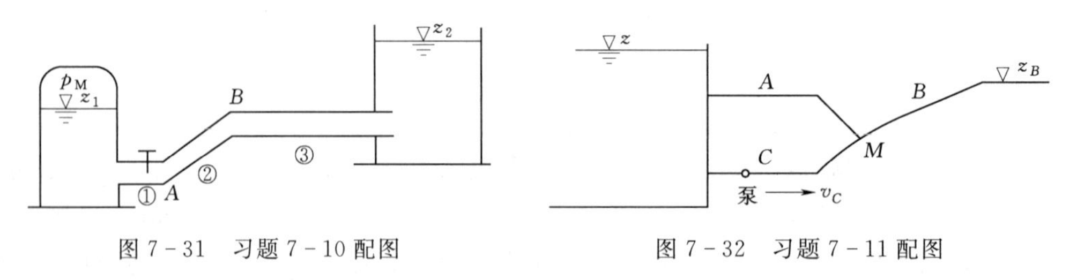

图 7-31　习题 7-10 配图　　　　图 7-32　习题 7-11 配图

7-12　如图 7-33 所示的离心泵抽水管道系统，已知抽水流量 $Q=30\text{L/s}$，上下水池的水面高程分别为 $z_1=30\text{m}$，$z_2=55\text{m}$，吸水管长度 $l_1=15\text{m}$，管径 $d_1=200\text{mm}$，压水

管长度 $l_2=200$m，管径 $d_2=150$mm，各管段的沿程水头损失系数均为 0.038，各局部水头损失系数分别为 $\zeta_{进水阀}=5.0$，$\zeta_{直角}=1.0$，$\zeta_{闸阀}=0.10$，$\zeta_{折管}=0.11$，水泵最大允许真空值为 7m。(1) 确定水泵的最大安装高度；(2) 计算水泵的扬程；(3) 绘制管道系统的总水头线和测压管水头线。

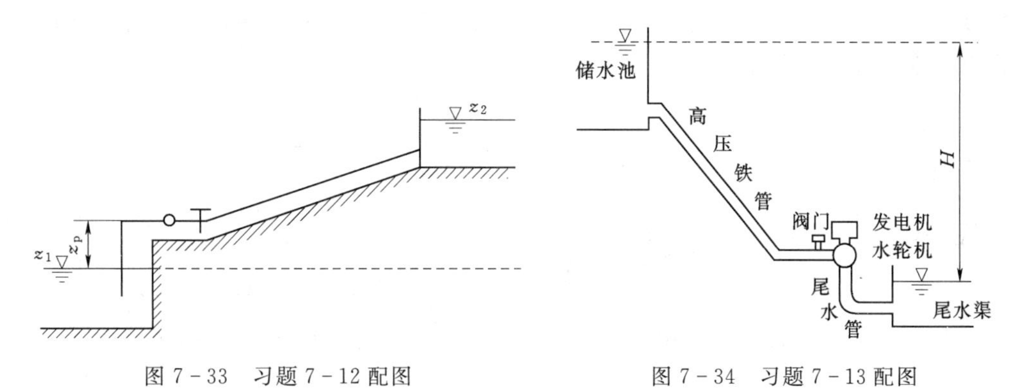

图 7-33　习题 7-12 配图

图 7-34　习题 7-13 配图

7-13　如图 7-34 所示的水力发电管路系统中，管径为 1m，管长为 320m，管道糙率为 0.015，每个弯头局部损失系数均为 0.25，闸阀处局部损失系数为 0.45，上下游水池液面差 $H=70$m，流量为 $2m^3/s$，试求水轮机的效率为 0.75 时水轮机的功率。

7-14　如图 7-35 所示，水池 A、B、C 由三个管段相连，已知各管段的管径为 $d_1=d_2=d_3=300$mm，管长为 $l_1=l_2=l_3=1500$m，沿程水头损失系数 $\lambda=0.04$，各水池水面高程分别为 $z_A=60$m，$z_B=30$m，$z_C=15$m，(1) 判断各管段的流向；(2) 计算各管段的流量及水头损失。

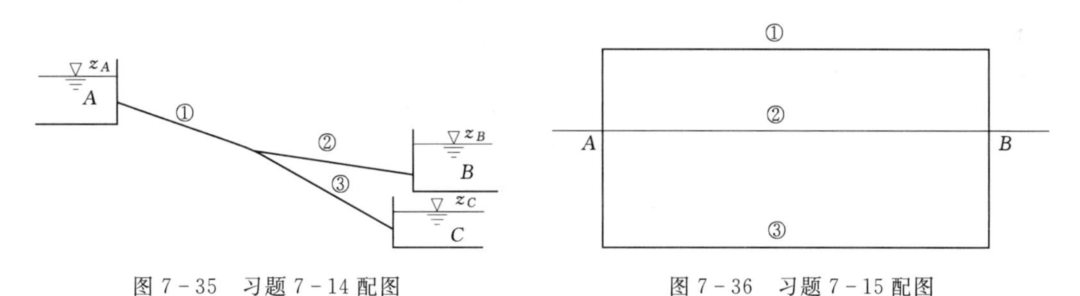

图 7-35　习题 7-14 配图

图 7-36　习题 7-15 配图

7-15　如图 7-36 所示。有一并联管道，由三支旧钢管组成，各管段的长度、管径分别为：$l_1=1000$m，$l_2=600$m，$l_3=1500$m，$d_1=d_2=147$mm，$d_3=198$mm，三支管道的总流量为 $Q=0.1m^3/s$。试求三支管道的流量及水力坡度。

7-16　如图 7-22 所示的沿程均匀泄流管道中，进口总流量为 Q，出口过境流量为 Q_t，单位长度沿程泄流量为 q，全管长 l 的沿程泄流总量为 $Q_n=ql$。假设水流处于层流区，试推导沿程均匀泄流水头损失 h_{fx} 沿程变化的表达式。

7-17　如图 7-37 所示，水塔向 B、C、D 三点供水，已知流量 $Q_B=15$L/s，$Q_C=Q_D=10$L/s，管径 $d_{AB}=199$mm，$d_{BC}=149$mm，$d_{CD}=99$mm，管长 $l_{AB}=400$m，$l_{BC}=300$m，$l_{CD}=250$m。水塔地面高程 $z_M=20$m，供水点 D 处地面高程 $z_D=15$m，要求供水

点 D 处具有 $h=15$m 的自由水头，试确定水塔高度 H。

7－18　如图 7－38 所示的由铸铁管组成的环状管网中，各管段的比阻可按舍维列夫公式计算，各管段的长度、管径分别为：$l_1=l_3=l_5=l_7=50$m，$l_2=l_4=l_6=100$m，$d_1=d_4=d_7=199$mm，$d_2=d_3=d_5=d_6=149$mm，各结点的供水流量分别为 $q_1=-100$L/s，$q_2=q_4=q_5=20$L/s，$q_3=15$L/s，$q_6=25$L/s。试对程序进行适当修改并计算各管段的流量及水头损失。

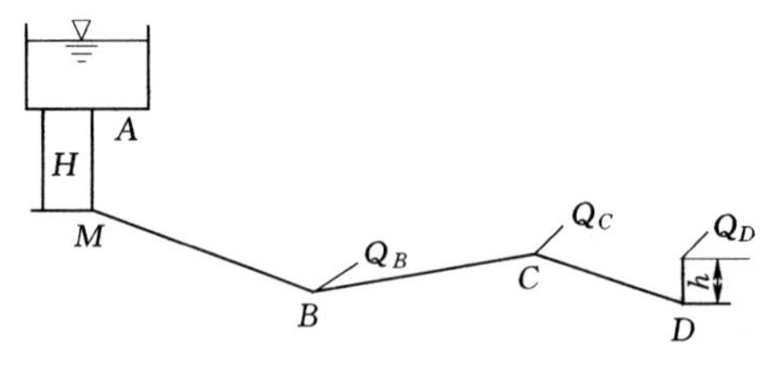

图 7－37　习题 7－17 配图

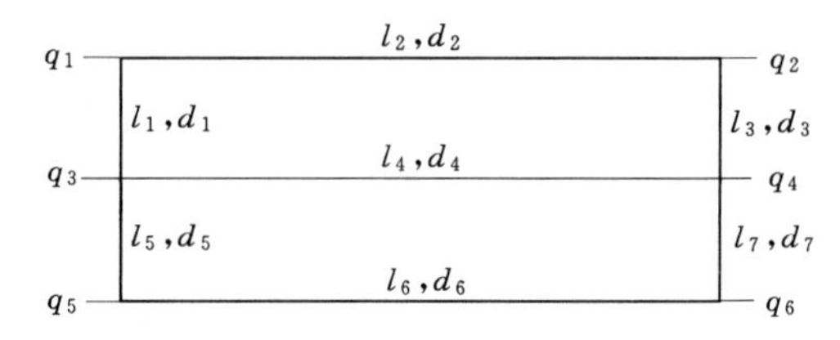

图 7－38　习题 7－18 配图

第八章　明渠恒定流动

明渠流是指在河道、渠道中流动的具有自由液面的水流。自由液面上的压强一般为大气压强，相对压强等于0，故明渠流又称无压流。当液体没有充满管道或隧洞断面时，管道和隧洞中的水流具有自由表面，也属于明渠流（如无压输水隧洞、无压涵管中的水流运动）。

由于明渠流自由液面的变化会引起断面水深、面积等几何要素和速度、加速度等运动要素的变化，因此明渠流比有压管流要复杂很多。在明渠流水力设计计算中，水深或水面线的确定是一个重要内容，也是工程中十分关心的问题之一。例如确定水库回水范围、渠道断面和堤防高度设计、航道设计、河床冲淤计算等都涉及水深和水面线问题。

明渠流分为恒定流和非恒定流、均匀流和非均匀流、渐变流和急变流等。明渠流也分为层流和紊流，但由于明渠层流要求渠道尺寸、水流速度都非常小，实际中的明渠流一般都属于紊流。明渠流还可分为急流和缓流，这一概念将在本章第三节介绍。本章只讨论明渠恒定流。

第一节　明渠的几何特性

一、明渠的底坡

明渠的底坡 i 是明渠渠底线与水平线之间夹角的正弦值（图8-1），即

$$i=\sin\theta=-\frac{\mathrm{d}z_b}{\mathrm{d}s}=\frac{z_{b1}-z_{b2}}{\Delta s} \quad (8-1)$$

式中：z_{b1} 为上游断面渠底高程；z_{b2} 为下游断面渠底高程；Δs 为上下游断面间距。

当 $i>0$ 时，渠底高程沿流程下降，称为顺坡（或正坡）；$i=0$ 时，渠底水平，称为平坡；$i<0$ 时，渠底高程沿流程上升，称为逆坡（或负坡）。

当 $|i|<0.1$ 或 $|\theta|<6°$ 时，称为小底坡，此时 $\cos\theta=\sqrt{1-i^2}\approx1$。

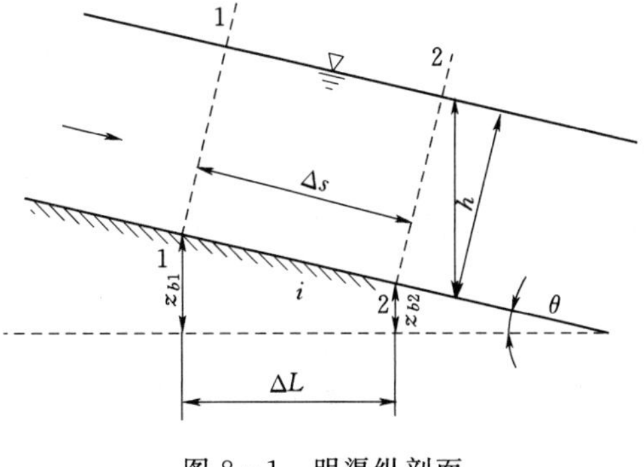

图8-1　明渠纵剖面

二、明渠的横断面

明渠的横断面（过水断面）是垂直于流线（包括渠底和自由液面）的横截面。横断面可以根据需要采用梯形、矩形、圆形及抛物线等各种规则的形状［图8-2(a)］，也可以是天然不规则的形状［图8-2(b)］。下面仅介绍工程中最常采用的梯形断面，而矩形断

面和三角形断面可以看作是梯形断面的特例。

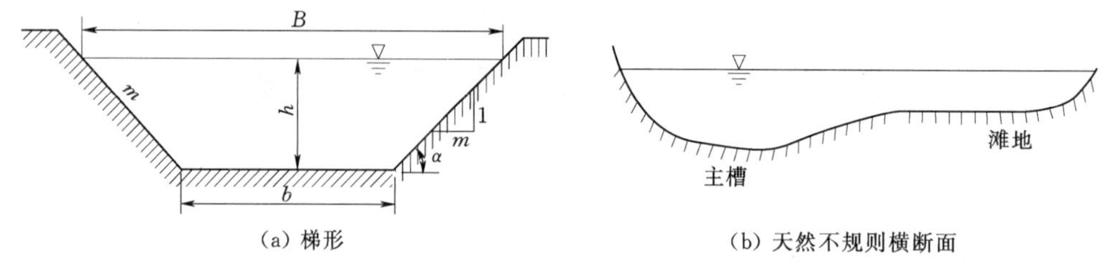

(a) 梯形　　　　(b) 天然不规则横断面

图 8-2　明渠横断面

如图 8-2 (a) 所示，梯形断面的底宽为 b，边坡系数为 m。边坡系数定义为边坡与水平线夹角的余切 ($\cot\alpha$)，工程中常称边坡为 $1:m$。设计渠道时边坡系数的取值主要考虑构成渠道边坡的岩土特性及边坡的稳定性，可参考表 8-1 或其他渠道设计规范手册。

表 8-1　　不同岩土种类的边坡系数

岩土种类	边坡系数（水下部分）	边坡系数（水上部分）
未风化的岩石	0.1～0.25	0
风化的岩石	0.25～0.5	0.25
半岩性耐水土壤	0.5～1	0.5
卵石和砂砾	1.25～1.5	1
黏土、硬或半硬黏壤土	1～1.5	0.5～1
松软黏壤土、砂壤土	1.25～2	1～1.5
细砂	1.5～2.5	2
粉砂	3～3.5	2.5

明渠的断面水深是指横断面上渠底最低点至水面的距离 h。水文测量中经常测出的是铅垂方向水面到渠底的距离，称为水流水深 h'，两者之间的关系为

$$h=h'\cos\theta \tag{8-2}$$

小底坡时，$h\approx h'$，梯形断面几何要素的关系为

面积
$$A=(b+mh)h \tag{8-3}$$

湿周
$$\chi=b+2h\sqrt{1+m^2}\text{（水面不计入湿周）} \tag{8-4}$$

水面宽度
$$B=b+2mh \tag{8-5}$$

当 $b=0$ 时，为三角形断面；当 $m=0$ 时，为矩形断面；当宽深比 B/h 较大时（>20），为宽浅矩形断面，此时 $R\approx h$。

三、明渠的分类

渠道顺直、横断面形状尺寸沿程不变的渠道称为棱柱形渠道，否则称为非棱柱形渠道。

几何形状比较规则的渠道称为人工渠道，如农田灌溉渠道、引水渠道、城市景观河道等。由自然冲淤而形成的几何形状不规则的渠道称为天然河道。天然河道形状复杂不规则，通常为非棱柱形渠道，而人工渠道多为棱柱形渠道。

第二节　明渠恒定均匀流

一、明渠恒定均匀流的特性和形成条件

根据均匀流的定义，均匀流的流线为相互平行的直线，对于明渠流来说，恒定均匀流具有如下特性：

（1）特性1。明渠恒定均匀流的流量、水深和过水断面的形状大小、流速分布等沿程不变。

（2）特性2。明渠恒定均匀流的总水头线、水面线和底坡线相互平行，水力坡度、水面坡度和底坡相等，即

$$J=J_{P}=i \tag{8-6}$$

式（8-6）的物理意义是在单位流程上，重力对水流所做的功（位能变化）恰好等于阻力对水流所做的功（水头损失），从而使水流的动能和压能保持不变。

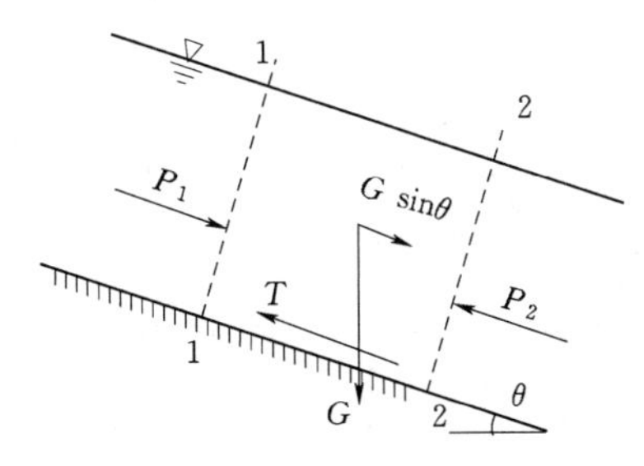

图8-3　明渠均匀流纵剖面图

如果考虑如图8-3所示的均匀流流段1-2上作用力的平衡条件：

$$P_1-P_2+G\sin\theta-T=0 \tag{8-7}$$

由于均匀流的过水断面大小、形状和压强分布沿程不变，所以两断面上的总压力大小相等 $P_1=P_2$，方向相反。此时在流动方向上的重力分量与阻力 T 相平衡：

$$G\sin\theta=T>0 \tag{8-8}$$

为了达到流线为相互平行的直线，明渠恒定均匀流必须具备以下条件：

（1）明渠水流为恒定流，流量、糙率沿程不变；明渠非恒定流不可能是均匀流。

（2）明渠为长直的棱柱形渠道，且渠道中没有干扰水流的建筑物或障碍物。

（3）底坡为顺坡（$i=\sin\theta>0$）。

由式（8-8）可知，在平坡和逆坡明渠中不可能发生均匀流。即使是在顺坡渠道中，如果渠道的底坡、断面形状尺寸、流量或糙率等沿程发生变化，或者是渠道中有建筑物或障碍物干扰，都可能使流动变为非均匀流。

二、明渠恒定均匀流的水力计算

（一）明渠均匀流基本公式

明渠水力计算的基本公式为谢才公式 $v=C\sqrt{RJ}$。根据明渠恒定均匀流的特点 $J=i$，可得明渠恒定均匀流的基本公式为

$$Q=AC\sqrt{Ri}=K\sqrt{i} \tag{8-9}$$

明渠流多属于紊流阻力平方区，式中谢才系数 C 常用曼宁公式计算，因此明渠恒定

均匀流的基本公式也可以表示为

$$Q=\frac{AR^{2/3}}{n}\sqrt{i}=\frac{A^{5/3}}{n\chi^{2/3}}\sqrt{i} \tag{8-10}$$

由式（8－10）可见，底坡越大、糙率越小，明渠均匀流的流量就越大。

（二）明渠均匀流正常水深

明渠均匀流时的水深称为正常水深，用符号 h_0 表示，以区别于明渠非均匀流的水深 h。由于过水断面面积、水力半径、湿周、流量模数等均为水深的函数，因此流量是水深的隐函数。在一般断面情况下（如梯形、矩形、幂律形等），流量和流量模数都是随水深增大而增大的。但有些特殊断面或特殊情况就不一定是这样的单调关系了，例如圆形下水道、涵管等断面，当水面接近洞顶时，随着水深增加，湿周的增加快于过水断面面积的增加，流量模数和 $A^{5/3}/\chi^{2/3}$ 反而减少，因而流量也会减小。图 8－4 为圆形断面充满度 h_0/d 与相对流量、相对流速的关系图，其中 Q_1 和 v_1 为正常水深正好等于直径 d 时的流量和流速。最大流量发生在充满度 $h_0/d=0.938$，最大流速发生在充满度 $h_0/d=0.81$。

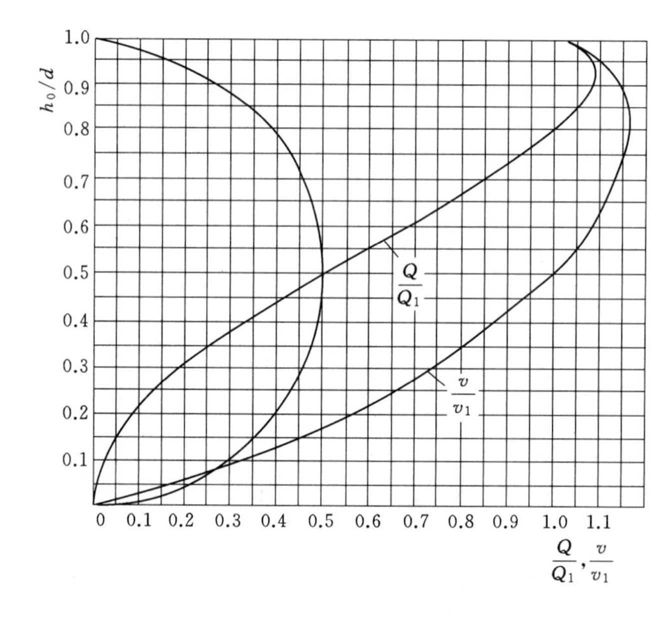

图 8－4　圆形断面充满度 h_0/d 与相对流量、相对流速关系图

（三）明渠均匀流水力计算

从水力学角度来说，明渠均匀流的水力计算可分为两类：一类是对于现有渠道计算流量或反求糙率；另一类是设计新渠道的断面形状和尺寸。从数学计算角度来看，明渠均匀流的水力计算可分为两种：一种是根据明渠均匀流计算基本公式（8－9）直接计算，如计算流量、反求糙率、确定底坡等问题；另一种是需要根据明渠均匀流计算基本公式试算，如设计断面形状及尺寸等。以梯形断面渠道为例，下面介绍断面形状尺寸的设计计算问题。

(1) 已知流量 Q、底坡 i、糙率 n、断面底宽 b 及边坡系数 m，求正常水深 h_0。

由式 (8-10) 得

$$Q=\frac{\sqrt{i}}{n}\frac{[(b+mh_0)h_0]^{\frac{5}{3}}}{(b+2h_0\sqrt{1+m^2})^{\frac{2}{3}}} \tag{8-11}$$

这是一个关于正常水深的非线性方程，可以用试算法、牛顿迭代法、二分法等求解。采用如下迭代格式具有较好的收敛性，并且便于编程计算：

$$h_0=\left(\frac{Qn}{\sqrt{i}}\right)^{\frac{3}{5}}\frac{(b+2h_0\sqrt{1+m^2})^{\frac{2}{5}}}{b+mh_0} \tag{8-12}$$

【例 8-1】 已知某梯形断面渠道的边坡系数 $m=1.5$，糙率 $n=0.025$，底宽 $b=4\text{m}$，底坡 $i=0.0006$，求流量 $Q=9.0\text{m}^3/\text{s}$ 时的正常水深 h_0。

解： 将已知量代入式 (8-12)，得

$$h_0=\left(\frac{Qn}{\sqrt{i}}\right)^{\frac{3}{5}}\frac{(b+2h_0\sqrt{1+m^2})^{\frac{2}{5}}}{b+mh_0}=\left(\frac{9\times0.025}{\sqrt{0.0006}}\right)^{\frac{3}{5}}\frac{(4+2h_0\sqrt{1+1.5^2})^{\frac{2}{5}}}{4+1.5h_0}$$

假设初值 $h_0=0$，迭代计算后正常水深 $h_0=1.48\text{m}$。

(2) 已知 Q、i、n、m 和 h_0，求底宽 b。

求解方法与求 h_0 类似，采用如下迭代格式具有较好的收敛性，并且便于编程计算：

$$b=\left(\frac{Qn}{\sqrt{i}}\right)^{\frac{3}{5}}(b+2h_0\sqrt{1+m^2})^{\frac{2}{5}}\frac{1}{h_0}-mh_0 \tag{8-13}$$

(3) 已知 Q、m、i、n 和宽深比，求正常水深 h_0。

在渠道设计时，经常对宽深比 $\beta_B=B/h_0$ 或 $\beta_b=b/h_0$ 有一定的要求，如果 β 已知，由水面宽计算公式 (8-5) 可得

$$b=\beta_b h_0=(\beta_B-2m)h_0 \tag{8-14}$$

代入式 (8-11) 可以得到正常水深 h_0 的直接计算公式：

$$h_0=\left(\frac{Qn}{\sqrt{i}}\right)^{\frac{3}{8}}\frac{(\beta_B-2m+2\sqrt{1+m^2})^{\frac{1}{4}}}{(\beta_B-m)^{5/8}}=\left(\frac{Qn}{\sqrt{i}}\right)^{\frac{3}{8}}\frac{(\beta_b+2\sqrt{1+m^2})^{\frac{1}{4}}}{(\beta_b+m)^{5/8}} \tag{8-15}$$

三、明渠水力计算中的几个问题

(一) 糙率的选定

糙率是反映明渠边界粗糙程度对水流阻力影响的综合参数，也是明渠水力设计计算中的一个关键参数。糙率值一般可以根据经验确定，也可以根据实测资料反求。表 8-2 给出了不同类型渠道与河道糙率的经验值，可供参考。

在明渠水力设计时，如果选取的糙率值偏大，则在给定的设计流量下，设计出的断面就偏大，从而增加了工程量和工程费用，造成浪费；如果选取的糙率值偏小，则在给定的设计流量下，设计出的断面就偏小，达不到实际过流能力的要求，可能造成漫顶溢出事

故。因此糙率应当审慎选取。

表 8-2　不同类型渠道与河道糙率经验值

渠槽类型及状况		最小值	正常值	最大值
一、衬砌渠道	1. 净水泥表面	0.010	0.011	0.013
	2. 水泥灰浆	0.011	0.013	0.015
	3. 刮平的混凝土表面	0.013	0.015	0.016
	4. 未刮平的混凝土表面	0.014	0.017	0.020
	5. 表面良好的混凝土喷浆	0.016	0.019	0.023
	6. 浆砌块石	0.017	0.025	0.030
	7. 干砌块石	0.023	0.032	0.035
	8. 光滑的沥青表面	0.013	0.013	
	9. 用木馏油处理的、表面刨光的木材	0.011	0.012	0.015
	10. 油漆的光滑钢表面	0.012	0.013	0.017
二、无衬砌的渠道	1. 清洁的顺直土渠	0.018	0.022	0.025
	2. 有杂草的顺直土渠	0.022	0.027	0.033
	3. 有一些杂草的弯曲、断面变化的土渠	0.025	0.030	0.033
	4. 光滑而均匀的石渠	0.025	0.035	0.040
	5. 参差不齐、不规则的石渠	0.035	0.040	0.050
	6. 有与水深同高的浓密杂草的渠道	0.050	0.080	0.120
三、小河（汛期最大水面宽度约 30m）	1. 清洁、顺直的平原河流	0.025	0.030	0.033
	2. 清洁、弯曲、稍许淤滩和潭坑的平原河流	0.033	0.040	0.045
	3. 水深较浅、底坡多变、回流区较多的平原河流	0.040	0.048	0.055
	4. 河底为砾石、卵石间有孤石的山区河流	0.030	0.040	0.050
	5. 河底为卵石和大孤石的山区河流	0.040	0.050	0.070
四、大河（同等情况下 n 值比小河略小）	1. 断面比较规则，无孤石或丛木	0.025		0.060
	2. 断面不规则，床面粗糙	0.035		0.100
五、汛期滩地漫流	1. 短草	0.025	0.030	0.035
	2. 长草	0.030	0.035	0.050
	3. 已熟成行禾稼	0.025	0.035	0.045
	4. 茂密矮丛木，夏季情况	0.070	0.100	0.160
	5. 密林，树下少植物，洪水位在枝下	0.080	0.100	0.120
	6. 密林，树下少植物，洪水位及树枝	0.100	0.120	0.160

（二）水力最佳断面

在明渠的底坡、糙率和流量一定时，渠道断面的形状、尺寸可以有许多选择方案。单从水力学的角度考虑，最好的断面是在流量、底坡、糙率一定时，过水断面形状尺寸具有的面积最小；或者是在过水断面面积、底坡、糙率一定时，过水断面形状尺寸能使渠道通过的流量最大。具有这样特性的过水断面称为水力最佳断面。由式（8－10）可知，在过水断面面积、底坡、糙率一定时，流量最大时对应的过水断面湿周必然最小。

从几何学角度来看，明渠断面形式最好的是半圆形断面，但由于地质条件和施工技术、管理运用等方面的原因，渠道断面常常不得不设计成其他形状，如U形、梯形、矩形、抛物线形、幂律形等。下面以土质渠道常用的梯形断面为例，推导水力最佳断面的形状尺寸。

根据水力最佳断面的条件，在面积一定时，湿周值最小，即湿周的导数为0。由式（8－3）可以得到面积A给定，b和h的关系为

$$b=A/h-mh \tag{8-16}$$

代入式（8－4）可得

$$\chi=\frac{A}{h}-mh+2h\sqrt{1+m^2} \tag{8-17}$$

如果由于土质条件限制，边坡系数已经确定，则根据水力最佳断面条件可得

$$\frac{d\chi}{dh}=-\frac{A}{h^2}-m+2\sqrt{1+m^2}=0 \tag{8-18}$$

即水深应满足：

$$h=\frac{1}{\sqrt{2\sqrt{1+m^2}-m}}\sqrt{A} \tag{8-19}$$

底宽应满足：

$$b=\frac{2(\sqrt{1+m^2}-m)}{\sqrt{2\sqrt{1+m^2}-m}}\sqrt{A} \tag{8-20}$$

宽深比为

$$\beta_m=\frac{B}{h}=2\sqrt{1+m^2} \tag{8-21}$$

相应的最大流量为

$$Q=\frac{A^{4/3}}{2^{2/3}(2\sqrt{1+m^2}-m)^{1/3}}\frac{\sqrt{i}}{n} \tag{8-22}$$

式（8－19）～式（8－21）即为水力最佳断面所应满足的条件。如果A已知，可以确定水深和底宽以及最大流量；如果流量已知，可以先由式（8－22）确定最小面积，再由式（8－19）、式（8－20）确定水深和底宽。水力最佳梯形断面的特点是其水力半径等于水深的一半，即$R=h/2$。

如果不受土质条件限制，边坡系数可以任意选取，则梯形断面水力最佳条件下应有

$$\frac{\partial\chi}{\partial m}=-h+2h\frac{m}{\sqrt{1+m^2}}=0 \tag{8-23}$$

即，$m=1/\sqrt{3}$。相应的水力要素见表8－3。

矩形断面是梯形断面的特例，$m=0$，水力最佳矩形断面相应的水力要素见表8－3。水力最佳矩形断面的特点是宽度是水深的2倍，水力半径是水深的一半。水力最佳三角形

断面的水力要素见表8-3，读者可以自己推导。水力最佳三角形断面的特点是宽度是水深的2倍，水力半径是水深的$\frac{\sqrt{2}}{4}$倍。

表8-3　水力最佳断面水力要素表

水力要素	梯　形	梯形 $m=1/\sqrt{3}$	矩形 $m=0$	三角形 $m=1$
h	$\frac{1}{\sqrt{2\sqrt{1+m^2}-m}}\sqrt{A}$	$\sqrt{\frac{A}{\sqrt{3}}}$	$\sqrt{\frac{A}{2}}$	$\sqrt{A}$
b	$\frac{2(\sqrt{1+m^2}-m)}{\sqrt{2\sqrt{1+m^2}-m}}\sqrt{A}$	$2\sqrt{\frac{A}{3\sqrt{3}}}$	$\sqrt{2A}$	0
Q	$\frac{A^{4/3}\sqrt{i}}{2^{2/3}(2\sqrt{1+m^2}-m)^{1/3}n}$	$\frac{A^{4/3}\sqrt{i}}{2^{2/3}3^{1/6}n}$	$\frac{A^{4/3}\sqrt{i}}{2n}$	$\frac{A^{4/3}\sqrt{i}}{2n}$
$\frac{B}{h}$	$2\sqrt{1+m^2}$	$\frac{4}{\sqrt{3}}$	2	2

需要指出的是，水力最佳断面仅仅考虑了几何形状的影响，没有考虑施工费用、壁面材料费用、技术和管理等方面的综合影响，因此它有一定的局限性。例如，深挖或高填，施工工程量及费用较大，维护管理也不方便；水深变化较大，会给灌溉、航运带来不利影响等，因此实际渠道设计应采用实用经济断面，即在流量、糙率和底坡一定的条件下，使综合费用最少的断面形状尺寸。实用经济断面可以在水力最佳断面的基础上增大宽深比或者适当增大面积而得到。

还需要指出的是，水力最佳断面和实用经济断面都是在设计流量下按均匀流条件设计出来的断面，当流量改变或水流处于非均匀流时，渠道过水断面就不再是水力最佳断面或实用经济断面了。

（三）渠道允许流速

为保证渠道的安全和正常运用，常常规定断面平均流速的上限值和下限值，称为允许流速。例如，为保证航运对流速有上限要求，为阻止河渠上植物生长对流速有下限要求。保证河渠不受水流冲刷的允许流速上限值称为不冲流速v'。表8-4为陕西省水利厅1965年总结的各种渠道不冲流速，可供参考。保证含沙水流中的泥沙不致在渠道中淤积的允许流速下限值称为不淤流速v''，主要与水流的挟沙能力有关，可参看河流动力学的有关文献。

表8-4　渠道不冲流速

坚硬岩石和人工护面渠道	流量范围/(m^3/s)		
	<1	1～10	>10
软质水成岩（泥灰岩、页岩、软砾岩）	2.5	3.0	3.5
中等硬质水成岩（致密砾岩、多孔石灰岩，层状石灰岩，白云石灰岩，灰质砂岩）	3.5	4.25	5.0
硬质水成岩（白云砂岩，砂质石灰岩）	5.0	6.0	7.0

续表

<table>
<tr><td colspan="3" rowspan="2">坚硬岩石和人工护面渠道</td><td colspan="3">流　量　范　围/(m^3/s)</td></tr>
<tr><td><1</td><td>1～10</td><td>>10</td></tr>
<tr><td colspan="3">结晶岩，火成岩</td><td>8.0</td><td>9.0</td><td>10.0</td></tr>
<tr><td colspan="3">单层块石铺砌</td><td>2.5</td><td>3.5</td><td>4.0</td></tr>
<tr><td colspan="3">双层块石铺砌</td><td>3.5</td><td>4.5</td><td>5.0</td></tr>
<tr><td colspan="3">混凝土护面</td><td>6.0</td><td>8.0</td><td>10.0</td></tr>
<tr><td>均质土渠</td><td>粒径/mm</td><td>不冲流速/(m/s)</td><td colspan="3" rowspan="13">说明：
(1) 均质黏性土各种土质的干容重为 12.75～16.67kN/m^3。
(2) 表中所列为水力半径 $R=1$m 的情况。当 $R\neq1$m 时，应将表中数值乘以 R^{α} 才得相应的不冲允许流速。
对于砂、砾石、卵石和疏松的壤土、黏土，$\alpha=1/3\sim1/4$；
对于密实的壤土、黏土，$\alpha=1/4\sim1/5$</td></tr>
<tr><td>黏性轻壤土</td><td></td><td>0.60～0.80</td></tr>
<tr><td>黏性中壤土</td><td></td><td>0.65～0.85</td></tr>
<tr><td>黏性重壤土</td><td></td><td>0.70～1.0</td></tr>
<tr><td>黏性黏土</td><td></td><td>0.75～0.95</td></tr>
<tr><td>无黏性极细砂</td><td>0.05～0.1</td><td>0.35～0.45</td></tr>
<tr><td>无黏性细砂、中砂</td><td>0.25～0.5</td><td>0.45～0.60</td></tr>
<tr><td>无黏性粗砂</td><td>0.5～2.0</td><td>0.60～0.75</td></tr>
<tr><td>无黏性细砾砂</td><td>2.0～5.0</td><td>0.75～0.90</td></tr>
<tr><td>无黏性中砾石</td><td>5.0～10.0</td><td>0.90～1.10</td></tr>
<tr><td>无黏性粗砾石</td><td>10.0～20.0</td><td>1.10～1.30</td></tr>
<tr><td>无黏性小卵石</td><td>20.0～40.0</td><td>1.30～1.80</td></tr>
<tr><td>无黏性中卵石</td><td>40.0～60.0</td><td>1.80～2.20</td></tr>
</table>

（四）断面周界上糙率不同的渠道的水力计算

由于边坡和渠底的土质不同或衬护材料不同，经常会出现渠道边壁与底部糙率不同、渠道两侧壁面糙率不同、河道主槽与河滩糙率不同等（图 8-5）。这些情况下进行水力计算时需要选取一个平均糙率值，称为综合糙率 n。

设湿周 χ_1、χ_2、…对应的糙率分别为 n_1、n_2、…，则综合糙率可按式（8-24）计算：

$$n=\left(\frac{\chi_1 n_1^{\alpha}+\chi_2 n_2^{\alpha}+\cdots}{\chi_1+\chi_2+\cdots}\right)^{1/\alpha} \tag{8-24}$$

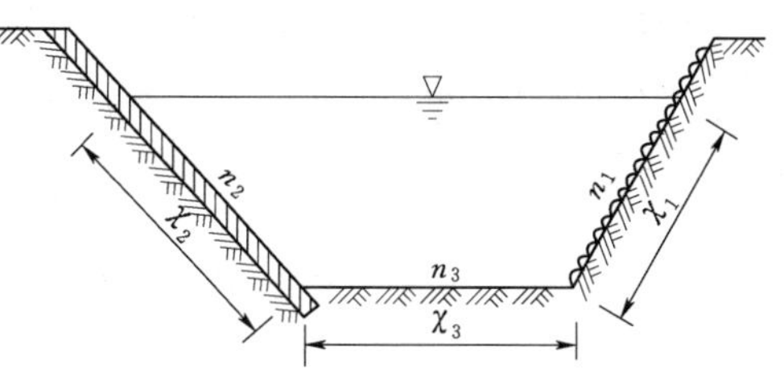

图 8-5　周界上糙率不同的断面

当 $\alpha=1$ 时即为简单的湿周加权平均法。

当 $\alpha=2/3$ 时为别洛康-爱因斯坦公式。别洛康-爱因斯坦假设每段湿周对应部分的平均流速、水力坡度都相同，但水力半径不同，从而推导出 $\alpha=3/2$。这种方法也叫水力半径分割法。

当 $\alpha=2$ 时为巴甫洛夫斯基公式。巴甫洛夫斯基假设每段湿周对应部分的平均流速、水力半径都相同，但水力坡度不同，从而推导出 $\alpha=2$。这种方法也叫水力坡度分割法。

由于别洛康-爱因斯坦公式和巴甫洛夫斯基公式都是在一定假设条件下推导出的近似

公式，与实际情况都有一定的差别，在实际应用时可根据经验和规范选取。

（五）复式断面渠道的水力计算

除了单一断面渠道，实际中还会出现如图 8-6 所示的复式断面渠道。例如，景观河道常常设计成具有一级或两级平台的复式断面。当流量较小、水位较低时，可以在亲水平台上游览观景；当流量较大、水位较高时，平台又可以过水。另外，天然河道的中下游也会自然形成具有滩槽的复式断面，枯水时水流在河槽内流动，洪水时水流漫滩。

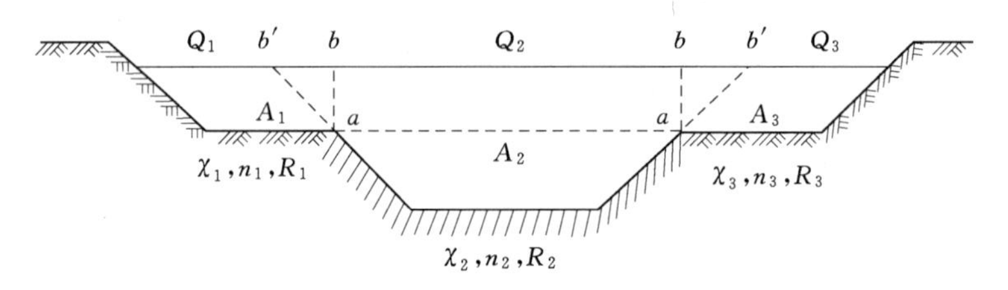

图 8-6　复式断面渠道

对于复式断面明渠流，不能按单一断面明渠流那样采用总面积和总湿周来计算流量。特别是在水流刚刚漫上浅滩时，由于湿周突然增大，而过水断面面积增大很小，因而按式（8-10）计算的流量比水流只在槽内流动的流量还小，这与实际情况不符。

解决这一问题的方法是将复式断面按滩、槽分成若干部分，然后分别计算各部分的面积、湿周和流量。如图 8-6 所示，设各部分的过水断面面积、湿周和糙率分别为：A_1、A_2、A_3，χ_1、χ_2、χ_3，n_1、n_2、n_3（分割线不能作为湿周），各部分的水力坡度相同 $J=i$，总流量等于各部分流量之和：

$$Q=Q_1+Q_2+Q_3=\frac{A_1^{5/3}}{n_1\chi_1^{2/3}}\sqrt{i}+\frac{A_2^{5/3}}{n_2\chi_2^{2/3}}\sqrt{i}+\frac{A_3^{5/3}}{n_3\chi_3^{2/3}}\sqrt{i} \tag{8-25}$$

断面的划分可以有多种选择，例如在图 8-6 中，既可用垂线 ab 划分断面，也可用斜线 ab'来划分断面，还可以用曲线来划分断面，但不能用水平线 aa 划分。由于渠道一般较宽，不同划分的差别不大。对于宽浅型明渠（$B/h\geqslant 25$），一般用垂线分割，并可取水力半径 $R\approx h$。

第三节　明渠恒定流的基本概念

一、明渠水流的流态

观察河渠中的水流运动，可以看到两种不同的水流现象：一种是水流流速较小，水势平稳，当水流遇到阻碍物时上游水面普遍抬高，越过阻碍物后水面回落降低，如图 8-7（a）所示，这种流动型态称为缓流。例如平原地区河流、灌溉引水渠道中的水流等属于缓流；另一种是水流流速较大，水势湍急，当水流遇到阻碍物时一跃而过，越过阻碍物的水面隆起，激起浪花，阻碍物对上游水面不产生影响，如图 8-7（b）所示，这种流动型态称为急流。例如山区河流、陡槽溢洪道中的水流等属于急流。

如果在足够大的静止水域中垂直投下一个小石子，水面将产生一个扰动波（涟漪），

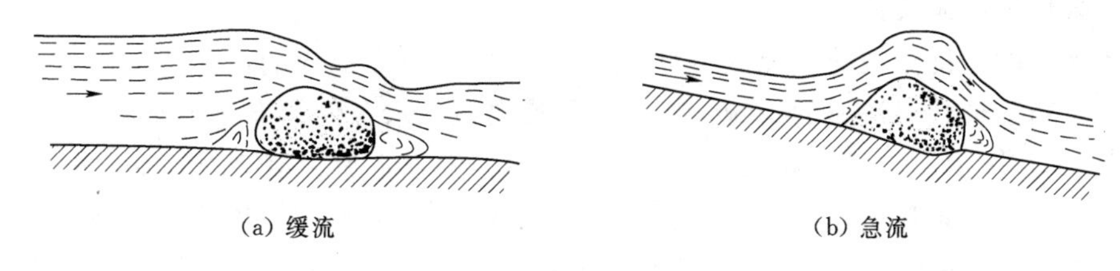

(a) 缓流　　(b) 急流

图 8-7　明渠水流流态

并以一定的速度向四周传播，这种小扰动波的波幅远小于水深，因此称为微幅扰动波。根据水波动力学的浅水长波理论，微幅扰动波的波速为 $c=\sqrt{gh}$。如果水深相同，则微幅扰动波向四周传播的速度相同，水面形成以投石点为圆心的同心圆簇（涟漪），如图 8-8（a）所示。

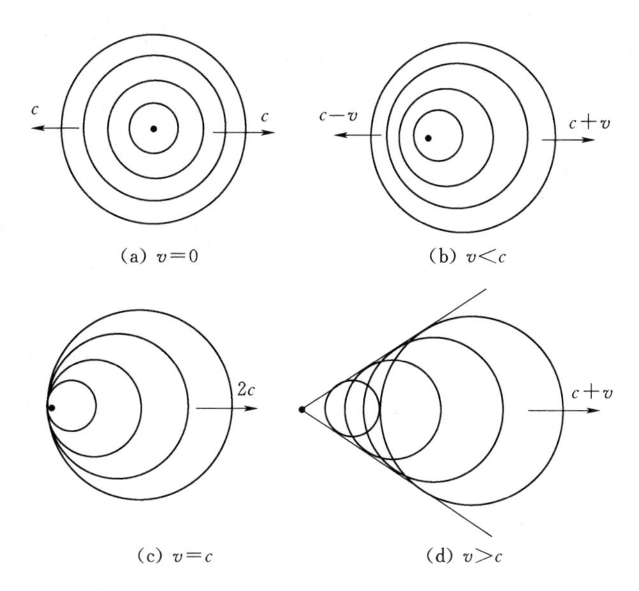

(a) $v=0$　　(b) $v<c$

(c) $v=c$　　(d) $v>c$

图 8-8　微幅扰动波的传播

如果把石子投入速度为 v 的运动水流中，则微幅扰动波一方面以微幅扰动波波速 c 向四周运动，一方面随水流向下游流动。当水流流速 $v<c$ 时，扰动波向上游传播的绝对速度为 $c-v$，扰动波向下游传播的绝对速度为 $c+v$，波形如图 8-8（b）所示。这种水流流速较小，水势平稳，干扰波既可以向下游传播又可以向上游传播的流动称为缓流。当水流流速 $v>c$ 时，干扰波只能向下游传播，而对上游水流没有影响，干扰波向下游传播的速度分别为 $v-c$ 和 $v+c$，波形如图 8-8（d）所示。这种水流流速较大、水势湍急、干扰波只能向下游传播的流动称为急流。当水流流速 $v=c$ 时，干扰波向上游传播的绝对速度为 $v-c=0$，干扰波向下游传播的绝对速度为 $2c$，波形如图 8-8（c）所示，这种作为急流和缓流分界限的水流称为临界流。

由上述分析可知，干扰波波速可以作为判断流态是急流或缓流的标准。下面推求渠道中微幅干扰波波速的计算公式。

二、微幅干扰波波速

明渠水流的干扰波波速通常是在平底渠道静水条件下推导的，为了反映实际渠道底坡、流速、断面形状对波速的影响，下面在斜坡渠道动水条件下推导明渠水流的干扰波波速。如图 8-9 所示，在任意断面形状的棱柱形明渠中，水流为恒定均匀流，水面宽为 B，断面面积为 A，底坡度为 i，水深 h 沿宽度有变化。由于水深、流速、波速沿宽度均变化，因此先选取宽度为 db 的微元流束作为研究对象，其水深为 h，速度分布为 $u=u(y)$，最大速度为 u_m。明渠水流一般都属于紊流，断面速度分布比较均匀，假设其平均速度为 v。由均匀流的能量方程可知，$z_{b1}-z_{b2}=h_w$，这说明位能的降低（重力做功）与水头损失（阻力做功）相等，重力与阻力平衡。如果采用速度为 u_m 的动坐标系，则表面速度为 0，渠底以 $-u_m$ 的速度反向运动，水流可以看作是在渠底的驱动下以 $u-u_m$ 的速度反向作恒定均匀流运动。这种情况下，重力与渠底反向驱动力平衡，渠底驱动力做功与重力做功（重力分量与流动方向相反，做负功）相等，等于原固定坐标系中的水头损失。如果采用速度为 v 的动坐标系，则水流可以看作是在渠底的驱动下以 $u-v$ 的速度作恒定均匀流运动，动坐标系中的平均速度为 0，表面速度为 u_m-v，渠底以 $-v$ 的速度反向运动。

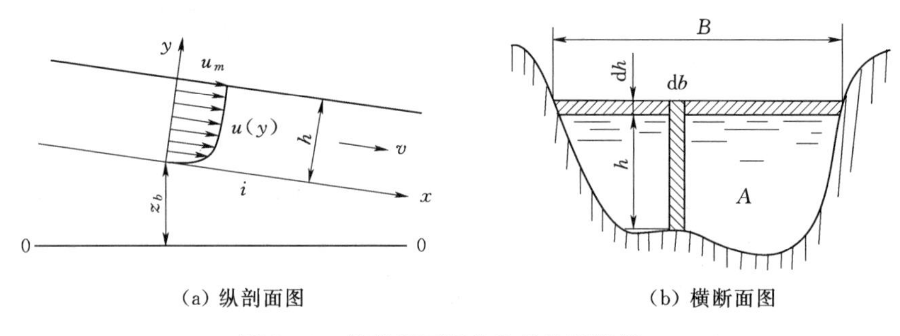

(a) 纵剖面图　　(b) 横断面图

图 8-9　任意断面形状的棱柱形明渠

下面再分析有微小干扰时的流动情况。当沿整个渠道宽度有一条直线干扰时，水面上会形成一个微幅干扰波。微幅干扰波一方面以波速 c 向上下游运动，一方面随水流向下游流动，干扰波所到之处将带动水体波动，这时水流的流速和水深将随时间变化，所以是非恒定流。另外，由于断面水深沿宽度有变化，微幅干扰波波速与水流速度沿断面分布都不均匀，断面上各处的干扰波波速不同，水流速度也不相同。因此还是需要先在渠道中选取一个宽度为 db 的微小流束（元流）作为研究对象。假设该元流的水深为 h，速度沿深度分布比较均匀，水流以平均流速 v 向右运动，微幅干扰波波速为 c，波高为 Δh [图 8-10 (a)]。若将坐标系选在元流向右的波峰上 [图 8-10 (b)]，并以速度 $c+v$ 随波峰运动，则干扰波波峰是静止不动的，而渠内水流在渠底的驱动下以波速 c 反向运动。对这样的动坐标系来说，水流可以看作是不随时间变化但沿流程变化的恒定非均匀流动（注意，如果不取元流而是以总流为研究对象，由于断面各处波速不同、流速不同，无法选取动坐标系的速度使水流能够看作是恒定流动。即使静水平坡渠道，由于断面各处水深、波速不同，也无法选取动坐标系的速度使水流能够看作是恒定流动）。

如图 8-10 所示，取相距很近的断面 1-1 和 2-2 分别位于波前和波峰，水深分别为 h 和 $h+\Delta h$；断面 1-1 的平均流速 $v_1=c$，方向向左，根据连续性方程，断面 2-2 的平

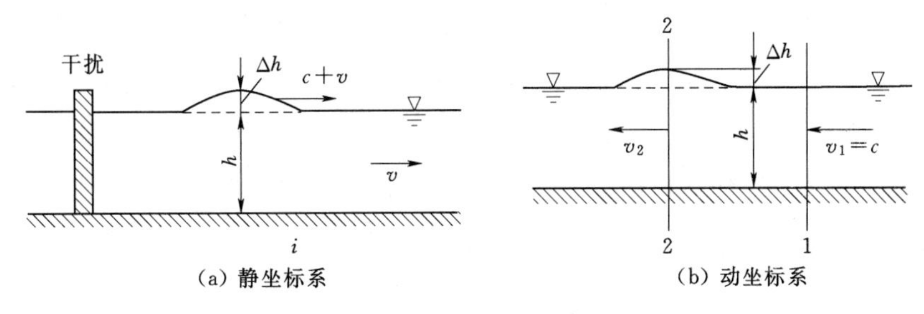

(a) 静坐标系　　(b) 动坐标系

图 8-10　明渠中的微幅扰动波

均流速 v_2 满足：

$$v_2(h+\Delta h)=ch \tag{8-26}$$

忽略由于波动引起的水头损失，渠底反向驱动力正好和重力平衡，渠底驱动力做功等于重力做功，能量方程可简化为

$$h\cos\theta+\frac{c^2}{2g}=(h+\Delta h)\cos\theta+\frac{v_2^2}{2g} \tag{8-27}$$

联立式（8-26）和式（8-27）可得

$$\frac{c^2}{2g}=\frac{h\cos\theta}{2}\frac{(1+\Delta h/h)^2}{1+\Delta h/2h}$$

对于微幅波，$\Delta h/h\ll1$，元流能量方程为

$$\frac{c^2}{2g}=\frac{h\cos\theta}{2} \tag{8-28}$$

对式（8-28）各项沿断面积分 $\int_0^B\frac{c^2}{2g}\mathrm{d}b=\int_0^B\frac{h\cos\theta}{2}\mathrm{d}b$ ，可得

$$\frac{\alpha_c\overline{c}^2}{2g}=\frac{\overline{h}\cos\theta}{2}\text{或}\ \overline{c}=\sqrt{\frac{g\overline{h}\cos\theta}{\alpha_c}} \tag{8-29}$$

式中：$\overline{h}$ 为断面平均水深，$\overline{h}=A/B$；$\overline{c}$ 为断面平均波速，与明渠的几何形状有关，但与明渠水流的运动速度无关；α_c 为由于断面各处波速不同而引起的修正系数，类似于动能修正系数；$\frac{\alpha_c\overline{c}^2}{2g}$ 为动坐标系中的断面平均动能；$\frac{\overline{h}\cos\theta}{2}$ 为断面平均势能（基准面选在 $\overline{h}/2$ 处）。

式（8-29）说明，动坐标系中的断面平均动能等于断面平均势能（基准面选在 $\overline{h}/2$ 处）。对于小底坡渠道，$\cos\theta\approx1$，假定 $\alpha_c\approx1$，则微幅波的波速可以简化为

$$\overline{c}=\sqrt{g\overline{h}} \tag{8-30}$$

式（8-30）即为平底静水渠道所推导的结果。

拓展思考： 斜坡动水渠道明渠水流的干扰波波速是否可以采用动量方程推导？请读者自行分析推导。

三、佛汝德数

波速虽然可以作为判断流态的一个标准，但是对于不同断面形状尺寸的渠道，波速的大小是不同的，也就是说急流与缓流的分界速度随断面形状和尺寸而变化，显然这样判断

流态不太方便。如果定义佛汝德数为断面平均流速 v 与平均波速 $\bar{c}$ 的比值，则

$$Fr=\frac{v}{\bar{c}}=\frac{v\sqrt{\alpha_c}}{\sqrt{g\bar{h}\cos\theta}} \tag{8-31}$$

严格地讲，这一定义没有反映出断面流速分布不均匀以及断面波速分布不均匀对能量的影响。如果定义佛汝德数为水流的断面平均动能$\frac{\alpha v^2}{2g}$与动坐标系中的断面平均动能$\frac{\alpha_c\bar{c}^2}{2g}$，即断面平均势能$\frac{\bar{h}\cos\theta}{2}$（基准面选在 $\bar{h}/2$ 处）之比开平方，则

$$Fr=\sqrt{\frac{\frac{\alpha v^2}{2g}}{\bar{h}\cos\theta/2}}=\frac{v\sqrt{\alpha}}{\sqrt{g\bar{h}\cos\theta}} \tag{8-32}$$

这一形式与下面断面比能极值条件确定的佛汝德数形式一致。

对于小底坡渠道，$\cos\theta\approx1$，假定 $\alpha\approx1$，则

$$Fr\approx\frac{v}{\sqrt{g\bar{h}}}=\frac{v}{\bar{c}} \tag{8-33}$$

可以看出，采用无量纲的佛汝德数判断流态非常方便。当 $Fr<1$，流态为缓流；当 $Fr>1$，流态为急流；当 $Fr=1$，流态为临界流。

佛汝德数的力学意义可以反映水流惯性力与重力作用之比，但这一结论没有严格证明。

四、断面比能

图 8-11 为一恒定渐变流，若以 0-0 为基准面，则过水断面上单位重量液体所具有的总能量为

$$E=z+\frac{\alpha v^2}{2g}=z_b+h\cos\theta+\frac{\alpha v^2}{2g} \tag{8-34}$$

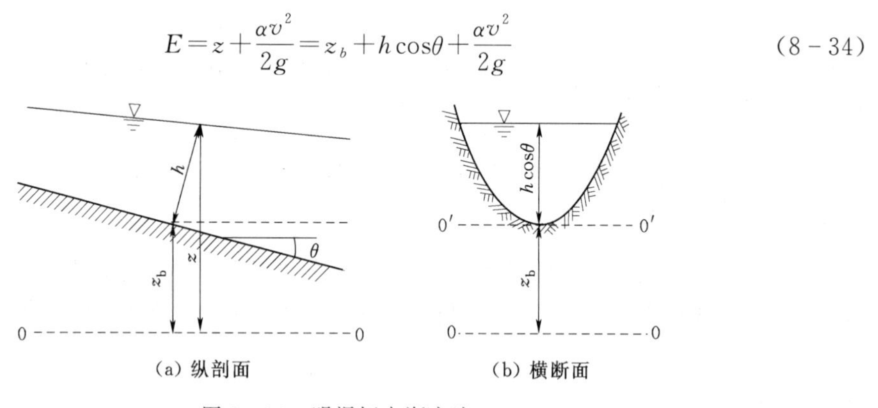

图 8-11　明渠恒定渐变流

如果把基准面选在渠底，则该过水断面上单位重量液体所具有的总能量称为断面比能，以 E_s 来表示，即

$$E_s=h\cos\theta+\frac{\alpha v^2}{2g} \tag{8-35}$$

不难看出，断面比能 E_s 与总能量 E 的差值为渠底高程 z_b，即

$$E_s = E - z_b \tag{8-36}$$

当流量 Q 和过水断面的形状及尺寸一定时，断面比能仅仅是水深的函数，即

$$E_s = h\cos\theta + \frac{\alpha Q^2}{2gA^2} = f(h) \tag{8-37}$$

根据比能函数可以绘出断面比能随水深变化的关系曲线，该曲线称为比能曲线。

图 8-12 为某一给定流量和渠道断面形状及尺寸的比能曲线，其特性是：①当 $h \to 0$ 时，$A \to 0$，则 $\frac{\alpha Q^2}{2gA^2} \to \infty$，故 $E_s \to \infty$；②当 $h \to \infty$ 时，$A \to \infty$，则 $\frac{\alpha Q^2}{2gA^2} \to 0$，因而 $E_s \to h\cos\theta \to \infty$；③断面比能有最小值 E_{smin}。

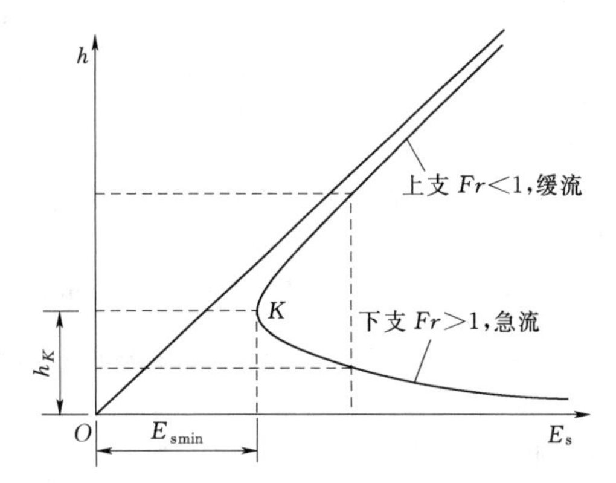

图 8-12 断面比能曲线

为了分析比能随水深的变化规律，将式（8-37）对 h 取导数：

$$\frac{dE_s}{dh} = \frac{d}{dh}\left(h\cos\theta + \frac{\alpha Q^2}{2gA^2}\right) = \cos\theta - \frac{\alpha Q^2}{gA^3}\frac{dA}{dh}$$

考虑到 $\frac{dA}{dh} = B$，$A/B = \bar{h}$，$Q/A = v$，上式可以改些为

$$\frac{dE_s}{dh} = \cos\theta - \frac{\alpha Q^2 B}{gA^3} = \cos\theta\left(1 - \frac{\frac{\alpha v^2}{2g}}{\bar{h}\cos\theta/2}\right) \tag{8-38}$$

如果定义极值条件 $\frac{dE_s}{dh} = 0$ 为临界流，则可得 $Fr = \sqrt{\frac{\frac{\alpha v^2}{2g}}{\bar{h}\cos\theta/2}}$，这和式（8-32）的定义一致。或者将式（8-32）代入式（8-38）可得

$$\frac{dE_s}{dh} = \cos\theta(1 - Fr^2) \tag{8-39}$$

从式（8-38）可以看出，如果水流为缓流，$Fr<1$，则 $\frac{dE_s}{dh}>0$，断面比能随水深的增加而增加，对应于比能曲线的上支；如果水流为急流，$Fr>1$，则 $\frac{dE_s}{dh}<0$，断面比能随水深的增加而减少，对应于比能曲线的下支；如果水流为临界流，$Fr=1$，则 $\frac{dE_s}{dh}=0$，断面比能为最小值，对应于比能曲线的极值点。因此，也可以根据比能函数对水深的导数和比能曲线判断水流的流态。

【例 8-2】 比能曲线是流量 Q 和过水断面的形状及尺寸一定时断面比能与水深的关系图。如果断面的形状及尺寸一定，流量增大后，比能曲线将如何变化？会偏左还是偏

右，偏上还是偏下。

解：(1) 假设断面比能 E_s 一定，分析水深随流量的变化规律。为此，将式（8-37）对 h 取导数，可以得

$$0=\frac{\mathrm{d}}{\mathrm{d}h}\left(h\cos\theta+\frac{\alpha Q^2}{2gA^2}\right)=\cos\theta+\frac{\alpha}{2g}\left(\frac{2Q}{A^2}\frac{\mathrm{d}Q}{\mathrm{d}h}-\frac{2Q^2}{A^3}\frac{\mathrm{d}A}{\mathrm{d}h}\right) \tag{8-40}$$

将$\frac{\mathrm{d}A}{\mathrm{d}h}=B$，$A/B=\overline{h}$ 代入式（8-40）并整理可得

$$\frac{\mathrm{d}Q}{\mathrm{d}h}=\frac{Fr^2-1}{2Q/(gA^2\cos\theta)} \tag{8-41}$$

从式（8-41）可以看出，如果水流为缓流，$Fr<1$，则$\frac{\mathrm{d}Q}{\mathrm{d}h}<0$，水深随流量的增加而减小；如果水流为急流，$Fr>1$，则$\frac{\mathrm{d}Q}{\mathrm{d}h}>0$，水深随流量的增加而增加；考虑不同的断面比能 E_s 可知，随着流量增大，比能曲线上支向下偏移，下支向上偏移，如图 8-13 所示。

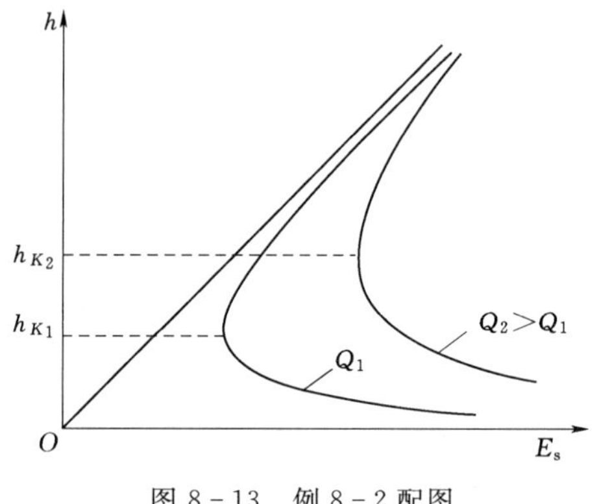

图 8-13　例 8-2 配图

(2) 如果假设水深一定，从比能函数式（8-38）可以看出，断面比能 E_s 随流量的增大而增大，因此，随着流量增大比能曲线会向右偏移。

拓展思考：随着流量增大，极值点如何偏移，请读者分析证明。

五、临界水深

在流量和渠道断面形状及尺寸一定时，对应于断面比能最小值的水深称为临界水深，也就是临界流时的水深，用 h_K 表示。实际水深 h 和临界水深 h_K 的相对大小可以判断流态。当 $h>h_K$ 时对应曲线上支，此时 $Fr<1$，流态为缓流；当 $h<h_K$ 时对应曲线下支，此时 $Fr>1$，流态为急流。

根据临界水深的定义和式（8-38），可知 h_K 应满足的方程为

$$\cos\theta-\frac{\alpha Q^2B_K}{gA_K^3}=0\quad\text{或}\quad\frac{A_K^3}{B_K}=\frac{\alpha Q^2}{g\cos\theta} \tag{8-42}$$

其中 A_K、B_K 是临界流时的面积和水面宽，与临界水深 h_K 有关。如果已知流量 Q 和断面形状尺寸，可以由式（8-42）求解出 h_K，不过一般需要试算求解。对于梯形断面渠道，临界水深 h_K 可用如下迭代公式计算：

$$h_K=\left[\frac{\alpha Q^2}{g\cos\theta}(b+2mh_K)\right]^{\frac{1}{3}}\frac{1}{b+mh_K} \tag{8-43}$$

对矩形断面渠道，临界水深可以用如下公式直接计算：

$$h_K=\sqrt[3]{\frac{\alpha q^2}{g\cos\theta}} \tag{8-44}$$

式中：q 为单宽流量，$q=Q/b$。

矩形断面渠道临界流时，断面比能与临界水深的关系为

$$E_s=E_{smin}=h_K\cos\theta+\frac{\alpha v^2}{2g}=\frac{3}{2}h_K\cos\theta \tag{8-45}$$

当断面形状尺寸一定时，临界水深与流量和底坡有关。在一般断面情况下，临界水深随流量增大而增大，随底坡增大而增大。对于矩形断面渠道，从式（8-44）可以看出，临界水深随流量增大而增大，对于梯形渠道，也可以证明，临界水深随流量增大而增大（请读者证明$\frac{dQ}{dh_K}>0$）。但对于圆形下水道、涵管等断面，当水面接近洞顶时，临界水深随流量增大有可能减小。对于小底坡来说，$\cos\theta\approx1$，可以认为临界水深与底坡无关。

六、临界底坡

一般情况下，给定渠道的流量、糙率和断面形状尺寸，正常水深 h_0 会随着底坡 i 的增大而减小（图 8-14），而临界水深 h_K 会随着底坡 i 的增大而增大，两条曲线必然有一个交点，$h_0=h_K$。明渠正常水深等于临界水深时，相应的明渠底坡称为临界底坡，用 i_K 表示。临界底坡对应的水深既满足均匀流公式，也满足临界水深公式：

$$Q=A_KC_K\sqrt{R_Ki_K} \tag{8-46}$$

$$\frac{A_K^3}{B_K}=\frac{\alpha Q^2}{g\cos\theta} \tag{8-47}$$

当流量、糙率、断面形状尺寸一定时，对于小底坡渠道，一般可以先根据临界流公式确定断面几何要素，再由均匀流公式计算临界底坡。临界底坡随流量变化关系比较复杂，有兴趣的读者可以分析一下矩形断面临界底坡随流量或单宽流的变化规律。

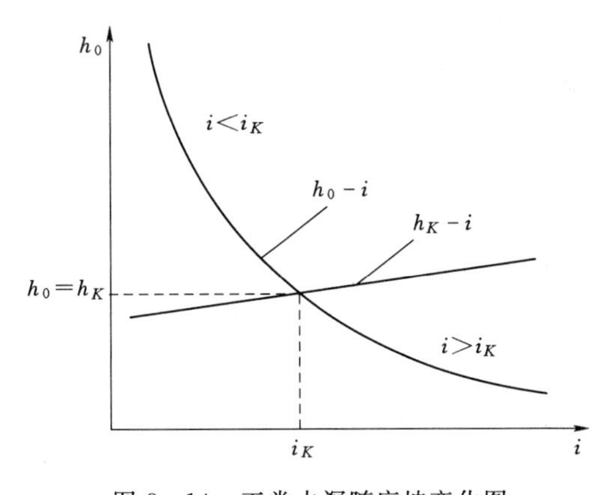

图 8-14　正常水深随底坡变化图

临界底坡是由式（8-46）和式（8-47）计算出来的，而实际底坡 i 可能大于、小于或正好等于临界底坡。如果 $i<i_K$，实际底坡称为缓坡；如果 $i>i_K$，实际底坡称为陡坡；如果 $i=i_K$，实际底坡称为临界坡。从图 8-14 可以看出，缓坡上发生均匀流时，流态一定是缓流（$h_0>h_K$）；陡坡上发生均匀流时，流态一定是急流（$h_0<h_K$）；临界坡上发生均匀流时，流态一定是临界流（$h_0=h_K$）。如果发生非均匀流时，实际水深可能很大，也可能很小，各种底坡上，急流、缓流、临界流都可能出现。

七、小结

本节围绕缓流、急流、临界流的特点和判断条件，引入了微幅波波速、佛汝德数、断面比能、临界水深、临界底坡等概念，这些概念之间是相互关联的，都可以判断流态，判

别方法归纳总结见表 8-5。

表 8-5 明渠水流流态的判别

判别参数	缓流	临界流	急流
平均流速 v	$v<\bar{c}$	$v=\bar{c}$	$v>\bar{c}$
水深 h	$h>h_K$	$h=h_K$	$h<h_K$
佛汝德数 Fr	$Fr<1$	$Fr=1$	$Fr>1$
断面比能 E_s	$\frac{dE_s}{dh}>0$	$\frac{dE_s}{dh}=0$	$\frac{dE_s}{dh}<0$
断面比能曲线	上支	极值点	下支
底坡 i	$i<i_K$ 均匀流	$i=i_K$ 均匀流	$i>i_K$ 均匀流

【例 8-3】 一矩形断面小底坡渠道，宽度 $b=5\text{m}$，流量 $Q=30\text{m}^3/\text{s}$，水深 $h=1.0\text{m}$，试判断此明渠流动的流态。

解：(1) 根据佛汝德数 Fr 来判别流态，取 $\alpha=1.0$，由式 (8-32) 可得

$$Fr=\frac{v\sqrt{\alpha}}{\sqrt{\bar{g}h\cos\theta}}=\frac{Q}{bh\sqrt{gh\cos\theta}}=\frac{30}{5\times1\times\sqrt{9.8\times1}}=1.917>1$$

因此，流态为急流。

(2) 利用水深与临界水深之间的关系来判断流态，由式 (8-44) 可得

$$h_K=\sqrt[3]{\alpha q^2/g\cos\theta}=\sqrt[3]{1.0\times(30/5)^2/9.8}=1.543(\text{m})>h$$

因此，流态为急流。

【例 8-4】 一梯形断面渠道，底宽 $b=10\text{m}$，边坡系数 $m=1.0$，当流量 $Q=11\text{m}^3/\text{s}$ 时，正常水深 $h_0=0.45\text{m}$，糙率 $n=0.014$，试问该渠道是缓坡渠道还是陡坡渠道？

解：根据式 (8-11)，由均匀流水深计算实际底坡：

$$i=\frac{Q^2n^2(b+2h_0\sqrt{1+m^2})^{4/3}}{[(b+mh_0)h_0]^{10/3}}=0.003,\cos\theta=\sqrt{1-i^2}\approx1$$

由式 (8-43) 试算临界水深：

$$h_K=\left[\frac{\alpha Q^2}{g\cos\theta}(b+2mh_K)\right]^{1/3}\frac{1}{b+mh_K}=\left[\frac{11^2}{9.8}(10+2\times1\times h_K)\right]^{1/3}\frac{1}{10+1\times h_K}$$

试算可得 $h_K=0.49\text{m}$

根据式 (8-46)，由临界水深计算临界底坡：

$$i_K=\frac{Q^2n^2(b+2h_K\sqrt{1+m^2})^{4/3}}{[(b+mh_K)h_K]^{10/3}}=0.0026$$

可以看出，实际底坡为陡坡 $i>i_K$，但仍属于小底坡。

根据 $h_K>h_0=0.45\text{m}$，均匀流流态为急流，也可以判断出底坡为陡坡。

过水断面面积 $A=(b+mh_0)h_0=(10+1\times0.45)\times0.45=4.7025(\text{m}^2)$

水面宽 $B=b+2mh_0=10+2\times1\times0.45=10.9(\text{m})$

流速 $v=Q/A=11/4.7025=2.34(\text{m/s})$

平均水深　　　　$\overline{h}=A/B=4.7025/10.9=0.43(\mathrm{m})$

由式（8－33）可得

$$Fr=\frac{v}{\sqrt{g\overline{h}}}=\frac{2.34}{\sqrt{9.8\times0.43}}=1.14>1$$

均匀流流态为急流，所以底坡为陡坡。

第四节　明渠恒定渐变流的基本方程

一、能量方程

明渠恒定渐变流仍然符合恒定总流的能量方程式（5－14），如果断面的代表点选在水面上，则明渠恒定渐变流的能量方程为

$$z_1+\frac{\alpha_1 v_1^2}{2g}=z_2+\frac{\alpha_2 v_2^2}{2g}+h_{w1-2} \tag{8-48}$$

对于如图 8－15 所示的明渠水流来说，水位与水深的关系为

$$z=z_b+h\cos\theta \tag{8-49}$$

将式（8－49）代入式（8－48），或者断面的代表点选在渠底，则明渠恒定渐变流的能量方程为

$$z_{b1}+h_1\cos\theta+\frac{\alpha_1 v_1^2}{2g}=z_{b2}+h_2\cos\theta+\frac{\alpha_2 v_2^2}{2g}+h_{w1-2} \tag{8-50}$$

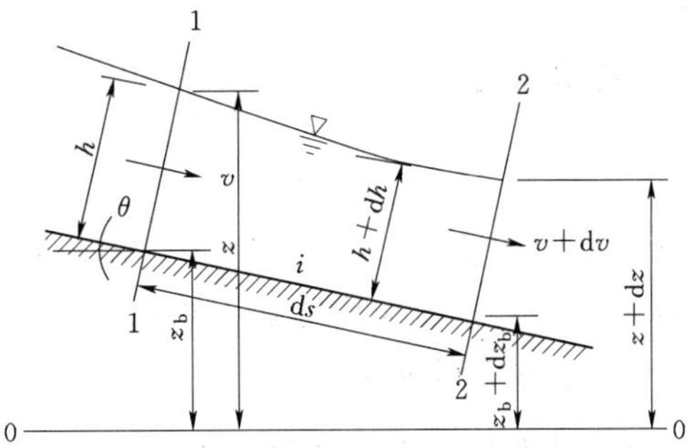

图 8－15　明渠水流

可以看出，能量方程式（8－48）和式（8－50）是等价的，天然河道常用方程式（8－48），人工渠道常用方程式（8－50）。

二、断面比能沿程变化的微分方程

将断面比能与总能量（总水头）之间的关系式（8－36）对 s 求导可得断面比能沿程变化的微分方程：

$$\frac{\mathrm{d}E_s}{\mathrm{d}s}=\frac{\mathrm{d}E}{\mathrm{d}s}-\frac{\mathrm{d}z_b}{\mathrm{d}s} \tag{8-51}$$

即

$$\frac{\mathrm{d}E_s}{\mathrm{d}s}=i-J \tag{8-52}$$

式（8－52）可以反映水流的均匀程度，当水流为均匀流时，$i=J$，$\mathrm{d}E_s/\mathrm{d}s=0$，$E_s$ 沿程不变；当水流为非均匀流时，$i\neq J$，i 和 J 的差值越大，水流越不均匀。当 $i>J$ 时 E_s 沿程增加，$i<J$ 时 E_s 沿程减少。说明断面比能 E_s 可以沿程增加，也可以沿程减小，而不像总能量 E 那样只能沿程减小。

三、水深沿程变化的微分方程

将断面总能量（总水头）表达式（8－34）对 s 求导可得水深沿程变化的微分方程：

$$\frac{\mathrm{d}E}{\mathrm{d}s}=\frac{\mathrm{d}z_b}{\mathrm{d}s}+\frac{\mathrm{d}h\cos\theta}{\mathrm{d}s}+\frac{\mathrm{d}}{\mathrm{d}s}\left(\frac{\alpha v^2}{2g}\right) \tag{8-53}$$

式中

$$\frac{\mathrm{d}}{\mathrm{d}s}\left(\frac{\alpha v^2}{2g}\right)=\frac{\mathrm{d}}{\mathrm{d}s}\left(\frac{\alpha Q^2}{2gA^2}\right)=-\frac{\alpha Q^2}{gA^3}\frac{\mathrm{d}A}{\mathrm{d}s} \tag{8-54}$$

$$\frac{\mathrm{d}A}{\mathrm{d}s}=\left.\frac{\partial A}{\partial s}\right|_{h=c}+\frac{\mathrm{d}A}{\mathrm{d}h}\frac{\mathrm{d}h}{\mathrm{d}s}=\left.\frac{\partial A}{\partial s}\right|_{h=c}+B\frac{\mathrm{d}h}{\mathrm{d}s} \tag{8-55}$$

代入式（8-53）整理可得

$$\frac{\mathrm{d}h}{\mathrm{d}s}=\frac{i-J+\frac{\alpha Q^2}{gA^3}\left.\frac{\partial A}{\partial s}\right|_{h=c}}{(1-Fr^2)\cos\theta} \tag{8-56}$$

对于棱柱体渠道：$\left.\frac{\partial A}{\partial s}\right|_{h=c}=0$，则

$$\frac{\mathrm{d}h}{\mathrm{d}s}=\frac{i-J}{(1-Fr^2)\cos\theta} \tag{8-57}$$

对于小底坡渠道，$\cos\theta\approx1$，则

$$\frac{\mathrm{d}h}{\mathrm{d}s}=\frac{i-J}{1-Fr^2} \tag{8-58}$$

式（8-57）和式（8-58）的分子反映水流的均匀程度，分母反映水流的急缓程度。当 $\mathrm{d}h/\mathrm{d}s=0$ 时，水流为均匀流，水深沿程不变；当 $\mathrm{d}h/\mathrm{d}s>0$ 时，水深沿程增加；当 $\mathrm{d}h/\mathrm{d}s<0$ 时，水深沿程减少。

四、水位沿程变化的微分方程

将断面单位能量（总水头）表达式（8-34）对 s 求导可得水位沿程变化的微分方程为

$$\frac{\mathrm{d}E}{\mathrm{d}s}=\frac{\mathrm{d}z}{\mathrm{d}s}+\frac{\mathrm{d}}{\mathrm{d}s}\left(\frac{\alpha v^2}{2g}\right) \tag{8-59}$$

式中

$$\frac{\mathrm{d}}{\mathrm{d}s}\left(\frac{\alpha v^2}{2g}\right)=-\frac{\alpha Q^2}{gA^3}\frac{\mathrm{d}A}{\mathrm{d}s}=-\frac{\alpha Q^2}{gA^3}\left(\left.\frac{\partial A}{\partial s}\right|_{z=c}+B\frac{\mathrm{d}z}{\mathrm{d}s}\right) \tag{8-60}$$

代入式（8-59）可得

$$-J=\frac{\mathrm{d}z}{\mathrm{d}s}-\frac{\alpha Q^2}{gA^3}\left(\left.\frac{\partial A}{\partial s}\right|_{z=c}+B\frac{\mathrm{d}z}{\mathrm{d}s}\right) \tag{8-61}$$

整理可得

$$\frac{\mathrm{d}z}{\mathrm{d}s}=\frac{\frac{\alpha Q^2}{gA^3}\left.\frac{\partial A}{\partial s}\right|_{z=c}-J}{1-\frac{\alpha Q^2B}{gA^3}} \tag{8-62}$$

对于棱柱体渠道　　$\left.\frac{\partial A}{\partial s}\right|_{z=c}=iB$

代入式（8-62）整理可得，水位沿程变化的微分方程为

$$\frac{dz}{ds}=\frac{Fr^2 i-J}{(1-Fr^2)\cos\theta} \tag{8-63}$$

对于小底坡渠道，$\cos\theta\approx 1$

$$\frac{dz}{ds}=\frac{Fr^2 i-J}{1-Fr^2} \tag{8-64}$$

式（8－63）和式（8－64）也可以由水深沿程变化的微分方程式（8－57）和式（8－58）得到，因为$\frac{dz}{ds}=\frac{dh}{ds}-i$。可以看出，水位沿程增加或减少与水深沿程的增加或减少不是完全一致的。

以上各种形式的明渠恒定渐变流基本方程都是等价的，只是不同情况采用不同形式的方程相对方便一些。例如，对于天然河道水流的分析计算常用水位表示的方程，而对于人工渠道水面线计算常采用断面比能表示的微分方程，对于人工渠道水面线定性分析常用水深表示的微分方程。

第五节　明渠恒定急变流

明渠恒定急变流是水流在较短的流程内速度大小或方向发生急剧变化，水流结构复杂，局部水头损失较大。急变流的流线夹角较大或弯曲程度较大，过水断面上的压强分布不再满足静水压强分布规律。本节主要介绍水跌、水跃和弯道水流的现象和基本规律，堰流、闸孔出流等急变流问题将在下一章介绍。

一、水跌

明渠水流由缓流过渡到急流时，水面在较短距离内急剧降落的局部水流现象称为水跌。水跌一般发生在明渠底坡从缓坡突然变为陡坡或者变为跌坎的地方，如图 8－16 所示。

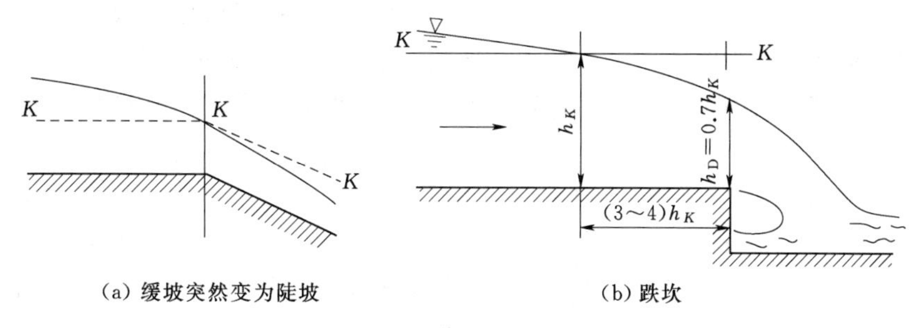

图 8－16　水跌现象示意图

根据实验观察，水跌的水面沿程急剧降落，水深从大于临界水深急剧减小，在跌坎断面上游 $(3\sim4)h_K$ 处达到临界水深，然后继续降落，在跌坎断面处的水深 h_D 约为 $0.7h_K$，见图 8－16（b）。

二、水跃

（一）水跃现象及基本概念

明渠水流从急流过渡到缓流时水面突然跃起的局部水流现象称为水跃。水跃一般出现在堰、闸下泄的急流与下游的缓流相衔接的渠段，或者明渠底坡从陡坡突然变为缓坡的地方（图 8－17）。

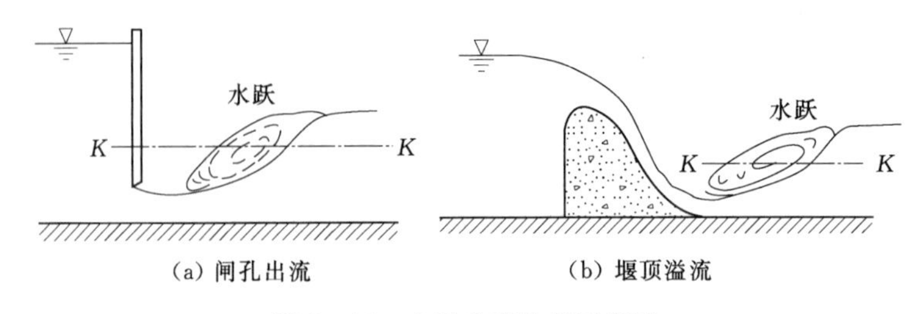

图 8－17　水跃出现位置示意图

根据实验观察，典型的水跃流动会形成表面漩滚区和底部主流区（图 8－18）。在表面漩滚区中充满着剧烈翻滚的旋涡，并掺入大量气泡；在底部主流区中流速很大，主流接近渠底，受下游缓流的阻遏，在短距离内水深迅速增加，水流扩散，流态从急流转变为缓流。

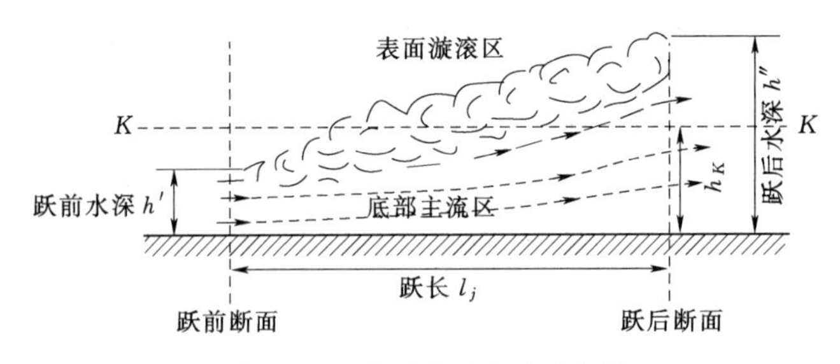

图 8－18　典型水跃流动示意图

水面开始上升，表面开始漩滚的断面称为跃前断面，其断面水深称为跃前水深 h'；水面停止上升，表面漩滚结束的断面称为跃后断面，其断面水深称为跃后水深 h''。跃后水深与跃前水深之差称为跃高，跃前断面和跃后断面之间的距离称为水跃长度 l_j。

水跃的类型可以按照跃前断面佛汝德数 Fr_1 的大小来划分。跃前断面的佛汝德数 $Fr_1>1.7$ 时，称为完全水跃。完全水跃分为：跃高小、下游水面较平静的弱水跃（$1.7<Fr_1\leqslant 2.5$）；水面产生较大波浪的颤动水跃（$2.5<Fr_1\leqslant 4.5$）；水流处于稳定均衡状态的稳定水跃（$4.5<Fr_1\leqslant 9$）；流态汹涌、下游有波浪的强水跃（$Fr_1>9.0$）。

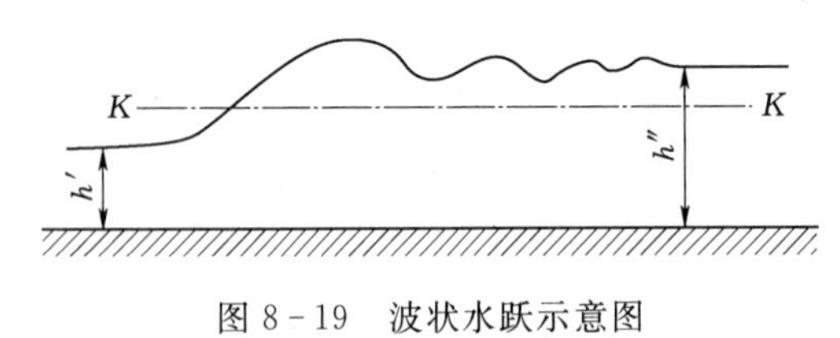

图 8－19　波状水跃示意图

当 $1<Fr_1<1.7$ 时，水跃表面没有表面漩滚区，而是形成一系列起伏不平的波浪，称为波状水跃（图 8－19）。水利工程中经常需要利用完全水跃来消能防冲，而要避免波状水跃。下面主要介绍完全水跃的计算。

（二）水跃的基本方程

水跃的基本方程可以从恒定总流的动量方程推导出来。图 8－20 是一个平底棱柱形渠道中的完全水跃，跃前断面 1－1 和跃后断面 2－2 的断面平均流速分别为 v_1 和 v_2，在流

动方向上的动量方程式为

$$\rho Q(\beta_2 v_2-\beta_1 v_1)=P_1-P_2-F_f \tag{8-65}$$

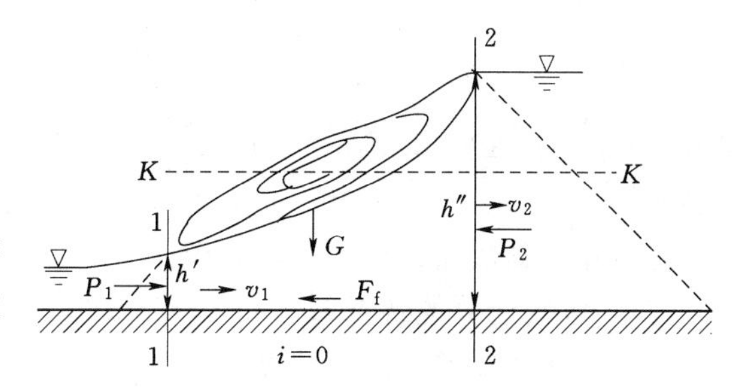

图 8-20　平底棱柱形渠道中的完全水跃

为了得到水跃方程，做如下三个假定：

(1) 假定跃前断面和跃后断面压强符合静水压强分布规律，即 $P=\gamma y_c A$，其中 y_c 为过水断面的形心在水面下的深度；

(2) 由于水跃长度较短，摩擦阻力 F_f 可以忽略；

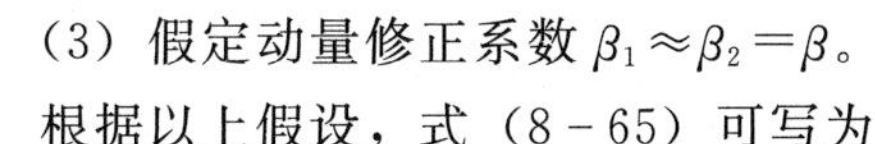

(3) 假定动量修正系数 $\beta_1\approx\beta_2=\beta$。

根据以上假设，式 (8-65) 可写为

$$\beta\rho Qv_1+\gamma y_{c1}A_1=\beta\rho Qv_2+\gamma y_{c2}A_2 \tag{8-66}$$

式 (8-66) 的物理意义为：单位时间内流入跃前断面的动量（相当于一个力）与该断面上的动水总压力之和等于单位时间内流出跃后断面的动量与该断面上的动水总压力之和。

将连续性方程代入式 (8-66)，并整理移项可得平底棱柱形明渠中水跃的基本方程：

$$\frac{\beta Q^2}{gA_1}+y_{c1}A_1=\frac{\beta Q^2}{gA_2}+y_{c2}A_2 \tag{8-67}$$

如果令

$$J(h)=\frac{\beta Q^2}{gA}+y_c A \tag{8-68}$$

式 (8-68) 为水跃函数，则水跃方程可以表述为跃前断面的水跃函数等于跃后断面的水跃函数，即

$$J(h')=J(h'') \tag{8-69}$$

当流量、断面形状尺寸一定时，水跃方程反映了跃前水深与跃后水深之间的共轭关系。若已知跃前水深，可以求出跃后水深；若已知跃后水深，可以求出跃前水深。但是，由于水深隐含在方程之中，一般断面（如梯形）都需要试算求解。梯形断面渠道水面宽度随水深而增大，水跃在跃起过程中容易在两侧形成绕垂直轴的漩滚，影响水跃的稳定性。因此，在工程中一般将发生水跃的渠段设计成矩形断面。下面仅介绍矩形断面渠道中水跃方程的计算。

(三) 矩形断面水跃方程的求解

对于平底矩形断面明渠，$y_c=h/2$，$A=bh$，单宽流量 $q=Q/b$，代入水跃方程可得

$$\frac{\beta q^2}{gh'}+\frac{1}{2}h'^2=\frac{\beta q^2}{gh''}+\frac{1}{2}h''^2 \tag{8-70}$$

整理得

$$h'h''(h'+h'')=\frac{2\beta q^2}{g} \tag{8-71}$$

已知 h' 或 h''，可直接按下式求出 h'' 或 h'：

$$h''=\frac{1}{2}h'(\sqrt{1+8Fr_1^2}-1) \tag{8-72}$$

$$h'=\frac{1}{2}h''(\sqrt{1+8Fr_2^2}-1) \tag{8-73}$$

式中 $Fr_1=\sqrt{q^2/gh'^3}$，$Fr_2=\sqrt{q^2/gh''^3}$，分别为跃前断面和跃后断面的佛汝德数。图 8-21 为 h''/h' 与 Fr_1 的关系图，根据实验成果检测，在 $1.7<Fr_1<9$ 范围内，计算结果（实线）与实验观测数据（点）基本吻合。

（四）水跃函数的特点

给定流量和渠道断面形状及尺寸后，水跃函数随水深变化的关系曲线如图 8-22 所示，其特性为：①当 $h\to 0$ 时，$J(h)\to\infty$；②当 $h\to\infty$时，$J(h)\to\infty$；③水跃函数有最小值 $J_{\min}$。

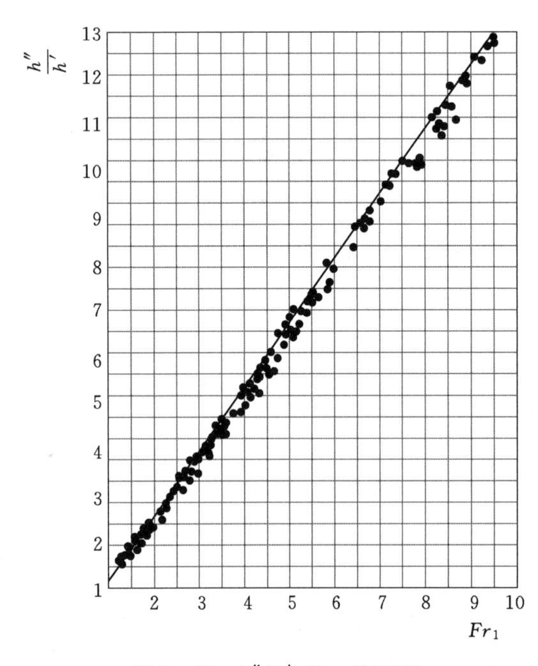

图 8-21　h''/h'-Fr_1 关系图

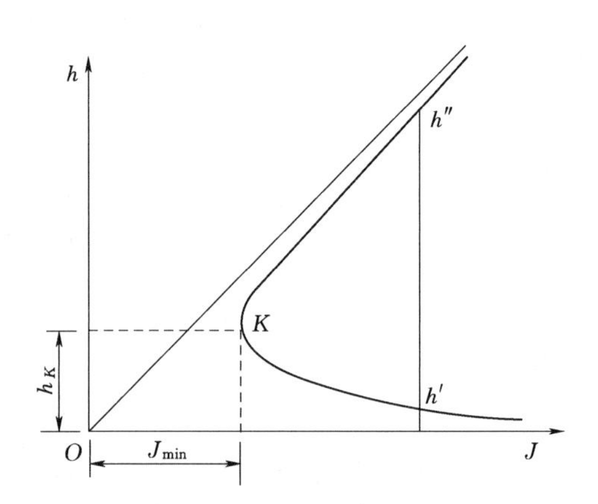

图 8-22　水跃函数随水深变化关系曲线

可以证明水跃函数的极值（最小值）条件为临界流条件：如果水流为缓流，$Fr<1$，水跃函数随水深的增加而增加，对应于水跃函数曲线的上支；如果水流为急流，$Fr>1$，水跃函数随水深的增加而减少，对应于水跃函数曲线的下支；如果水流为临界流，$Fr=1$，水跃函数为最小值，对应的水深为临界水深。从图 8-22 中可以看出，同一水跃函数对应两个水深，一个是流态为急流的跃前水深，一个是流态为缓流的跃后水深。跃前水深越小，对应的跃后水深越大。

拓展思考： 如果断面的形状及尺寸一定，流量增大后，水跃函数曲线将如何变化。

（五）水跃的能量损失

水跃表面漩滚掺气，底部急剧扩散，紊动和掺混作用十分强烈，内部强烈的摩擦和掺混作用会消耗大量的机械能。工程中经常利用水跃来消除泄水建筑物下泄水流中的巨大动能。

跃前断面和跃后断面的总水头之差即为水跃段的水头损失。对于矩形断面平坡渠道，

以渠底为基准，则跃前断面和跃后断面的总水头分别为

$$E_1=h'+\frac{q^2}{2gh'^2} \tag{8-74}$$

$$E_2=h''+\frac{q^2}{2gh''^2} \tag{8-75}$$

水跃段的水头损失为

$$\Delta E_j=E_1-E_2=h'-h''+\frac{q^2}{2g}\left(\frac{1}{h'^2}-\frac{1}{h''^2}\right) \tag{8-76}$$

水跃的相对消能率为

$$\frac{\Delta E_j}{E_1}=1-\frac{h''+\dfrac{q^2}{2gh''^2}}{h'+\dfrac{q^2}{2gh'^2}}=\frac{(\sqrt{1+8Fr_1^2}-3)^3}{8(\sqrt{1+8Fr_1^2}-1)(2+Fr_1^2)} \tag{8-77}$$

从式（8-77）可以看出，水跃的消能率与跃前断面的佛汝德数 Fr_1 有关，其关系如图 8-23。佛汝德数 Fr_1 越大，消能效率就越高。$Fr_1=9$ 时，消能率可达 70%，$Fr_1>9$ 时，消能率更高，但这时下游波浪较大。$Fr_1=4.5\sim9$ 时，水跃比较平稳，消能效果比较理想；$Fr_1<4.5$ 时，消能效果较差，其中波状水跃无漩滚存在，消能效果更差，且波动范围较大，设计时应当避免波状水跃的发生。

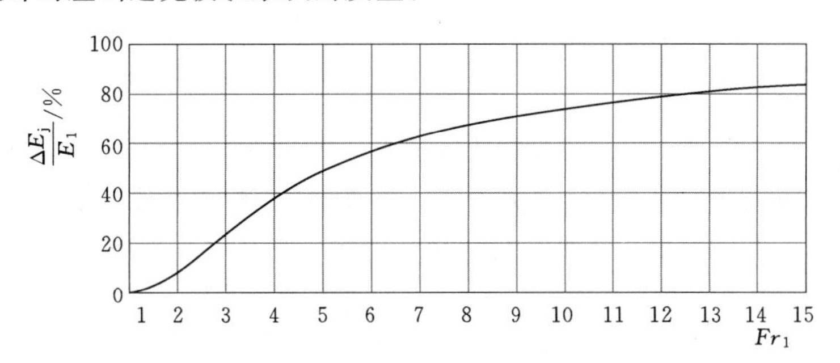

图 8-23　水跃消能率与跃前断面佛汝德数关系曲线

（六）水跃的长度

关于水跃长度的确定，目前还没有可以应用的理论分析公式，下面介绍几个常用的平底矩形断面明渠水跃长度计算的经验公式：

（1）美国垦务局公式：

$$l_j=6.1h'' \tag{8-78}$$

该公式适用范围为：$4.5<Fr_1<10$。

（2）厄里瓦托斯基公式：

$$l_j=6.9(h''-h') \tag{8-79}$$

（3）成都科技大学公式：

$$l_j=10.8h'(Fr_1-1)^{0.93} \tag{8-80}$$

式（8-80）是根据宽度为 0.3～1.5m 的水渠上 $Fr_1=1.72\sim19.55$ 的实验资料总结而来的。

（4）陈椿庭公式：

$$l_j = 9.4h'(Fr_1 - 1) \quad (8-81)$$

不同公式的计算结果会有一定差异，设计计算时可以根据 Fr_1 值的大小，比较不同公式结果再适当选取。

【例 8-5】 某泄水建筑物单宽泄流量 $q=15.0\text{m}^2/\text{s}$，在下游矩形断面渠道中发生水跃，已知跃前水深 $h'=0.80\text{m}$：①求其跃后水深 h''；②计算水跃长度 l_j；③计算水跃段单位宽度上的消能功率和水跃消能效率。

解：(1) 跃前断面佛汝德数：$Fr_1=\sqrt{q^2/gh'^3}=6.696$

跃后水深：
$$h''=\frac{1}{2}h'(\sqrt{1+8Fr_1^2}-1)=7.19(\text{m})$$

(2) 采用各家公式 (8-78)～式 (8-81) 分别计算得：

$$l_j=6.1h''=43.86(\text{m}), l_j=6.9(h''-h')=44.09(\text{m})$$

$$l_j=10.8h'(Fr_1-1)^{0.93}=43.57(\text{m}), l_j=9.4h'(Fr_1-1)=42.83(\text{m})$$

不同公式求出的结果彼此相差小于 3%。

(3) 水跃水头损失：$\Delta E_j=E_1-E_2=h'-h''+\dfrac{q^2}{2g}\left(\dfrac{1}{h'^2}-\dfrac{1}{h''^2}\right)=11.32(\text{m})$

消能效率：
$$\Delta E_j/E_1=\Delta E_j/\left(h'+\frac{q^2}{2gh'^2}\right)=60.4\%$$

单位宽度上的消能功率为：$\Delta N_j=\gamma q\Delta E_j=9800\times15\times11.32=1664(\text{kW/m})$

三、弯道水流☆

由于各种原因，明渠中常常需要设计弯道段，平原河流在水流与河床的相互作用下，也常常形成弯曲河段。在弯道中，水流受到的横向离心惯性力与速度平方成比例，而速度沿垂向上层较大，下层较小，因此惯性力和压力的合力在上层指向凹侧，在下层指向凸侧，这就形成表层水流向凹岸、底层水流向凸岸的横向环流及凹岸高凸岸低的横向水面坡度，横向环流与纵向主流结合在一起就形成了螺旋状前进的弯道水流（图 8-24）。

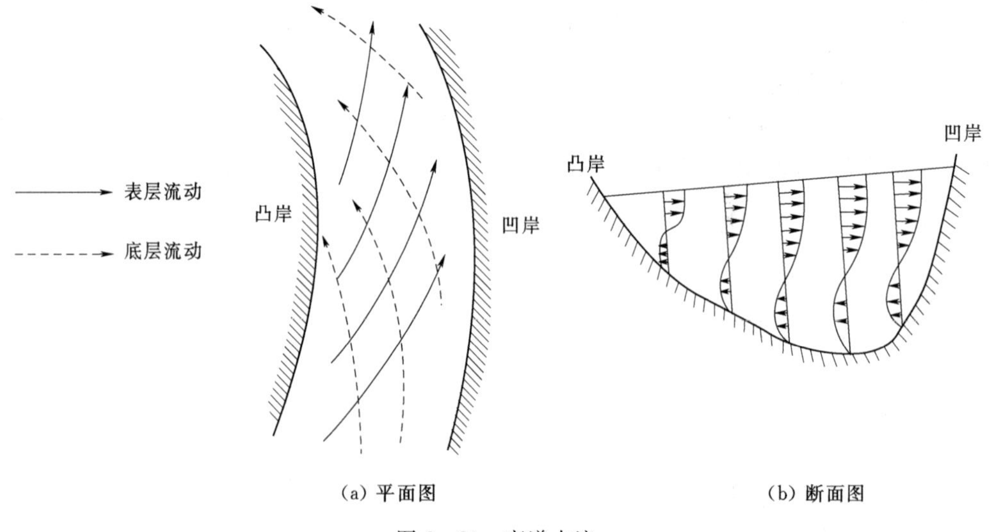

(a) 平面图　　(b) 断面图

图 8-24　弯道水流

由于弯道横向环流的存在，河床中泥沙运动的规律一般是凹冲凸淤，使得弯道有进一步发展的趋势。在河岸建设引水工程时，取水口位置一般应设在凹岸弯道顶部的下游处以避免泥沙的淤积，同时可以引入含沙量较低的清水。都江堰水利工程正是利用弯道环流和飞沙堰溢洪道而达到自动分流分沙引水灌溉的目的。

第六节　明渠恒定渐变流水面曲线的定性分析

明渠恒定渐变流水面线的定性分析是根据明渠流的基本理论分析水面线的变化趋势和变化范围。水面曲线变化规律的定性分析是渠道设计和定量计算的基础。

一、水面曲线的类型

水面曲线定性分析的依据是水深沿程变化的微分方程式（8-58）。在分析水面曲线的变化规律之前首先对水面曲线进行分类，不同类型的水面曲线具有不同的特点。

水面曲线可以分为两大类：当水深沿程增加，$\mathrm{d}h/\mathrm{d}s>0$ 时的水面曲线称为壅水曲线；当水深沿程减小，$\mathrm{d}h/\mathrm{d}s<0$ 时的水面曲线称为降水曲线。从基本微分方程式（8-58）可以看出，分母项 $1-Fr^2$ 反映了水流流态的急缓程度，所以水面曲线的特征或 $\mathrm{d}h/\mathrm{d}s$ 的正负与流态和临界水深有关：

$$1-Fr^2\begin{cases}<0, & h<h_K\text{（急流）}\\>0, & h>h_K\text{（缓流）}\end{cases} \tag{8-82}$$

分子项 $i-J$ 反映了水流的不均匀程度，与底坡和水力坡度的相对大小有关。对于顺坡渠道有

$$i=Q^2/K_0^2 \tag{8-83}$$

$$J=Q^2/A^2C^2R=Q^2/K^2 \tag{8-84}$$

对于一般渠道（除了类似圆形断面接近满管时），流量模数 K 随水深增大而增大，因此有

$$i-J\begin{cases}>0, & h>h_0 \quad (K>K_0)\\<0, & h<h_0 \quad (K<K_0)\end{cases} \tag{8-85}$$

对于平坡和逆坡渠道，正常水深可以看作无穷大，所以 $h<h_0$，$i-J<0$。

从上面分析可知，水面线的变化趋势不仅和底坡的大小有关，也和水深 h 与 h_K、h_0 的相对大小有关。因此，可以按底坡把水面曲线分为 5 种：缓坡水面曲线，用符号 M 表示；陡坡水面曲线，用符号 S 表示；临界坡水面曲线，用符号 C 表示；平坡水面曲线，用符号 H 表示；逆坡水面曲线，用符号 A 表示。还可以按水深 h 与 h_K、h_0 的相对大小将水面线所处的范围分为以下三个区域：

第 1 区：$h>h_K$、$h>h_0$，水面线位于正常水深线（$N-N$ 线）和临界水深线（$K-K$ 线）之上（图 8-25），由于 $i-J>0$、$1-Fr^2<0$，$\dfrac{\mathrm{d}h}{\mathrm{d}s}=\dfrac{(+)}{(+)}>0$，因此，第 1 区的水面曲线均为壅水曲线，该区水面曲线用下标 1 表示，水面线类型符号为 M_1、C_1、S_1。

第 2 区：水深介于 h_0 与 h_K 之间，水面线位于 $N-N$ 线和 $K-K$ 线之间。当 $h_0>h$

$>h_K$ 时［图 8-25（a）］，由于 $i-J<0$，$1-Fr^2>0$，$\dfrac{\mathrm{d}h}{\mathrm{d}s}=\dfrac{(-)}{(+)}<0$，因此水面曲线为降水曲线。当 $h_K>h>h_0$ 时［图 8-25（b）］，由于 $i-J>0$，$1-Fr^2<0$，$\dfrac{\mathrm{d}h}{\mathrm{d}s}=\dfrac{(+)}{(-)}<0$，因此水面曲线也为降水曲线。第 2 区水面曲线用下标 2 表示，类型符号为 S_2、M_2、H_2、A_2。

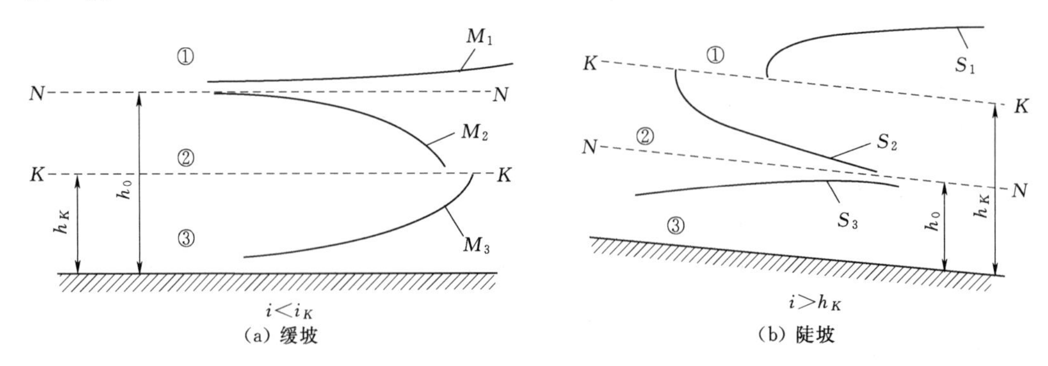

（a）缓坡　（b）陡坡

图 8-25　水面曲线的类型名称及水深变化范围

第 3 区：$h<h_K$，$h<h_0$，水面线位于 $N-N$ 线和 $K-K$ 线之下（图 8-25）。由于 $i-J<0$，$1-Fr^2<0$，$\dfrac{\mathrm{d}h}{\mathrm{d}s}=\dfrac{(-)}{(-)}>0$，因此第 3 区的水面曲线均为壅水曲线。该区水面曲线用下标 3 表示，类型符号为 M_3、C_3、S_3、H_3、A_3。

由于临界坡渠道 $h_0=h_K$，$N-N$ 线与 $K-K$ 线重合，所以没有第 2 区；平坡和逆坡时可认为 h_0 为无穷大，$N-N$ 线在无穷远处，没有第 1 区，因此总共有 12 种类型的水面曲线。表 8-6 中为 12 种水面曲线的类型名称、水深范围、流态及特性。

表 8-6　　水面曲线的类型及特性

底坡		区域	水深范围	水面曲线名称	流态	基本特性		
						$\mathrm{d}h/\mathrm{d}s$	向上游趋向	向下游趋向
顺坡	缓坡 $0<i<i_K$	1	$h>h_0>h_K$	M_1	缓流	>0 壅水	正常水深	水平或某一水深
		2	$h_0>h>h_K$	M_2		<0 降水	正常水深	水跌或某一水深
		3	$h_0>h_K>h$	M_3	急流	>0 壅水	某一控制水深	跃前水深或某一水深
	陡坡 $i>i_K$	1	$h>h_K>h_0$	S_1	缓流	>0 壅水	跃后水深或某一水深	水平或某一水深
		2	$h_K>h>h_0$	S_2	急流	<0 降水	水跌或某一水深	正常水深
		3	$h_K>h_0>h$	S_3		>0 壅水	某一控制水深	正常水深
	临界坡 $i=i_K$	1	$h>h_K=h_0$	C_1	缓流	>0 壅水	正常水深	水平或某一水深
		3	$h<h_K=h_0$	C_3	急流	>0 壅水	某一控制水深	正常水深
平坡	$i=0$	2	$h>h_K$	H_2	缓流	<0 降水	水平或某一水深	水跌或某一水深
		3	$h<h_K$	H_3	急流	>0 壅水	某一控制水深	跃前水深或某一水深
逆坡	$i<0$	2	$h>h_K$	A_2	缓流	<0 降水	水平或某一水深	水跌或某一水深
		3	$h<h_K$	A_3	急流	>0 壅水	某一控制水深	跃前水深或某一水深

二、水面曲线变化特征

水面曲线变化特征与水深变化趋势有关，下面分四种情况讨论。

(1) 当水深 $h \to \infty$ 时，$A \to \infty$，$v \to 0$，$J \to 0$，$Fr \to 0$，$\lim\limits_{h \to \infty} \dfrac{\mathrm{d}h}{\mathrm{d}s} = i$，水面将变得近似水平，水流趋近于静止状态。这种情况一般出现在 M_1、C_1、S_1 曲线下游或 H_2、A_2 曲线上游，但实际中渠道长度有限，水深 h 不会趋于∞，而是趋于某一水深。

(2) 当水面线接近正常水深时，$h \to h_0$，$i - J \to 0$，$\lim\limits_{h \to h_0} \dfrac{\mathrm{d}h}{\mathrm{d}s} = 0$，水面曲线以 $N-N$ 线为渐近线，此时水流趋近于均匀流状态。例如 M_1、M_2 型曲线（往上游方向）和 S_2、S_3 型曲线（往下游方向），若渠道足够长，水深将达到正常水深。

(3) 当水深接近临界水深时，有 $h \to h_K$，$1 - Fr^2 \to 0$，$\lim\limits_{h \to h_K} \dfrac{\mathrm{d}h}{\mathrm{d}s} = \pm\infty$，这意味着水面线与 $K-K$ 线垂直相交，如图 8-25 所示。当 $\mathrm{d}h/\mathrm{d}s \to +\infty$时，水面急剧跃起形成水跃，流态从急流过渡到缓流，例如 M_3、S_1、H_3、A_3 曲线。当 $\mathrm{d}h/\mathrm{d}s \to -\infty$时，水面急剧下跌形成水跌，流态从缓流过渡到急流。实际上此时流动已成急变流，不再符合渐变流理论，在水面线绘制时，可以近似认为临界水深正好在渠道交界面或跌坎出口断面，例如 M_2、H_2、A_2 曲线。

(4) 当 $h \to h_0 = h_K$ 时，$i - J \to 0$，$1 - Fr^2 \to 0$，这时 $\mathrm{d}h/\mathrm{d}s$ 既不趋于 0，也不趋于无穷大，而是趋于某个非零常数，例如 C_1、C_3 型曲线。在实验中可以看到临界水深附近存在一定的水面波动，这说明在临界流状态下水流有一定的不稳定性。

根据以上分析可以得出结论：①发生在第 1 区的水面线均为壅水曲线，流态均为缓流，佛汝德数小于 1，且沿程减小。②发生在第 3 区的水面线均为壅水曲线，流态均为急流，佛汝德数大于 1，且沿程减小。③发生在第 2 区的水面线均为降水曲线，佛汝德数沿程沿程增大。M_2、H_2、A_2 型曲线为缓流，S_2 型曲线为急流。④从急流过渡到缓流时将发生水跃，从缓流过渡到急流发生水跌（临界水深位于转折断面上）。⑤长直顺坡渠道上，水面线在远离干扰处将逐渐趋于均匀流正常水深（$N-N$ 线）。

三、水面曲线绘制方法步骤

根据前面的分析和水面线特性，可按如下步骤绘制水面线。

(1) 根据已知的流量 Q、糙率 n、底坡 i 和断面形状尺寸等条件，确定渠道底坡类型（缓坡、陡坡、临界坡、平坡或逆坡）及各段渠道的临界水深 h_K、正常水深 h_0 的相对大小，画出各渠道 $K-K$ 线和 $N-N$ 线的相对位置。大底坡情况时，临界水深随坡度和流量的增大而增大，小底坡情况时，临界水深不随底坡变化。均匀流水深一般随流量的增大而增大，随糙率的增大而增大，随底坡的增大而减小，随宽度的增大而减小。

(2) 确定控制断面和控制水深。控制断面是渠道中可以根据外界条件确定水深大小的断面，它是分析绘制水面曲线的起点。控制断面一般在渠道进出口、建筑物上下游、渠道交界面处。长直的顺坡渠道在远离干扰处水深为正常水深。

(3) 缓流的控制断面一般位于渠道下游，水面线一般从下游控制断面开始向上游绘制；急流的控制断面一般位于渠道上游，水面线一般从上游控制断面开始向下游绘制。

（4）从急流过渡到缓流会发生水跃，水跃位置根据具体情况确定；缓流过渡到急流会发生水跌，近似认为临界流发生在转折断面处。在较长的临界坡渠道中，水面线一般是从急流 C_3 型曲线壅水到 $N-N$ 线，出现一段均匀流后从均匀流壅水到缓流 C_1 型曲线。在临界坡渠道较短时，没有均匀流段，水流从急流到缓流经过 $K-K$ 线会波动。

（5）根据水面曲线变化特征与水深变化趋势检验水面曲线是否正确，是否还有其他可能发生的水面线衔接情况，最后标出曲线类型符号。

四、水面曲线绘制实例

【例 8-6】 一长直缓坡渠道下游接一长直陡坡渠道，分析其水面曲线类型。

解：（1）陡坡渠道 N_2-N_2 线在 $K-K$ 线之下，缓坡渠道 N_1-N_1 线在 $K-K$ 之上。

（2）水面线在上游远处趋于 N_1-N_1 线，在下游远处趋于 N_2-N_2 线。

（3）从缓坡的均匀缓流到陡坡的均匀急流经过 $K-K$ 线会发生水跌，水面曲线位置可以绘出如图 8-26 中的三种情况，但第一种情况在下游渠道第 1 区出现降水曲线，这不符合水面线变化规律，所以不可能发生；第二种情况在上游渠道第 3 区出现降水曲线，这也不符合水面线变化规律，所以也不可能发生；第三种情况在上游渠道形成 M_2 型降水曲线，下游渠道形成 S_2 型降水曲线，符合水面线变化规律。控制断面在上、下游渠道交界处，控制水深为 h_K，缓流水面曲线 M_2 向上游渐近绘制到均匀流 N_1-N_1 线，急流水面曲线 S_2 向下游逐渐绘制到均匀流 N_2-N_2 线。

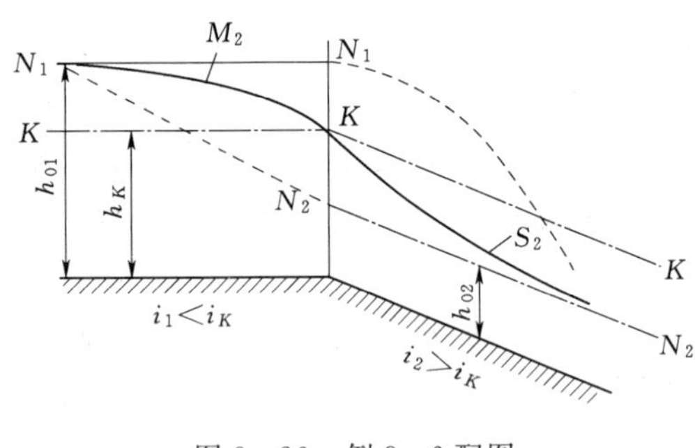

图 8-26　例 8-6 配图

上游为平坡、逆坡或水库的情况与上述情况类似，读者可自行分析绘制。

【例 8-7】 如图 8-27 所示，一足够长的缓坡渠道下游接一水库，请分析当水库水位处于不同位置时，渠道中的水面曲线可能出现哪几种类型？

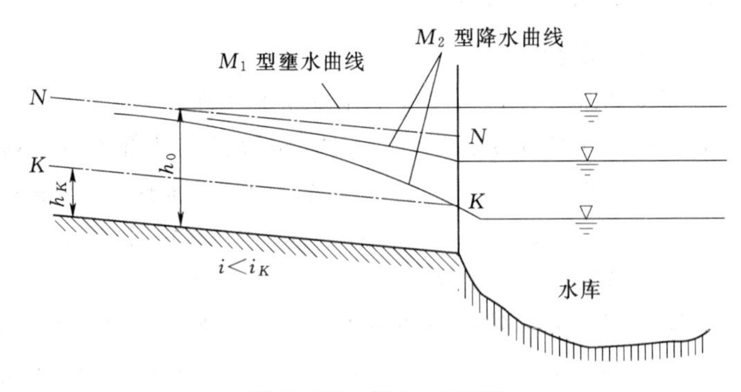

图 8-27　例 8-7 配图

解：（1）缓坡渠道 $N-N$ 线在 $K-K$ 线之上。

（2）水面线在上游远处趋于 $N-N$ 线，控制断面在下游渠道出口断面，控制水深 h_D 取决于水库水位。

（3）第一种情况是当库水位高于 $N-N$ 线时，控制水深 $h_D>h_0$，水面线位于第一区，类型为 M_1 型壅水曲线；第二种情况是当库水位位于 $N-N$ 线与 $K-K$ 线之间时，$h_K\leqslant h_D<h_0$，水面线位于第 2 区，类型为 M_2 型降水曲线；第三种情况是当库水位位于 $K-K$ 线以下时，控制水深 $h_D=h_K$，水面线位于第 2 区，类型为 M_2 型降水曲线。

如果缓坡渠道下游接一个较小的缓坡渠道，则缓坡渠道水面线为第一种情况；如果缓坡渠道下游接一个较大的缓坡渠道，则缓坡渠道水面线为第二种情况；如果缓坡渠道下游接一个陡坡渠道、临界坡渠道或跌坎，则缓坡渠道水面线为第三种情况；如果缓坡渠道下游接一个平坡或逆渠道，则缓坡渠道水面线为第一种情况或第二种情况，平坡或逆坡渠道水面线为 H_2 或 A_2。读者可以自行分析绘制。

【例 8-8】 如图 8-28 所示，分析水流从长直的陡坡渠道变为长直的缓坡渠道可能发生哪几种水面曲线。

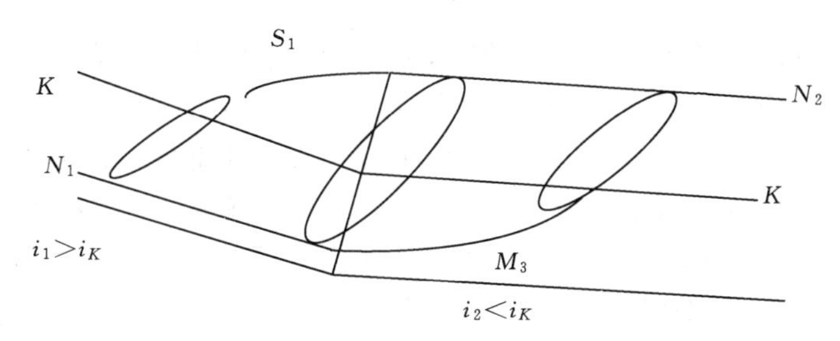

图 8-28　例 8-8 配图

解：（1）陡坡渠道 N_1-N_1 在 $K-K$ 线之下，缓坡渠道 N_2-N_2 线在 $K-K$ 之上。

（2）水面线在上游远处趋于 N_1-N_1 线，在下游远处趋于 N_2-N_2 线。

（3）从陡坡的急流到缓坡的缓流经过 $K-K$ 线会发生水跃。水跃位置可能有三种情况：以上游渠道的正常水深 h_{01} 作为跃前水深，计算相应的跃后水深 h''_{01}，如果 h''_{01} 小于下游渠道的正常水深 h_{02}，这时水跃发生在上游渠道，然后形成 S_1 型壅水曲线；如果 h''_{01} 正好等于下游渠道的正常水深 h_{02}，这时水跃发生在上下游渠道交界处，没有渐变流水面曲线；如果 h''_{01} 大于下游渠道的正常水深 h_{02}，这时水跃被推向下游，下游渠道先形成 M_3 型壅水曲线，当水深壅高到下游渠道正常水深 h_{02} 对应的跃前水深时发生水跃。

陡坡下游为平坡或逆坡的情况与上述情况类似，读者可自行分析绘制。

【例 8-9】 一个由四段不同底坡的渠段组成的渠道（图 8-29），每一段均充分长，渠道首端为一闸孔出流，闸下收缩断面水深 $h_c<h_K$，渠道末端为一跌坎，试绘出其水面线。

解：（1）根据已知的底坡特性，画出各渠段的 $K-K$ 线和 $N-N$ 线。

（2）确定各渠段的控制断面和控制水深。

首先，三段顺坡渠道在渠段的中部均会形成均匀流。在缓坡末端跌坎处为水跌，控制水深为临界水深，缓坡渠道为 M_2 型降水曲线；临界坡与下游缓坡衔接段为缓流，控制断面在下游，控制水深为缓坡均匀流水深，临界坡渠道上形成 C_1 型壅水曲线；临界坡与上游陡坡衔接段为急流，控制断面在上游，控制水深为陡坡均匀流水深，临界坡渠道上形成 C_3 型壅水曲线；平坡与下游陡坡衔接段会发生水跌，控制断面在交界面处，陡坡段为 S_2

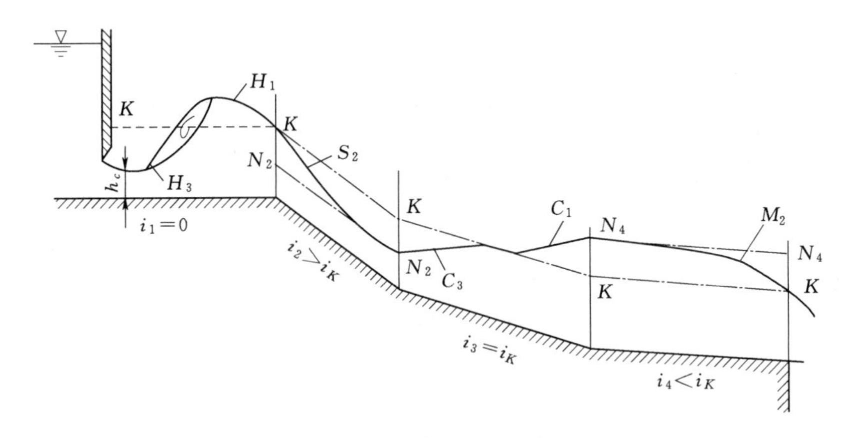

图 8-29　例 8-9 配图

型降水曲线逐渐降低到均匀流水深，平坡渠道上形成 H_2 型降水曲线；平坡段上游以闸孔出流收缩断面为控制断面，水流为急流，下游段为 H_2 型曲线，流态为缓流，水流从急流到缓流会发生水跃。一般情况下会在平坡段形成 H_3 型壅水曲线，再发生远离水跃与 H_2 型曲线衔接。根据水跃跃前水深和跃后水深的共轭关系，随着 H_2 型曲线水深的增大，水跃会向上游移动，当 H_2 型曲线水深对应的跃前水深 h' 等于收缩断面水深 h_c 时发生临界水跃；当跃前水深 h' 小于收缩断面水深 h_c 时发生淹没水跃。

拓展思考： 如果平坡段较短，可能会出现哪几种情况？请读者自行分析绘制。

五、水位沿程变化

水位沿程变化规律可由方程式（8-64）分析，但由于水位变化方程比水深变化方程的分子多了一个 Fr^2，因此，水位变化分析要比水深变化复杂一些。很容易证明，对于所有降水曲线（M_2、S_2、H_2 和 A_2 型），水位也是沿程降低的；对于平坡和逆坡壅水曲线（H_3 和 A_3 型），水位也是沿程增加的；但对于其他壅水曲线（M_3、M_1、S_3、S_1、C_3、和 C_1 型壅水曲线），水位是否沿程增大，请读者自行分析。

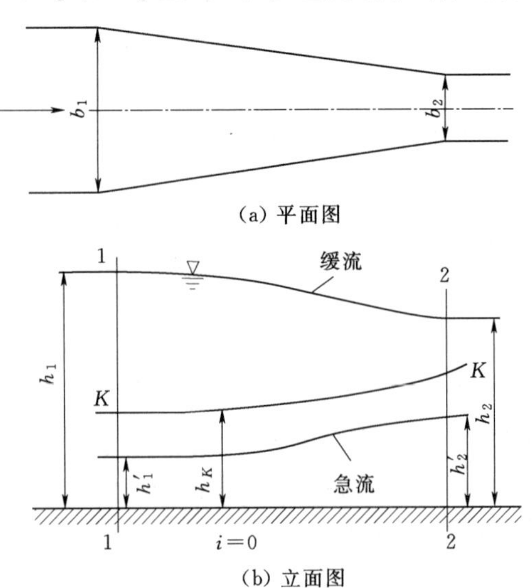

图 8-30　非棱柱形人工渠道

六、非棱柱形人工渠道水面曲线定性分析☆

非棱柱形渠道的水面线变化规律可用水深沿程变化的微分方程式（8-56）来分析。以宽度沿程收缩的平坡矩形渠道为例（图 8-30），由水深沿程变化微分方程式（8-56）可得

$$\frac{\mathrm{d}h}{\mathrm{d}s}=\frac{i-J+\dfrac{\alpha Q^2}{gA^3}\dfrac{\partial A}{\partial s}\bigg|_{h=c}}{(1-Fr^2)\cos\theta}=\frac{-J+\dfrac{\alpha Q^2}{gA^3}\dfrac{\partial A}{\partial s}\bigg|_{h=c}}{1-Fr^2} \tag{8-86}$$

可以看出，因为断面沿程收缩，所以$\left.\frac{\partial A}{\partial s}\right|_{h=c}<0$，当流态为缓流时，$h>h_K$，$Fr<1$，$\mathrm{d}h/\mathrm{d}s<0$，为降水曲线；当流态为急流时，$h<h_K$，$Fr>1$，$\mathrm{d}h/\mathrm{d}s>0$，为壅水曲线。这与棱柱形平坡渠道的 H_2 和 H_3 型曲线的规律相同，只是壅水、降水的幅度不同。另外还要注意，断面束窄使得单宽流量增大，因而临界水深是沿程增大的（$h_{K2}>h_{K1}$）。

拓展思考： 对于宽度沿程扩大的平坡渠道，水深的沿程变化规律与棱柱形平坡渠道的 H_2 和 H_3 型曲线的规律是否相同？

【例 8-10】 有一等宽度矩形断面平坡渠道，如图 8-31 所示，下段渠底升高 Δz，试证明流态为缓流时水深减小、水位降低，急流时水深增大、水位升高。

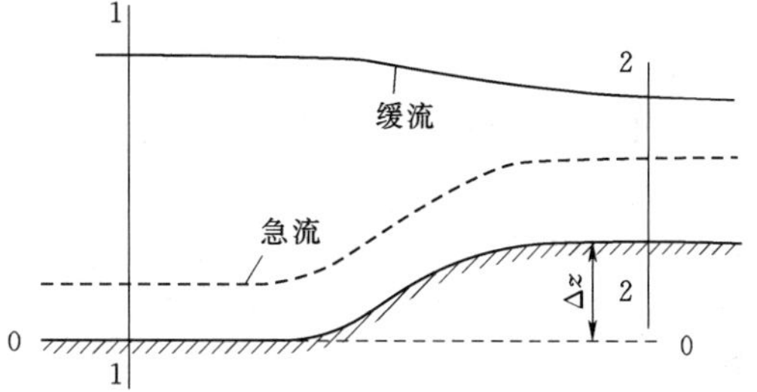

图 8-31　例 8-10 配图

证明： 以上游渠底为基准面 0-0，采用比能表示的断面 2-2 与断面 1-1 的能量方程为

$$E_{S1}=E_{S2}+\Delta z+h_{w1\text{-}2}>E_{S2} \qquad (8-87)$$

从比能曲线图 8-31 可以看出：当流态为急流时，水深随比能减小而增大，由于断面 2-2 的比能 E_{S2} 小于断面 1-1 的比能 E_{S1}，因此断面 2-2 的水深 h_2 大于断面 1-1 的水深 h_1，水深增大，显然 $z_2=h_2+\Delta z>h_1=z_1$，水位升高。当流态为缓流时，水深随比能减小而减小，由于断面 2-2 的比能 E_{S2} 小于断面 1-1 的比能 E_{S1}，因此断面 2-2 的水深 h_2 小于断面 1-1 的水深 h_1，水深减小；以水位表示的断面 2-2 与断面 1-1 的能量方程为

$$z_1=z_2+\frac{\alpha_2 v_2^2}{2g}-\frac{\alpha_1 v_1^2}{2g}+h_{w1\text{-}2} \qquad (8-88)$$

因为 $h_2<h_1$，$v_2>v_1$，从式（8-88）可以看出，$z_2<z_1$，水位降低。这一规律与棱柱形逆坡渠道上的水面曲线规律是类似的。

拓展思考： 如果下段渠道降低 Δz，请分析水深和水位将如何变化。

第七节　明渠恒定渐变流水面曲线的计算

许多工程问题中需要定量地确定明渠中的水深或水位沿程变化情况，例如水库回水淹没范围的确定，堤防高程与渠道深度的设计等。下面分别介绍人工渠道和天然河道两种情况水面曲线的计算方法。

一、人工渠道水面曲线的计算

人工渠道水面曲线计算的微分方程为式（8-52），但对于一般的渠道断面和水流条件，很难求出微分方程的解析解。下面介绍数值求解法常用的差分方法。首先将整个渠道分成许多小渠段，再将微分方程式（8-52）变成近似的差分方程：

$$\frac{\Delta E_S}{\Delta s}=\frac{E_{Sd}-E_{Su}}{\Delta s}=i-\overline{J} \qquad (8-89)$$

式中：Δs 为计算渠段长度；E_{Su} 为上游断面比能；E_{Sd} 为下游断面比能；$\overline{J}$ 为计算渠段的平均水力坡度，可以近似地取为两断面水力坡度的平均值，即

$$\overline{J}=\frac{J_{u}+J_{d}}{2}=\frac{Q^{2}n^{2}}{2A_{u}^{2}R_{u}^{4/3}}+\frac{Q^{2}n^{2}}{2A_{d}^{2}R_{d}^{4/3}} \tag{8-90}$$

也可以先计算水深的平均值 $\overline{h}=(h_{u}+h_{d})/2$，再计算水力坡度：

$$\overline{J}=J(\overline{h})=\frac{Q^{2}n^{2}}{A(\overline{h})^{2}R(\overline{h})^{4/3}} \tag{8-91}$$

如果 Δs 足够小，不同方法计算的平均水力坡度结果相差不多，一般采用式（8－90）较为简便。

式（8－89）为水面线的计算公式，在渠道中的流量、糙率、底坡及断面形状尺寸一定的条件下，可以用来计算水面线的位置。水面线计算有直接计算法和试算法两种。

直接计算法是在已知上游断面水深（或下游断面水深）的情况下，假设下游断面水深（或上游断面水深），然后计算上下游断面的间距 Δs。计算公式为

$$\Delta s=\frac{E_{Sd}-E_{Su}}{i-\overline{J}} \tag{8-92}$$

试算法是在已知上游断面水深（或下游断面水深）的情况下，假设上下游断面的间距 Δs，然后计算下游断面水深（或上游断面水深）。计算公式为

$$E_{Sd}=E_{Su}+\Delta s(i-\overline{J}) \tag{8-93}$$

式（8－93）是关于下游断面水深（或上游断面水深）的非线性方程，需要试算求解。对于缓流区的水面曲线（S_1、M_1、M_2、C_1、H_2、A_2），一般是已知下游断面水深求上游断面水深；对于急流区的水面曲线（S_2、S_3、M_3、C_3、H_3、A_3），一般是已知上游断面水深求下游断面水深。对于梯形断面渠道的水面线计算，除了可以采用二分法、牛顿迭代法试算外，采用如下迭代格式比较便于编程计算。

急流区水面曲线（S_2、S_3、M_3、C_3、H_3、A_3）的迭代格式为

$$h_{d}=\left[\frac{\alpha Q^{2}}{2g(b+mh_{d})^{2}(E_{Su}+\Delta si-\Delta sJ_{p}-h_{d}\cos\theta)}\right]^{0.5} \tag{8-94}$$

缓流区水面曲线（S_1、M_1、M_2、C_1、H_2、A_2）的迭代格式为

$$h_{u}=\left[\frac{h_{u}^{2}(E_{Sd}-\Delta si+\Delta sJ_{p})}{\cos\theta}-\frac{\alpha Q^{2}/\cos\theta}{2g(b+mh_{u})^{2}}\right]^{1/3} \tag{8-95}$$

直接计算法的优点是简单、计算量少，不必试算求解方程，不足之处是不能用于计算非棱柱形渠道的水面线。试算法对棱柱形渠道和非棱柱形渠道都适用，但需要求解非线性方程，一般可以利用计算机编程计算。下面通过一个水面曲线计算实例介绍水面曲线的计算方法和计算软件。

【例 8－11】 某水库泄水渠纵剖面如图 8－32 所示，渠道断面为矩形，底宽 $b=5$m，底坡 $i=0.25$，糙率 $n=0.025$，渠长为 56m，当泄流量 $Q=30\text{m}^3/\text{s}$ 时，试分析计算泄水渠中的水面曲线。

解：（1）判断渠道底坡性质和水面曲线类型：

根据已知条件 $q=Q/b=6\text{m}^2/\text{s}$，$\cos\theta=\sqrt{1-i^2}=0.9682$，取 $\alpha=1.05$

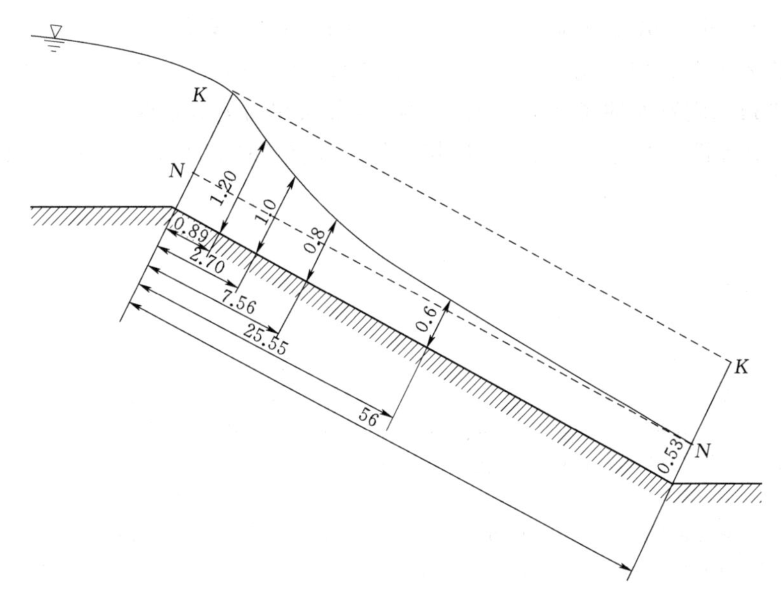

图 8－32　例 8－11 配图

临界水深　　　　　　$h_K=\sqrt[3]{\alpha q^2/g\cos\theta}=1.5852(\mathrm{m})$

计算正常水深（迭代计算过程略）$h_0=0.524\mathrm{m}<h_K$，所以渠道坡度为陡坡。

陡坡进口处水深为临界水深 h_K，渠道中水深变化范围从 h_K 趋向正常水深 h_0，水面曲线为 S_2 型降水曲线。

（2）直接计算法计算水面曲线：

水面线 S_2 位于急流区，控制断面在上游进口处，$h_1=h_K=1.585\mathrm{m}$。从已知的控制断面出发，按一定变化幅度取若干水深值作为下游各段末的水深，根据式（8－92）分别计算出各段的距离 Δs，就可以确定水面线的位置。假设下游各段末处的水深依次为 $h_2=1.2\mathrm{m}$，$h_3=1.0\mathrm{m}$，$h_4=0.8\mathrm{m}$，$h_5=0.6\mathrm{m}$，$h_6=0.53\mathrm{m}$，根据式（8－92）计算各段间距，计算过程见表 8－7。

表 8－7　　　　例 8－11 计算过程表

断面	h /m	A /m^2	v /(m/s)	$\alpha v^2/2g$ /m	E_S /m	ΔE_S /m	R /m	J	$i-\overline{J}$	Δs /m	s /m
1	1.585	7.925	3.785	0.768	2.254		0.97	0.0093			0.00
						0.21			0.235	0.89	
2	1.20	6.00	5.00	1.339	2.464		0.811	0.0207			0.89
						0.402			0.222	1.81	
3	1.00	5.00	6.00	1.929	2.866		0.714	0.0353			2.70
						0.897			0.1845	4.86	
4	0.80	4.00	7.50	3.013	3.763		0.606	0.0957			7.56
						2.157			0.1199	17.99	
5	0.60	3.00	10.00	5.357	5.920		0.484	0.1645			25.55
						1.443			0.047	30.7	
6	0.53	2.65	11.32	6.866	7.363		0.437	0.2415			56.25

根据计算结果绘制出水面曲线，可见渠道末端水深已接近正常水深。

（3）试算法计算水面线：

ZMD.C是采用C语言编写的梯形断面渠道水面曲线计算程序。该程序可以计算梯形断面渠道的临界水深、均匀流水深、5种底坡的12种水面曲线。在给定流量Q、底坡i、糙率n、边坡m、底宽b的条件下，先计算临界水深和均匀流水深（$i>0$），然后根据控制水深h_D自动判断曲线类型，最后采用相应的迭代格式计算出相应的水面曲线。ZMD.C源程序如下：

```
#include<math.h>
#include<stdio.h>
void main()
{ int sm=20,jm=10,j,s;
  double h[20],v[20];
  double g=9.8,af=1.05,b=5.0,i=0.25,Q=30.0,ds=4.0,m=0.00,n=0.025;
  double hk=0.0,h0=0.0,e,hp,Jp,cos=sqrt(1-i*i);
  for(j=1;j<jm;j++)
  { hk=pow((af*Q*Q/g/cos),1.0/3)*pow((b+2*m*hk),1.0/3)/(b+m*hk);
    if(i>0) h0=pow((n*Q/sqrt(i)),3.0/5)*pow((b+2*h0*sqrt(1+m*m)),2.0/5)/(b+m*h0);
  }
  printf("   hk=%10f,   h0=%10f\n",hk,h0);
  printf("请输入控制断面水深:\n");
  scanf("%lf",&h[0]);
  v[0]=Q/(b*h[0]+m*h[0]*h[0]);
  printf("   s          ssvs          hs\n");
  printf("%d,%14f,%14f,%14f\n",0,0.0,V[0],h[0]);
  for(s=1;s<sm+1;s++)
  { h[s]=h[s-1];
    for(j=1;j<jm;j++)
    {v[s]=Q/(b*h[s]+m*h[s]*h[s]);hp=(h[s]+h[s-1])/2.0;
      Jp=Q*Q*n*n*pow((b+2*hp*sqrt(1+m*m)),4.0/3)/pow((b*hp+m*hp*hp),10.0/3);
      e=h[s-1]*cos+af*v[s-1]*v[s-1]/2/g;
      if(h[0]<hk)
        h[s]=pow((af*Q*Q/2/g/(b+m*h[s])/(b+m*h[s])/(e+ds*(i-Jp)-h[s]*cos)),0.5);
      if(h[0]>hk)
        h[s]=pow((((e-ds*(i-Jp))*h[s]*h[s]-af*Q*Q/2/g/(b+m*h[s])/(b+m*h[s]))/cos),
1.0/3);
    }
    printf("%d,%14f,%14f,%14f\n",s,s*ds,V[s],h[s]);
  }
}
```

ZMD.EXE是采用VB语言编写的计算软件，其界面如图8-33所示。ZMD.EXE软件具有人机交互、计算、绘图等功能，该软件可以计算梯形断面渠道的临界水深、均匀流水深、5种底坡的12种水面曲线。在文本框内输入已知的流量Q、底坡i、糙率n、边坡m、底宽b等，然后用鼠标点击“计算”按钮，就可以得到临界水深和均匀流水深（$i>0$）；如果输入控制水深h_D和断面个数，再用鼠标点击“计算”按钮，就可以得到各断面的水深、流速，再用鼠标点击“绘图”按钮，可以得到水面曲线。用鼠标点击“退出”按钮，则结束软件计算。该软件也可以进行梯形断面均匀流水力计算，在文本框中输入流量 Q、底坡 i、糙率 n、边坡 m、底宽 b、正常水深 h_0 这 6 个变量中的任意 5 个已知变量，用鼠标点击“计算”按钮，就可以得到未知的那个变量。

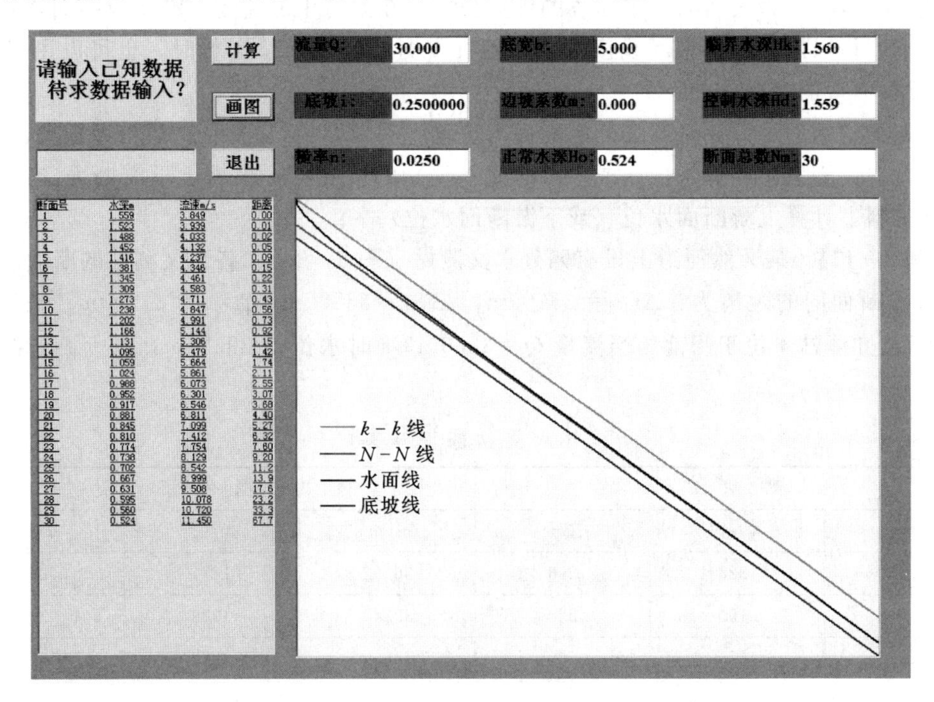

断面号	水深m	流速m/s	距离
1	1.559	3.849	0.00
2	1.523	3.939	0.01
3	1.488	4.033	0.02
4	1.452	4.132	0.05
5	1.416	4.237	0.09
6	1.381	4.346	0.15
7	1.345	4.461	0.22
8	1.309	4.583	0.31
9	1.273	4.711	0.43
10	1.238	4.847	0.56
11	1.202	4.991	0.73
12	1.166	5.144	0.92
13	1.131	5.306	1.15
14	1.095	5.479	1.42
15	1.059	5.664	1.74
16	1.024	5.861	2.11
17	0.988	6.073	2.55
18	0.952	6.301	3.07
19	0.917	6.546	3.68
20	0.881	6.811	4.40
21	0.845	7.099	5.27
22	0.810	7.412	6.32
23	0.774	7.754	7.80
24	0.738	8.129	9.20
25	0.702	8.542	11.2
26	0.667	8.999	13.9
27	0.631	9.508	17.6
28	0.595	10.078	23.2
29	0.560	10.720	33.3
30	0.524	11.450	67.7

图 8-33　ZMD. EXE 界面

ZMD. EXE 软件、ZMD. C 程序和直接法三者的水面线计算结果基本一致。

二、天然河道水面曲线的计算

天然河道水面曲线计算常采用以水位 z 来表示的能量方程式（8-48）。在进行水面曲线计算时，先将整段河道划分成若干小段。设某小段长为 Δs，上游断面和下游断面之间的能量方程为

$$z_u+\frac{\alpha_u v_u^2}{2g}=z_d+\frac{\alpha_d v_d^2}{2g}+h_w \tag{8-96}$$

其中水头损失包括沿程损失和局部损失两部分：$h_w=h_f+h_j$。沿程损失为

$$h_f=\Delta s\overline{J}=\Delta sQ^2/\overline{K}^2 \tag{8-97}$$

可以近似取

$$\frac{1}{\overline{K}^2}=\frac{1}{2}\left(\frac{1}{K_u^2}+\frac{1}{K_d^2}\right)=\frac{1}{2}\left(\frac{1}{A_u^2C_u^2R_u}+\frac{1}{A_d^2C_d^2R_d}\right) \tag{8-98}$$

天然河道中微弯段、渐缩段等的局部损失不大，常常可以忽略或通过糙率的取值而计入沿程损失之中；扩散段的局部损失较大，可取为

$$h_j=\zeta\frac{v_u^2-v_d^2}{2g} \tag{8-99}$$

对于渐扩段，$\zeta=0.33\sim0.55$；对于急扩段，$\zeta=0.5\sim1.0$。若取 $\alpha_u=\alpha_d=\alpha$，式（8-96）

可以变为

$$z_{\mathrm{u}}+(\alpha+\zeta)\frac{Q^2}{2gA_{\mathrm{u}}^2}-\frac{\Delta s}{2}\frac{Q^2}{A_{\mathrm{u}}^2C_{\mathrm{u}}^2R_{\mathrm{u}}}=z_{\mathrm{d}}+(\alpha+\zeta)\frac{Q^2}{2gA_{\mathrm{d}}^2}+\frac{\Delta s}{2}\frac{Q^2}{A_{\mathrm{d}}^2C_{\mathrm{d}}^2R_{\mathrm{d}}} \tag{8-100}$$

式（8-100）为天然河道水面线的计算公式，在渠道中的流量、糙率及断面资料给定的条件下，可以用来计算水面线位置。当已有实测的断面水位资料时，也可以用式（8-100）反算河段的糙率。

天然河道水面线计算必须先确定断面的位置、间距及相应的断面资料，因此只能采用试算法，在已知下游断面水位（或上游断面水位）的情况下，根据上下游断面的间距 Δs 和断面资料，计算上游断面水位（或下游断面水位）。

【例 8-12】 某天然河道上设有四处水文测站（图 8-34），各水文测站的断面资料见表 8-8。断面间的距离为：$\Delta s_{1-2}=35000\mathrm{m}$，$\Delta s_{2-3}=33500\mathrm{m}$，$\Delta s_{3-4}=31500\mathrm{m}$；糙率 $n=0.025$。已知测站 4 位于闸前，当流量 $Q=3800\mathrm{m^3/s}$ 时水位为 39.27m，求上游各测站的水位。

表 8-8　各水文站断面资料

测站 1			测站 2		
Z/m	A/m²	B/m	z/m	A/m²	B/m
38.46	1328	296	36.92	1284	262
41.20	2150	320	39.48	1929	283
46.70	4576	540	44.60	3922	455
测站 3			**测站 4**		
Z/m	A/m²	B/m	z/m	A/m²	B/m
35.40	1240	228	34.00	1490	380
37.76	1780	245	36.00	2156	406
42.50	3268	370	40.00	4036	440

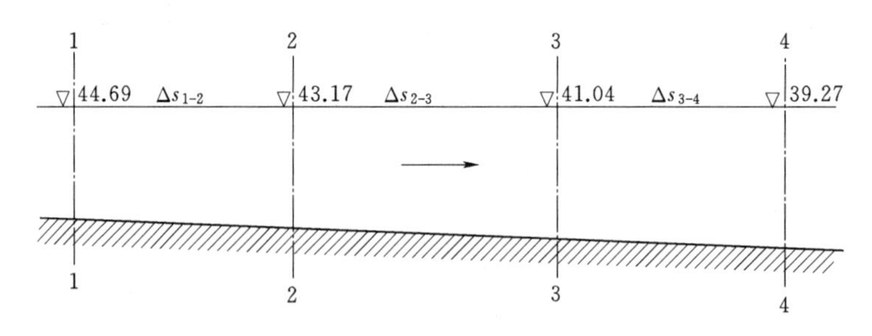

图 8-34　例 8-12 配图

解： 从断面资料看，该河道比较宽浅，所以计算时可取湿周 $\chi\approx$ 水面宽 B，则水力半径 $R\approx A/B$。忽略局部水头损失。回水曲线为缓流水面线，控制断面在下游，以 $z_4=39.27\mathrm{m}$ 作为起始断面水位 z_{d}，逐段求解上游各断面的水位 z_{u}。计算程序和计算过程略，计算结果为：$z_3=41.04\mathrm{m}$，$z_2=43.17\mathrm{m}$，$z_1=44.69\mathrm{m}$。

习　　题

8-1　已知梯形断面壤土渠道底宽 $b=8.9\text{m}$，边坡系数 $m=1.5$，糙率 $n=0.025$，通过流量 $Q=10.5\text{m}^3/\text{s}$ 时的正常水深 $h_0=1.25\text{m}$，求底坡 i。

8-2　有一梯形断面灌溉干渠底宽 $b=2.2\text{m}$，边坡系数 $m=1.5$，实测流量 $Q=8.11\text{m}^3/\text{s}$ 时均匀流水深 $h_0=2\text{m}$，在 1800m 长的顺直均匀流渠段水面落差 $\Delta h=0.5\text{m}$，求渠道的糙率 n。

8-3　一石渠的底宽 $b=4.3\text{m}$，边坡系数 $m=0.1$，糙率 $n=0.020$，正常水深 $h_0=2.75\text{m}$，底坡 $i=1/2000$，求流量 Q。

8-4　直径为 d 的圆形管道中发生明渠均匀流动，试根据式（8-10）导出 $Q/Q_1-h_0/d$ 的关系式（Q_1 为充满度 $h_0/d=1$ 时的流量），并求 Q/Q_1 达到最大值时的充满度 h_0/d。

8-5　有一顶盖为拱形的输水隧洞，过水断面为矩形，宽 $b=3.3\text{m}$，糙率 $n=0.017$，底坡 $i=0.001$，当流量 $Q=16\text{m}^3/\text{s}$ 时，求正常水深 h_0，并判断流速是否超过 2.0m/s。

8-6　一梯形断面土渠糙率 $n=0.0225$，边坡系数 $m=1.5$，底坡 $i=0.0001$，流量 $Q=75\text{m}^3/\text{s}$，规定允许流速 $v=0.8\text{m/s}$，试确定渠道的底宽和正常水深。

8-7　一梯形断面大型输水渠道底坡 $i=1/25000$，边坡系数 $m=2.0$，糙率 $n=0.015$，设计流量 $Q=500\text{m}^3/\text{s}$ 时，正常水深 $h_0=7.10\text{m}$。请设计该段渠道的底宽，并计算相应的流速。

8-8　采用机械化方法开挖大型土质渠道时，过水断面常呈抛物线形（图 8-35）。若已知水深 h 和水面宽 B，试推导过水断面面积、湿周及水力半径的表达式。

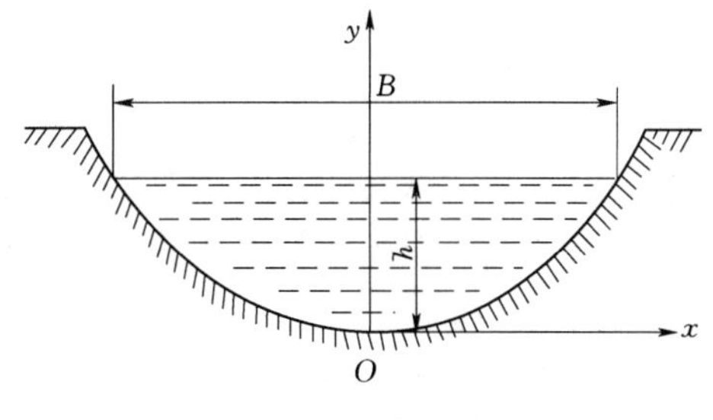

图 8-35　习题 8-8 配图

8-9　已知三角形断面明渠的边坡系数为 m，流量为 Q，底坡为 i，糙率为 n，试导出其正常水深的表达式。当 $m=0.75$，$Q=0.3\text{m}^3/\text{s}$，$i=0.0004$，$n=0.013$ 时，求正常水深 h_0。

8-10　已知梯形断面渠道的流量 $Q=30\text{m}^3/\text{s}$，糙率 $n=0.025$，边坡系数 $m=1.5$，底坡 $i=0.0009$，试分别根据水力最佳断面条件和 $A/A_m=1.04$ 的实用经济断面条件确定正常水深 h_0 和底宽 b，并校核流速是否满足 $0.6\text{m/s}<v<2.0\text{m/s}$。

8-11　试证明：(1) 水力最佳的梯形断面水力半径 $R=h/2$；(2) 给定过水断面面积 A，边坡系数 $m=1/\sqrt{3}$（$\alpha=60°$）时的梯形水力最佳断面的湿周为最小。

8-12　若不对称的梯形断面两侧边坡系数分别为 m_1 和 m_2，试推导其水力最佳断面条件。

8-13　矩形断面渠道底宽 $b=4\text{m}$，水深 $h=1.5\text{m}$，渠底糙率 $n_1=0.0225$，两边渠壁的糙率分别为 $n_2=0.017$ 和 $n_3=0.012$，试计算综合糙率。

8-14　有一经过衬砌的土渠，底部糙率 $n_1=0.025$，中部糙率 $n_2=0.03$，上部糙率

$n_3=0.02$，各部分相应的湿周长度分别为 $\chi_1=6.32\text{m}$，$\chi_2=5.37\text{m}$，$\chi_3=3.13\text{m}$，试计算综合糙率。

8－15　如图 8－36 所示，某小河在汛期洪水漫滩时，实测纵向水面坡度 $J_P=0.0003$，主槽水深 $h_1=3\text{m}$，水面宽 $B_1=120\text{m}$，糙率为 $n_1=0.025$，滩地水深 $h_2=1.5\text{m}$，水面宽 $B_2=230\text{m}$，糙率为 $n_2=0.035$。试估算洪水流量。

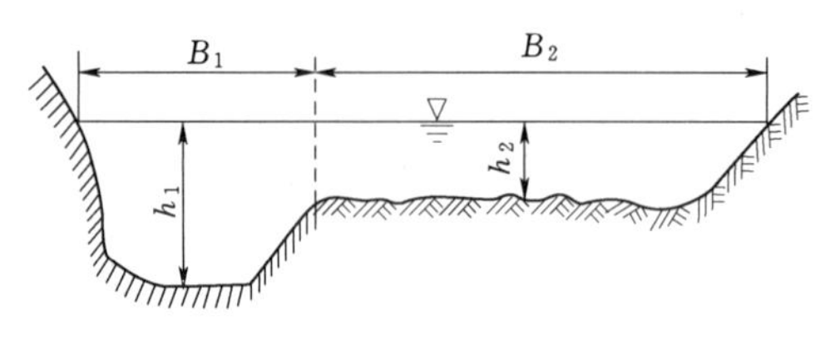

图 8－36　习题 8－15 配图

8－16　已知甲、乙两河的流量、流速和水面宽分别为：（1）甲河，$Q=173\text{m}^3/\text{s}$，$v=1.6\text{m/s}$，$B=80\text{m}$；（2）乙河，$Q=1730\text{m}^3/\text{s}$，$v=6.86\text{m/s}$，$B=90\text{m}$。试判断甲、乙两河的水流流态。

8－17　一梯形断面渠道底宽 $b=10\text{m}$，边坡系数 $m=1.5$，流量 $Q=20\text{m}^3/\text{s}$，分别确定底坡 $i=0.0005$ 和 $i=0.3$ 两种情况的临界水深。

8－18　有一矩形断面渠道宽度 $B=6\text{m}$，糙率 $n=0.015$，流量 $Q=15\text{m}^3/\text{s}$，求临界水深 h_K 和临界坡度 i_K。

8－19　有一梯形断面渠道底宽 $b=6\text{m}$，边坡系数 $m=2.0$，糙率 $n=0.0225$，通过流量 $Q=12\text{m}^3/\text{s}$，求临界坡度 i_K。

8－20　某工程施工截流时，龙口断面近似为矩形，宽度 $b=100\text{m}$，水深 $h=3\text{m}$，流量 $Q=2100\text{m}^3/\text{s}$，试计算龙口处微幅波向上游和下游传播的绝对波速，并判断水流是急流还是缓流。

8－21　根据习题 8－1 中的数据，判断渠道底坡是陡坡还是缓坡？流态是急流还是缓流？

8－22　有一瀑布，在跌坎上游约 4m 处测得水深为 1.0m，试估算其单宽流量。

8－23　某矩形断面平坡渠道底宽 $b=4\text{m}$，流量 $Q=16\text{m}^3/\text{s}$，设跃前水深 $h'=0.6\text{m}$，求跃后水深 h''和水跃长度。

8－24　有一底宽为 12m 的矩形断面平坡渠道中发生水跃，已知渠底高程为 120.43m，流量 $Q=60\text{m}^3/\text{s}$，测得跃后水位高程为 123.5m，试求水跃单位体积水体所消耗的能量和消能率。

8－25　一直径 $D=1.0\text{m}$ 的水平无压圆管中发生水跃，已知流量 $Q=1.0\text{m}^3/\text{s}$，跃前水深 h'为 0.4m，求跃后水深 h''。

8－26　试证明与水跃函数的极小值 $J_{\min}$ 相应的水深满足条件 $1-\dfrac{\beta Q^2 B}{gA^3}=0$，并说明它与佛汝德数的关系。

8－27　试证明：在边坡系数为 m 的平底梯形断面明渠中，水跃跃前水深和跃后水深之间的关系为

$$\eta^4+\left(\frac{5}{2}\beta+1\right)\eta^3+\left(\frac{3}{2}\beta+1\right)(\beta+1)\eta^2+\left[\left(\frac{3}{2}\beta+1\right)\beta-\frac{3\sigma^2}{\beta+1}\right]\eta-3\sigma^2=0$$

式中 $\eta=h''/h'$，$\beta=\dfrac{b}{mh'}$，$\sigma=\dfrac{Q}{g^{1/2}mh'^{5/2}}$。

8-28　如图8-37所示，矩形断面斜坡明渠上发生水跃，假设水跃的水面线可以近似看作是一条与底坡夹角为α的直线，忽略壁面阻力，试推导水跃方程，并证明其跃前、跃后水深满足$\dfrac{h''}{h'}=\dfrac{1}{2}\left(\sqrt{1+8W_1^2}-1\right)$，式中$W_1^2=Fr_1^2\Big/\left(1-\dfrac{\tan\theta}{\tan\alpha}\right)$，$Fr_1^2=\dfrac{\beta q^2}{gh'^3\cos\theta}$，$q$为单宽流量。

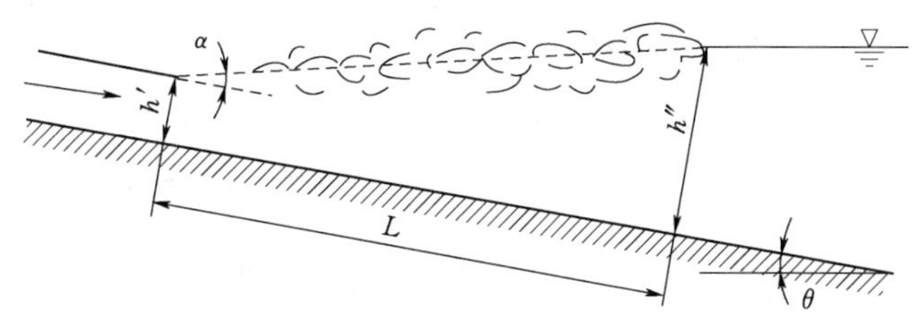

图8-37　习题8-28配图

8-29　平底水槽中的水流现象如图8-38所示，若流量不变，提高或降低尾门时，水跃位置将如何移动？为什么？

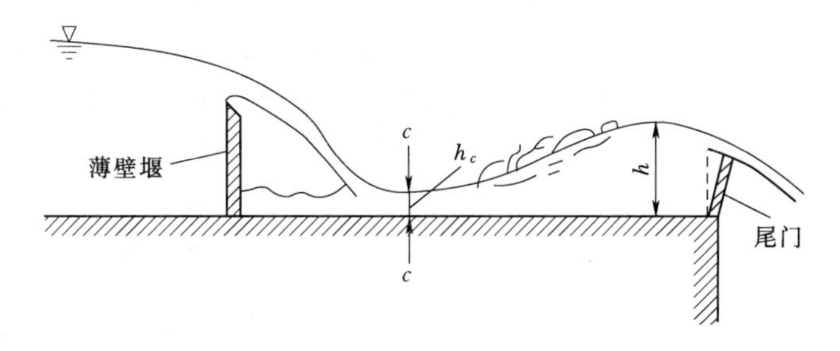

图8-38　习题8-29配图

8-30　试定性分析如图8-39所示各种情况下渠道中的水面曲线形式，假设各段渠道均充分长，且流量、糙率、断面形状及尺寸沿程不变。

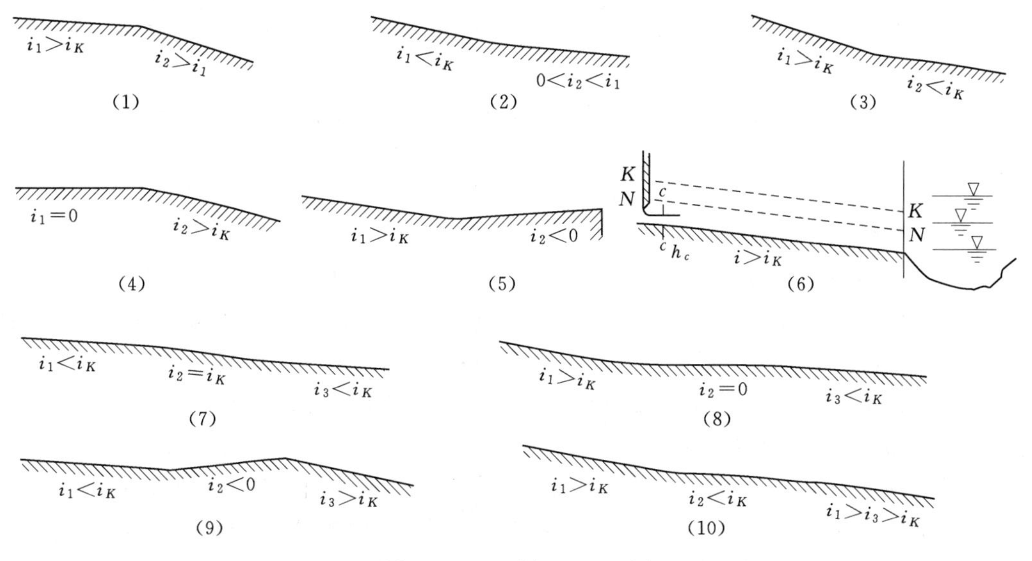

图8-39　习题8-30配图

8-31 如图 8-40 所示，一排水渠通过两段渠道将水排入下游河道中，已知在排泄一定流量时两段渠道中均匀流水深均大于临界水深，下游河道水位很低，试分析渠道中的水面曲线。

8-32 如图 8-41 所示，一矩形断面渠道底宽 $b=5\text{m}$，底坡 $i=0.005$，上段糙率为 $n_1=0.0225$，下段糙率为 $n_2=0.015$，两段均充分长。当流量 $Q=5\text{m}^3/\text{s}$ 时，试判断两段渠道底坡的类型，并定性绘出水面曲线。

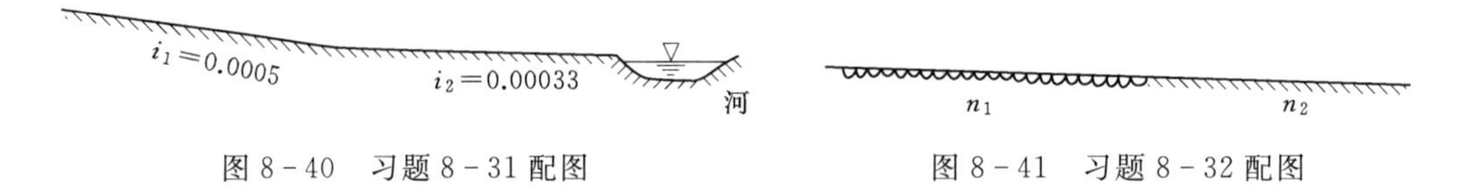

图 8-40 习题 8-31 配图　　图 8-41 习题 8-32 配图

8-33 矩形断面渠道上、下两段宽度相等，底坡 $i_1>i_2$，当单宽流量 $q=4\text{m}^2/\text{s}$ 时，正常水深分别为 $h_{01}=0.66\text{m}$ 和 $h_{02}=1.55\text{m}$，试绘制水面曲线，并判断水跃发生在上段渠道还是下段渠道。

8-34 如图 8-42 所示，梯形断面明渠分为底坡不同的三段：$i_1=0.001$，$l_1=5000\text{m}$；$i_2=0$，$l_2=150\text{m}$；$i_3=0.05$，$l_3=500\text{m}$，底宽 $b=10\text{m}$，边坡系数 $m=1.0$，糙率 $n=0.025$。设流量 $Q=15\text{m}^3/\text{s}$，试分析和计算其水面曲线。

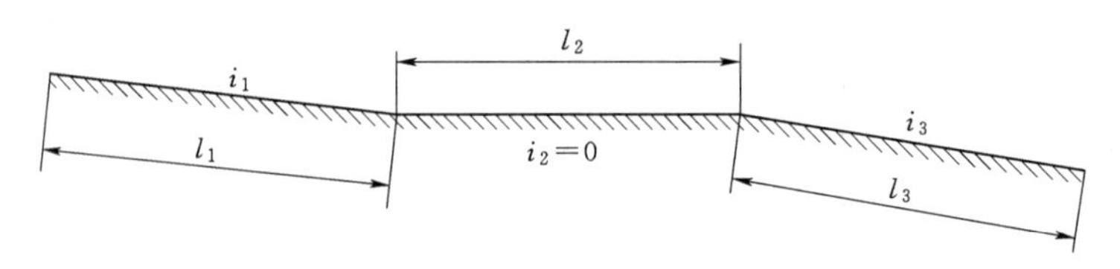

图 8-42 习题 8-34 配图

8-35 一梯形断面土质渠道糙率 $n=0.025$，底宽 $b=8.2\text{m}$，边坡系数 $m=1.5$，底坡 $i=0.0004$，通过流量 $Q=35\text{m}^3/\text{s}$。渠中建有一座节制闸，当闸前水深 $H=4\text{m}$ 时，请计算节制闸上游的水面曲线，确定回水影响范围（以水深与正常水深相差小于 1cm 的断面为回水末端）。

8-36 试证明无摩阻的正坡矩形渠道水面曲线的表达式为：

$$s=\frac{h}{2i}\left[2+\left(\frac{h_K}{h}\right)^3\right]+\text{常数}$$

分析平坡和逆坡水面曲线的表达式。

8-37 如图 8-43 所示，某闸的下游为一水平渠道，然后与一断面形状尺寸相同的陡坡长渠连接。(1) 试定性分析水平段长度 l 不同时，渠道中会出现哪些类型的水面曲线？(2) 若渠道断面均为矩形，底宽 $b=10\text{m}$，糙率 $n=0.025$，水平段长度 $l=37\text{m}$，长渠底坡 $i=0.03$，且已知通过的流量 $Q=80\text{m}^3/\text{s}$ 时，闸下收缩断面水深 $h_c=0.68\text{m}$，试计算水平段和长渠上的水面曲线。

8-38 如图 8-44 所示，水流从引水渠经渐变段流入渡槽，糙率均为 $n=0.022$，流量 $Q=10\text{m}^3/\text{s}$。引水渠底宽 $b_1=4\text{m}$，底坡 $i_1=0.001$，渡槽底宽 $b_2=2.5\text{m}$，底坡 $i_2=0.005$，断面均为矩形，渐变段长度 $l=18\text{m}$，宽度沿流动方向按直线收缩，底坡与引水渠相同。试计算渐变段进口、出口断面的水深。

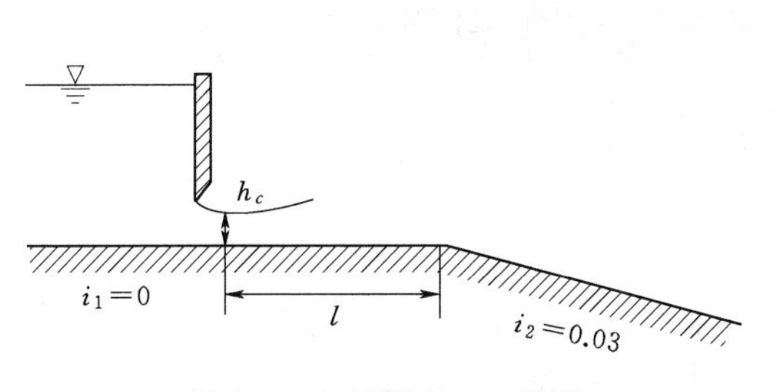

图 8-43　习题 8-37 配图

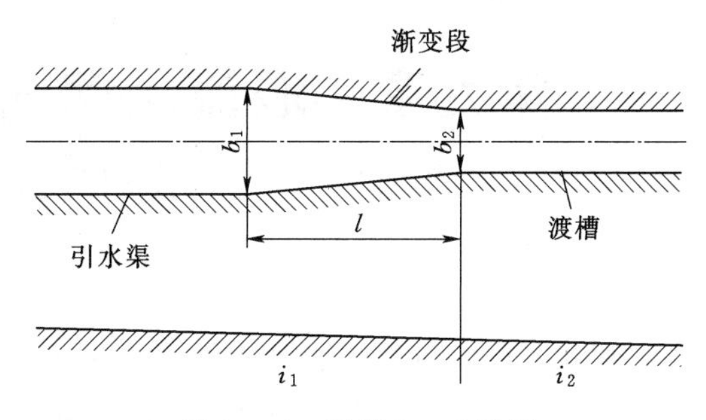

图 8-44　习题 8-38 配图

8-39　某小河上设有两个距离为 800m 的测站，测得水位分别为 $z_1=177.50$m 和 $z_2=177.30$m，过水断面面积分别为 $A_1=27.20\text{m}^2$ 和 $A_2=24.0\text{m}^2$，湿周分别为 $\chi_1=11.7$m 和 $\chi_2=10.6$m。若已知流量 $Q=25\text{m}^3/\text{s}$，试估算该河段的糙率；若已知糙率 $n=0.04$，试估算流量。

8-40　某河道纵剖面如图 8-45 所示，在断面 5-5 修坝蓄水后，当流量 $Q=26500\text{m}^3/\text{s}$ 时，断面 5-5 处的水位 $z_5=186.65$m，河床糙率 $n=0.04$，各断面距断面 5-5 的距离 s 以及在不同水位下的过水断面面积 A 和水面宽 B 见表 8-9，试计算断面 5-5 到断面 1-1 的水面曲线。

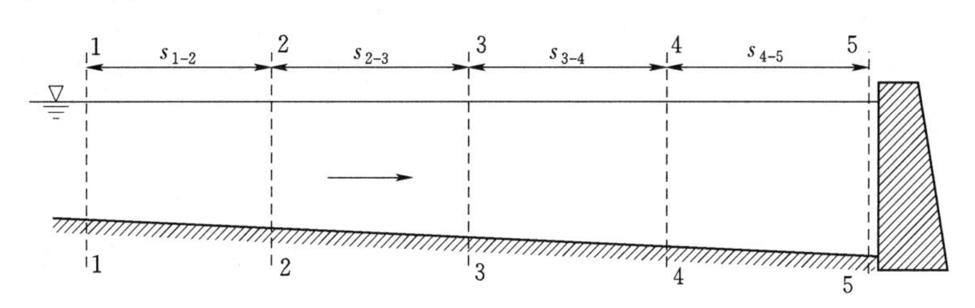

图 8-45　习题 8-40 配图

表 8-9　　习题 8-40 配表

要素	测站 5	测站 4	测站 3	测站 2	测站 1
z/m	186	186	187	187	188
	187	187	188	188	189
	188	188	189	189	190
A/m^2	18100	13500	18100	19000	14000
	19000	14200	19100	20500	14500
	20000	15000	20000	22000	15300
B/m	830	687	988	1170	738
	833	690	995	1180	743
	836	695	1000	1190	750
s/m	0	6000	10500	15000	24000

第九章　堰流、闸孔出流及堰闸下游水流的衔接与消能

水利工程中为了宣泄洪水及引水灌溉、发电、供水等，常修建水闸或溢流坝等建筑物，以控制河流或渠道的水位及流量。水流经过堰闸后具有很大的流速和动能，会对下游河渠造成一定程度的冲刷，也会影响到堰闸建筑物的安全与稳定，因此必须采取适当的消能防冲措施。

本章将利用水力学基本原理解决水利工程中堰流与闸孔出流的设计与计算问题及堰闸下游水流的衔接与消能问题。

第一节　堰流与闸孔出流的基本概念

一、堰流与闸孔出流的概念和特点

明渠水流受建筑物的影响，上游水位壅高，然后经过建筑物溢流至下游的水流现象称为堰流［图9-1（a）和（b）］。这种既能壅高明渠水流的水位又能从自身溢流的建筑物称为溢流堰（溢流坝）。

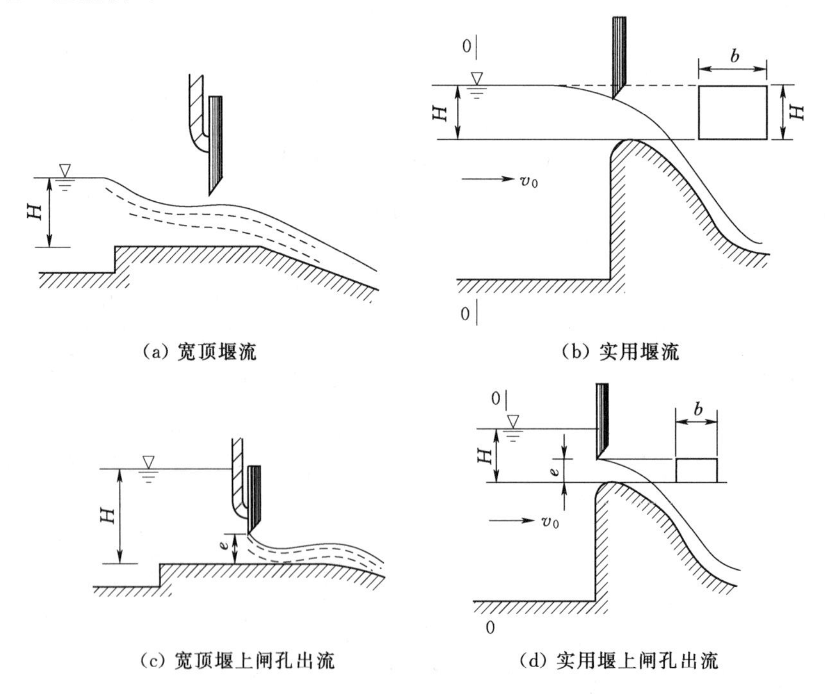

图9-1　堰流及闸孔出流

明渠水流受闸门控制而从建筑物顶部与闸门下缘间孔口流出的水流现象称为闸孔出流[图 9-1（c）和（d）]。

堰流和闸孔出流是两种不同的水流现象，堰流的自由液面是不受任何约束连续降落的曲线。闸孔出流自由水面受到闸门的限制是不连续的。

堰流与闸孔出流也存在着许多共同点。首先，堰流和闸孔出流都是因为闸或堰等建筑物壅高了上游水位，水流在重力和压力作用下运动。从能量观点来看，堰流与闸孔出流都是一种势能转化为动能的流动。另外，这两种流动都是在较短的距离内速度大小和方向急剧变化，流线急剧弯曲，属于急变流，能量损失以局部损失为主。

二、堰流的基本类型

实际工程中常根据不同的建筑材料和工程需要，将堰做成不同的形状。例如，水利工程中的溢流坝常用混凝土或石料砌筑成厚度较大的曲线形或折线形；而实验室使用的量水堰，一般用钢板或铜板做成薄壁型。堰坎外形及厚度不同其能量损失及过水能力也不相同。

水流接近堰顶时，由于流线收缩，流速加大，自由表面也将逐渐降低（图 9-2）。习惯上把堰前水面无明显降落的断面 0-0 称为堰前断面，该断面水面超出堰顶的高度称为堰顶水头，以 H 表示。实测资料表明，堰前断面距堰上游壁面的距离约为

$$l=(3\sim5)H \tag{9-1}$$

根据实验资料，堰流的特性与堰壁厚度 δ 与堰顶水头 H 之比 δ/H 有关。因此，根据堰壁厚度与堰顶水头之比 δ/H 的大小，可以将堰流分为薄壁堰流、实用堰流及宽顶堰流三种基本类型。

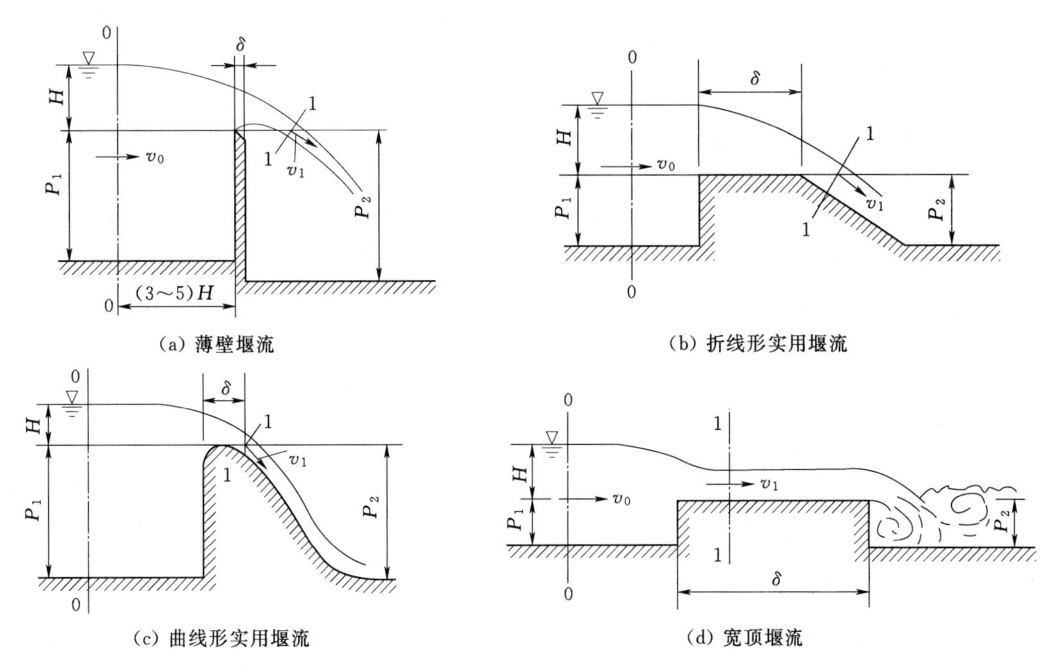

图 9-2　堰流的几种形式

（1）薄壁堰流：$\frac{\delta}{H}<0.67$。越过堰顶的水舌形状不受堰壁厚度的影响，水舌下缘与堰顶接触处为一条直线，水面呈单一的降落曲线［图9-2（a）］。常用的薄壁堰堰顶一般都做成锐缘型，故薄壁堰也称为锐缘薄壁堰。

（2）实用堰流：$0.67\leqslant\frac{\delta}{H}<2.5$。由于堰壁加厚，水舌下缘与堰顶呈面接触，水舌受到堰顶的约束和顶托，但这种影响不大，越过堰顶水流主要还是在重力作用下自由跌落。工程中常将实用堰剖面做成折线形或曲线形，前者称折线形实用堰［图9-2（b）］，后者称曲线形实用堰［图9-2（c）］。

（3）宽顶堰流：$2.5\leqslant\frac{\delta}{H}\leqslant10$。在这种条件下，水舌下缘与堰顶接触面较大，堰壁厚度对水流的顶托作用已经非常明显。进入堰顶的水流受到堰顶垂直方向的约束，过水断面减小，流速加大。由于动能增加，势能必然减小，再加上水流进入堰顶时会产生局部能量损失，所以进口处形成水面跌落。此后，由于堰顶对水流的顶托作用，堰顶上有一段与堰顶几乎平行的渐变流动。当下游水位较低时，出堰水流又产生第二次水面跌落，如图9-2（d）所示。实验表明，宽顶堰流的水头损失仍然主要是局部水头损失，沿程水头损失可以略去不计。

在某些情况下，虽然没有底部抬高的堰坎，但水流受到侧向收缩而使过水断面减小，也会产生类似宽顶堰流的水流特征，如桥墩和闸墩之间的水流等，这样的水流称为无坎宽顶堰流。

如果堰壁厚度与堰顶水头之比$\frac{\delta}{H}>10$，则沿程水头损失已经不能略去，水流特性不再属于堰流而是明渠水流。

三、闸孔出流的基本类型

在实际水利工程中，经常在堰上再做一个闸，以便更好地控制河流或渠道中的水位及流量。根据闸底坎的形式，闸孔出流分为底坎为宽顶堰的闸孔出流［图9-3（a）和（b）］和底坎为实用堰的闸孔出流［图9-3（c）和（d）］；根据闸门形式，闸孔出流分为平板闸门出流［图9-3（a）和（c）］及弧形闸门出流［图9-3（b）和（d）］。按照闸孔出口水流与下游水流衔接形式不同，闸孔出流可分为自由出流［图9-3（a）］和淹没出流［图9-3（b）］。

四、堰流与闸孔出流的界限

如前所述，在实际水利工程中经常在堰上再做一个闸，当闸孔的相对开度e/H较小时属于闸孔出流，闸孔的相对开度e/H较大时可能属于堰流。判别堰流和闸孔出流的大致界限为：

闸底坎为平顶堰时：$\frac{e}{H}\leqslant0.65$为闸孔出流；$\frac{e}{H}>0.65$为堰流。

闸底坎为曲线形堰时：$\frac{e}{H}\leqslant0.75$为闸孔出流；$\frac{e}{H}>0.75$为堰流。

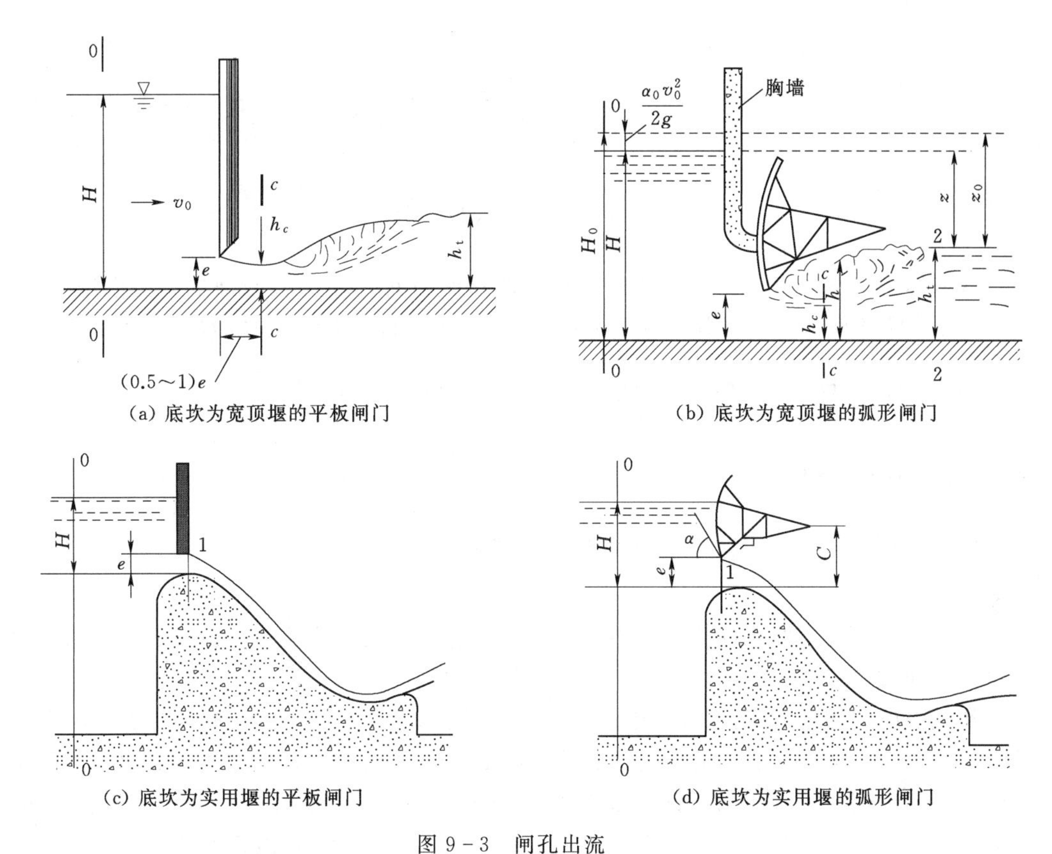

(a) 底坎为宽顶堰的平板闸门

(b) 底坎为宽顶堰的弧形闸门

(c) 底坎为实用堰的平板闸门

(d) 底坎为实用堰的弧形闸门

图 9－3　闸孔出流

第二节　堰流与闸孔出流的基本公式

一、堰流的基本公式

堰流计算的基本公式可以根据能量方程和连续性方程推求。下面以矩形薄壁堰流为例推导堰流的基本公式。以通过堰顶的水平面为基准面，对图 9－2（a）所示的堰流堰前断面 0－0 及断面 1－1 列出能量方程。断面 0－0 为渐变流，而断面 1－1 由于流线弯曲属于急变流，过水断面上测压管水头不为常数，故用$\overline{\left(z+\frac{p}{\gamma}\right)_1}$表示断面 1－1 上测压管水头的平均值。由此可得

$$H+\frac{\alpha_0 v_0^2}{2g}=\overline{\left(z+\frac{p}{\gamma}\right)_1}+(\alpha_1+\zeta)\frac{v_1^2}{2g} \tag{9-2}$$

式中：v_0 为 0－0 断面的平均流速，称为行近流速，$\frac{\alpha_0 v_0^2}{2g}$为行近流速水头；$v_1$ 为 1－1 断面平均流速；α_0、α_1 为相应断面的动能修正系数；ζ 为局部水头损失系数。

令 $H+\frac{\alpha_0 v_0^2}{2g}=H_0$ 为堰顶总水头，再令$\overline{\left(z+\frac{p}{\gamma}\right)_1}=\xi H_0$，其中 ξ 为某一修正系数，则

式（9-2）可以改写为

$$H_0-\xi H_0=(\alpha_1+\zeta)\frac{v_1^2}{2g} \tag{9-3}$$

或

$$v_1=\frac{1}{\sqrt{\alpha_1+\zeta}}\sqrt{2g(H_0-\xi H_0)} \tag{9-4}$$

因为堰顶过水断面一般为矩形，设其断面宽度为 b。1-1 断面的水舌厚度用 kH_0 表示，k 为反映堰顶水流垂直收缩的系数，则 1-1 断面的过水面积为 kH_0b，通过的流量为

$$Q=kH_0bv_1=kH_0b\frac{1}{\sqrt{\alpha_1+\zeta}}\sqrt{2g(H_0-\xi H_0)}=\varphi k\sqrt{1-\xi}b\sqrt{2g}H_0^{3/2} \tag{9-5}$$

式中：φ 为流速系数，$\varphi=\dfrac{1}{\sqrt{\alpha_1+\zeta}}$。

令 $m=\varphi k\sqrt{1-\xi}$，其为堰的流量系数，则有

$$Q=mb\sqrt{2g}H_0^{3/2} \tag{9-6}$$

式（9-6）就是堰流计算的基本公式。可以看出，过堰流量与堰顶总水头的 3/2 次方成比例，即 $Q\propto H_0^{3/2}$。

从上面的推导可以看出：影响流量系数的主要因素是 φ、k、ξ，即 $m=f(\varphi,k,\xi)$。其中：φ 主要是反映局部水头损失的影响；k 是反映堰顶水流垂直收缩的程度；ξ 则是堰顶断面的平均测压管水头与堰顶总水头之比。显然，所有这些因素除了与堰顶水头 H 有关外，还与堰的边界条件有关，例如上游堰高（图 9-2 中 P_1）以及堰顶形状等。

在实际应用时，如果下游水位较高，影响了堰的过流能力，这种堰流称为淹没堰流，反之称为自由堰流。如果考虑淹没对堰流过水能力的影响，可以在式（9-6）中加一个小于 1 的淹没系数 σ_s。

如果堰顶过流宽度小于上游渠道宽度或是堰顶设有闸墩减小了过流宽度，就会引起水流的侧向收缩，降低堰流的过水能力，这种堰流称为有侧收缩堰流；反之，称为无侧收缩堰流。如果考虑侧收缩对过流能力的影响，可以在式（9-6）中加一个小于 1 的侧收缩系数 σ_c。考虑淹没和侧收缩对堰流过水能力的影响，式（9-6）可以改为

$$Q=\sigma_c\sigma_s mB\sqrt{2g}H_0^{\frac{3}{2}} \tag{9-7}$$

式（9-7）虽然是针对矩形薄壁堰流推导出来的流量公式，但同样适用于实用堰流和宽顶堰流，只是不同类型、不同尺寸的堰流，其流量系数、淹没系数、侧收缩系数不同而已。因此，流量系数、淹没系数、侧收缩系数的确定是堰流计算的关键。

二、闸孔出流的基本公式

闸孔出流计算的基本公式可以根据能量方程和连续性方程推求。下面以图 9-4 所示的底坎为宽顶堰的闸孔自由出流为例推导闸孔出流的基本公式。列闸前断面 0-0 与收缩断面 $c-c$ 之间的能量方程

$$H+\frac{\alpha_0v_0^2}{2g}=h_c+\frac{\alpha_cv_c^2}{2g}+h_w \tag{9-8}$$

式中 h_w 是断面 0－0 到断面 $c-c$ 间的水头损失，因为这一段水流是急变流且距离较短，可以只考虑局部水头损失，即 $h_w=\zeta\frac{v_c^2}{2g}$，$\zeta$ 为局部水头损失系数。收缩断面水深 h_c 可表示为闸孔开度 e 与垂直收缩系数 ε 的乘积，即

$$h_c=\varepsilon e \tag{9-9}$$

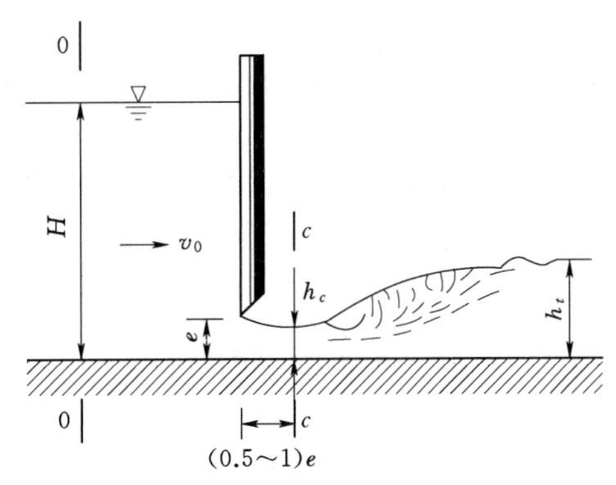

图 9－4　底坎为宽顶堰的闸孔自由出流

令 $H_0=H+\frac{\alpha_0 v_0^2}{2g}$ 为闸前总水头，则式（9－8）可整理为

$$v_c=\frac{1}{\sqrt{\alpha_c+\zeta}}\sqrt{2g(H_0-\varepsilon e)} \tag{9-10}$$

令 $\varphi=\frac{1}{\sqrt{\alpha_c+\zeta}}$ 为闸孔出流流速系数，于是有

$$v_c=\varphi\sqrt{2g(H_0-\varepsilon e)} \tag{9-11}$$

通过闸孔的流量为

$$Q=v_c bh_c=\varphi b\varepsilon e\sqrt{2g(H_0-\varepsilon e)}$$

令 $\mu_0=\varepsilon\varphi$ 则得

$$Q=\mu_0 be\sqrt{2g(H_0-\varepsilon e)} \tag{9-12}$$

令 $\mu=\mu_0\sqrt{1-\varepsilon\frac{e}{H_0}}$ 为闸孔出流的流量系数，可得

$$Q=\mu be\sqrt{2gH_0} \tag{9-13}$$

式（9－12）和式（9－13）都是闸孔出流的计算公式。由于式（9－13）简单方便，因此较为常用。从式（9－13）可以看出，闸孔出流的流量与闸前总水头的二分之一次方成正比，即 $Q\propto H_0^{1/2}$。

为了简化计算，当闸前水头较高且闸孔开度较小或上游坎高较大时，行近流速较小，在计算中可以不考虑行近流速水头，即令 $H_0\approx H$。

实验证明，在闸孔出流的情况下，闸墩造成的侧向收缩对流量的影响很小。因此，在闸孔出流计算中一般不需要单独考虑由闸墩引起的侧收缩的影响。在实际应用时，如果下游水位较高，闸孔出口断面被淹没，闸孔出流的过流能力受到影响，这种闸孔出流称为闸孔淹没出流，否则称为闸孔自由出流。如果考虑淹没对闸孔过水能力的影响，可以在式（9－13）中加一个小于 1 的淹没系数 σ_s。考虑淹没对闸孔过水能力的影响后，式（9－13）可以写成：

$$Q=\sigma_s\mu be\sqrt{2gH_0} \tag{9-14}$$

式（9－14）虽然是针对宽顶堰上的平板闸门出流推导出来的流量公式，但同样适用于其他类型的闸孔出流，只是不同类型闸孔出流，其流量系数、淹没系数不同而已。因此，流量系数、淹没系数的确定是闸孔出流计算的关键。

第三节　薄壁堰流的特点与水力计算

薄壁堰流的水头与流量关系比较稳定，因此薄壁堰常用作测量流量。另外，工程上广泛应用的曲线形实用堰，其外形一般是参考矩形薄壁堰流水舌下缘曲线设计。常用的薄壁堰有矩形薄壁堰、三角形薄壁堰和梯形薄壁堰等。

一、矩形薄壁堰流的特点

实验证明，无侧收缩、自由出流的矩形薄壁堰流最为稳定，测量流量的精度也较高，因此这种矩形薄壁堰流常用来测量流量。此外，为了保证测量精度，堰流需要满足以下两个条件：

（1）堰顶水头不宜过小（一般应使 $H>2.5\text{cm}$），否则溢流水舌受到表面张力作用，出流很不稳定。

（2）水舌下面的空间与大气相通，否则由于溢流水舌带走空气，水舌下面压强降低，形成局部真空，使水舌波动、出流不稳定。

巴赞对矩形薄壁堰流水舌的轮廓做了观测。图 9-5 是实验室中测得的无侧收缩、矩形薄壁堰自由溢流的水舌形状。在距堰壁上游 $3H$ 处，水面降落 $0.003H$；在堰顶上，水舌上缘降落了 $0.15H$。由于水流质点沿上游堰壁越过堰顶时的惯性，在离上游堰壁 $0.27H$ 处水舌下缘上升到最高，高出堰顶 $0.112H$，此处水舌的垂直厚度为 $0.668H$。在距上游堰壁 $0.67H$ 处，水舌下缘与堰顶同高，表明只要堰顶厚度 $\delta<0.67H$，水舌形状就不会受到堰顶的影响，这就是把 $\delta<0.67H$ 的堰称为薄壁堰的缘故。矩形锐缘薄壁堰自由溢流水舌形状是设计曲线形实用堰剖面形状的重要参考依据。

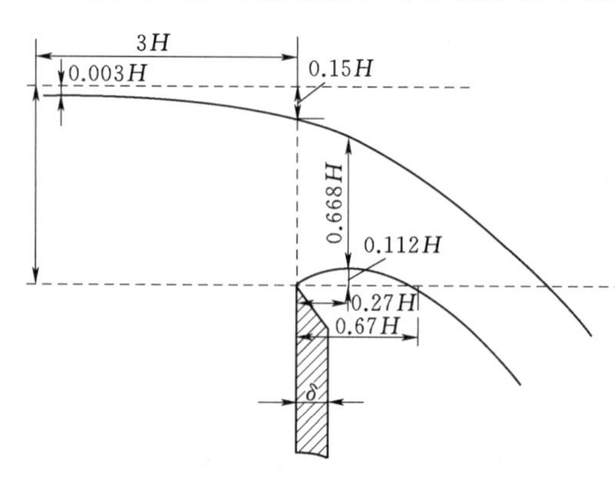

图 9-5　矩形薄壁堰流

二、矩形薄壁堰流的水力计算

无侧收缩、非淹没矩形薄壁堰流的流量可按式（9-6）计算。为了便于根据直接测出的堰顶水头来计算流量，可以把行近流速水头的影响包括在流量系数中，这样式（9-6）可改写为

$$Q=mb\sqrt{2g}\left(H+\frac{\alpha_0 v_0^2}{2g}\right)^{3/2}=m\left(1+\frac{\alpha_0 v_0^2}{2gH}\right)^{3/2}b\sqrt{2g}H^{3/2} \tag{9-15}$$

令 $m_0=m\left(1+\frac{\alpha_0 v_0^2}{2gH}\right)^{3/2}$ 为考虑近流速影响的流量系数，则流量公式为

$$Q=m_0 b\sqrt{2g}H^{3/2} \tag{9-16}$$

流量系数 m_0 可采用巴赞公式计算

$$m_0=\left(0.405+\frac{0.003}{H}\right)\left[1+0.55\left(\frac{H}{H+P}\right)^2\right] \tag{9-17}$$

式（9－17）的适用条件为：水头 $H=0.1\sim0.6$m，堰宽 $b=0.2\sim2.0$m，堰高 $P\leqslant0.75$m。后来纳格勒的实验证实，式（9－17）的适用范围可扩大为：$H\leqslant1.24$m，$b\leqslant2$m，$P\leqslant1.13$m。

对于有侧向收缩影响的流量系数，爱格利根据实验提出如下公式：

$$m_c=\left(0.405+\frac{0.0027}{H}-0.030\frac{B_0-b}{B_0}\right)\left[1+0.55\left(\frac{b}{B_0}\right)^2\frac{H^2}{(H+P)^2}\right] \tag{9-18}$$

式中：m_c 为考虑侧向收缩在内的流量系数；B_0 为引水渠宽度。

薄壁堰流流量也可以直接采用雷伯克公式计算：

$$Q=\left[1.78+\frac{0.24(H+0.0011)}{P}\right]b(H+0.0011)^{3/2} \tag{9-19}$$

式（9－19）的适用范围为：$0.15\text{m}<P<1.22\text{m}$，$H<4P$。

薄壁堰在形成淹没溢流时，下游水面波动较大，溢流很不稳定。所以，一般情况下用于测量流量的薄壁堰不宜在淹没条件下运行。

三、三角形薄壁堰流的水力计算

当所需测量的流量较小（如 $Q<0.1\text{m}^3/\text{s}$）时，若应用矩形薄壁堰测量流量，则堰顶水头过小。在 $H<0.15$m 时，矩形薄壁堰流水舌很不稳定，甚至可能出现溢流水舌紧贴堰壁形成所谓的贴壁溢流。这时可改用三角形薄壁堰测量流量（图 9－6）。

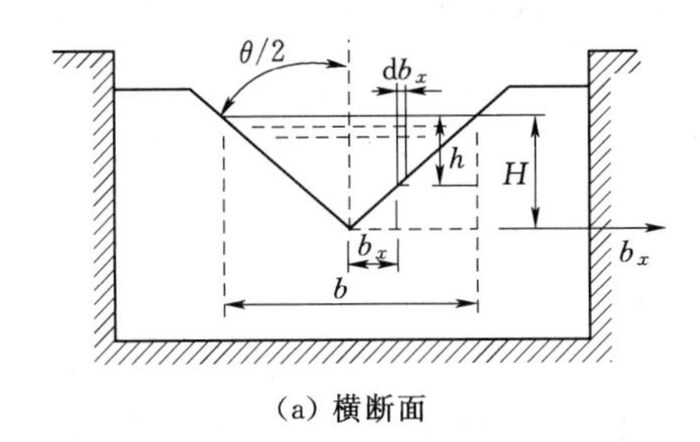

(a) 横断面

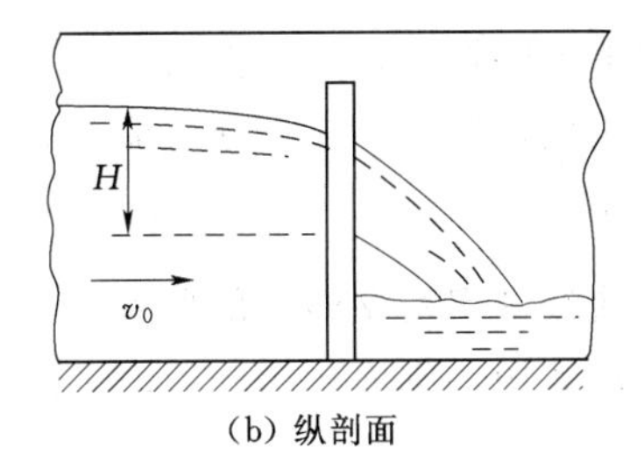

(b) 纵剖面

图 9－6　三角形薄壁堰测量流量

三角形薄壁堰流可以看作是许多宽度很小的矩形薄壁堰流叠加而成。因此，三角形薄壁堰流的流量公式可以由矩形薄壁堰流公式积分求和得到。

如图 9－6 所示，设等腰三角形顶角为 θ，顶点以上的水头为 H。在距顶点水平距离为 b_x 处取微元堰宽 db_x，则通过该微元的溢流量为

$$dQ=m_0\sqrt{2g}h^{3/2}db_x \tag{9-20}$$

式中：h 为 b_x 处的水头。

由几何关系得 $\frac{b_x}{H-h}=\tan\frac{\theta}{2}$，$db_x=-dh\tan\frac{\theta}{2}$，代入式（9－20），将 m_0 看作常数，积分后得

$$Q=\frac{4}{5}m_0\sqrt{2g}\tan\frac{\theta}{2}H^{5/2} \tag{9-21}$$

式（9-21）就是顶角为 θ 的等腰三角形薄壁堰的流量公式。

通常顶角 θ 取为直角，称为直角三角形薄壁堰。其流量计算公式为

$$Q=C_0H^{5/2} \tag{9-22}$$

式中：C_0 为直角三角形薄壁堰的流量系数，可按下式计算

$$C_0=1.354+\frac{0.004}{H}+\left(0.14+\frac{0.2}{\sqrt{P_1}}\right)\left(\frac{H}{B}-0.09\right)^2 \tag{9-23}$$

式（9-23）的适用范围为：$0.5\text{m}\leqslant B\leqslant 1.2\text{m}$，$0.1\text{m}\leqslant P_1\leqslant 0.75\text{m}$，$0.07\text{m}\leqslant H\leqslant 0.26\text{m}$，$H\leqslant B/3$。在适用范围内，计算误差<1.4%。

汤姆逊根据实验提出，在 $H=0.05\sim0.25\text{m}$ 时，$C_0=1.4$，因此，直角三角形薄壁堰的流量公式为

$$Q=1.4H^{5/2} \tag{9-24}$$

金（H. W. King）根据实验提出，在 $H=0.06\sim0.55\text{m}$ 时，直角三角形薄壁堰的流量公式为

$$Q=1.343H^{2.47} \tag{9-25}$$

式（9-22）～式（9-25）中，H 的单位为 m，Q 的单位为 m^3/s。

第四节　实用堰流的设计与水力计算

实用堰分为曲线形剖面实用堰和折线形剖面实用堰两类。曲线形实用堰堰面为光滑的曲线，堰上流态较好，过流能力较大，在大中型水利工程中被广泛应用。折线形实用堰堰面由折线构成，施工比较方便，流态和过流能力没有曲线形实用堰好，一般在中小型水利工程中应用。

一、曲线形实用堰的剖面形状

曲线形实用堰剖面轮廓一般由4段组成：上游直线段 AB、堰顶溢流曲线段 BOC、下游直线段 CD 及与下游河床连接的反弧段 DE，如图9-7所示。

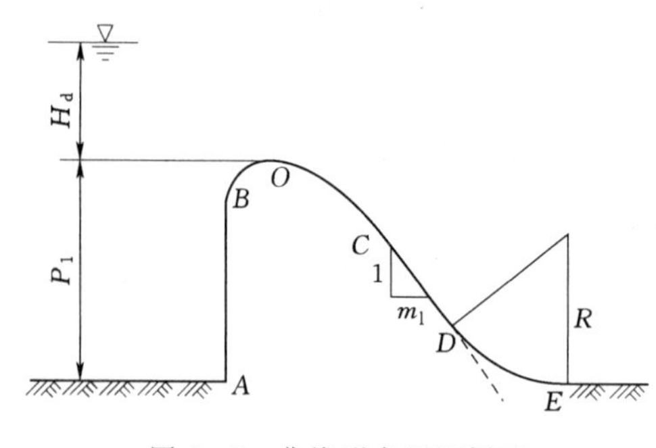

图9-7　曲线形实用堰剖面

上游直线段 AB 常做成铅直的，有时考虑到稳定等要求也可做成倾斜的。下游直线 CD 的坡度 m_1 的大小主要根据坝体的稳定和强度要求来确定。反弧段 DE 的作用是使直线 CD 与下游河床平滑连接，使堰流与下游水流平顺衔接。反弧半径 R 的确定应结合消能形式统一考虑。一般情况下，对于非岩基上高度不大的堰，当堰顶水头 H 较大时，可取 $R=(0.5\sim1.0)(H_d+z_{max})$；对于岩基上的高堰，当堰顶水头 $H<5\text{m}$ 时，可取 $R=(0.25\sim0.5)(H_d+z_{max})$。其中：$H_d$ 为实用堰剖面的设计水头；z_{max} 为最大上下游水位差。堰顶曲线 BOC 对水流特性的影响最大，是曲线形实用堰剖面形状设计的关键。

曲线形实用堰剖面形状的设计原则是：①要求溢流堰面有较好的压强分布，不产生过大负压；②要求流量系数较大，有较大的泄流能力；③在满足安全稳定的条件下，要求堰的体形较瘦，以节省工程量及建造费用。

按照上述原则要求，曲线形实用堰的剖面外形轮廓基本上可以参考矩形薄壁堰自由溢流水舌的下缘形状（图 9-5）设计。

如果将堰顶曲线 *BOC* 做成与同样条件下薄壁堰自由出流的水舌下缘相吻合的形状，则水流将紧贴堰面下泄，水舌基本上不受堰面形状的影响，堰面压强应为大气压强［图 9-8（a）］。如果堰顶曲线突出于水舌下缘，如图 9-8（b）所示，这时水舌不能保持原有的形状，堰面将顶托水流，堰面压强将大于大气压强，堰前总水头中的一部分势能将转换成压能，使转换成水舌动能的有效水头减小，过水能力就会降低。反之，若堰面低于水舌下缘，溢流水舌与堰顶表面将出现缝隙，当缝隙处空气被水舌带走后，堰面会形成局部真空区［图 9-8（c）］，堰顶附近真空区的存在，相当于加大了堰流的作用水头，堰流过水能力将增大。但是，堰面过大的真空将会产生空化空蚀破坏堰面，也会引起水舌颤动。所以，理想的剖面形状应是堰面曲线与薄壁堰水舌下缘基本吻合，这样既不产生过大的真空，又有比较大的过水能力。但实际上由于堰面的粗糙度不可避免地对水舌产生影响，再加上上游水头及水舌形状不会绝对稳定，所以实际采用的剖面形状都是在薄壁堰流水舌下缘曲线的基础上稍加修改而成的。

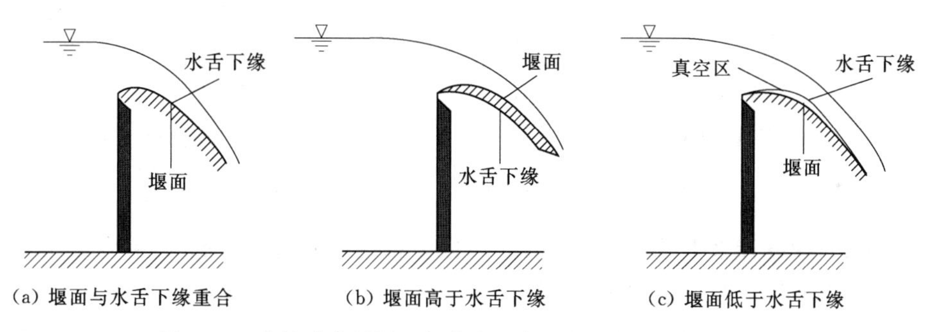

图 9-8　曲线形实用堰面与薄壁堰自由出流水舌下缘关系图

20 世纪 60 年代以前，我国采用较多的是克里格-奥菲采洛夫剖面，简称克-奥剖面。但这种剖面略显肥大，而且剖面是由一系列坐标点给出，设计施工过程中不便控制。克-奥剖面堰的设计可参考有关书籍，在设计水头条件下其流量系数为 0.49。20 世纪 60 年代以后，很多溢流堰都采用美国陆军工程兵团水道试验站的标准剖面，简称 WES 剖面。WES 剖面采用曲线方程表示，便于控制；同时，堰剖面较瘦，可以节省工程量和造价；另外，WES 堰堰面压强分布比较理想，有负压但不大，有利于泄流。下面着重介绍 WES 剖面堰的设计与计算。

20 世纪 30 年代起，美国垦务局对矩形锐缘薄壁堰流的水舌下缘曲线进行了系统的实验研究。1941 年起，美国陆军工程兵团为了设计混凝土重力坝的标准溢流堰面曲线，收集研究了有关的实验资料，最后认为丹佛实验室的资料最为准确。根据该资料点绘成图并拟合出适配曲线，为设置 WES 剖面堰的形状打下了良好的基础。

根据上述实验资料，选定薄壁堰流水舌下缘最高点的相对尺寸为：离薄壁堰上游面水

平距离 $c_2=0.250H_w$，高出薄壁堰堰顶 $a_2=0.112H_w$，式中 H_w 为薄壁堰堰顶水头。选定上述水舌下缘的最高点为曲线形剖面堰的顶点，以此顶点为界，将堰顶曲线划分为下游段曲线和上游段曲线两段。

下游段曲线以此顶点为原点，采用经验方程表示为

$$\left(\frac{x}{H_w}\right)^{1.85}=1.809\frac{y}{H_w} \tag{9-26}$$

上游段曲线采用两个圆弧合成：第一个圆弧以堰顶点为切点，以半径 $R_1=0.444H_w$ 作圆弧，至距堰顶水平距离 $c_1=0.155H_w$ 之处；接着以半径 $R_2=0.178H_w$ 作圆弧到曲线形溢流堰上游直线顶端。从堰顶点到堰上游直线顶端的水平距离为 $c_3=0.250H_w$，堰顶点到堰上游直线顶端的铅直距离为 $a_3=0.112H_w$。这样就确定了 WES 剖面堰的形状和尺寸，如图 9-9（a）所示。

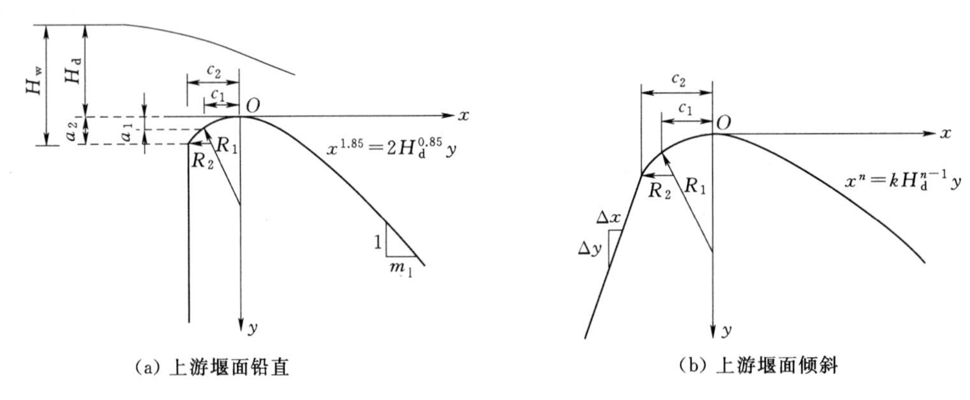

(a) 上游堰面铅直　　(b) 上游堰面倾斜

图 9-9　二圆弧 WES 剖面堰的形状和尺寸

由于 WES 堰设计水头是从堰顶起算，所以要将上述薄壁堰顶起算的水头 H_w 换算为 WES 堰堰顶设计水头 H_d，两者的关系为

$$H_d=H_w-0.112H_w=0.888H_w \tag{9-27}$$

将与 H_w 有关的尺寸转换成以堰顶设计水头 H_d 表示的尺寸，则 WES 剖面下游段曲线经验方程为

$$x^{1.85}=2H_d^{0.85}y \tag{9-28}$$

上游段曲线有关尺寸为

$$\left.\begin{aligned}R_1=0.5H_d, a_1=0.0316H_d, c_1=0.175H_d\\R_2=0.2H_d, a_2=0.126H_d, c_2=0.2815H_d\end{aligned}\right\} \tag{9-29}$$

WES 剖面堰上游迎水面也可采用倾斜面［图 9-9（b）］。在这种情况下，堰顶下游段曲线方程式（9-28）可表示为一般式：

$$x^n=kH_d^{n-1}y \tag{9-30}$$

对不同倾斜度的上游堰面，曲线方程中的指数 n、常数 k 及上游曲线的圆弧半径 R_1、R_2 和参数 c_1 及 c_2 值将不同，具体取值见表 9-1。

表 9-1　　WES 剖面堰顶曲线参数

上游面坡度 $\frac{\Delta y}{\Delta x}$	k	n	R_1	c_1	R_2	c_2
3∶0	2.00	1.850	$0.5H_d$	$0.175H_d$	$0.2H_d$	$0.282H_d$
3∶1	1.936	1.836	$0.68H_d$	$0.139H_d$	$0.21H_d$	$0.237H_d$
3∶2	1.939	1.810	$0.48H_d$	$0.115H_d$	$0.22H_d$	$0.214H_d$
3∶3	1.873	1.776	$0.45H_d$	$0.119H_d$	0	0

1961 年，葡萄牙里斯本土木实验室将 WES 剖面堰上游段曲线的两圆弧改为三圆弧。这样，改善了原来第二个圆弧与堰上游铅直面连接不光滑的情况。美国水道试验站经过模型试验发现，改用三圆弧的 WES 剖面堰在超过设计水头时，还可以改善堰面压强分布情况，增大流量系数。因此，美国水道试验站于 1970 年推荐采用三圆弧作为 WES 堰的堰顶上游段曲线，三段圆弧的半径及坐标值如图 9-10 所示。从水力学角度来看，肯定还存在更好的曲线形式，可以使流态和过流能力更好，但如果曲线过于复杂，会造成施工放样不方便，也很难达到理想的精度要求。因此，目前多是直接采用 WES 剖面堰，而不再研究更好的曲线形式。

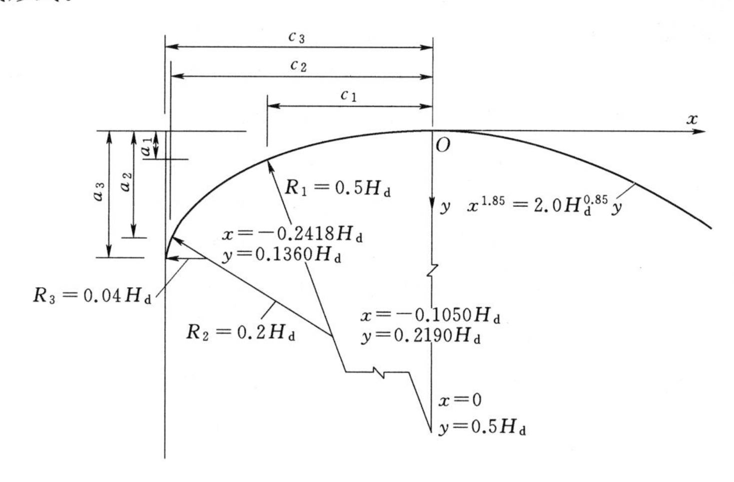

图 9-10　三圆弧 WES 剖面堰的形状和尺寸

$$\left.\begin{aligned}R_1&=0.5H_d, c_1=0.175H_d, a_1=0.0316H_d\\R_2&=0.2H_d, c_2=0.276H_d, a_2=0.1153H_d\\R_3&=0.04H_d, c_3=0.2818H_d, a_3=0.136H_d\end{aligned}\right\}\tag{9-31}$$

当堰顶设计水头 H_d、堰高 P，上下游最大水位差 z_{max} 及堰下游斜面坡度 m_1 确定后，可以按照如下方法设计 WES 堰顶曲线：①根据堰顶上游圆弧相关参数绘制堰顶上游段曲线；②根据堰下游斜面坡度 m_1，算出堰顶下游段曲线与斜面的切点（x_t，y_t）值；③根据下游段曲线经验方程点绘堰顶点 O 至切点 $C(x_t, y_t)$ 的堰顶下游段曲线；④根据反弧半径确定堰下游斜面下端与下游河床连接的反弧半径 R；⑤绘制堰面曲线。

在上述 WES 堰剖面设计中，剖面的尺寸取决于所采用的堰顶设计水头 H_d。但在实际应用时，堰顶水头是随流量 Q 的改变而在某一范围内变化的。因此，选定什么堰顶水

头作为设计水头 H_d，才会使所设计的堰剖面在已知的水头变化范围内工作时既有较大的流量系数，又不会使堰面产生过大的负压，这是剖面设计中应当注意的问题。

如果以最大水头作为设计水头，即 $H_d=H_{max}$，虽然可以保证堰面不出现负压，但由于实际工作水头总是小于设计水头，堰面压强一般高于大气压强，流量系数偏小。同时，在这种情况下所得出的堰剖面偏肥大，显然是不经济的。反之，如果采用最小水头作为设计水头，即 $H_d=H_{min}$，虽然可以得到较为经济的剖面，但因实际工作水头往往大于设计水头，堰面会产生较大负压，严重时会产生空化空蚀，破坏堰面并危及坝的安全。所以工程中经常采用的设计水头为 $H_d=(0.75\sim0.95)H_{max}$。

在设计水头 H_d 下，若实用堰的堰面产生真空，这样的曲线形实用堰称为真空剖面堰；若实用堰堰面上无真空产生，这样的曲线形实用堰称为无真空剖面堰。应该指出，无真空剖面堰和真空剖面堰都是相对于设计水头而言的。实际上，如果实际水头大于无真空剖面堰的设计水头，堰面上可能会形成真空。反之，如果实际水头小于真空剖面堰的设计水头，堰面上也可能不会形成真空。一般实用堰常设计为非真空剖面堰。

【例9-1】 有一上游堰面为铅直的WES堰，设计水头为 $H_d=4.9$m，堰高 $P=60.1$m，上下游最大水位差 $z_{max}=55$m，堰下游斜面坡度 $m_1=0.7$，试确定WES堰剖面形状。

解： (1) 确定堰顶上游三个圆弧的半径及水平控制长度：

$$R_1=0.50H_d=0.50\times4.9=2.45(\text{m})$$
$$R_2=0.20H_d=0.20\times4.9=0.98(\text{m})$$
$$R_3=0.04H_d=0.04\times4.9=0.196(\text{m})$$
$$c_1=0.175H_d=0.175\times4.9=0.858(\text{m})$$
$$c_2=0.276H_d=0.276\times4.9=1.352(\text{m})$$
$$c_3=0.2818H_d=0.2818\times4.9=1.381(\text{m})$$

(2) 求切点坐标 $C(x_t,\ y_t)$：

对堰顶下游段曲线 OC 的曲线方程 $x^{1.85}=2H_d^{0.85}y$ 求一阶导数，得

$$\frac{\mathrm{d}y}{\mathrm{d}x}=\frac{1.85}{2\times4.9^{0.85}}x^{0.85}=\frac{1.85}{7.72}x^{0.85}=0.24x^{0.85}$$

直线 CD 的坡度为：$\frac{\mathrm{d}y}{\mathrm{d}x}=\frac{1}{m_1}=\frac{1}{0.7}$，在 OC 与堰顶下游面直线段切点 C 点，有

$$0.24x_c^{0.85}=\frac{1}{0.7}$$

由此可得：$x_c=\left(\frac{1}{0.7\times0.24}\right)^{\frac{1}{0.85}}=8.15(\text{m})$，$y_c=\frac{8.15^{1.85}}{7.72}=6.28(\text{m})$

(3) 堰顶下游曲线 OC 方程为

$$y=\frac{x^{1.85}}{2H_d^{0.85}}=\frac{x^{1.85}}{2\times4.9^{0.85}}=\frac{x^{1.85}}{7.72}$$

按上式计算的曲线 OC 坐标值为

x/m	1	2	3	4	5	6	7	8.5
y/m	0.129	0.467	0.989	1.683	2.544	3.564	4.740	6.789

(4) 确定堰下游斜面下端与下游河床连接的反弧半径 R：

坝下游反弧半径按下式计算：

$$R=(0.25\sim0.5)(H_d+z_{max})=(0.25\sim0.5)(4.9+55)=15.0\sim29.9(\text{m})$$

取 $R=20$m。

(5) 根据以上计算数据绘制堰面曲线，如图 9-11 所示。

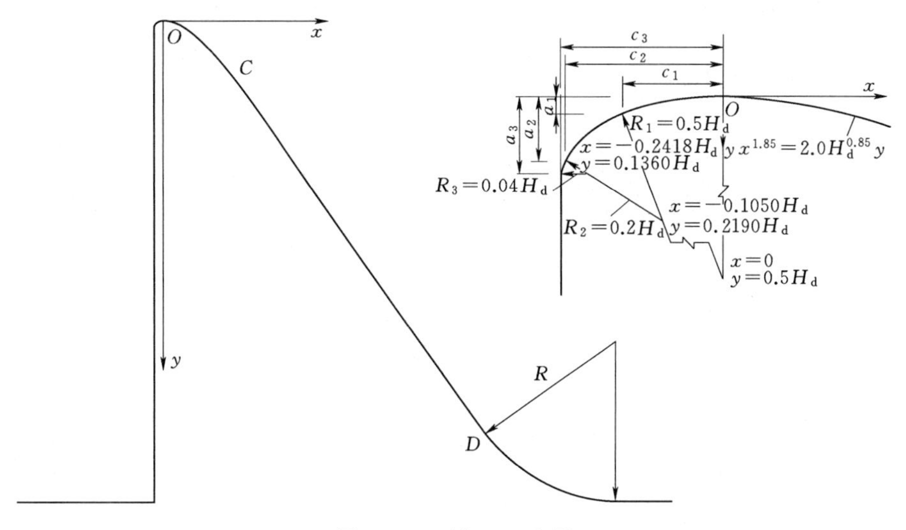

图 9-11　例 9-1 配图

二、WES 剖面堰的流量系数

实验研究表明，曲线形实用堰的流量系数一般与上游堰高与设计水头之比 P_1/H_d、堰顶总水头与设计水头之比 H_0/H_d 及上游堰面的坡度有关。

对于上游面铅直的 WES 剖面堰，当 $\dfrac{P_1}{H_d}\geqslant1.33$ 时称为高堰。高堰的行近流速 v_0 很小，行近流速水头可以略去不计（即认为 $H_0\approx H$）；高堰的堰高 P_1 对过堰水舌的轨迹影响不明显，因此，流量系数 m/m_d 只与 H/H_d 有关，而与 P_1/H_d 无关。根据实验和原型观测成果，高堰的流量系数 m 与 H/H_d 的关系曲线如图 9-12 中的曲线（a）。由曲线知，流量系数随堰顶水头与设计水头之比 H/H_d 的增大而增大，当高堰的实际工作水头等于设计水头（即 $H/H_d=1$）时，流量系数 $m=m_d=0.502$；当实际工作水头小于设计水头（即 $H/H_d<1$）时，过堰水舌将紧贴堰面，堰面水流压能增加，由堰顶水头转化为动能的量减少，相当于作用水头减少，故流量系数 m 减少（$m/m_d<1$）；当实际工作水头大于设计水头（即 $H/H_d>1$）时，过堰水舌挑离堰面，堰面将产生局部真空，压能减少，堰顶水头转化为动能的量增加，相当于作用水头增加，故流量系数增加（$m/m_d>1$）。

$P_1/H_d<1.33$ 的堰称为低堰，低堰的行近流速水头在堰前总水头中所占的比例较大，计算时不能忽略。同时，由于堰高 P_1 较小，堰前流线不能充分收缩，过堰水舌的轨迹将因 v_0 增大而趋于平展，堰顶压强增大，堰顶下游堰面的压强分布改变，流量系数降低。

因此，低堰的流量系数随相对堰高 P_1/H_d 减小而减小，随堰顶总水头与设计水头之比 H_0/H_d 的增大而增大。图 9－12 为上游面铅直时，WES 低堰的流量系数与 P_1/H_d 及 H_0/H_d 的关系曲线，用查图法确定堰流流量系数不太方便，不便于程序计算。根据实验数据分析，WES 堰流量系数可用下列经验公式计算：

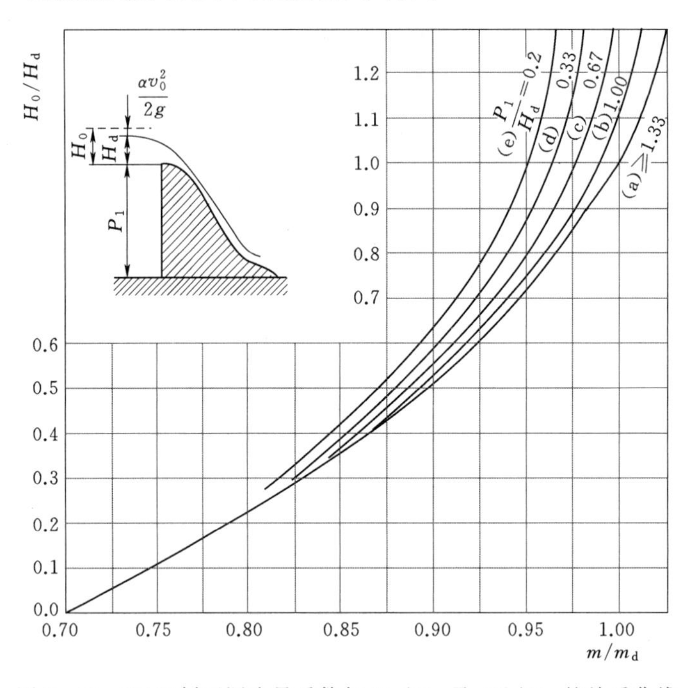

图 9－12 WES 剖面堰流量系数与 P_1/H_d 及 H_0/H_d 的关系曲线

$$m=(m_d'-0.363)\left(1.6016\frac{H_0}{H_d}-0.6016\frac{H_0^2}{H_d^2}\right)+0.363 \tag{9-32}$$

式中：m_d'为设计水头情况下的流量系数，m_d'与 P_1/H_d 间的关系为

$$m_d'=0.4988\left(\frac{P_1}{H_d}\right)^{0.0241},\frac{P_1}{H_d}<1.33 \tag{9-33}$$

$$m_d'=m_d=0.502,\frac{P_1}{H_d}\geqslant 1.33 \tag{9-34}$$

根据实际经验，当$\frac{P_1}{H_d}<0.3$ 时，m_d'明显变小，故一般选择上游堰高时，以$\frac{P_1}{H_d}>0.3$ 为宜。

如果上游堰面倾斜时，可以由图 9－13 查出修正系数 C，再乘以上游堰面铅直的流量系数 m，即可得到上游堰面不是铅直的流量系数 Cm。

除了 WES 堰以外，我国广东省水科院提出了两种由复合圆弧组成的驼峰堰，其尺寸如图 9－14 所示。该种剖面形式简单，便于设计施工，可用作堰高 $P<3$m 的低堰剖面，其流量系数约为 $m=0.42\sim0.46$。

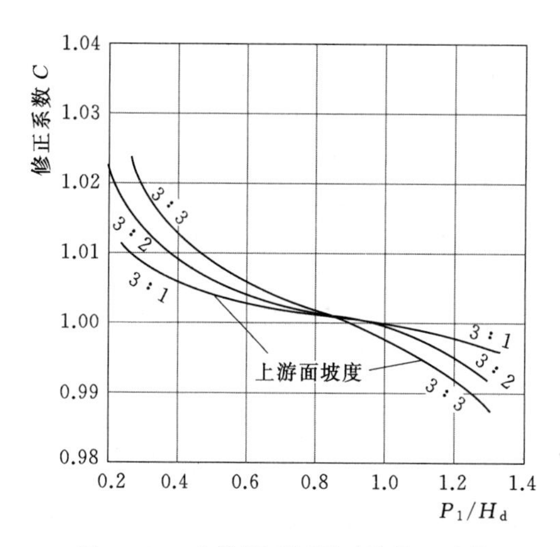

图 9-13　上游堰面倾斜时的修正系数

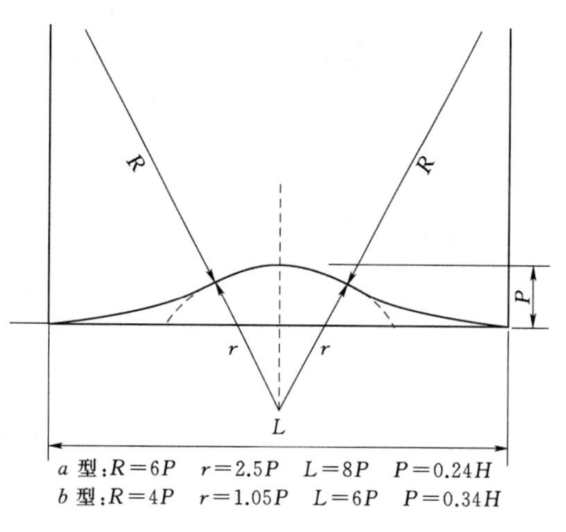

图 9-14　驼峰堰

三、侧向收缩系数

为了减少堰的建造费用，更好地控制水位和流量，常在堰上设置闸墩和边墩（图 9-15），这都会造成过堰水流的侧向收缩。侧向收缩增加了过堰水流的局部阻力，减少了堰的过水能力。侧向收缩对过流能力的影响用侧向收缩系数 σ_c 来反映。

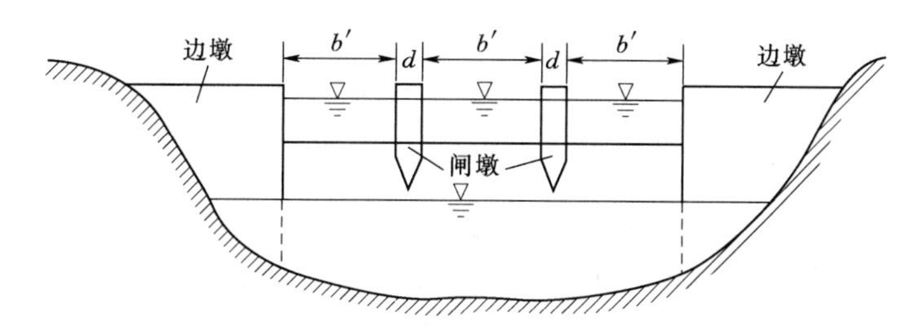

图 9-15　堰上的闸墩和边墩示意图

关于侧向收缩系数 σ_c 的计算方法，弗朗西斯认为侧向收缩减少了过堰水流的实际宽度，可用“有效宽度” B_c 代替堰宽 B，每孔侧向收缩使过堰水流实际宽度减少约为 $0.2H_0$，因此，有侧向收缩时，n 个相同堰孔的有效宽度为

$$B_c = nb - 0.2nH_0 \tag{9-35}$$

弗朗西斯的有效宽度是针对最不利的完全收缩情况提出的。实际上，如果闸墩做得比较平顺，则因侧向收缩而减少的宽度应为 $0.2\xi_0 H_0$。如果边墩做得比较平顺，则因侧向收缩而减少的宽度应为 $0.2\xi_k H_0$。因此，n 个堰孔的有效宽度为

$$B_c = nb - 0.2\xi_k H_0 - 0.2(n-1)\xi_0 H_0 \tag{9-36}$$

令侧收缩系数 $\sigma_c = \dfrac{B_c}{nb}$，则可得其计算式为

$$\sigma_c = 1 - 0.2[\xi_k + (n-1)\xi_0]\frac{H_0}{nb} \tag{9-37}$$

式中：ξ_k 为边墩减少系数；ξ_0 为中墩减少系数，分别表示边墩和中墩迎水部分的外形对

侧向收缩的影响，其值可按图 9-16 选定。图 9-16 中的数据是美国克里格、美国陆军工程兵团、巴甫洛夫斯基及奥费采洛夫等改进后的成果。

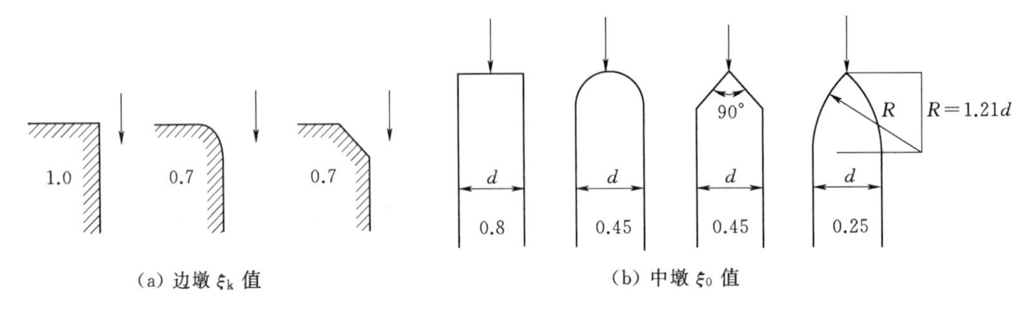

图 9-16　不同墩形的减少系数

式 (9-36) 和式 (9-37) 只适用于 $H_0 \leqslant b$ 的情况。克里格认为，若 $H_0 > b$，堰孔的面积收缩比不可能小于孔口出流的面积收缩比（即孔口出流的收缩系数，$\varepsilon = 0.64$），则堰孔的侧向收缩比（线性长度收缩比）的最小值只能等于面积收缩比的平方根（$\sqrt{\varepsilon} = 0.8$）。据此，克里格提出，对于 $H_0 > b$，可令式 (9-36) 中 $H_0 = b$，n 孔堰的有效宽度应为

$$B_c = nb - 0.2[\xi_k + (n-1)\xi_0]b \tag{9-38}$$

侧向收缩系数计算式则为

$$\sigma_c = 1 - \frac{0.2}{n}[\xi_k + (n-1)\xi_0] \tag{9-39}$$

如果堰孔只有部分开启，则开启孔两端的闸墩，应作为边墩看待，在应用上述公式计算有效宽度和侧向收缩系数时，应加以注意。有侧向收缩的过堰水流情况比较复杂，要从理论上研究很困难，弗朗西斯公式问世以来，虽经后人改进，但亦未臻完善。

四、WES 剖面堰的淹没系数

实验研究表明：当下游水位较高时，过水能力会受到下游水位的顶托而降低，这种堰流称为淹没堰流，如图 9-17 所示。实验还表明：对于 WES 剖面堰，$h_s/H_0 > 0.15$ 或 $P_2/H_0 \leqslant 2$，过水能力就会受下游水流影响而降低，式中 h_s 为下游水面超过堰顶的高度，P_2 为下游堰高。淹没系数 σ_s 与 h_s/H_0 和 P_2/H_0 的关系见图 9-18，从图中可以看出：当 $h_s/H_0 \leqslant 0.15$ 且 $P_2/H_0 > 2$ 时，出流不受下游水位及护坦高程的影响，称为自由出流，$\sigma_s = 1$。

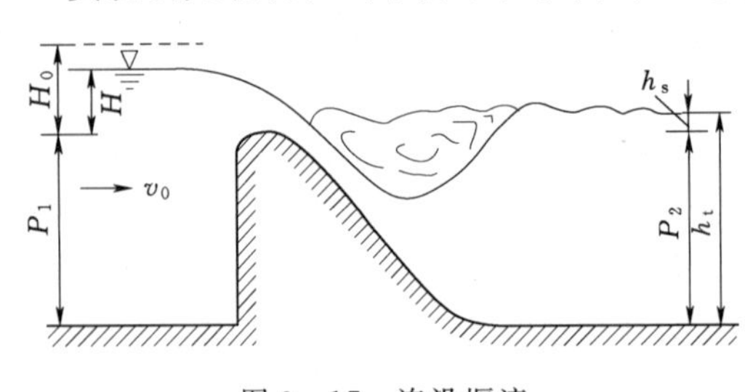

图 9-17　淹没堰流

当 $P_2/H_0 \leqslant 0.7$，且 $h_s/H_0 \leqslant 0.7$ 左右时，σ_s 迅速减小，故下游堰高 P_2 的选取以大于 $0.7H_0$ 为宜。

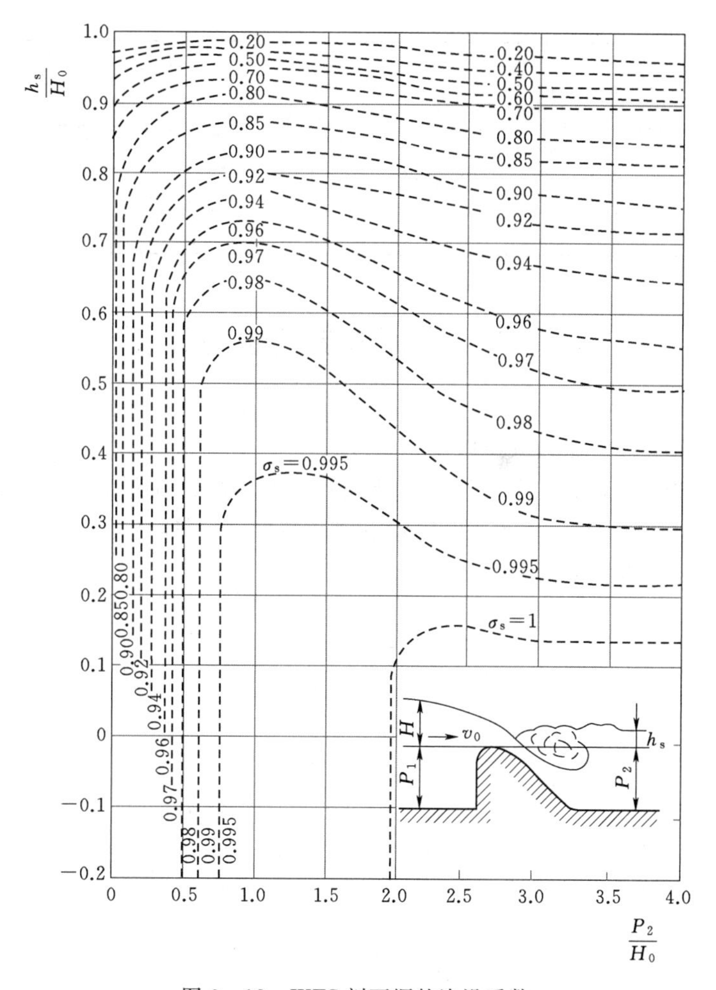

图 9-18　WES 剖面堰的淹没系数

五、折线形实用堰☆

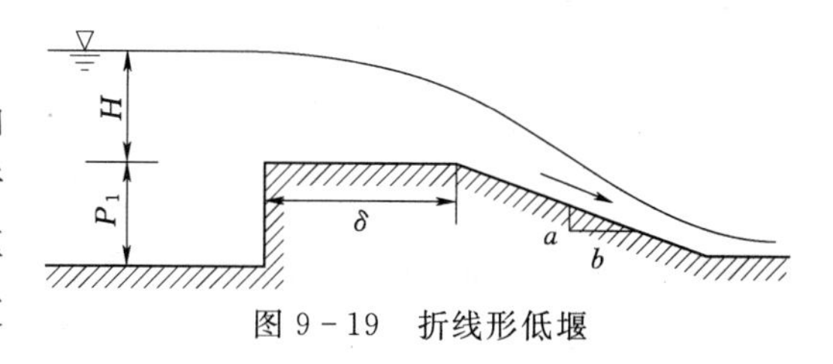

图 9-19　折线形低堰

中、小型水利工程常采用当地材料如条石、砖或木材做成如图 9-19 所示的折线形低堰，其流量系数随堰顶相对厚度（δ/H）、相对堰高（P_1/H）及下游坡度而变，流量系数大小可按表 9-2 选用。当堰顶角修圆后，其流量系数会有所增大，可以取表 9-2 中相应数值的 1.05 倍。

表 9-2　　折线形实用堰的流量系数

下游坡度	P_1/H	δ/H			
		2.0	1.0	0.75	0.5
1∶1	2～3	0.33	0.37	0.42	0.46
1∶2	2～3	0.33	0.36	0.40	0.42

续表

下游坡度	P_1/H	δ/H			
		2.0	1.0	0.75	0.5
1∶3	0.5～2.0	0.34	0.36	0.40	0.42
1∶5	0.5～2.0	0.34	0.35	0.37	0.38
1∶10	0.5～2.0	0.34	0.35	0.36	0.36

第五节　宽顶堰流的水力计算

一、有底坎无侧向收缩的宽顶堰流

宽顶堰流是实际工程中极为常见的水流现象，宽顶堰的流量系数 m 取决于堰顶的进口形式和堰的相对高度 P/H，可近似采用下列经验公式计算：

对堰顶进口为直角的宽顶堰（图 9-20）：

当 $0\leqslant P/H\leqslant 3$，
$$m=0.32+0.01\frac{3-P_1/H}{0.46+0.75P_1/H} \tag{9-40}$$

当 $P/H>3$，
$$m=0.32 \tag{9-41}$$

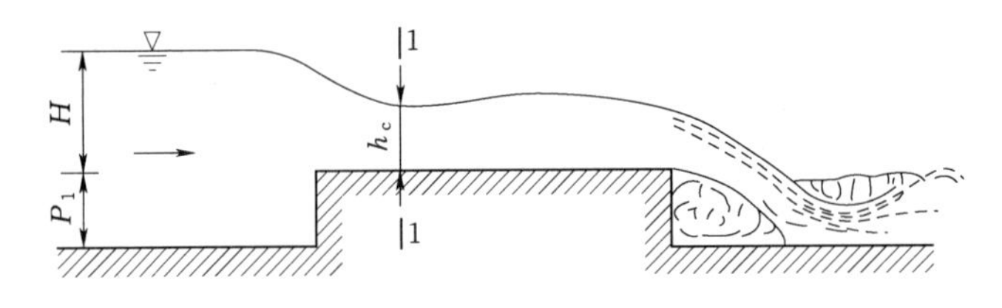

图 9-20　堰顶进口为直角的宽顶堰

对堰顶进口为圆角的宽顶堰（图 9-21）：

当 $0\leqslant P/H\leqslant 3$，
$$m=0.36+0.01\frac{3-P_1/H}{1.2+1.5P_1/H} \tag{9-42}$$

当 $P/H>3$，
$$m=0.36 \tag{9-43}$$

上述两种进口形式宽顶堰的流量系数经验公式分别是由图 9-22 及图 9-23 的实验数据点拟合而得。从图 9-22 及图 9-23 可以看出，实验数据点较为分散，因此上述公式只能用作近似计算。

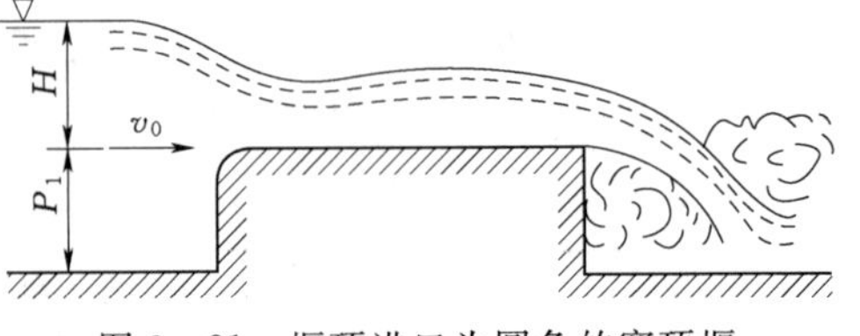

图 9-21　堰顶进口为圆角的宽顶堰

二、无底坎有侧向收缩的宽顶堰流

如果渠底高程不变，但渠道侧向收缩，此时水流虽然没有受到底坎阻碍，但在平面上，由于过流宽度小于原渠道宽度，过水断面减小、局部阻力增加，水流受到侧向束缩，上游水面被迫壅高，然后在过堰时水面再逐渐降落。这种水流现象与底坎引起的宽顶堰流

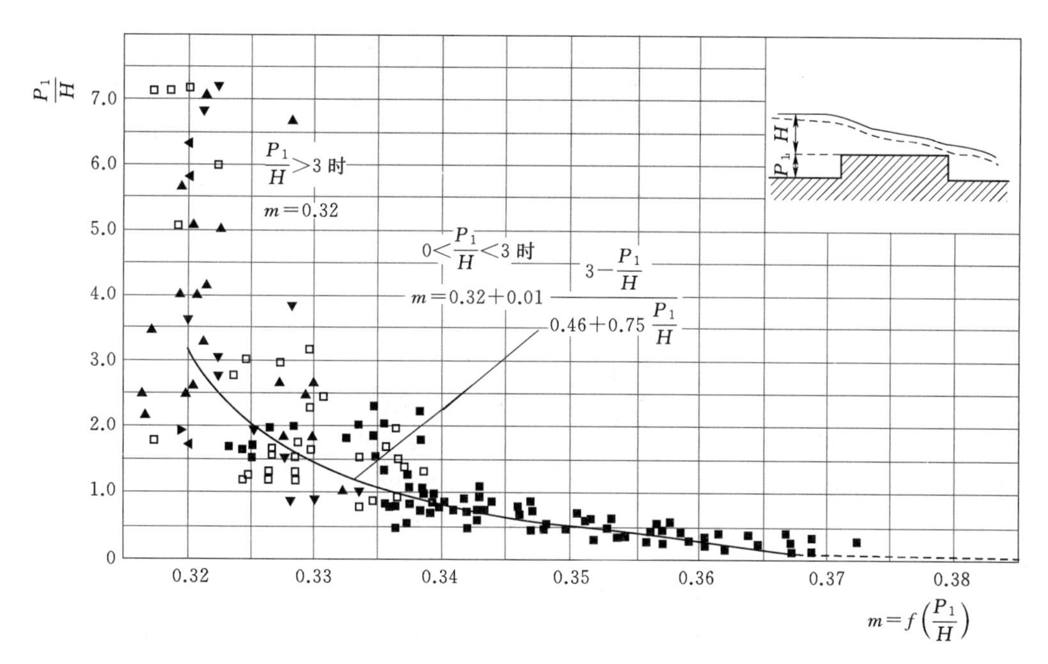

图 9-22 直角进口宽顶堰的流量系数

现象类似，称为无底坎有侧向收缩的宽顶堰流（图 9-24）。当水流流经桥墩、隧洞或涵管进口以及由于施工围堰束窄河床时（图 9-25），水流都会因侧向收缩的影响，形成与宽顶堰流类似的水流现象，都属无底坎宽顶堰流。

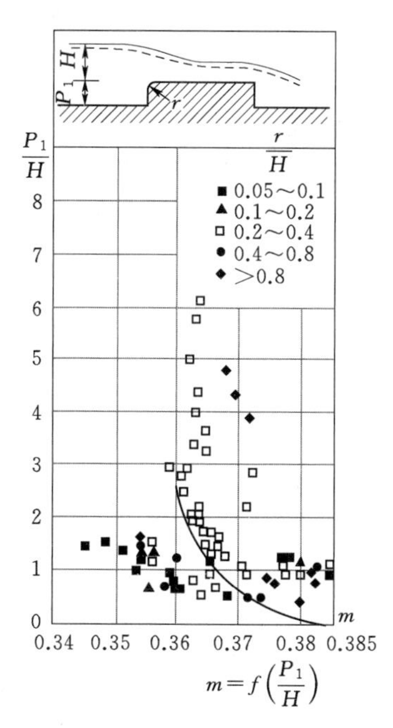

图 9-23 圆角进口宽顶堰的流量系数

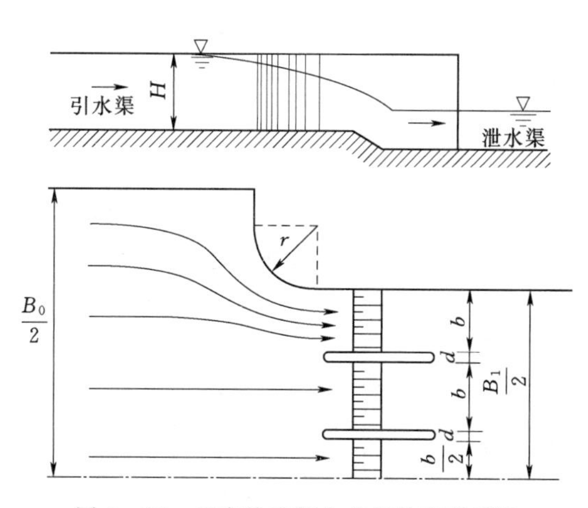

图 9-24 无底坎有侧向收缩的宽顶堰流

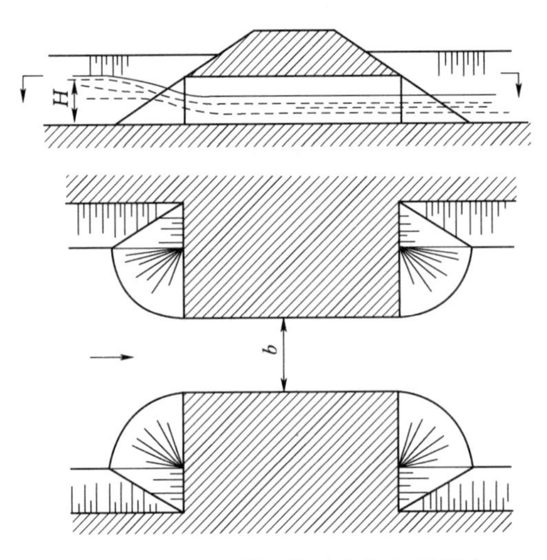

图 9-25　通过隧洞的无底坎宽顶堰流

对于侧向收缩形成的无底坎宽顶堰流，在计算中一般不单独考虑侧向收缩的影响，而是把它放在流量系数中一并考虑。直角形翼墙进口、“八”字形翼墙进口、圆弧形翼墙进口的无坎宽顶堰分别如图 9-26、图 9-27、图 9-28 所示。直角形翼墙进口的无坎宽顶堰流量系数、“八”字形翼墙进口的无坎宽顶堰流量系数及圆弧形翼墙进口的无坎宽顶堰流量系数可以分别从表 9-3、表 9-4 和表 9-5 中查得。

表 9-3　　直角形翼墙进口的无坎宽顶堰流量系数

b/B	≈0.0	0.1	0.2	0.3	0.4	0.5	0.6	0.7	0.8	0.9	1.0
m	0.320	0.322	0.324	0.327	0.330	0.334	0.340	0.346	0.355	0.367	0.385

表 9-4　　“八”字形翼墙进口的无坎宽顶堰流量系数

$\cot\theta$	b/B										
	0.0	0.1	0.2	0.3	0.4	0.5	0.6	0.7	0.8	0.9	1.0
0.5	0.343	0.344	0.346	0.348	0.350	0.352	0.356	0.360	0.365	0.373	0.385
1.0	0.350	0.351	0.352	0.354	0.356	0.358	0.364	0.364	0.369	0.375	0.385
2.0	0.353	0.354	0.355	0.357	0.358	0.360	0.366	0.366	0.370	0.376	0.385
3.0	0.350	0.351	0.352	0.354	0.356	0.358	0.364	0.364	0.369	0.375	0.385

表 9-5　　圆弧形翼墙进口的无坎宽顶堰流量系数

r/b	b/B										
	0.0	0.1	0.2	0.3	0.4	0.5	0.6	0.7	0.8	0.9	1.0
0.00	0.320	0.322	0.324	0.327	0.330	0.334	0.340	0.346	0.355	0.367	0.385
0.05	0.335	0.337	0.338	0.340	0.343	0.346	0.350	0.355	0.362	0.371	0.385
0.10	0.342	0.344	0.345	0.343	0.349	0.352	0.354	0.359	0.365	0.373	0.385
0.20	0.349	0.350	0.351	0.353	0.355	0.357	0.360	0.363	0.368	0.375	0.385

续表

r/b	b/B										
	0.0	0.1	0.2	0.3	0.4	0.5	0.6	0.7	0.8	0.9	1.0
0.30	0.354	0.355	0.356	0.357	0.359	0.361	0.363	0.366	0.371	0.376	0.385
0.40	0.357	0.358	0.359	0.360	0.362	0.363	0.365	0.368	0.372	0.377	0.385
≥0.50	0.360	0.361	0.362	0.363	0.364	0.366	0.368	0.370	0.373	0.378	0.385

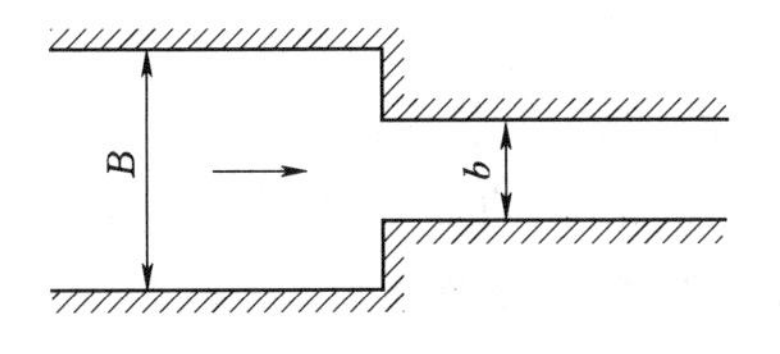

图 9-26　直角形翼墙进口的无坎宽顶堰

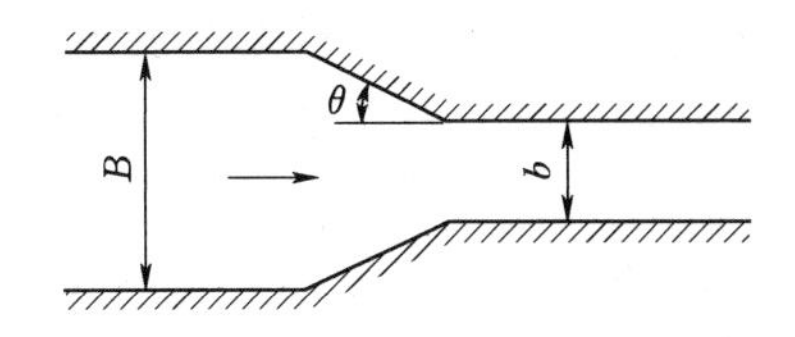

图 9-27　八字形翼墙进口的无坎宽顶堰

对于多孔无坎宽顶堰流（图 9-29），首先按照边墩的形状，从表 9-4 中查出相应的流量系数，注意表中$\frac{b}{B}$需用$\frac{b}{b+2\Delta b}$代替，b 为堰孔宽，Δb 为边墩边缘线与上游引水渠水边线之间的距离。对于中墩，可以将中墩的一半看成边墩，然后按此形状从表 9-5 中查出相应的流量系数，即为中孔流量系数，注意表中$\frac{b}{B}$需用$\frac{b}{b+d}$代替，d 为墩厚。综合流量系数应取边孔流量系数与中孔流量系数的加权平均值，即应按下式计算：

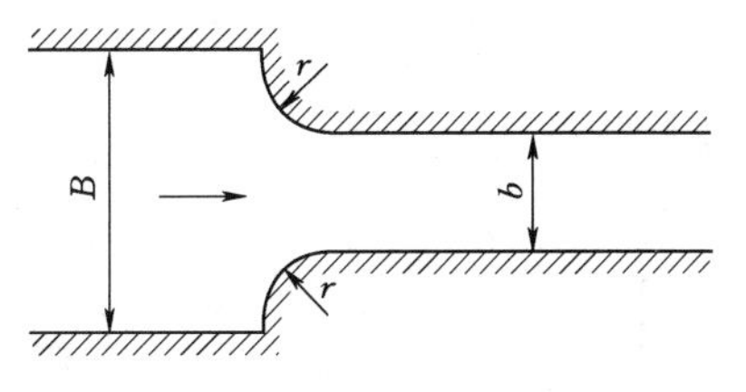

图 9-28　圆弧形翼墙进口的无坎宽顶堰

$$m_c=\frac{m_s+(n-1)m_m}{n} \tag{9-44}$$

式中：n 为堰孔数目；m_m 为中孔的流量系数；m_s 为边孔的流量系数。

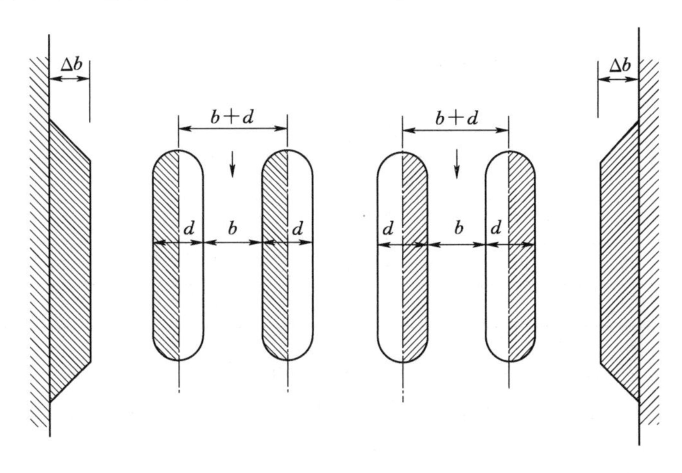

图 9-29　多孔无坎宽顶堰流

如果堰孔是部分开启，则未开启的堰孔应作为边墩处理，开启孔的上游计算宽度 B 应根据实际情况确定。

三、有底坎有侧向收缩的宽顶堰流

有底坎有侧向收缩宽顶堰流的流量系数可以按有底坎无侧向收缩宽顶堰流的流量系数计算，侧向收缩的影响可采用与实用堰相同的侧向收缩系数公式（9-39）或式（9-37）计算。

四、宽顶堰流的淹没条件及淹没系数

当下游水位较低，宽项堰流为自由出流时，进入堰顶的水流在进口处产生水面跌落，并在进口后约 $2H$ 处形成收缩断面 $c-c$，收缩断面的水深 h_c 小于临界水深 h_K，堰顶水流保持急流状态，如图 9-30（a）所示。当宽顶堰下游水位低于临界水深线 $K-K$ 时，宽顶堰流为自由出流，在此情况下，堰顶收缩断面下游为急流状态，堰下游水位变化不会影响收缩断面水深 h_c 的大小。

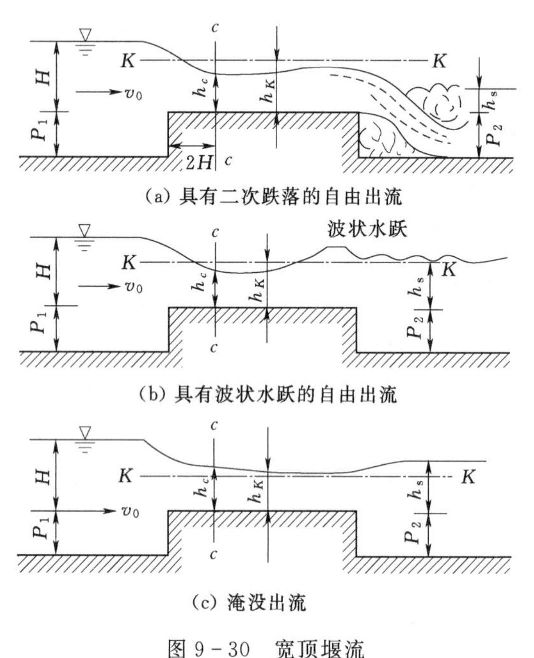

(a) 具有二次跌落的自由出流

(b) 具有波状水跃的自由出流

(c) 淹没出流

图 9-30　宽顶堰流

当下游水位高于 $K-K$ 线时，堰顶将产生水跃，如图 9-30（b）所示。水跃位置随下游水位的增加而向上游移动。根据实验得知，当堰顶以上的下游水深 $h_s>(0.75\sim0.85)H_0$ 时，水跃会移动到收缩断面 $c-c$ 的上游，收缩断面水深增大，当 $h_c>h_K$ 时，整个堰顶上的水流均变为缓流状态，堰流变为淹没出流，如图 9-30（c）所示。宽顶堰流的淹没条件为（取平均值）$h_s>0.8H_0$。

宽顶堰流的淹没系数 σ_s 随相对淹没度 h_s/H_0 的增大而减小，其关系见表 9-6。

表 9-6　　宽顶堰流淹没系数 σ_s

h_s/H_0	0.80	0.81	0.82	0.83	0.84	0.85	0.86	0.87	0.88	0.89
σ_s	1.00	0.995	0.99	0.98	0.97	0.96	0.95	0.93	0.90	0.87
h_s/H_0	0.90	0.91	0.92	0.93	0.94	0.95	0.96	0.97	0.98	
σ_s	0.84	0.82	0.78	0.74	0.70	0.65	0.59	0.50	0.40	

【例 9-2】 已知堰顶水头 $H=0.85$m，坎高 $P_1=P_2=0.50$m，堰下游水深 $h_t=1.10$m，堰宽 $b=1.28$m，取动能修正系数 $\alpha=1.0$，求流经直角进口无侧收缩宽顶堰的流量 Q。

解：（1）判别该堰流是自由出流还是淹没出流：

$$h_s = h_t - P_2 = 1.10 - 0.50 = 0.60(\text{m})$$

$0.8H_0 > 0.8H = 0.8 \times 0.85 = 0.68(\text{m}) > h_s$，所以此堰流是自由出流。

（2）计算流量系数 m：

因 $P_1/H = 0.50/0.85 = 0.588 < 3$，则由式（9-40）得

$$m = 0.32 + 0.01\frac{3-0.588}{0.46+0.75\times0.588} = 0.347$$

（3）计算流量 Q：

将 $H_0 = H + \dfrac{\alpha Q^2}{2g[b(H+P_1)]^2}$，代入式（9-6）

$$Q = mb\sqrt{2g}H_0^{1.5} = mb\sqrt{2g}\left[H + \frac{\alpha Q^2}{2gb^2(H+P_1)^2}\right]^{1.5}$$

将已知数据代入上式，得

$$Q = 0.347\times1.28\times\sqrt{2\times9.8}\times\left[0.85 + \frac{1.0\times Q^2}{2\times9.8\times1.28^2(0.85+0.50)^2}\right]^{1.5}$$

试算可求得此高次方程的解为 $Q = 1.67(\text{m}^3/\text{s})$。

（4）校核堰上游是否为缓流：

$$v_0 = \frac{Q}{b(H+P_1)} = \frac{1.67}{1.28\times(0.85+0.50)} = 0.97(\text{m/s})$$

$$F_r = \frac{v_0}{\sqrt{g(H+P_1)}} = \frac{0.97}{\sqrt{9.8\times(0.85+0.50)}} = 0.267 < 1$$

因此，上游水流为缓流。

$$h_K = \sqrt[3]{\frac{\alpha Q^2}{gb^2}} = \sqrt[3]{\frac{1.67^2}{9.8\times1.28^2}} = 0.56 < h_s = 0.6$$

可以看出，下游水位高于 $K-K$ 线，堰流特征如图 9-30（b）所示。

第六节 闸孔出流的水力计算

闸孔出流水力计算的主要任务是在一定闸前水头作用下计算不同闸孔开度时的泄流量。闸孔出流的流量公式为式（9-14），而流量系数是闸孔出流设计计算的关键。不同的闸门类型，不同的闸底坎形式，水流收缩程度及能量损失的大小各不相同，流量系数及其变化规律也各不相同。下面分析不同类型闸孔出流的流量系数变化规律及计算公式。

一、闸孔出流流量系数

闸孔出流的流量系数 $\mu = \mu_0\sqrt{1-\varepsilon\dfrac{e}{H_0}}$，$\mu_0 = \varepsilon\varphi$，$\varphi = \dfrac{1}{\sqrt{\alpha_c+\zeta}}$。其中流速系数 φ 综合反映进口断面到收缩断面间的水头损失和收缩断面流速分布不均匀的影响。φ 值主要取决于闸孔入口的边界条件（如闸底坎形式、闸门类型等）。对于无底坎宽顶堰上的闸孔出流，可取 $\varphi = 0.95\sim0.97$；对于有底坎宽顶堰上的闸孔出流，可取 $\varphi = 0.85\sim0.95$。垂直收缩系数 ε 反映水流经过闸孔时流线的收缩程度，ε 不仅与闸孔入口的边界条件有关，还与闸

孔的相对开度 e/H 有关。因此，流量系数 μ 取决于闸底坎形式、闸门类型和闸孔相对开度 e/H。

（一）宽顶堰上的平板闸门闸孔出流

儒可夫斯基采用理论分析方法，求得在无侧收缩、无底坎的条件下，平板闸门的垂直收缩系数 ε 与闸孔相对开度 e/H 的关系见表 9-7。表中所列数值显示，平板闸门的垂直收缩系数 ε 随闸孔相对开度 e/H 的增大而增大。

表 9-7　　平板闸门垂直收缩系数 ε

e/H	0.10	0.15	0.20	0.25	0.30	0.35	0.40	0.45	0.50	0.55	0.60	0.65
ε	0.615	0.618	0.620	0.622	0.625	0.630	0.630	0.638	0.645	0.650	0.660	0.675

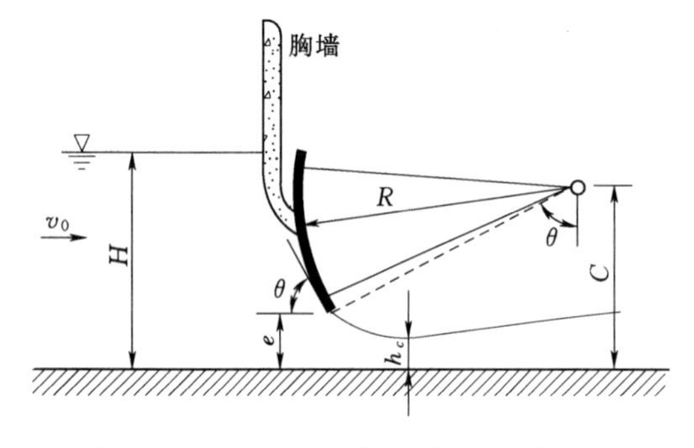

图 9-31　宽顶堰上的弧形闸门闸孔出流

流量系数 μ 可按南京水利科学研究院的经验公式计算

$$\mu=0.60-0.18e/H \tag{9-45}$$

式（9-45）的适用范围为：$0.1<e/H<0.65$。

（二）宽顶堰上的弧形闸门闸孔出流

弧形闸门的垂直收缩系数主要取决于弧形闸门底缘的切线与水平线的夹角 θ（图 9-31），θ 可以采用下式计算

$$\cos\theta=\frac{C-e}{R} \tag{9-46}$$

式中：C 为弧形闸门转轴与闸门关闭时落点的高差；R 为弧形闸门的半径。ε 与 θ 的关系见表 9-8。

表 9-8　　弧形闸门垂直收缩系数 ε 与 θ 的关系

θ/(°)	35	40	45	50	55	60	65	70	75	80	85	90
ε	0.789	0.766	0.742	0.720	0.698	0.678	0.662	0.646	0.635	0.627	0.622	0.620

闸孔出流流量系数 μ 的计算公式为

$$\mu=\left(0.97-0.81\frac{\theta}{180}\right)-\left(0.56-0.81\frac{\theta}{180}\right)\frac{e}{H} \tag{9-47}$$

式（9-47）的适用范围为：$25°<\theta\leqslant 90°$，$0.1<e/H<0.65$。

上面的垂直收缩系数及流量系数都是针对无底坎闸孔出流得到的，但实验证明，对于有底坎宽顶堰型闸孔出流，只要收缩断面仍位于堰坎上，而且闸门装在宽顶堰进口下游一定距离处，则底坎对水流垂直收缩的影响并不显著，仍可按无底坎闸孔出来的流量系数公式计算。

（三）曲线形实用堰上的平板闸门闸孔出流

曲线形实用堰上闸孔出流流量系数与闸门的形式、闸门在堰顶的位置、闸门的相对开度、堰顶曲线形式及实际水头与设计水头的比值等因素有关。目前，此项研究尚不充分，对于闸门位置处于堰顶点的平板闸门（图 9-32），流量系数可用如下经验公式计算。

$$\mu=0.745-0.274e/H \tag{9-48}$$

式（9－48）的适用范围为：$0.1<e/H<0.75$。

（四）曲线形实用堰上的弧形闸门闸孔出流

曲线形实用堰上的弧形闸门闸孔出流（图 9－33）的流量系数的经验公式为

$$\mu=0.685-0.19e/H \tag{9-49}$$

式（9－49）的适用范围为：$0.1<e/H<0.75$。

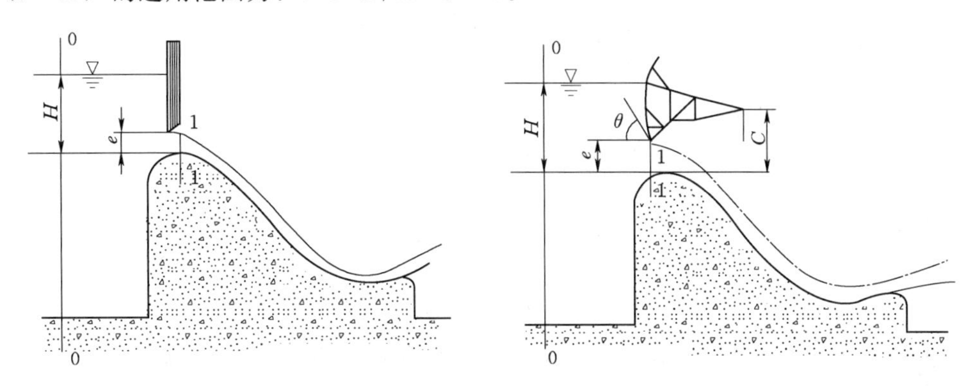

图 9－32 曲线形实用堰顶点平板闸门闸孔出流 图 9－33 曲线形实用堰上弧形闸门闸孔出流

二、闸孔出流淹没条件与淹没系数

实用堰上出现闸孔淹没出流的情况很少，下面以平底宽顶堰闸孔出流为例分析淹没出流的条件与计算方法。如图 9－34 所示，设闸孔下游收缩断面水深 h_c 相应的跃后水深为 h_c''。如果 $h_t=h_c''$，则下游水流所具有的能量刚好能使水跃发生在收缩断面处，如图 9－34（a）所示。这种恰好在收缩断面发生的水跃称为临界水跃，相应的跃前水深为 h_c，跃后水深为 h_t。如果下游水深 $h_t<h_c''$，则下游水流所具有的能量不能迫使水跃发生在收缩断面，这时水跃被推向下游，在收缩断面后形成一段壅水曲线，当水深增至与 h_t 要求的跃前水深 h''相等时便发生水跃，相应的跃后水深为 h_t，如图 9－34（b）所示。这种远离收缩断面的水跃称为远驱水跃。在闸后发生远驱水跃和临界水跃两种情况下，闸孔过水能力不受下游水深的影响，称为闸孔自由出流。如果 $h_t>h_c''$，下游水流所具有的能量将把水跃推向闸孔，水跃旋滚将淹没收缩断面，如图 9－34（c）所示。这时的水跃称为淹没水跃，淹没水跃将闸孔淹没，影响闸孔的过水能力，称为闸孔淹没出流。

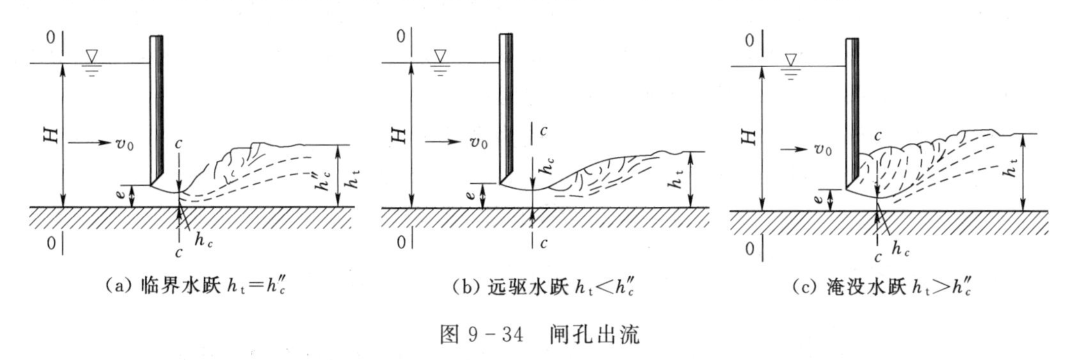

(a) 临界水跃 $h_t=h_c''$ (b) 远驱水跃 $h_t<h_c''$ (c) 淹没水跃 $h_t>h_c''$

图 9－34 闸孔出流

由于用水跃公式计算h_c''较为麻烦，采用上述方法判断是否淹没出流很不方便。为此将此种判别式做如下改变，可以简化计算和判断。

将水跃公式（8－71）与式（9－11）联解，经整理可得

$$\frac{h_c''}{h_c}\left(\frac{h_c''}{h_c}+1\right)=4\varphi^2\left(\frac{H_0}{h_c}-1\right)$$

显然，当$h_t \leqslant h_c''$时，必有

$$\frac{h_t}{h_c}\left(\frac{h_t}{h_c}+1\right)\leqslant\frac{h_c''}{h_c}\left(\frac{h_c''}{h_c}+1\right)$$

因此，闸孔自由出流的条件为

$$\frac{h_t}{h_c}\left(\frac{h_t}{h_c}+1\right)\leqslant 4\varphi^2\left(\frac{H_0}{h_c}-1\right) \tag{9-50}$$

闸孔淹没出流的条件为

$$\frac{h_t}{h_c}\left(\frac{h_t}{h_c}+1\right)>4\varphi^2\left(\frac{H_0}{h_c}-1\right) \tag{9-51}$$

对于闸底坎为宽顶堰的闸孔淹没出流，淹没系数σ_s可由图9－35查得。图中z为上下游液面差。

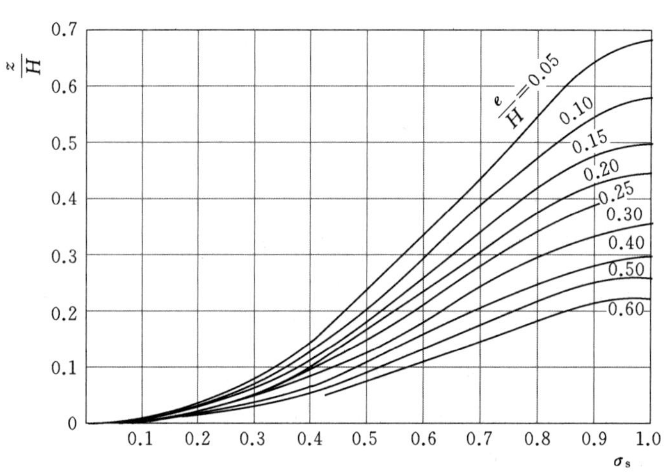

图9－35　闸孔淹没出流的淹没系数

【例9－3】 矩形渠道中修建一水闸，闸门为平板闸门，闸底板与渠底齐平，闸孔宽与渠道宽度相同，$b=3.0$m。已知，闸前水深$H=3.5$m，闸孔开度$e=0.7$m，下游水深$h_t=1.2$m，流速系数$\varphi=0.97$。求通过闸孔的流量。

解： 因为$e/H=0.7/3.5=0.2<0.65$，故为闸孔出流。

查表9－7得，$e/H=0.2$时$\varepsilon=0.62$，由式（9－9）得

$$h_c=\varepsilon e=0.62\times0.7=0.434\text{m}$$

代入数据计算：$4\varphi^2\left(\frac{H_0}{h_c}-1\right)=4\times0.97^2\left(\frac{3.5}{0.434}-1\right)=26.59$

而$\frac{h_t}{h_c}\left(\frac{h_t}{h_c}+1\right)=\frac{1.2}{0.434}\left(\frac{1.2}{0.434}+1\right)=10.41<26.59$，所以为闸孔自由出流。

由式（9-45）可求得流量系数为

$$\mu=0.60-0.18e/H=0.6-0.18\times0.2=0.564$$

代入式（9-13）可求得通过闸孔的流量为

$$Q=\mu be\sqrt{2gH_0}=0.564\times3\times0.7\sqrt{2\times9.8\times3.5}=9.81(\mathrm{m^3/s})$$

如果考虑行近流速水头，通过闸孔的流量为

$$Q_0=\mu be\sqrt{2gH_0}=0.564\times3\times0.7\sqrt{2\times9.8\times3.5+\frac{Q_0^2}{3^2\times3.5^2}}(\mathrm{m^3/s})$$

试算可得 $Q_0=9.87(\mathrm{m^3/s})$，两者差别仅 0.6%，因此可以忽略行近流速水头。

第七节　堰闸下游水流的衔接形式

在河渠上修建泄水建筑物（如溢流坝、溢洪道、泄洪洞及水闸等）后，上游水位抬高，水流具有较大的势能（图 9-36）。当水流通过泄水建筑物下泄后，水流具有的势能大部分转化为动能，因而在泄水建筑物下游的水流一般是水深小、流速大的急流。而下游河道水深较大，流速较小、一般多属缓流，于是就存在着一个以动能为主的急流与以势能为主的下游缓流相互衔接问题。解决衔接问题的关键是确定泄水建筑物下游收缩断面水深，再采取适当措施消除下泄水流的巨大动能。

一、泄水建筑物下游收缩断面水深计算

以图 9-37 所示的溢流坝为例，水流自坝顶下泄时势能逐渐转化为动能，水深减小，流速增加。到达坝趾的 $c-c$ 断面，流速最大，水深最小，称为收缩断面，其水深以 h_c 表示，h_c 小于临界水深 h_K，水流为急流。以通过收缩断面底部的水平面为基准面，列出坝前断面 0-0 及收缩断面 $c-c$ 的能量方程式：

$$E_0=h_c+\frac{\alpha_c v_c^2}{2g}+\zeta\frac{v_c^2}{2g} \tag{9-52}$$

式中：E_0 为以收缩断面底部为基准面的坝前断面单位重量水流所具有的总能量，$E_0=P_2+H+\frac{\alpha_0 v_0^2}{2g}=P_2+H_0$；$\zeta$ 为 0-0 至 $c-c$ 断面间的水头损失系数。

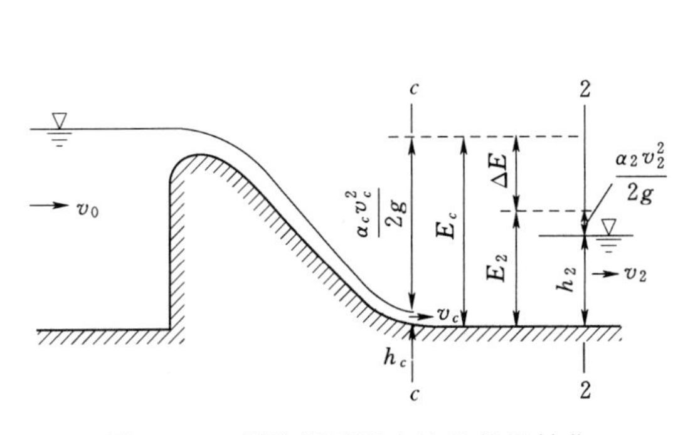

图 9-36　溢流坝下泄水流的能量转化

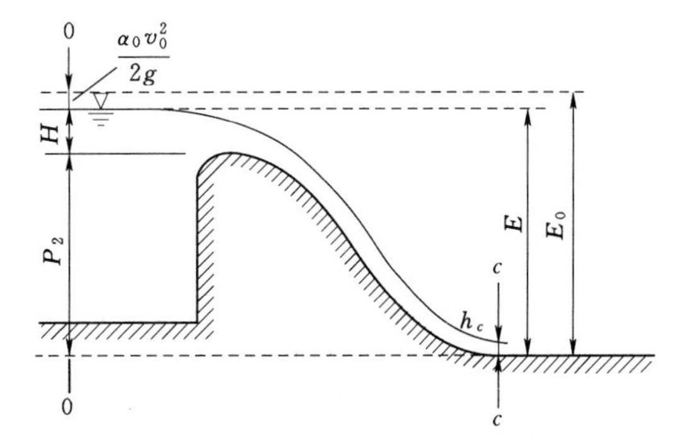

图 9-37　溢流坝下泄水流示意图

令流速系数 $\varphi=1/\sqrt{\alpha_c+\zeta}$，则式（9-52）可写作

$$E_0=h_c+\frac{v_c^2}{2g\varphi^2} \tag{9-53}$$

对于矩形断面，$v_c=q/h_c$，则

$$E_0=h_c+\frac{q^2}{2g\varphi^2 h_c^2} \tag{9-54}$$

当断面形状、尺寸、流量及流速系数已知时，采用式（9-54）可以确定收缩断面水深 h_c，但需要试算。对于矩形断面可用下面的迭代格式计算收缩断面水深：

$$h_c=\sqrt{\frac{q^2}{2g\varphi^2(E_0-h_c)}} \tag{9-55}$$

流速系数的大小决定于建筑物的形式和尺寸，严格来讲，还与坝面的粗糙程度、反弧半径 R 及单宽流量的大小有关，一般采用经验公式计算或参考表 9-9 选定。苏联科学家综合系统试验资料得出溢流坝流速系数 φ 值的经验公式为

$$\varphi=1-0.0155P_2/H \tag{9-56}$$

式（9-56）适用于 $P_2/H<30$ 的实用堰。

表 9-9　　泄流建筑物的流速系数

序号	建筑物泄流方式	图　形	φ
1	曲线形实用堰上闸孔出流	c c	0.85～0.95
2	宽顶堰上平板闸孔出流	c c	0.97～1.00
3	曲线形实用堰流	c c	溢流面长度较短 1.00 溢流面长度中等 0.95 溢流面长度较长 0.90
4	折线形实用堰流	c c	0.80～0.90

续表

序号	建筑物泄流方式	图　　形	φ
5	宽顶堰流	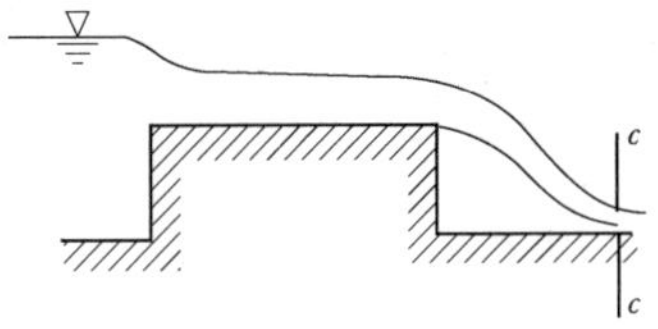 c c	0.85～0.95
6	跌水	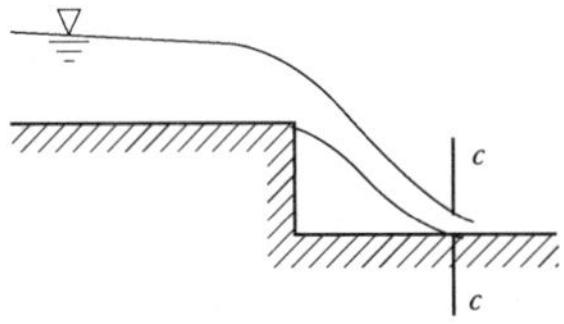 c c	1.00
7	末端设闸门的跌水	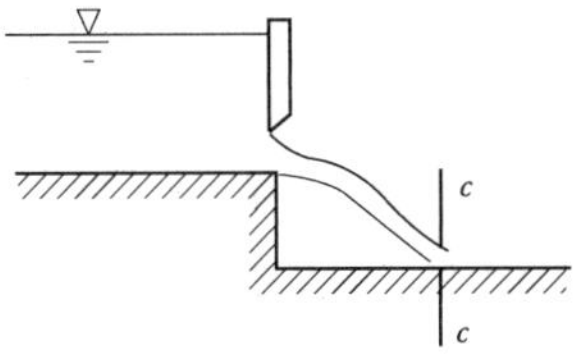 c c	0.97～1.00

中国水利水电科学研究院陈椿庭根据国内外一些实测资料提出的经验公式为

$$\varphi=\left(\frac{q^{2/3}}{s}\right)^{0.2} \tag{9-57}$$

式中：s 为坝前库水位与收缩断面底部的高程差，$s=P_2+H$，m；q 为单宽流量，m^2/s。

二、泄水建筑物下游水流的衔接形式

泄水建筑物下泄的水流往往为急流，收缩断面水深 h_c 常小于临界水深 h_K，河渠中的水流一般多属缓流，其水深 h_t 大于临界水深 h_K。因此，泄水建筑物的下游必然发生水跃。

下面以图 9－38 所示的溢流坝为例来说明水跃的位置与衔接形式。为研究方便起见，设下游水深 h_t 在建筑物下游附近较短范围内沿程基本不变。

水跃发生的位置可以根据以坝趾收缩断面水深 h_c 为跃前水深对应的跃后水深 h_c'' 与下游水深 h_t 的相对大小来确定。

（1）当 $h_c''=h_t$，即收缩断面水深 h_c 与下游水深 h_t 正好形成水跃的共轭水深时，水跃就发生在收缩断面处［图 9－38（a）］。这种衔接形式称为临界式水跃衔接。

（2）当 $h_c''<h_t$ 时，下游水深较大，下游水体就会向上游倒流，并淹没水跃和收缩断面［图 9－38（b）］。这种水跃称为淹没水跃，这种衔接形式称为淹没式水跃衔接。

（3）当 $h_c''>h_t$ 时，h_c'' 相对偏大，h_t 相对偏小，达不到发生水跃的共轭条件。这时，收缩断面后水流将形成壅水曲线，水深沿程逐渐增大，直到水深对应的跃后水深等于 h_t 才发生水跃［图 9－38（c）］。这种衔接形式称为远驱式水跃衔接。

如果用水跃的淹没系数 $\sigma_j=h_t/h_c''$ 表示水跃的淹没程度，则 $\sigma_j=1$ 时，为临界式水跃

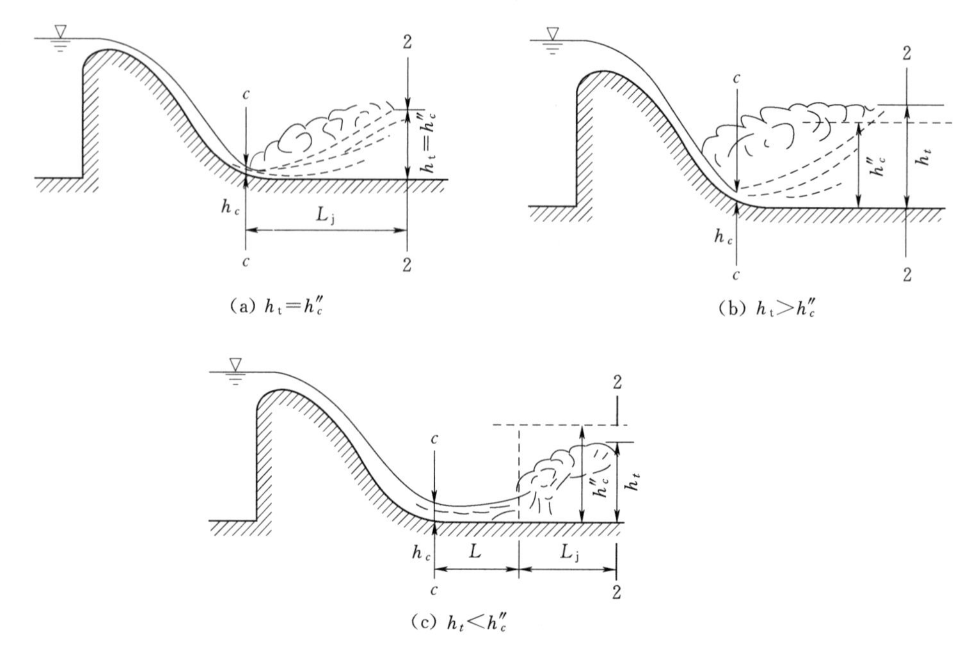

图 9-38　水跃位置与衔接形式

衔接；$\sigma_j<1$ 时，为远驱式水跃衔接；$\sigma_j>1$ 时，为淹没式水跃衔接。

可以看出，如果发生远驱式水跃衔接，建筑物与跃前断面之间还存在一段急流段。在急流段内，流速很大，很可能冲刷河床，破坏建筑物和堤岸的安全与稳定。因此必须采取一定的工程措施，在建筑物下游附近较短的距离内尽快消除多余能量，从而保证建筑物的安全。目前，常采用的消能措施有四种类型：①底流型衔接消能；②面流型衔接消能；③戽流型衔接消能；④挑流型衔接消能。本章着重介绍底流型衔接消能及挑流型衔接消能的水力计算。

第八节　底流型衔接消能的水力计算

底流型衔接消能是在建筑物下游采取一定的工程措施，控制水跃发生的位置，并通过水跃产生的表面旋滚和强烈紊动消除能量。由于衔接段主流在底部，故称其为底流型衔接消能（图 9-39）。

不同形式的水跃衔接消能效果不同，哪种水跃衔接形式较好呢？理论及实验研究表明：临界式水跃衔接要求的护坦长度较远驱式水跃衔接的短，但这种衔接形式不太稳定，所以在工程设计中，要求采用下游产生有一定淹没程度的淹没式水跃衔接。随着淹没系数 σ_j 的增大，淹没式水跃的消能率减小，水跃长度增大。所以在工程设计中，较好的衔接形式是下游产生淹没程度 $\sigma_j=1.05\sim1.10$ 的水跃。这时护坦长度较小，消能效果也比较好，并能得

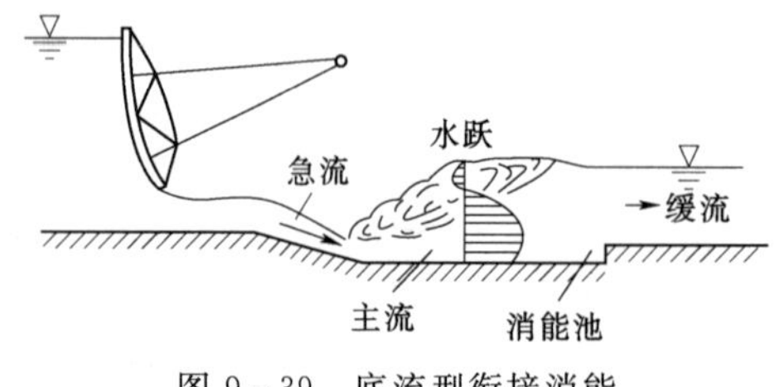

图 9-39　底流型衔接消能

到较为稳定的淹没水跃。

如果建筑物下游发生远驱式水跃衔接，那么通常可以采取下列两种工程措施使建筑物下游产生淹没程度为$\sigma_j=1.05\sim1.10$的水跃：①降低护坦高程形成消能池；②在护坦末端修建消能坎形成消能池。

一、降低护坦高程形成的消能池

降低护坦高程形成的消能池的设计目标是使池内发生淹没程度为$\sigma_j=1.05\sim1.10$的水跃，设计计算内容为消能池的深度及长度。

（一）消能池深度 *d* 的计算

为使建筑物下游形成稍有淹没的水跃（$\sigma_j=1.05\sim1.10$），消能池末端的水深应为

$$h_T=\sigma_j h''_{c1}=\frac{\sigma_j h_{c1}}{2}(\sqrt{1+8Fr_{c1}^2}-1) \tag{9-58}$$

式中：h_{c1}、Fr_{c1}为护坦高程降低后收缩断面的水深及佛汝德数；h''_{c1}为h_{c1}相应的跃后水深。

h_{c1}按式（9－54）计算。护坦高程降低后，式（9－54）应改写成：

$$E'_0=E_0+d=h_{c1}+\frac{q^2}{2g\varphi^2 h_{c1}^2} \tag{9-59}$$

离开消能池的水流，由于竖向收缩，过水断面面积减小，动能增加，水面会跌落一个Δz，其水流特性与淹没宽顶堰相同。由图9－40可以看出，消能池末端水深与下游水深的关系为

$$h_T=d+h_t+\Delta z \tag{9-60}$$

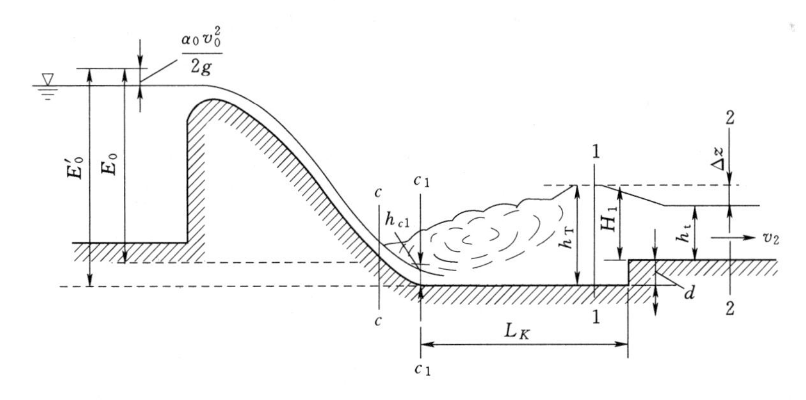

图9－40　降低护坦高程形成的消能池

以通过断面2－2底部的水平面作为基准面，对消能池末端断面1－1与下游断面2－2列出能量方程式：

$$H_1+\frac{\alpha_1 v_1^2}{2g}=h_t+(\alpha_2+\zeta)\frac{v_2^2}{2g} \tag{9-61}$$

即

$$\Delta z=H_1-h_t=\frac{v_2^2}{2g\varphi'^2}-\frac{\alpha_1 v_1^2}{2g} \tag{9-62}$$

令 $\alpha_1=1.0$，并以 $v_1=\frac{q}{h_T}$、$v_2=\frac{q}{h_t}$，代入式（9-62），则得

$$\Delta z=\frac{q^2}{2g}\left[\frac{1}{(\varphi' h_t)^2}-\frac{1}{h_T^2}\right] \tag{9-63}$$

式（9-63）中消能池的流速系数 $\varphi'=\frac{1}{\sqrt{\alpha_2+\zeta}}$，它取决于消能池出口处的顶部形式，一般取 $\varphi'=0.95$。

当 E_0、q 及 φ 已知时，即可利用式（9-58）、式（9-59）、式（9-60）及式（9-63）四个方程联合求解消能池深度 d。

消能池深度 d 需采用试算法求解，通常采用的试算法为：先假设一个 $d\Rightarrow$由式（9-59）计算 $h_{c1}\Rightarrow$由式（9-58）计算 $h_T\Rightarrow$由式（9-63）计算 $\Delta z\Rightarrow$由式（9-60）计算 d，直到假设的 d 和计算的 d 相等为止。这种方法在每次由式（9-59）计算 h_{c1} 时还需要试算，因此比较麻烦。

如果先将式（9-58）代入式（9-63），再将式（9-58）和式（9-63）代入式（9-60），然后将式（9-60）中的 d 代入式（9-59）就得到一个关于 h_{c1} 的方程，用试算法求解这个方程，就可以得到 h_{c1}。h_{c1} 的计算可以采用如下迭代格式：

$$h_{c1}=\sqrt{\frac{q^2/(2g\varphi^2)}{E_0-h_t-\frac{q^2}{2g\varphi'^2 h_t^2}-h_{c1}+\frac{\sigma_j h_{c1}}{2}(\sqrt{1+8Fr_{c1}^2}-1)+\frac{2q^2}{g\sigma_j^2 h_{c1}^2(\sqrt{1+8Fr_{c1}^2}-1)^2}}} \tag{9-64}$$

上述试算方法简单，收敛速度较快，便于编程。如果假设初值 $h_{c1}=h_c$，则迭代两三次即可收敛，求出 h_{c1} 后再由式（9-59）计算出 d 和其他相应水力要素。

（二）消能池长度 L_K 的确定

消能池长度与水跃的长度有关。实验表明，由于消能池中的水跃受末端升坎的阻挡，水跃的长度比无升坎阻挡的完全水跃短，故消能池长度可用如下经验公式近似计算：

$$L_K=(0.7\sim0.8)L_j \tag{9-65}$$

式中：L_j 为平底完全水跃的长度，可用式（8-78）～式（8-81）计算。

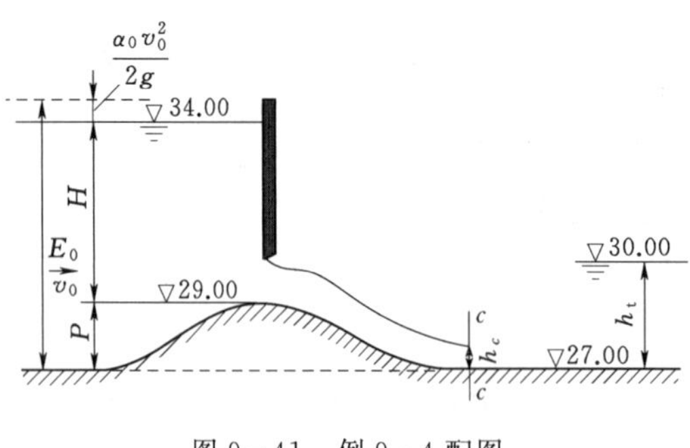

图 9-41　例 9-4 配图

【例 9-4】 某分洪闸如图 9-41 所示，底坎为曲线形低堰，泄洪单宽流量 $q=11\text{m}^2/\text{s}$，其他有关数据如图所示，试计算降低护坦高程消能池的池长和池深。

解：（1）首先判别堰闸下游水流的衔接形式：

$$v_0=\frac{q}{P+H}=\frac{11}{2+5}=1.571(\text{m})$$

$$E_0=P+H+\frac{v_0^2}{2g}=2+5+\frac{1.571^2}{2\times9.8}=7.126(\text{m})$$

取 $\varphi=0.903$，代入迭代式（9-55）得

$$h_c=\sqrt{\frac{q^2}{2g\varphi^2(E_0-h_c)}}=\sqrt{\frac{11^2}{0.903^2\times 2g(7.126-h_c)}}$$

假定 $h_c=0$，代入右端可得 $h_c=1.031\text{m}$，反复迭代后可得 $h_c=1.123\text{m}$

由此得 $Fr_c=\dfrac{q}{\sqrt{gh_c^3}}=\dfrac{11}{\sqrt{9.8\times 1.123^3}}=2.953>1$

于是得 $h_c''=\dfrac{h_c}{2}(\sqrt{1+8Fr_c^2}-1)=\dfrac{1.123}{2}(\sqrt{1+8\times 2.953^2}-1)=4.162(\text{m})$

已知下游水深 $h_t=30-27=3(\text{m})$。因为 $h_t<h_c''$，堰闸下游水流的衔接形式为远驱式水跃，故需要修建降低护坦的消能池。

（2）求池深 d：

方法1：为便于计算，将式（9-63）代入式（9-60），整理后为

$$h_T+\frac{q^2}{2gh_T^2}-d=h_t+\frac{q^2}{2g\varphi'^2h_t^2}$$

上式左端为池深 d 的函数，$f(d)=h_T+\dfrac{q^2}{2gh_T^2}-d$

右端为常数，$A=h_t+\dfrac{q^2}{2g\varphi'^2h_t^2}=3+\dfrac{11^2}{2\times 9.8\times 0.95^2\times 3^2}=3.76(\text{m})$

假设 d 值对函数 $f(d)$ 进行试算，当某个 d 值使 $f(d)=A$ 时，d 值即为所求的池深。取 $\sigma_j=1.05$，试算的结果如下：

d/m	h_{c1}/m	h_{c1}''/m	h_T/m	$f(d)$/m
1.19	1.019	4.441	4.663	3.757

方法2：在上述以 d 为迭代变量进行试算过程中，每一次计算都需要用式（9-59）迭代求解 h_{c1}，因此比较麻烦。如果采用式（9-64）迭代计算，并假设初值为 h_c，则

$$h_{c1}=\sqrt{\frac{q^2/(2g\varphi^2)}{E_0-h_t-\dfrac{q^2}{2g\varphi'^2h_t^2}-h_{c1}+\dfrac{h_{c1}\sigma_j}{2}(\sqrt{1+8Fr_{c1}^2}-1)+\dfrac{2q^2}{g\sigma_j^2h_{c1}^2(\sqrt{1+8Fr_{c1}^2}-1)^2}}}$$

$$=\sqrt{\frac{11^2/(2g\times 0.903^2)}{7.126-3.76-h_{c1}+\dfrac{1.05h_{c1}}{2}\left(\sqrt{1+\dfrac{8\times 11^2}{gh_{c1}^3}}-1\right)+\dfrac{2\times 11^2}{1.05^2gh_{c1}^2\left(\sqrt{1+\dfrac{8\times 11^2}{gh_{c1}^3}}-1\right)^2}}}$$

第一次迭代结果为1.045m，多次迭代收敛于1.019m。代入式（9-59）可得 $d=1.186\text{m}$，故可取池深为1.19m。

（3）求池长 L_K

由式（8-79）得

$$L_j = 6.9(h''_{c1} - h_{c1}) = 6.9 \times (4.441 - 1.019) = 23.61(\text{m})$$

$$L_K = 0.75L_j = 0.75 \times 23.61 = 17.71(\text{m})$$

二、在护坦末端修建消能坎形成的消能池

当河床不易开挖或开挖太深造价不经济时，可在护坦末端修建消能坎，壅高坎前水位形成消能池，以保证在建筑物下游产生淹没程度不大的水跃，如图 9-42 所示。消能坎的计算内容为确定坎高 c 及消能池长 L_K。下面介绍宽度不变的矩形渠道中消能坎的设计与计算。

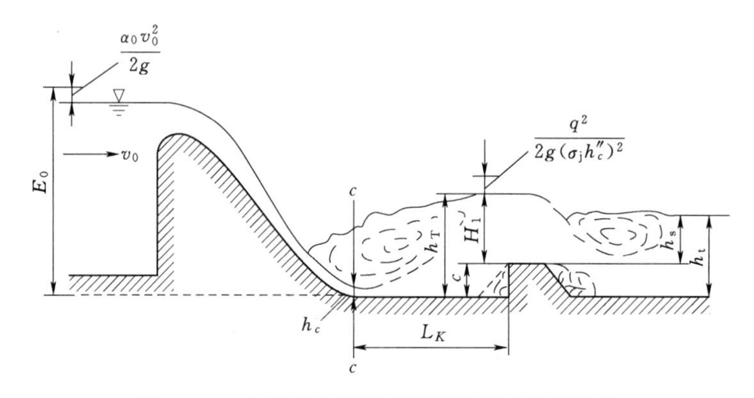

图 9-42　在护坦末端修建消能坎形成的消能池

从图 9-42 可以看出，消能坎高 c 应满足的几何关系为

$$c = h_T - H_1 \tag{9-66}$$

为使建筑物下游产生淹没程度不大的水跃，坎前的水深 h_T 应为

$$h_T = \sigma_j h''_c \tag{9-67}$$

坎前的作用水头 H_1 应为

$$H_1 = H_{10} - \frac{q^2}{2gh_T^2} = H_{10} - \frac{q^2}{2g(\sigma_j h''_c)^2} \tag{9-68}$$

消能坎一般做成折线形或曲线形实用堰，故坎顶水头可用堰流公式计算：

$$H_{10} = \left(\frac{q}{\sigma_s m_1 \sqrt{2g}}\right)^{2/3} \tag{9-69}$$

将式（9-67）～式（9-69）代入式（9-66），可得坎高的计算公式为

$$c = \sigma_j h''_c + \frac{q^2}{2g(\sigma_j h''_c)^2} - \left(\frac{q}{\sigma_s m_1 \sqrt{2g}}\right)^{2/3} \tag{9-70}$$

式中：m_1 为消能坎的流量系数，与坎的形状及池内水流状态有关，目前尚无系统资料，初步计算时可取 $m_1 = 0.42$；σ_s 为消能坎的淹没系数，与 h_s/H_{10} 有关。

因为消能坎前有水跃存在，与一般实用堰前的水流状态不同，故淹没系数及淹没条件也应有所不同。根据实测资料分析，当 $h_s/H_{10} \leqslant 0.45$ 时，消能坎为非淹没堰，$\sigma_s = 1$；当 $h_s/H_{10} > 0.45$ 时为淹没堰，σ_s 可参考表 9-10 取值。

表 9－10　　消能坎的淹没系数

h_s/H_{10}	≤0.45	0.50	0.55	0.60	0.65	0.70	0.72	0.74	0.76	0.78
σ_s	1.00	0.990	0.985	0.975	0.960	0.940	0.930	0.915	0.900	0.885
h_s/H_{10}	0.80	0.82	0.84	0.86	0.88	0.90	0.92	0.95	1.00	
σ_s	0.865	0.845	0.815	0.785	0.750	0.710	0.651	0.535	0.000	

在计算消能坎高度 c 的公式中，消能坎的淹没系数 σ_s 与消能坎高度 c 有关，因此，需要采用试算法进行计算。计算时可以先假设消能坎出流为自由溢流 $\sigma_s=1$，再由式（9－69）和式（9－70）计算 H_{10} 和 c，最后根据 h_s/H_{10} 判断是否淹没。如果消能坎为淹没堰，则由表 9－10 查出淹没系数，再重复上述计算。如果消能坎为非淹没堰，那么还应校核坎后的水流衔接情况。把消能坎当作一个溢流堰，计算坎后的收缩水深及其共轭水深，再与下游水深 h_t 比较。如果坎后为远驱式水跃衔接，则必须设置第二道消能坎或采取其他消能措施。消能坎下游收缩断面计算时的流速系数 φ 一般可取 0.90～0.95。

消能坎式消能池池长 L_K 的计算与降低护坦高程形成的消能池相同。

【例 9－5】 试根据例 9－4 的数据计算在护坦末端修建消能坎形成的消能池的坎高及池长。

解： 由例 9－4 知，泄洪单宽流量 $q=11\text{m}^2/\text{s}$，下游水深 $h_t=3\text{m}$，在自然衔接状态下，$h_c=1.123\text{m}$，$h_c''=4.162\text{m}$。因为 $h_t<h_c''$，所以在自然衔接时将发生远驱水跃。

（1）求坎高。

1）先假设消能坎出流为自由溢流 $\sigma_s=1$，取 $m_1=0.42$，$\sigma_j=1.05$。由式（9－69）和式（9－70）可直接求得

$$H_{10}=\left(\frac{q}{\sigma_s m_1\sqrt{2g}}\right)^{2/3}=\left(\frac{11}{1\times0.42\sqrt{2\times9.8}}\right)^{2/3}=3.271(\text{m})$$

$$\begin{aligned}c&=\sigma_j h_c''+\frac{q^2}{2g(\sigma_j h_c'')^2}-\left(\frac{q}{\sigma_s m_1\sqrt{2g}}\right)^{2/3}\\&=1.05\times4.162+\frac{11^2}{2\times9.8(1.05\times4.162)^2}-\left(\frac{11}{1\times0.42\sqrt{2\times9.8}}\right)^{2/3}\\&=4.370+0.323-3.271=1.422(\text{m})\end{aligned}$$

验算消能坎的溢流状态：$\dfrac{h_s}{H_{10}}=\dfrac{h_t-c}{H_{10}}=\dfrac{3-1.422}{3.271}=0.482>0.45$

故消能坎上水流为淹没溢流，应考虑淹没的影响，从表 9－9 查得消能坎的淹没系数 $\sigma_s=0.9934$。

2）按坎为淹没溢流计算坎高：

由式（9－69）和式（9－70）可直接求得：

$$H_{10}=\left(\frac{q}{\sigma_s m_1\sqrt{2g}}\right)^{2/3}=\left(\frac{11}{0.9934\times0.42\sqrt{2\times9.8}}\right)^{2/3}=3.285(\text{m})$$

$$c=\sigma_j h_c''+\frac{q^2}{2g(\sigma_j h_c'')^2}-\left(\frac{q}{\sigma_s m_1\sqrt{2g}}\right)^{2/3}$$

$$=1.05\times4.162+\frac{11^2}{2\times9.8(1.05\times4.162)^2}-\left(\frac{11}{0.9934\times0.42\sqrt{2\times9.8}}\right)^{2/3}$$

$$=1.408(\mathrm{m})$$

验算消能坎的溢流状态：$\dfrac{h_s}{H_{10}}=\dfrac{h_t-c}{H_{10}}=\dfrac{3-1.408}{3.285}=0.486>0.45$

故消能坎上过流为淹没溢流，应考虑淹没的影响，从表 9-9 查得消能坎的淹没系数 $\sigma_s=0.9929$。

3）重复以上计算，直到两次的结果相同，最后可得坎高 $c=1.407(\mathrm{m})$。

（2）求池长 L_K，由式（8-79）得

$$L_j=6.9(h''_{c1}-h_{c1})=6.9\times(4.162-1.123)=20.97(\mathrm{m})$$

于是　$L_K=0.75L_j=0.75\times20.97=15.73(\mathrm{m})$，可取池长为 16m。

有时，单纯降低护坦高程开挖量太大，单纯建造消能坎坎又太高，坎后容易形成远驱式水跃衔接。在这种情况下，可以考虑适当降低护坦高程，同时修建不太高的消能坎。这种形式的消能池为综合式消能池（图 9-43）。综合式消能池的水力计算，一般是先按坎后产生临界水跃衔接的条件求得一坎高 c。再稍许降低坎高值，使坎后形成淹没水跃。然后，再根据这个坎高值和已求得的坎前水头 H_1，计算保证池中产生稍有淹没水跃时所需的池深。详细的计算步骤可参考有关书籍。

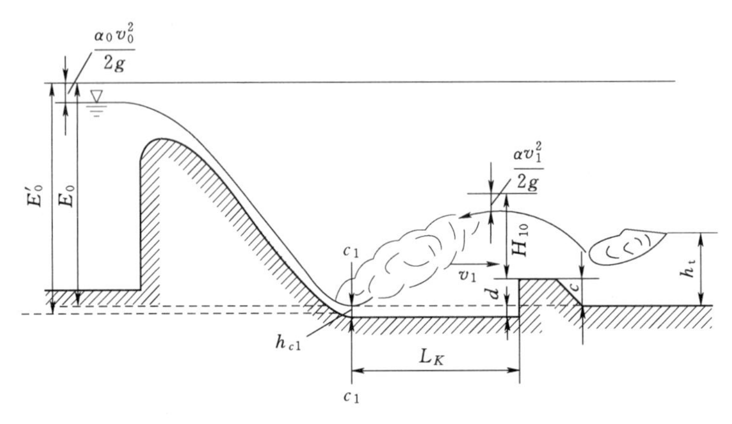

图 9-43　综合式消能池

三、消能池设计流量的选择

上面所讨论的池深 d、坎高 c 及池长 L_K 的计算，针对的都是给定的流量及相应的下游水深 h_t，但消能池建成后必须在不同的流量下运行。为了使得所设计的消能池在不同流量时都能保证水跃发生在消能池中，必须选择设计消能池尺寸的设计流量。

池长的设计流量是要求池长为最大值的流量。池长与完全水跃长度成正比，而完全水跃长度近似与收缩断面水深所对应的跃后水深成正比。所以，使水跃跃后水深最大的流量可以作为池长的设计流量。一般来说，建筑物下泄的最大流量就是池长的设计流量。

消能池深的设计流量是要求池深为最大值的流量。消能池深 d 近似随 h''_c-h_t 的增大而增大。所以，使 h''_c-h_t 为最大时的流量可以作为池深的设计流量（图 9-44）。实践证

明，池深 d 的设计流量并不一定是建筑物所通过的最大流量。

消能坎高度的设计流量是要求坎高为最大值的流量。设计时可以在实际运行流量范围内选定几个流量值，分别计算坎高 c，然后取使坎高最大的流量作为设计流量。

四、辅助消能工及消能池下游的河床保护

辅助消能工是为提高消能效率而附设在消能池中的墩或槛（图 9-45）。例如，趾墩一般设置在消能池起始断面处，有分散入池水流以加剧紊动掺混的作用。消能墩一般设置在大约 1/3～1/2 池长处，布置一排或数排，可加剧紊动掺混，并给水跃以反击力，对于减小池深和缩短池长有良好的作用。尾槛（连续槛或齿槛）一般设置在消能池的末端，可以将池中流速较大的底部水流导向下游水流的上层，以改善池后水流的流速分布，减轻水流对下游河床的冲刷。各种辅助消能工既可以单独使用某一种，也可以将几种组合起来使用。

但当流速较高时，例如坝趾附近流速 $v_c>17\mathrm{m/s}$ 时，消能墩容易发生空蚀；同时，有漂浮物（如漂木，漂冰等）及推移质的河道，辅助消能工常遭撞击破坏。因此，对于重要工程的消能方案应通过模型试验论证。

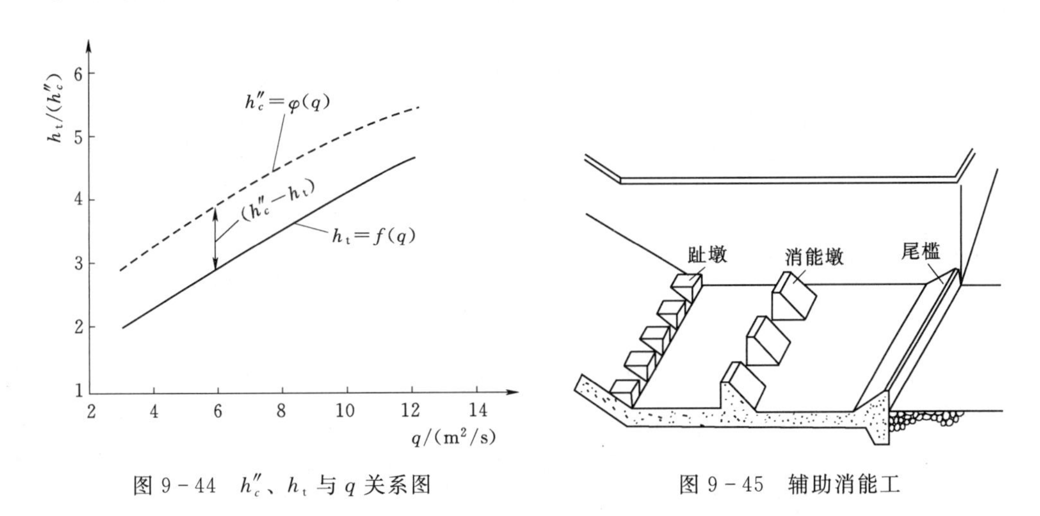

图 9-44　h_c''、h_t 与 q 关系图　　　图 9-45　辅助消能工

紧接消能池的下游水流属于水跃的跃后段，由第八章水跃的特点可知，在水跃的跃后段内流速分布尚未完全调整好，底部流速还较大，紊动强度也比充分发展的均匀紊流大，对河床仍具有较大的冲刷能力。因此，除河床岩质较好足以抵抗冲刷外，一般在消能池护坦后还需要设置较为简易的河床保护段，称之为海漫。海漫常用粗石料或表面凸凹不平的混凝土块铺砌而成，能够加速跃后段水流紊动的衰减，海漫长度 L_P 可短于跃后段长度，可按下式估算：

$$L_P=(1.63\sim2.40)L_j \tag{9-71}$$

此外，离开海漫的水流还具有一定的冲刷能力，往往在海漫末端形成冲刷坑。为保护海漫的基础不遭破坏，海漫后常做成比冲刷坑略深的齿槽或防冲槽（图 9-46），其设计计算可参阅有关文献。

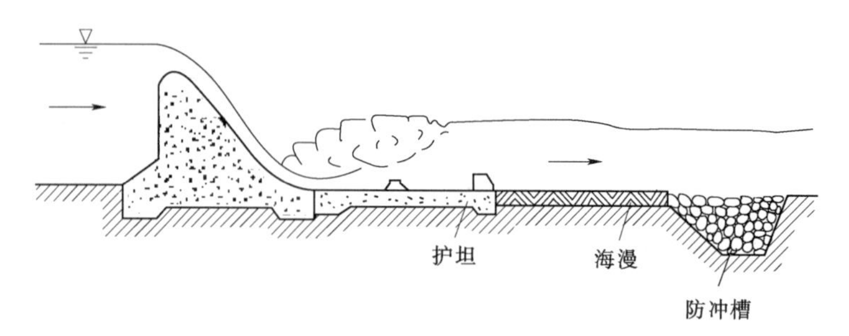

图 9-46　消能池下游的河床保护措施

第九节　挑流型衔接消能的水力计算☆

挑流型衔接消能是在泄水建筑物的下游端修建一个挑流鼻坎（图 9-47），利用适当的反弧段和挑角将水流挑入空中，然后跌落到远离建筑物的下游水体中。

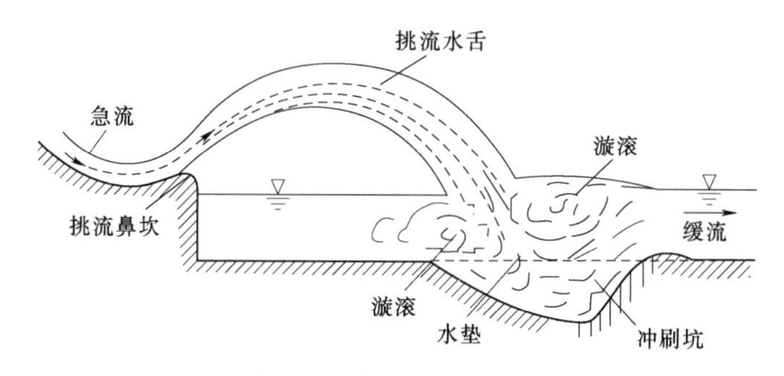

图 9-47　挑流型衔接消能

由于水舌挑入空中后失去固体边界的约束，在紊动及空气阻力的作用下发生掺气及分散，会损失一部分动能。水舌落入下游水体后，与下游水体发生碰撞，水舌继续扩散，流速逐渐减小，入水点附近则形成两个巨大的旋滚，主流与旋滚之间发生强烈的动量交换及剪切作用，消耗较大量的能量。这种消能方式称为挑流型衔接消能。

挑流型衔接消能是中高水头泄水建筑物常采用的一种消能方式，常用的挑坎有连续式及差动式两种（图 9-48）。连续式挑坎施工简便，比相同条件下的差动式挑坎射程远。差动式挑坎将通过挑坎的水流分成上下两层，垂直方向有较大的扩散，可以减轻对河床的冲刷，但流速高时易产生空蚀。目前，采用较多的是连续式挑坎。

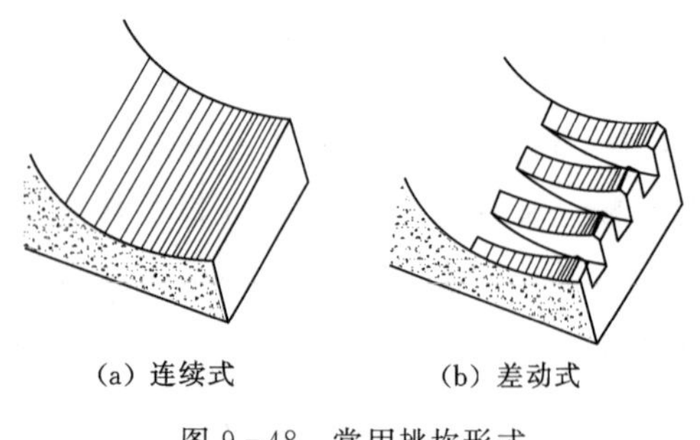

图 9-48　常用挑坎形式

挑流型衔接消能的优点是构造简单，不用修建护坦，便于维修；缺点是空中雾气大，下游尾水波动大。

由于潜入河底的主流会冲刷河床形成冲刷坑，冲刷坑可能会危及建筑物的安全，因此必须保证冲刷坑与建筑物之间有足够长的距离，以保证建筑物的安全稳定。

挑流型衔接消能水力计算的主要任务是：按已知的水力条件选定适宜的挑坎形式，确定挑坎的高程、反弧半径和挑射角，计算挑流射程和下游冲刷坑深度。下面简略介绍连续式挑坎的水力计算。

一、挑流射程计算

挑流射程是指挑坎末端至冲刷坑最深点间的水平距离。由图 9-49 可以看出挑流射程为

$$L=L_0+L_1-L' \tag{9-72}$$

式中：L_0 为挑坎出口断面 1-1 中心点到水舌轴线与下游水面交点间的水平距离，称为空中射程；L_1 为水舌轴线与下游水面交点到冲刷坑最深点间的水平距离，称为水下射程；L'为挑坎出口断面 1-1 中心点到挑坎末端的水平距离。

L'一般很小可略去不计，故挑流射程为

$$L=L_0+L_1 \tag{9-73}$$

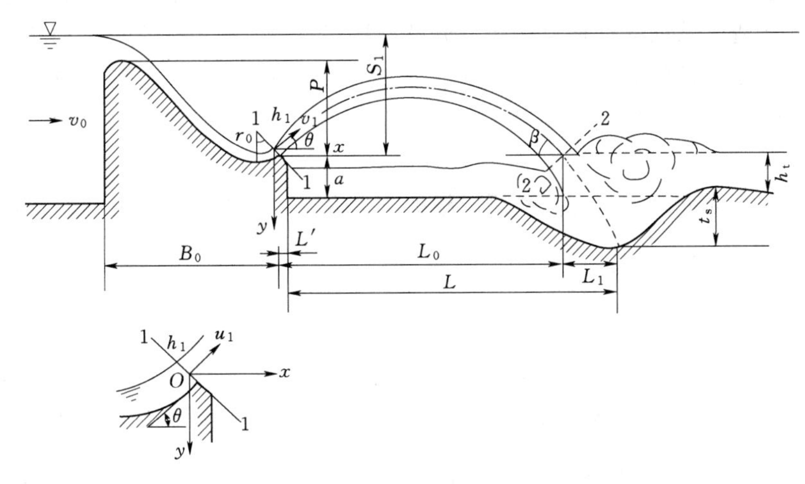

图 9-49　挑流型衔接消能计算示意图

(一) 空中射程计算

如图 9-49 所示，假定断面 1-1 中心点水流速度 u_1 与水平方向的夹角等于鼻坎挑角 θ，忽略空气阻力的影响，根据质点自由抛射理论，可以导出断面 1-1 中心点射出水流的轨迹方程为

$$x=\frac{u_1^2\sin\theta\cos\theta}{g}\left(1+\sqrt{1+\frac{2gy}{u_1^2\sin^2\theta}}\right) \tag{9-74}$$

由图 9-49 可知，当 $y=a-h_t+\frac{h_1}{2}\cos\theta$ 时，空中射程为

$$L_0=\frac{u_1^2\sin\theta\cos\theta}{g}\left[1+\sqrt{1+\frac{2g\left(a-h_t+\frac{h_1}{2}\cos\theta\right)}{u_1^2\sin^2\theta}}\right] \tag{9-75}$$

式中：a 为坎高，即下游河床至挑流鼻坎顶部的高差；h_t 为下游水深；h_1 为 1－1 断面的水深。

设断面 1－1 流速为均匀分布，则断面 1－1 的平均流速 v_1 等于断面中心点的速度 u_1，列出上游断面 0－0 及断面 1－1 的列能量方程，并整理可得

$$v_1=\varphi\sqrt{2g(S_1-h_1\cos\theta)} \tag{9-76}$$

将式（9－76）代入式（9－75），可得

$$L_0=\varphi^2\sin(2\theta)(S_1-h_1\cos\theta)\left(1+\sqrt{1+\frac{a-h_t+\dfrac{h_1}{2}\cos\theta}{\varphi^2\sin^2\theta(S_1-h_1\cos\theta)}}\right) \tag{9-77}$$

式中：S_1 为上游水面至挑坎顶部的高差；φ 为坝面流速系数，与坝上游至 1－1 断面间能量损失有关。

上述推导过程中忽略了水舌在空中分散、掺气及空气阻力的影响。一些资料表明，当 $v_1>15\text{m/s}$ 时已经不能忽略上述影响，按上述公式计算的射程与实际射程相比有明显的偏差。为此，工程上采取的处理方法是将分散、掺气及空气阻力的影响添加到流速系数 φ 中，这种既反映了坝面阻力影响，又包含了分散、掺气及空气阻力影响的系数称为“第一挑流系数”，用 φ_1 表示。因此，应用式（9－76）、式（9－77）进行计算时，φ 应以 φ_1 代之。

原水利电力部东北勘测设计院科研所根据国内九个工程的原型观测资料提出

$$\varphi_1=1-\frac{0.0077}{\left(\dfrac{q^{2/3}}{S_0}\right)^{1.15}} \tag{9-78}$$

式中：q 为单宽流量，m^2/s；S_0 为坝面流程，近似按 $S_0=\sqrt{P^2+B_0^2}$ 计算，m；P 为挑坎顶部以上的坝高，m；B_0 为溢流面的水平投影长度，m。

式（9－78）的应用范围是：$\dfrac{q^{2/3}}{S_0}=0.025\sim0.25$，当 $\dfrac{q^{2/3}}{S_0}>0.25$ 时，取 $\varphi_1=0.95$。

长江流域规划办公室（长江水利委员会）整理了一些原型观测及模型试验资料，得出计算第一挑流系数 φ_1 的经验公式为

$$\varphi_1=\sqrt[3]{1-\frac{0.055}{K_E^{0.5}}} \tag{9-79}$$

式中：K_E 为流能比，$K_E=\dfrac{q}{\sqrt{g}S_1^{1.5}}$。

式（9－79）适用于 $K_E=0.004\sim0.15$。当 $K_E>0.15$ 时，取 $\varphi_1=0.95$。

由于影响空中射程因素较多，工程具体情况差异很大，上述处理方法只能作为初步估算之用。

（二）水下射程计算

假定水舌自图 9－49 中的断面 2－2 进入下游水体后，沿入水角为 β 的方向直线运动，则

$$L_1=\frac{t_s+h_t}{\tan\beta} \tag{9-80}$$

式中：t_s 为冲刷坑的深度。

入水角 β 可以由水流的轨迹方程式（9－74）得到。对式（9－74）求导得

$$\frac{dy}{dx}=\frac{gx}{u_1^2\cos^2\theta}-\tan\theta$$

在水舌入水处 $x=L_0$，$\frac{dy}{dx}=\tan\beta$。将式（9－77）代入上式，整理后变为

$$\tan\beta=\frac{dy}{dx}=\sqrt{\tan^2\theta+\frac{a-h_t+\frac{h_1}{2}\cos\theta}{\varphi_1^2\cos^2\theta(S_1-h_1\cos\theta)}} \tag{9-81}$$

水下射程的计算公式为

$$L_1=\frac{t_s+h_t}{\tan\beta}=\frac{t_s+h_t}{\sqrt{\tan^2\theta+\frac{a-h_t+\frac{h_1}{2}\cos\theta}{\varphi_1^2\cos^2\theta(S_1-h_1\cos\theta)}}} \tag{9-82}$$

将式（9－77）及式（9－82）代入式（9－73），即可求出挑流射程

$$L=L_0+L_1=\varphi_1^2\sin(2\theta)(S_1-h_1\cos\theta)\left(1+\sqrt{1+\frac{a-h_t+\frac{h_1}{2}\cos\theta}{\varphi_1^2\sin^2\theta(S_1-h_1\cos\theta)}}\right)+\frac{t_s+h_t}{\sqrt{\tan^2\theta+\frac{a-h_t+\frac{h_1}{2}\cos\theta}{\varphi_1^2\cos^2\theta(S_1-h_1\cos\theta)}}} \tag{9-83}$$

对于高坝 $S_1\gg h_1$，$a\gg h_1$，略去 h_1 后，式（9－83）简化为

$$L=\varphi_1^2\sin(2\theta)S_1\left(1+\sqrt{1+\frac{a-h_t}{\varphi_1^2\sin^2\theta S_1}}\right)+\frac{t_s+h_t}{\sqrt{\tan^2\theta+\frac{a-h_t}{\varphi_1^2\cos^2\theta S_1}}} \tag{9-84}$$

对于差动式挑坎，可以分别采用齿坎挑角和齿槽挑角计算相应射程。

二、冲刷坑深度估算

冲刷坑深度取决于水流的冲刷能力与河床的抗冲能力。若潜入下游水体的水舌所具有的冲刷能力大于河床的抗冲能力，则河床被冲刷，从而形成冲刷坑。但随着冲刷坑深度的增加，水垫的消能作用加大，水舌对河床的冲刷能力降低，最后水舌的冲刷能力与河床的抗冲能力达到平衡，冲刷坑趋于稳定不再加深。

水舌的冲刷能力主要与单宽流量、上下游水位差、下游水深的大小及水舌的掺气程度、入水角等有关。而河床的抗冲能力则与河床的组成、河床的地质条件有关。对于砂、卵石河床，其抗冲能力与散粒体的大小、级配和容重有关；对于岩石河床，抗冲能力主要取决于岩基节理的发育程度、地层的产状和胶结的性质等因素。

由于冲刷坑影响因素的多样性和地质条件的复杂性，目前对冲刷坑的研究还不充分，冲刷坑深度主要采用由模型试验和原型观测资料整理的经验公式来计算。

(1) 对于砂卵石河床，冲刷坑深度计算的经验公式为

$$t_s=2.4q\left(\frac{\eta}{\omega}-\frac{2.5}{v_t}\right)\frac{\sin\beta}{1-0.175\cot\beta}-0.75h_t \tag{9-85}$$

式中：η 为反映流速脉动的某一系数，可取 1.5～2.0；v_t 为水舌进入下游水面的流速，$v_t=\varphi_1\sqrt{2gz}$，m/s；z 为上下游水位差，m；ω 为河床颗粒的水力粗度，$\omega=\sqrt{\frac{2(\rho_s-\rho_0)d_{90}}{1.75\rho_0}}$，m/s，其中 ρ_s 为河床颗粒的密度，ρ_0 为冲刷坑内掺气水流的密度，d_{90} 为小于这一粒径的河床颗粒重量占总颗粒重量 90%的粒径，m。

(2) 对于岩石河床，计算冲刷坑深度的经验公式为

$$t_s=k_s q^{0.5}z^{0.25}-h_t \tag{9-86}$$

对于各溢流闸孔同步开启，边墙不扩散的挑坎，q 可采用挑坎上的单宽流量；对于边墙扩散的挑坎，应采用水舌落入下游水面时的单宽流量；k_s 为反映岩基特性的冲刷系数。原水利电力部东北勘测设计院科学研究所分析了国内 13 个已建工程的原型观测资料，建议将岩基按其构造情况分为 4 类，各类岩基的特征及相应的冲刷系数 k_s 值见表 9-11。

表 9-11　　各类岩基的特征及相应的冲刷系数

岩基类型	岩　基　特　性	k_s	备注
Ⅳ	碎块状，节理很发育，裂隙微张或张开，部分为黏土充填	1.5～2.0	适用范围 $30°<\beta<70°$
Ⅲ	节理较发育，岩石成块状，部分裂隙为黏土充填	1.2～1.5	
Ⅱ	节理发育，岩石成大块状，裂隙密闭，少有充填	0.9～1.2	
Ⅰ	节理不发育，多为密闭状，延展不长，岩石呈巨块状	0.8～0.9	

冲刷坑是否会危及建筑物的基础，与冲刷坑深度及河床基岩节理裂隙、层面发育情况有关，应全面研究确定。一般可认为，当冲刷坑上游侧与挑坎末端的距离大于 2.5～5 倍冲刷坑深度时，冲刷坑将不影响建筑物的安全。

三、挑坎形式及尺寸选择

挑坎尺寸包括挑坎高程、反弧半径 R 及挑角 θ。合理的挑坎尺寸可以在同样水力条件下得到最大的挑流射程，较浅的冲刷坑深度。

(一) 挑坎高程

挑坎高程越低，出口断面流速越大，射程越远。另外，挑坎高程低，降造价低，工程量也小。但是，当下游水位较高并超过挑坎到一定程度时，水流挑不出去，达不到挑流消能的目的。所以，工程设计中常使挑坎最低高程等于或略低于挑坎处的最高尾水位。由于挑流水舌具有将水流推向下游的作用，因此，紧靠挑坎处的水位会低于水舌入水处的下游尾水位。

(二) 反弧半径

水流在挑坎反弧段内运动时所产生的离心力将使反弧段内压强加大。反弧半径越小，离心力越大。挑坎内水流的压能增大，动能减小，射程减小。因此，为保证有较好的挑流条件，反弧半径 R 至少应大于反弧最低点水深 h_c 的 4 倍。一般设计时，多采用 $R=(6\sim$

10)h_c。有的资料表明，不减小挑流射程的最小反弧半径 R_{min} 可用以下经验公式计算：

$$R_{min}=23\frac{h_1}{Fr_1}\quad (Fr_1=3.6\sim6) \tag{9-87}$$

式中：$Fr_1=\frac{v_1}{\sqrt{gh_1}}$；$v_1$ 及 h_1 分别为挑坎末端断面的流速及水深。

（三）挑角

根据质点抛射运动理论，当挑坎高程与下游水位同高时，挑角越大（$\theta<45°$），空中射程 L_0 越大，但相应的入水角 β 也增大，水下射程 L_1 减小、冲刷坑深度增加。另外，随着挑角增大，起挑流量（开始形成挑流的流量）也增大。当实际通过的流量小于起挑流量时，由于动能不足，水流挑不出去，而在挑坎的反弧段内形成旋滚，然后沿挑坎溢流而下，在紧靠挑坎下游形成冲刷坑，对建筑物威胁较大。所以，挑角的选取不宜过大。我国已建成的一些大中型工程，挑角一般在15°～35°。

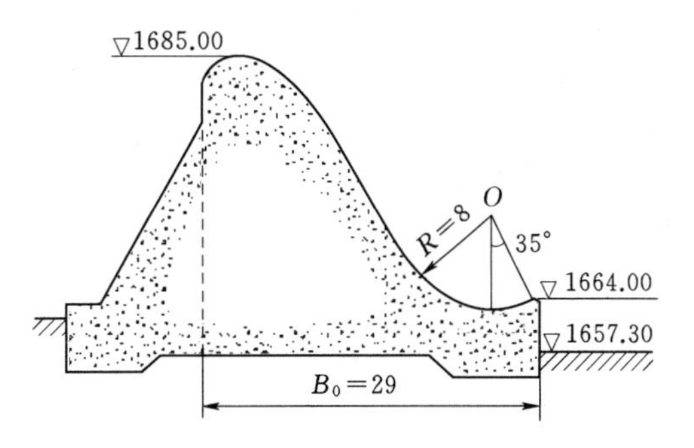

图 9-50　例 9-6 配图（单位：m）

【例 9-6】 某水库溢流坝为单孔，坝面按 WES 曲线设计，坝末端设有挑角为 35°的挑坎。试计算下泄水流的射程和冲刷坑深度。其他已知条件为：①下泄流量 Q 为 450m³/s，下游水位为 1661.96m，上游水位为 1688.65m；②挑坎宽度与溢流宽度均为 30m；③坝下游河床岩基属Ⅲ类，其余尺寸如图 9-50 所示。

解： 根据已知数据求得

$$h_t=1661.96-1657.30=4.66(\text{m}),a=1664.00-1657.30=6.70(\text{m})$$

$$q=Q/b=450/30=15(\text{m}^3/\text{s}),S_0=\sqrt{(1685-1664)^2+29^2}=35.8(\text{m})$$

$$z=1688.65-1661.96=26.69(\text{m}),S_1=1688.65-1664.00=24.65(\text{m})$$

按式（10-78）得：$\varphi_1=1-\frac{0.0077}{\left(\frac{q^{2/3}}{S_0}\right)^{1.15}}=1-\frac{0.0077}{\left(\frac{15^{2/3}}{35.8}\right)^{1.15}}=0.94$

对于第Ⅲ类岩基，由表 10-3 取 $k_s=1.3$。冲刷坑深度按式（9-86）计算：

$$t_s=k_sq^{0.5}z^{0.25}-h_t=1.3\times15^{0.5}\times26.69^{0.25}-4.66=6.78(\text{m})$$

将各已知值代入式（9-84），计算射程

$$L=\varphi_1^2\sin(2\theta)S_1\left(1+\sqrt{1+\frac{a-h_t}{\varphi_1^2\sin^2\theta S_1}}\right)+\frac{t_s+h_t}{\sqrt{\tan^2\theta+\frac{a-h_t}{\varphi_1^2\cos^2\theta S_1}}}$$

$$=0.94^2\sin(2\times35°)\times24.65\times\left(1+\sqrt{1+\frac{6.7-4.66}{0.94^2\sin^2 35°\times24.65}}\right)$$

$$+\frac{6.78+4.66}{\sqrt{\tan^2 35°+\frac{6.7-4.66}{0.94^2\cos^2 35°\times24.65}}}=37.6(\text{m})$$

第十节　面流消能与戽流消能简介☆

一、面流消能

如图 9-51 所示，在泄水建筑物尾端修建低于下游水位的铅直跌坎，利用坎上反弧段和出口挑角，将下泄的高速急流导入下游水流的表层，表面主流与河床之间由巨大的底部旋滚隔开，可避免高速主流对河床的冲刷。由于衔接消能方式的高速主流位于表层，故这种消能方式称为面流消能。面流消能主要是通过水舌扩散、流速分布调整及底部旋滚与主流的相互作用而消除能量。

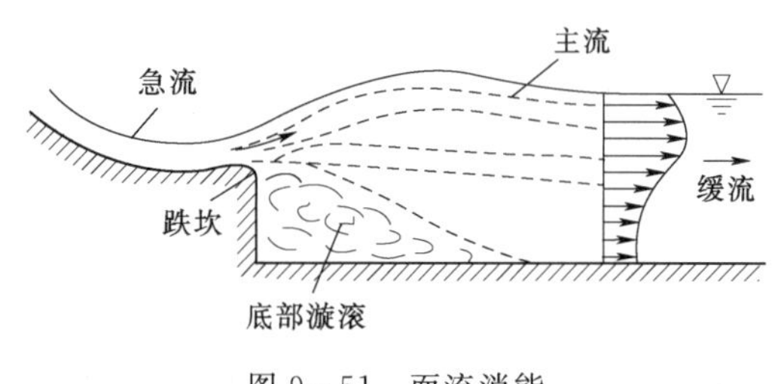

图 9-51　面流消能

由于表面主流与河床之间由巨大的底部旋滚隔开，从而大大减轻了高速主流对坝下河床的冲刷。所以，面流消能对河床防冲的要求较低。另外，主流在表面有利于漂木及泄冰。面流消能的主要缺点是下游尾水波动较大，容易造成岸坡冲刷。

面流消能水力设计的主要任务是根据已知的水力条件（如单宽流量 q、堰顶水头 H、坝高 P 及下游水深 h_t 等），按产生面流的要求选定挑角 θ、跌坎高度 a、反弧半径 R，并计算下游的冲刷情况。有关面流消能的水力设计方法，可参阅相关书籍。

当坝高、鼻坎形式尺寸一定时，面流流态随着单宽流量、下游水位等条件变化而变化。如图 9-52 所示，随着下游水位从低到高的不同，下游流态依次从底流变为自由面

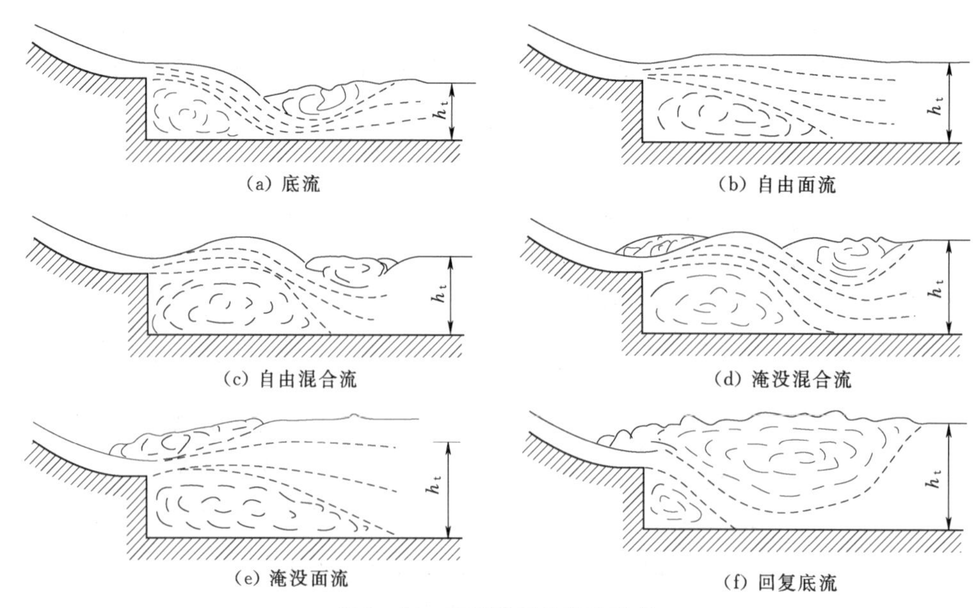

图 9-52　面流消能的各种流态

流、自由混合流、淹没混合流、淹没面流，最后到回复底流。不同流态具有不同的水流结构，其消能效果及对河床的冲刷能力也各有差异。从冲刷角度而言，淹没面流及自由面流对河床冲刷最轻；自由混合流及淹没混合流次之；底流及回复底流对河床冲刷最为严重。欲使面流流态控制在有利的范围之内，必须严格控制下游水位，使其稳定并保持在相应的范围之内。

必须强调指出，由于面流流态复杂多变，控制因素很多，现有的经验公式很难全面反映各种因素的影响，实际工程中也很少采用面流消能。对于重要的水利工程，如果要采用面流消能，需要通过水工模型试验进行论证。

二、戽流消能

如图 9－53 所示，在泄水建筑物尾端修建一个由反弧段和挑坎形成戽斗，将宣泄的急流挑向下游水面形成涌浪，在涌浪上游戽斗内形成戽旋滚，涌浪下游形成表面旋滚，在涌浪之下形成底部旋滚。这种消能方式称为戽流消能。戽流消能是通过戽斗内表面旋滚、戽后涌浪、表面旋滚、底部旋滚等而消除能量。戽流消能兼有底流型和面流型的水流特点和消能作用，消能效果较好。

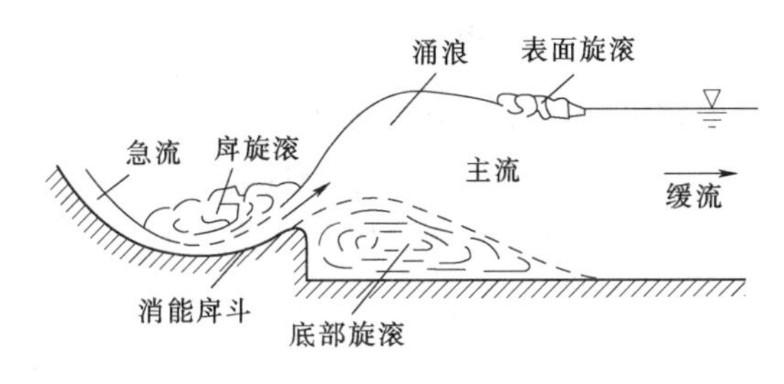

图 9－53　戽流消能

戽流消能除了戽斗外不需要设置专门的消能池，故比底流消能节省工程量。另外，戽流消能虽然也需要较高的下游尾水位，但其适应的水深变化范围比面流广，流态也比较稳定。戽流消能的主要缺点是戽面及戽端容易被戽后反向旋滚卷入的河床质磨损；另外，戽流消能下游尾水波动较大，容易造成岸坡冲刷。

戽流消能水力设计的主要任务是根据已知的水力条件（如单宽流量 q、堰顶水头 H、坝高 P 及下游水深 h_t 等)，按产生戽流的要求选定戽斗尺寸（挑角 θ、戽坎高度 a、戽半径 R 及戽底高程等）并计算戽后的冲刷情况。

戽流流态随戽斗尺寸、单宽流量、下游水深等变化而改变。当坝高及戽斗尺寸一定时，如图 9－54 所示，随着下游水位从低到高的不同，下游流态依次从挑流变为临界戽流、典型戽流、淹没戽流，最后到回复底流。不同流态具有不同的水流结构，其消能效果及对河床的冲刷能力也各有差异。欲使戽流流态控制在有利的范围之内，必须严格控制下游水位在相应的范围之内。

工程实际中消能形式的选择是一个十分复杂的问题，必须结合具体工程的运用要求，并兼顾水力、地形、地质及使用条件进行综合分析，因地制宜地采取适当措施，以达到消除余能和保证建筑物安全的目的。

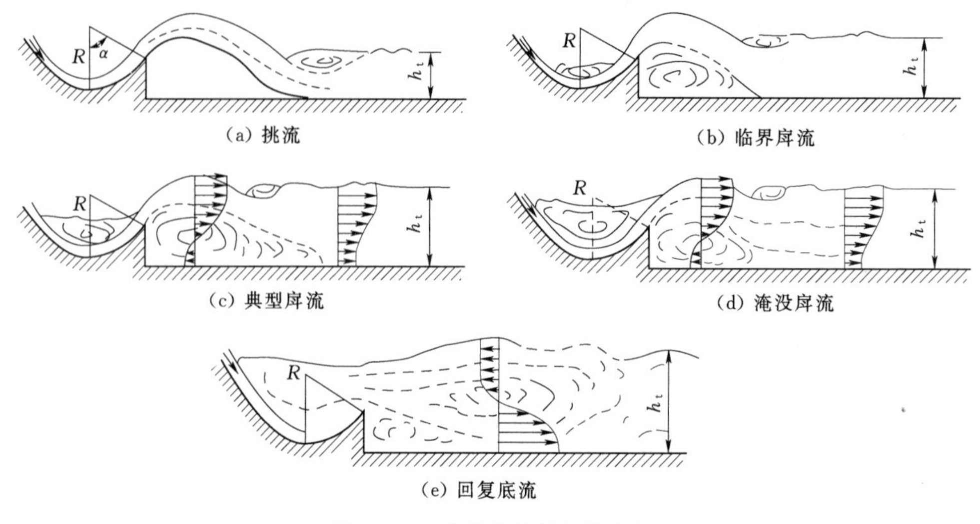

图 9-54 戽流消能的各种流态

习 题

9-1 有一无侧收缩的矩形薄壁堰，上游堰高 P_1 为 0.5m，堰宽 b 为 0.8m，堰顶水头 H 为 0.6m，堰顶出流不受下游水位影响，求通过堰的流量。

9-2 已知顶角为直角的三角形薄壁堰的堰顶水头为 $H=0.1\sim0.3$m，试绘制流量与堰顶水头的关系曲线。

9-3 已知矩形薄壁堰的堰顶水头 $H=0.10\sim0.75$m，$b=1.10$m，堰高 $P=0.95$m，试用雷伯克公式绘制流量与堰顶水头的关系曲线。

9-4 已知矩形薄壁堰建在 $B_0=5.0$m 的矩形水槽中，堰高 $P=0.95$m，堰宽 $b=1.45$m，堰顶水头 $H=0.45$m，下游水深 $h_t=0.45$m，求通过堰的流量。

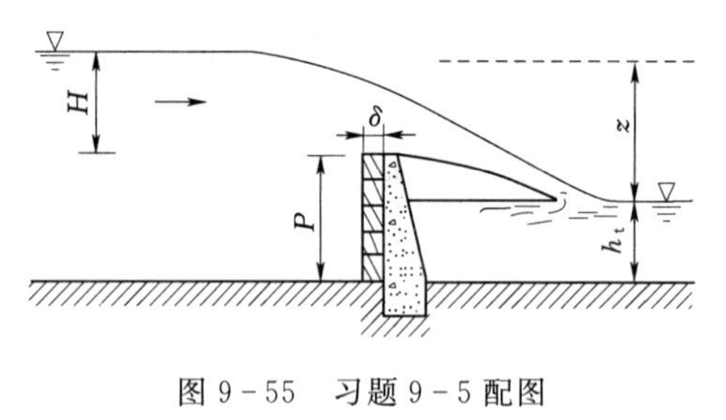

图 9-55 习题 9-5 配图

9-5 有一种建在岩石河床上的桩板坝，由埋入河床的钢筋混凝土桩柱和固定于两桩柱之间的木板构成，如图 9-55 所示，桩柱之间跨度不超过 3m，每米坝宽通过流量不超过 $30\text{m}^3/\text{s}$。已知上下游坝区河段两岸是直立的块石浆砌挡土墙，河床上游宽 $B_0=40$m，坝宽 $b=30$m，通过流量 $Q=150\text{m}^3/\text{s}$，坝高 $P=3$m，下游水深 $h_t=2$m，试求坝上水头 H；若洪水期上下游水位差 $z=1.65$m，下游水深 $h_t=4.0$m，求通过的流量。

9-6 已知 WES 堰的堰高 $P=107.0$m，最大上下游水头差 $z_{max}=100.0$m，最大工作水头 $H_{max}=11.0$m，设计水头取 $H_d=0.85H_{max}$，上游坝面铅直，下游坝面直线段坡度 $m_1=0.75$。试设计坝面形状并绘制堰剖面图。

9-7 已知 WES 堰堰高 $P=50$m，上游堰面铅直，设计水头 $H_d=8.0$m，堰上游的引水渠总宽 $B_0=220$m，堰上共设 12 个闸孔，每孔净宽 $b=15$m，闸墩和边墩的头部均为尖圆形，墩厚 $d=2.5\text{m}$，求通过 WES 堰的流量。

9-8　采用题 9-6 中的有关数据，若通过的最大流量 $Q_{max}=3100\text{m}^3/\text{s}$，堰孔总净宽 B 为多少？若每孔宽为 $b=10\text{m}$，应设多少孔？设闸门为弧形，闸墩和边墩头部都是圆形，墩厚 $d=2.0\text{m}$，上游引渠宽约 $B_0=410\text{m}$。

9-9　某水闸溢洪道建于 WES 低堰上，溢洪道上游引水渠与溢洪道同样宽，下游接矩形陡槽如图 9-56 所示。WES 低堰上下游堰高相同，$P=3.0\text{m}$，堰顶高程 21.0m，设计水头 $H_d=15\text{m}$，在正常库水位时，采用宽 $b=14\text{m}$ 的弧形闸门控制泄洪，墩厚 $d=2.0\text{m}$，边墩和中墩的头部都是圆形的，要求保坝洪水流量 $Q=8770\text{m}^3/\text{s}$ 时，库内非常洪水位不超过 37.5m。问此闸应设几孔？

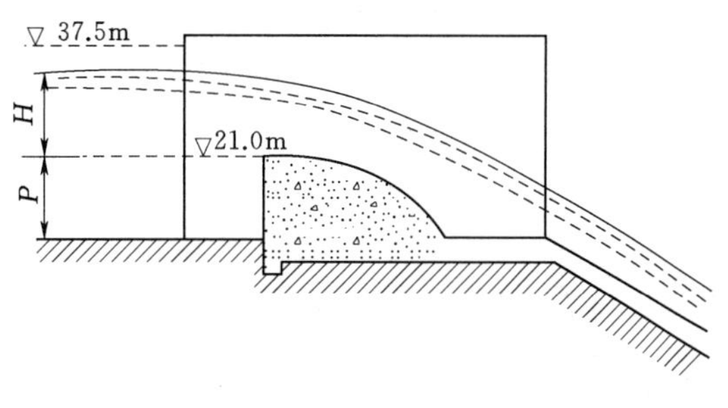

图 9-56　习题 9-9 配图

9-10　水库的正常蓄水位为 72.0m，校核洪水位为 75.6m。溢洪道为无闸控制的宽顶堰修圆进口，下接陡槽和消能池。宽顶堰宽 60m，堰坎高 $P=2\text{m}$。坎顶高程 70.6m。若堰与上游引水渠同宽，问上述两种水位时，通过的流量各为多少？

9-11　水库的平底闸溢洪道底板高程为 122.0m。要求在水库非常水位为 130.4m 时下泄峰流量 $Q=1150\text{m}^3/\text{s}$。设溢洪道总宽与上游引水渠相同，每孔净宽 b 不超过 6.0m，墩厚不超过 1.5m，边墩和闸墩头部为圆形，闸室后接陡槽，问此闸应设多少孔？

9-12　有一水库的平底溢洪道，有四孔，每孔宽 $b=13.0\text{m}$，墩厚 $d=3\text{m}$，边墩头为半径 $r=6.0\text{m}$ 的四分之一圆弧，弧与上游引渠铅直挡土墙连接，中墩头为尖圆形，如图 9-57 所示。通过最大流量时，闸门全开。已知溢洪道底板高程为 272.0m，溢洪道闸室末端接陡槽。问通过特大洪水流量 $Q=6000\text{m}^3/\text{s}$ 时，库内洪水位将为多少？

9-13　如图 9-58 所示，矩形宽顶堰底坎进口边缘为直角，堰顶厚 $\delta=6.5\text{m}$，堰高 $P=1.5\text{m}$，堰宽 $b=4.0\text{m}$，上下游渠道渠底同高，上游引渠宽 $B_0=8.0\text{m}$，下游水深 $h_t=2.4\text{m}$。试求通过流量 $Q=4.0\text{m}^3/\text{s}$ 时堰顶水头 H。

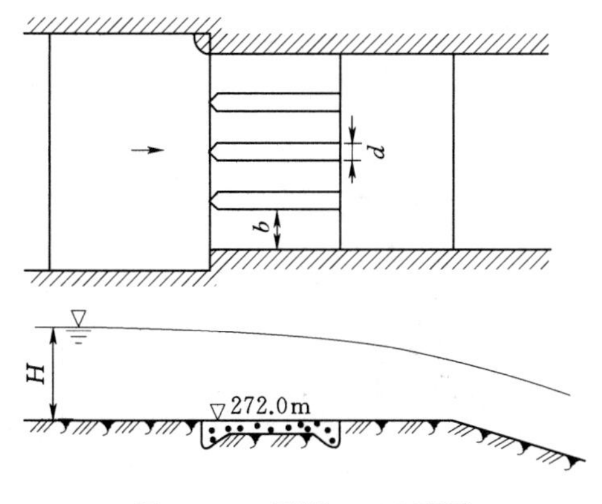

图 9-57　习题 9-12 配图

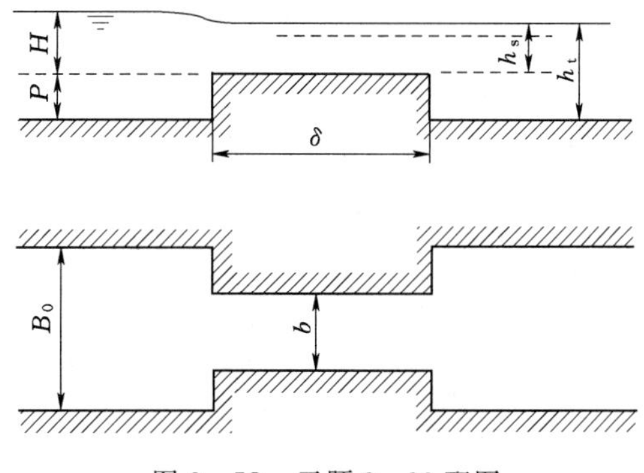

图 9-58　习题 9-13 配图

9-14 如图 9-59 所示，平底闸闸底高程为 28.5m，闸前水位为 32.5m，闸门开度 e=1m 时，闸下游水位为 30.0m，下游渠底与闸上游渠底同高，闸宽 b=5m，流速系数 φ=0.95，求通过平板闸门的流量。

9-15 条件同题 9-14，如闸门开度 e=1.6m，下游水位为 31.5m，其他条件不变，过闸流量应是多少？

9-16 弧形闸门四孔，每孔宽 b=13m，弧半径 R=20m，闸门转动轴高 C=14.9m，闸前水头 H=14m，闸门开度 e=6m，弧形闸门的底坎为平底，底坎末端紧接跌坎，求通过的流量。

9-17 如图 9-60 所示，弧形闸门位于有坎宽顶堰上，闸门净宽 b=18.3m，闸门弧面半径 R=7.6m，闸门转动轴位于堰顶以上 C=6.1m。闸前水头 H=4.60m，闸门开度 e=1.2m 时，闸孔出流为自由出流，求通过的流量。

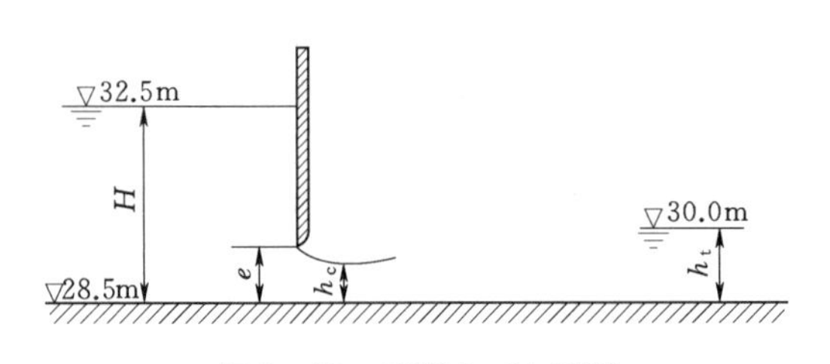

图 9-59 习题 9-14 配图

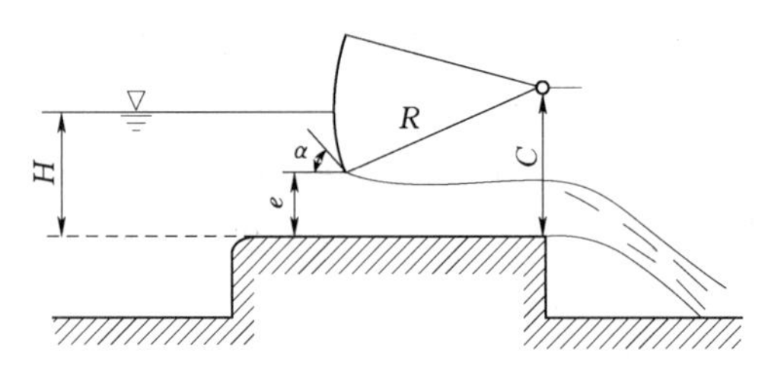

图 9-60 习题 9-17 配图

9-18 岳庄坝泄洪闸共九孔，每孔宽 b=5.0m，闸墩厚 d=0.7m，墩头为圆形。上游引水渠宽约 B_0=55.0m，与边墩以 r=2.2m 的圆弧相连。闸底板与上游渠底同高，高程为 45.50m。通过最大洪水流量时，闸前水位为 50.59m，闸下游水位为 48.79m，下游渠底高程为 44.40m。试求最大洪水流量为多少？

9-19 梯形渠道流量 Q=2.0m^3/s，边坡系数 m=1.5，正常水深 h_t=1.20m，底宽 b_k=1.6m，拟建一矩形涵洞穿过公路，洞底宽 b=0.8m，洞长 δ=7m，洞高为 1.40m。涵洞进口平顺，采用“八”字形翼墙，如图 9-61 所示，求涵洞进口前渠道水深 H。

9-20 泄洪闸底坎为 WES 低堰，如图 9-62 所示，堰前河床高程为 26.5m，堰顶高程为 29.0m，堰下游河床高程为 27.0m，宣泄最大洪水流量 Q=4000m^3/s 时，上游水位为 33.59m，下游水位为 32.55m，设计水头 H_d=0.9H_{max}。堰顶装设弧形闸门，每孔宽 b=12.0m，闸墩头部为圆形，墩厚 d=1.60m，闸前行近流速 v_0=1.0m/s，边墩系数 ζ_k=0.7，试确定闸孔总宽及孔数。

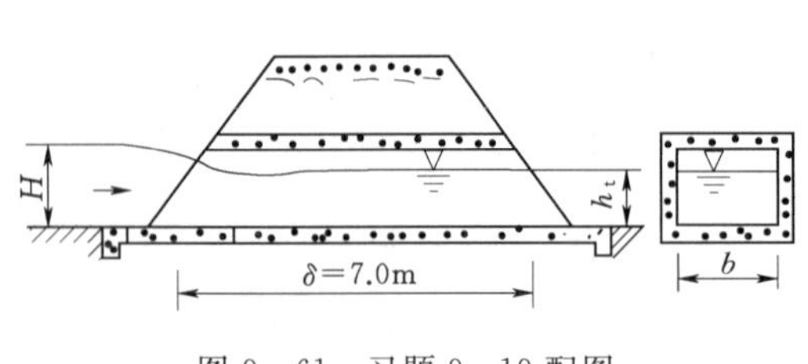

图 9-61 习题 9-19 配图

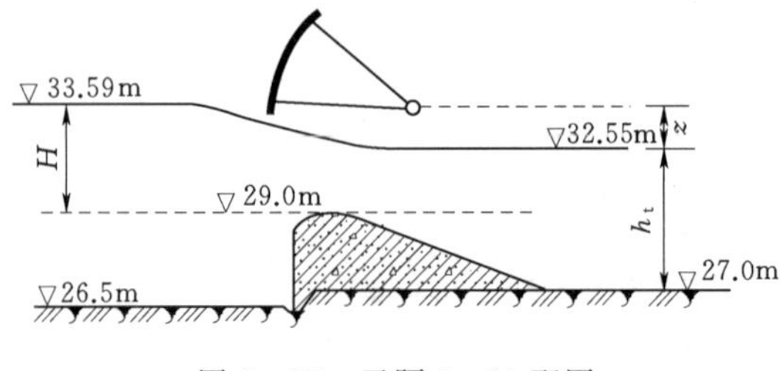

图 9-62 习题 9-20 配图

9-21　有一双孔平底闸，孔宽 $b=3.0\text{m}$，闸前水深 $H=2.20\text{m}$，下游水深 $h_t=1.80\text{m}$，$\varphi=0.97$，求闸门开度 $e=0.60\text{m}$ 时的流量。

9-22　有一3孔平板节制闸，闸前水深 $H=2.5\text{m}$，使用时三孔同时开启，闸墩厚 $d=0.60\text{m}$，孔宽 $b=3.4\text{m}$，闸室和上游渠宽同宽，闸底高程和渠底高程相同。当通过流量 $Q=19.6\text{m}^3/\text{s}$ 时，闸下游水深 $h_t=1.75\text{m}$。下游渠底与上游渠底同高，流速系数 $\varphi=0.95$，求闸门开启高度 e。

9-23　矩形平底渠道中有一平板闸门，闸前水深 $H=3.05\text{m}$，闸门开启高度 $e=1.22\text{m}$，假定 $\varphi=0.95$，问闸下游水深 $h_t=2.28\text{m}$ 及 1.98m 时，过闸单宽流量各为多少？

9-24　无闸门控制的溢流坝，如图9-63所示，下游坝高 $P_2=6\text{m}$，单宽流量 $q=8\text{m}^2/\text{s}$，流量系数 $m=0.45$，求收缩断面水深 h_c 及临界水跃的跃后水深 h_c''。

9-25　如图9-64所示，无闸门控制的溢洪坝，上下游坝高 $P=13\text{m}$，单宽流量 $q=9\text{m}^2/\text{s}$，流量系数 $m=0.45$。若下游水深分别为 $h_{t1}=7\text{m}$，$h_{t2}=4.55\text{m}$，$h_{t3}=3\text{m}$，$h_{t4}=1.5\text{m}$，试判别这四个下游水深时水流的衔接形式。

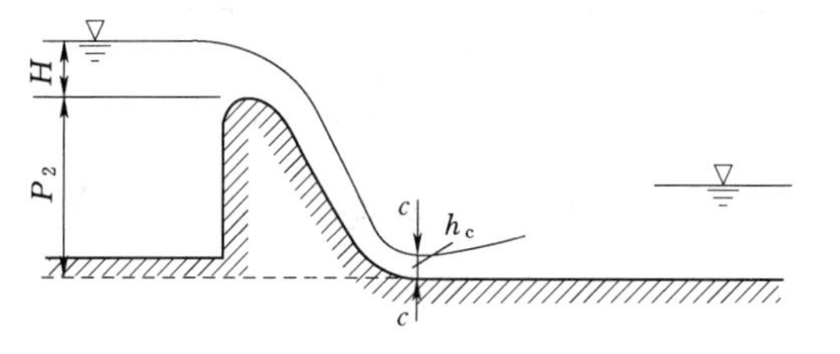

图9-63　习题9-24配图

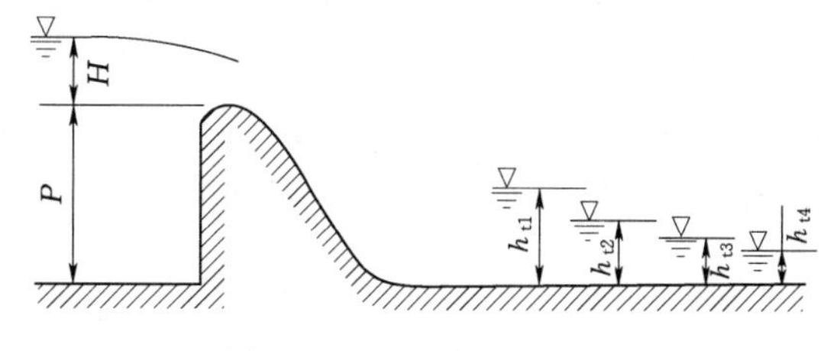

图9-64　习题9-25配图

9-26　如图9-65所示，单孔进水闸，单宽流量 $q=12\text{m}^2/\text{s}$，流速系数 $\varphi=0.95$，其他数据见图示。要求：(1) 判别下游水流的衔接形式；(2) 若需要采取消能措施，试确定降低护坦高程的消能池轮廓尺寸。

9-27　如图9-66所示，无闸门控制的克-奥型曲线形实用堰，上下游堰高分别为 $P_1=11\text{m}$，$P_2=10\text{m}$，过流宽度 $b=40\text{m}$，在设计水头下流量 $Q=120\text{m}^3/\text{s}$，下游水深 $h_t=2.5\text{m}$。(1) 判别下游水流的衔接形式；(2) 若需要采取消能措施，试确定降低护坦高程和加筑消能坎两种形式消能池的尺寸。

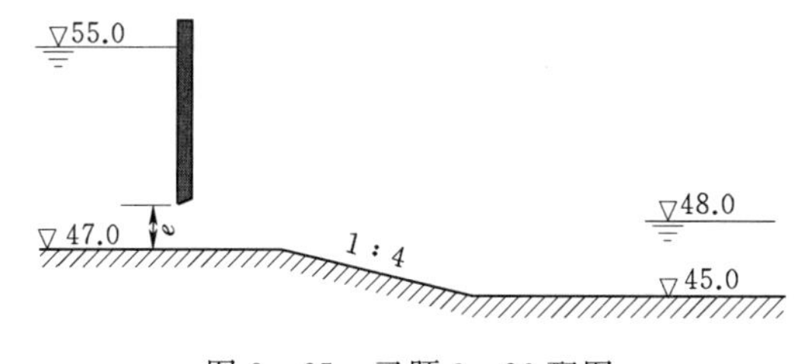

图9-65　习题9-26配图

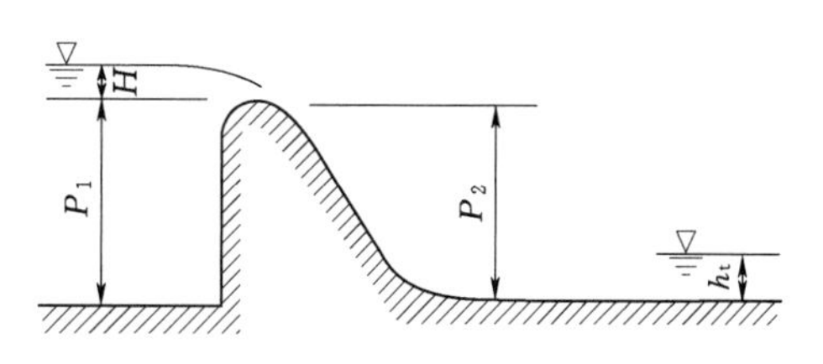

图9-66　习题9-27配图

9-28　单孔水闸已建成消能池如图9-67所示，池长 $L_B=16\text{m}$，池深 $d=1.5\text{m}$，在图示的上下游水位时开闸放水，闸门开度 $e=1\text{m}$，流速系数 $\varphi=0.9$。验算此时消能池中能否发生稍有淹没的水跃衔接。

9-29　顶孔由平板闸门控制的溢洪坝，当水头 $H=2.5\sim3.5\text{m}$ 时，闸门开度 $e=$

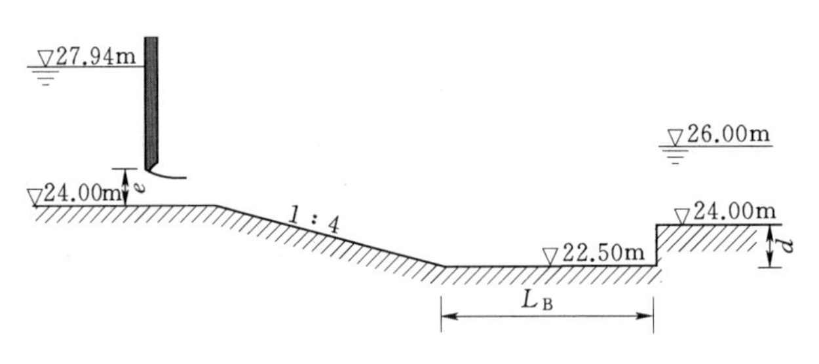

图 9-67 习题 9-28 配图

1.5m，坝高 $P=8.5$m，流速系数 $\varphi=0.9$，下游水深与单宽流量的关系见表 9-12。试选定这种情况下的消能池的池深和池长的设计单宽流量。

表 9-12 **h_t-q 关系**

$q/(m^2/s)$	5.00	5.50	6.00	6.50
h_t/m	3.40	3.45	3.50	3.55

9-30 有一 WES 型溢流堰，如图 9-68 所示，堰高 $P=50$m，连续式挑流鼻坎高 $a=8.5$m，挑角 $\theta=30°$，下游河床为第Ⅱ类岩基，坝的设计水头 $H_d=6$m，下泄设计洪水时的下游水深 $h_t=6.5$m。试估算挑流射程和冲刷坑深度并检验冲刷坑是否危及大坝安全。

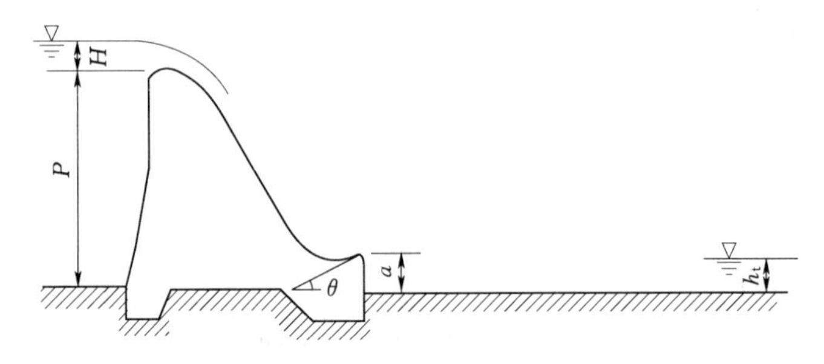

图 9-68 习题 9-30 配图

第十章　有压管道及明渠中的非恒定流

前面各章介绍的流动都是运动要素不随时间变化的恒定流动，在实际水利工程中也经常遇到某些运动要素随时间变化的非恒定流。例如，在有压管路中，由于某种外界原因（如阀门突然关闭、水泵机组突然开机、停机等）使得管道内流速发生突然变化，从而引起压强急剧升高和降低的交替变化，这种水力现象称为水击或水锤。水击引起的压强可以达到管道正常工作压强的几十倍甚至几百倍，这种大幅度的压强波动，往往引起管道强烈振动、阀门破坏、管道接头断开，甚至管道爆裂或严重变形等重大事故。

天然河流中的洪水涨落过程、渠道中由于闸门开启或关闭引起的水流波动、水电站运行过程中由于流量调节而引起河渠水流的波动、溃坝后溃坝波的传播、船闸充水和放水引起的引航道水流波动、暴雨期间城市排水系统中的水流运动等都属于明渠非恒定流。因此，研究明渠非恒定流的运动规律及计算方法具有重要的实际意义。

本章先以电站中的水击为例，介绍有压管道非恒定流的特点与计算方法，再以电站调节引起的河渠水流运动为例，介绍明渠非恒定流的特点与计算方法。

第一节　非恒定总流的基本方程

一、非恒定总流的连续性方程

非恒定总流的连续性方程可以采用输运方程推导，也可以采用控制体法推导，下面采用控制体法推导非恒定总流的连续性方程。取控制体 $n-n \sim m-m$ 如图 10-1 所示，断面 $n-n$ 和断面 $m-m$ 的间距为 ds，断面 $n-n$ 的面积为 A，断面平均流速为 v，流体密度为 ρ，在 dt 时段内从断面 $n-n$ 流入和从断面 $m-m$ 流出的质量分别为

$$m_1=\rho vA\,dt \tag{10-1}$$

$$m_2=\rho vA\,dt+\frac{\partial}{\partial s}(\rho vA\,dt)ds \tag{10-2}$$

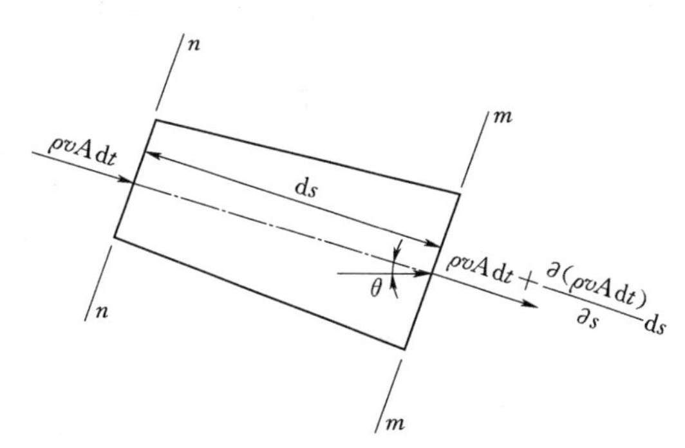

图 10-1　推导连续性方程的控制体

流出和流入的质量差为

$$dm_s=m_2-m_1=\frac{\partial}{\partial s}(\rho vA\,dt)ds \tag{10-3}$$

控制体中原有的质量为

$$m_0=\rho\left(A+\frac{1}{2}\frac{\partial A}{\partial s}ds\right)ds \tag{10-4}$$

经过 dt 时段后，控制体中的质量变为

$$m_t=\rho\left(A+\frac{1}{2}\frac{\partial A}{\partial s}\mathrm{d}s\right)\mathrm{d}s+\frac{\partial}{\partial t}\rho\left(A+\frac{1}{2}\frac{\partial A}{\partial s}\mathrm{d}s\right)\mathrm{d}s\,\mathrm{d}t \tag{10-5}$$

在 $\mathrm{d}t$ 时段内控制体中的质量变化为

$$\mathrm{d}m_t=m_t-m_0=\frac{\partial}{\partial t}\rho\left(A+\frac{1}{2}\frac{\partial A}{\partial s}\mathrm{d}s\right)\mathrm{d}s\,\mathrm{d}t \tag{10-6}$$

根据质量守恒定律，在 $\mathrm{d}t$ 时段内流入和流出控制体的质量差 $\mathrm{d}m_s$ 应等于同一时段内控制体内的质量变化 $\mathrm{d}m_t$，即

$$\frac{\partial}{\partial t}(\rho A)+\frac{\partial}{\partial s}(\rho vA)=0 \tag{10-7}$$

式（10-7）即为一维非恒定总流连续性微分方程，可以适用于有压管道非恒定流，也可以适用于明渠非恒定流。

考虑到 $A=A(s,t)$，$\rho=\rho(s,t)$ 的全微分形式：

$$\frac{\mathrm{d}A}{\mathrm{d}t}=\frac{\partial A}{\partial t}+v\frac{\partial A}{\partial s} \tag{10-8}$$

$$\frac{\mathrm{d}\rho}{\mathrm{d}t}=\frac{\partial \rho}{\partial t}+v\frac{\partial \rho}{\partial s} \tag{10-9}$$

一维非恒定流连续性微分方程可以写为全微分形式：

$$\frac{1}{\rho}\frac{\mathrm{d}\rho}{\mathrm{d}t}+\frac{1}{A}\frac{\mathrm{d}A}{\mathrm{d}t}+\frac{\partial v}{\partial s}=0 \tag{10-10}$$

式（10-10）中第二项代表断面的面积变化率，第一项代表水的密度变化率。

对于均质不可压流体的恒定流，式（10-7）和式（10-10）可以简化为

$$\frac{\partial}{\partial s}(vA)=0 \tag{10-11}$$

上式与式（5-2）一致，即为均质不可压流体恒定总流的连续性方程。

二、非恒定总流的运动方程

在总流中取 $n-n$ 和 $m-m$ 断面间的流体作为研究对象（图 10-2），假设控制体中流体沿 s 方向流动，平均流速为 v，密度为 ρ，断面间距为 $\mathrm{d}s$，断面 $n-n$ 的面积为 $A-\frac{\partial A}{\partial s}\frac{\mathrm{d}s}{2}$，平均压强（形心压强）为 $p-\frac{\partial p}{\partial s}\frac{\mathrm{d}s}{2}$，断面 $m-m$ 的面积为 $A+\frac{\partial A}{\partial s}\frac{\mathrm{d}s}{2}$，平均压强为 $p+\frac{\partial p}{\partial s}\frac{\mathrm{d}s}{2}$。流体所受的作用力及加速度分别为

（1）断面 $n-n$ 上的动水总压力：

$$P_1=\left(A-\frac{\partial A}{\partial s}\frac{\mathrm{d}s}{2}\right)\left(p-\frac{\partial p}{\partial s}\frac{\mathrm{d}s}{2}\right) \tag{10-12}$$

（2）断面 $m-m$ 上的动水总压力：

$$P_2=\left(A+\frac{\partial A}{\partial s}\frac{\mathrm{d}s}{2}\right)\left(p+\frac{\partial p}{\partial s}\frac{\mathrm{d}s}{2}\right) \tag{10-13}$$

（3）重力在 s 方向上的分量：

$$dG_s = dG\sin\theta = -\gamma A\,ds\,\frac{\partial z}{\partial s} \tag{10-14}$$

（4）侧壁阻力：

$$dT = \tau_0 \chi\,ds = \frac{\lambda}{8}\rho v|v|\chi\,ds \tag{10-15}$$

（5）侧壁总压力：

$$P_0 = p\,\frac{\partial A}{\partial s}ds \tag{10-16}$$

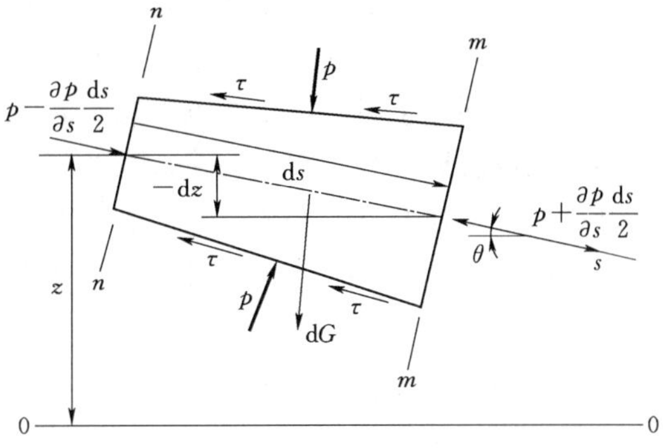

图 10－2　推导运动方程的控制体

（6）加速度：

$$a_s = \frac{\partial v}{\partial t} + v\,\frac{\partial v}{\partial s} \tag{10-17}$$

根据牛顿第二定律 $\sum F_s = dma_s$ 可得

$$-\frac{\partial p}{\partial s}A\,ds - \frac{\lambda}{8}\rho v|v|\chi\,ds - \gamma A\,ds\,\frac{\partial z}{\partial s} = \rho A\,ds\left(\frac{\partial v}{\partial t} + v\,\frac{\partial v}{\partial s}\right) \tag{10-18}$$

上式两边同除以 $\gamma A\,ds$，整理得

$$\frac{\partial}{\partial s}\left(z + \frac{p}{\gamma}\right) + \frac{1}{g}\left(\frac{\partial v}{\partial t} + v\,\frac{\partial v}{\partial s}\right) + \frac{\lambda}{8}\,\frac{v|v|}{Rg} = 0 \tag{10-19}$$

式（10－19）即为非恒定总流运动微分方程的基本形式，它反映了非恒定流中单位重量流体的重力、压力、阻力和惯性力之间的关系。可以适用于有压管道非恒定流，也可以适用于明渠非恒定流。

第二节　水　击　现　象

一、水击产生的内在原因

下面以简单管道阀门突然完全关闭为例说明水击产生的原因。设简单管道长度为 l，直径为 d，阀门关闭前流速为 v_0，压强为 p_0（图 10－3）。如果阀门突然完全关闭，则紧靠阀门的一段水体 $n-m$ 突然停止流动，速度由 v_0 骤变为 0。根据动量定律，物体动量的变化等于作用在该物体上外力的冲量。这里外力是阀门对水的作用力。因外力作用，紧靠阀门这一段水体的压强突然升至 $p_0+\Delta p$，升高的压强 Δp 称为水击压强。

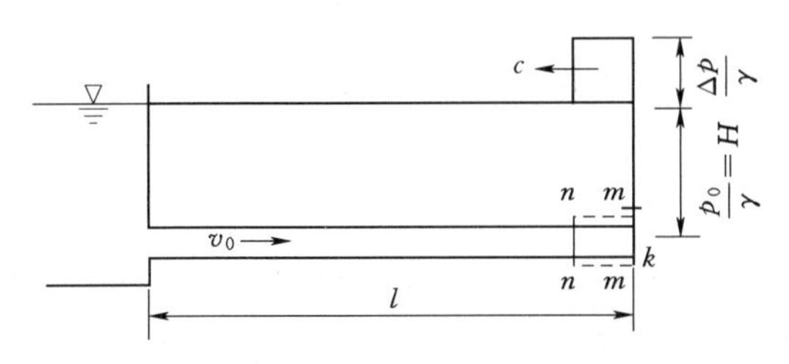

图 10－3　水击现象示意图

以前各章节研究水流运动规律时，都将水视为不可压缩流体，但在有压管路的水击问题中，由于压强变化很大，不仅要计及水的压缩性，还要考虑管壁的弹性。

由于水体和管道都不是刚体而是弹性体，因此在很大的水击压强作用下，$n-m$ 段的水体会产生压缩形变，管壁会发生膨胀变形。因此，阀门突然关闭时，管道内的水流不是在同一时刻全部停止流动，压强也不是在同一时刻同时升高 Δp。而是当靠近阀门的第一段水体停止流动后，与之相邻的第二段及其后续各段水体相继逐段停止流动，相应的压强逐段升高，并以弹性波的形式由阀门处迅速传向管道进口处。这种由于水击而产生的弹性波称为水击波。从以上分析不难看出，引起管道水流速度突然变化的因素（如阀门突然关闭）是发生水击的外界条件，水流本身具有惯性和压缩性则是发生水击的内在原因。

二、阀门瞬时关闭时的水击压强

下面分析有压管流中由于断面 $m-m$ 上阀门瞬时关闭产生的水击压强。假设水击波的传播速度为 c，经 Δt 时间水击波传至断面 $n-n$（图 10-4）。$m-n$ 段水体流速由 v_0 变为 v，其密度由 ρ 变为 $\rho+\Delta\rho$，因管壁膨胀，过水断面面积由 A 变为 $A+\Delta A$，$m-n$ 段的长度为 $c\Delta t$，在 Δt 时段内，在管轴线方向的动量变化为

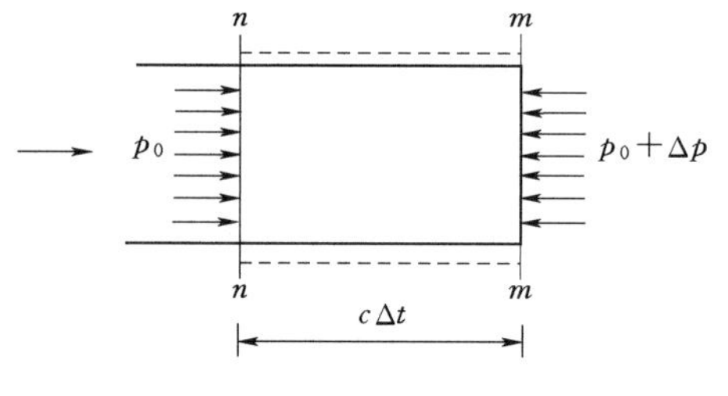

图 10-4　水击压强示意图

$$mv-m_0v_0=c\Delta t(\rho+\Delta\rho)(A+\Delta A)v-c\Delta t\rho Av_0 \tag{10-20}$$

在 Δt 时段内，外力在管轴方向的冲量为

$$[p_0(A+\Delta A)-(p_0+\Delta p)(A+\Delta A)]\Delta t=-\Delta p(A+\Delta A)\Delta t \tag{10-21}$$

根据质点系的动量定律，质点系在 Δt 时段内的动量变化等于所受外力在同一时段内的冲量，即

$$-\Delta p(A+\Delta A)\Delta t=c\Delta t(\rho+\Delta\rho)(A+\Delta A)v-c\Delta t\rho Av_0 \tag{10-22}$$

考虑到水的密度变化很小，$\Delta\rho$ 远小于 ρ，ΔA 远小于 A，水击压强计算的基本公式可以简化为

$$\Delta p=\rho c(v_0-v)=-\rho c\Delta v \tag{10-23}$$

式（10-23）即为儒柯夫斯基在 1898 年得出的水击压强计算公式，也可写为

$$\Delta h=-c\Delta v/g \tag{10-24}$$

水击压强 Δp 的大小可以为设计压力管路及控制供水系统的运行提供依据，因此水击压强是管道系统设计的重要参数之一。

三、水击波的传播速度

水击波传播速度 c 与水体的压缩性和管壁的弹性有关，其关系式可以根据连续性原理推出。取 $n-n$ 和 $m-m$ 之间的控制体作为研究对象（图 10-4），在 Δt 时段内流入和流出控制体的水体质量差为

$$\mathrm{d}m_s=\rho Av_0\Delta t-(\rho+\Delta\rho)(A+\Delta A)(v_0+\Delta v)\Delta t \tag{10-25}$$

展开式（10-25）并忽略高阶微量后可得

$$\mathrm{d}m_s=-(\rho v_0\Delta A+Av_0\Delta\rho+\rho A\Delta v)\Delta t \tag{10-26}$$

在同一时段内，由于水体密度和管道断面的变化，两断面间水体的质量增量为

$$dm_t=(A+\Delta A)(\rho+\Delta\rho)\Delta s-\Delta s\rho A \tag{10-27}$$

展开式（10-27）并忽略高阶微量后可得

$$dm_t=(A\Delta\rho+\rho\Delta A)\Delta s \tag{10-28}$$

根据连续性原理，同一时段内流入和流出控制体的水体质量差等于两断面间水体的质量增量，即

$$-(\rho v_0\Delta A+Av_0\Delta\rho+\rho A\Delta v)\Delta t=(A\Delta\rho+\rho\Delta A)\Delta s \tag{10-29}$$

考虑到 $c=\dfrac{\Delta s}{\Delta t}$，对式（10-29）整理后可得

$$-\Delta v=(c+v_0)\left(\frac{\Delta\rho}{\rho}+\frac{\Delta A}{A}\right) \tag{10-30}$$

一般情况下，v_0 比 c 小得多，忽略 v_0 后可得

$$-\Delta v=c\left(\frac{\Delta\rho}{\rho}+\frac{\Delta A}{A}\right) \tag{10-31}$$

将式（10-23）代入式（10-31），可得

$$\Delta p=\rho c^2\left(\frac{\Delta\rho}{\rho}+\frac{\Delta A}{A}\right) \tag{10-32}$$

式（10-32）反映了 Δp、$\Delta\rho$、ΔA 之间的关系，对该式取极限，可以得到水击波的传播速度

$$c=\frac{1}{\sqrt{\rho\left(\dfrac{1}{\rho}\dfrac{d\rho}{dp}+\dfrac{1}{A}\dfrac{dA}{dp}\right)}} \tag{10-33}$$

式（10-33）中 $\dfrac{1}{\rho}\dfrac{d\rho}{dp}$ 反映了水体的压缩性，由式（1-9）和式（1-10）可知：

$$\frac{1}{\rho}\frac{d\rho}{dp}=\frac{1}{K} \tag{10-34}$$

式（10-33）中 $\dfrac{1}{A}\dfrac{dA}{dp}$ 为管道面积随压强增量的变化，反映了管壁的弹性，其大小为

$$\frac{1}{A}\frac{dA}{dp}=\frac{2}{D}\frac{dD}{dp} \tag{10-35}$$

根据虎克定律，如果只考虑单向应变，直径的增量与管壁应力增量之间的关系为

$$d\sigma=E\,\frac{dD}{D} \tag{10-36}$$

式中：E 为管壁材料的弹性模量。

管壁的应力增量是由压强增量而引起，其关系为

$$d\sigma=\frac{D}{2\delta}dp \tag{10-37}$$

式中：δ 为管壁厚度。

将式（10-36）和式（10-37）代入式（10-35）可得

$$\frac{1}{A}\frac{dA}{dp}=\frac{D}{\delta E} \tag{10-38}$$

再将式（10－34）和式（10－38）代入式（10－33）可得水击波传播速度公式

$$c=\sqrt{\frac{\frac{K}{\rho}}{1+\frac{K}{E}\frac{D}{\delta}}} \tag{10-39}$$

可以看出，水击波传播速度 c 与水体的体积弹性模量 K 和管壁材料的弹性模量 E 有关，也与管道直径和管壁厚度有关。常见管材的弹性模量见表 10－1。当管道为绝对刚体，即 E 为无穷大时，波速最大，以 c_0 表示，则

$$c_0=\sqrt{\frac{K}{\rho}} \tag{10-40}$$

式（10－40）为不受管壁影响的水击波传播速度，也是声波在水体中的传播速度。当水温为 5℃左右，压强为 1～25 个大气压时，$c_0=1435\text{m/s}$。

表 10－1　　常见管材的弹性模量

管材	铸铁管	钢管	钢筋混凝土管	石棉水泥管	木管
$E/10^9\text{Pa}$	87.3	206	206	32.4	6.86

一般钢管的 $D/\delta\approx100$，$K/E\approx0.01$，代入式（10－39），可得波速 c 约为 1000m/s。如阀门关闭前流速 v_0 为 1m/s，则阀门突然完全关闭引起的水击压强近似相当于 100m 水柱，可见水击压强增量是相当大的。

四、水击波的传播过程

设有压管道上游为水位恒定的水库，下游末端有阀门，阀门关闭前管内流速为 v_0。当阀门突然完全关闭后，典型的水击波传播过程如图 10－5 所示，压强和水击波的变化情况如下：

第一阶段为水击波从阀门向水库传播阶段（$0<t<l/c$）。由于阀门突然完全关闭，紧靠阀门的 $m-n$ 段水体速度由 v_0 立即变为 0，相应压强升高 Δp，水的密度增加 $\Delta\rho$，管道断面积增加 ΔA，于是 $m-n$ 段的水体压缩、管壁膨胀。而 $m-n$ 段上游水流仍然以 v_0 速度向下游流动，之后，紧靠 $m-n$ 段的上一段水体遇到已停止的 $m-n$ 段水体后也突然停止流动，同时压强升高，水体压缩，管壁膨胀。余次类推，其后的水体都相继停止下来，压强升高，水体压缩，管壁膨胀。这种减速增压的过程是以波速 c 自阀门向上游传播的。经过 $t=l/c$ 后，水击波到达水库。这时，全管道中的水流停止流动，压强增高 Δp，水体处于被压缩状态，但这种状态只是瞬时的。

第二阶段为水击波从水库向阀门传播阶段（$l/c<t<2l/c$）。$t=l/c$ 时刻（第一阶段末，第二阶段开始），由于管路上游水库体积很大，水库水位、压强不受管路流动变化的影响。管路进口处的水体便在管中水击压强（$p_0+\Delta p$）与水库静水压强 p_0 差作用下，立即以速度 $-v_0$ 向水库方向流去，被压缩的水体和膨胀了的管壁也就恢复了原状。

之后，紧靠进口段的下一段水体也以速度 $-v_0$ 向水库方向流动，被压缩的水体和膨胀了的管壁也恢复了原状。依次类推，其后的水体都相继以速度 $-v_0$ 向水库方向流动，

被压缩的水体和膨胀了的管壁也相继恢复了原状。这种减速减压过程是以波速 c 自上游水库向阀门传播的。在 $t=2l/c$ 时刻，整个管中水流恢复正常压强 p_0，但都具有向水库方向的运动速度 $-v_0$。

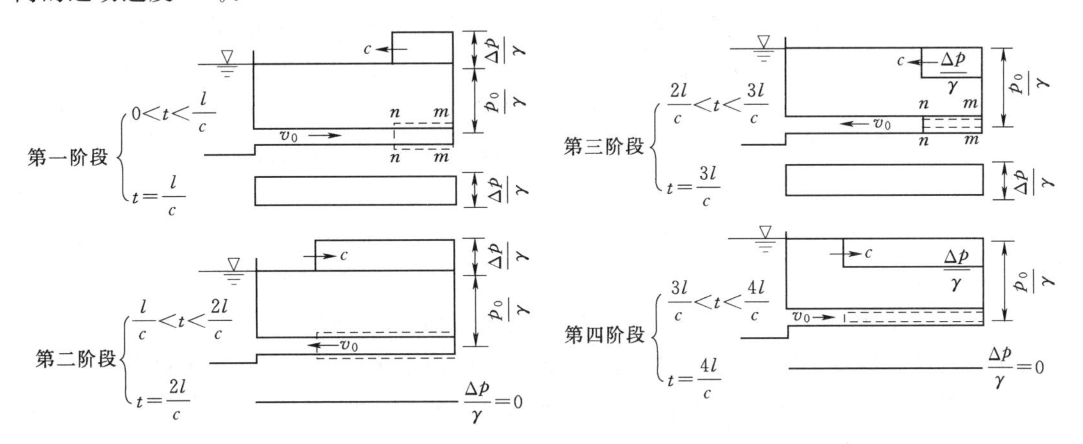

图 10-5 水击波传播周期的四个阶段

第三阶段为水击波从阀门向水库传播阶段（$2l/c<t<3l/c$）。在 $t=2l/c$ 时刻，由于水流的惯性，管中的水仍然要向水库倒流，而阀门全部关闭无水补充，以致阀门端的水体 $m-n$ 首先停止运动，速度由 $-v_0$ 变为 0，引起压强降低 Δp、水体的密度减小 $\Delta\rho$ 及管道断面面积减少 ΔA。这个增速减压波由阀门向水库逐渐传播，在 $t=3l/c$ 时刻传至水库断面，此时，全管流速为 0，但压强降低了 Δp，管道处于瞬时低压状态。

第四阶段为水击波从水库向阀门传播阶段（$3l/c<t<4l/c$）。在 $t=3l/c$ 时刻，因为管道进口压强比水库的静水压强低 Δp，在压强差 Δp 作用下，水体又以速度 v_0 向阀门方向流动，从而密度和管壁也相继应恢复正常。至 $t=4l/c$ 时刻，增速增压波传至阀门断面，全管恢复至起始状态。由于惯性作用，水仍具有向下游的流速 v_0，但阀门关闭，流动被阻止，此时的状态与阀门突然关闭第一阶段开始时情况完全一样。

水击波在全管段来回传播四个阶段称为一个周期，$T=4l/c$，水击波在全管段来回传两个阶段称为一个相，$T_r=2l/c$。水击在一个周期（四个阶段）的特性见表 10-2。

表 10-2　　水击在一个周期（四个阶段）特性表

阶段	时段	流速变化	压强变化	水流方向	水击波方向	运动状态	管壁状态	水体状态
一	$0<t<l/c$	$v_0\to0$	增高 Δp	水库→阀门	阀门→水库	减速增压	膨胀	压缩
二	$l/c<t<2l/c$	$0\to-v_0$	恢复原状	阀门→水库	水库→阀门	减速减压	恢复原状	恢复原状
三	$2l/c<t<3l/c$	$-v_0\to0$	降低 Δp	阀门→水库	阀门→水库	增速减压	收缩	膨胀
四	$3l/c<t<4l/c$	$0\to v_0$	恢复原状	水库→阀门	水库→阀门	增速增压	恢复原状	恢复原状

如果在传播过程中没有阻力和损失，水击波将重复上述四个阶段，水击现象将一直周期性地循环下去，如图 10-6 中的虚线所示。但在实际水击运动中，由于黏性摩擦及水和管壁的形变作用，能量不断损失，因而水击压强会迅速衰减，如图 10-6 中的实线所示。

五、阀门逐渐关闭时的水击

在前面讨论中，认为阀门是瞬时突然关闭的，实际上关闭阀门总有一个过程，管道中

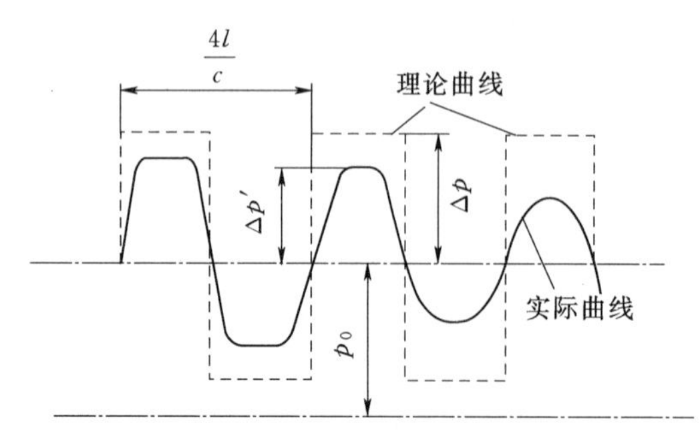

图 10-6　阀门处水击压强的波动及衰减过程

的流速是逐渐减小的，阀门处的水击压强是逐渐升高的。如果阀门关闭时间小于或等于一个相长（$T_s \leqslant 2l/c$），那么最早发出的水击波的反射波达到阀门之前，阀门已经全部关闭。这时阀门处的最大水击压强和阀门在瞬时完全关闭时相同，这种水击称为直接水击。如阀门关闭时间大于一个相长（$T_s > 2l/c$），则阀门开始关闭时发出的水击波的反射波，在阀门尚未完全关闭之前已返回到阀门断面。由于返回水击波的负水击压强和阀门继续关闭产生的正水击压强相叠加，使阀门处最大水击压强小于按直接水击计算的水击压强，这种情况的水击称为间接水击。由于间接水击存在水击波与反射波的相互叠加，计算比较复杂。在一般给水工程中，间接水击压强可近似由下式计算：

$$\Delta p = \rho c v_0 \frac{T_r}{T_s} = \rho v_0 \frac{2l}{T_s} \tag{10-41}$$

六、停泵水击的危害及预防

因水泵突然停机而引起的水击称为停泵水击，这是输水系统发生事故的主要原因之一。

水泵停机的最初瞬间，压水管内的水流由于惯性作用，继续以逐渐减慢的速度流动。而水泵此时已失去动力，转速突降，供水量骤减。于是压水管在靠近水泵处出现压强降低或真空。当压水管中水流速度减至 0，由于压差和重力作用，水自压水池向水泵倒流，使逆止阀突然关闭，导致压强升高发生水击。这种情况对于提水高度大的压水管尤为严重。停泵水击实测压强随时间变化曲线如图 10-7 所示。突然停泵后首先出现压强降低，然后因逆止阀突然关闭引起压强升高，这便是停泵水击的特点。

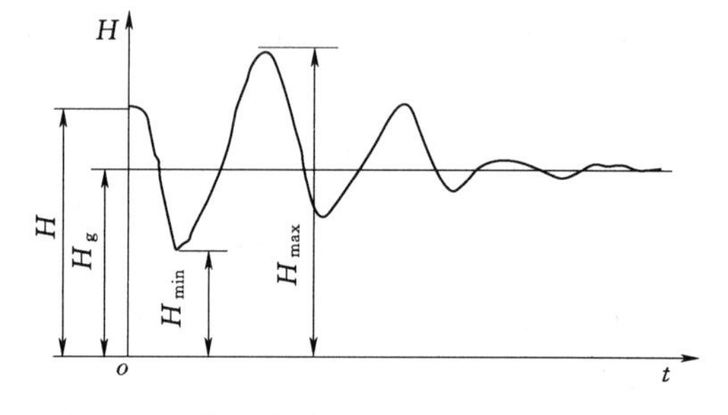

图 10-7　停泵水击实测压强随时间变化曲线

如果水泵无逆止阀，倒冲水流将使水泵带动电机反转。此时虽管路内压强升高很小，有利于防止水击危害，但是如果水泵反转的速度过高，可能引起机组震动，甚至造成机组部件的损坏。

从上面关于水击的讨论中可以看到巨大的压强可使管路和闸阀发生很大的变形甚至爆裂。为了预防水击的危害，可在管路上设置空气室、调压塔，安装水击消除阀等。水击消除阀能在压强升高时自动开启，将部分的水从管道中放出以降低管中流速的变化，从而降低水击压强增量，而当增高的压强消除以后，水击消除阀又会自动关闭。调压塔（图 10-8）可减小水击压强及缩小水击的影响范围。当水击波传播到调压塔时，水流受到调压塔调节，水击压强变小，可以大大降低水击危害。此外，延长阀门的关闭时间、缩短有压管路的长度、减少管内流速等都是预防和降低水击危害的有效方法。

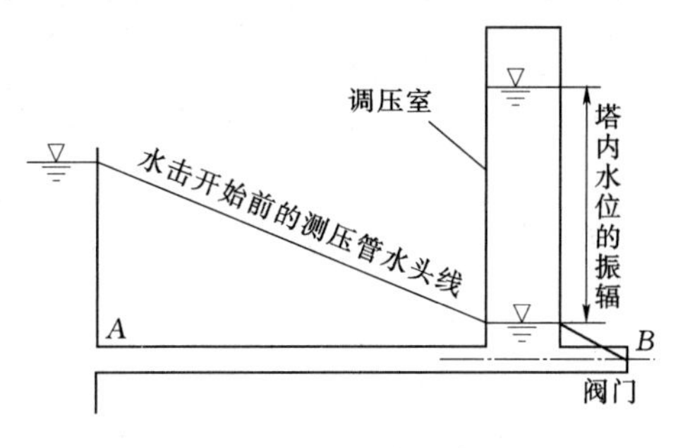

图 10-8　调压塔示意图

第三节　水击的基本方程☆

一、水击的连续性方程

水击中的密度变化是由压强变化而引起的，根据水的压缩性，密度变化与压强变化的关系为

$$\frac{\mathrm{d}\rho}{\rho}=\frac{\mathrm{d}p}{K} \tag{10-42}$$

根据管壁的弹性，面积变化与压强变化的关系为

$$\frac{\mathrm{d}A}{A}=\frac{\mathrm{d}p}{E\delta/D} \tag{10-43}$$

将式（10-42）和式（10-43）代入式（10-10），可得

$$\frac{\mathrm{d}p}{\mathrm{d}t}+\frac{K}{1+\frac{KD}{E\delta}}\frac{\partial v}{\partial s}=0 \tag{10-44}$$

考虑到水击波速公式（10-39），可得水击的连续性微分方程：

$$\frac{\partial p}{\partial t}+v\frac{\partial p}{\partial s}+\rho c^2\frac{\partial v}{\partial s}=0 \tag{10-45}$$

考虑到测压管水头 $H=z+p/\gamma$，水击的连续性微分方程为

$$\frac{\partial H}{\partial t}+v\frac{\partial H}{\partial s}+\frac{c^2}{g}\frac{\partial v}{\partial s}+v\sin\alpha=0 \tag{10-46}$$

式中：α 为管轴线与水平线的夹角，$\sin\alpha=-\frac{\partial z}{\partial s}$。

一般情况下，$v\frac{\partial H}{\partial s}$和$v\frac{\partial z}{\partial s}$远小于$\frac{\partial H}{\partial t}$，因此，可以忽略 $v\frac{\partial H}{\partial s}$和$v\frac{\partial z}{\partial s}$，将水击连续性方程简化为

$$\frac{\partial H}{\partial t}+\frac{c^2}{g}\frac{\partial v}{\partial s}=0 \tag{10-47}$$

二、水击的运动方程

将测压管水头 $H=z+p/\gamma$ 代入非恒定总流运动方程式（10-19），可以得到水击的运动方程：

$$\frac{\partial H}{\partial s}+\frac{1}{g}\left(\frac{\partial v}{\partial t}+v\frac{\partial v}{\partial s}\right)+\frac{\lambda v|v|}{8gR}=0 \tag{10-48}$$

如果不计阻力损失并忽略$\frac{\partial H}{\partial s}$和$v\frac{\partial v}{\partial s}$，水击的运动方程可以简化为

$$\frac{\partial H}{\partial s}+\frac{1}{g}\frac{\partial v}{\partial t}=0 \tag{10-49}$$

式（10-46）和式（10-48）就是水击的基本方程组，它反映的仍然是质量守恒与动力平衡规律。式（10-47）和式（10-49）为简化的水击方程组，可以在一定条件下求其解析解，也可以使数值计算简化。但是，随着计算性能的提高，直接数值求解原始方程可以避免由于简化而引起的误差，计算结果更为精确。

第四节　水击方程组的数值求解方法☆

水击方程组的求解方法通常有解析法、图解法和数值模拟法等。解析法假设阀门直线启闭，不计阻力，在简单边界条件下直接求解简化方程，以公式的形式给出计算结果。图解法可以适应较复杂的边界条体，有着明晰的物理图像，便于验证，但在相数较多、计及阻力时，用起来也非常麻烦，且因作图比例所限，有时也不够准确。数值模拟法理论基础严谨，可以考虑多方面的因素，计算速度快、精度高，因此已逐渐取代解析法和图解法，成为水击计算和管道设计的主要方法。下面主要介绍求解水击方程组的特征线法。

一、特征线法的基本思想

根据偏微分方程理论，双曲型偏微分方程具有两族不同的实特征线，沿特征线可将双曲型偏微分方程组转化成常微分方程组，再对常微分方程组进行求解，这种求解偏微分方程的方法称为特征线法。

设有一因变量为 u、自变量为 t 和 s 的拟线性偏微分方程，方程形式为

$$a(s,t,u)\frac{\partial u}{\partial s}+b(s,t,u)\frac{\partial u}{\partial t}=c(s,t,u) \tag{10-50}$$

与常微分方程比较，偏微分方程式（10-50）包含有两个方向的微商，求解比较复杂。特征线法的基本思想是引进一条曲线，使两个方向的微商化成一个方向的微商。根据二元函数的微商公式，引进一条曲线，其方程一般形式为

$$a(s,t,u)\mathrm{d}t-b(s,t,u)\mathrm{d}s=0\ 或\ \frac{\mathrm{d}s}{\mathrm{d}t}=\frac{a(s,t,u)}{b(s,t,u)} \tag{10-51}$$

在这条曲线上，方程式（10-50）可变形为

$$b(s,t,u)\frac{\mathrm{d}u}{\mathrm{d}t}=c(s,t,u) \tag{10-52}$$

式（10-52）为只包含一个方向微商的常微分方程，称为特征方程或特征关系式。曲线方

程式（10-51）称为特征线方程，$\frac{\mathrm{d}s}{\mathrm{d}t}$称为特征方向。这样原来的拟线性偏微分方程式就化为与之等价的两个常微分方程式。具体求解的方法是联解特征线方程和相应的特征方程，得到特征线上各点的未知量。由于方程的系数 a，b 及右端源项 c 同时也是未知量 u 的函数，故很难得到两个常微分方程的解析解。一般是将这两个常微分方程变为有限差分方程，再根据给定的初始条件及边界条件求出近似的数值解。

二、水击的特征方程

水击方程式（10-46）和式（10-48）为一阶拟线性双曲型偏微分方程组，存在两条实特征线，故可用特征线法求解。为了求出特征线，现将方程式（10-48）乘以待定系数 ω，再与方程式（10-46）线性组合起来，整理可得

$$\frac{\omega}{g}\left[\frac{\partial v}{\partial t}+\frac{\partial v}{\partial s}\left(v+\frac{c^{2}}{\omega}\right)\right]+\left[\frac{\partial H}{\partial t}+\frac{\partial H}{\partial s}(v+\omega)\right]+\omega\frac{\lambda v|v|}{2gD}+v\sin\alpha=0 \qquad (10-53)$$

如果令

$$\frac{\mathrm{d}s}{\partial t}=v+\frac{c^{2}}{\omega}=v+\omega \qquad (10-54)$$

则方程式（10-53）可以转换为关于变量 v、H 的常微分方程：

$$\frac{\omega}{g}\left(\frac{\partial v}{\partial t}+\frac{\partial v}{\partial s}\frac{\mathrm{d}s}{\mathrm{d}t}\right)+\left(\frac{\partial H}{\partial t}+\frac{\partial H}{\partial s}\frac{\mathrm{d}s}{\mathrm{d}t}\right)+\omega\frac{\lambda v|v|}{2gD}+v\sin\alpha=0 \qquad (10-55)$$

或

$$\frac{\mathrm{d}v}{\mathrm{d}t}+\frac{g}{\omega}\frac{\mathrm{d}H}{\mathrm{d}t}+\frac{\lambda v|v|}{2D}+\frac{gv\sin\alpha}{\omega}=0 \qquad (10-56)$$

求解式（10-54）可得待定系数的两个解为 $\omega=\pm c$（注意：以往教材中待定系数为 $\omega=\pm\frac{g}{c}$，请读者分析比较两者差异的原因）。将待定系数的两个解 $\omega_1=c$，$\omega_2=-c$ 分别代入式（10-54）和式（10-56），可得四个常微分方程：

$$\frac{\mathrm{d}s}{\partial t}=v+\frac{c^{2}}{\omega_1}=v+c \qquad (10-57)$$

$$\frac{\mathrm{d}v}{\mathrm{d}t}+\frac{g}{c}\frac{\mathrm{d}H}{\mathrm{d}t}+\frac{\lambda v|v|}{2D}+\frac{gv\sin\alpha}{c}=0 \qquad (10-58)$$

$$\frac{\mathrm{d}s}{\partial t}=v+\frac{c^{2}}{\omega_2}=v-c \qquad (10-59)$$

$$\frac{\mathrm{d}v}{\mathrm{d}t}-\frac{g}{c}\frac{\mathrm{d}H}{\mathrm{d}t}+\frac{\lambda v|v|}{2D}-\frac{gv\sin\alpha}{c}=0 \qquad (10-60)$$

式（10-57）和式（10-59）称为水击的特征线方程，式（10-58）和式（10-60）称为水击的特征方程，也可以将式（10-57）～式（10-60）统称为水击的特征方程。

为了说明特征方程的物理意义，在 $s-t$ 平面上分析特征方程之间的相互关系。如图10-9所示，已知 s、t 平面上两点 R、S 的位置坐标和相应的函数值 v_R，H_R、v_S、H_S，过 R 点作满足方程式（10-57）的顺特征线 c^+，过 S 点作满足方程式（10-59）的逆特征线 c^-，两条特征线相交于 P 点，由于在顺特征线上函数满足方程式（10-58），在逆特征线上函数满足方程式（10-60），由此联立求解方程式（10-58）和式（10-60），可

以确定点 P 的位置坐标及相应的函数值 v_P、H_P。以此类推，可以根据初始时刻已知各点的位置和函数值逐一求出下一时刻各点的函数值，进而求出后继时刻各点的函数值。下面介绍求解水击特征方程的有限差分法。

三、特征方程的有限差分解

采用有限差分法求解特征方程，首先要将特征方程改变为差分方程，然后再在差分网格上求解。将管道沿 s 方向分成 N 等分，如图 10－10 所示，其间隔 Δs 称为距离步长，时间步长为 Δt。对于金属管道，管道流速 v 一般远小于水击波传播速度 c，因此，可以忽略特征线方程中的速度 v，特征线方程的差分形式可以写为

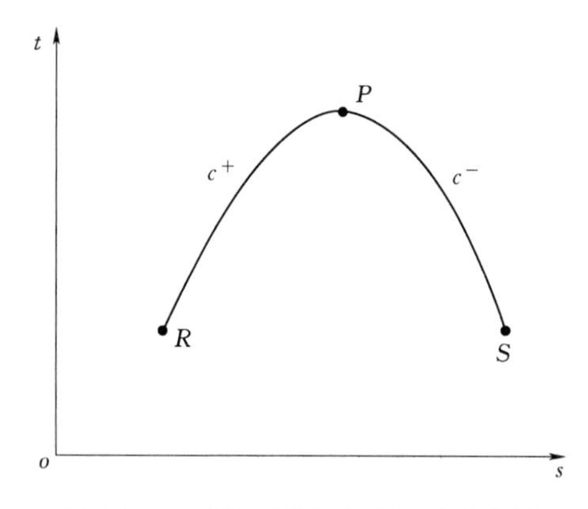

图 10－9　顺特征线和逆特征线示意图

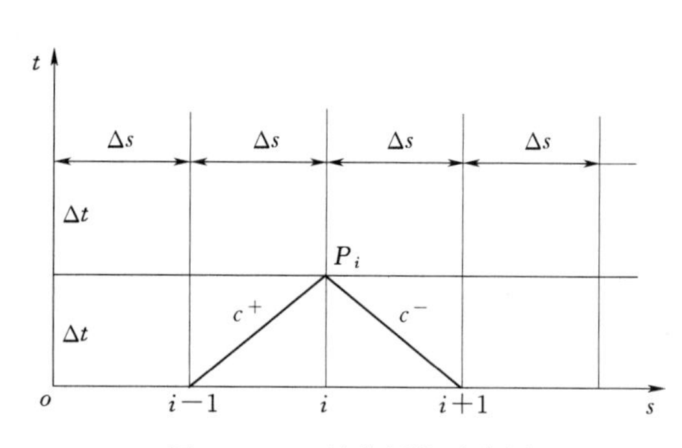

图 10－10　差分网格示意图

顺特征线 c^+：

$$\frac{s_{pi}-s_{i-1}}{t_{pi}-t_{i-1}}=\frac{\Delta s}{\Delta t}=c \tag{10-61}$$

逆特征线 c^-：

$$\frac{s_{pi}-s_{i+1}}{t_{pi}-t_{i+1}}=\frac{-\Delta s}{\Delta t}=-c \tag{10-62}$$

选取时间步长 $\Delta t=\dfrac{\Delta s}{c}$，则每个网格节点都在特征线上。在顺特征线 c^+上，特征方程式（10－58）的差分方程为

$$\frac{g}{c}(H_{p_i}-H_{i-1})+(v_{p_i}-v_{i-1})+\frac{g}{c}v_{i-1}\Delta t\sin\alpha+\frac{\lambda\Delta s}{2cD}v_{i-1}|v_{i-1}|=0 \tag{10-63}$$

在逆特征线 c^-上，特征方程式（10－60）的差分方程为

$$\frac{g}{c}(H_{pi}-H_{i+1})-(v_{pi}-v_{i+1})+\frac{g}{c}v_{i+1}\Delta t\sin\alpha-\frac{\lambda\Delta s}{2cD}v_{i+1}|v_{i+1}|=0 \tag{10-64}$$

在网格中，非边界的内点上两个特征方程同时成立，因此，可以求解出内点的函数值：

$$H_{p_i}=\frac{1}{2}\left[H_{i-1}+H_{i+1}+\frac{c}{g}(v_{i-1}-v_{i+1})-\Delta t\sin\alpha(v_{i-1}+v_{i+1})-\frac{\lambda\Delta s}{2gD}(v_{i-1}|v_{i-1}|-v_{i+1}|v_{i+1}|)\right] \tag{10-65}$$

$$v_{p_i}=\frac{1}{2}\left[\frac{g}{c}(H_{i-1}-H_{i+1})+(v_{i-1}+v_{i+1})-\frac{g\Delta t\sin\theta}{c}(v_{i-1}-v_{i+1})-\frac{\lambda\Delta x}{2cD}(v_{i-1}|v_{i-1}|+v_{i+1}|v_{i+1}|)\right] \tag{10-66}$$

在左右边界点上各有一个特征方程成立，要求解每个边界点上的两个未知函数值，必

须补充条件，这一条件称为边界条件。

（1）管道上游端边界条件及求解：在左边界点上只有一个方程式（10-64）成立，要求解边界点上的两个未知函数值，需要根据具体边界情况补充边界条件：

$$f(H_{p1},v_{p1})=0 \tag{10-67}$$

边界条件一般有三种类型，第一种是给定水头 H_{p1}，如上游为水库，可给定水头为常数 $H_{p1}=H_0$；上游为调压井，可给定水头与时间的函数关系 $H_{p1}=H(t)$。第二种是给定流量或流速 v_{p1}，如上游为水泵，可确定流速和时间的函数关系 $v_{p1}=v(t)$。第三种是给定水头和流速的关系式。联立方程式（10-64）和式（10-67）可以解出边界上的 H_{p1}、v_{p1}。

（2）管道下游端边界条件及求解：在右边界点上只有一个方程式（10-63）成立，要求解边界点上的两个未知函数值，需要根据具体边界情况补充边界条件：

$$f(H_{p_{N+1}},v_{p_{N+1}})=0 \tag{10-68}$$

如果下游端为阀门时，可以把它当作一个孔口出流，从而确定流速和水头的关系式：

$$v_{p_{N+1}}=\left(1-\frac{t}{T_s}\right)v_0\sqrt{2g\,\frac{H_{p_{N+1}}}{H_0}}, \tag{10-69}$$

联立方程式（10-63）和式（10-69）可以解出下游边界上的 $H_{p_{N+1}}$、$v_{p_{N+1}}$。下游端如果是反击式水轮机时，其边界条件还需增加一个关于水轮机转数的补充方程。

（3）两个和多个管道连接处的条件及求解：以图 10-11 所示的三个管道连接为例，按图示水流的方向，接头处管 1 适用顺特征线方程，管 2、管 3 适用逆特征线方程：

$$(H_{p_{1,N+1}}-H_{1,N})+\frac{c_1}{g}(v_{p_{1,N+1}}-v_{1,N})+v_{1,N}\Delta t_1\sin\alpha_1+\frac{\lambda_1\Delta x_1}{2gD_1}v_{1,N}|v_{1,N}|=0 \tag{10-70}$$

$$(H_{p_{2,1}}-H_{2,2})-\frac{c_2}{g}(v_{p_{2,1}}-v_{2,2})+v_{2,2}\Delta t_2\sin\alpha_2-\frac{\lambda_2\Delta x_2}{2gD_2}v_{2,2}|v_{2,2}|=0 \tag{10-71}$$

$$(H_{p_{3,1}}-H_{3,2})-\frac{c_3}{g}(v_{p_{3,1}}-v_{3,2})+v_{3,2}\Delta t_3\sin\alpha_3-\frac{\lambda_3\Delta x_3}{2gD_3}v_{3,2}|v_{3,2}|=0 \tag{10-72}$$

式中变量的第一个下标表示其所属的管道编号，第二个下标表示其所处的断面位置编号。而连接处有 6 个未知函数，因此，还需补充三个方程。根据水力学基本原理，在任何瞬时连接处应满足水流连续条件和水头相等条件，即类似于管网的节点条件：

$$\sum_{j=1}^{3}Q_j=0 \tag{10-73}$$

$$H_{p_{1,N+1}}=H_{p_{2,1}}=H_{p_{3,1}} \tag{10-74}$$

联立方程式（10-70）～式（10-74）即可求解连接处的 6 个函数值。上述处理方法同样可以用于 2 个管道或 3 个以上管道的连接处。

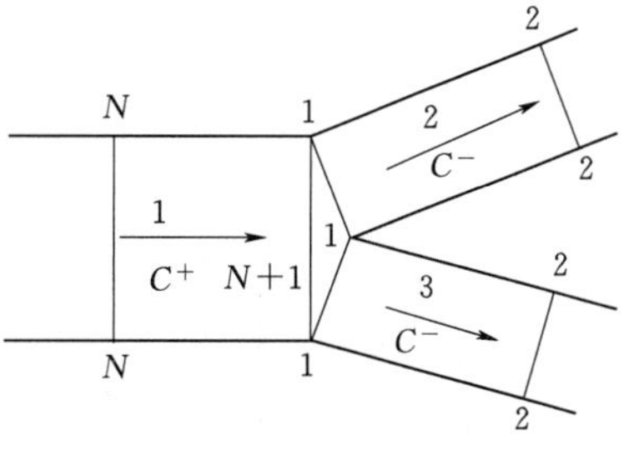

图 10-11　三个管道连接图

拓展思考：如果不忽略特征线方程中的速度 v，如何选取时间步长？如果经过 P 点两条特征线不在网格节点上，如何确定特征方程的差分形式？

四、计算实例

【例 10-1】 已知某引水钢管直径 $D=4.6\text{m}$，管壁厚度 $\delta=0.02\text{m}$，管道长度 $L=395\text{m}$，管道沿程水头损失系数 $\lambda=0.025$，恒定流时压强水头 $H_0=40\text{m}$，最大流量 $Q=45\text{m}^3/\text{s}$，阀门为线性关闭，关闭时间 $T_s=7\text{s}$，假定管道为水平放置，试计算 $T_m=14\text{s}$ 内，管道压强水头的沿程变化情况。

解：（1）参数选取与计算：

流速
$$v_0=\frac{4Q}{\pi D^2}=\frac{4\times45}{\pi\times4.6^2}=2.7(\text{m/s})$$

波速
$$c=\frac{c_0}{\sqrt{1+0.01D/\delta}}=\frac{1435}{\sqrt{1+0.01\times4.6/0.02}}=790(\text{m/s})$$

相长 $T_r=\dfrac{2L}{c}=\dfrac{2\times395}{790}=1.0(\text{s})<T_s=7.0(\text{s})$，为间接水击。

（2）采用特征线方法进行计算，将管段平均分成 5 段（$N=5$），距离步长为 $\Delta s=79\text{m}$，时间步长 $\Delta t=\dfrac{\Delta s}{c}=\dfrac{79}{790}=0.1(\text{s})$。

管道上游端为水位恒定的水库，边界条件为 $H_{p1}=40\text{m}$。

管道下游端为逐渐关闭的阀门，边界条件为 $v_{p_{N+1}}=\left(1-\dfrac{t}{T_s}\right)v_0\sqrt{2g\dfrac{H_{p_{N+1}}}{H_0}}$，

内点采用式（10-65）和式（10-66）计算，计算结果见图 10-12 和表 10-3。

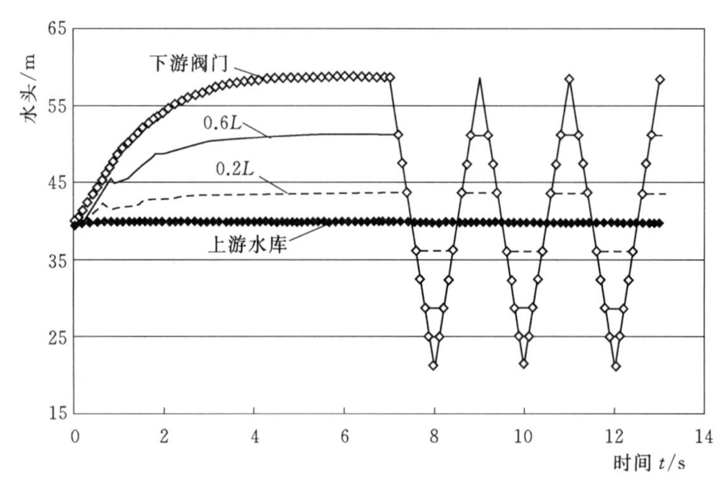

图 10-12　例 10-1 配图

表 10-3　　　　水击计算结果

时间/s	相对开度	水头 H/m					
		水库	0.2L	0.4L	0.6L	0.8L	阀门
0.0	1.000	40.000	39.840	39.679	39.519	39.358	39.198

续表

时间/s	相对开度	水头 H/m					
		水库	0.2L	0.4L	0.6L	0.8L	阀门
1.0	0.857	40.000	41.766	43.534	45.306	47.085	49.455
2.0	0.714	40.000	42.914	45.828	48.743	51.657	54.778
3.0	0.571	40.000	43.463	46.925	50.384	53.840	57.343
4.0	0.429	40.000	43.675	47.349	51.021	54.690	58.362
5.0	0.286	40.000	43.745	47.491	51.235	54.978	58.719
6.0	0.143	40.000	43.772	47.544	51.316	55.088	58.859
7.0	0.000	40.000	43.783	47.565	51.347	55.129	58.890
8.0	0.000	40.000	36.218	32.436	28.655	24.875	21.115
9.0	0.000	40.000	43.781	47.562	51.342	55.122	58.880
10.0	0.000	40.000	36.220	32.440	28.661	24.882	21.125
11.0	0.000	40.000	43.779	47.558	51.336	55.114	58.870
12.0	0.000	40.000	36.222	32.443	28.667	24.889	21.135
13.0	0.000	40.000	43.778	47.555	51.331	55.107	58.860

（3）计算程序如下：

```
C * * * * 变量符号说明
C  RL—管长 L,Tao——阀门开度 τ,f—阻力系数 λ,M—时间步数,Cf—λdx/(2gD),e—管壁厚度 δ
C * * * * 数组说明、变量赋值
    COMMON H(601,6),v(601,6),Tao(601),T(301)
    data D/4.6/,e/0.02/,RL/395/,N/5/
    data Ts/7/,Tm/14/,H0/40/,Q/45/,g/9.81/,f/0.025/
C* * * * * 计算基本参数
    c=1435/sqrt(1+0.01 * D/e)
    Tr=2 * RL/c
    dx=RL/N
    dt=dx/c
    v0=Q/(0.7854 * D * D)
    M=Tm/dt+2
    Tao(1)=1
    Cf=f * dx/D/2/g
    write( * , * ) 'dx,dt,v0,c,Tr',dx,dt,v0,c,Tr
C* * * * * 确定初始条件
    do i=1,N+1
       v(1,i)=v0
       H(1,i)=H0-Cf * (i-1) * v(1,i) * * 2
    enddo
C* * * * * 计算流速压强
```

```
      do j=2,M
         T(j)=(j-1)*dt
         Tao(j)=1-T(j)/Ts
         if(Tao(j).LT.0) Tao(j)=0
C*****管道内点计算
      do i=2,N
         H(j,i)=0.5*(H(j-1,i-1)+H(j-1,i+1)+c/g*(v(j-1,i-1)-v(j-1,i+1))
     +       -Cf*(v(j-1,i-1)*abs(v(j-1,i-1))-v(j-1,i+1)*abs(v(j-1,i+1))))
         v(j,i)=0.5*(g/c*(H(j-1,i-1)-H(j-1,i+1))+(v(j-1,i-1)+v(j-1,i+1))
     +       -g/c*Cf*(v(j-1,i-1)*abs(v(j-1,i-1))+v(j-1,i+1)*abs(v(j-1,i+1))))
      enddo
C*****上游边界计算
      i=1
      H(j,i)=H0
      v(j,i)=v(j-1,i+1)
     +   +g/c*(H(j,i)-H(j-1,i+1)-Cf*v(j-1,i+1)*abs(v(j-1,i+1)))
C*****下游边界计算
      i=N+1
      Ch=v0**2*Tao(j)**2/2/H0*c/g
      Cp=H(j-1,N)+v(j-1,N)*(c/g-Cf*abs(v(j-1,N)))
      v(j,i)=-Ch+sqrt(Ch*Ch+2*Ch*Cp*g/c)
      H(j,i)=H(j-1,i-1)
     +   -c/g*(v(j,i)-v(j-1,i-1))-Cf*v(j-1,i-1)*abs(v(j-1,i-1))
      write(*,12) j,T(j),Tao(j),(H(j,i),i=1,N+1)
      enddo
C*****输出计算结果
      OPEN(UNIT=11,FILE='Hvt.dat')
      do j=1,M
      write(11,12) j,T(j),Tao(j),(H(j,i),i=1,N+1)
12    format(i4,8f9.3)
      enddo
      CLOSE(11)
      STOP
      END
```

第五节　明渠非恒定流特性及分类

一、明渠非恒定流的主要特性

明渠非恒定流波动是河渠中因某种原因发生水位涨落或流量增减而形成的一种向上、下游传播的波。明渠非恒定流波动与有压管道中的水击波不同。水击波是一种弹性波，其主要作用力是惯性力和弹性力。而明渠非恒定流波动属于重力波范畴，其主要作用力是重力、摩擦阻力和惯性力。明渠非恒定流波动时，水流质点是随着波动而移动，故有流量和质量的传递，这种波动叫作运行波（移动波、位移波）。运行波传递到某个断面就会引起该断面的流量及水位发生改变。波所到之处，水面高出或低于原水面的部分称为波体。波体的前峰称为波峰（波前、波额），如图10-13所示。波峰顶点至原水面的高度ζ称为波高。波峰推进的速度c称为波速。

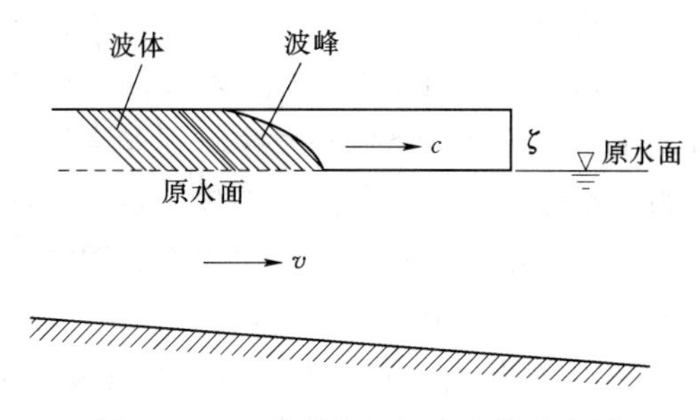

图10-13 明渠非恒定流波体示意图

如果水深h与波长L之比小于1/20，则整个水体都能被波动所干扰，这种情况下的波称为浅水波或长波（图10-14）。河渠非恒定流一般都属于浅水波或长波。

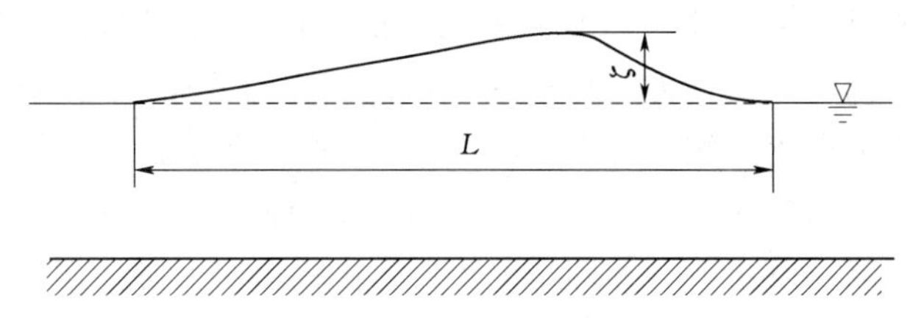

图10-14 浅水波示意图

明渠非恒定流的基本特征是过水断面上的水力要素既是时间t的函数又是流程s的函数，由于自由液面可以波动，因此明渠非恒定流必然是非均流动。

在外界条件不变的情况下，明渠恒定流过水断面上的水位、流量关系为单一的函数关系，即一个水位只对应一个流量。明渠非恒定流渠道中水面线受上下游断面水位流量的影响而发生变化，过水断面上的水位、流量关系不是单一的函数关系，而是呈绳套形关系曲线，如图10-15（a）所示，或更复杂的关系曲线，如图10-15（b）所示。同一流量可以对应不同的水位，同一水位也可以出现不同的流量。形成复杂关系曲线的原因比较复杂，既有水力学因素也有河床变形因素。

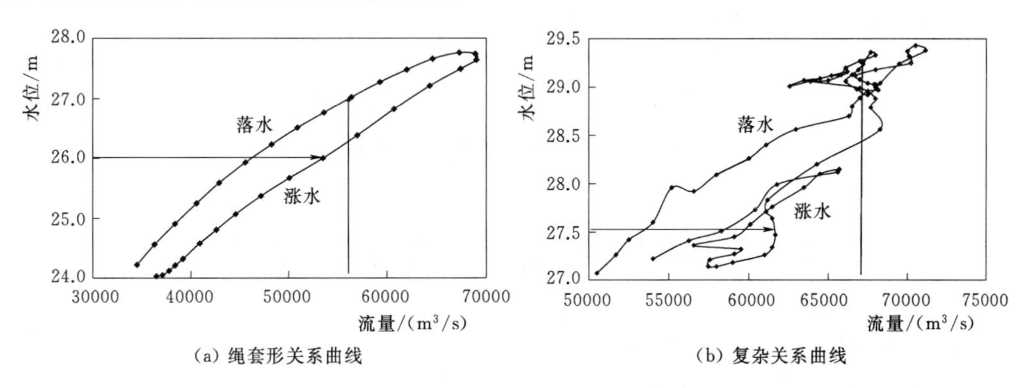

图10-15 长江某断面汛期实测水位流量关系曲线

二、明渠非恒定流的分类

（一）连续波和不连续波（断波）

当波动发生过程比较缓慢，所形成的波高相对于波长很小，瞬时水面坡度较缓，其水力要素随时间和流程变化缓慢，可视为时间和流程的连续函数，这种波动称为连续波，这样的流动称为非恒定渐变流。例如河流中的洪水波、水电站日调节引起的明渠非恒定流等都属于这类流动。当波动发生过程非常迅速，瞬时水面坡度很陡，甚至出现阶梯形状，其水力要素随时间或流程变化的梯度很大，这种波动称为不连续波或断波，这样的流动一般属于明渠非恒定急变流，如溃坝波、潮汐涌波及水电站迅速停机所引起的逆涌波等都属于这类流动。但对于不连续波，在波峰以外的区域仍可近似作为渐变流处理。

(二) 顺行波和逆行波、涨水波和落水波

在工程实际中，根据波的传播方向和波所到之处引起水面的涨落情况，将明渠非恒定流波动分为以下四种类型。

(1) 波的传播方向与水流的方向相同并且水位上涨的波称为顺行涨水波。如闸门突然开大，其下游将发生顺行涨水波。如图 10-16 (a) 所示向下游传播的波。

(2) 波的传播方向与水流的方向相反并且水位下降的波称为逆行落水波。如闸门突然开大，其上游将发生逆行落水波，如图 10-16 (a) 所示向上游传播的波。

(3) 波的传播方向与水流的方向相同并且水位下降的波称为顺行落水波。如闸门突然关小，其下游将发生顺行落水波，如图 10-16 (b) 所示向下游传播的波。

(4) 波的传播方向与水流的方向相反并且水位上涨的波称为逆行涨水波。如闸门突然关小，其上游将发生逆行涨水波，如图 10-16 (b) 所示向上游传播的波。

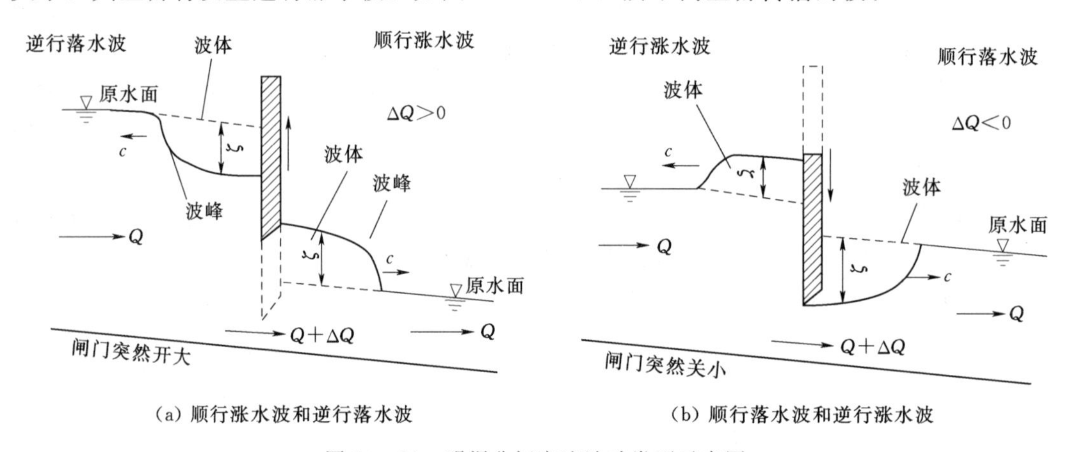

(a) 顺行涨水波和逆行落水波　　(b) 顺行落水波和逆行涨水波

图 10-16 明渠非恒定流波动类型示意图

第六节 明渠非恒定渐变流的基本方程☆

一、一维明渠非恒定渐变流的基本方程

(一) 连续性方程

对于明渠非恒定流，密度 ρ 可以看作常数，如果再考虑旁侧入流，一维非恒定总流连续性微分方程式 (10-7) 可以变为

$$\frac{\partial A}{\partial t}+\frac{\partial Q}{\partial s}=q \tag{10-75}$$

式中：Q 为流量，$Q=vA$；q 为单位流程上从旁侧流入明渠的流量，m^2/s。

在分析计算明渠流动时，经常采用水深或水位代替方程中的面积，为此，先分析水深 h、水位 z 和面积 A 之间的微分关系。从图 10-17 可以看出，水深和水位的关系为

$$z=z_b+h\cos\alpha\approx z_b+h\,(\alpha<6°) \tag{10-76}$$

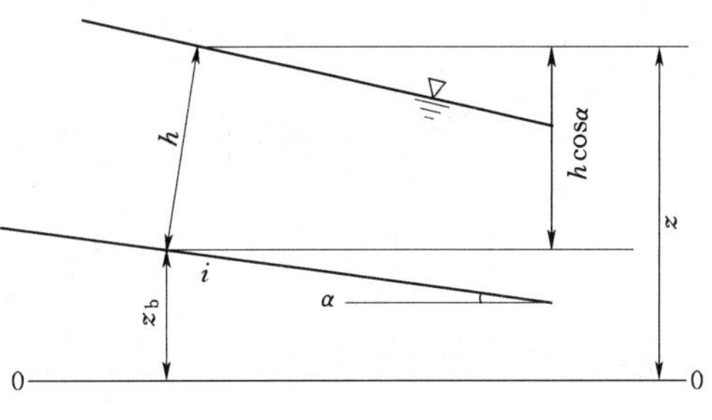

图 10-17　明渠非恒定渐变流示意图

其微分关系为

$$\frac{\partial z}{\partial t}=\frac{\partial h}{\partial t}+\frac{\partial z_b}{\partial t}=\frac{\partial h}{\partial t} \tag{10-77}$$

$$\frac{\partial z}{\partial s}=\frac{\partial h}{\partial s}+\frac{\partial z_b}{\partial s}=\frac{\partial h}{\partial s}-i \tag{10-78}$$

$$\frac{\partial A}{\partial t}=\frac{\partial A}{\partial h}\frac{\partial h}{\partial t}=B\,\frac{\partial h}{\partial t}=B\,\frac{\partial z}{\partial t} \tag{10-79}$$

$$\frac{\partial A}{\partial s}=\frac{\partial A}{\partial h}\frac{\partial h}{\partial s}+\frac{\partial A}{\partial s}\bigg|_h=B\frac{\partial h}{\partial s}+\frac{\partial A}{\partial s}\bigg|_h=B\frac{\partial z}{\partial s}+\frac{\partial A}{\partial s}\bigg|_z \tag{10-80}$$

式中：B 为断面水面宽度；i 为底坡；z_b 为渠底高程；$\frac{\partial A}{\partial s}\Big|_h$ 和 $\frac{\partial A}{\partial s}\Big|_z$ 为当 h 和 z 一定时断面面积 A 沿流程的变化率。

根据以上关系式，一维明渠非恒定渐变流的连续性微分方程通常可以写成如下几种形式：

$$\frac{\partial z}{\partial t}+v\,\frac{\partial z}{\partial s}+\frac{A}{B}\frac{\partial v}{\partial s}=\frac{1}{B}\left(q-Biv-v\frac{\partial A}{\partial s}\bigg|_h\right) \tag{10-81}$$

$$\frac{\partial h}{\partial t}+v\,\frac{\partial h}{\partial s}+\frac{A}{B}\frac{\partial v}{\partial s}=\frac{1}{B}\left(q-v\frac{\partial A}{\partial s}\bigg|_h\right) \tag{10-82}$$

$$B\,\frac{\partial z}{\partial t}+\frac{\partial Q}{\partial s}=q \tag{10-83}$$

$$B\,\frac{\partial h}{\partial t}+\frac{\partial Q}{\partial s}=q \tag{10-84}$$

（二）运动方程

明渠非恒定流运动微分方程的基本形式为式（10-19），从推导依据和过程可知，式中$\frac{\partial}{\partial s}\left(z+\frac{p}{\gamma}\right)$反映了单位重量液体的重力和压力在流动方向的分量。对于渐变流断面来说，$\left(z+\frac{p}{\gamma}\right)$=常数，因此无论哪一点结果都相同。对于明渠非恒定流，通常 z 取在水面，称为水位，水面的相对压强 p 为 0，则非恒定渐变流的运动方程式（10-19）可以写为

$$\frac{\partial z}{\partial s}+\frac{1}{g}\frac{\partial v}{\partial t}+\frac{v}{g}\frac{\partial v}{\partial s}+\frac{v|v|}{RC^2}=0 \tag{10-85}$$

考虑到流量与速度的关系 $Q=vA$ 以及水位与水深的关系 $z\approx z_b+h$，一维明渠非恒定

渐变流的运动微分方程通常也可以写成如下三种形式：

$$i-\frac{\partial h}{\partial s}-\frac{1}{g}\frac{\partial v}{\partial t}-\frac{v}{g}\frac{\partial v}{\partial s}-\frac{v|v|}{RC^2}=0 \tag{10-86}$$

$$\frac{\partial Q}{\partial t}+\frac{2Q}{A}\frac{\partial Q}{\partial s}+\left[gA-B\left(\frac{Q}{A}\right)^2\right]\frac{\partial z}{\partial s}=\left(\frac{Q}{A}\right)^2\frac{\partial A}{\partial s}\bigg|_z-gA\frac{Q|Q|}{K^2} \tag{10-87}$$

$$\frac{\partial Q}{\partial t}+\frac{2Q}{A}\frac{\partial Q}{\partial s}+\left[gA-B\left(\frac{Q}{A}\right)^2\right]\frac{\partial h}{\partial s}=gAi+\left(\frac{Q}{A}\right)^2\frac{\partial A}{\partial s}\bigg|_h-gA\frac{Q|Q|}{K^2} \tag{10-88}$$

运动方程实质就是牛顿第二定律公式。下面以方程式（10-85）为例说明方程中各项的物理意义。从力学角度来看，第一项$\frac{\partial z}{\partial s}$反映了单位重量流体重力和压力在流向上的分量；第二项$\frac{1}{g}\frac{\partial v}{\partial t}$为当地惯性力项，反映了单位重量流体当地加速度引起的惯性力；第三项$\frac{v}{g}\frac{\partial v}{\partial s}$为迁移惯性力项，反映了单位重量流体迁移加速度引起的惯性力；第四项$\frac{v|v|}{RC^2}$为阻力项，$\frac{v|v|}{RC^2}=J$，它反映单位重量流体的阻力。从能量角度来看，第一项是反映单位重量流体单位流程上重力和压力所做的功或势能的增量，第二项$\frac{1}{g}\frac{\partial v}{\partial t}$是反映单位重量流体单位流程上惯性能的增量，惯性能类似于动能，当速度随时间增加时，它吸收其他机械能，当速度随时间减小时，它释放能量给其他机械能或阻力损失；第三项$\frac{v}{g}\frac{\partial v}{\partial s}$是反映单位重量流体单位流程上动能的增量；第四项$\frac{v|v|}{RC^2}$是反映单位重量流体单位流程上阻力所做的功，即能量损失。其他方程各项的物理意义请读者自行分析。

（三）圣·维南方程组及其定解条件

一维明渠非恒定渐变流的连续性方程和运动方程统称为圣·维南方程组，由法国科学家圣·维南于 1871 年建立。圣·维南方程组的定解条件包括初始条件和边界条件。

初始条件是某一初始时刻（$t=t_0$），全河段的水位（或水深）和流量（或流速）值，即

$$z_{t=t_0}=z_0(s) \quad 或 \quad h_{t=t_0}=h_0(s) \tag{10-89}$$

$$Q_{t=t_0}=Q_0(s) \quad 或 \quad v_{t=t_0}=v_0(s) \tag{10-90}$$

边界条件是河渠两端断面的水力要素随时间的变化情况。河渠两端断面的边界连接可能是水库、堰闸或其他河渠等，其边界条件一般有三种情况。第一种是给定水位变化过程，第二种是给定流量变化过程，第三种是给定水位和流量的变化关系式。其数学表达式分别为

$$z_{s=0}=z_0(t),Q_{s=0}=Q_0(t)或\ z_{s=0}=f(Q_{s=0}) \tag{10-91}$$

$$z_{s=L}=z_L(t),Q_{s=L}=Q_L(t)或\ z_{s=L}=f(Q_{s=L}) \tag{10-92}$$

二、浅水二维明渠非恒定渐变流的基本方程

一维明渠非恒定流可以成功地解决许多明渠非恒定流问题，如天然河流中的洪水涨落

过程、由于闸门开启或关闭引起河渠中的水流波动、水电站运行过程中由于流量调节而引起河渠中的水流波动、溃坝后溃坝波的传播、船闸充水和放水引起引航道的水流波动等。但是一维非恒定流只能给出断面平均速度的变化，有时还需要知道速度沿断面的分布和变化情况，如航道设计、港口码头设计、取水排水建筑物设计、污染物扩散稀释问题等，这时就需要考虑二维明渠非恒定流的方程和计算。下面采用沿水深积分方法给出平面二维明渠非恒定渐变流的基本方程。

在河渠水流中，水平尺度一般远大于垂向尺度，此时可以假定沿水深方向的动水压强分布符合静水压强分布，将三维流动的基本方程式（4-191）和式（4-204）～式（4-206）沿水深平均，即可得到沿水深平均的平面二维流动的基本方程。在垂向积分中，采用以下定义和公式。

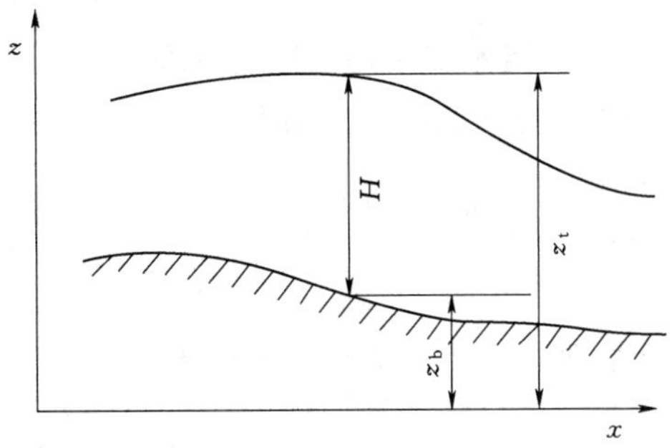

（1）定义水深为

$$H=z_{t}-z_{b} \tag{10-93}$$

式中：H 为水深；z_{t}，z_{b} 为某一基准面上的水面水位和河床高程（图 10-18）。

图 10-18　水面水位与河床高程关系图

（2）定义沿水深平均流速和垂线上的流速关系为

$$U_{x}=\frac{1}{H}\int_{z_{b}}^{z_{t}}\overline{u}_{x}\,\mathrm{d}z \tag{10-94}$$

$$U_{y}=\frac{1}{H}\int_{z_{b}}^{z_{t}}\overline{u}_{y}\,\mathrm{d}z \tag{10-95}$$

（3）引用莱布尼兹公式：

$$\frac{\partial}{\partial x}\int_{z_{b}}^{z_{t}}f\,\mathrm{d}z=\int_{z_{b}}^{z_{t}}\frac{\partial f}{\partial x}\mathrm{d}z+f\bigg|_{z_{t}}\frac{\partial z_{t}}{\partial x}-f\bigg|_{z_{b}}\frac{\partial z_{b}}{\partial x} \tag{10-96}$$

$$\frac{\partial}{\partial y}\int_{z_{b}}^{z_{t}}f\,\mathrm{d}z=\int_{z_{b}}^{z_{t}}\frac{\partial f}{\partial y}\mathrm{d}z+f\bigg|_{z_{t}}\frac{\partial z_{t}}{\partial y}-f\bigg|_{z_{b}}\frac{\partial z_{b}}{\partial y} \tag{10-97}$$

（4）自由表面及底部运动学条件：

$$\overline{u}_{z}\bigg|_{z=z_{t}}=\frac{Dz_{t}}{Dt}=\frac{\partial z_{t}}{\partial t}+\frac{\partial z_{t}}{\partial x}\overline{u}_{x}\bigg|_{z=z_{t}}+\frac{\partial z_{t}}{\partial y}\overline{u}_{y}\bigg|_{z=z_{t}} \tag{10-98}$$

$$\overline{u}_{z}\bigg|_{z=z_{b}}=\frac{Dz_{b}}{Dt}=\frac{\partial z_{b}}{\partial t}+\frac{\partial z_{b}}{\partial x}\overline{u}_{x}\bigg|_{z=z_{b}}+\frac{\partial z_{b}}{\partial y}\overline{u}_{y}\bigg|_{z=z_{b}} \tag{10-99}$$

（一）沿水深平均的连续性方程

利用上述定义和公式对连续性方程式（4-191）沿水深平均，得

$$\int_{z_{b}}^{z_{t}}\left(\frac{\partial\overline{u}_{x}}{\partial x}+\frac{\partial\overline{u}_{y}}{\partial y}+\frac{\partial\overline{u}_{z}}{\partial z}\right)\mathrm{d}z=\frac{\partial}{\partial x}\int_{z_{b}}^{z_{t}}\overline{u}_{x}\,\mathrm{d}z-\frac{\partial z_{t}}{\partial x}\overline{u}_{x}\bigg|_{z=z_{t}}+\frac{\partial z_{b}}{\partial x}\overline{u}_{x}\bigg|_{z=z_{b}}+\frac{\partial}{\partial y}\int_{z_{b}}^{z_{t}}\overline{u}_{y}\,\mathrm{d}z$$

$$-\frac{\partial z_t}{\partial y}\overline{u}_y\bigg|_{z=z_t}+\frac{\partial z_b}{\partial y}\overline{u}_y\bigg|_{z=z_b}+\overline{u}_z\,|_{z=z_t}-\overline{u}_z\,|_{z=z_b}$$

$$=\frac{\partial HU_x}{\partial x}+\frac{\partial HU_y}{\partial y}+\frac{\partial z_t}{\partial t}-\frac{\partial z_b}{\partial t}=0 \qquad (10-100)$$

最后得

$$\frac{\partial H}{\partial t}+\frac{\partial HU_x}{\partial x}+\frac{\partial HU_y}{\partial y}=0 \qquad (10-101)$$

（二）沿水深平均的运动方程

以 x 方向为例，利用上述定义和公式对水流运动方程式（4-204）沿水深积分：

$$\int_{z_b}^{z_t}\left[\frac{\partial\overline{u}_x}{\partial t}+\frac{\partial}{\partial x}(\overline{u}_x\overline{u}_x)+\frac{\partial}{\partial y}(\overline{u}_x\overline{u}_y)+\frac{\partial}{\partial z}(\overline{u}_x\overline{u}_z)+\frac{1}{\rho}\frac{\partial p}{\partial x}-(\varepsilon+\nu)\left(\frac{\partial^2\overline{u}_x}{\partial x^2}+\frac{\partial^2\overline{u}_x}{\partial y^2}+\frac{\partial^2\overline{u}_x}{\partial z^2}\right)\right]\mathrm{d}z=0 \qquad (10-102)$$

积分整理后 x 方向的运动方程为

$$\frac{\partial HU_x}{\partial t}+\frac{\partial HU_xU_x}{\partial x}+\frac{\partial HU_xU_y}{\partial y}$$

$$=-gH\frac{\partial z_t}{\partial x}-g\frac{n^2U_x\sqrt{U_x^2+U_y^2}}{H^{1/3}}+(\varepsilon+\nu)\left(\frac{\partial^2 HU_x}{\partial x^2}+\frac{\partial^2 HU_x}{\partial y^2}\right) \qquad (10-103)$$

类似地 y 方向的运动方程为

$$\frac{\partial HU_y}{\partial t}+\frac{\partial HU_xU_y}{\partial x}+\frac{\partial HU_yU_y}{\partial y}$$

$$=-gH\frac{\partial z_t}{\partial y}-g\frac{n^2U_y\sqrt{U_x^2+U_y^2}}{H^{1/3}}+(\varepsilon+\nu)\left(\frac{\partial^2 HU_y}{\partial x^2}+\frac{\partial^2 HU_y}{\partial y^2}\right) \qquad (10-104)$$

方程式（10-103）、式（10-104）、式（10-101）即为河流平面二维数值模拟中常用的控制方程。

由于流体黏度 ν 远小于涡黏度 ε，经常可以忽略流体黏度。若要考虑地球自转和表面风应力的影响，可在方程式（10-103）和式（10-104）右边分别加上哥氏力和表面风应力：

$$\left.\begin{aligned}f_x'&=2\omega U_x\sin\psi+C_w\frac{\rho_a}{\rho}\overline{\omega}^2\cos\beta\\ f_y'&=2\omega U_y\cos\psi+C_w\frac{\rho_a}{\rho}\overline{\omega}^2\sin\beta\end{aligned}\right\} \qquad (10-105)$$

式中：ω 为地球自转角速度；ψ 为当地纬度；C_w 为无因次风应力系数；ρ_a 为空气密度；$\overline{\omega}$ 为风速；β 为风向与 x 方向的夹角。

（三）浅水二维明渠非恒定渐变流的方程组的定解条件

沿水深平均的连续性方程和运动方程构成浅水二维明渠非恒定渐变流的基本方程组。其初始条件是某一初始时刻（$t=t_0$）全河段的水深和流速值，即

$$H=H(x,y,t_0) \qquad (10-106)$$

$$\left.\begin{aligned}U_x=U_x(x,y,t_0)\\U_y=U_y(x,y,t_0)\end{aligned}\right\}\tag{10-107}$$

边界条件为河渠两端边界断面的水力要素随时间的变化情况。河渠两端断面的边界连接可能是水库、堰闸或其他河渠等，根据具体情况确定其水位和流速随时间的变化关系。

第七节　明渠非恒定渐变流的数值求解方法☆

与水击方程组一样，圣·维南方程组也属于一阶拟线性双曲型偏微分方程组，也存在两根实特征线。因此，可以像求解水击方程组一样，采用特征线法求解圣·维南方程组。读者可以参考第四节水击方程的特征线解法或其他有关文献。本节介绍求解圣·维南方程组的直接差分法。

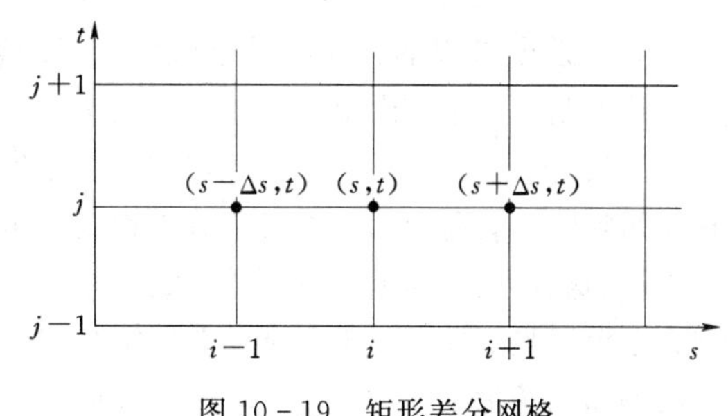

图 10-19　矩形差分网格

直接差分法发展较早，比较成熟、简单。直接差分法的指导思想是先将连续的求解区域划为有限个矩形差分网格，再将微分方程中的导数用结点上函数值的差商代替，从而将连续区域的微分方程变为网格结点上的代数方程组，最后联立求解这些代数方程组，就可以得到所有结点上的未知量。

一、基本差分形式

导数项的基本差分形式可以通过泰勒级数展开推导出来。在如图 10-19 所示的 $s-t$ 平面中，$(i,\ j)$ 处的函数值 u_i^j 与其相邻两点 $(i-1,\ j)$ 和 $(i+1,\ j)$ 处的函数值 u_{i+1}^j，u_{i-1}^j 之间的关系为

$$u_{i+1}^j=u_i^j+\Delta s\left(\frac{\partial u}{\partial s}\right)_i^j+\frac{\Delta s^2}{2}\left(\frac{\partial^2 u}{\partial s^2}\right)_i^j+\frac{\Delta s^3}{6}\left(\frac{\partial^3 u}{\partial s^3}\right)_i^j+\frac{\Delta s^4}{24}\left(\frac{\partial^4 u}{\partial s^4}\right)_i^j+HOT\tag{10-108}$$

$$u_{i-1}^j=u_i^j-\Delta s\left(\frac{\partial u}{\partial s}\right)_i^j+\frac{\Delta s^2}{2}\left(\frac{\partial^2 u}{\partial s^2}\right)_i^j-\frac{\Delta s^3}{6}\left(\frac{\partial^3 u}{\partial s^3}\right)_i^j+\frac{\Delta s^4}{24}\left(\frac{\partial^4 u}{\partial s^4}\right)_i^j+HOT\tag{10-109}$$

由式（10-108）可得一阶精度向前差分格式：

$$\left(\frac{\partial u}{\partial s}\right)_i^j=\frac{u_{i+1}^j-u_i^j}{\Delta s}+O(\Delta s)\tag{10-110}$$

由式（10-109）可得一阶精度向后差分格式：

$$\left(\frac{\partial u}{\partial s}\right)_i^j=\frac{u_i^j-u_{i-1}^j}{\Delta s}+O(\Delta s)\tag{10-111}$$

将式（10-108）和式（10-109）相减可得二阶精度中心差分格式：

$$\left(\frac{\partial u}{\partial s}\right)_i^j=\frac{u_{i+1}^j-u_{i-1}^j}{2\Delta s}+O(\Delta s^2)\tag{10-112}$$

将式（10-108）和式（10-109）加权平均可得迎风差分格式：

$$\left(\frac{\partial u}{\partial s}\right)_i^j=\frac{(1+\beta)u_{i+1}^j-2\beta u_i^j-(1-\beta)u_{i-1}^j}{2\Delta s} \tag{10-113}$$

式中：β 为加权迎风因子，$\beta=1$ 为向前差分，$\beta=-1$ 为向后差分，$\beta=0$ 为中心差分。

同理，对时间偏导的一阶精度向前差分格式为

$$\left(\frac{\partial u}{\partial t}\right)_i^j=\frac{u_i^{j+1}-u_i^j}{\Delta t}+O(\Delta t) \tag{10-114}$$

使用上述不同形式的差商逼近圣·维南方程组中的偏微分，可以得到不同的差分方程。各差分方程都必须满足相容性、收敛性、稳定性的要求。所谓相容性是指步长趋近于零时，差分方程的截断误差也趋近于零，即差分方程趋近于微分方程。而收敛性是步长趋近于零时，差分方程的解应收敛于微分方程的解。稳定性是指在计算中舍入误差和初始误差始终被控制在一个有限范围内，而不会无限增大，计算的数值解近似于差分方程的真解。相容性与收敛性是两个不同的概念，前者是必备的条件，后者是最终目标。根据拉克斯等价定理，如果问题是适定的，并且差分方程满足相容性条件，则其收敛性的充分必要条件是该差分方程的稳定性。根据拉克斯等价定理，可以通过分析其相容性和证明其稳定性来证明某种差分方程的收敛性。对于复杂的非恒定流问题，一般很难从数学上严格证明。

将偏微分方程组按上述差商形式转换为差分方程，并进行数值解的方法有许多种，因篇幅所限，下面仅介绍一种显格式和一种隐格式。其他差分格式可参考相关文献资料。

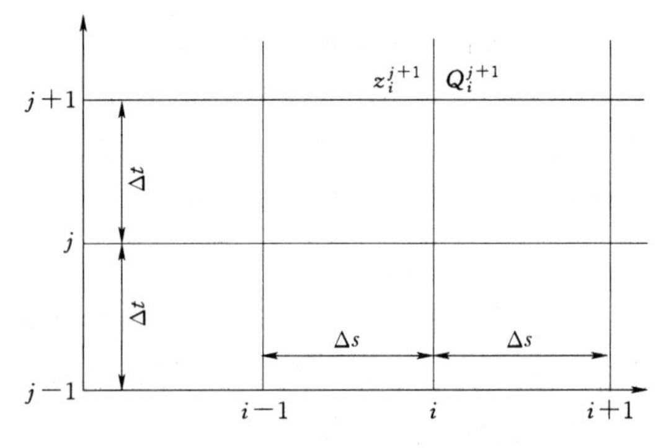

图 10－20　显式差分格式网格

二、显式差分格式

显式差分格式有许多种，如菱形差分格式、蛙跳差分格式及交错网格格式等，读者可查阅有关参考文献。下面以求解圣·维南方程式（10－83）和式（10－87）为例，介绍一种显式差分格式——扩散格式，如图 10－20 所示。

将因变量 Q、z 对距离的偏导数用中心差分格式代替，即

$$\left(\frac{\partial Q}{\partial s}\right)_i^j\approx\frac{Q_{i+1}^j-Q_{i-1}^j}{2\Delta s},\left(\frac{\partial z}{\partial s}\right)_i^j\approx\frac{z_{i+1}^j-z_{i-1}^j}{2\Delta s} \tag{10-115}$$

将因变量 Q、z 对时间的偏导数用向前差分格式代替，即

$$\left(\frac{\partial Q}{\partial t}\right)_i^j\approx\frac{Q_i^{j+1}-\widetilde{Q}_i^j}{\Delta t},\left(\frac{\partial z}{\partial t}\right)_i^j\approx\frac{z_i^{j+1}-\widetilde{z}_i^j}{\Delta t} \tag{10-116}$$

式中 $\widetilde{Q}_i^j=\alpha Q_i^j+(1-\alpha)(Q_{i+1}^j+Q_{i-1}^j)/2$，$\widetilde{z}_i^j=\alpha z_i^j+(1-\alpha)(z_{i+1}^j+z_{i-1}^j)/2$ 是已知时刻相邻三点的加权平均值，权重系数范围为 $0\leqslant\alpha\leqslant1$，当 $\alpha=1$ 时为不稳定格式，当 $\alpha=0$ 时为拉克斯格式。将式（10－115）和式（10－116）代入圣·维南方程式（10－83）和式（10－87），整理后可得

$$z_i^{j+1}=\alpha z_i^j+(1-\alpha)\frac{z_{i-1}^j+z_{i+1}^j}{2}-\frac{\Delta t}{2B_i^j\Delta s}(Q_{i+1}^j-Q_{i-1}^j) \tag{10-117}$$

$$Q_i^{j+1}=\alpha Q_i^j+(1-\alpha)\frac{Q_{i-1}^j+Q_{i+1}^j}{2}-\frac{Q_i^j\Delta t}{A_i^j\Delta s}(Q_{i+1}^j-Q_{i-1}^j)-\left(gA-\frac{BQ^2}{A^2}\right)_i^j\frac{\Delta t}{2\Delta s}(z_{i+1}^j-z_{i-1}^j)$$
$$+\left(\frac{Q^2}{A^2}\right)_i^j\frac{\Delta t}{2\Delta s}[A_{i+1}(z_i^j)-A_{i-1}(z_i^j)]-g\Delta t\left(\frac{Q|Q|}{AC^2R}\right)_i^j \tag{10-118}$$

式中 $A_{i+1}(z_i^j)$、$A_{i-1}(z_i^j)$ 分别表示水位为 z_i^j 时，$i+1$ 和 $i-1$ 断面的过水面积。

从式（10-117）和式（10-118）可知，未知时刻各断面点的未知量是根据已知时刻相邻三点的已知量直接求解的，因此所建立的差分方程是显式的，这种差分格式称为扩散格式。

扩散格式是一种有条件的稳定格式，其稳定条件为柯朗条件，即

$$\Delta t\leqslant\frac{\Delta s}{\left|v\pm\sqrt{g\dfrac{A}{B}}\right|} \tag{10-119}$$

显式差分格式的优点在于计算公式简单，容易编程；缺点是时间步长必须符合柯朗条件，不能取的过大。在边界计算时应注意，如果类似于内点计算，每个边界也可以得到两个差分方程式，再加上边界条件，会出现方程个数多于未知数的情况。解决这一问题的办法有两种：一种是先将连续性方程和运动方程综合为一个偏微分方程，然后再转换为差分方程；另一种是在边界上引入特征线方法中的特征方程，例如在上游边界引入逆特征方程，在下游边界引入顺特征方程，另外，在计算时应注意判别流态是缓流还是急流。

三、隐式差分格式

隐式差分格式也有很多类型，下面介绍求解圣·维南方程组常用的四点偏心格式，也叫普莱士曼格式，如图 10-21 所示。

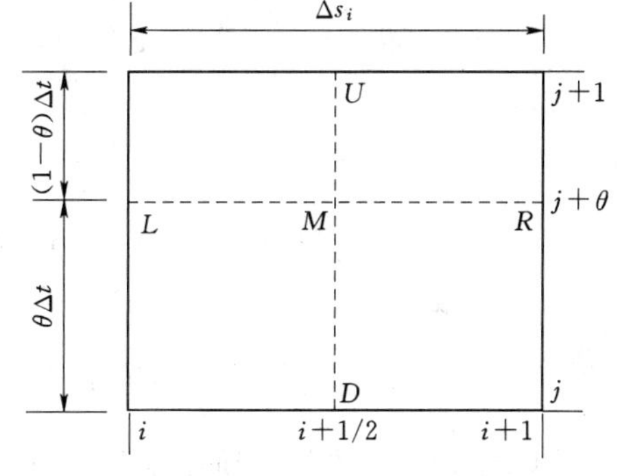

图 10-21　隐式差分格式网格

这一格式是针对矩形网格中间某点 M 将因变量的微分变为差分的。M 点的位置在距离步长的正中心，而在时间步长上偏向已知时层的权重为 θ，偏向未知时层的权重为 $1-\theta$，θ 为加权因子。

以流量 Q 的差分格式为例，在 M 点的距离偏导数和时间偏导数分别为

$$\left.\frac{\partial Q}{\partial s}\right|_M\approx\frac{Q_R-Q_L}{\Delta s_i} \tag{10-120}$$

$$\left.\frac{\partial Q}{\partial t}\right|_M\approx\frac{Q_U-Q_D}{\Delta t} \tag{10-121}$$

式中 L、R、U、D 四点的函数值可以由线性插值求出，分别为

$$Q_U=Q_{i+1/2}^{j+1}=(Q_i^{j+1}+Q_{i+1}^{j+1})/2 \tag{10-122}$$

$$Q_D=Q_{i+1/2}^j=(Q_i^j+Q_{i+1}^j)/2 \tag{10-123}$$

$$Q_L=Q_i^{j+\theta}=\theta Q_i^{j+1}+(1-\theta)Q_i^j \tag{10-124}$$

$$Q_R=Q_{i+1}^{j+\theta}=\theta Q_{i+1}^{j+1}+(1-\theta)Q_{i+1}^j \tag{10-125}$$

将式（10-122）～式（10-125）代入式（10-120）和式（10-121），可以得到流量的差分形式为

$$\left.\frac{\partial Q}{\partial s}\right|_M \approx \frac{\theta Q_{i+1}^{j+1}+(1-\theta)Q_{i+1}^j-\theta Q_i^{j+1}-(1-\theta)Q_i^j}{\Delta s_i} \tag{10-126}$$

$$\left.\frac{\partial Q}{\partial t}\right|_M \approx \frac{Q_i^{j+1}+Q_{i+1}^{j+1}-Q_i^j-Q_{i+1}^j}{2\Delta t} \tag{10-127}$$

同理，可以得到水位的差分形式为

$$\left.\frac{\partial z}{\partial s}\right|_M \approx \frac{\theta z_{i+1}^{j+1}+(1-\theta)z_{i+1}^j-\theta z_i^{j+1}-(1-\theta)z_i^j}{\Delta s_i} \tag{10-128}$$

$$\left.\frac{\partial z}{\partial t}\right|_M \approx \frac{z_i^{j+1}+z_{i+1}^{j+1}-z_i^j-z_{i+1}^j}{2\Delta t} \tag{10-129}$$

代入圣·维南方程式（10-83）和式（10-87），可得圣·维南方程组的差分方程：

$$a_{1i}z_i^{j+1}-c_{1i}Q_i^{j+1}+a_{1i}z_{i+1}^{j+1}-c_{1i}Q_{i+1}^{j+1}=e_{1i} \tag{10-130}$$

$$a_{2i}z_i^{j+1}+c_{2i}Q_i^{j+1}-a_{2i}z_{i+1}^{j+1}+d_{2i}Q_{i+1}^{j+1}=e_{2i} \tag{10-131}$$

式中 $a_{1i}=1$，$c_{1i}=2\theta\dfrac{\Delta t}{\Delta s_i}\dfrac{1}{B_M}$，$e_{1i}=z_i^j+z_{i+1}^j-\dfrac{1-\theta}{\theta}c_{1i}(Q_i^j-Q_{i+1}^j)$，

$$a_{2i}=2\theta\frac{\Delta t}{\Delta s_i}\left(\frac{Q_M^2}{A_M^2}B_M-gA_M\right),\ c_{2i}=1-4\theta\frac{\Delta t}{\Delta s_i}\frac{Q_M}{A_M},\ d_{2i}=1+4\theta\frac{\Delta t}{\Delta s_i}\frac{Q_M}{A_M},$$

$$e_{2i}=\frac{1-\theta}{\theta}a_{2i}(z_{i+1}^j-z_i^j)+\left[1-4(1-\theta)\frac{\Delta t}{\Delta s_i}\frac{Q_M}{A_M}\right]Q_{i+1}^j+\left[1+4(1-\theta)\frac{\Delta t}{\Delta s_i}\frac{Q_M}{A_M}\right]Q_i^j$$

$$+2\Delta t\frac{Q_M^2}{A_M^2}\frac{A_{i+1}(z_M)-A_i(z_M)}{\Delta s_i}-2\Delta t\frac{gnQ_M|Q_M|}{A_M^{4/3}/B_M^{4/3}},$$

$$u_M=\theta\frac{u_i^{j+1}+u_{i+1}^{j+1}}{2}+(1-\theta)\frac{u_i^j+u_{i+1}^j}{2}\quad(u\text{ 泛指 }A、B、Q、z)$$

实际计算时，可将全河段划分为 N 个河段，共 $N+1$ 个断面（$i=0$，N），每个断面有 Q、z 两个未知数，共有 $2N+2$ 个未知数。而每个河段可建立两个方程：式（10-130）和式（10-131），共 $2N$ 个方程。另外还需要根据上下游边界条件补充 2 个方程。三种类型的上下游边界条件可统一写为

$$a_{20}z_0^{j+1}+c_{20}Q_0^{j+1}=e_{20} \tag{10-132}$$

$$a_{1N}z_N^{j+1}+c_{1N}Q_N^{j+1}=e_{1N} \tag{10-133}$$

这样，全河段未知数个数和方程个数相同，方程是封闭的，根据已知时层的量，可以求出未知时层的量。求解这样的大型稀疏矩阵，通常采用双消去法（或追赶法）。但由于求解方程组时系数中隐含有未知量，因此求解时需要反复迭代，直到代入系数中的未知量和计算出的未知量相等为止。

隐式差分格式可以从理论上证明是无条件稳定的，但由于原始资料等各种条件的限制，时间步长不可能太大，沿流程的距离步长也要适当。稳定性与权重系数 θ 也有很大的关系，一般 θ 较小时，计算稳定性较差，而 θ 较大时，计算精度较差，根据经验，一般取 $\theta=0.70\sim0.75$ 较好。

【例 10-2】 某水电站由引水渠道从水库引水发电。已知引水渠长度 $L=5000\text{m}$，底坡 $i=0.0002$，进口渠底高程为 11.018m，糙率 $n=0.013$。渠道断面为梯形，底宽 $b=5\text{m}$，边坡系数 $m=3$。渠道末端与水轮机相连，初始时渠道内为静水，水位为 15.518m。水轮机流量在 25min 内线性增加到 $150\text{m}^3/\text{s}$，然后一直保持不变。又设上游水位 $z=15.518\text{m}$，并保持不变。试计算渠道各断面的流量和水位变化过程。

解：(1) 计算条件：基本方程采用因变量为 z、Q 并且无旁侧入流的圣·维南方程式 (10-83) 和式 (10-87)。根据实例条件，将引水渠分为 $N=10$ 个计算渠段，11 个计算断面 ($i=0$，N)。每个计算渠段长度也就是距离步长 Δs 为 500m。时间步长选取 $\Delta t=60\text{s}=1\text{min}$，可以验证：时间步长和距离步长满足柯朗稳定性条件。

初始条件为：$z_{t=0}=z_0(s)=15.518\text{m}$，$Q_{t=0}=Q_0(s)=0$

上游边界条件是水位为常数，即 $z_{s=0}=z_0(t)=15.518\text{m}$

下游边界条件为流量过程线，即

$$Q_{s=L}=Q_L(t)=\begin{cases}150t/25 & ,t<25\text{min}\\150 & ,t\geqslant 25\text{min}\end{cases}$$

式中流量的单位为 m^3/s，时间 t 的单位为 min。

(2) 迭代格式：采用扩散格式计算，内点水位和流量的迭代格式直接应用方程式 (10-117) 和式 (10-118)。

上游边界条件为已知水位变化过程，将运动方程式 (10-87) 变为差分方程，整理可得流量的迭代格式为

$$Q_i^{j+1}=Q_i^j-2v\frac{\Delta t}{\Delta s}(Q_{i+1}^j-Q_i^j)-(gA-Bv^2)\frac{\Delta t}{\Delta s}(z_{i+1}^j-z_i^j)+\Delta t(Biv^2-gv^2n^2p^{4/3}/A^{1/3}) \tag{10-134}$$

下游边界条件为已知流量变化过程，将连续性方程式 (10-83) 变为差分方程，整理可得水位的迭代格式为

$$z_i^{j+1}=-\frac{\Delta t}{B\Delta s}(Q_i^j-Q_{i-1}^j)+z_i^j \tag{10-135}$$

边界上水位和流量的计算还可以采用其他的迭代格式，读者可以分析比较采用不同迭代格式时计算结果的差别。

(3) 计算程序：

```
PARAMETER(IM=10,JM=180)
DIMENSION Q(0:JM,0:IM),Z(0:JM,0:IM),Z0(0:IM),DS(0:IM)
DATA DT/60/,G/9.8/,Rn/0.013/,Ri/0.0002/,Rm/3/,B/5,AF/0.333/
DO   I=0,IM
     Z(0,I)=15.518                              ! 水位初始条件
     Q(0,I)=0                                   ! 流量初始条件
     DS(I)=500
     Z0(I)=11.018-DS(I)*I*Ri
END DO
OPEN(2,FILE="DAT2.DAT")
```

```
      DO  20  J=0,JM
        T=(J) * DT/60
        Z(J+1,0)=15.518                          ! 上游边界条件
        Q(J+1,IM)=(T+DT/60) * 150/25             ! 下游边界条件
        IF(Q(J+1,IM).GE.150)  Q(J+1,IM)=150
          DO  I=0,IM
            H=Z(J,I)-Z0(I)
            BS=B+2 * Rm * H
            A=(B+Rm * H) * H
            P=B+2 * H * (1+Rm * Rm) * * 0.5
            V=Q(J,I)/A
            RN0=BS * Ri * V * * 2-G * V * * 2/A * * (1.0/3) * Rn * Rn * P * * (4.0/3)
            IF(I.EQ.0)THEN                       ! 上游边界流量计算
              Q(J+1,I)=Q(J,I)-2 * V * DT/DS(I+1) * (Q(J,I+1)-Q(J,I))
     1        -(G * A-BS * V * V) * DT/DS(I+1) * (Z(J,I+1)-Z(J,I))+DT * RN0
            END IF
            IF(I.EQ.IM)THEN                      ! 下游边界流量计算
              Z(J+1,I)=-DT/BS/DS(I) * (Q(J,I)-Q(J,I-1))+Z(J,I)
            END IF
            IF(I.GT.0.AND.I.LT.IM)  THEN         ! 内点水位流量计算
              Z(J+1,I)=-DT/BS/(DS(I+1)+DS(I)) * (Q(J,I+1))
     1        -Q(J,I-1)+(Z(J,I+1)+Z(J,I-1))/2 * (1-AF)+Z(J,I) * AF
              Q(J+1,I)=(Q(J,I+1)+Q(J,I-1))/2 * (1-AF)+Q(J,I) * AF
     1        -V * DT/(DS(I+1)+DS(I)) * 2 * (Q(J,I+1)-Q(J,I-1))+DT * RN0
     1        -(G * A-BS * V * V) * DT/(DS(I+1)+DS(I)) * (Z(J,I+1)-Z(J,I-1))
            END IF
        END DO
20      WRITE(2,15)T,Q(J,0),Q(J,IM/2),Q(J,IM),Z(J,0),Z(J,IM/2),Z(J,IM)
15      FORMAT(F5.1,3F10.2,3F10.3)
      CLOSE(2)
      END
```

(4) 计算结果见图 10-22、图 10-23。

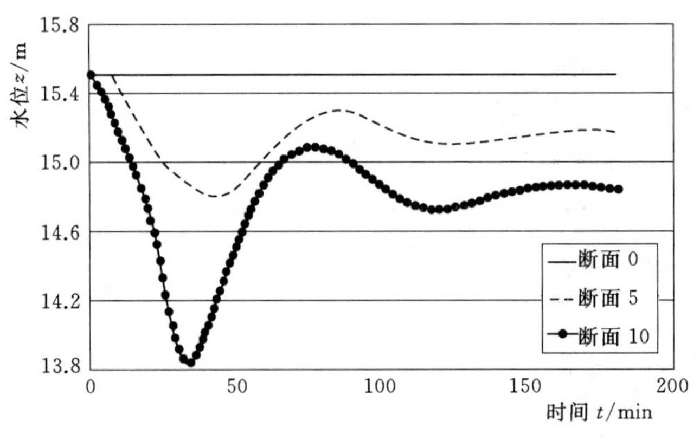

图 10-22　水位变化过程线

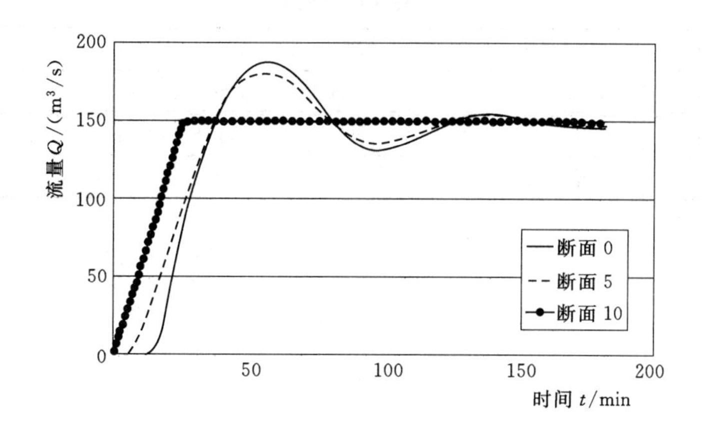

图 10-23　流量变化过程线

习　　题

10-1　某水电站的压力钢管长 $L=328\text{m}$，直径 $D=800\text{mm}$，管壁厚度 $\delta=6\text{mm}$，水轮机的静水头 $H_0=100\text{m}$。管道末端阀门全开时，通过钢管的流量 $Q=2\text{m}^3/\text{s}$。求阀门完全关闭时间 $T_s=0.6\text{s}$ 时的水击压强（钢管弹性模量 $E=20.6\times10^{10}\text{N/m}^2$，水的体积弹性模量 $K=20.6\times10^8\text{N/m}^2$）。

10-2　一水电站压力钢管的直径 $D=2.5\text{m}$，管壁厚度 $\delta=25\text{mm}$，若钢管从水库引水到水电站的管道长度 $L=2000\text{m}$，管道末端阀门关闭时间 $T_s=3\text{s}$，问将产生直接水击还是间接水击？若关闭时间为 6s，则将产生什么水击？若在距水电站 $L_1=500\text{m}$ 处设置调压室，阀门关闭时间仍为 3s，这时将产生什么水击？如果阀门关闭前管道通过的流量为 $10\text{m}^3/\text{s}$，相应水头 $H_0=90\text{m}$，直接水击时产生最大水击压强的增量是多少？计算时不考虑水头损失。

10-3　一水平放置的电站引水管道长 $L=1296\text{m}$，管径 $D=0.9\text{m}$，上游端与水库相连接，其水头 $H_0=90\text{m}$，流量 $Q=0.7\text{m}^3/\text{s}$，沿程损失系数 $\lambda=0.02$，波速 $c=1000\text{m/s}$，阀门关闭规律 $\tau=(1-t/T_s)$，阀门关闭时间 $T_s=6\text{s}$。试计算 16s 内管道水击压强沿程的变化情况。

10-4　证明 $\left.\dfrac{\partial A}{\partial s}\right|_z=\left.\dfrac{\partial A}{\partial s}\right|_h+Bi$，其中 A 为面积，B 为水面宽，i 为底坡。

10-5　试推导圣·维南方程式（10-83）和式（10-87）的特征方程组。

10-6　某梯形断面渠道，下游与一溢流坝相接，已知：渠道长度 $L=4\text{km}$，底宽 $b=8\text{m}$，边坡系数 $m=1.5$，粗糙系数 $n=0.025$，底坡 $i=0.0009$。假定初始时为均匀流，此时流量 $Q=15\text{m}^3/\text{s}$，渠中各断面相应水深 $h_0=1.26\text{m}$。末端断面的流量变化为 $Q_d=10.6056h_d^{3/2}$，式中 h_d 为末端断面水深。渠道的上游流域下了一场大雨，在上游端断面测得洪水水位过程见表 10-4，试用特征线法、差分法计算各时刻各断面的水深和流量。

表 10-4　　习题 10-6 配表

t/s	0	60	120	180	240	300	360	420
z/m	1.26	1.42	1.64	1.83	2.00	2.15	2.22	2.21
t/s	480	540	600	660	720	780	840	900
z/m	2.12	2.05	1.90	1.77	1.66	1.55	1.47	1.30

第十一章　渗　　流

渗流是指液体在孔隙介质中的流动，最常见的是水在土壤中的流动。在水利工程中，土坝、坝基、井和集水廊道及地下水开发利用等都涉及渗流问题；在石油开采中，油井布置、出油量计算等也涉及渗流问题。本章主要介绍渗流的基本理论及其在水利工程中的应用，其基本理论和方法也适合其他液体在孔隙介质中的流动问题。

第一节　渗流的基本概念

要研究渗流，先要了解土壤和水的特性，然后再研究水在土壤中的流动特性。

一、土壤的特性

（1）土体颗粒的不均匀系数：土壤一般是由大小不同的土体颗粒组成的（图 11-1），土体颗粒的不均匀程度用不均匀系数 η 表示。

$$\eta=\frac{d_{60}}{d_{10}} \tag{11-1}$$

式中：d_{60} 为 60%重量的土体颗粒所能通过的筛孔直径；d_{10} 为 10%重量的土体颗粒所能通过的筛孔直径。

不均匀系数越小，土体颗粒越均匀，不均匀系数等于 1 即为均匀土壤。

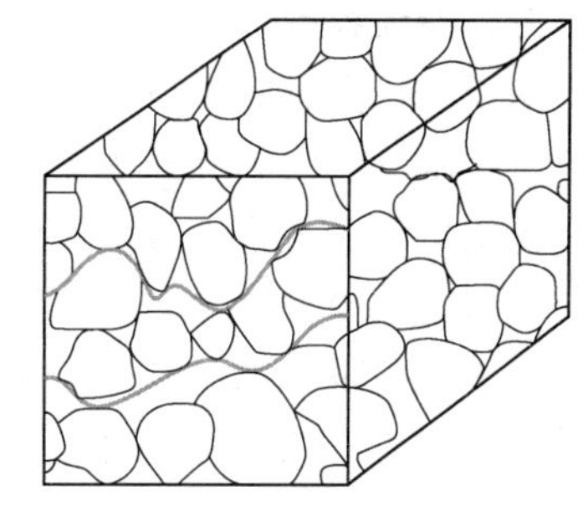

图 11-1　土壤示意图

（2）土壤的孔隙率：土壤中孔隙的体积 w 与土壤的总体积 W（包含孔隙体积）的比值定义为土壤的孔隙率：

$$n=\frac{w}{W} \tag{11-2}$$

孔隙率的大小介于 0 和 1 之间，孔隙率等于 0 即为没有孔隙的不透水介质。

（3）渗透系数：土壤可以让水透过的性能称为透水性，衡量透水性大小的物理量为渗透系数，常用符号 k 表示。渗透系数的物理意义可以理解为单位水力坡度下的渗流流速，其单位和量纲与速度相同。

渗透系数不随空间位置而改变的土壤称为均质土，否则称为非均质土。在同一位置，各个方向的透水性即渗透系数都相同的土壤称为各向同性土，否则称为各向异性土。本章主要介绍均质各向同性土的渗流问题。

表 11-1 为不同类型土壤渗透系数的经验值。可以看出，渗透系数的量级很小，变化幅度很大。在粗略估算时可以参考表中数值选取，较为准确的确定可以采用实验室测定法或现场测定法。

表 11-1 不同类型土壤渗透系数的经验值

土的种类	k/(cm/s)	土的种类	k/(cm/s)
密实（经夯实）黏土	$10^{-7}\sim10^{-10}$	纯砂土	$0.01\sim5\times10^{-3}$
黏土	$10^{-4}\sim10^{-7}$	砾石（粒径 2～4mm）	3.0
砂质黏土	$5\times10^{-3}\sim10^{-4}$	砾石（粒径 4～7mm）	3.5
混有黏土的砂土	$0.01\sim5\times10^{-3}$		

二、水在土壤中的状态

水在土壤中的状态可以分为重力水、毛细水、附着水、薄膜水和气态水。

重力水是指在重力及压力作用下可以在土壤孔隙中流动的水。重力水的自由水面称为浸润面，渗流理论研究的就是重力水在孔隙介质中的运动。

毛细水是由于表面张力引起的液面在土壤孔隙中上升的一小部分水体，除了某些特殊渗流问题需要考虑毛细水以外，一般渗流问题可以不考虑毛细水体。

附着水和薄膜水是黏附在土壤颗粒表面的很薄一层水体，在重力及压力作用下不能在土壤孔隙中流动，一般渗流问题也不考虑这一部分水体。

气态水是以气体状态混合在土壤孔隙中的空气里，渗流问题也不需要考虑。

三、渗流模型

由于土壤孔隙的大小形状极不规则，如果直接研究水在孔隙中的流动轨迹和速度大小是非常困难的。实际工程主要关心的是一定空间内的渗流流量、平均流速、压强、阻力等，因此可以引入渗流简化模型。

渗流简化模型是设想渗流区内的土粒骨架不存在，整个渗流区的空间全部被液体充满，但渗透流量、水头损失、渗透压力和渗流区边界条件与实际渗流完全一样，这样得到的结果基本可以满足实际的需要。

（1）渗流阻力：液体在孔隙介质中流动受到孔隙周边土粒骨架的阻力称为渗流阻力。在渗流模型中，假设把土粒骨架全部拿走，但土粒骨架对水流的阻力必须保留。当土粒骨架全部拿走后，渗流阻力分布在空间每个位置，与空间的体积或液体的质量成正比，因此，在渗流简化模型中渗流阻力可以看作是一个质量力。相对于渗流阻力来说，渗流区域边界对渗流的阻力可以忽略，这可以使得渗流问题得到很大简化。

（2）渗流流速：以土壤中任意点 A 为中心，在 oyz 平面取面积为 ΔA 的微小截面，若该截面上孔隙的面积为 Δa，则通过孔隙的流量为

$$Q_0=\int_{\Delta a}u'_{0x}\,\mathrm{d}y\,\mathrm{d}z=u_{0x}\Delta a \tag{11-3}$$

式中：u'_{0x} 为孔隙中的实际流速；u_{0x} 为孔隙中实际流速的平均值，称为点 A 的实际流速。

假设渗流模型中渗流流速为 u_x，则通过截面 ΔA 的渗流流量为

$$Q=u_x\Delta A \tag{11-4}$$

如果要满足渗流模型和实际渗流的流量相同，那么渗流流速和实际流速的关系应满足：

$$u_x=u_{0x}\frac{\Delta a}{\Delta A}=nu_{0x} \tag{11-5}$$

同样可以得到

$$u_y = nu_{0y} \tag{11-6}$$

$$u_z = nu_{0z} \tag{11-7}$$

$$u = nu_0 \tag{11-8}$$

一般土壤的孔隙率都很小，因此渗流流速一般远小于实际流速，这也使得渗流问题得到很大简化。

(3) 水头：渗流流速一般都很小，流速水头 $u^2/2g$ 也很小，因此，在渗流中可以忽略流速水头，认为总水头 H 等于测压管水头 H_p，即渗流水头为

$$H = H_p = z + \frac{p}{\gamma} \tag{11-9}$$

引入渗流简化模型后，前面各章节关于流动的基本概念、基本理论都可以应用到渗流中。例如，渗流同样可以分为恒定渗流和非恒定渗流、均匀渗流和非均匀渗流、渐变渗流和急变渗流，也可以分为一维渗流、二维渗流、三维渗流，元流和总流，有压渗流和无压渗流，层流和紊流等（读者可以自己分析渗流是否有急流和缓流之分）。

第二节　恒定均匀渗流与达西定律

一、达西定律

达西在1855年通过实验得到了恒定均匀渗流运动的基本规律。实验装置如图11-2所示，在一个直立的圆筒中装入均质各向同性沙粒，从上方将水注入筒内并使筒内有溢流，从而保持上端水面恒定不变，当水流通过滤板从下端流出后，可以采用体积法测出流量。另外，在筒的上下两个断面处装上测压管，可以测出两个断面的渗流水头。

根据能量方程，两断面间的水头损失等于两断面的渗流水头差，水力坡度为

$$J = \frac{h_w}{l} = \frac{H_1 - H_2}{l} \tag{11-10}$$

达西通过大量实验得到了恒定均匀渗流运动的达西定律：渗流流量 Q 与过水断面面积 A 及水力坡度 J 成正比，亦即渗流流速与水力坡度成正比，其比例系数为渗透系数 k。

$$Q = kAJ \tag{11-11}$$

$$v = \frac{Q}{A} = kJ \tag{11-12}$$

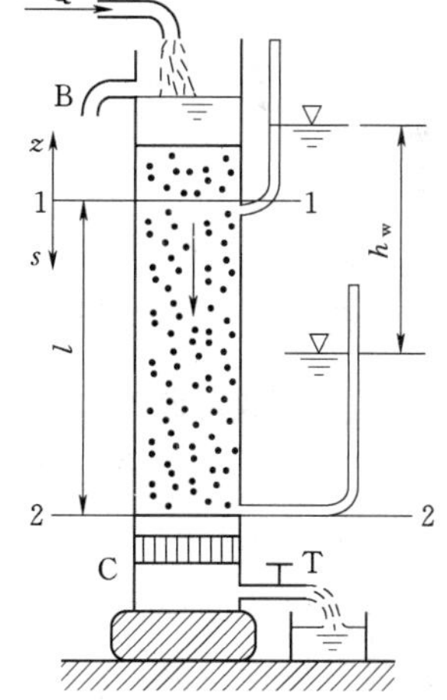

图11-2　达西实验装置图

式（11-11）和式（11-12）称为达西公式。由于均匀流断面上各点的水头相同，所以对于两断面间任何一个元流都有

$$u = kJ = v \tag{11-13}$$

这说明，恒定均匀渗流的断面流速分布为矩形分布，且速度大小沿程不变。

下面分析渗流阻力的大小。在渗流模型假设条件下，断面1和断面2之间水体受到的外力有：重力$G=\gamma A(z_1-z_2)$、压力$P_1=Ap_1$、$P_2=Ap_2$、渗流阻力F_z，边界阻力相对于渗流阻力可以忽略，断面1和断面2之间沿z方向力的平衡方程可以写为

$$G+P_1-P_2-F_z=0 \tag{11-14}$$

渗流阻力为

$$F_z=\gamma A(z_1-z_2+p_1/\gamma-p_2/\gamma)=\gamma A(H_1-H_2) \tag{11-15}$$

单位质量的渗流阻力为

$$f_z=\frac{F_z}{\rho A(z_1-z_2)}=g\frac{H_1-H_2}{z_1-z_2}=gJ=g\frac{v}{k} \tag{11-16}$$

如果渗流圆筒沿s方向倾斜放置，同样可以推导出：

$$f_s=-gJ=-g\frac{v}{k} \tag{11-17}$$

二、达西定律的适用范围

后来进一步实验发现，并不是所有的渗流都满足达西定律。当渗流速度较大时，渗流速度与水力坡度之间不再是线性关系而是非线性关系。例如，在堆石坝、堆石排水体等大孔隙介质中的渗流速度就与水力坡度的1/2次方成比例。巴普洛夫斯基建议采用以下渗流公式：

$$v=k_sJ^{1/2} \tag{11-18}$$

式中：k_s为相应的渗透系数。

因此规定：符合达西定律的渗流称为层流渗流或线性渗流，不符合达西定律的非线性渗流为紊流渗流。层流渗流的条件为

$$Re_p=\frac{1}{0.75n+0.23}\frac{vd}{\nu}<8 \tag{11-19}$$

式中：Re_p为渗流雷诺数；d为粒径，可用d_{10}代替。

本章主要介绍符合达西定律的层流渗流。

三、地下明渠均匀渗流

达西实验针对的是恒定有压均匀渗流，对于不透水层坡度为i上的无压均匀渗流，其浸润线平行于底坡线，水力坡度等于底坡，渗流阻力等于重力分量。层流渗流的渗流流量Q同样与过水断面面积A_0及水力坡度J成正比，亦即渗流流速与水力坡度成正比，其比例系数为渗透系数k：

$$Q=kA_0J=kA_0i \tag{11-20}$$

$$v=\frac{Q}{A_0}=ki \tag{11-21}$$

对于宽度为b的矩形断面渗流，单宽渗流流量q为

$$q=\frac{Q}{b}=kh_0i \tag{11-22}$$

式中：h_0为均匀渗流水深。

第三节　恒定非均匀渐变渗流与杜比公式

一、杜比公式

渐变渗流的流线可以近似地认为是相互平行的直线，过水断面近似为平面，断面压强近似符合静水压强分布。杜比针对浸润面坡度很小的地下水渗流，在一定假设条件下得出结论：在渐变渗流条件下，同一过水断面上任意一点的渗流流速 u 等于断面平均流速 v，与水力坡度 J 成正比，即

$$u=v=kJ=-k\frac{\mathrm{d}H}{\mathrm{d}s} \tag{11-23}$$

式（11－23）称为杜比公式。杜比公式与达西公式形式相同，但适用条件和范围不同。达西公式是在均匀渗流情况下得出的，均匀渗流过水断面面积沿流程不变，断面平均流速亦沿流程不变。而在渐变流中，不同过水断面上的断面平均流速是不同的。

二、地下明渠渐变渗流

（一）地下明渠渐变渗流方程

对于地下明渠渐变渗流，设透水层下的不透水层表面坡度为 i（相当于明渠的底坡），如图 11－3 所示，透水层中无压渗流的水深为 h，则

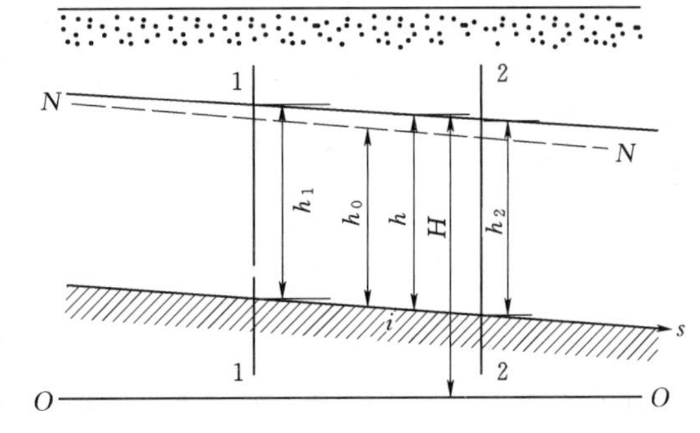

图 11－3　地下明渠渐变渗流示意图

$$J=-\frac{\mathrm{d}H}{\mathrm{d}s}=i-\frac{\mathrm{d}h}{\mathrm{d}s} \tag{11-24}$$

代入式（11－23），得

$$\frac{\mathrm{d}h}{\mathrm{d}s}=i-\frac{Q}{kA} \tag{11-25}$$

式（11－25）称为地下明渠渐变渗流的微分方程。

对于宽度为 b 的矩形断面渐变渗流，方程式（11－25）可以改写为

$$\frac{\mathrm{d}h}{\mathrm{d}s}=i-\frac{q}{kh} \tag{11-26}$$

（二）地下明渠渐变渗流浸润线的定性分析

浸润线相当于明渠的水面线，其分析计算方法与明渠水面线类似。在明渠流水面线分析计算中，根据实际底坡与临界底坡的关系，将底坡分为 5 种，根据实际水深、临界水深和正常水深的相对关系分为 3 个区，共有 12 种水面曲线。为了分析浸润线的种类，首先分析渗流的临界水深和临界底坡。

临界水深是对应于断面比能最小时的水深。根据渗流特点，忽略速度水头后，对应于断面比能最小的水深为 0，因此渗流的临界水深相当于 0。渗流的实际水深均大于 0，因

此渗流的流态均为缓流，不存在急流和临界流。渗流中没有第 3 区，也不会出现水跌和水跃。

临界底坡是均匀流水深等于临界水深时的底坡，渗流的均匀流水深一般都大于临界水深，因此渗流的底坡一般都小于临界底坡，也就是说实际渗流一般不存在陡坡和临界坡。这样地下明渠的浸润线只有 4 种，分别为正坡曲线 M_1、正坡曲线 M_2（图 11-4）、平坡曲线 H_2（图 11-5）和逆坡曲线 A_2（图 11-6）。

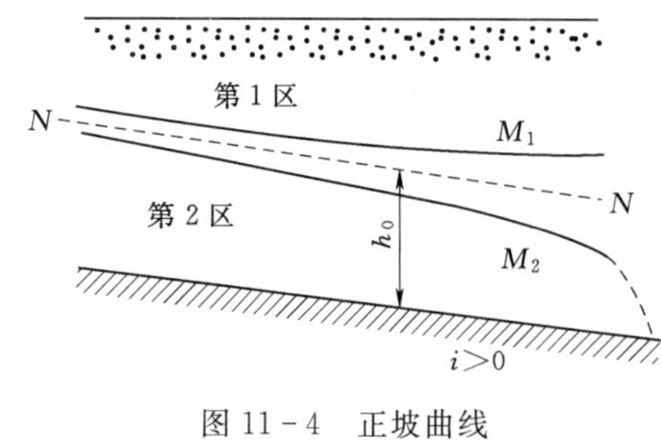

图 11-4　正坡曲线

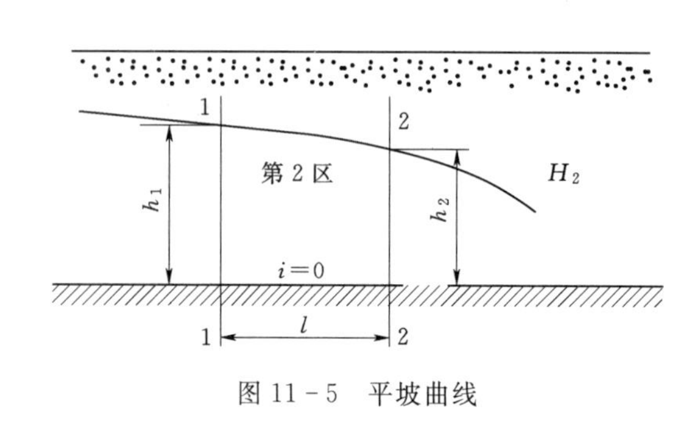

图 11-5　平坡曲线

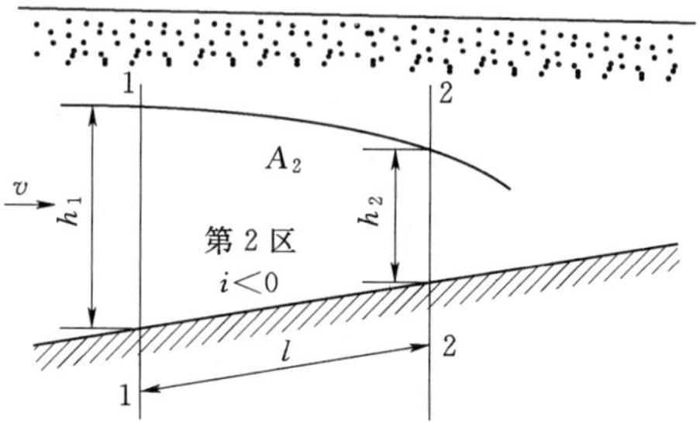

图 11-6　逆坡曲线

（1）正坡曲线 M_1 和 M_2。

对于如图 11-4 所示的正坡，把均匀流公式（11-22）代入式（11-26），可得

$$\frac{\mathrm{d}h}{\mathrm{d}s}=i\left(1-\frac{h_0}{h}\right) \tag{11-27}$$

当水深处于第 1 区时，$h>h_0$，由式（11-27）可知 $\mathrm{d}h/\mathrm{d}s>0$，则水深沿程增加，浸润线为壅水曲线。在上游端，当 $h\to h_0$ 时 $\mathrm{d}h/\mathrm{d}s\to 0$，即浸润线将以 $N-N$ 线为渐近线。在下游端，当 $h\to\infty$时 $\mathrm{d}h/\mathrm{d}s\to i$，浸润线以水平线为渐近线。

当水深处于第 2 区时，$h<h_0$，由式（11-27）可知 $\mathrm{d}h/\mathrm{d}s<0$，水深沿程减小，浸润线为降水曲线。在上游端，当 $h\to h_0$ 时 $\mathrm{d}h/\mathrm{d}s\to 0$，浸润线仍以 $N-N$ 线为渐近线。在下游，当 $h\to 0$ 时 $\mathrm{d}h/\mathrm{d}s\to -\infty$，浸润线理论上与渠底正交，实际上浸润线下游将以某一不等于零的水深为终点，这个水深大小由具体的边界条件确定。

（2）平坡曲线 $H_2(i=0)$。

对于如图 11-5 所示的平坡，式（11-26）变为

$$\frac{\mathrm{d}h}{\mathrm{d}s}=-\frac{q}{kh} \tag{11-28}$$

从式（11-28）可知 $\mathrm{d}h/\mathrm{d}s<0$，浸润线是 H_2 型降水曲线。在曲线的上游端，当 $h\to\infty$时 $\mathrm{d}h/\mathrm{d}s\to 0$，浸润线以水平线为渐近线。在曲线的下游，当 $h\to 0$ 时 $\mathrm{d}h/\mathrm{d}s\to -\infty$，浸润线与渠底趋于正交，实际上浸润线下游将以某一不等于零的水深为终点。

（3）逆坡曲线 $A_2(i<0)$。

对于如图 11-6 所示的逆坡，由式（11-26）可知 $\mathrm{d}h/\mathrm{d}s<0$，与平坡上的浸润线的

变化规律相同，逆坡浸润线为 A_2 型降水曲线。

（三）地下明渠渐变渗流浸润线的定量计算

（1）对于平坡渗流，对方程式（11-28）直接积分可得

$$s=-\frac{k}{2q}h^2+c \tag{11-29}$$

如果已知断面（$s=0$）处的水深为 h_d，则积分常数 $c=\frac{k}{2q}h_d^2$，任意断面 s 处的浸润线水深所满足的方程式为

$$s=\frac{k}{2q}(h_d^2-h^2) \tag{11-30}$$

注意断面 s 在已知断面（$s=0$）上游时，s 为负值，断面 s 在已知断面（$s=0$）下游时，s 为正值。

（2）对于正坡和负坡渗流，将方程式（11-26）变形为

$$i\mathrm{d}s=\mathrm{d}h+\frac{\mathrm{d}h}{kih/q-1} \tag{11-31}$$

积分可得

$$is=h+\frac{q}{ki}\ln(kih/q-1)+c \tag{11-32}$$

如果已知断面（$s=0$）处的水深为 h_d，则积分常数 $c=-h_d-\frac{q}{ki}\ln(kih_d/q-1)$，任意断面 s 处的浸润线水深所满足的方程式为

$$is=h-h_d+\frac{q}{ki}\ln\frac{h-\frac{q}{ki}}{h_d-\frac{q}{ki}} \tag{11-33}$$

式（11-33）同时适用于正坡 M_1、M_2 和负坡 A_2 三种浸润线的计算，计算时需注意 s 和 i 的正负号，断面 s 在已知断面（$s=0$）上游时，s 为负值。以往教材中计算负坡的方法是：假设负坡的绝对值 $|i|$ 对应的均匀流水深为 h_0'，然后再推导出类似的浸润线计算公式。请读者分析比较两者的关系。

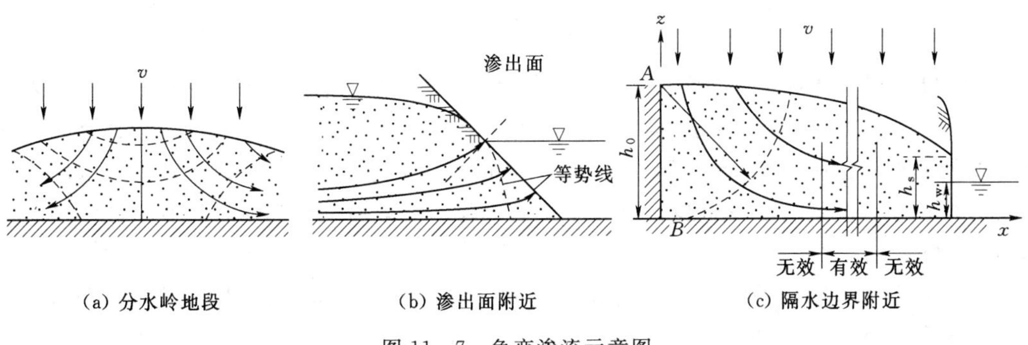

(a) 分水岭地段　(b) 渗出面附近　(c) 隔水边界附近

图 11-7　急变渗流示意图

需要指出的是，本节导出的公式都是在应用杜比假设、忽略了渗流的垂向分速度的情

况下得到的。恰内尔证实按上述公式计算的流量是准确的，但计算出的浸润线较实际浸润曲线偏低。浸润线坡度愈大，计算的浸润线与实际浸润线间的差别也愈大。特别是在垂向分速较大的地段，流线弯曲较大，水流接近于急变流，杜比假设已不能满足。例如在有入渗的分水岭地段［图 11－7（a)］，水上渗出面附近［图 11－7（b)］和铅直的隔水边界 $A-B$ 附近［图 11－7（c)］。在下游边界上，浸润面都是终止在高出下游水面（河水面、井水面）的某点上。下游边界面上，浸润面以下至下游水面以上的这个地段通常称为水上渗出面。实际上，上述边界地区附近的渗流已属于急变渗流问题。

【例 11－1】 集水廊道可以用来取水，也可以用来降低地下水的水位。某工厂区为降低地下水水位，计划在水平不透水层上修建一条长 $l=100$m 的地下集水廊道（图 11－8），然后经排水沟排走。透水层原有水深 $H=7.60$m，廊道水深 $h_0=3.60$m。设在距离廊道 1333m 处的水深为透水层原有水深，渗透系数 $k=4\times10^{-2}$cm/s，试求廊道排出的总渗流流量 Q。

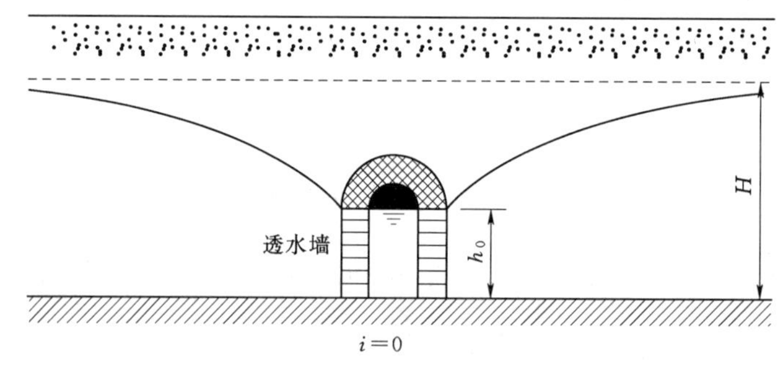

图 11－8 例 11－1 配图

解： 廊道中所集积的地下水流量是由两侧土层渗出，故每一侧渗出的单宽流量为 $q=Q/(2l)$，代入式（11－30），有总渗流流量

$$Q=\frac{lk}{s}(h_d^2-h^2)$$

假设 s 的方向为渗流方向，在廊道处 $s=0$，$h_d=h_0=3.06$m，在水深为透水层原有水深处 $s=-1333$m，$h=H=7.60$m，代入数据后得

$$Q=\frac{100\times4\times10^{-4}}{-1333}(3.60^2-7.60^2)=1.34\times10^{-3}(\mathrm{m^3/s})$$

【例 11－2】 设某河槽剖面地层情况如图 11－9 所示。左岸透水层中有地下水渗入河槽。河槽水深 1.0m，在距河道 1000m 处的地下水深度为 2.5m。在此河槽下游修建水库后，此处河槽水位抬高了 4m。如离左岸 1000m 处的地下水位不变，试问在修建水库以后单位长度上渗入流量将减少多少？试分析计算修建水库以后的浸润线，透水层的渗透系数 $k=0.002$cm/s。

解： 未建水库以前的渗入流量可用式（11－33）求得。将 $h_d=1$m、$h=2.5$m、$s=-1000$m 代入式（11－33）：

$$0.005\times(-1000)=2.5-1+\frac{q}{0.00002\times0.005}\ln\frac{2.5-q/(0.00002\times0.005)}{1-q/(0.00002\times0.005)}$$

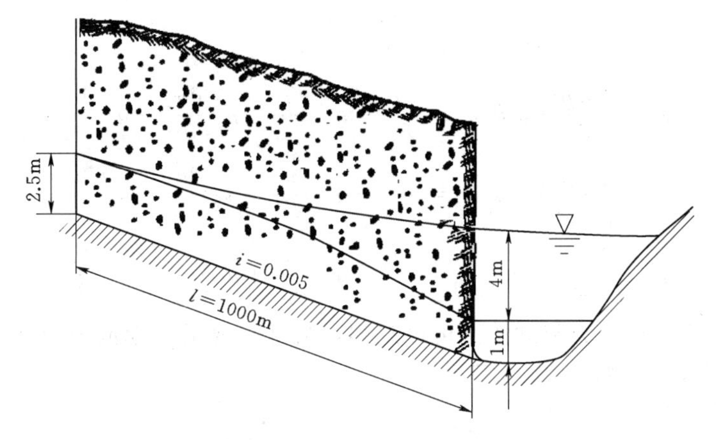

图 11-9　例 11-2 配图

试算可得：$q_1=q=2.638\times10^{-7}(\text{m}^2/\text{s})$

建水库以后，将 $h_d=5\text{m}$、$h=2.5\text{m}$、$s=-1000\text{m}$ 代入式（11-33）：

$$0.005\times(-1000)=2.5-5+\frac{q}{0.00002\times0.005}\ln\frac{2.5-q/(0.00002\times0.005)}{5-q/(0.00002\times0.005)}$$

试算可得：$q_2=q=1.73\times10^{-7}(\text{m}^2/\text{s})$

因此，建库后的渗流流量较原来减少量为

$$q_1-q_2=2.638\times10^{-7}-1.73\times10^{-7}=0.908(\text{m}^2/\text{s})$$

建库后的均匀流水深可由式（11-22）反求：

$$h_{02}=\frac{q_2}{ki}=\frac{1.73\times10^{-7}}{0.00002\times0.005}=1.73(\text{m})$$

可以看出，实际水深 h 大于均匀流水深 h_{02}，浸润线为 M_1 型壅水曲线。

以修建水库后下游河道处（$s=0$）的水深为控制水深，$h_d=5\text{m}$，根据公式（11-33），假设上游不同的 h，可以直接计算出相对应的距离坐标 s，见表 11-2。

表 11-2　　**浸润线计算成果表**

h/m	5.0	4.75	4.50	4.25	4.00	3.75	3.50	3.25	3.00	2.75	2.50
s/m	0	−77	−157	−240	−326	−416	−512	−615	−727	−853	−1000

拓展思考： 分析计算修建水库前的浸润线。如果修建水库后下游水位抬高了 7.5m，分析计算相应的浸润线。

第四节　渗流的微分方程☆

一、渗流的基本微分方程组☆

渗流基本方程推导的前提是渗流的简化模型，引入渗流简化模型假设后，渗流可以看作是充满渗流区空间的连续介质流动，因此，与第四章流体动力学基本理论中的推导方法相同，根据质量守恒定律和牛顿第二定律可以推导出相同的连续性方程和运动方程：

$$\frac{\partial u_x}{\partial x}+\frac{\partial u_y}{\partial y}+\frac{\partial u_z}{\partial z}=0 \tag{11-34}$$

$$f_x-\frac{1}{\rho}\frac{\partial p}{\partial x}+\nu\nabla^2 u_x=\frac{\partial u_x}{\partial t}+u_x\frac{\partial u_x}{\partial x}+u_y\frac{\partial u_x}{\partial y}+u_z\frac{\partial u_x}{\partial z} \tag{11-35}$$

$$f_y-\frac{1}{\rho}\frac{\partial p}{\partial y}+\nu\nabla^2 u_y=\frac{\partial u_y}{\partial t}+u_x\frac{\partial u_y}{\partial x}+u_y\frac{\partial u_y}{\partial y}+u_z\frac{\partial u_y}{\partial z} \tag{11-36}$$

$$f_z-\frac{1}{\rho}\frac{\partial p}{\partial z}+\nu\nabla^2 u_z=\frac{\partial u_z}{\partial t}+u_x\frac{\partial u_z}{\partial x}+u_y\frac{\partial u_z}{\partial y}+u_z\frac{\partial u_z}{\partial z} \tag{11-37}$$

根据渗流特点，惯性力和黏性力可以忽略，另外需要增加渗流阻力 f_s，恒定层流渗流的运动方程可以简化为

$$f_{sx}=g\frac{\partial H}{\partial x}=-g\frac{u_x}{k_x} \tag{11-38}$$

$$f_{sy}=g\frac{\partial H}{\partial y}=-g\frac{u_y}{k_y} \tag{11-39}$$

$$f_{sz}=g\frac{\partial H}{\partial z}=-g\frac{u_z}{k_z} \tag{11-40}$$

式（11-34）和式（11-38）～式（11-40）为恒定渗流所满足的基本微分方程式。式中：f_{sx}、f_{sy}、f_{sz} 为单位质量的渗流阻力沿 x、y、z 方向的分量；k_x、k_y、k_z 为 x、y、z 方向的渗透系数。

二、恒定渗流的拉普拉斯方程

根据式（11-38）～式（11-40）容易证明，对于均质各向同性土，渗透系数 $k_x=k_y=k_z=k=$ 常数，渗流流速满足无旋流的条件式（3-54）。因此，渗流是一种有势流动，很容易求出速度势函数为

$$\varphi=\int\left(\frac{\partial\varphi}{\partial x}\mathrm{d}x+\frac{\partial\varphi}{\partial y}\mathrm{d}y+\frac{\partial\varphi}{\partial z}\mathrm{d}z\right)=\int(u_x\mathrm{d}x+u_y\mathrm{d}y+u_z\mathrm{d}z)=-kH+C \tag{11-41}$$

$$u_x=\frac{\partial\varphi}{\partial x}=-k\frac{\partial H}{\partial x},u_y=\frac{\partial\varphi}{\partial y}=-k\frac{\partial H}{\partial y},u_z=\frac{\partial\varphi}{\partial z}=-k\frac{\partial H}{\partial z} \tag{11-42}$$

将式（11-42）代入连续性方程式（11-34）可得

$$\frac{\partial^2\varphi}{\partial x^2}+\frac{\partial^2\varphi}{\partial y^2}+\frac{\partial^2\varphi}{\partial z^2}=0 \tag{11-43}$$

$$\frac{\partial^2 H}{\partial x^2}+\frac{\partial^2 H}{\partial y^2}+\frac{\partial^2 H}{\partial z^2}=0 \tag{11-44}$$

式（11-43）、式（11-44）表明：均质各向同性土中渗流的速度势函数 φ 和渗流水头 H 都满足拉普拉斯方程，第四章的势流理论和特性同样适用于渗流。

对于均质各向同性土中的恒定平面渗流，渗流所满足的连续性方程和拉普拉斯方程为

$$\frac{\partial u_x}{\partial x}+\frac{\partial u_y}{\partial y}=0 \tag{11-45}$$

$$\frac{\partial^2 H}{\partial x^2}+\frac{\partial^2 H}{\partial y^2}=0 \tag{11-46}$$

$$\frac{\partial^2 \varphi}{\partial x^2}+\frac{\partial^2 \varphi}{\partial y^2}=0 \tag{11-47}$$

$$u_x=\frac{\partial \varphi}{\partial x}=-k\frac{\partial H}{\partial x}, u_y=\frac{\partial \varphi}{\partial y}=-k\frac{\partial H}{\partial y} \tag{11-48}$$

满足连续方程的恒定平面渗流必然存在流函数 ψ，流函数与速度关系为

$$u_x=\frac{\partial \psi}{\partial y}, u_y=-\frac{\partial \psi}{\partial x} \tag{11-49}$$

对于有势（无旋）的渗流，流函数 ψ 也满足拉普拉斯方程

$$\frac{\partial^2 \psi}{\partial x^2}+\frac{\partial^2 \psi}{\partial y^2}=0 \tag{11-50}$$

三、水平不透水层上二维无压渐变渗流的基本方程☆

设水平不透水层上有一均质各向同性的透水层，无压渐变渗流的水深为 $h(x, y)$。如果以不透水层表面 xOy 平面为基准面，z 轴铅直向上（图 11-10），则渗流水头 H 等于水深 h。

假设自由表面（浸润面）坡度很小，流动近似符合渐变流条件，可以认为流动近似是水平的，沿水深方向的平均速度为

$$U_x=\frac{1}{h}\int_0^h u_x \mathrm{d}z=-k\frac{\partial H}{\partial x}=-k\frac{\partial h}{\partial x} \tag{11-51}$$

$$U_y=\frac{1}{h}\int_0^h u_y \mathrm{d}z=-k\frac{\partial H}{\partial y}=-k\frac{\partial h}{\partial y} \tag{11-52}$$

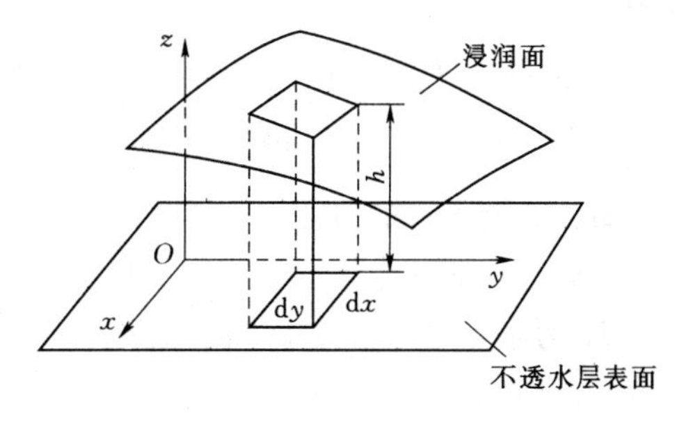

图 11-10　水平不透水层上二维无压渐变渗流示意图

注意，虽然 U_x 与 u_x、U_y 与 u_y 大小相等，但其意义不同，U_x 与 U_y 是水深平均速度，u_x 与 u_y 是深度上各点速度。引用莱普尼兹公式及自由液面和水平不透水底面的运动学条件，对三维连续性方程式（11-34）沿水深方向积分，可得沿水深平均的二维连续性方程

$$\frac{\partial HU_x}{\partial x}+\frac{\partial HU_y}{\partial y}=0 \tag{11-53}$$

将式（11-51）和式（11-52）代入式（11-53）得

$$\frac{\partial^2 H^2}{\partial x^2}+\frac{\partial^2 H^2}{\partial y^2}=0 \tag{11-54}$$

式（11-54）为水平不透水层上的二维无压渐变渗流的基本方程。可以看出，水头 H^2 满足拉普拉斯方程。

水平不透水层上的二维无压渐变渗流的无旋流条件也可以通过对式（3-54）沿水深方向积分得到：

$$\frac{\partial HU_x}{\partial y}=\frac{\partial HU_y}{\partial x} \tag{11-55}$$

相应的速度势函数为

$$\varphi=\int\left(\frac{\partial\varphi}{\partial x}\mathrm{d}x+\frac{\partial\varphi}{\partial y}\mathrm{d}y\right)=\int(HU_x\mathrm{d}x+HU_y\mathrm{d}y)=-\frac{k}{2}H^2+C \tag{11-56}$$

速度与势函数的关系为

$$HU_x=\frac{\partial\varphi}{\partial x},HU_y=\frac{\partial\varphi}{\partial y} \tag{11-57}$$

将式（11-57）代入连续性方程式（11-53）可知，势函数 φ 满足拉普拉斯方程，即

$$\frac{\partial^2\varphi}{\partial x^2}+\frac{\partial^2\varphi}{\partial y^2}=0 \tag{11-58}$$

值得注意的是，恒定平面渗流和水平不透水层上的二维无压渐变渗流是两种不同性质的二维流动，恒定平面渗流是严格意义的平面二维，运动要素均不沿 z 方向变化，而水平不透水层上的二维无压渐变渗流是近似的二维，水深是变化的。虽然两者都属于有势流动，但由于他们所满足的连续性方程及无旋流条件不同，因而流速势函数是不同的。恒定平面渗流的速度势函数为 $\varphi=-kH+C$，水头 H 满足拉普拉斯方程，而水平不透水层上的二维无压渐变渗流的速度势函数为 $\varphi=-kH^2/2+C$，水头的平方 H^2 满足拉普拉斯方程。

拓展思考： 水平不透水层上的二维无压渐变渗流是否存在流函数，如果存在，流函数是否满足拉普拉斯方程。

四、渗流方程的解法

均质各向同性土中的恒定渗流问题的求解可以归结为求解拉普拉斯方程的问题。一般多以 H 为未知量，直接求解方程式（11-44）、式（11-46）或式（11-54）可得到 H 的解，再用式（11-42）、式（11-48）或式（11-57）可得到渗流流速。

（一）解析法

解析法是指采用高等数学方法求渗流微分方程组或恒定渗流拉普拉斯方程的解析解。解析解在理论上完美，但当边界条件较复杂时，就难以求得。对平面渗流问题，解析法应用最多的是保角变换法和由此而产生的分段法（阻力系数法）。对一维恒定渗流，解析法多用于求解地下明渠渐变渗流问题。

（二）数值解法

实际工程渗流问题的边界条件通常是很复杂的，当求解析解困难时，可利用电子计算机采用数值解法（有限差分法，有限元法和边界元法等）。随着计算机性能的不断提高，该法已成为求解各种复杂渗流问题的主要方法。本章将介绍坝基渗流的数值计算方法，其他各种数值方法读者可以在今后的工作中进一步学习和应用。

（三）图解法

图解法是利用恒定平面渗流等流函数线和等势函数线正交的特点，通过绘制流网的方法求解渗流问题。该方法绘图麻烦，精度不高，随着数值计算方法的普及推广，图解法的应用在逐渐减少。

（四）试验法

用试验法求得渗流的流线和流网，其中应用最广的是水电比拟法和电阻网法。本章将介绍水电比拟法。

第五节　井　的　渗　流

井的用途比较广泛，最常见的用途是取水用于农田灌溉、生活用水，也可以用于排水以降低地下水位。反过来，向井里注水可以补充地下水，抬高地下水位，也可以压低海水入侵水位或盐碱水位。井还可以用于现场测量渗透系数的大小。

一、井的分类

一般的地质构造和地下水状态如图 11－11 所示，最上层为潜水层，地下水的水面与大气相同，也称无压渗流层，位于这一层的井称为潜水井（普通井）。如果井底达到不透水层，则称为完整潜水井，如果井底未达到不透水层，称为非完整潜水井。在两个不透水层之间为承压层，这一层地下水的测压管水头一般达到或超过第一不透水层，甚至高于地面。位于这一层的井称为承压井（自流井）。如果井底达到第二不透水层，称为完整承压井，如果井底未达到第二不透水层，称为非完整承压井。本节主要介绍完整潜水井和完整承压井。

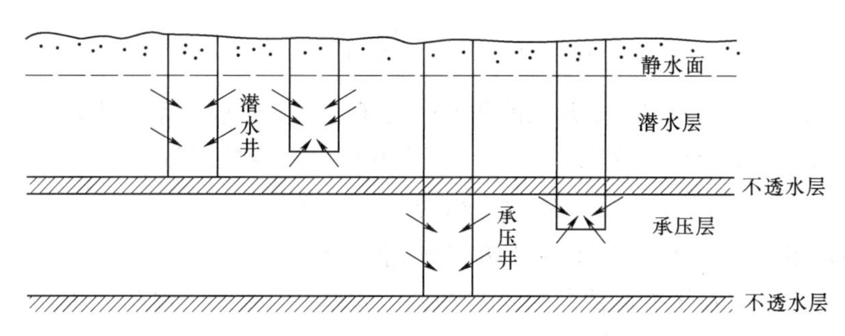

图 11－11　地质构造和地下水状态示意图

二、完整潜水井

水平不透水层上的完整潜水井如图 11－12 所示。井的半径为 r_0，未从井中取水时，井中的水位与原地下水的水位相同，水深为 H_0。当从井中抽水时，井中水位下降，水深变为 h_0，四周含水层中的水将向井内渗流，形成一个漏斗形的浸润面。当含水层的范围很大，从井中取水的流量又保持恒定时，经过一段时间以后井中水位和浸润面均不再变化，达到恒定渗流。

设距离井轴为 r 处的浸润线高度为 z（以不透水层表面为基准面），渗流水头为 $H(H=z)$。完整潜水井的渗流可以看作是水平不透水层上的二维无压渐变渗流。若采用极坐标表示，则在 r 处的轴向流速 $v_\theta=0$，流向井的径向流速为

$$v_r=k\frac{\mathrm{d}H}{\mathrm{d}r}\qquad(11-59)$$

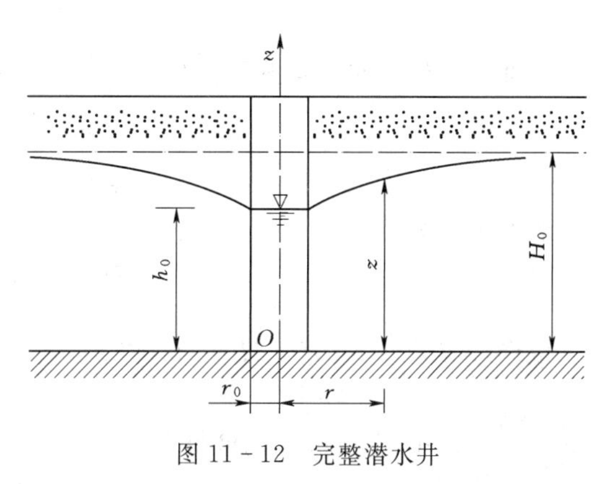

图 11－12　完整潜水井

过水断面为圆柱面，面积为 $A=2\pi rH$，故得井的出水量为

$$Q=Av_r=2\pi rHk\frac{\mathrm{d}H}{\mathrm{d}r} \tag{11-60}$$

即

$$\frac{Q}{\pi k}\frac{\mathrm{d}r}{r}=2H\mathrm{d}H \tag{11-61}$$

进行积分

$$\frac{Q}{\pi k}\int_{r_0}^{r}\frac{\mathrm{d}r}{r}=2\int_{h_0}^{H}H\mathrm{d}H$$

得

$$H^2=h_0^2+\frac{Q}{\pi k}\ln\frac{r}{r_0} \tag{11-62}$$

式（11-62）为渗流水头所满足的方程，也是渗流的浸润线方程。

假设在距井中心的距离为 R 以外的区域，原地下水位不受影响，即当 $r=R$ 时，$H=H_0$，则由式（11-62）可得井的出水量公式和渗流水头所满足的方程分别为

$$Q=\frac{k\pi(H_0^2-h_0^2)}{\ln\dfrac{R}{r_0}} \tag{11-63}$$

$$H^2=H_0^2-\frac{Q}{\pi k}\ln\frac{R}{r} \tag{11-64}$$

式中：R 称为影响半径，它主要与土的透水性有关，根据经验，细粒土，$R=50\sim200\mathrm{m}$；中粒土，$R=100\sim500\mathrm{m}$；粗粒土，$R=400\sim1000\mathrm{m}$。经验公式为

$$R=3000(H_0-h_0)\sqrt{k} \tag{11-65}$$

式中 k 的单位用 m/s，H_0、h_0 和 R 的单位均用 m。

注水井是将水注入井中，使井中液面抬高，水深 h_0 增大，水从井中渗入潜水层中，形成倒转漏斗形浸润面。注水井的流量公式、浸润线方程与潜水井相同，只是由于流向相反，式中的流量为负值。

【例 11-3】 根据水平不透水层上的二维无压渐变渗流的基本方程求解水平不透水层上的完整潜水井渗流水头和流量的函数表达式。

解： 将直角坐标中的拉普拉斯方程式（11-54）改写为极坐标中的拉普拉斯方程：

$$\frac{\partial^2H^2}{\partial r^2}+\frac{\partial H^2}{r\partial r}+\frac{\partial^2H^2}{r^2\partial\theta^2}=0$$

在轴对称的完整潜水井渗流中，$\dfrac{\partial H}{\partial\theta}=0$。拉普拉斯方程变为常微分方程：

$$\frac{\mathrm{d}^2H^2}{\mathrm{d}r^2}+\frac{\mathrm{d}H^2}{r\mathrm{d}r}=0$$

对上式积分可得

$$H^2=C_1\ln r+C_2$$

根据边界条件 $r=R$，$H=H_0$ 和 $r=r_0$，$H=h_0$，可以确定 $C_1=\dfrac{H_0^2-h_0^2}{\ln R/r_0}$，$C_2=h_0^2-\dfrac{H_0^2-h_0^2}{\ln R/r_0}\ln r_0$，代入积分式可得

$$H^2=h_0^2+\frac{H_0^2-h_0^2}{\ln R/r_0}\ln\frac{r}{r_0}$$

流量为：$Q=Av_r=2\pi rHk\ \frac{\mathrm{d}H}{\mathrm{d}r}=\frac{k\pi(H_0^2-h_0^2)}{\ln\frac{R}{r_0}}$

渗流水头和流量的函数表达式与式（11－63）和式（11－64）相同。

三、完整承压井

如图 11－13 所示为位于两个不透水层之间承压层中的完整承压井，承压层厚度为 t，井的半径为 r_0。未从井中取水时，井中和承压层中的测压管水头均为 H_0。当从井中抽水时，井中的水位下降，测压管水头即水深变为 h_0，这时四周承压层中的水向井内渗流，形成一个漏斗形的测压管液面。当含水层的范围很大，从井中取水的流量又保持恒量时，经过一段时间以后，井中水面与漏斗形的测压管液面均不再变化，达到恒定渗流。

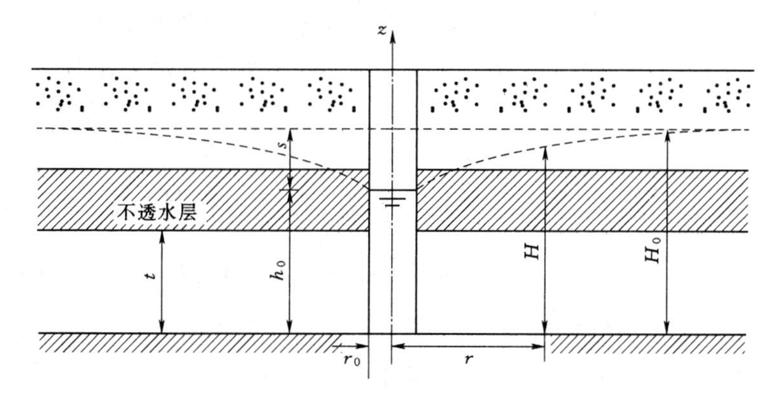

图 11－13　完整承压井

设距离井轴为 r 处的渗流水头为 H。完整承压井的渗流可以看作是平面二维渗流。若采用极坐标表示，则在 r 处的轴向流速 $v_\theta=0$，流向井的径向流速为

$$v_r=k\ \frac{\mathrm{d}H}{\mathrm{d}r} \tag{11-66}$$

过水断面为圆柱面，面积为 $A=2\pi rt$，故得井的出水量为

$$Q=2\pi rtk\ \frac{\mathrm{d}H}{\mathrm{d}r} \tag{11-67}$$

积分
$$\frac{Q}{2\pi tk}\int_{r_0}^{r}\frac{\mathrm{d}r}{r}=\int_{h_0}^{H}\mathrm{d}H$$

可得
$$H=h_0+\frac{Q}{2\pi tk}\ln\frac{r}{r_0} \tag{11-68}$$

式（11－68）为渗流水头所满足的方程，也是测压管液面线所满足的方程。同样引入影响半径，即设 $r=R$，$H=H_0$，则得完整承压井的流量公式和渗流水头所满足的方程分别为

$$Q=\frac{2\pi tk(H_0-h_0)}{\ln\frac{R}{r_0}} \tag{11-69}$$

$$H=H_0-\frac{Q}{2\pi tk}\ln\frac{k}{r} \tag{11-70}$$

拓展思考：根据恒定平面渗流的基本方程式（11-46）能否求出完整承压井渗流水头和流量的函数表达式（11-69）和式（11-70）。

四、井群☆

在给排水工程中，常常需要用许多井构成的井群来解决实际问题。如图11-14所示。由于井与井之间的相互影响，井群区域的渗流问题比较复杂，渗流计算难度较大。好在渗流满足线性叠加原理，使得井群渗流计算得以简化。

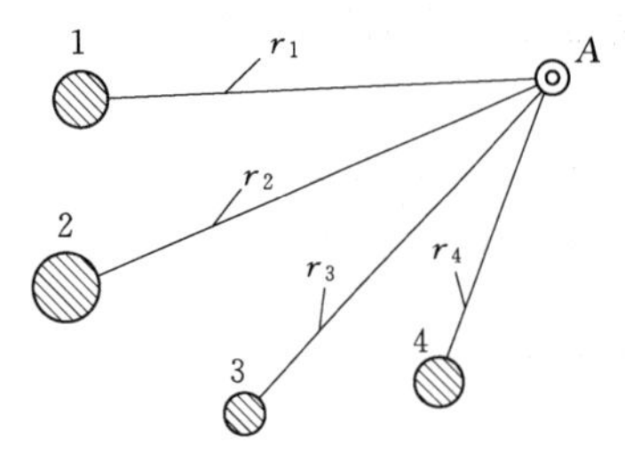

图11-14　井群

（一）完整潜水井群

如图11-14所示为一完整潜水井群，由 n 个完整潜水井组成，$n=4$。设某个井 i 对应的抽水流量为 Q_i，井中的水深为 h_{0i}，井的半径为 r_{0i}，则在井 i 单独作用下，渗流水头（浸润线）所满足的方程为

$$H_i^2=H_0^2-\frac{Q_i}{\pi k}\ln\frac{R_i}{r_i} \tag{11-71}$$

完整潜水井群渗流问题可以看作是水平不透水层上的二维无压渐变渗流问题，由方程式（11-56）可知，渗流存在势函数满足势流叠加原理，选取势函数 $\varphi_i=-\frac{k}{2}H_i^2+C$，则 n 个井同时作用时，叠加后可得

$$\varphi=-\frac{k}{2}H^2+C=\sum_{i=1}^{n}\varphi_i=\sum_{i=1}^{n}\left(-\frac{k}{2}H_i^2+C\right) \tag{11-72}$$

将式（11-71）代入式（11-72）可得

$$-\frac{k}{2}H^2+C=\sum_{i=1}^{n}\left(-\frac{k}{2}H_0^2+\frac{Q_i}{2\pi}\ln\frac{R_i}{r_i}+C\right) \tag{11-73}$$

若假设各个井的抽水流量相同，即 $Q_1=Q_2=\cdots=Q_n=Q$，并且近似认为 $R_1=R_2=\cdots=R_n=R$，则根据 $r_i=R_i$，$H=H_0$ 可得

$$C=\frac{k}{2}H_0^2 \tag{11-74}$$

将式（11-74）代入式（11-73）可得

$$H^2=H_0^2-\frac{Q}{\pi k}\sum_{i=1}^{n}\ln\frac{R}{r_i} \tag{11-75}$$

利用式（11-75）可求出渗流水头，确定浸润线位置，利用式（11-74）也可以反求井群的出水流量 Q。

（二）完整承压井群

假设图11-14为一完整承压井群，由 n 个完整承压井组成。设某个井 i 对应的抽水流量为 Q_i，井中的水深为 h_{0i}，井的半径为 r_{0i}，则在井 i 单独作用下，渗流水头所满足的

方程为

$$H_i = H_0 - \frac{Q_i}{2\pi tk}\ln\frac{R_i}{r_i} \tag{11-76}$$

完整承压井群渗流问题可以看作是平面二维渗流问题，由方程式（11－41）可知，渗流存在势函数，满足线性叠加原理，选取势函数为 $\varphi_i = -kH_i + kH_0$，则

$$\varphi = kH_0 - kH = \sum_{i=1}^{n}\varphi_i = \sum_{i=1}^{n}\left(-H_0 + \frac{Q_i}{2\pi tk}\ln\frac{R_i}{r_i} + H_0\right)k \tag{11-77}$$

若假设各个井的抽水流量相同，即 $Q_1 = Q_2 = \cdots = Q_n = Q$，并近似认为 $R_1 \approx R_2 \approx \cdots = R$，则

$$H = H_0 - \frac{Q}{2\pi tk}\sum_{i=1}^{n}\ln\frac{R}{r_i} \tag{11-78}$$

利用式（11－78）可求出渗流水头 H，也可以用于反求井群的出水流量 Q。

【例 11－4】 为了降低基坑中的地下水位，在基坑周围设置了 8 个完整潜水井（$r_0 = 0.1$m），排列在一个 60m×40m 的矩形周界上，如图 11－15 所示。井群中每个井的抽水流量均为 $Q = 0.0025\text{m}^3/\text{s}$，井群的影响半径 $R = 500$m，透水层的含水厚度 $H_0 = 10$m，渗透系数 $k = 0.001$m/s，试分析计算井群横向轴线上的浸润线。

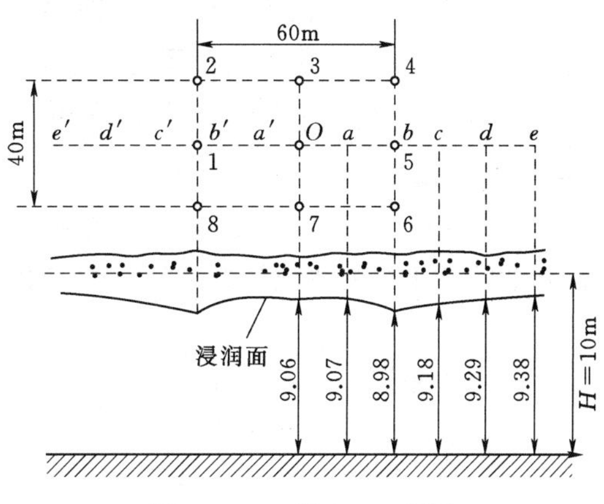

图 11－15　例 11－4 配图

解： 在通过井群横向轴线上，以 O 点为中心，在右、左两侧均各取 5 个点（各点等距为 15m），计算各点的地下水位。

将 Q、H_0、k、R、n 的值代入式（11－75）：

$$H^2 = 10^2 - \frac{0.0025}{0.001\pi}\sum_{i=1}^{n}\ln\frac{500}{r_i}$$

分别计算各点到各井的距离，然后代入上式算出各点的水头即地下水位，结果见表 11－3。显然，点 a'、b'、…、e' 的水位值分别与点 a、b、…、e 的水位值相等。将求得的水位值点绘在图 11－15 中即为浸润线，由此可知地下水位降低的情况。

表 11－3　井群水力计算表

点号	点至各井的距离/m								H /m
	r_1	r_2	r_3	r_4	r_5	r_6	r_7	r_8	
O	30	36.0	20.0	36.0	30.0	36.0	20.0	36.0	9.06
a	45	49.5	25.0	25.0	15.0	25.0	25.0	49.5	9.07
b	60	63.32	36.0	20.0	0.1	20.0	36.0	63.2	8.98
c	75	77.5	49.5	25.0	15.0	25.0	49.5	77.5	9.18
d	90	92.0	63.2	36.0	30.0	36.0	63.2	92.0	9.29
e	105	107.0	77.5	49.5	45.0	49.5	77.5	107.0	9.38

第六节　均质土坝渗流

土坝是水利工程中常见的一种挡水建筑物，由于上下游水位不同，会形成坝体渗流。渗流一方面会造成水量损失，另一方面会影响土坝的安全稳定。土坝渗流计算的主要目的是确定坝内浸润线的位置、经过坝体的渗流流速和流量。

一般土坝的坝体较长，断面形式一致，因此除坝体两端外，土坝渗流可以作为二维渗流或一维渐变流渗流处理。下面介绍在水平不透水基础上由均质各向同性土构成的土坝（简称均质土坝）恒定渗流计算。其他形式的土坝渗流问题（如加防渗心墙、边坡防护、排水等）可参考有关书籍。

设有在水平不透水地基上的均质土坝如图 11-16 所示，上下游边坡系数分别为 m_1、m_2。当上游水深 H_1 和下游水深 H_2 固定不变时，渗流为恒定流。上游水流将通过边界 AB 渗入坝体，在坝内形成无压渗流，其自由表面即浸润线为 AC，点 C 称为出渗点（或逸出点），高度为 H_3，CD 段为水上渗出段，DE 段为水下渗出段。

一、边界条件

无论哪一种方法求解渗流问题，首先要确定的就是渗流的边界条件。下面以图 11-16 所示的均质土坝的渗流问题为例，介绍渗流问题的边界条件。

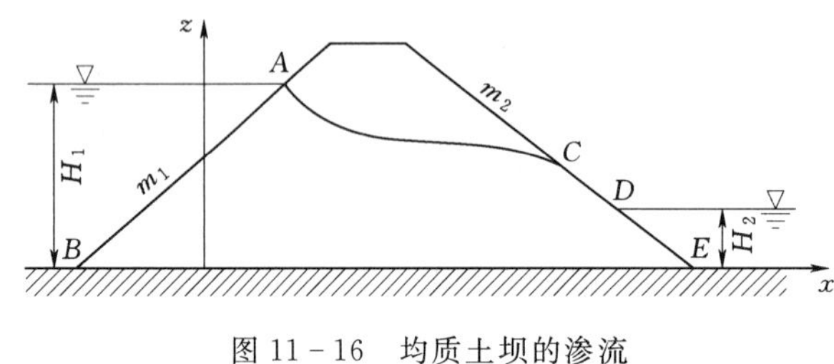

图 11-16　均质土坝的渗流

（一）不透水边界

不透水边界指不透水岩层或不透水的建筑物轮廓，如图 11-16 中的边界 BE。由于水流不能穿过边界，与边界垂直的法向流速分量必然等于零，即 $u_n=0$，因此不透水边界是一条流线，也是一条等流函数线，$\psi=c$。需要说明的是，由于液体具有黏滞性，不透水边界上的液体会黏附在边界上不动，$u_\tau=0$，称为无滑移条件，但对于渗流来说，忽略了液体的黏性切力和边界阻力，因此切向速度不为 0，即 $u_\tau\neq0$。根据势流特点，等势函数线与等流函数线正交，因此势函数和渗流水头沿不透水边界的法向导数为 0，即

$$\frac{\partial\varphi}{\partial n}=\frac{\partial H}{\partial n}=0 \tag{11-79}$$

（二）透水边界

透水边界指水流渗入坝体的边界和水下渗出边界。例如图 11-16 中的边界 AB 和 DE。以上游透水边界为例，由于边界与上游水体连通，故边界上的渗流水头都等于水体的测压管水头：$H=H_1$，边界线是一条等水头线，也是一条等势线：$\varphi=-kH_1$。根据势流特点，等流函数线和流线均与等势函数线正交，因此流函数沿透水边界的法向导数为 0，即

$$\frac{\partial\psi}{\partial n}=0 \tag{11-80}$$

根据流线特点，渗流流速必然与透水边界垂直，沿透水边界的切向流速 $u_\tau=0$。

（三）浸润面边界

如图 11-16 中的边界 AC 为浸润线（面）。浸润线类似于明渠水面线，也是一条流线和等流函数线，$\psi=c$，流线上的法向流速分量必然等于零，$u_n=0$。根据势流特点，等势函数线与等流函数线正交，因此势函数和渗流水头沿浸润面边界的法向导数为 0，即

$$\frac{\partial\varphi}{\partial n}=\frac{\partial H}{\partial n}=0 \tag{11-81}$$

另外，浸润面上压强等于大气压强，所以浸润面也是一个等压面。

（四）渗出段边界

图 11-16 中的浸润线末端 C 至下游水面间为水上渗出段边界 CD。水上渗出段边界既不是流线也不是等水头线，由于暴露于大气之中，所以水上渗出段各点的压强等于大气压强，是一条等压线，渗出段边界上各点的渗流水头等于下游边坡在该点的高程，即

$$H=z,\varphi=-kz \tag{11-82}$$

上面以不同形式给出了流函数、势函数、速度、渗流水头等的边界条件。在数学上，如果未知量以导数形式给出的边界条件称为第二类边界条件（Neumann 条件），如果直接给出未知量大小关系的边界条件称为第一类边界条件（Dirichlet 条件）。

二、均质土坝渗流的流量计算

均质土坝的渗流流量计算常采用三段法或两段法进行。三段法是巴甫洛夫斯基提出的，他把渗流区划分为三段，第一段为上游三角体 ABG，第二段为中间段 $ACIG$，第三段为下游三角体 CIE，如图 11-17 所示。对每一段按渐变流进行处理，然后三段联合可求得其渗流流量和浸润线 AC。

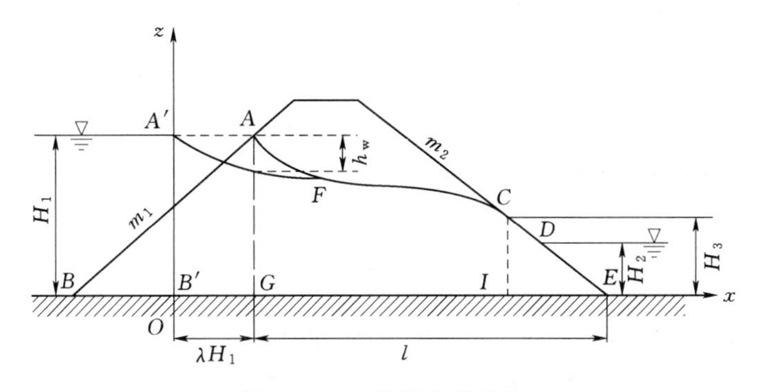

图 11-17 均质土坝渗流

两段法是在三段法的基础上进行了修正和简化。两段法把第一段 ABG 用矩形 $AA'B'G$ 代替，确定该矩形宽度的原则是：使在相同的上游水深 H_1 和单宽流量 q 的情况下，通过矩形体和三角体到达 AG 断面时的水头损失 h_w 相等。根据试验，等效的矩形体宽度为 λH_1，λ 值由下式确定：

$$\lambda=\frac{m_1}{1+2m_1} \tag{11-83}$$

（一）上游段（$A'B'-CI$）的计算

设水流从 $A'B'$面入渗，上游段内可看作是渐变渗流，CI 为该段末的过水断面。渗流从 $A'B'$断面至 CI 断面的水头差为 H_1-H_3，两断面间的渗流路径长度可近似认为是 $l+\lambda H_1-m_2H_3$。故上游段的平均水力坡度为

$$J=\frac{H_1-H_3}{l+\lambda H_1-m_2H_3} \tag{11-84}$$

根据杜比公式，上游段的平均渗流流速为

$$v=kJ=k\frac{H_1-H_3}{l+\lambda H_1-m_2H_3} \tag{11-85}$$

设上游段的单宽平均过水面积为

$$A=\frac{1}{2}(H_1+H_3) \tag{11-86}$$

可以得到单宽渗流流量为

$$q=\frac{k(H_1^2-H_3^2)}{2(l+\lambda H_1-m_2H_3)} \tag{11-87}$$

由于 H_3 未确定，故不能直接由式（11-87）计算 q，这一问题可以通过对下游段的分析得以解决。

（二）下游段（CIE）的计算

根据实测数据分析，下游段以曲线 CJ 作为入渗进口断面较以直线 CI 作为入渗进口断面更接近实际。在曲线 CJ 上渗流水头近似为常数，$H=H_3$。曲线 CJ 是以下游坝趾 E 点为圆心，以 EC 为半径的圆弧，如图 11-18 所示。

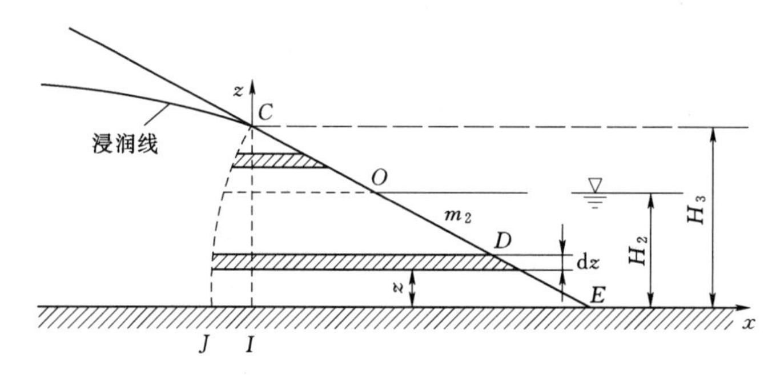

图 11-18　均质土坝渗流下游段

假设渗流段流线近似为水平线，流线长度可近似地认为等于$(H_3-z)\sqrt{1+m_2^2}$。对于高度为 dz 的元流来说，进口断面水头均为 H_3，当元流出口位于水上浸出边界 CD 时，出口断面边界条件为 $H=z>H_2$，当元流出口位于水下渗出边界 DE 时，出口断面边界条件为 $H=H_2>z$。元流的单宽流量为

$$\mathrm{d}q=v_x\mathrm{d}z=-k\frac{\mathrm{d}H}{\mathrm{d}x}\mathrm{d}z=\begin{cases}k\dfrac{H_3-z}{(H_3-z)\sqrt{1+m_2^2}}\mathrm{d}z=k\dfrac{1}{\sqrt{1+m_2^2}}\mathrm{d}z, & H_2<z<H_3\\[2ex] k\dfrac{H_3-H_2}{(H_3-z)\sqrt{1+m_2^2}}\mathrm{d}z, & 0<z<H_2\end{cases} \tag{11-88}$$

对式（11－88）积分可得渗流流量为

$$q=\int \mathrm{d}q=\int_{H_2}^{H_3} k\frac{1}{\sqrt{1+m_2^2}}\mathrm{d}z+\int_0^{H_2} k\frac{H_3-H_2}{(H_3-z)\sqrt{1+m_2^2}}\mathrm{d}z=k\frac{H_3-H_2}{\sqrt{1+m_2^2}}\left(1+\ln\frac{H_3}{H_3-H_2}\right) \tag{11-89}$$

联解式（11－87）和式（11－89）可以求得单宽渗流流量 q 和渗出点高度 H_3，求解时可用试算法。

三、均质土坝渗流的浸润线计算

取 x，z 坐标如图 11－17 所示，由平坡浸润线方程式（11－30）可得均质土坝渗流浸润线方程为

$$z^2=H_1^2-\frac{2q}{k}x \tag{11-90}$$

可先用式（11－90）计算并绘出浸润曲线 $A'C$，因实际浸润线的起点在 A 点，可以从 A 点作一条正交于上游坡面而又相切于浸润线的弧形曲线 AF，则曲线 AFC 即为所求的实际浸润线。

第七节　透水地基中的有压渗流☆

在透水地基上修建堰、闸等水工建筑物后，由于建筑物的上游水位比下游水位高，上游水流会经过透水地基流向下游。建筑物的底板通常由不透水材料制成，因此，这种情况下的渗流没有自由表面，属于有压渗流问题。在透水地基中的有压渗流中，流线之间的夹角和流线的曲率都比较大，因此一般都属于非均匀急变渗流问题。

当建筑物沿河宽方向较长，建筑物底部轮廓和不透水层的边界沿河宽方向基本不变时，除建筑物两端之外其余部分的渗流可看作是二维渗流问题，如图 11－19 所示。

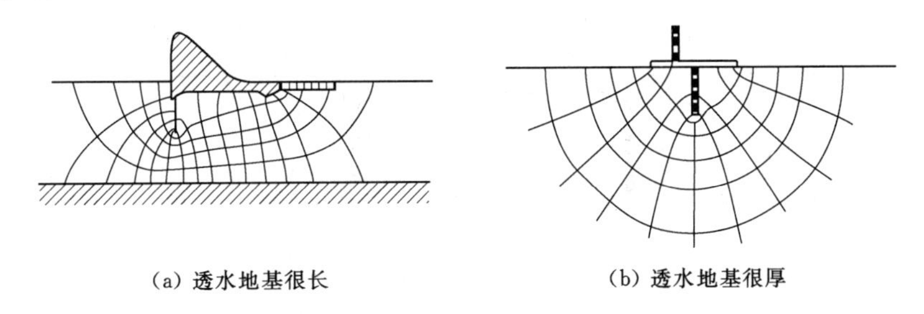

(a) 透水地基很长　　(b) 透水地基很厚

图 11－19　透水地基中有压渗流流网图

不透水基岩表面和不透水建筑物底面为不透水边界，可以看作是流线或等流函数线，等势函数和等渗流水头沿不透水边界的法向导数为 0，即

$$\frac{\partial\varphi}{\partial n}=\frac{\partial H}{\partial n}=0 \tag{11-91}$$

上下游渠道底面为透水边界。可以看作是等势函数线或等渗流水头线，流线或等流函数线沿透水边界的法向导数为 0，即

$$\frac{\partial\psi}{\partial n}=0 \tag{11-92}$$

理论上，上下游透水地基可以延伸到很远的地方，但由于渗流距离较长，渗流流速、流量较小，可以忽略，因此可以在适当的地方将透水地基用不透水边界截断，以便于分析和计算［图 11-19（a）］。同样，如果透水地基很厚，远离建筑物处的渗流流速、流量也较小，可以忽略。因此可以建筑物底面线中点为圆心，以基础轮廓水平投影长度的 2 倍，或以其垂直尺寸的 3～5 倍（当有板桩或帷幕时）为半径，在透水地基区域内绘制圆弧与上下游河床表面线相交，此圆弧就可作为渗流的不透水边界线［图 11-19（b）］。

透水地基中有压渗流的计算内容一般包括：①计算渗流流量和渗流流速；②计算渗流水头和压强；③计算作用在建筑物基础底板上的渗透压力。

由于实际渗流区域的边界形状及边界条件较为复杂，很难用解析法求出解析解，下面介绍工程中常用的流网图解法、数值计算法和水电比拟实验法等。

一、流网图解法☆

渗流是一种有势流动，因此可以采用流网法求解平面渗流问题。流网原理、特点及绘制方法在第四章中已有介绍。下面以图 11-20 所示的透水地基渗流问题为例，介绍流网的绘制与计算。

（1）在图 11-20 中基础轮廓线 1′和不透水层表面线 5′都是边界流线，其他流线 2′、3′、4′位于 1′、5′之间。

（2）上游河床表面线 1 和下游河床表面线 20 都是等水头线（等势线），其他等水头线 2、3、…、19 位于 1 和 20 之间。

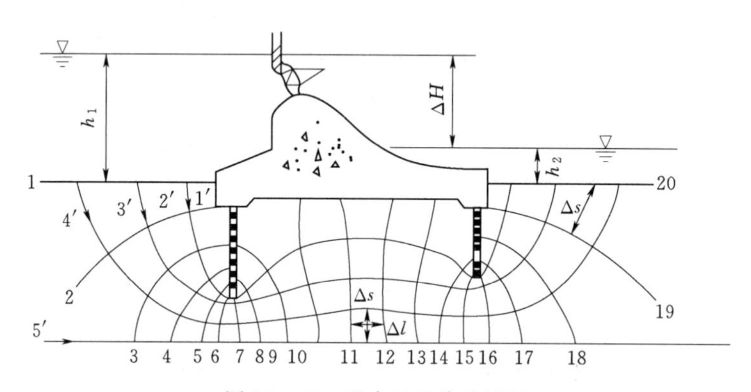

图 11-20 透水地基渗流流网

对各条流线和等水头线进行修改，以满足所有流线和等水头线都是光滑、且彼此相互正交、各网格均构成曲边正方形（或长宽比相同的矩形）等要求。

如果边界形状不规则，在边界附近可能做不到所有网格都成为正交的曲边正方形，甚至成为不规则形状的网格，但这不至于影响整个流网的准确度。另外，流网的网格尺度越小，所求得的渗流水力要素的精度就越高，故可视工程要求决定是否需要将流网全部加密或局部加密。

在有压渗流问题中，流网图的形状与上下游水位无关，对于均质各向同性土壤，流网图的形状也与渗透系数无关，而只与整个渗流区域的边界形状有关。因此，对于不同的上下游运行水位，可以采用同一流网图计算。

（一）渗透压强计算

设上、下游水头分别为 h_1 和 h_2，水头差 $\Delta H=h_1-h_2$，流网共有 n 条等水头线，从上游到下游将整个渗流区域划分为 $n-1$ 个区域，每个区域上的水头差均为$\frac{\Delta H}{n-1}$，则从上游算起的第 i 条等水头线上的渗流水头为

$$H_i=h_1-\frac{i-1}{n-1}\Delta H \tag{11-93}$$

在等水头线和基础轮廓线相交点上垂直向上绘出各点的渗流水头线（基准线如图 11-21 所示的地面线 $O-O$），即为基础轮廓线上的水头线图。

设基准线到基础轮廓线的垂直距离以 y 表示，则作用在基础轮廓线上的渗透压强为

$$p=\gamma(H+y) \tag{11-94}$$

图 11-21 中水头线与基础轮廓线之间的阴影部分面积为 $A=A_1+A_2$，其中 A_1 表示下游水位以上部分的面积，A_2 表示下游水位以下部分的面积。在工程中，常将 γA_1 称为单宽渗透压力，将 γA_2 称为单宽浮托力，将 $\gamma(A_1+A_2)$ 称为单宽扬压力。

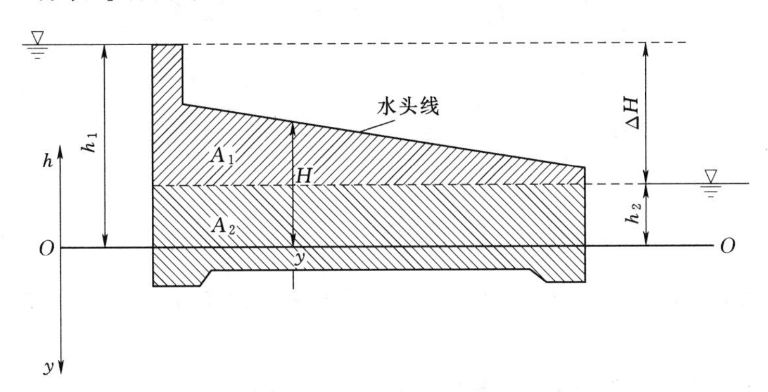

图 11-21 渗流水头线和基础轮廓图

（二）渗流的水力坡度和流速

n 条等水头线将流线划分为 $n-1$ 段，每段的水头差均为$\frac{\Delta H}{n-1}$。如果某网格的流线平均长度为 Δs，则该流段的平均水力坡度和渗流流速分别为

$$J=\frac{\Delta H}{(n-1)\Delta s} \tag{11-95}$$

$$u=kJ=\frac{k\Delta H}{(n-1)\Delta s} \tag{11-96}$$

（三）渗流单宽流量

m 条流线将渗流区域划分为 $m-1$ 条流槽，如果某一网格的流线平均长度为 Δs，等水头线平均长度为 Δl，则该网格即该流槽通过的单宽渗流流量为

$$\Delta q = u\Delta l = \frac{k\Delta H}{(n-1)\Delta s}\Delta l \tag{11-97}$$

由流网理论可知各流槽的单宽渗流流量都是相等的，渗流总单宽流量为

$$q = (m-1)\Delta q = \frac{m-1}{n-1}\frac{\Delta l}{\Delta s}k\Delta H \tag{11-98}$$

如果网格为曲边正方形网格，即 $\Delta s = \Delta l$，则有

$$q = \frac{m-1}{n-1}k\Delta H \tag{11-99}$$

【例 11-5】 某溢流坝的基础轮廓和已绘出的流网如图 11-22 所示。已知 $h_1 = 25\text{m}$，$h_2 = 5\text{m}$，$k = 5\times10^{-5}\text{m/s}$。求：(1) 图中 P_1 点的渗透压强；(2) 单宽扬压力；(3) 图中 P_2 点的逸出流速；(4) 单宽渗流流量。

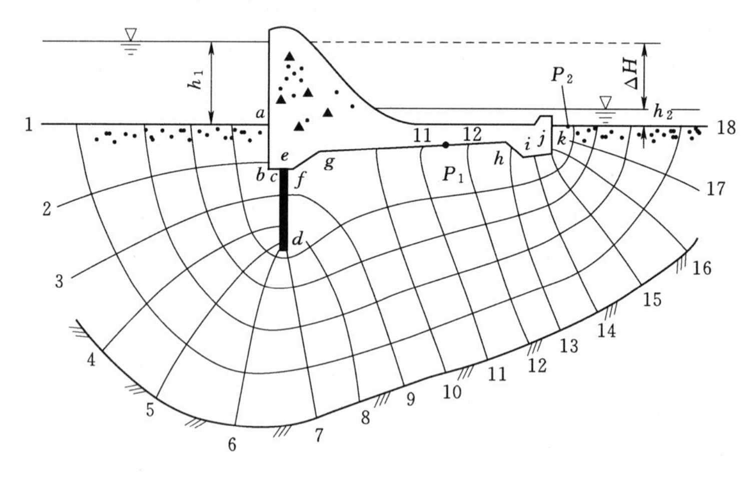

图 11-22　例 11-5 配图 1

解：从图中可以看出，流线总数 $m = 6$，等水头线总数 $n = 18$。水头差 $\Delta H = h_1 - h_2 = 25 - 5 = 20\text{m}$。

(1) P_1 点位于第 11 条与第 12 条等水头线中间，按式 (11-93) 计算其渗流水头为

$$H_{11.5} = 25 - \frac{11.5-1}{18-1}\times20 = 12.65(\text{m})$$

从图可测得 P_1 点的 $y = 7.5\text{m}$，由式 (11-94) 得 P_1 点的渗透压强为

$$p = 9.81\times(12.65+7.5) = 197.67(\text{kPa})$$

(2) 与 P_1 点的计算类似，基础轮廓线上各点的渗流压强计算见表 11-4：

表 11-4　　　　单宽扬压力计算表

点号	水头 H/m	y/m	$p/\gamma = H + y$/m
a	25	0	25
b	$25 - \frac{2.2-1}{18-1}\times20 = 23.7$	15	38.7
c	$25 - \frac{2.4-1}{18-1}\times20 = 23.35$	15	38.4

续表

点号	水头 H/m	y/m	$p/\gamma=H+y$/m
d	$25-\frac{6.5-1}{18-1}\times 20=18.65$	37.5	56.3
e	$25-\frac{9.25-1}{18-1}\times 20=15.29$	15	30.3
f	$25-\frac{9.30-1}{18-1}\times 20=15.24$	15	30.2
g	$25-\frac{9.60-1}{18-1}\times 20=14.88$	10	24.9
h	$25-\frac{12.70-1}{18-1}\times 20=11.24$	6.25	17.5
i	$25-\frac{13.50-1}{18-1}\times 20=10.29$	12.5	22.8
j	$25-\frac{15.00-1}{18-1}\times 20=8.53$	12.5	21.0
k	5	0	5

绘制渗流压强分布图（图 11-23），其总面积为 $A=2100\text{m}^2$，故得单宽扬压力为

$$P=\gamma A=9.81\times 2100=20601.0(\text{kN/m})$$

（3）由流网图量得该网格流线长度为 $\Delta s=3.0\text{m}$，由式（11-96）可计算出 P_2 点的逸出流速为

$$u=\frac{k\Delta H}{(n-1)\Delta s}=\frac{5\times 10^{-5}\times 20}{(18-1)\times 3.0}=1.96\times 10^{-5}(\text{m/s})$$

（4）网格为曲边正方形。由式（11-99）可计算出单宽渗流流量为

$$q=\frac{m-1}{n-1}k\Delta H=\frac{6-1}{18-1}\times 5\times 10^{-5}\times 20=2.94\times 10^{-4}(\text{m}^2/\text{s})$$

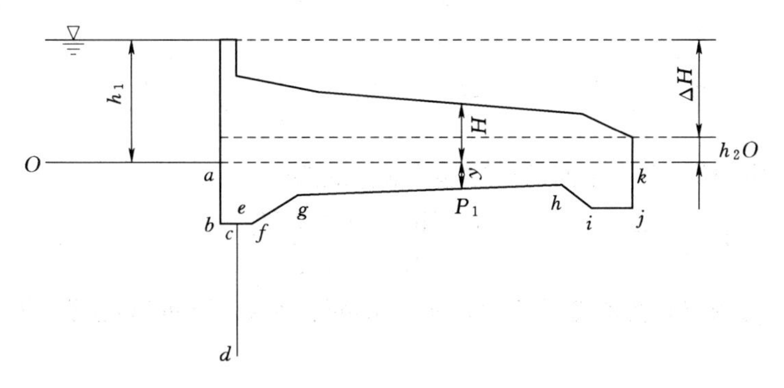

图 11-23 例 11-5 配图 2

二、数值计算法☆

对于区域边界复杂的渗流问题常用数值方法求解。下面以如图 11-24 所示的透水地基中的平面有压渗流的计算为例，介绍渗流的有限差分解法。

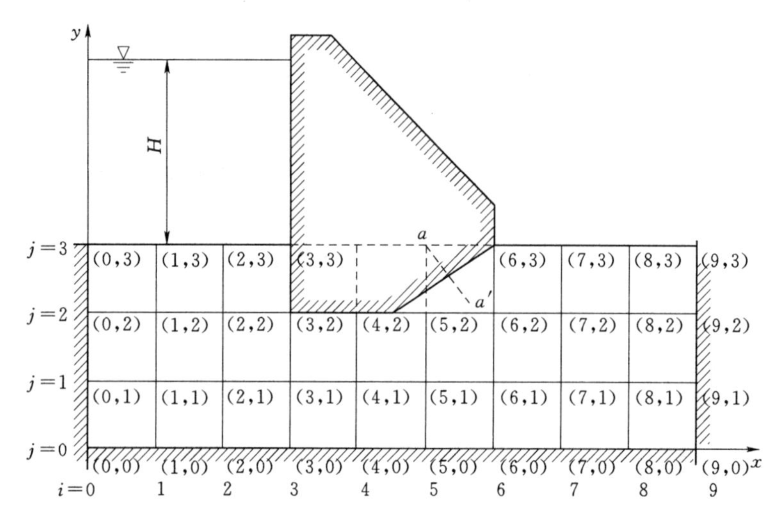

图 11-24　透水地基中的平面有压渗流

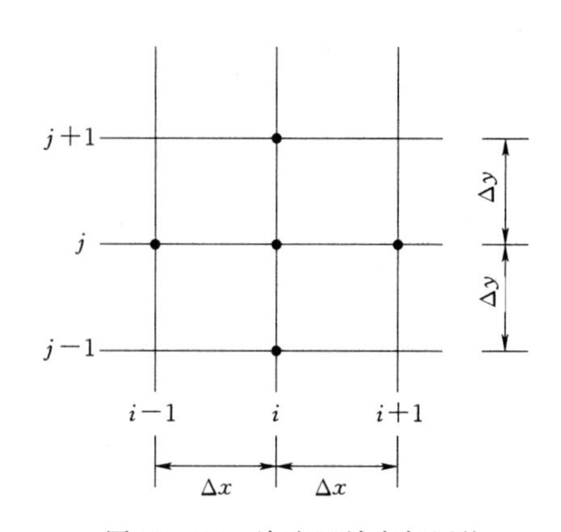

图 11-25　渗流区域内部网格

有限差分解法首先将渗流计算区域剖分成矩形网格（图 11-24），然后将微分方程在网格内变为差分方程，从而建立网格中心点与周围临近各点之间的迭代关系式，最后在一定边界条件下，在整个区域内迭代计算，就可以得到各网格点上的函数值。

渗流水头 H 满足拉普拉斯方程：

$$\frac{\partial^2 H}{\partial x^2}+\frac{\partial^2 H}{\partial y^2}=0 \tag{11-100}$$

在如图 11-25 所示的渗流区域内部以 (i, j) 为中心的网格内，采用中心差分法将拉普拉斯方程离散为差分方程：

$$\frac{H_{i-1,j}+H_{i+1,j}-2H_{i,j}}{\Delta x^2}+\frac{H_{i,j-1}+H_{i,j+1}-2H_{i,j}}{\Delta y^2}=0 \tag{11-101}$$

网格中心点与周围临近各点之间的函数迭代关系式为

$$H_{i,j}=\frac{\Delta y^2 H_{i-1,j}+\Delta y^2 H_{i+1,j}+\Delta x^2 H_{i,j-1}+\Delta x^2 H_{i,j+1}}{2\Delta x^2+2\Delta y^2} \tag{11-102}$$

式（11-102）为内点计算的迭代公式，在一定的边界条件下可以通过迭代法求出各个内点的函数值。

在透水边界上，渗流水头可以根据上下游水深直接确定。在不透水边界上，渗流水头的法向导数为 0，即 $\partial H/\partial n=0$。

对于左边为不透水边界的网格，如图 11-26 所示，边界点（i，j）的函数迭代关系式可由泰勒级数展开确定：

$$H_{i+1,j}=H_{i,j}+\left(\frac{\partial H}{\partial x}\right)_{i,j}\Delta x+\frac{1}{2}\left(\frac{\partial^2 H}{\partial x^2}\right)_{i,j}\Delta x^2+\frac{1}{3!}\left(\frac{\partial^3 H}{\partial x^3}\right)_{i,j}\Delta x^3+\cdots \quad (11-103)$$

根据不透水边界的边界条件，渗流水头的一阶法向导数等于 0，如果忽略二阶及以上高阶导数，则边界点（i，j）的函数迭代关系式为

$$H_{i,j}=H_{i+1,j} \quad (11-104)$$

如果忽略三阶及以上高阶导数，将对 x 的二阶导数根据拉普拉斯方程代换为对 y 的二阶导数，则边界点（i，j）的函数迭代关系式为

$$H_{i+1,j}=H_{i,j}-\frac{1}{2}\left(\frac{\partial^2 H}{\partial y^2}\right)_{i,j}\Delta x^2=H_{i,j}-\frac{H_{i,j-1}+H_{i,j+1}-2H_{i,j}}{2\Delta y^2}\Delta x^2 \quad (11-105)$$

或

$$H_{i,j}=\frac{2\Delta y^2 H_{i+1,j}+\Delta x^2 H_{i,j-1}+\Delta x^2 H_{i,j+1}}{2\Delta x^2+2\Delta y^2} \quad (11-106)$$

式（11-106）的计算精度较式（11-104）计算精度高一阶。如果采用镜像法，令虚拟像点的函数值 $H_{i-1,j}=H_{i+1,j}$，则由式（11-102）也可以直接得到式（11-106）。同样方法可以得到右边、下边和上边为不透水边界时边界点的迭代计算格式，读者可自行推导。

对于如图 11-27 所示的倾斜边界，可以采用镜像法先在区域内部差值求出边界外 a 点的对称点 a' 的函数值，将其作为（$i-1$，j）点的函数值，然后再利用式（11-106）或（11-104）求解 $H_{i,j}$。

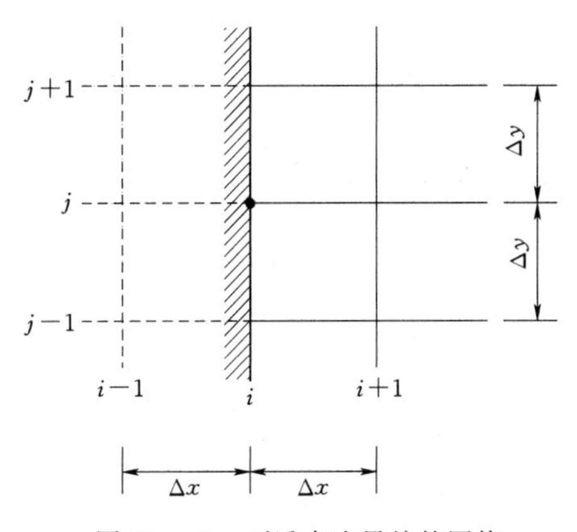

图 11-26　不透水边界处的网格

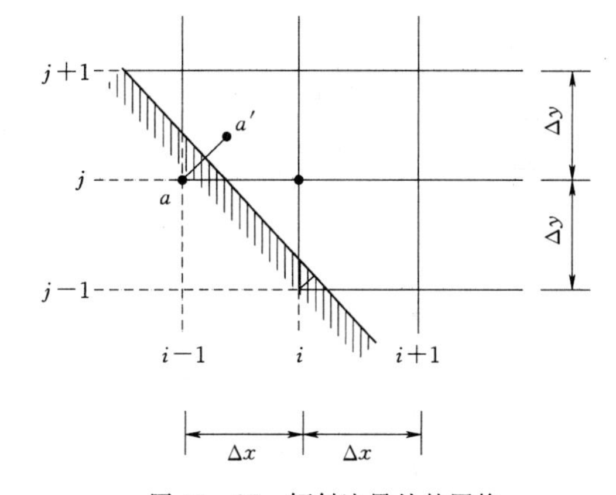

图 11-27　倾斜边界处的网格

改变相应的边界条件，类似方法可以求出各点流函数值，读者可自行推导计算。根据各点流函数值或渗流水头可以计算各点流速、压强，进而可以计算出渗流流量和建筑物所受的压力等。

三、水电比拟法

儒可夫斯基于 1889 年发现渗流场与电流场之间存在比拟关系，巴甫洛夫斯基于 1918 年首先利用这种关系，通过对电流场的电学量测量来求解渗流问题。目前在实验室研究水

工建筑物渗流问题时仍然采用这种水电比拟法。

（一）水电比拟法原理

根据物理学原理，电流密度在空间坐标轴上的三个分量为

$$i_x = -\sigma \frac{\partial U}{\partial x} \tag{11-107}$$

$$i_y = -\sigma \frac{\partial U}{\partial y} \tag{11-108}$$

$$i_z = -\sigma \frac{\partial U}{\partial z} \tag{11-109}$$

式中：σ 为电场中导电介质的电导系数；U 为电位。

按照克希霍夫第一定律，电流的连续方程为

$$\frac{\partial i_x}{\partial x} + \frac{\partial i_y}{\partial y} + \frac{\partial i_z}{\partial z} = 0 \tag{11-110}$$

将式（11-107）～（11-109）代入式（11-110），如果导电介质的电导系数 σ 为常数，则

$$\frac{\partial^2 U}{\partial x^2} + \frac{\partial^2 U}{\partial y^2} + \frac{\partial^2 U}{\partial z^2} = 0 \tag{11-111}$$

由此可见，在电场中的电位 U 和渗流场中的水头 H 一样，都满足拉普拉斯方程。其物理量之间的对应关系见表 11-5。

表 11-5　　电流场与渗流场各物理量对照表

电　流　场	渗　流　场
电位 U	水头 H
电导系数 σ	渗透系数 k
电流密度 i	渗流流速 u
欧姆定律	达西定律
$i_x = -\sigma \frac{\partial U}{\partial x}, i_y = -\sigma \frac{\partial U}{\partial y}, i_z = -\sigma \frac{\partial U}{\partial Z}$	$u_x = -k \frac{\partial H}{\partial x}, u_y = -k \frac{\partial H}{\partial y}, u_z = -k \frac{\partial H}{\partial Z}$
电位满足拉普拉斯方程	水头满足拉普拉斯方程
$\frac{\partial^2 U}{\partial x^2} + \frac{\partial^2 U}{\partial y^2} + \frac{\partial^2 U}{\partial z^2} = 0$	$\frac{\partial^2 H}{\partial x^2} + \frac{\partial^2 H}{\partial y^2} + \frac{\partial^2 H}{\partial z^2} = 0$
极良导体边界条件：U=常数	透水边界条件：H=常数
绝缘边界条件：$\frac{\partial U}{\partial n} = 0$	不透水边界条件：$\frac{\partial H}{\partial n} = 0$

如果用导电材料（如水、电阻网、食盐溶液、导电纸等）做成的模型与渗流区域形状相似、边界条件相似且电导系数与渗流系数均为常数，则电场中的电位 U 和渗流场中的水头 H 就有一一对应的线性关系。通过在电场中测出的等电位线，即可得到渗流场中的等水头线。

以图 11-28 所示的坝基渗流为例，渗流上下游透水边界为等水头线 H_1 和 H_2，对应在电场中应做成等电位边界，这一点可以采用极良导体作为模型边界，并在对应的上下游边界上加上电位 U_1 和 U_2。渗流的上下不透水边界上水头的法向导数为 0，这一点可以采

用不导电的绝缘体作为模型边界。浸润线和渗出段边界的模拟比较复杂，需要在试验中逐步修改调整使之达到近似相似。

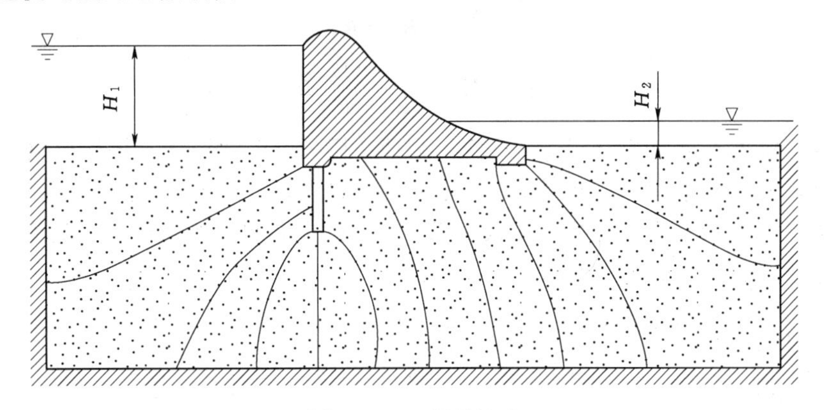

图 11-28　坝基渗流

在相似条件下，电位 U 和水头 H 之间的线性关系可以写为

$$\frac{U-U_2}{U_1-U_2}=\frac{H-H_2}{H_1-H_2} \tag{11-112}$$

上述的水电比拟方法适用于均质各向同性土的恒定平面渗流和三维渗流问题。对于非恒定渗流，一般是通过将非恒定过程分割为许多时段的恒定渗流，然后用水电比拟法求解。对于各向异性土，一般可通过电阻网模型实验解决，在此不再阐述。

（二）水电比拟法的测量原理和测量方法

水电比拟的电器测量原理是惠斯顿电桥原理。如图 11-29 所示，电路量测系统由四个电阻 R_1，R_2，R_3 及 R_4，一个测针 B 和一个电流指示器 A 组成。R_1 和 R_2 是一个可变电阻，当点 3 位置移动时可改变 R_1 和 R_2 的相对大小，点 4 是测针在模型中的位置，而 R_3 和 R_4 分别为从上游边界到测针和从测针到下游边界之间的电阻。

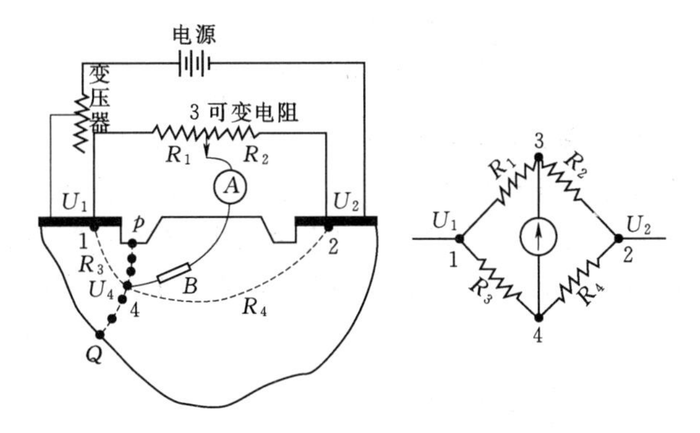

图 11-29　惠斯顿电桥测量电路图

当点 3 在某一确定位置时，R_1 和 R_2 的相对大小就可以确定，移动测针 B 在模型中的位置，使电流指示器指示的电流为零，那么电桥达到平衡，由电桥原理可知：

$$\frac{U_4-U_2}{U_1-U_2}=\frac{R_4}{R_3+R_4}=\frac{R_2}{R_1+R_2} \tag{11-113}$$

根据式（11-112）和式（11-113）可知

$$U_4=U_2+\frac{U_1-U_2}{R_1+R_2}R_2 \tag{11-114}$$

$$H_4=H_2+\frac{H_1-H_2}{R_1+R_2}R_2 \tag{11-115}$$

如果保持点3位置不动，则 R_1、R_2 不变，测针在模型中继续移动，再找出电流指示器为零的其他点，亦即电位为 U_4 的点和水头为 H_4 的点，这些点的连线就是一条等水头线（如 PQ）。如果改变点3位置，则改变 R_1、R_2 的大小和比例，依次可测得不同的等电位线，亦即对应的等水头线，如图11-30所示。

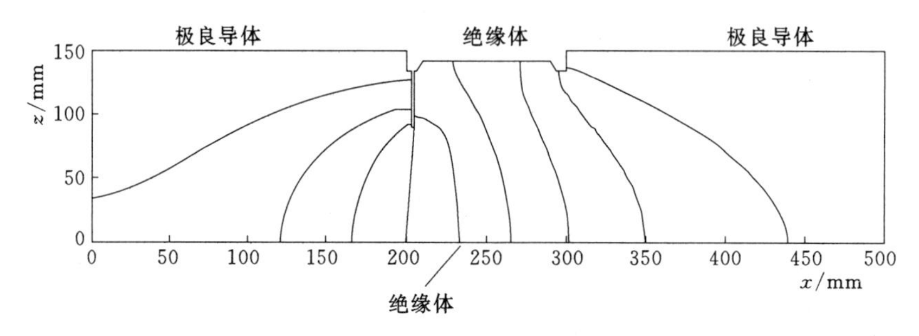

图 11-30　等水头线图

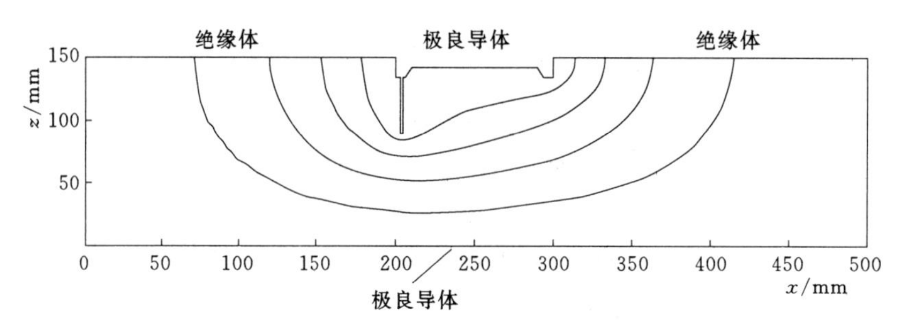

图 11-31　等流函数线图

类似地，等流函数线也满足拉普拉斯方程，如果让边界上电位和流函数满足相似关系，同样可以用水电比拟法测出等流函数线。如何选取边界材料使得边界上电位和流函数满足相似关系，读者可自己分析。图11-31为透水地基中有压渗流区域的等电位线亦即等流函数线。将图11-30与图11-31合并，即可得到渗流的流网图（图11-32）。

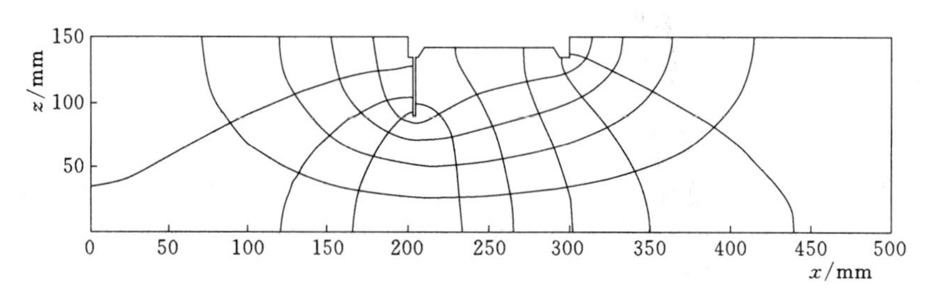

图 11-32　渗流流网图

习　　题

11-1　如图11-33所示，含水层由粗砂组成，厚度$M=15\text{m}$，渗透系数$k=45\text{m/d}$。沿渗流方向距离为$l=200\text{m}$的两个观测井中的水位分别为64.22m、63.44m。试求含水层单位宽度（垂直纸面）的渗流流量q。

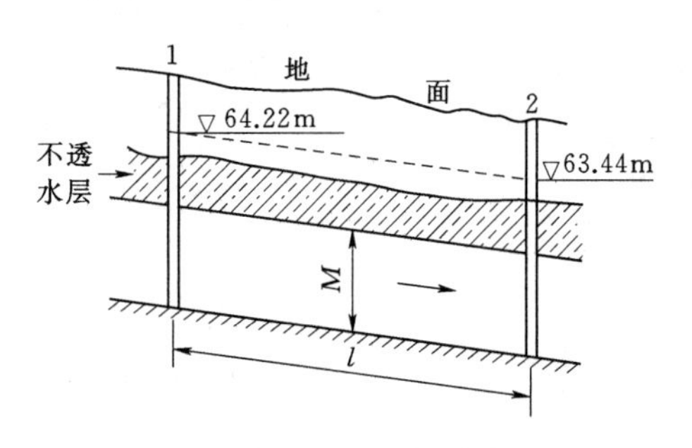

图11-33　习题11-1配图

11-2　含水层宽（垂直纸面）$b=500\text{m}$，长度$L=2000\text{m}$，厚度$T=4\text{m}$，渗透系数$k_1=0.001\text{cm/s}$，$k_2=0.01\text{cm/s}$，上下游水位如图11-34所示，求通过此含水层的渗流流量和渗流流速。

11-3　如图11-35所示，一渠道与一河道相互平行，相距$l=300\text{m}$，不透水层的底坡$i=0.025$，透水层的渗透系数$k=2\times10^{-3}\text{cm/s}$。当渠中水深$h_1=2\text{m}$，河中水深$h_2=4\text{m}$时，求渠道向河道渗流的单宽渗流流量，并计算其浸润线。

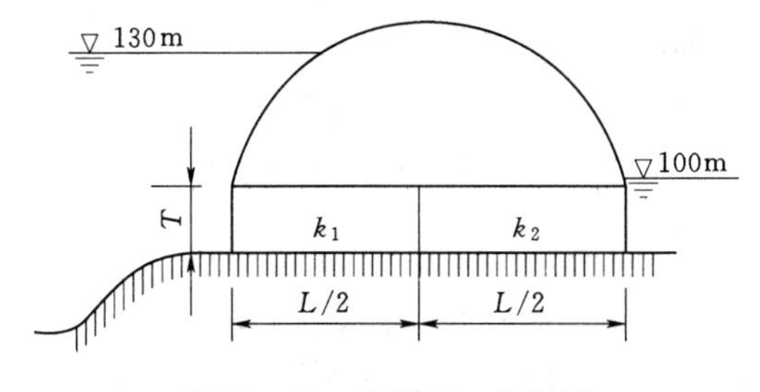

图11-34　习题11-2配图

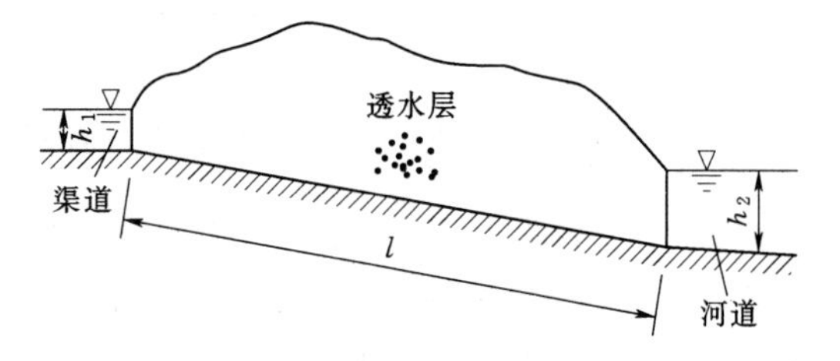

图11-35　习题11-3配图

11-4　某处地质剖面如图11-36所示。河道的左岸为透水层，其渗透系数$k=2\times10^{-3}\text{cm/s}$。不透水层的底坡$i=0.005$。距离河道1000m处的地下水深为2.5m。今在该河修建一水库，修建前河道中的水深为1m，地下水补给河道；修建后河道中的水位抬高了10m，设距离1000m处的原地下水位仍保持不变。试计算建库前和建库后的单宽渗流流量。

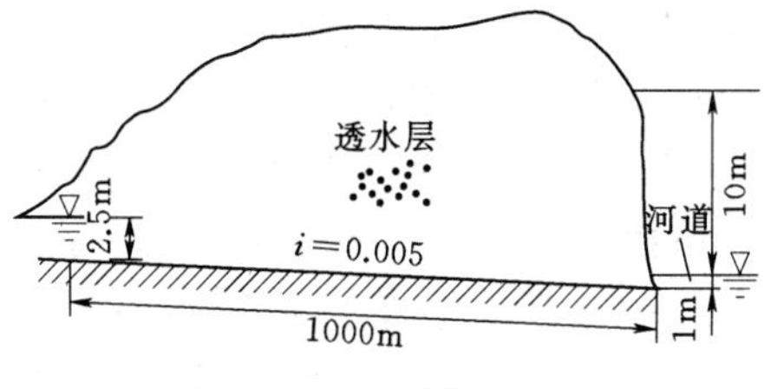

图11-36　习题11-4配图

11-5　如图11-37所示，河边岸滩由两种土壤组成。已知河道水深为5m，不透水层底坡为零。距离河道250m处的地下水深为12m，试求距离河道为50m处的地下水深。

砂卵石的渗透系数为 50m/d，砂的渗透系数为 2m/d。

11-6　有一完整井如图 11-38 所示，井的半径 $r_0=10$cm，含水层原厚度 $H=8$m，渗透系数 $k=0.003$cm/s。抽水时井中水深保持为 $h_0=2$m，影响半径 $R=200$m，求出水流量 Q 和距离井中心 $r=100$m 处的地下水深度 h。

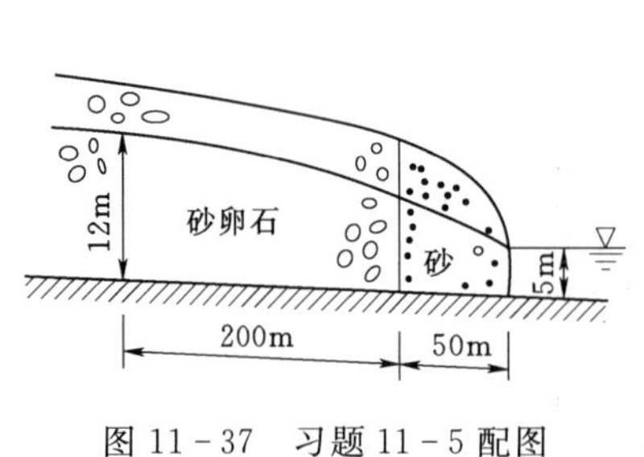

图 11-37　习题 11-5 配图

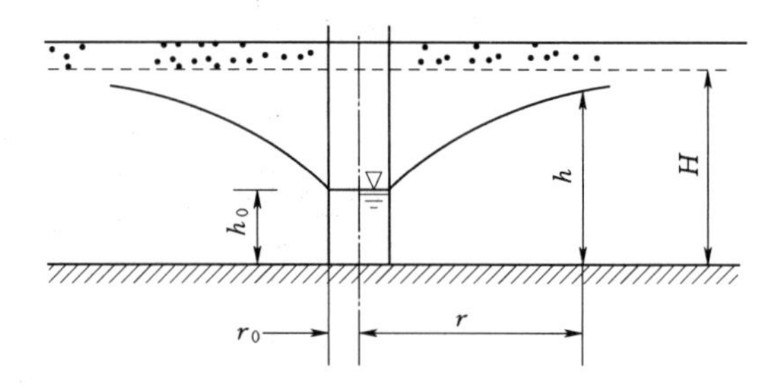

图 11-38　习题 11-6 配图

11-7　如图 11-39 所示，利用半径 $r_0=10$cm 的钻井（完整井）做注水试验。当注水流量稳定在 $Q=0.20$L/s 时，井中水深 $h_0=5$m，由细砂构成的含水层水深 $H=3.5$m，试求其渗透系数值。

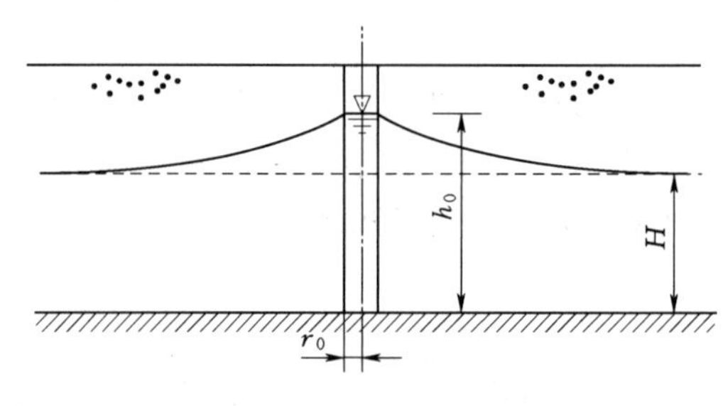

图 11-39　习题 11-7 配图

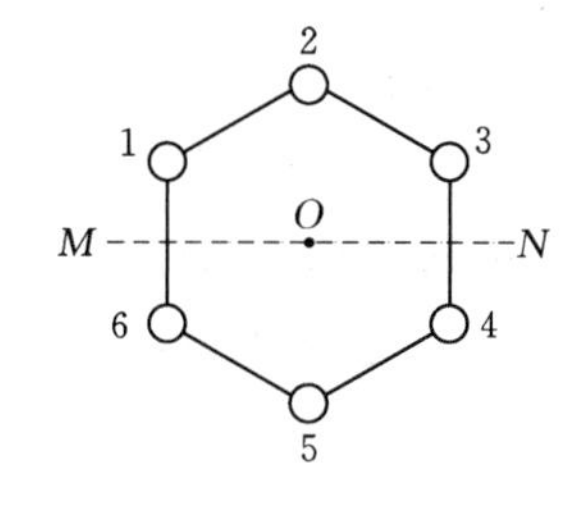

图 11-40　习题 11-8 配图

11-8　如图 11-40 所示，在基坑四周设有 6 个抽水井，按正六角形分布于 $r=50$m 的圆周上。原地下水深度 $H=20$m，井的半径 $r_0=0.30$m，总抽水流量 $Q=0.03\text{m}^3/\text{s}$（各井平均分担）。井群的影响半径 $R\approx600$m，含水层的渗透系数 $k=0.4\times10^{-3}$cm/s。试绘制图示 $M-N$ 线上的地下水位线。

11-9　某均质土坝建于水平不透水地基上，如图 11-41 所示。坝高为 17m，上游水深 $H_1=15$m，下游水深 $H_2=2$m，上游边坡系数 $m_1=3$，下游边坡系数 $m_2=2$，坝顶宽 $b=6$m，坝身的渗透系数 $k=0.1\times10^{-2}$cm/s。试求单宽渗透流量并绘出浸润线。

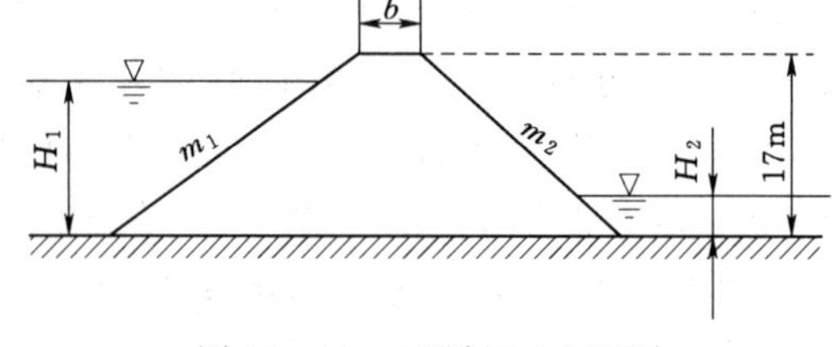

图 11-41　习题 11-9 配图

11-10　某水闸地基的渗流流网如图 11-42 所示。已知 $H_1=10$m，$H_2=2$m，闸底板厚度 $\delta=0.5$m。地基渗透系数 $k=10^{-5}$m/s。求：(1) 闸底 A 点的渗流压强 p_A；(2) 网格 B 的平均渗流速度 u_B($\Delta s=1.5$m)；(3) 测压管 1、2、3 中的水位值（以下游河底为基

准面）。

11-11　某闸基的剖面如图11-43所示，渗透系数 $k=2\times10^{-6}$m/s，试根据已给出的流网求单宽渗流流量。

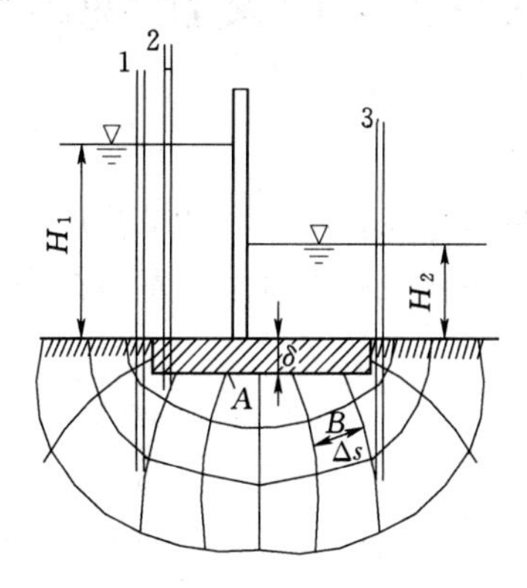

图11-42　习题11-10配图

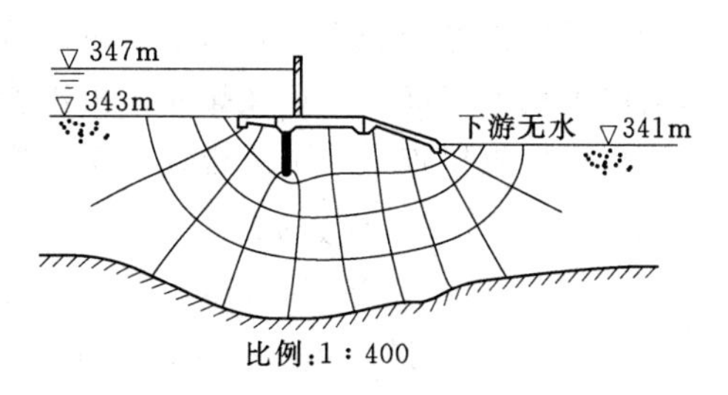

图11-43　习题11-11配图

附录　水力学专业词汇中英文对照及正文出现的位置

对照表的电子版以电子表格形式给出，可以分别以中文、英文和章节排序。以中文排序，可以作为汉英词典查询；以英文排序，可以作为英汉词典查询；以章节排序，可按章节内容查询；也可以直接查询某个关键词或字。

中文	英文	章节
π定理	π－theorem	6－2
薄壁堰	sharp－crested weir	9－1，9－3
离心泵	centrifugal pump	5－2，6－4
比尺	scale ratio	6－3
比能	specific energy	8－3
比能曲线	specific－energy curve	8－3
比压计	differential manometer	2－3
比阻	specific friction	7－1
边界层	boundary－layer	4－7
边界条件	boundary condition	10－4，11－7
边坡	side slope	8－1，8－2
表面力	surface force	1－2
表面张力	surface tension	1－2
表压强	gauge pressure	2－3
并联管道	pipes in parallel	7－5
波峰	wave front	8－3
波速	wave speed	8－3
波长	wave length	10－5
波状水跃	modulate hydraulic jump	8－4
伯努利方程式	Bernoulli′s equation	4－3
伯努利积分	Bernoulli′s integration	4－3
不冲流速	non－erodible velocity	8－2
不均匀系数	inhomogeneous coefficient	11－1
不可压缩流体	in－compressible fluid	1－2
不淤流速	non－silting velocity	8－2
糙率	roughness coefficient	5－7，8－2
侧向收缩	end contraction	9－2，9－4，9－5
侧向收缩系数	coefficient of end contraction	9－2，9－4，9－5

测压管水头线坡度	slope of piezometric line	5－2，7－4
测压管	piezometer	2－3
测压管水头	piezometric head	2－3
测压管水头线	piezometric line	2－3，5－2，7－4
层流	laminar flow	3－2，5－5
长波	long wave	10－5
长管	long pipe	7－1
承压井	confined well	11－6
初始条件	initial conditions	10－4，10－7
串联管道	pipes in series	7－5
垂向收缩系数	coefficient of vertical contraction	9－6
粗糙雷诺数	roughness Reynolds number	5－5
达西定律	Darcy′s law	11－2
达西-魏斯巴赫公式	Darcy－Weisbach equation	5－4
大气压强	atmospheric pressure	2－3
单宽流量	discharge per unit width	8－2
单位	unit	6－1
当地大气压强	local atmospheric pressure	2－3
当地加速度（时变加速度）	local acceleration	3－1
当量粗糙度	equivalent roughness	5－5
导出单位	derived unit	6－1
等水头线	equihead line	11－7，11－8
等压面	surface of equal pressure	2－3
底流型消能	energy dissipation by hydraulic jump	9－8
底坡	bottom slope	8－1，8－2
地下水	groundwater	11－1
跌水	drop	8－4
迭代法	iteration method	8－2，8－6
动力相似	dynamic similarity	6－3，6－4
动力黏性系数（动力黏度）	dynamic viscosity	1－2
动量方程	momentum equation	5－3
动量矩方程	angular momentum equation	5－3
动量修正系数	momentum correction factor	5－3
动能	kinetic energy	5－2
动能定理	theorem of kinetic energy	5－2
动能修正系数	kinetic－energy correction factor	5－2
动水压强	hydrodynamic pressure	4－2
动水总压力	total hydrodynamic pressured force	4－2

陡坡	steep slope	8－3
杜比公式	Duplicity′s formula	11－3
断面平均流速	mean velocity	3－2
断面水深	depth of flow section	8－1
对流扩散	convective diffusion	4－6
二维流动	two－dimensional flow	3－2
阀门	valve	5－8
法向力	normal force	4－2
非恒定流	unsteady flow	3－2，10－1
非均匀流	nonuniform flow	3－2
非棱柱形明槽	non－prismatic channel	8－1
非牛顿液体	non－Newtonian liquid	1－2
非完整井	partially penetrating well	11－6
分子扩散	molecular diffusion	4－6
分子扩散系数	coefficient of molecular diffusion	4－6
佛汝德数	Froude number	6－3，8－3
浮力	buoyant force	2－7
负压	negative pressure	2－3
复式断面渠道	channel of compound cross－section	8－2
复杂管道	complex pipes	7－1
干扰波	disturbance wave	8－3
各向同性土	isotropic soil	11－1
各向异性土	an－isotropic soil	11－1
工程大气压强	engineering atmospheric pressure	2－3
工程单位制	engineering system of units	6－1
管流	pipe flow	7－4，7－5
管网	pipe networks	7－6
管嘴出流	spout flow	7－3
惯性矩	moment of inertia	2－4
惯性力	inertia force	6－3，5－5
惯性能	inertia energy	10－3，11－6
惯性水头	inertia head	11－6
国际单位制	international system of units	6－1
过水断面	flow cross section	3－2，10－1
行近流速	velocity of approach	5－2，9－2
恒定流	steady flow	3－2
恒定平面势流	steady plane potential flow	4－5
恒定总流动量方程	momentum equation of steady total flow	5－3

恒定总流动量矩方程	angular momentum equation of steady total flow	5-3
恒定总流能量方程	energy equation of steady total flow	5-2
虹吸管	siphon	5-2，7-4
洪水波	flood wave	10-5
弧形闸门	radial gate	9-6
戽流型消能	bucket-type energy dissipation	9-10
环状管网	looping pipes	7-6
缓流	sub-critical flow	8-3
缓坡	mild slope	8-3
汇	sink	4-5
基本单位	primary units	6-1
急变流	rapidly varied flow	3-2，8-4
急流	super-critical flow	8-3
几何相似	geometric similarity	6-3
计算水力学	computational hydraulics	1-3
迹线	path line	3-1
间接水击	indirect water hammer	10-2
剪切变形	shear deformation	1-2，3-3
剪切变形速度	rate of strain	1-2，3-3
简单管道	single pipe	7-4
渐变流	gradually varied flow	3-2，8-3
降低护坦的消能池	stilling basin with canal drop	11-8
角变率	rate of angular deformation	1-2，3-3
角变形	angular deformation	1-2，3-3
角转速	angular velocity	3-3
进口损失	entrance loss	5-8
浸润线	line of seepage	11-1，11-3
井群	multiple well	11-6
静水压强	hydrostatic pressure	2-1
静水总压力	resultant hydrostatic pressure	2-4，2-5
局部水头损失	local head loss	5-4，5-8
局部水头损失系数	local loss coefficient	5-8
短管	short pipe	7-1，7-4
矩形薄壁堰	rectangular sharp-crested weir	9-1，9-3
距离步长	distance interval	10-4，10-7
绝对粗糙度	absolute roughness	5-4
绝对压强	absolute pressure	2-3
均匀流	uniform flow	3-2，8-2，5-4

均质土	homogenecous soil	11－1
均质土坝	homogenecous earth dam	11－7
卡门涡街	Kármán vortex street	4－7
柯朗格式	Courant′s scheme	10－7
柯西积分	Cauchy′s integration	4－5
空化和空蚀	cavitation and cavitation damage	5－9
孔口出流	orifice flow	7－1，7－2
孔隙率	porosity	11－1
控制断面	control section	8－5
控制水深	control depth	8－5
控制体	control volume	3－4
宽顶堰	broad－crested weir	9－1，9－5
扩散系数	diffusion coefficient	4－6
扩散性	diffusivity	4－6
拉格朗日法	Lagrangian method	3－1
拉普拉斯方程	Laplace equation	4－5，11－4
雷利法	Rrayleigh method	6－2
雷诺方程	Reynolds equations	4－6
雷诺应力	Reynolds stress	4－6
棱柱形明槽	prismatic channel	8－1
理想液体	ideal liquid	1－2
连续介质	continuum	1－2
连续性	continuity	4－1，5－1
连续性方程	continuity equation	4－1，5－1
连续原理	principle of continuity	4－1，5－1
量纲	dimension	6－1
量纲分析法	method of dimensional analysis	6－2
量纲和谐原理	principle of dimension homogeneity	6－2
临界雷诺数	critical Reynolds number	5－5
临界流	critical flow	5－5，8－3
临界流速	critical velocity	5－5，8－3
临界坡	critical slope	8－3
临界水深	critical depth	8－3
临界水跃	critical hydraulic jump	8－5，9－7
流场	flow field	3－1
流管	stream tube	3－2
流函数	stream function	3－3
流量	discharge	3－2

流量模数	modulus of discharge	7－1
流量系数	coefficient of discharge	7－2，7－3，9－2
流速场	velocity field	3－1
流速分布	distribution of velocity	5－6
流速势	velocity potential	4－5，11－4
流速水头	velocity head	5－2
流速梯度	velocity gradient	1－2
流速系数	coefficient of velocity	9－2
流态	states of flow	5－5，8－3
流体力学	fluid mechanics	1－3
流体微团（质点）	fluid element	1－2
流网	flow net	4－5，11－8
流线	streamline	3－2
螺旋流	spiral vortexflow	4－5
落水波	negative wave	10－5
脉动流速	fluctuating velocity	4－6
脉动压强	fluctuating pressure	4－6
脉动值	fluctuation value	4－6
曼宁公式	Manning formula	5－7
毛细管现象	capillary phenomena	1－2
密度	density	1－2
面流型消能	energy dissipation by surface regime	9－10
明槽	open channel	8－1
明槽非恒定流	unsteady flow in open channels	10－5
明槽恒定非均匀流	steady non－uniform flow in open channels	8－3，8－4
明槽恒定均匀流	steady uniform flow in open channels	8－2
明槽水流	open－channel flow	8－1
模型比尺	model scale	6－3
模型试验	model experiment	6－4
模型相似律	law of model similitude	6－3
模型相似准则	model similarity criterion	6－3
纳维尔·斯托克斯方程组	Navier－Stokes Equations	4－2
内摩擦力	internal shearing force	1－2
逆行波	upstream wave	10－5
逆坡	rising slope	8－1
牛顿第二定律	Newton′s second law of motion	4－2
牛顿内摩擦定律	Newton′s law of viscosity	1－2
牛顿数	Newton number	6－3

欧拉法	Eulerian method	3－1
欧拉平衡方程式	Euler′s equation of equilibrium fluid	2－2
欧拉运动方程	Euler′s equation of motion	4－3
平板闸门	sluice gate	9－1，9－6
平底坡	horizontal slope	8－1
平均水深	mean depth	8－1
平面流动	plane flow	3－2，4－5
平面上的静水总压力	resultant pressure on plane surface	2－4
平移运动	translation	3－3
普通井	unconfined well	11－6
奇点	singularity	4－5
迁移加速度（位变加速度）	convective acceleration	3－1
浅水波	shallow－water wave	10－5
潜体	submerged body	2－7
切力	shear force	1－2
切应力	shear stress	1－2
曲面上的静水总压力	resultant pressure on curved surface	2－5
绕流阻力	dragdue to flow around a body	4－7
人工粗糙度	artificial roughness	5－5
人工渠道	artificial channel	8－1
三角形薄壁堰	triangular sharp－crested weir	9－3
三维流动	three－dimensional flow	3－2
设计流量	design discharge	9－4，9－8
渗流	seepage flow	11－1
渗流流速	seepage velocity	11－1
渗流水头	head of seepage flow	11－1
渗透流量	seepage discharge	11－1
渗透坡降	energy gradient of seepage	11－1
渗透系数	permeability coefficient	11－1
渗透压强	seepage pressure	11－1
圣·维南方程组	De saint－Veranl equations	10－6
湿周	wetted perimeter	4－5，4－6
时间步长	time interval	10－4，10－7
时均法	time－average method	4－6
时均流速	time－mean velocity	4－6
时均值	time－mean value	4－6
实际液体	real liquid	4－2
实用堰	practical weir	9－1，9－4

势函数	potential function	4－5
势流	potential flow	4－5，3－3
势流叠加原理	superposition principle of potential flow	4－5
势能	potential energy	2－3，5－2，7－4
势涡	potential vortex（irrotational vortex）	4－5
收缩断面	contracted cross－section	7－2，7－3，9－2
输运方程或雷诺输运定理	Reynolds transport theorem	3－4
数学模型	mathematical model	1－3
数值方法	numerical method	1－3
数值模拟	numerical modeling	1－3
水泵的扬程	pump head	5－2，7－4
水电比拟法	electro－hydrodynamic analogue	11－8
水跌	hydraulic drop	8－4
水动力学	hydrodynamics	5－1
水击	water hammer	10－2，10－3
水击波	water hammer pressure wave	10－2
水击压强	pressure due to water hammer	10－2
水静力学	hydrostatics	2－1
水力半径	hydraulic radius	5－4
水力粗糙	hydraulically rough	5－5
水力光滑	hydraulically smooth	5－5
水力计算	hydraulic computation	8－2
水力坡度	energy slope	4－2
水力学	hydraulics	1－1
水力最佳断面	best hydraulic channel cross section	8－2
水流能量损失	energy loss of flow	5－2
水流形态	types and states of flow	5－5
水流运动方程	equation of fluid motion	4－2，4－3
水流运动要素	water movement elements	3－2
水流阻力	flow resistance	4－7，5－4
水轮机的作用水头	acting head of turbine	5－2
水面宽	width of water surface	8－1
水面曲线	water surface profiles	8－5
水舌	nappe	9－3
水位	water stage	8－5
水跃	hydraulic jump	8－4
水跃高度	height of hydraulic jump	8－4
水跃共轭水深	conjugate depth of hydraulic jump	8－4

水跃函数	function of hydraulic jump	8-4
水跃消能率	efficiency of energy dissipation of hydraulic jump	8-4
水跃长度	length of hydraulic jump	8-4
顺坡	falling slope	8-1
瞬时流速	instantaneous velocity	4-6
斯托克斯定理	Stokes′ theorem	4-4
速度环量	circulation	4-4
特征方程	characteristics equations	10-4
特征线法	method of characteristics	10-4
特征线方程	equations of characteristics	10-4
体积弹性系数	coefficient of volume elasticity	1-2
体积力	body force	1-2
体积压缩系数	coefficient of volume compression	1-2
天然河道	natural channel	8-1
挑流射程	horizontal distance of the jet trajectory	9-9
挑流型消能	energy dissipation of ski-jump type by trajectory buckets	9-9
调压井	surge chamber	10-2
突然扩大局部水头损失	loss of head at sudden expansion	5-8
突然收缩局部水头损失	loss of head at sudden contraction	5-8
脱离体	free body	5-3
弯道	curved channel	8-4
完全水跃	complete hydraulic jump	8-4
完整井	completely penetrating well	11-6
微幅波	small-amplitude wave	8-3
位能	elevation energy	2-3
位置水头	elevation head	2-3
文丘里管	Venturi tube	5-2
紊动动力黏性系数	turbulent dynamic viscosity coefficient	4-6
紊动扩散	turbulent diffusion	4-6
紊动强度	intensity of turbulence	4-6
紊动切应力	turbulent shear stress	4-6
紊动运动黏性系数	turbulent kinematic viscosity coefficient	4-6
紊流	turbulence	4-6，5-5
紊流粗糙区	completely rough region of turbulent	5-5
紊流的半经验理论	semi-empirical theories of turbulence	4-6

紊流的动量传递理论	momentum - transport theory of turbulence	4 - 6
紊流附加阻力	additional turbulence resistance	4 - 6
紊流过渡区	transition region	5 - 5
紊流核心区	turbulent core	5 - 5
紊流扩散	turbulent diffusion	4 - 6
紊流水力光滑区	hydraulically smooth region of turbulent flow	5 - 5
稳定性	stability	2 - 6，10 - 7
涡管	vortex tube	4 - 4
涡量	vorticity	4 - 4
涡体	eddies	4 - 4
涡通量	vortex flux	4 - 4
涡线	vortex line	4 - 4
旋涡	eddy	4 - 4
无量纲数	dimensionless numbers	6 - 1
无涡流	irrotational flow	3 - 3，4 - 5
无压流	non - pressure flow	3 - 2
吸水管	suction pipe	5 - 2，7 - 4
系统	system	3 - 4
显示差分格式	explicit difference schemes	10 - 7
线变形	linear deformation	3 - 3
线变形速率	rate of linear deformation	3 - 3
相对速度	relative velocity	5 - 3
相对压强	relative pressure	2 - 3
相似条件	similarity conditions	6 - 3
相似理论	similarity theory	6 - 3
相似原理	principles of similitude of flow	6 - 3
向后差分	backward difference	10 - 7
向前差分	forward difference	10 - 7
消能池	stilling basins	9 - 8
消能效率	efficiency of energy dissipation	9 - 8，8 - 4
泄水建筑物下游的衔接	the connection of out - flow through release works	9 - 7
谢才公式	Chezy′s formula	5 - 7
旋度	rotation	4 - 4
压力	pressure force	2 - 4，2 - 5
压力体	pressure body（pressure volume）	2 - 5
压力相似准则	pressure force similarity ctiterion	6 - 3
压能	pressure energy	2 - 3，5 - 2

压强分布图	diagram of pressure distribution	2-4
压强水头	pressure head	2-3，5-2，7-4
压缩性	compressibility	1-2，10-2
压应力	compression stress	1-2，4-2
淹没出流	submerged discharge	7-1，9-1
淹没水跃	submerged hydraulic jump	9-7
淹没系数	coefficient of submergence	9-2，9-4，9-6
沿程均匀泄流管道	uniform and continuous draw-off along pipeline	7-5
沿程水头损失	friction head loss	5-4，5-7
沿程水头损失系数	friction factor	5-7
堰的设计水头	design head of overflow spillway	9-4
堰顶水头	head on crest	9-1，9-2
堰流	outflow over weirs	9-1
扬压力	uplift force	11-8
液体平衡的基本方程式	the basic equation of equilibrium fluid	2-2，2-3
液体微团	liquid element	1-2
液柱高度	height of liquid column	2-3
一维流动	one-dimensional flow	3-2
溢流坝	spillway dam	9-1
引水渠	approach channel	8-1
隐式差分法	implicit difference method	10-7
影响半径	radius of influence	11-6
应力与应变	stress and strain	4-2
有涡流	rotational flow	3-3，4-4
有限差分法	finite difference method	10-7
有压流	pressure flow	3-2，7-1
元流	flow filament	3-2
原型	prototype	6-3
远离水跃	remote hydraulic jump	9-7
跃后水深	the sequent depth of hydraulic jump	8-4
跃前水深	the initial depth of hydraulic jump	8-4
允许流速	permissible velocity	8-2
运动微分方程	differential equations of motion	4-2，4-3
运动学量	kinematic quantities	6-2，6-3
运动黏性系数（运动黏度）	kinematic viscosity	1-2
运行波	translative wave	10-5
闸孔出流	outflow through orifice and sluice gate	9-6

闸前水头	approach head before sluice	9-6
黏性底层	viscous sublayer	5-5
黏性切应力	viscous shear stress	1-2，4-2
黏性阻力	viscous resistance (viscous force)	1-2，4-2
黏滞力（雷诺）相似准则	Reynolds criterion of viscous similarity	6-3
黏滞力模型相似律	model law of viscosity force similarity	6-3
黏滞性	viscosity	1-2
涨水波	positive wave	10-5
折算流量	reduction discharge	7-5
真空压强	vacuum pressure	2-3
蒸汽压强	vapor pressure	2-3
正常水深	normal depth	8-2
枝状管网	branching pipes	7-6
直接差分法	direct difference method	10-7
直接水击	direct water hammer	10-2
质点法	method of material particles	3-1
质点加速度	substantive acceleration	3-1
质量	mass	1-2
质量力	mass force	1-2
质量守恒定律	law of mass conservation	4-1，5-1
容重	bulk weight	1-2
重力	gravitational force	1-2
重力（弗汝德）相似准则	Froude criterion of gravitational similarity	6-3
重力波	gravity wave	10-5
重力加速度	gravitational acceleration	1-2
重力模型相似律	model law of gravity force similarity	6-3
重力水	gravitational water	11-1
重力作用下的液体平衡	the equilibrium of liquid under gravity	2-3
周期	period	9-2
主槽	main channel	8-2
驻点	stagnation point	4-5
自由表面	free surface	8-1
自由出流	free discharge	7-1，7-2，9-1
自由溢流	free overflow	9-1
综合糙率	composite roughness coefficient	8-2
综合式消能池	combined stilling basin	9-8
总流	total flow	3-2
总水头	total head	5-2

总水头线	total head line	5－2，7－4
总水头线坡度	slope of the energy grade line	5－2
阻力	drag（resistance）	4－7，5－4
阻力流速（摩阻流速）	friction velocity（shear velocity）	5－4
阻力系数	drag coefficient	5－4
阻力相似准则	resistance force similarity criterion	6－3
作用水头	acting head	7－2，7－3，9－2

参 考 文 献

［1］ 徐正凡．水力学［M］．北京：高等教育出版社，1986.

［2］ 李玮，徐孝平．水力学［M］．武汉：武汉大学出版社，2000.

［3］ 赵昕，张晓元，赵明登，等．水力学［M］．北京：中国电力出版社，2009.

［4］ 赵明登．水力学学习指导与习题解答［M］．北京：中国水利水电出版社，2009.

［5］ 莫乃容，槐文信．流体力学水力学习题解答［M］．武汉：华中科技大学出版社，2002.

［6］ 清华大学水力学教研组．水力学［M］．北京：人民教育出版社，1981.

［7］ 李玉柱，江春波．工程流体力学［M］．北京：清华大学出版社，2007.

［8］ 四川大学水力学与山区河流开发保护国家重点实验室．水力学［M］．北京：高等教育出版社，2016.

［9］ 吴持恭．水力学［M］．北京：高等教育出版社，2008.

［10］ 吕宏兴，裴国霞，杨玲霞．水力学［M］．北京：中国农业出版社，2002.

［11］ 赵振兴，何建东．水力学［M］．北京：清华大学出版社，2010.

［12］ 孙东坡，丁新求．水力学［M］．郑州：黄河水利出版社，2016.

［13］ 白玉川．水力学［M］．天津：天津大学出版社，2007.

［14］ 高学平．水力学［M］．北京：中国建筑工业出版社，2018.

［15］ 刘亚坤．水力学［M］．北京：中国水利水电出版社，2016.

［16］ 郭维东，裴国霞，韩会玲．水力学［M］．北京：中国水利水电出版社，2005.

［17］ 尹小玲，于布．水力学［M］．广州：华南理工大学出版社，2014.

［18］ 裴国霞，唐朝春．水力学［M］．北京：机械工业出版社，2007.

［19］ 邱秀云．水力学［M］．乌鲁木齐：新疆电子出版社，2008.

［20］ 胡重民，王真真，杨明襄．水力学［M］．北京：水利电力出版社，1990.

［21］ 毛根海．应用流体力学［M］．北京：高等教育出版社，2006.

［22］ 齐鄂荣，曾玉红．工程流体力学［M］．武汉：武汉大学出版社，2005.

［23］ 李大美，杨小亭．水力学［M］．武汉：武汉大学出版社，2004.

［24］ 胡敏良，吴雪茹．流体力学［M］．武汉：武汉理工大学出版社，2011.

［25］ Ven Te Chow. Open Channel Hydraulics［M］. New York：McGraw - Hill Book Company Inc.，1959.

［26］ M B Abbort. Computational Hydraulics［M］. London：Pitman Publishing Limited.，1979.

［27］ Victor L. Streeter，E. Benjamin Wylie. Fluid Mechanics［M］. New York：McGraw - Hill Book Company Inc.，1979.